地质学基础

冀国盛 贾军涛 吴花果 编著

中国石化出版社

内容提要

本书是主要面向石油高等院校勘查技术与工程及相关专业地质学基础教学的特色规划教材，结合勘查技术与工程专业特点，简明扼要地阐释了地质学的基础知识和基本原理，反映学科最新发展趋势。全书以地质作用及其产物为主线，介绍了地球的基本特征、矿物、岩浆作用与岩浆岩、变质作用与变质岩、外动力地质作用、沉积岩、沉积相、地层与地质年代、地质构造、板块构造、含油气盆地等内容。

教材针对勘查技术与工程专业特点和教学改革的需要，一方面体现地质学知识体系的系统性和完整性，另一方面反映石油物探及石油测井学科的地质需求，教材内容深入浅出，便于学习，既可作为石油高等院校勘查技术与工程及相关专业“地质学基础”课程的教材，也可作为地矿、石油相关专业教学、科研、生产人员的参考书。

图书在版编目（CIP）数据

地质学基础/冀国盛，贾军涛，吴花果编著.
—北京：中国石化出版社，2019. 3
ISBN 978 - 7 - 5114 - 5215 - 3

Ⅰ. ①地…　Ⅱ. ①冀…　②贾…　③吴…　Ⅲ. ①地质学
Ⅳ. ①P5

中国版本图书馆 CIP 数据核字（2019）第 024677 号

中国石化出版社出版发行
地址：北京市朝阳区吉市口路 9 号
邮编：100020　电话：(010)59964500
发行部电话：(010)59964526
http://www.sinopec-press.com
E-mail：press@sinopec.com
北京科信印刷有限公司印刷
全国各地新华书店经销
*
787 × 1092 毫米 16 开本 23.5 印张 538 千字
2019 年 7 月第 1 版　2019 年 7 月第 1 次印刷
审图号：GS(2019)3240 号
定价：68.00 元

前　　言

“地质学基础”是石油高等院校勘查工程与技术、石油工程、海洋油气工程等与石油勘探与开发相关专业开设的一门专业基础课，课程目标是通过本课程的学习，使学生能掌握地质学的基本概念、基本理论，正确理解各种地质作用发生的根本原因、作用过程及其相互关系，并能运用所学的地质学原理和知识对相关的地质现象做出正确的分析与论述；了解地质工作的一些基本方法，能识别常见矿物、岩石；掌握地质构造的基本概念和基本知识，学会分析及使用一些常见的地质图件，为后续课程如石油地质学、油气田地下地质学、地球物理测井、地震勘探、普通物探等专业课程的学习和研究提供坚实的地质基础。

随着石油工业的快速发展与地质认识的不断深入，石油高等院校的专业培养方案也不断调整，基础地质教材内容的更新与完善势在必行。中国石油大学（华东）普通地质教学组根据多年教学积累及实际教学需要，遵循知识体系科学性、系统性、基础性、实用性和针对性的指导原则，合作编写了本书。本书以地质作用及其产物为主线，主要内容包括各种地质作用的基本原理及其产物、板块构造及含油气盆地和地质发展简史等。

本书共分十四章，各章节编写分工如下：冀国盛编写第二、八、十、十一、十二章；贾军涛编写第一、三、四、五、七章；吴花果编写第六章；杨景林、贾军涛编写第九、十四章；李勇编写第十三章；全书由冀国盛、贾军涛负责统稿。

中国石油大学（华东）陈清华教授和吕洪波教授对本教材进行了认真详尽的审阅，并提出了许多建设性的修改意见，中国石油大学（华东）普通地质教学组宋全友、章大港、谢开宁和李善营等老师对教材的编写提出了许多建设性的建议，地球科学与技术学院的领导和同仁也给予了大力支持和具体指导，在此一并表示感谢。

由于本书内容涉及面广，编者水平有限，书中不当与疏漏之处，敬请各位专家、同仁及广大读者予以批评指正。

目　录

第一章　绪　　论

现代自然科学的学科体系包括六大基础自然科学：数学、物理学、化学、天文学、生物学和地球科学。地球科学，简称地学，是研究地球的一门自然科学，它主要研究地球的物质组成、结构、运动和演化规律，包括地质学、地理学、地球物理学、地球化学、大气科学、海洋科学等分支学科（汪新文，1999）。

地质学是以固体地球为主要研究对象的一门自然科学，它主要研究固体地球的物质组成、结构、运动和演化规律。地质学是与人类的生存与发展密切相关的一门学科，其主要任务是认识地球的过去、现在，并预测其未来的发展趋势，为人类的生存与发展赖以生存的资源、环境的开发、利用及保护提供理论指导。

第一节　地质学的研究对象

一、地质学的研究对象

地球由固体地球及其外围的水圈、大气圈和生物圈所构成。固体地球又分为地壳、地幔和地核三个圈层。在地壳和上地幔低速层之上，主要由岩石组成的部分称为岩石圈，这是在当前的科学技术条件下易于进行观测和研究的部分。

总之，地质学的研究对象是地球，受客观条件限制，目前主要研究岩石圈的物质组成、结构、构造、形成与演化以及岩石圈与水圈、大气圈和生物圈之间发生物质循环和能量交换的过程。

二、地质学研究对象的特点

地球作为地质学的研究对象，有以下特点。

1. 时间的漫长性

地球的年龄高达 46 亿年，在这漫长的地史中，地球上发生了许多重要的地质事件，如海陆变迁、山脉形成、生物进化等。这些地质事件的发生通常是缓慢的过程，往往需要数百万乃至数千万年的时间，地质纪年的单位是百万年（Ma），这与人们日常生活中惯用的时间单位差别很大。

人类有限的历史不可能见证大多数的地质作用过程，这就造成了地球演化时间的漫长性与人类历史短暂性的矛盾。不过，人们可以根据地质作用的遗迹去了解过去地质事件的过程。

2. 空间的广阔性

地球是一个庞大的星球，其平均半径约6371km，表面积$5.1\times10^8km^2$。当前，人类通过各种手段只能观测到地下深度不超过12km范围内的现象。地球本身又是一个不均一的球体，它的不同部分在物质组成、运动状态和演化特点上都具有一定的差异，这也造成了地球空间的广阔性与研究者观测范围相对有限的矛盾。同时，整个地球是一个有机整体，地球的不同圈层不仅在空间上表现为连续的整体性，而且圈层之间互相作用、互相影响、互相渗透，某一个部分的变化会对其他部分产生一定的影响。因此，地质学把地球作为一个整体进行研究，并逐渐发展为全球性的科学。

3. 过程的复杂性

地球经历了漫长的地质演化历史，地质过程既可在地球表层常温常压下发生，也可在地下深处高温高压下发生，早期发生的地质过程会遭受后期地质过程的改造，因此地质过程及其产物通常是极其复杂的，而且这种过程具有漫长性和不可逆性，这使得地质学研究的难度颇大。但是，地质过程并不是杂乱无章的，而是有规律可循的。地质学研究的根本任务就是恢复地质作用过程，总结其规律。

第二节　地质学的研究内容

地质学有其自身的研究内容，按照研究内容及其特征，又可将地质学划分为一些相互联系、又各自独立的分支学科，概括为以下几个方面。

一、岩石圈的物质组成

岩石圈的物质组成是地质学重要的研究内容，主要包括岩石圈的元素、同位素、矿物和岩石的基本特征、分布及其形成过程，所对应的主要分支学科有地球化学、矿物学、岩石学等。其中岩石学又分岩浆岩岩石学、沉积岩岩石学和多质岩岩石学三个学科。

二、岩石圈的结构与构造

岩石圈的结构与构造也是地质学重要的研究内容，主要目的是阐明岩石圈的结构、构造特征及其形成与演化规律，所对应的主要分支学科有构造地质学、大地构造学、地球动力学、地球物理学等。

三、地球的历史

地球形成至今已有46亿年的历史，地球的历史涉及地球的起源与演化、地球圈层结构的形成、岩石圈以及古生物的形成与演化等，一直是地质学研究的重要内容，所对应的主要分支学科有古生物学、地层学、地史学、古地理学等。

四、地球的资源

寻找人类生存与发展所必需的资源始终是地质学的一项基本任务，所对应的主要分支学科有矿床学、煤田地质学、石油地质学、水文地质学等。

五、地球的环境

合理利用与保护人类赖以生存的环境更是地质学的一项重要任务，所对应的分支学科有工程地质学、环境地质学、海洋地质学、第四纪地质学等。

随着科学技术的发展地质学研究的领域也不断扩展，一些新的学科不断涌现，如遥感地质学、天文地质学、数学地质、医学地质、地球系统科学等。

第三节 地质学的研究方法

一、地质学的思维方法

地球无时无刻不在发生着各种各样的地质作用。地球有46亿年的演化历史，人类不可能目睹地球历史上发生的所有地质作用过程，但可以通过考察过去地质事件遗留下来地质遗迹，利用现今发生的地质作用规律，去反推过去地质作用的过程，这就是历史比较法，又称为“将今论古”或现实主义原则。这一原理是苏格兰地质学家莱伊尔（Lyell，1797—1875）于1830年在苏格兰地质学家赫顿（Hutton，1726—1797）均变论学说的基础上提出的，其最早的说法是“The present is the key to the past（现代是打开过去的钥匙）”。实际上，早在1086年，我国北宋时期的科学家沈括就曾根据在太行山上发现的海洋生物化石，提出太行山过去曾经是海洋的论断，已隐含“将今论古”的思维方法于其中。

当前正在发生的地质作用只是地球漫长历史中的一个片段，而现在看到的地质遗迹记录了过去地质作用的过程。因此认识过去能够帮助我们更好地了解现在并预测未来，这种方法称为“以古论今、论未来”（舒良树，2010）。

综上所述，“将今论古”与“以古论今、论未来”相结合是地质学的基本思维方法，即地质学基本的方法论。

二、地质学的研究方法

1830 年莱伊尔《地质学原理》一书的出版标志着地质学作为一门独立学科的出现。地质学历经近 200 年的发展，逐渐形成了自身特有的研究方法，现概括如下。

1. 野外地质调查

野外每时每刻都在发生着各种地质作用过程并形成相应的地质现象，因此野外是地质学天然的实验室，开展野外地质考察是地质学研究的前提，通过观察各种野外地质现象，可以确定地质体之间的空间关系及其形成的先后次序，并可以采集各种标本用于实验室分析测试，从而总结地质作用的特点和规律。

2. 仪器观测

仪器观测是地质学获取定性、定量资料的重要手段。20 世纪初，地球物理学家利用地震台站获取的地震波数据，对地球的内部结构进行了详细的研究。20 世纪中期，海底测深（声呐）技术对于海底扩张说的提出及海洋地质学的发展起到了重要的推动作用。20 世纪 70 年代之后，人造地球卫星在资源普查中发挥了重要作用。近年来，在全球海底建设的海底观测网对于观测海底地质作用过程起到了重要作用。20 世纪后半叶以来，人类通过发射月球、火星探测车、探测器，已将地质学的研究空间扩展至宇宙，逐渐形成了行星地质学这一地质学分支学科。

3. 实验室测试分析与科学实验

在实验室利用各种仪器对野外采集的样品进行分析测试，有时还需要进行实验模拟，从而获取样品的矿物、元素、同位素等物质组成及相关地质作用过程的定性和定量证据，这有助于对地质现象和地质作用进行深入研究。

4. 综合分析与解释

在丰富的野外观察与室内分析数据资料的基础上，综合运用地质学理论分析地质作用的特点、恢复地质作用过程、总结地质作用规律并指导解决人类生存与发展所面临的重大问题。

第四节　地质学的发展历程与现状

人类在几千年的历史中接触了矿物、岩石、宝石、煤、石油、矿产、地震等众多地质体和地质现象，积累了大量地质学知识，然而在 17 世纪之前只是地质学知识的萌芽时期。由于 17 世纪欧洲资本主义的兴起和 18 世纪工业革命的推动，促进了矿冶业的兴起，同时促进了地质调查和矿产开采，获得了大量的实际资料，在进行系统的研究和总结的过程中，地质学也就逐渐成为一门独立的学科。1603 年，意大利博物学家阿尔德罗万迪（Ulisse Aldrovandi，1522—1605）在《金属博物馆》一书中首次使用具有现代意义的“地质学”概念。在地质学的发展过程中，学术思想的论战起到了重要的促进作用，下文将对地质学发展历程中的三次大论战进行介绍。

一、地质学发展史上的三次论战

1. 水成论与火成论

1746年，法国地质学家盖塔尔（E. Cuettard，1715—1786）发现了地层的连续性和空间分布的规律，认为岩石只有在水中形成才具连续性和分带性，玄武岩也是在水溶液中结晶形成的。德国地质学家维尔纳（Abraham Werner，1750—1817）1775年开始在德国弗莱堡矿业学院开设地质学课程，大力宣扬水成论，鼓吹岩石都是在水里沉积形成的，由于其在矿物学领域的突出贡献、良好的口才及教会的支持，使得水成论在18世纪的欧洲占据了统治地位，维尔纳也成为水成论的代表人物。然而终其一生，维尔纳从未见过火成岩，这是水成论的致命缺陷。

1765年，法国地质学家迪马雷提出玄武岩由火山作用形成，柱状节理是玄武岩处于熔融状态的证明。苏格兰地质学家赫顿（James Hutton，1726—1797）于1785年发表的《地球论》一书，提出岩石除了可以在水中沉积形成，也可由岩浆作用形成，这本书奠定了近代地质学的基础，赫顿由此被称为火成论的代表人物。但由于赫顿语言表达能力差，其观点在当时并不为人接受，赫顿死后他的朋友普莱费尔（John Playfair，1748—1819）将其书重新编辑出版，才使火成论广为接受。

水成论与火成论提出后两派的论战愈演愈烈，随着人们了解到更多的地质现象，到了19世纪初，火成论逐渐胜出。水成论与火成论的论战有力地推动了地质学的形成与发展。

2. 灾变论与渐变论

法国古生物学家居维叶（Georges Cuvier，1769—1832）于1821年根据巴黎盆地相隔很近的地层生物化石存在显著差异提出在地球历史上发生过多次重大灾变事件，每经一次灾变，原有生物被毁灭，新生物被创造出来，这就是灾变论。

苏格兰地质学家赫顿1785年提出地质作用是一种逐渐发生、缓慢变化的过程，赫顿的观点后来经苏格兰地质学家莱伊尔（Charles Lyell，1797—1875）于1830年出版的《地质学原理》一书阐释为：地球历史是漫长的，那些看起来缓慢的地质动力，经过长期的作用过程，可造成地球面貌的巨大变化，这就是渐变论。这一观点后来成为达尔文生物进化论的理论基础。

渐变论与灾变论提出后，两派进行了激烈的争论，促进了地质学的长足发展。1830年，莱伊尔《地质学原理》一书的出版使得渐变论逐渐占据上风，此书的出版是地质学作为一门独立学科创立的标志。

3. 固定论与活动论

固定论以地槽—地台学说为代表，美国地质学家霍尔（James Hall，1811—1898）于1859年提出地槽学说，奥地利地质学家休斯（Eduard Suess，1831—1914）于1885年提出地台学说，他们认为地球上的陆地和海洋只在原来位置做升降运动，其相对位置不发生明显变化。

德国气象学家、地球物理学家魏格纳（Alfred Wegener，1880—1930）于1910年提出大陆漂移学说，认为现代的海陆分布格局是石炭—二叠纪的超级大陆联合古陆破裂分解、大陆漂移的结果。1962年，美国海洋地质学家赫斯（Harry Hess，1906—1969）提出海底扩张学说。1968年，法国地球物理学家勒皮雄等（Le Pichon，1937—）提出板块构造学说。海底扩张、板块构造从动力机制上解释了大陆漂移的原因，大陆漂移、海底扩张、板块构造是活动论的三部曲。

经过半个多世纪的争论及众多海洋地质、地球物理的新发现，至20世纪60年代末板块构造学说得到了广泛接受。固定论与活动论的论战，引发了20世纪包括地质学、地球物理学在内的地球科学的一场革命，建立了以板块构造学说为基础的地球科学理论体系。

二、地质学的现状及发展趋势

人类生存与发展的两大主题是资源与环境，资源勘查是地质学的应用部分，环境保护需要地质学理论的指导。随着人类文明及科学技术的进步，了解地球的过去、现在并预测未来，已成为关系人类生存发展的大事，也是地质学的神圣使命。

随着科学技术的发展，地质学的研究范围已逐渐扩展至日地空间、地球深部、海洋和极区的探索，形成了较为完整的、以“上天、入地、下海”作为时代特征的、内容丰富的学科知识体系，大大提高了对地球的认识（中国科学院地学部“中国地球科学发展战略”研究组，2001）。随着研究程度的深入、探测范围的扩大，人们逐渐认识到地球的圈层包括大气圈、水圈、生物圈和岩石圈是一个有机整体，由此美国国家航天局（NASA）于1983年提出地球系统的概念，并逐渐发展为地球系统科学，这是地球科学发展的最新阶段。地球系统科学主要着眼于地球圈层之间相互联系、相互作用的变化规律和运转机制，它不但穿越圈层，而且横跨时空，将“全球变化”的概念应用于地质演变，在探索圈层相互作用的同时，研究时间和空间不同尺度的变化过程，揭示不同尺度过程的驱动机制和相互关系（汪品先，2014），地质学已逐渐成为全球性的科学。

第二章　地球概述

浩瀚的宇宙，无边无际。现今人们能观察到的宇宙最远距离约为200亿光年，未见其边界，其年龄约为137亿年。宇宙空间弥漫着恒星、行星、气体、尘埃、电磁波等物质，近年来还发现暗物质、暗能量、反物质等。它们呈现出一定的结构体系：比如由月球和地球构成的地月系统；由行星、小行星、彗星、流星及太阳构成的太阳系；由诸多颗恒星、星际物质等构成的银河系；由诸多星系构成的星系团；现今人们观测所及的宇宙范围称为总星系。

总星系中大约有10亿个星系，其中一个叫银河系。银河系中大约有1500亿颗恒星，太阳是其中的一颗。太阳系中有八大行星，地球是其中的一颗（图2－1）。

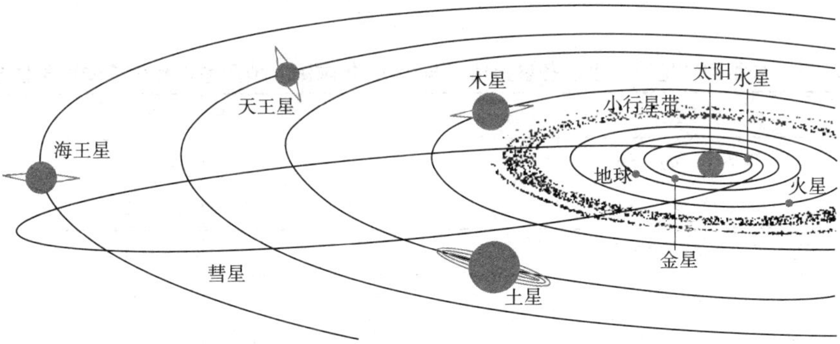

图2－1　太阳系的构成（据柳成志等，2010）

地质学研究的对象是固体地球。学习和研究地质科学是从了解地球的现况开始的。固体地球的状况包括很多方面，本章主要介绍以下几个方面内容：①地球的表面特征；②地球的物理性质；③地震与地球的内部结构；④地球的外部圈层；⑤地壳的物质组成；⑥地质作用概述。

第一节　地球的表面特征

本节主要从宏观上介绍固体地球的表面特征，其内容主要包括地球的形态、大陆地形和海底地形特征等。

一、地球的形状与大小

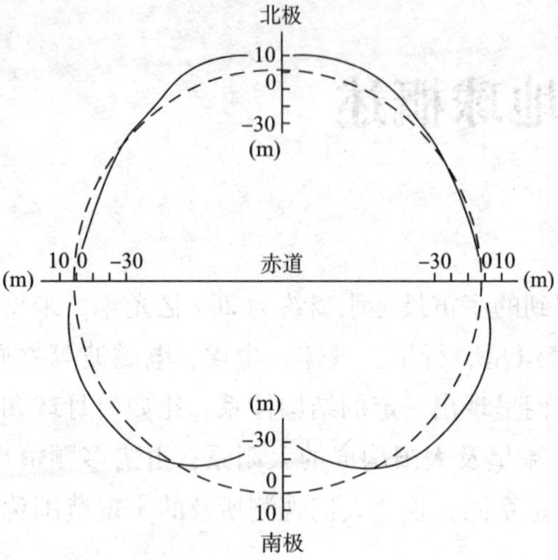

图 2-2　地球的形态示意图（据 King-Hele 等，1969；转引自汪新文等，1999）

图中虚线为理想椭球体，实线为大地水准面，地球形态由大地水准面限定，图中比例尺有夸大

固体地球表面起伏不平，人们设想以平均海平面为基面，并延伸通过大陆地表之下，勾勒出一个光滑封闭的曲面，作为固体地球的表面，这个光滑封闭的曲面称为大地水准面。以大地水准面作为固体地球表面，固体地球的形态接近一个旋转的椭球体。精密的大地测量结果显示地球的实际形态与旋转椭球体有细微的差别（图 2-2）。与旋转椭球体相比，实际的形态在南极凹进约 30m、在北极则外凸约 10m，在北半球中纬度略凹入，在南半球中纬度则略外凸。若将这种差别放大看，固体地球的形态像一个梨形的球体。

固体地球的大小可以参考表 2-1 中的数据。

表 2-1　表示固体地球大小的各参数值（据 1975 年国际大地测量学和地球物理学协会）

参　数	数　值
赤道半径（a）/km	6378. 137
两极半径（c）/km	6356. 752
平均半径［$R=(a^2c)^{1/3}$］/km	6371. 004
扁率［$(a-c)/a$］	1/298. 257
赤道周长（$2\pi a$）/km	40075. 36
子午线周长（$2\pi c$）/km	40008. 08
表面积/km^2	5.1006×10^{8}
体积/km^3	1.0830×10^{12}
质量/kg	5.976×10^{27}

其中地球的平均半径 6371. 004km、地球的质量 5.976×10^{27}kg 这两个数据，是固体地球的基本参数。

二、地球的表面形态

地球表面形态的最显著的特征是可以分为陆地和海洋两大部分，这是目前为止所发现的其他星球上所罕见的。大陆面积约占地球表面积的 29%，海洋面积则约占 71%，而且大陆分布不均，约65%的大陆集中分布于北半球，只有约35%的大陆分布于南半球（图2-3）。

图2-3 地球海陆分布的特点

地表起伏不平，地表最高处珠穆朗玛峰，海拔约8844m，地表最低处太平洋西侧马里亚纳海沟，深约11033m。地表有两个面积较大、起伏较小的台阶（图2-4）：一个位于大陆上，由海拔低于1000m的平原、丘陵、低山构成，其面积约占地表面积的20.8%；另一个位于海洋中，深4~5km的大洋盆地，其面积约占地表面积的22.6%。陆地的平均高度约875m，海洋的平均深度约3729m。

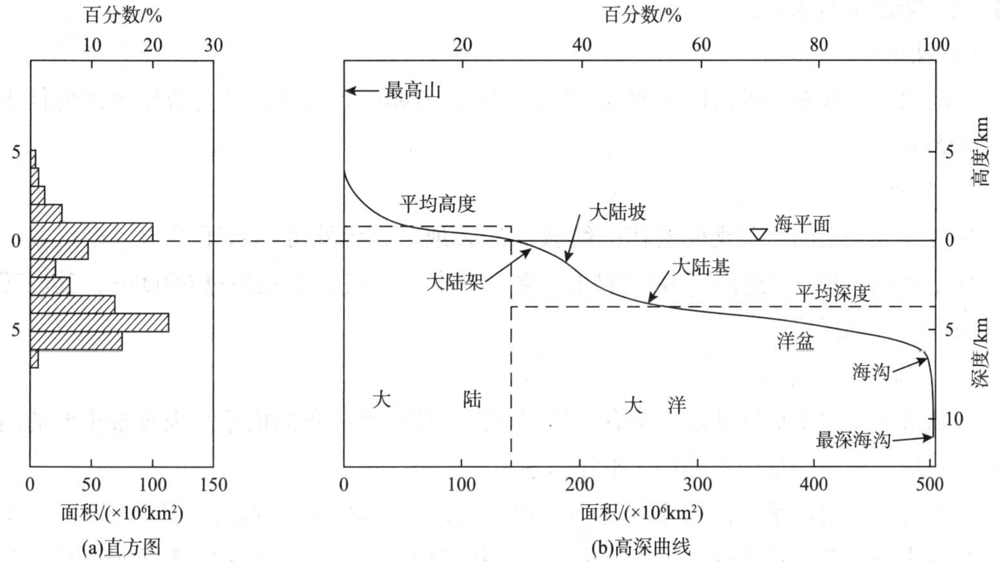

图2-4 地球地形的基本特征

（一）大陆地形

大陆上最具特色的地形要数由众多的湖泊和河流构成的水系，以及由地面流水塑造形成的高山峡谷地貌。

1. 大陆地形单元

依其高程和起伏特征，可将大陆地形分出山地、丘陵、平原、高原、盆地、洼地和裂谷等地貌类型。

1）山地

海拔高度在500m以上，地形起伏高差在200m以上的地区称为山地。呈线状延伸的山地叫山脉，如我国的喜马拉雅山脉。在成因上相联系的若干相邻的山脉称为山系，如我国西南的横断山系。

2）丘陵

丘陵为大陆地表海拔高程在500m以下，切割深度不超过200m（一般为数十米）的起伏地形，如川中丘陵、东南沿海丘陵等。

3）高原

高原是海拔在600m以上，地势较为平坦或有一定起伏的广阔地区，如我国的青藏高原、云贵高原等。

4）平原

平原是面积广阔、地势平坦或略有起伏、海拔高程一般在200m以下的地区，如我国的华北平原、东北平原、长江中下游平原等。

5）盆地

四周是山地或高原、中央相对凹下且较平坦的地形称盆地，如我国的四川盆地、塔里木盆地、柴达木盆地等。

6）洼地

大陆内部高程在海平面以下的地区称为洼地，新疆吐鲁番盆地的克鲁沁地区就低于海平面155m。

7）裂谷

裂谷是大陆上的一些规模宏伟的线状低洼谷地，其延伸可达数千千米，宽仅数十千米，两壁（或一壁）为断崖。如世界上著名的东非大裂谷，全长超过6500km，其底部分布一系列峡谷和湖泊。

2. 大陆地形的基本特征

大陆最主要的地形特征之一是有一系列呈弧形或线形展布的山系。现今最重要的山系有两条：地中海—印尼山系和环太平洋山系。

地中海—印尼山系：该山系西起地中海西端北非的阿特拉斯山，经欧洲的阿尔卑斯山、高加索山，东至亚洲的兴都库什山、喜马拉雅山，这一段总体上呈东西向延伸，略呈弧顶南凸的弧形，至我国横断山脉向南转折直抵印度尼西亚。

环太平洋山系：该山系沿太平洋东、北、西侧展布。在太平洋东岸有北美的阿拉斯加山脉、海岸山脉、落基山脉等及南美的安第斯山脉，这些山脉因其紧靠海岸发育有深海沟，其相对高差相当大；太平洋北岸分布有阿留申群岛、西岸有千岛群岛、日本群岛、琉球群岛、菲律宾群岛、巽他群岛、所罗门群岛、马里亚纳群岛等，这些群岛均呈弧形展布，弧顶凸向海洋，岛弧外缘也多分布有海沟，故它们的高差也较大。

上述两条山系形成的年代不久，至今仍然是地壳运动强烈活动的地带，是现今火山活动、地震主要集中分布的地带，备受地质学家的关注。此外，大陆上也分布有形成年代较久远的山系，现今地壳运动相对稳定，如欧亚之间的乌拉尔山脉、北美的阿巴拉契亚山脉以及我国的阿尔泰山、天山、昆仑山、祁连山、秦岭等。

东非大裂谷：它是备受地质学家关注的主要地形之一。它分布于非洲东部，全长约6500km，其主干自莫桑比克的希雷河口开始，向北经过一系列湖泊，穿越埃塞俄比亚高原至吉布提，再沿红海到达其北端的亚喀巴湾，向北延伸至约旦河河谷（图2－5）。东非大裂谷两侧为高出谷底数百米到千余米的断崖，沿谷底除分布有河流、湖泊外，还分布有活火山，该地带也是现今地震集中分布的地带。

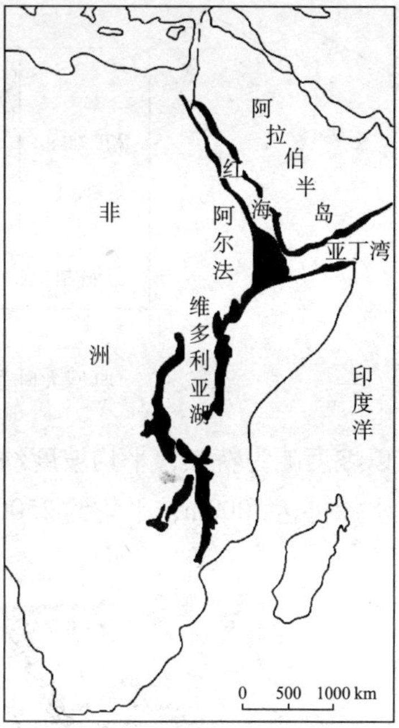

图2－5 东非大裂谷示意图（据霍姆斯，1975；转引自石玉章等，1995）

（二）海底地形

海洋由海和洋两部分组成。洋是远离大陆、面积宽广、水深较大的水域，是海洋的主体。海是分布于大洋的边缘与陆地毗邻，并与大洋有一定程度隔离的水域。世界有四大洋，即太平洋、印度洋、大西洋和北冰洋。

海底地形的复杂性尤胜于大陆地形。根据海底地形特征，可把海底地形划分出大陆边缘、大洋盆地和洋脊三大地貌单元（图2－6）。大陆边缘的面积约占海洋面积的22.3%，大洋盆地的面积约占海洋面积的44.9%，洋脊的面积约占海洋面积的32.8%。

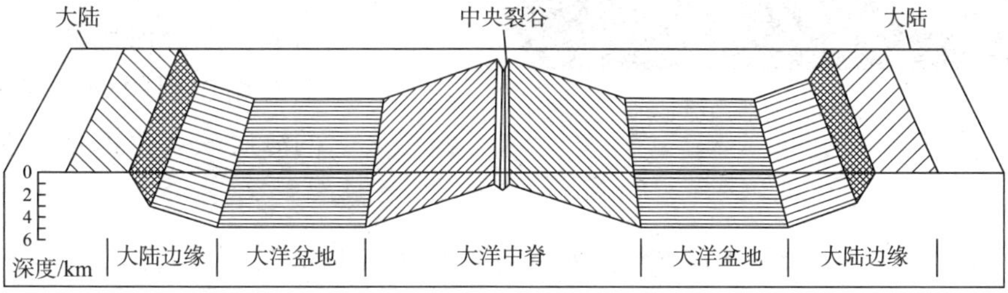

图2－6 海底地形单元示意图（据Strahlor，1977）

1. 大陆边缘

大陆边缘是指大陆与大洋盆地之间被海水覆盖的地带。大陆边缘依据海底地形特点，可分为两大类：大西洋型大陆边缘和太平洋型大陆边缘。

1）大西洋型大陆边缘

大西洋型大陆边缘海底地形可进一步划分出大陆架、大陆坡和大陆基三种地貌单元（图2－7）。

大陆架：它是围绕陆地的水浅的海底平台，其范围从海岸的平均低潮线起一直向海延伸至坡度显著增大的地段为止。其特点是地势平缓，坡角一般小于0.3°，平均约0.1°；外缘水深一般不超过200m，最深可达550m，平均水深130m；其宽度各地不一，北冰洋沿

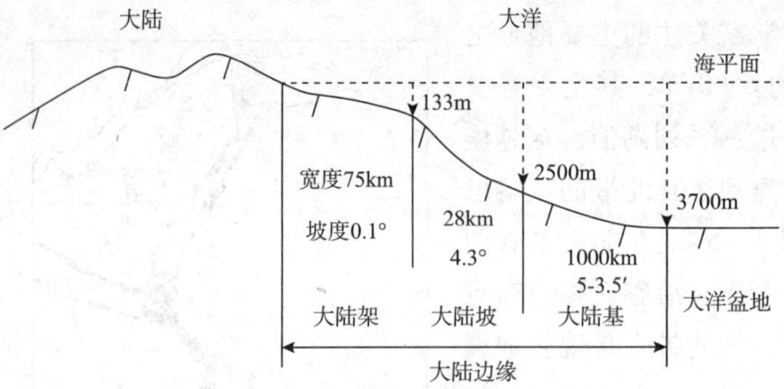

图2－7　典型大陆边缘地形示意图

岸大陆架宽可达1000km，而在太平洋东岸大陆架很窄甚至缺失，大陆架平均宽度约75km。大陆架下可能蕴藏有丰富的油气资源。

大陆坡：它是大陆架外缘坡度变陡的地段，其范围从大陆坡外缘坡度变陡处起向外海延伸至坡度变缓处为止。大陆坡以坡度陡为特点，平均坡度约4.3°，最大可达45°（印度洋斯里兰卡附近）；大陆坡外缘水深可达3000m，平均约2500m；宽度一般在20～40km，平均约28km。

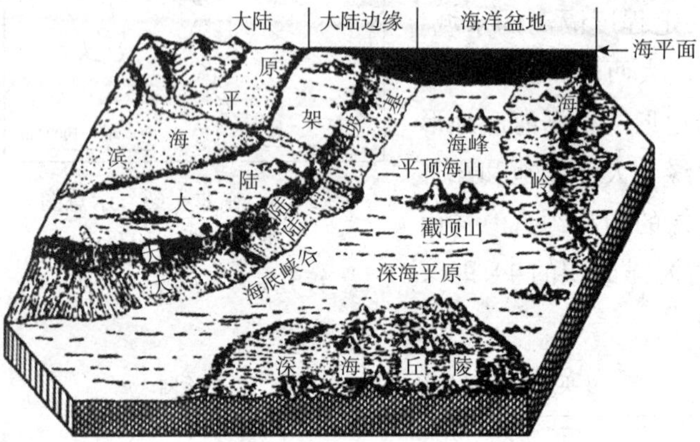

图2－8　大陆边缘地形示意图

大陆坡发育有许多两岸陡峭、高差较大的巨型槽谷，即海底峡谷。海底峡谷下切深度可达数百米到数千米，横切整个大陆坡，甚至切到大陆架上与现代或近代大河河口相连接（图2－8）。部分海底峡谷为现代或近代河流河谷往水下延伸而成，部分海底峡谷由大陆坡上滑塌作用的刻蚀而成，多数的海底峡谷由海底浊流侵蚀作用而形成。

大陆基：它是大陆坡与大洋盆地之间的过渡地带，其范围从大陆坡坡角显著变缓处向外延伸至水深大约3700m处为止。其特点是坡度平缓，平均坡度为5′～35′，平均宽度达千余千米。

大西洋型大陆边缘海底发育大陆架、大陆坡和大陆基三种地貌单元为特征，该类大陆边缘主要分布于大西洋、印度洋和北冰洋大陆边缘，而在太平洋大陆边缘海底地形有不同的特点。

2）太平洋型大陆边缘

太平洋型大陆边缘海底地形发育有大陆架、大陆坡、岛弧与海沟等地貌单元。

岛弧：它是呈弧形延伸距离很长的火山列岛，宽数十千米，长可达数千千米，弧顶凸向海洋。岛弧主要分布于北西太平洋沿岸，如阿留申群岛、千岛群岛、日本群岛、琉球群岛、菲律宾群岛、巽他群岛、所罗门群岛、马里亚纳群岛等。

海沟：它是指岛弧靠大洋一侧发育的弧形延伸距离很长的海底凹槽，剖面上海沟呈不对称的“V”字形，其深度一般大于6km，延伸数千千米。海沟与岛弧常平行伴生构成一个统一的体系。在西北太平洋一些岛弧的外侧均发育有相应的海沟，如阿留申海沟、日本海沟、菲律宾海沟、马里亚纳海沟等。

太平洋两岸大陆边缘海底地形存在着显著的差异，故可以分为两类：日本海型大陆边缘和安第斯型大陆边缘（图2－9）。日本海型大陆边缘，从大陆向海方向依次发育有大陆架、大陆坡、弧后盆地、大陆坡、岛弧、大陆坡、海沟等地貌单元，岛弧向陆或向海一侧大陆架很窄或缺失。安第斯型大陆边缘，从大陆向海方向依次发育山弧、大陆架、大陆坡和海沟，此处大陆架也不发育或缺失。

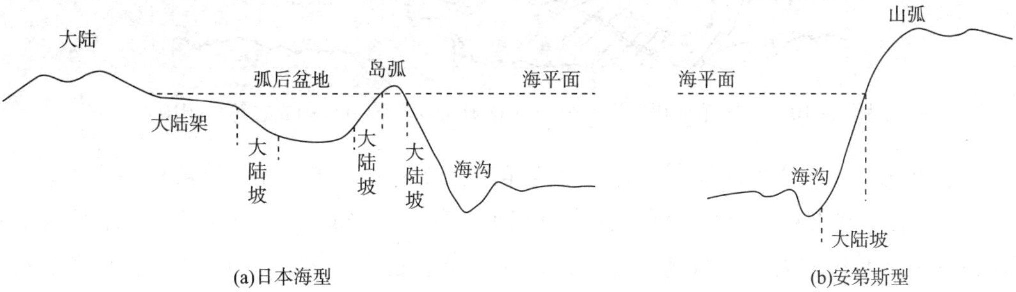

图2－9 太平洋型大陆边缘地形示意图

2. 大洋盆地

大洋盆地是介于大陆边缘与洋脊之间的地带，水深一般为4000～5000m，为海底的主要地貌单元。大洋盆地地势并非平坦，已发现的海底地形有海山、海岭、深海丘陵、深海盆地或深海平原等地貌类型。

大洋盆地海底地形可粗分为深海丘陵和深海平原两个次级地貌类型。在深海平原或盆地中分布有海山和海岭地貌。

深海丘陵：为高出海底75～900m的表面具有一定起伏的高地。

深海平原：地形平缓，坡度很小，被海洋沉积物所覆盖。太平洋洋底主要分布深海丘陵地貌，分布面积约占80%以上，深海平原分布于大陆边缘外侧；大西洋海底近洋脊两侧分布深海丘陵，外侧则对称分布深海平原。

海山：呈锥状，底部直径可达1km，相对高差1km以上，可淹没于水下或出露于水面，由海底火山作用形成。有的海山顶部比较平坦称海底平顶山，这是海山顶部曾经出露海面或接近海面，被海浪侵蚀削平所致。

海岭：在大洋盆地中还分布有一些小型的海底山脉。海岭由诸多呈链条状分布的海山构成，主要发育于太平洋海底，如天皇海岭、夏威夷海岭等。

3. 大洋中脊

大洋中脊是指分布于大洋底部的巨大山脉，它延伸于四大洋，长达数万千米（图2－10）。

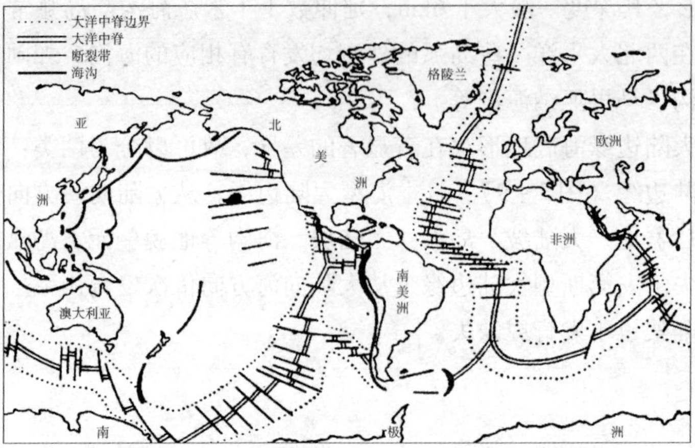

图2-10　全球洋脊和海沟的分布（据 Helgen；转引自柳成志等，2010）

人们首先在大西洋海底发现洋脊。大西洋洋脊位于大西洋中部，故被称为洋中脊，它呈“S”形展布并贯穿整个大西洋。洋中脊高出海底1~2km，宽可达上千千米，洋中脊中部存在着一条明显的裂缝，两侧为断崖，宽几千米至百余千米，深1~2km，这条裂缝叫中央裂谷（图2-11）。洋脊被一系列大断裂所切断，错距可达数百千米。大西洋洋脊向南分叉，一支绕过非洲南端进入印度洋，另一只绕过南美洲南端进入太平洋；大西洋洋脊向北插入北冰洋。

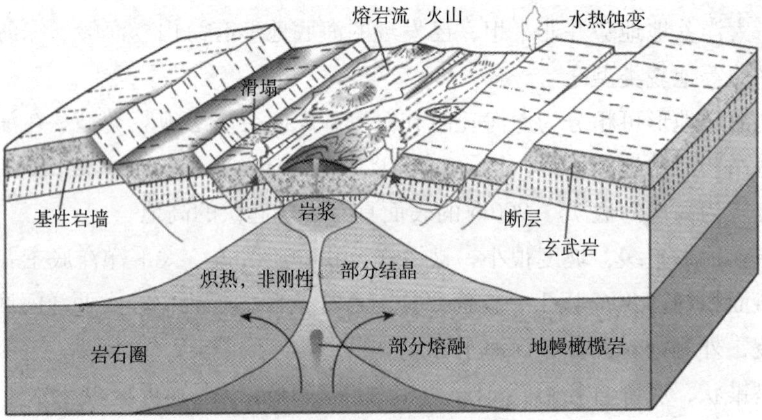

图2-11　大洋中脊地质剖面图（据舒良树，2010）

后来，人们相继在其他大洋底也发现了具有相同性质的巨大的海底山脉，它们首尾相连长达数万千米。印度洋、北冰洋的洋脊发育明显的中央裂谷，其特点与大西洋相同；太平洋洋脊中央裂谷不明显，而且洋脊并不位于太平洋中部而是偏于其东南部，这与大西洋洋中脊不同，故称之为洋隆。洋脊也是现今火山活动、地震频发的地带。

第二节 地球的物理性质

地球的物理性质主要是对固体地球而言的，一般包括地球的密度、压力、重力、温度、磁性、电性、弹塑性等。地表的物理性质可以通过直接的观测来认识，地下深处的物理性质主要通过记录和分析地表上接收到的地震波所携带的信息，结合地面的情况以及高温高压实验，加以推测而获得（图 2－12）。了解地球的物理性质有助于人们认识地球内部的结构，了解地球的物理性质也可帮助人们寻找地下的矿产资源。

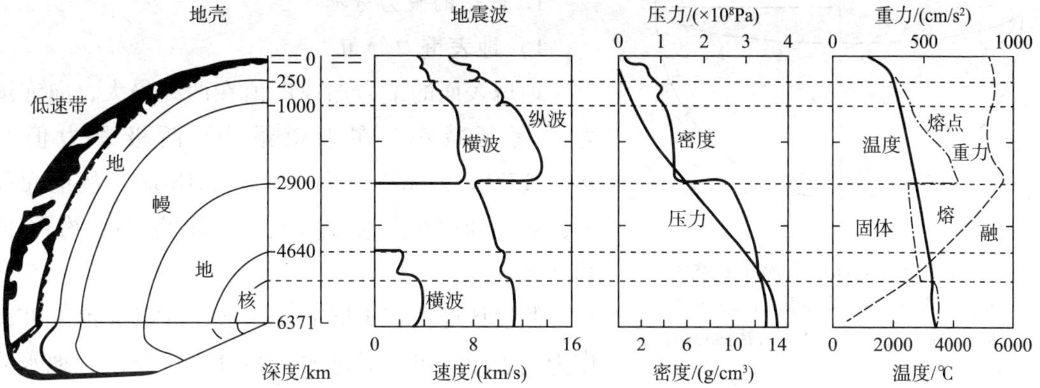

图 2－12 地球主要物理性质随深度变化特征

一、地球的密度和压力

根据万有引力定律可以计算出地球的平均密度 5.52g/cm^3，这一数值显然大大超过了地球表面岩石的平均密度 2.6g/cm^3，若再考虑到地表上被大量海水覆盖的情况，则地表物质的平均密度将会更小，故可推测地内存在密度大于 5.52g/cm^3 的物质。

根据地震波传播速度与传播介质的密度和弹性系数的关系，以及测定及计算结果表明地球内部密度是随深度增加而加大的，但并不是均匀增加的，而是在某些深度上出现跳跃性的增加（图 2－12）。比如在深度 10km 处，密度由 2.7g/cm^3 增加到 2.9g/cm^3；在深度 33km 处，密度由 3.0g/cm^3 增加到 3.32g/cm^3；在深度 2898km 处，密度由 5.7g/cm^3 增加到 9.7g/cm^3。密度的这种跳跃性增加反映了该深度上下物质或在成分上或在物态上或两者都发生了突变。至地心，物质密度约 13.0g/cm^3。

地球内部的压力主要指静压力，这是由上覆物质的重量产生的。根据不同深度处的密度和重力加速度的数值，可计算出任何深度上单位面积上的静压力。地球内部压力是随深度增加而逐渐增加的（图 2－12）。地下 10km 处压力为约 1kPa；33km 处为约 12kPa；2898km 处为约 1325kPa；地心处约 3600kPa。

二、地球的重力

地球的重力是地心引力和地球自转产生的惯性离心力的合力。由于地球自转产生的惯性离心力相对于地心引力来说相当微弱，故重力的方向大致指向地心（图 2-13）。地球周围受重力影响的空间，称为重力场。重力场的强度用重力加速度来衡量，并简称为重力。重力的单位为伽（Gal）或毫伽（mGal）（$1Gal = 1cm/s^2 = 1000mGal$）。

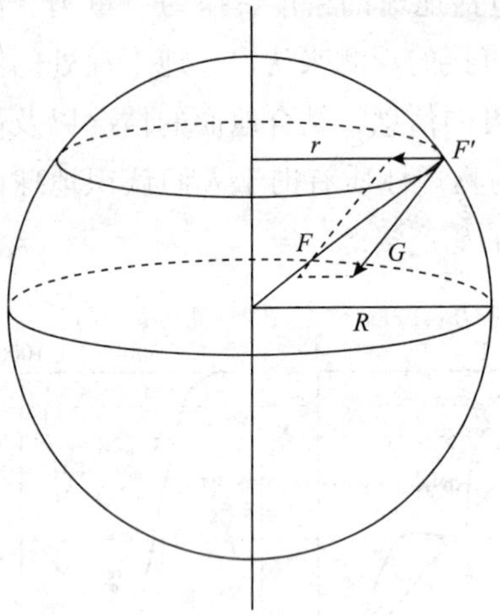

图 2-13　地球重力形成示意图
F'—离心力；*F*—地心引力；*G*—重力；
R—地球半径；*r*—物体到自转轴的半径

1. 地球的重力分布

1）地表重力分布

地球表面的重力加速度值在两级最大，向赤道方向逐渐减小，在赤道最小。两极重力值为 983.2177Gal，赤道重力值 978.0318Gal。从地面往上，重力值随高度递减，每升高 1m 约降低 30.86Gal。

假设地球由若干同心层组成，并以大地水准面作为其表面，可以通过式（2-1）计算出大地水准面上任何一点的重力加速度值：

$$g = 978.0318\ (1 + 0.0053024\sin 2\Phi - 0.0000059\ \sin^2 2\Phi) \qquad (2-1)$$

式中，g 为重力值，Gal；Φ 为纬度。

依据式（2-1）计算得到的数值叫理论值或计算值，这种计算方法基于地下物质分布呈均匀状态。地表重力也可用仪器进行直接测量，得到的数值叫实测值。由于地球内部物质密度并不均匀，理论值与实测值往往不一致。

2）地球内部的重力分布

地球内部任何一点的重力，可利用式（2-2）计算得到：

$$g = Gm/r^2 \qquad (2-2)$$

式中，g 为重力值，Gal；G 为常数 6.672×10^{-13}，$N \cdot cm^2/g^2$；m 为地球的质量，kg；r 为该点到地心的距离，km。

重力在地球内部随深度呈不规则的变化：由地表往下至大约 2900km 深度这一段，重力随深度增加而呈波动性的增加；由深约 2900km 到地心这一段，重力随深度增加而递减，至地心重力值为 0（图 2-12）。

地球的重力是一项非常重要的物理性质，它是地球表面一切物质运动的主要动力之一，也是地内物质分异、形成圈层结构的重要的动力之一。

2. 重力异常

人们发现在地表实际测量的重力值与理论计算的重力值普遍存在着不一致的现象，这种现象称为重力异常。重力异常产生的原因有三：①实测点与计算点存在着高程差（h），导致两者重力值存在差异；②实测点与计算点之间的物质层产生附加重力值；③地球内部物质的密度并不是理想的均匀状态，而是分布不均的。

在分析重力数值时需要考虑地形及高出或低于大地水准面（即平均海平面）部分的岩石质量引起的附加重力值对重力位的干扰和影响。地形高低说明距地心距离不同，比海平面高的地方重力值减小，比海平面低的地方重力值相应增加，每米相差约 0.31mGal，在计算地面某点的重力时，首先需扣除这一影响，把实测的数值换算为假设在海平面上测量时应得的数值，这一工作称为高度校正。此外，高出或低于海平面部分的岩石质量还引起了附加的重力值，按岩石密度以 2.6g/cm^3计，附加的重力值每米相当于 0.1mGal，也需加以扣除，这一工作称为中间岩层校正。高度校正和中间岩层校正合称为布格校正，这是法国的大地测量学家布格（P. Bouguer）首先提出的，经过布格校正后的重力异常称为布格重力异常。

经过高度校正和附加重力值校正后的布格重力异常可反映地下物质密度的分布及其不均匀性，是研究地下矿产资源分布及地壳结构的重要手段。实测重力值经布格校正后若大于标准值则称为正异常，说明地内物质密度大于平均密度；反之若实测重力值经布格校正后小于标准值则称为负异常，说明地内物质密度小于平均密度；由此可分析地下物质的分布状况。可以利用局部地区重力异常去帮助人们寻找地下的矿产资源，这一方法称为重力勘探。重力勘探是地球物理勘探的方法之一，其原理可表述为：地面上显示局部重力正异常的地区，其地下浅处埋藏有密度较大的物质，如铁矿、铜矿、铅锌矿等金属矿产；反之，地面上显示局部重力负异常的地区，其地下浅处埋藏有密度较小的物质，如石油、天然气、煤、盐类等非金属矿产。

实测表明，地球表面重力异常是普遍存在的，这揭示了地下物质密度的分布是不均的。大陆地区多呈现重力负异常，大洋地区多呈现重力正异常，由此推断，大陆地壳物质密度较小而大洋地壳物质密度较大。从我国东部沿海地区到西部高原，布格异常数值是逐渐降低的，东部沿海布格异常的平均值约为 20mGal，到西部帕米尔高原和青藏高原则降至 -500mGal 以下，这反映了我国地壳厚度变化的总趋势是东薄西厚。中国重力异常图呈现出两条明显的重力梯度带：大兴安岭—太行山—武陵山梯度带和青藏高原梯度带，这与我国地形分界线大致吻合。东部地区布格重力异常等值线的走向呈北北东向，西部等值线走向呈近东西向，与我国主要山系的走向大致一致或平行，这表明我国地形特征与地下物质密度分布有密切的关联。

三、地球的温度

地球内部的温度是比较高的，比如矿井温度随深度增加而提高、地下可流出温泉、火山可喷出高温岩浆等都是证据。地内热能主要来自地球内部放射性元素衰变产生的能量，其次来自地球的旋转能、重力能以及化学能等。

1. 地热的分布

从地表往下，依据地温的来源，可将地球划分出三个温度分层。

外热层：它位于地表的表层，该层热能来自太阳的辐射，太阳到达地面的热能绝大部分通过反射或散射回到空中，只有极少数（约5%）透入地下使地面温度提高。由于岩石或土层的热导率小，温度向下迅速减低，到一定深度后温度变化趋于稳定。该层的厚度不大，一般陆地地区厚约10～20m，内陆干旱地区可达30～40m；该层的温度有季节、昼夜的变化，变化的幅度随深度而递减，至该层底部消失。

常温层：它是位于外热层之下的一个厚度不大的层带，该层温度与当地的年平均温度相近，不受季节变化的影响。该层的埋深在中纬度及内陆地区较深，在滨海地区或高纬度地区较浅。

内热层：它位于常温层下，温度随深度而增加，其热能来自地球内部。人们习惯用地温梯度来描述地温随深度增加而升高的状况。

2. 地温梯度

地温梯度是指内热层中深度每增加100m所提高的温度，单位为℃。实测表面，海底的平均地温梯度为4～8℃，大陆的平均地温梯度为0.9～5℃，全球地表浅层平均地温梯度约3℃。由于各地岩石的密度、热导率、离热源的远近以及所处的地质构造等条件的不同，地温梯度也不尽相同，如华北地区地温梯度约1～2℃，东北大庆地区可达5℃。

值得注意的是不能以地壳浅层的平均地温梯度去推算整个地球内部的温度变化。因为若以地温梯度3℃去计算，地心的温度可高达200000℃，但这与事实不符。岩石物理实验表明：岩石的热导率是随温度升高而降低的。因此地温梯度随着深度增加、温度升高而降低（图2－12）。地球物理观测表明，地下30km处，温度大约为400～1000℃；地下2900km处，温度约为2850～4000℃；地心处，温度约为4000～6000℃。

3. 地热流值

地球内部的热能总是通过传导、对流和辐射等方式由高温地区向低温地区传播，主要表现为从深部传向地表，可用地热流值来描述地热传播至地表的状况。

地热流值是指单位时间内通过单位面积的热量。全球实测地热流值平均为6.16×10^{-6} J/($cm^2\cdot s$)，大陆平均地热流值为6.112×10^{-6} J/($cm^2\cdot s$)，大洋底平均地热流值为6.154×10^{-6} J/($cm^2\cdot s$)，大陆与大洋地热流值相近。地表的地热流值分布也是不均的。有的地区地热流值较高，叫地热异常区，比如在年轻造山带、火山活动带地热流值高达9.0×10^{-6} J/($cm^2\cdot s$)；有的地区地热流值较低，比如平原地区地热流值一般为（3.8～5.4）$\times10^{-6}$ J/($cm^2\cdot s$)。一个有意义的统计结果是地热流值从洋脊向海沟方向呈变小的趋势：洋脊处地热流值为8×10^{-6} J/($cm^2\cdot s$)，大洋盆地为5.4×10^{-6} J/($cm^2\cdot s$)，海沟处小于4×10^{-6} J/($cm^2\cdot s$)。

地热的利用前景是可观的，仅地下3km范围内的地热资源就相当于2.9×10^{12} t的标准煤，不仅量大，而且可以看作是可以再生的、清洁的能源。地热的开发以开采地下热水为主要方式，用于取暖、发电或医疗等。地热开发的主要目标是地下浅层地热异常区，比如近代火山活动地区、地下岩浆活动地区等。我国西藏羊八井地热田便是利用地下热水发电的一个成功例子。

四、地球的磁性

地球的磁场简称地磁场，其基本特征类似于将一条磁棒放置于地磁轴的位置产生的磁场，地磁轴在空间上与地理轴存在一个约11.5°的交角（图2－14）。地磁场包围整个地球，其范围可延伸到10km外的上空。地磁场的成因是值得探索的课题之一，一般认为外核中液态流动着的物质，如铁、镍等，在地球自转过程中产生感应自激形成地磁场。

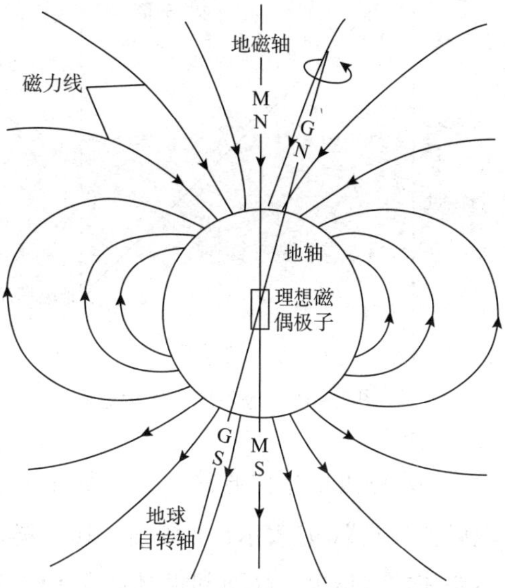

图2－14 地球磁场示意图

描述地表任何一处的地磁场特点是我们了解和研究地磁场的第一步。人们常从磁偏角、磁倾角和地磁场强度等方面描述某地的地磁场特征，习惯上将描述地磁场特征的若干方面统称为地磁要素。

1. 地磁三要素

常见的地磁要素一般包括磁偏角、磁倾角和地磁场强度三个方面。

1）磁偏角

仿照地理子午线的设定，设想一系列通过地磁轴的平面与地面相交得到一系列的呈大圆的交线，称之为地磁子午线（图2－15），用其描述地磁场磁力线的方向。由于地磁轴与地理轴在空间上不重合，故造成了大多数地区地磁子午线与地理子午线之间存在着一个交角，这个交角叫磁偏角。

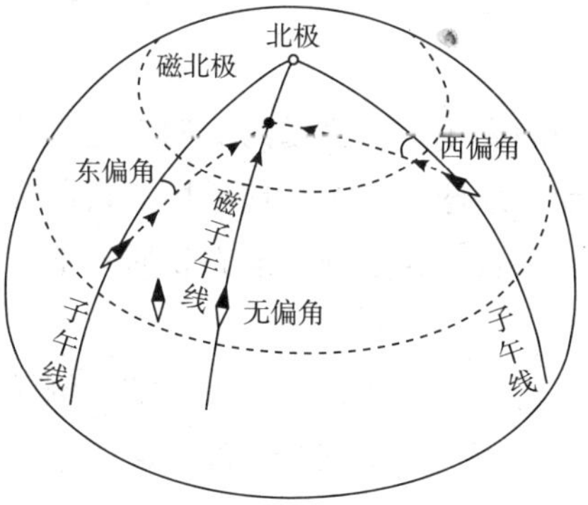

图2－15 磁偏角示意图
（据李叔达，1983）

磁偏角分东偏与西偏两种情况。若以地理子午线为参照物，在北半球指南针中指北一端若位于地理子午线的东北方向叫东偏，反之，指北一端若位于地理子午线的西北方向叫西偏。在野外，若是使用罗盘来测定方位时，要确定正确的地理方位，需要做磁偏角的校正。校正的方法是：若位于磁偏角东偏的地区，校正时在测量结果上加上磁偏角的度数；若位于西偏区，校正时在测量结果上减去磁偏角的度数。我国中东部大部分地区磁偏角属于西偏，而甘肃酒泉一线以西地区磁偏角属于东偏。

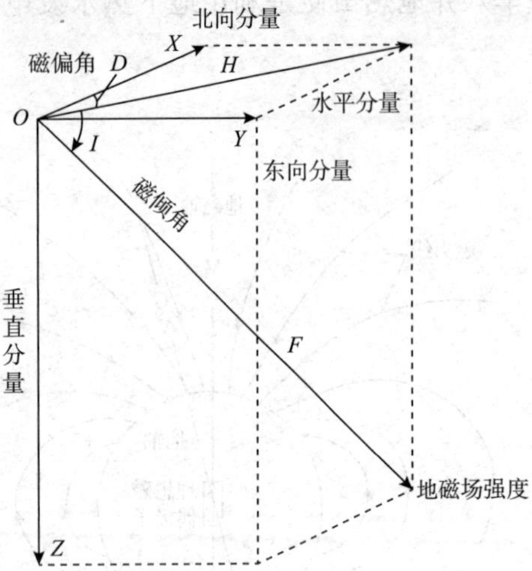

图 2-16　地磁场要素示意图

2）磁倾角

磁倾角是指地磁场磁力线与地面的交角。磁倾角的大小随纬度而发生变化。在两个磁极地区磁倾角可达 90°，由两级向赤道方向，磁倾角逐渐减小，到达赤道上空磁倾角呈 0°。

3）地磁场强度

地磁场中磁力的大小叫地磁场强度，它是一个具有方向和大小的矢量（图 2-16）。地表某处的地磁场强度 F，可分解为水平方向上的分量 H 和垂直方向上的分量 Z。水平分量 H 依地理方位可进一步分为北向量 X 和东向量 Y。

磁场强度的单位通常以“奥斯特（$1\times4\pi\times10^{-3}$ A/m）”表示，简写为奥或 O_e；有时也以“伽马”(γ)表示，1 伽马 $=10^{-3}$ 奥，1 奥 = 1 高斯；伽马是磁法勘探中常用的单位。需要注意的是奥、高斯和伽马属于 CGS 电磁单位制，而国际上通用的磁感应强度单位为“特斯拉”，简写为特，1 特 $=10^4$ 奥。地磁场是一个弱磁场，其平均磁场强度约 0.6 奥，两极处较大约为 0.6～0.7 奥，赤道处约为 0.3～0.4 奥。地磁场强度也存在着变化，变化幅度较小。

2. 地磁场的变化

实测表明现代地磁场随时间而发生变化，例如地磁极的位置也随时间而变迁，在 1922 年至 1972 年的 50 年间，磁北极在纬度上移动了 2°，磁南极移动了 4°25′。随着磁极的迁移，各地的地磁要素也随之发生相应的变化。

地磁场的变化可以分为两类，即短期的变化和长期的变化。地磁场的短期变化主要由地球的外部因素引起，多呈周期性，如太阳黑子的活动、地球公转等。地磁场的长期变化主要由地球内部物质的运动引起，具体情况还不清楚，一般认为是外核液态物质流动方式的改变而导致的。

地磁场长期变化会导致地磁极发生周期性的倒转。研究表明地磁场磁极周期性倒转是地磁场演化的基本特征。图 2-17 展示了 2.7Ma 以来地磁场演化的格局。2.7Ma 以来地磁场发生过两次大的倒转事件，记录了 3 个持续时间较长的地磁场极性变化期：高斯正向期、松山反向期和布容正向期，每个极性变化期称为极性时，每个极性倒转周期约为 1Ma。所谓正向是指地磁极性与现在地磁极性相同，反向则与现在极性相反。每个极性时中还存在短暂的极性反转事件，称为极性亚时，比如松山反向期中有两次明显的极性亚时，即加拉米诺事件和奥尔都维事件，每个极性亚时持续时间为几万年到 20 万年之间。

人们通过对设在全球各地的地磁台站点进行实测得到各站点的地磁要素值，消除地磁短期变化的影响，建立全球地磁场的基本数值，依其地磁场基本数值，可以计算出地球表面任何一处的地磁场数值，这样得到的某处地磁场数值叫计算值或理论值。而在地表上，任何一处也可以用仪器去测试，得到该处地磁场要素值，在消除地磁的短期影响后得到的数值叫实测值。通常将地表某处地磁场实测值与计算值不一致的现象称为地磁异常。地磁异常可分为地磁正异常和地磁负异常两类。前者实测值大于计算值，后者实测值小于计算值。

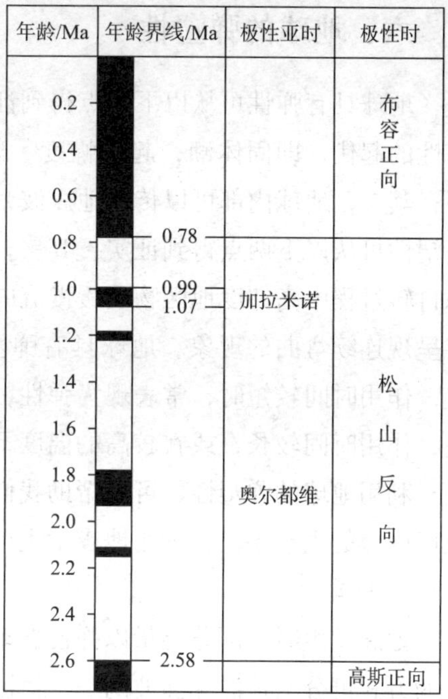

图 2－17　2.7Ma 以来的地磁极性年表

地磁异常现象是由于地壳中局部埋藏有强磁性、弱磁性或反磁性的物质而引起的。可以利用局部地区的地磁异常去寻找地下的矿产资源，这个方法叫磁法勘探。磁法勘探也是地球物理勘探的方法之一。其原理可以表述为：局部呈地磁正异常的地区，其地下埋藏有强磁性的物质，如磁铁矿、镍矿等矿床；反之，局部呈地磁负异常的地区，其地下埋藏有弱磁性或反磁性的物质，如铜矿、石油、盐类等矿床。

五、地球的电性

地球具有电性，可以导电。如发电厂以大地作为回路，高层大气电离对地面产生感应电流、雷雨是放电现象，地球内部岩体可产生温差电流及地磁场的感应电流等。

地球内部的电性主要与地内物质的磁导率和电导率有关。磁导率一般变化不大，但电导率变化较大，它与温度、岩石类型、矿物成分、岩石中的孔隙度、孔隙水的含量及其矿化度等众多因素有关。如沉积岩的电导率大于结晶岩；孔隙多、含水量大岩石的电导率大于孔隙少、含水少的岩石；熔融岩石的电导率比未熔融的同类岩石的电导率大数百到数千倍。

利用大地电磁场的分布及其频率的变化，可研究地球内部高导电层的分布及其深度。但地电会发生周期性变化，并受宇宙辐射的影响，因此可设置固定的观测站连续观测，消除外加电场的影响后便可得到正常地电场值，然后将附近地区测得的值与之比较，如有偏差，便是地电异常，它指示可能有某种矿体的存在。如硫化物矿体可产生自发电流，矿体下部为正电极，上部为负电极，地面电流流向矿体，在矿体附近电位下降，形成负电中心；石墨也产生负电位，而无烟煤则产生正电位。利用地电异常可探明一些矿体，这种方法称为电法勘探，也是重要的物探方法之一。

六、地球的弹塑性

地球具有弹性可从以下两点得到证实：其一，固体地球表面在日月引力作用下产生周期性的起伏，即固体潮，起伏幅度一般在 7 ~ 15cm，人感觉不到，只能通过精密仪器观测；其二，地球内部可以传播地震波，地震波是一种弹性波，在弹性介质中传播。地球具有塑性可从以下两点得到证实：其一，固体地球的形态，赤道半径比两级半径大，这是地球自转过程中高纬度地区物质缓慢流向低纬度地区的结果；其二，野外常可看见刚性的岩层呈现连续弯曲的现象。地球具有弹塑性是不同外力作用下的不同表现：当作用力速度快，作用时间较短时，常表现为弹性，如发生地震时表现出弹性一面；反之，当作用力缓慢，作用时间较长，或在较高的温度下，常表现出塑性。

利用地球的弹塑性，可以帮助我们去认识地球内部的情况。目前，地震学是人们了解地球内部的主要手段，利用地震学也可以帮助人们寻找地下的矿产资源。

1. 地震波

地震发生时，部分能量以弹性振动波的形式在地球中传播，称为地震波。地震波按传播的方式可分为体波和面波两类。体波能穿越介质内部传播，又可分纵波和横波两种（图 2 – 18）；面波（L 波）仅沿界面或地面传播，离开界面或地面迅速衰减而消失，它是纵波与横波在界面或地面处相遇后激发产生的。

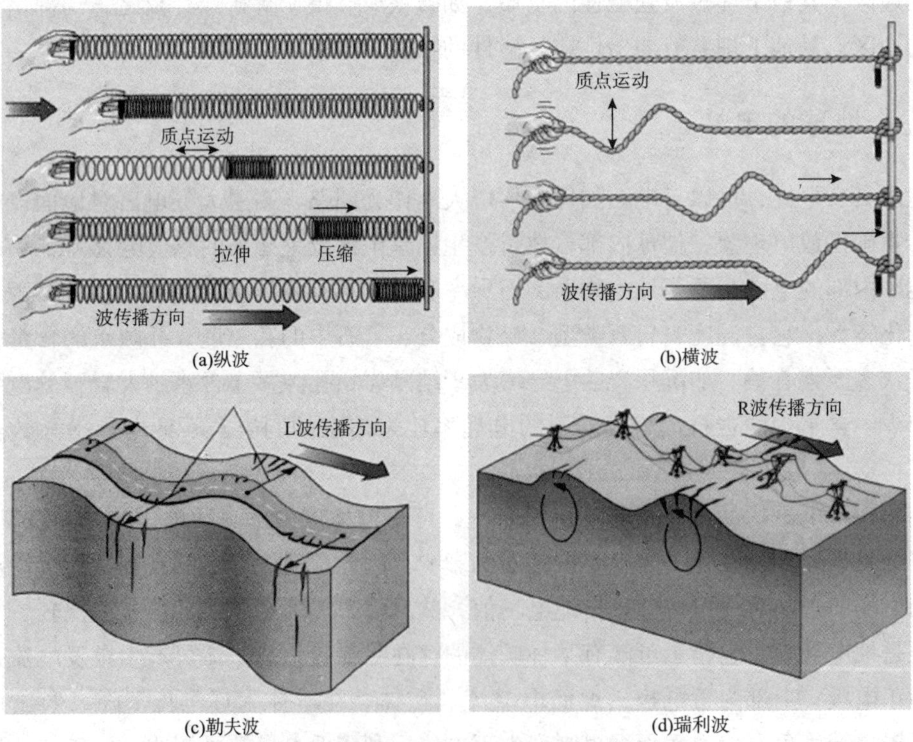

图 2 – 18　地震波的传播特征（据舒良树，2010）

勒夫波是面波的一种类型；瑞利波兼具体横波、纵波的特征

纵波：又简称为P波，质点振动的方向与波传播的方向一致。纵波可以在固态、液态和气态中传播，传播速度略快于横波，先到达地面，故又称之为初至波。

横波：又简称为S波，质点振动的方向与波传播的方向相垂直。横波只在固态中传播，传播速度略慢于纵波。

地震波在传播过程中若穿过不同物质的接触界面时，也会像光波一样产生反射、透射等现象。当入射波与界面斜交时，还会发生波型的转换，比如入射的纵波遇到物质界面时，会产生反射的纵波和透射的纵波，当入射的纵波与界面斜交时，会产生反射的横波和透射的横波。地震波在不同介质中传播的速度是不同的，穿过不同介质界面时，波速发生跳跃性的变化。人们将地下某一深度上下出现地震波波速的突变，以及产生反射、透射以及波型转换的界面称为波速不连续面，正是依据地球内部存在的若干个波速不连续面，将固体地球划分为若干圈层，关于这一点将在下节给予介绍。

2. 地震勘探

利用地震波携带的信息可以帮助人们了解地下的地质构造、寻找地下的矿产资源，这一方法称为地震勘探。地震勘探也是地球物理勘探的方法之一，它是目前油气勘探的重要手段。地震勘探原理如下（图2－19）。

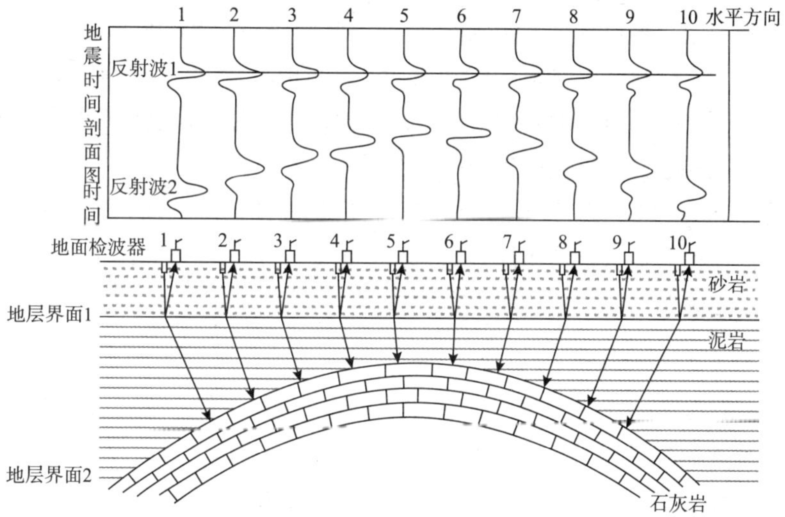

图2－19 地震勘探原理示意图（据陆基孟，1991）

通常在地面上布置好一排浅井，里面放上少量炸药；在同一个时间（t_0）引爆产生人工地震，同时打开地面上已布置好的一排地面检波器，以接收地震波往下传播过程中遇到不同岩石的接触界面时产生的反射波。当地下岩层界面水平时，各检波器接收到反射波的时间是相同的，如图2－19地层界面1及反射波1；当地下岩层界面弯曲时，各检波器接收到反射波的时间是不同的，如图2－19地层界面2及反射波2，5号、6号检波器首先接收到反射波，因为其传播历程最短，其次为4号、7号检波器，再次为3号和8号、2号和9号，最后是传播历程最长的1号、10号检波器，若将每个接收仪首次接收到的反射波的时间（t_2）用光滑的曲线连接起来，其曲线形态便可以反映地下岩性界面的形态。

第三节　地震与地球的内部结构

目前人们主要是通过分析地震波携带的信息来探索地球内部的结构，通过对陨石成分的了解去推知地球内部的物质组成，通过有限的高温高压实验做些验证工作，也对来自地下深处的火山岩展开研究获得一些认识。本节先谈一谈地震，然后介绍现今人们对地球结构的认识。

一、地震

地震是岩石圈的剧烈振动。地震是内动力地质作用的一种基本类型，是构造运动的一种特殊的表现形式，地震持续时间从几秒到几分钟不等。发生于海底的地震叫海震。地震是经常发生的一种自然现象，监测数据表明：全世界每年发生的地震约500万次，其中大部分地震人们感觉不到，人能感觉到的地震约5万次，破坏性的地震更少，7级以上的大地震平均每年约20次，现在处于地震多发时期。

地震几乎都给每一代人留下了深刻的印象。如1976年7月28日，河北唐山发生7.8级地震，造成约24万人死亡；2004年12月26日，印尼发生8.7级海震，造成约30万人死亡；2008年5月12日，四川汶川发生8.0级地震，造成约9万人死亡；2010年1月13日，海地发生7.3级地震，造成约22万人死亡等。

研究地震一个很重要的目标就是对地震进行准确的预报。然而，现在人们还无法做到准确地预报地震，其主要原因是还没有完全掌握地震发生的规律。以下介绍与地震有关的一些术语、地震的成因类型、地震的分布等内容。

（一）与地震有关的术语

与地震有关的术语主要有震源、震中、震源深度、震中距、等震线、震级、烈度等。

1. 震源、震中、震源深度、震中距、等震线

震源：它是地下首先发生震动的位置，它是地震能量聚积和释放的地方。震源具有一定的空间范围，故可称为震源区（图2－20）。

震中：它是震源在地面上的垂直投影点。震中也有一定的范围，也可称之为震中区。

震源深度：它是指震源到震中的距离。依据震源深度，地震可以划分为浅源地震、中源地震和深源地震三类：浅源地震震源深度小于70km；中源地震震源深度在70～300km之间；深源地震震源深度大于300km，最大深度可达720km。

据统计，浅源地震约占地震总数的72%，其中多数地震的震源深度不到33km；中源地震约占地震总数的24%；深源地震仅占4%。造成灾难性的地震都来自浅源地震，比如唐山地震的震源深度约13km，汶川地震的震源深度约16km。

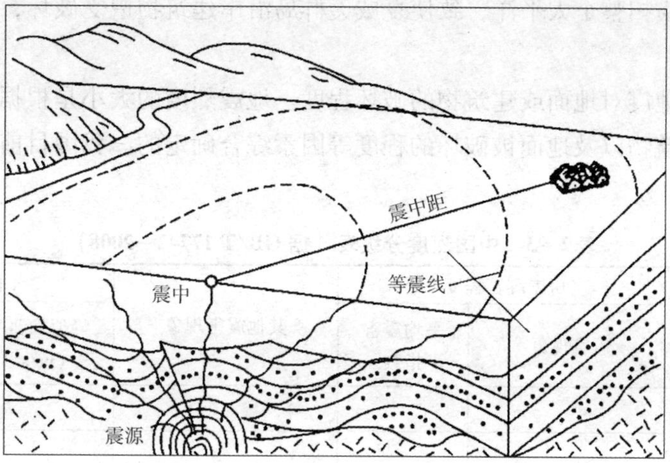

图 2－20　地震要素示意图

震中距：它是指地表上任何一点到震中的距离。一般用来表示地震台站到震中的距离。

等震线：它是指同一地震引起相等破坏程度的各点的连线。它一般以震中为中心呈不规则的闭合曲线。

2. *震级和烈度*

震级：它表示一次地震释放的能量大小的单位。震级是以地震仪记录到的地震波的最大振幅来计算得到的。震级（M）与震源发出的总能量（E）之间存在以下关系：

$$\lg E = 11.8 + 1.5M \tag{2-3}$$

表 2－2　震级与能量的关系（据《地震问答》编写组，1977）

M	E/J	M	E/J
1	2.0×10^{6}	6	6.3×10^{13}
2	6.3×10^{7}	7	2.0×10^{15}
3	2.0×10^{9}	8	6.3×10^{16}
4	6.3×10^{10}	8.5	2.0×10^{17}
5	2.0×10^{12}	9	2.0×10^{19}

震源发出的能量越大，震级越高（表 2－2）。震级每增加一级，则释放的总能量约增加 32 倍。依据震级，地震可分为：①微震：震级小于 2 级的地震，人感觉不到；②有感地震：震级在 2～4 级的地震，人可感觉到；③强震：震级大于 5 级的地震，已引起地面不同程度的破坏；④大震：震级大于 7 级以上的地震，造成地面的严重破坏。

人类历史上发生的地震中，震级最大的三次地震分别是 1960 年 5 月 22 日智利沿海 9.5 级地震，2004 年 12 月 26 日印尼苏门答腊北部岸外 9.0 级地震，2011 年 3 月 11 日日本东北沿海 9.0 级地震。它们均发生于海底，均产生了海啸，其中智利 9.5 级地震产生的海啸形成的巨浪横扫整个太平洋，致使夏威夷群岛沿岸建筑物遭受破坏，日本沿岸渔船被抛到岸上。

烈度：它是地震对地面或建筑物的破坏程度。地震烈度的大小是根据人的感觉、家具物品的振动、建筑物以及地面被破坏的程度等因素综合确定的。我国目前将烈度等级分为12 级（表2 -3）。

表2 -3 中国烈度分级表（据GB/T 17742—2008）

烈度	在地面上人的感觉	房屋震害程度		其他震害现象	水平向地面运动	
		震害现象	平均震害指数		峰值加速度/(m/s^2)	峰值速度/(m/s)
Ⅰ	无感					
Ⅱ	室内个别静止中人有感觉					
Ⅲ	室内少数静止中人有感觉	门、窗轻微作响		悬挂物微动		
Ⅳ	室内多数人、室外少数人有感觉，少数人梦中惊醒	门、窗作响		悬挂物明显摆动，器皿作响		
Ⅴ	室内普遍、室外多数人有感觉，多数人梦中惊醒	门窗、屋顶、屋架颤动作响，灰土掉落，抹灰出现微细裂缝，有檐瓦掉落，个别屋顶烟囱掉砖		悬挂物大幅晃动，不稳定器物摇动或翻倒	0.31 (0.22 ~0.44)	0.03 (0.02 ~0.04)
Ⅵ	多数人站立不稳，少数人惊逃户外	多数基本完好，差别较大，少数轻微—中等破坏	0 ~0.11	家具、物品移动；河岸和松软土出现裂缝，饱和砂层出现喷砂冒水；有的独立砖烟囱轻度裂缝	0.63 (0.45 ~0.89)	0.06 (0.05 ~0.09)
Ⅶ	大多数人惊逃户外，骑自行车的人有感觉，行驶中的汽车驾乘人员有感觉	轻度破坏—局部破坏，开裂，小修或不需要修理可继续使用	0.07 ~0.31	物体从架子上掉落；河岸出现坍方；饱和砂层常见喷砂冒水，松软土地上地裂缝较多；大多数独立砖烟囱中等破坏	1.25 (0.90 ~1.77)	0.13 (0.10 ~0.18)
Ⅷ	多数人摇晃颠簸，行走困难	中等破坏—结构破坏，需要修复才能使用	0.2 ~0.51	干硬土上出现裂缝；大多数独立砖烟囱严重破坏；饱和砂层喷砂冒水	2.50 (1.78 ~3.53)	0.25 (0.19 ~0.35)

续表

烈度	在地面上人的感觉	房屋震害程度		其他震害现象	水平向地面运动	
		震害现象	平均震害指数		峰值加速度/（m/s²）	峰值速度/（m/s）
Ⅸ	行动的人摔倒	严重破坏—毁坏，局部倒塌，修复困难	0.38～0.71	干硬土上出现许多地方有裂缝；基岩可能出现裂缝、错动；滑坡塌方常见；独立砖烟囱许多倒塌	5.00（3.54～7.07）	0.50（0.36～0.71）
Ⅹ	骑自行车的人会摔倒，处不稳状态的人会摔离原地，有抛起感	大多数倒塌	0.58～0.90	山崩和地震断裂出现；基岩上拱桥破坏；大多数独立砖烟囱从根部破坏或倒毁	10.00（7.08～14.14）	1.00（0.72～1.41）
Ⅺ		绝大多数毁坏	0.78～1.00	地震断裂延续很长；大量山崩滑坡		
Ⅻ		几乎全部毁坏	1.00	地面剧裂变化，山河改观		

注：表中的数量词：“个别”为10%以下；“少数”为10%～50%；“多数”为50%～70%；“大多数”为70%～90%；“普遍”为90%以上。

一般来说，震级越大，烈度越高；震级相同的地震，震源越浅，烈度越高；同一次地震，从震中往外烈度递减；同一次地震，距离震中距离相同的不同地区，地质条件不同，烈度也有差别。此外，表上的性质、地基的稳定性、房屋的结构与质量等也影响烈度的等级。

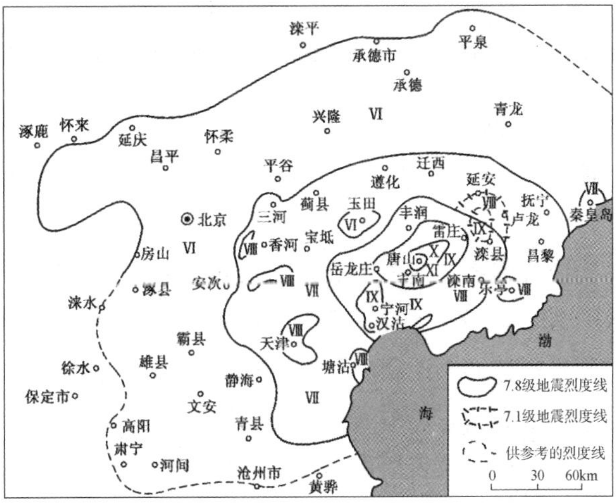

图2－21 河北唐山地震烈度图（据夏邦栋，1995）

图2－21为河北唐山地震烈度图，它是震后地震学家到震区进行考察，对各个考察点进行评价后确定其烈度等级并标于地形图上，然后用光滑的曲线将烈度相等的点连接在一起做出的。从图中可以看出，等震线呈围绕震中的不甚规则的封闭曲线，烈度由震中的11级往外递减。

（二）地震的成因类型

1. 地震的成因

地震产生的直接原因是地下岩体受力后突然发生断裂或错动而引起的（图2－22）。地下刚性的岩体受力后先通过弹性变形并储存能量，当岩体变形超过岩石的强度极限时，岩体突然发生断裂，破裂的岩体像刚断开的钢片一样来回震荡，产生地震波并快速释放能量，从而引起地震。此外，沿早期存在的断裂带两侧岩体受力后突然发生相对错动也会产生地震。

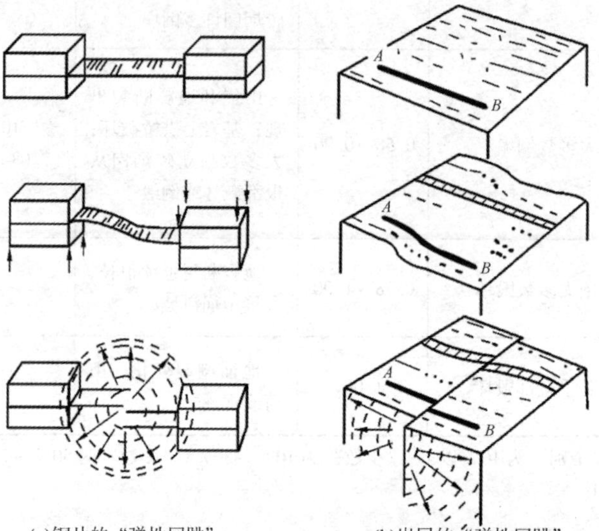

(a)钢片的“弹性回跳”震源机制示意图　(b)岩层的“弹性回跳”震源机制示意图

图2－22　构造地震产生的弹性回跳震源机制示意图（据徐成彦等，1988）

2. 地震的成因分类

地震产生的间接原因，包括构造活动、火山活动、地面陷落、人类活动、天体运动等。目前人们比较关注的地震类型是构造地震、火山地震和陷落地震。

构造地震：它是由构造运动引起的地震。构造地震是数量最多的一类地震，约占地震总数的90%。这一类地震活动频繁、分布广泛、影响范围广、破坏性强，造成的危害最大，几乎所有的大地震均属构造地震。构造地震是人们研究地震的主要对象。

火山地震：它是由火山活动引起的地震。地下岩浆通往地表过程中，对地表浅处岩体产生冲击导致其破裂产生地震。这类地震分布局限于火山活动地带，多为浅源地震，震级小，影响范围小。火山地震约占地震总数的7%。

陷落地震：它是由地面突然塌陷引起的地震。这类地震主要发育于地下溶洞发育的石灰岩广泛分布的地区。陷落地震震级小、影响范围小、发生频率低，约占地震总数的3%。

3. 地震过程

地震的过程实质就是岩石圈内地应力或应变能量不断积累与释放的过程。这一过程一般可分为孕育、临震、发震和余震四个阶段。不同阶段地震作用有不同的表现。

孕育阶段：它是地应力或应变能量不断积累的阶段。该阶段由于地应力远没有达到岩体的强度极限，所以几乎没有或很少有地震发生。这一阶段一般要经历几十年至几百年的时间。监测地下岩体地应力积累过程是地震预报的关键所在。

临震阶段：它是地应力或应变能量的积累已经接近或超过部分岩体的强度极限，处于将要发生大规模断裂的临界状态阶段。这一阶段可能出现许多地震前兆，比如地形变化异常、小震不断、地磁地电异常、地下水异常、家禽家畜生态异常等。地震前兆的现象是现今地震预报重点监测的对象。研究表明有的地震有明显的地震前兆，有的地震则没有。该阶段的持续时间短则几天，长则几年。

发震阶段：它是地应力或应变能量的积累已达到并超过岩体的最大强度极限，导致大规模的岩体断裂或震源断层大规模的活动，释放大量应变能量，发生强烈地震的阶段。该阶段持续时间往往只有几十秒或几分钟，可导致山崩地裂、地面起伏变形、建筑物倒塌等现象，造成严重的灾难。

余震阶段：它是主震过后震源断层的弹性调整阶段。该阶段持续时间较长，主要表现为余震不断，余震震级随时间不断减弱，余震震中也可能沿震源断层延伸方向发生迁移。比如四川汶川大地震之后，余震不断，6 级以上余震 4 次，4 级以上余震百余次，震级逐渐减弱，震中沿龙门山大断裂向北迁移。

（三）地震的分布

通过将已发生过的地震震中标注于地形图上，便可了解全球或某个地区地震的分布情况。从全球地震分布图（图 2－23）可以看出地震分布是不均匀的，地震多集中分布于地表某些狭长的地带上，这种地带叫地震活动带，简称地震带，而在其他地区只有地震的零星分布。

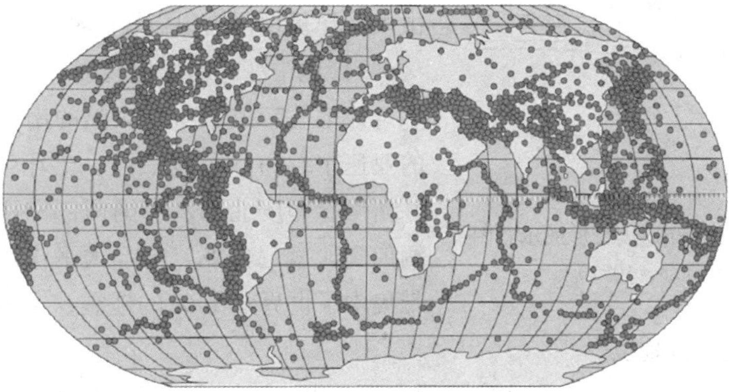

图 2－23　1995—2001 年间全球地震震中分布图（据舒良树，2010）

1. 全球地震带的分布

全球地震主要集中分布于以下几个地震带上。

1）环太平洋地震带

该地震带位于太平洋周边大陆或大陆边缘地带上，它是全球最主要的地震带。全球约 80% 的浅源地震、90% 的中源地震以及几乎所有的深源地震都发生于此带之上。

不同深度的震源在空间上有一定的分布规律：平面上，由海沟向岛弧或大陆方向依次分布着浅源地震、中源地震和深源地震（图 2－24）；剖面上，震源集中分布于由海沟起约呈 45°角下插到岛弧或大陆之下的一个倾斜带上，这个倾斜带叫贝尼奥夫带。

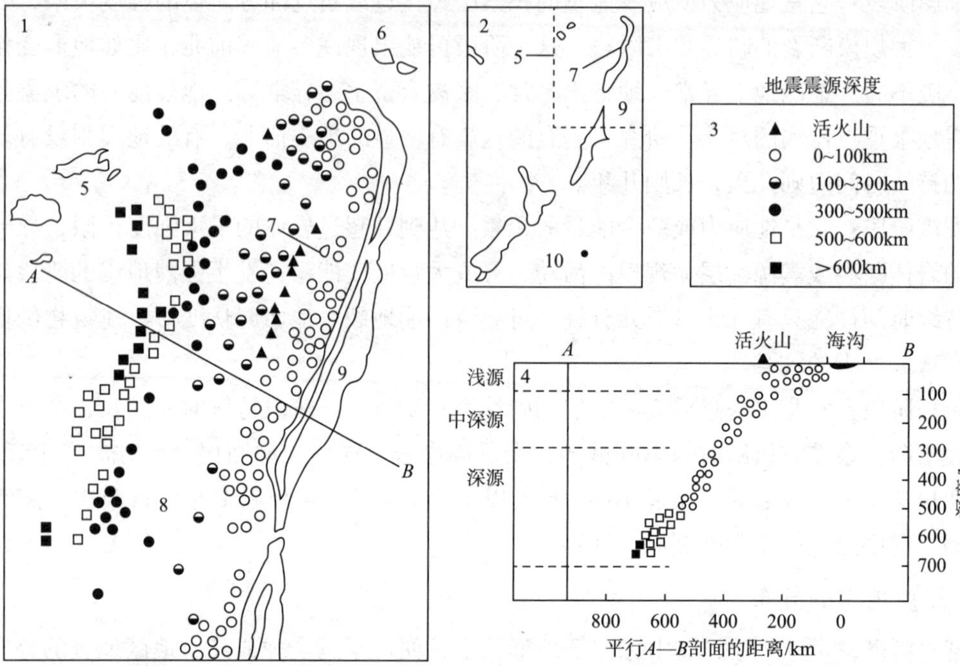

图 2－24　汤加海沟附近地震带的分布示意图（据许至平，1990）

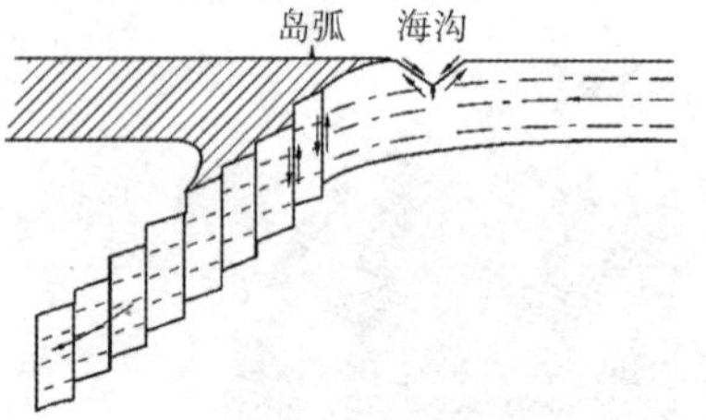

图 2－25　环太平洋地震带形成示意图
（据尹赞勋，1972）

板块构造学说认为，环太平洋地震带是由太平洋板块往周边板块俯冲形成的（图2－25）。

2）地中海—印尼地震带

该地震带位于欧亚大陆的南缘，西起大西洋的亚速尔群岛，经地中海、土耳其、阿富汗、巴基斯坦、印度北部、中国西部和西南部边境，过缅甸到印度尼西亚，与环太平洋地震带相接。该带集中了世界上 15% 的地震，主要是浅源地震和中源地震，缺乏深源地震。

板块构造学说认为，地中海—印尼地震带是由非洲板块、印度板块向北漂移并与欧亚板块南缘相碰撞形成的。

3）大洋中脊或大陆裂谷地震带

该地震带位于洋脊或大陆裂谷地带上。该带地震为浅源地震，震级较小。板块构造学说认为，此地震带由地幔岩浆沿洋脊中央裂谷或大陆裂谷上升引发地震所致。

4）内陆变形地震带

大陆内部分布有一些规模相对较小的地震带，主要位于受板块碰撞影响形成的内陆断裂带上。该地震带在许多地区地震频发、震级大、震源深度浅、一般不超过 20km，破坏性强。此类地震多发生在古板块边界上，比如 2008 年 5 月 12 日四川汶川 8.0 级地震发生于青藏高原东界与四川盆地交接的龙门山大断裂带上，尽管现在青藏高原与四川盆地均属欧亚板块，但在侏罗纪以前它们分属于不同的板块，这些板块之间以活动断裂相接，因此容易形成地震。

2. 我国地震带的分布

我国邻近环太平洋地震带和地中海—印尼地震带的交接地区，是一个地震频发的国家，有史以来发生过多次破坏性地震。如 20 世纪中晚期到 21 世纪初发生过震级在 7 级以上的地震有：1966 年的河北邢台地震、1973 年四川甘孜地震、1973 年四川炉霍地震、1974 年辽宁海城—营口地震和云南昭通地震、1975 年江苏溧阳地震、1976 年河北唐山地震、1999 年台湾中部地震、2001 年青海昆仑山地震、2006 年台湾南部地震、2008 年四川汶川地震、2010 年青海玉树地震、2017 年四川九寨沟地震等。

我国地震主要集中分布于以下三个地震带上。

1）东部地震带

该地震带与环太平洋地震带相邻，主要沿近北东—南西方向延伸。该带东缘从东北长白山，经渤海、黄海、东南沿海、台湾这一带属于环太平洋地震带。该带中西部从大兴安岭经燕山、太行山、吕梁山、贵州东部诸山一带与环太平洋地震带相邻。东部地震带，从有记录以来发生过多次强烈的地震，如 1668 年山东郯城 8.5 级地震、1976 年河北 7.8 级唐山地震等。

2）中部地震带

该地震带纵贯我国中部地区，呈南北方向延伸。北部起自贺兰山，经六盘山、龙门山到横断山脉，全长约 2000km，宽约几十千米，此带正位于我国地壳厚度变化剧烈的地带，发育诸多大断裂，属于板块活动在内陆的影响区。该带地震频发、震级大、破坏性大，发生过如 1974 年云南昭通 7.1 级地震、2008 年四川汶川 8.0 级地震等。

3）西部地震带

该地震带主要分布于青藏高原及其以北地区。该带呈东西向延伸，从南向北包括喜马拉雅山脉、冈底斯山脉、念青唐古拉山脉、昆仑山山脉等与盆地交接地带是地震频发地带，此带南部属于地中海—印尼地震带的一部分，此带北部则属于板块活动影响的地区。

二、地球的内部结构

当前主要依据地震波在地球内部传播过程中存在的主要波速不连续面来划分地球的内部圈层。地震波的传播特征表明：地球内部存在两个一级波速不连续面、若干个次级波速不连续面和一个低速带（表 2－4）。

表 2-4　地球内部圈层及其特征

圈层	名称	代号	深度/km	地震波速度/(km/s) 纵波	横波	密度/(g/cm³)	重力加速度/(cm/s²)	压力/(×10¹⁰Pa)	温度/℃	附注
			0	5.6	3.4	2.6	981	0.0	14	岩石圈
地壳		A	10	6.0	3.6	2.7	983	0.3	180~300	
				6.6	3.8	2.9				
莫霍面			33	7.6	4.2	3.0	984	1	400~1000	
				8.0	4.4	3.32				
地幔	上地幔	B	60	8.2	4.6	3.34	984.7	1.9	500~1100	
	上地幔（低速带）	B	150	7.7	4.0	3.5	987.5	4.9	800~1400	软流层
	上地幔（低速带）	B	250	8.2	4.55	3.6	989	6.8	1000~1600	
	上地幔（低速带）	B	400	9.0	4.98	3.85	994	14	1200~2000	
	上地幔	C	1000	11.43	6.35	4.6	994	40	1850~3000	物质不均匀
	下地幔	D								
古登堡面			2898	13.32	7.11	5.7	1030	150	2850~4400	液态
				8.1	0.0	9.7				
地核	外核	E	4640	10.4	2.07	12.0	610	298	4500~5000	
	过渡层	F	4900	10.4	1.24	12.2	500	320	4700~5700	
			5155	11.0	3.6	12.7	430	332	4720~5720	
	内核	G	6371	11.3	3.7	13.0	0	370	5000~6000	

（一）地球内圈的划分及依据

1. 一级波速不连续面

莫霍面：该面于 1909 年由前南斯拉夫学者莫霍洛维奇首先发现。该不连续面在大陆地区埋深约 33km，大洋地区埋深约 6~7km。纵波由上往下穿越此界面，波速由 7.6km/s 突增到 8.0km/s；横波由上往下穿越此界面，波速由 4.2km/s 增加到 4.4km/s。

古登堡面：该面是 1914 年由美国地球物理学家古登堡发现的。该不连续面埋深约 2885km。纵波由上往下穿越此界面，波速由 13.32km/s 突降到 8.1km/s；横波由上往下穿越此界面，波速由 7.11km/s 降到 0。

依据莫霍面和古登堡面，可将固体地球内部划分为地壳、地幔和地核三个圈层（图 2-26）。

2. 次级波速不连续面

康拉德面：位于地壳内部，表现为纵波由上往下穿越此界面，波速由 6.0km/s 突升到 6.6km/s；横波由上往下穿越此界面，波速由 3.6km/s 升到 3.8km/s。此界面于 1925 年由康拉德发现。此界面仅见于陆壳内，平均埋深约 10km。不同学者对该界面的稳定性认识不一。据此界面，可将地壳划分为上下两层，即上地壳和下地壳。

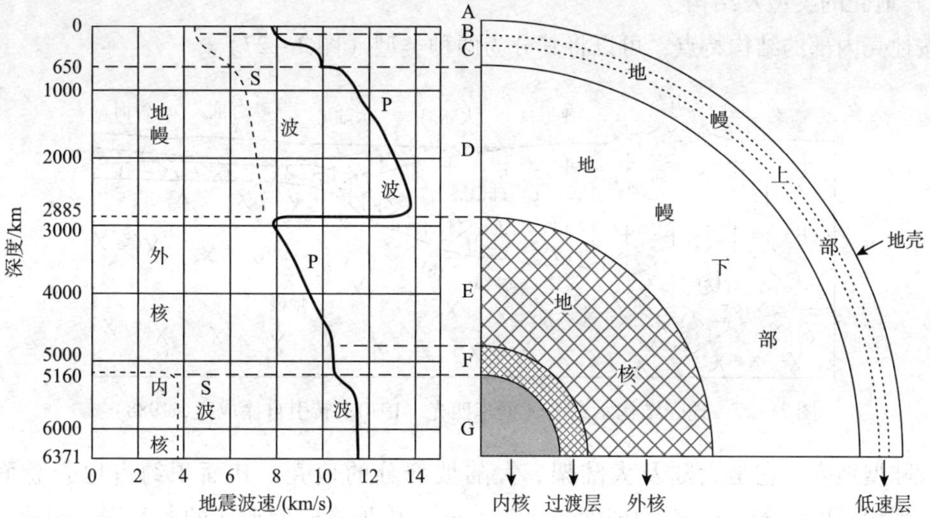

图 2－26 固体地球的圈层结构（据汪新文，1999）

上下地幔界面：位于地幔内部，地下深度约 1000km 处。纵波由上往下穿越此界面，波速由 8.91km/s 突增到 10.75km/s；横波由上往下穿越此界面，波速由 4.77km/s 增加到 5.95km/s。根据此界面，可将地幔分为上地幔和下地幔两个圈层。

内外地核界面：该界面位于地核内，地下深度约 5120km 处。在此界面附近，纵波由上往下穿越此界面，波速由 10.36km/s 突增到 11.03km/s，并出现由纵波转换产生的横波。由此界面地核可分外核和内核两个圈层。有人还划分出一个固态与液态相混合的过渡层。

3. 低速带

低速带位于上地幔上部，地下深度约 60～400km，地震波在此带由上往下穿过，波速没有随深度增加而增加，反而略有降低，波速降低约 5%～10%，故称此带为低速带。低速带没有明显的上下界面，地震波穿越界面时波速是渐变的；低速带的埋深在横向上有起伏，故其厚度也存在着变化。依据低速带存在的区域在上地幔上部划分出一个圈层叫软流层，也称为软流圈。

（二）地球内部各圈层的基本特征

地球的内部圈层主要是根据地震波在地球内部的传播情况划分的，详细的划分结果见表 2－4。地球内部各圈层的基本特征主要是根据地震波的传播特征推断的。

1. 地壳

地壳是莫霍面以上的固体地球表层。地表有起伏，莫霍面埋深也有深浅，故地壳的厚度变化较大，大陆地壳较厚，大洋地壳较薄，地壳平均厚度约 16km，其体积约占地球总体积的 1.55%，地壳的平均密度约 2.6～3.0g/cm^3，其质量约占地球总质量的 0.8%。

1）地壳的类型及结构

按地壳内部的结构特点，可以将其分为两种类型（图 2－27）。

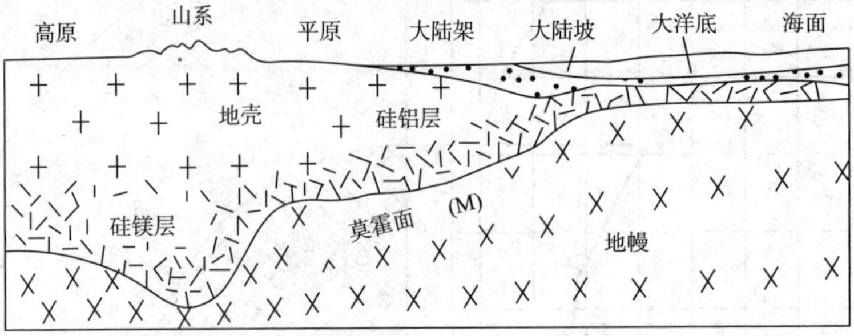

图 2－27　地壳结构示意图（据李四光，1970；转引自徐成彦，1988）

大陆型地壳：它是大陆及大陆架、大陆坡部分的地壳，其面积约占地壳总面积的40%，平均厚度约 33km，平均密度约 2.7g/cm^3。由地史时期形成的各类岩石组成，岩石可发生强烈的变形。大陆地壳多呈现重力负异常。以康拉德面为界，大陆地壳可以分为上下两层。上层叫硅铝层，其物质组成与一种叫花岗岩的岩石成分相似，故又称为花岗岩质层，其密度约 2.6～2.7g/cm^3，一般厚度为 15～20km；下层为硅镁层，其物质组成与玄武岩成分相当，故又称为玄武岩质层，其密度约 3.0g/cm^3，一般厚度为 15～20km（表 2－5）。

表 2－5　大陆型地壳与大洋型地壳的特征比较（据张宝政等，1983）

特　征	大陆型地壳	大洋型地壳
结构	双层结构，上为硅铝层，下为硅镁层，表层具有不连续分布的松散沉积物	仅有硅镁层，上部表面覆盖松散沉积物
占地壳的比例	面积 40% 体积 79% 质量 63%	面积 60% 体积 21% 质量 37%
平均厚度/km	33	6
平均密度/（g/cm^3）	2.7	3.0
成分	沉积岩、岩浆岩和变质岩均有；SiO_2 含量大于 60%，镁的含量低，为 3.1%，铁的总含量高	几乎全由火山岩组成；SiO2 含量小于 50%，镁和低价铁含量高，但铁的总含量低
岩石时代	各地质时期形成的岩石都有，最老的岩石年龄可达 40 亿年	岩石年龄较新，大多是在近 5000 万年形成的，最老不超过 2 亿年
地质作用和地质构造	可见岩层受强烈的挤压形成的褶皱、断裂，区域变质作用普遍	主要以火山作用为主，无区域变质作用，张性大断裂发育
重力异常	以负异常为主	以正异常为主

大洋型地壳：它是以大陆坡脚处为界，大洋盆地与洋脊部分的地壳。其面积约占地壳

总面积的60%，平均厚度约6～7km，平均密度约3.0g/cm³。主要由2亿年以来形成的岩石组成，岩石以玄武岩为主，变形轻微。大洋地壳多呈现重力正异常，由上覆的沉积层和硅镁层组成。

2）地壳均衡

地壳为适应重力作用，力求达到平衡的现象叫地壳均衡。

地壳的厚度变化很大，大陆地壳最厚处位于青藏高原，厚约70km；大洋地壳最薄处位于海沟处，约5km。此外，一般地壳越厚的地方，地势越高；地壳越薄的地方，地势越低。与此相应的是，地势越高处，莫霍面埋深越大，地势越低处，莫霍面埋深越浅。厚度变化很大的地壳漂浮于地幔上，这种结构是否稳定？地壳结构的稳定性早在1855年前后，英国科学家普拉特和艾利提出了各自的解释（图2－28）。

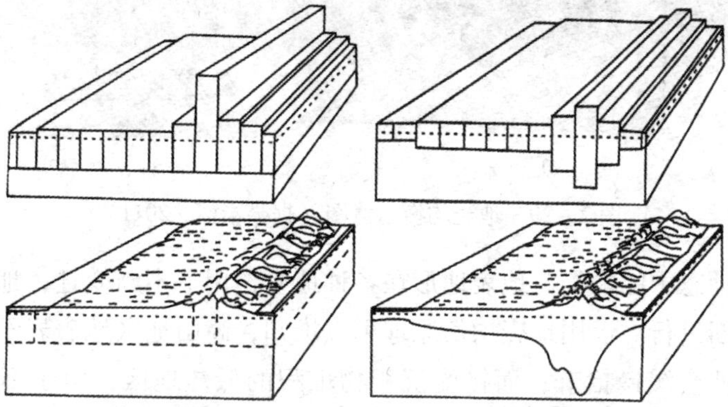

(a)普拉特模式　　(b)艾利模式

图2－28　重力均衡的两种模式示意图（据陶世龙等，2010）

J. H. 普拉特认为：组成高山的岩石密度与平原上的岩石密度存在差异，但都漂浮于密度更大的均一物质之上；地下某一深度存在一个等压面，叫均衡补偿面；其面之上，地壳可以分为若干截面面积相等的岩石柱，每个柱体的质量不变但密度不同，组成高山柱体的岩石密度小，组成低地柱体的岩石密度大，从而使重力达到均衡。假如某一地区岩石柱体的质量发生了变化，则需要在相邻的一定区域改变均衡补偿面的深度来调整以达到平衡。

同年，G. B. 艾利则认为：地壳由许多厚度不同但密度均匀的较轻的岩块组成，并漂浮于较重的可塑性的物质之上；岩块遵循阿基米德原理而处于平衡状态，例如较厚的岩块如高山地区地势较高，下陷的深度也较大，形成“山根”，较薄的岩块如海洋地区地势较低，其下的密度较大的物质必然隆起，形成“反山根”；假如某一地区的均衡受到破坏，则通过其下的塑性物质在垂向上的沉浮给予调整，从而达到新的平衡。

上述的两种解释各有合理的部分，也存在着各自的不足。普利特的说法中合理的部分是地壳各处密度存在差异，不合理的是地壳下界呈一平面。艾利的说法中合理的部分是地壳地势越高地区，下陷的深度越大，地壳下界是起伏的，但其认为地壳物质密度各地区大致相同的看法是不合理的。

现代对地壳均衡的解释是：设想地壳以下、地幔中的某个深度上，存在着一个水平面，可称为均衡补充基面，在此面单位面积上各处所承受的上覆岩体的总重量都相同，从而保持各地区重力上的平衡（图 2－29）。例如以均衡补偿基面为准，高山地区的地势较高，但其下部地幔物质的厚度较小；平原地区的地势较低，但其下地幔物质的厚度较大，故两处物质的总重量相当，从而能保持重力的均衡。

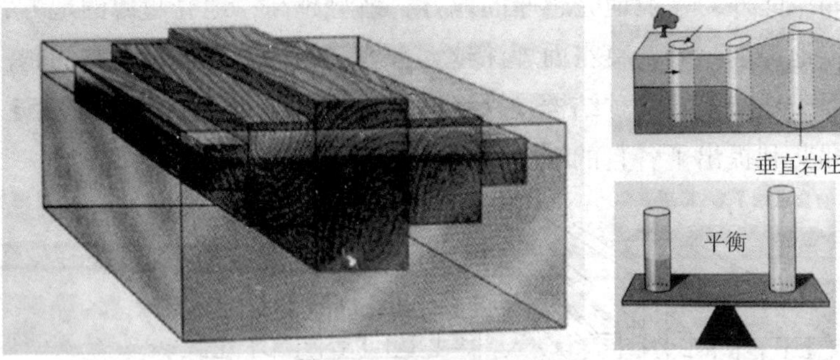

(a) (b)

图 2－29　地壳均衡示意图（据吴泰然，2011）

地壳均衡是动态中的均衡。地表地形在各种地质作用下不断变迁，地壳不同部分的均衡调整也随之不断进行。运用地壳均衡原理可以推知，高山地区地表岩石随着不断被剥蚀并搬走，该地区便会缓慢抬升；而接受沉积物堆积的低洼地区，由于不断堆积会缓慢下沉，其下地幔物质通过缓慢流动，以保持地壳的平衡状态。例如，北欧斯堪的纳维亚半岛因古冰川消融而产生的地壳上升现象就是一个例子：据研究，1.5 万年前此处还被厚达数千米的冰川覆盖，此后冰川消融，地面上升；据估计，近万年以来，地面上升的幅度约 250m，至今还以每年 11cm 的速度在上升。同理，可以推知南极洲冰川的消融也会导致南极洲地面的上升并最终出露水面。

2. 地幔

地幔是地球内自莫霍面至古登堡面之间的部分，厚约 2850km，其平均密度约 4.5g/cm^3。体积约占地球总体积的 82.3%，质量约占地球总质量的 67.8%。地幔是地球的主体，它主要由固态物质组成。依据地幔内次级波速不连续面，可以将其划分为上地幔和下地幔两层。

上地幔的平均密度约 3.5g/cm^3，与石陨石密度相当，故推测其成分主要由铁镁硅酸盐组成。下地幔的平均密度约 5.4g/cm^3，与铁石陨石密度相近，但当前一般并不认为其成分与铁石陨石相当，而是认为其成分与上地幔相近，密度增加的原因是静压力增高的情况下，物质排列更加紧密的缘故，也不能排除铁、镁元素含量增加的原因。

在上地幔上部存在着一个低速带，其分布区间一般认为在深度 60～400km。依据地温梯度推算，这个深度的地温约 700～1300℃，已经接近此处物质的熔点，故推断该地带已部分熔融，出现少量的液态物质，物质塑性增加。科学家推测该区域物质可以产生缓慢的流动，故将此区域称为软流层或软流圈。软流层没有明显的上下界面，其埋深在横向上有起伏，故其厚度也存在着变化。

软流层中物质的缓慢流动或对流必然导致其上的固态物质产生运动。由此人们引入了一个重要的概念，即岩石圈。岩石圈是指软流层之上的固体地球表层，它包括上地幔顶部的一层固体岩石和整个地壳，其厚度约 60 ~ 70km。板块构造学说认为岩石圈由若干大小不一的块体组成，这些块体叫板块，板块漂浮于软流层之上运动。板块构造学说的兴起导致了地学的一场革命。

3. 地核

地核是地球内部自古登堡面至地心的部分，厚约 3473km，可分为三个圈层：外核（2898 ~ 4640km）、过渡层（4640 ~ 5155km）和内核（5155 ~ 6371km）。地核的体积约占地球的 16.2%，质量约占地球的 31.3%，地核的密度变化范围为 10.5 ~ 12.9g/cm^3。

根据横波不能通过外核的事实，可以推断外核物质呈液态；过渡层中波速变化复杂，可检测到横波，故推断此层呈液态和固体的混合状态；内核可检测到稳定的横波和纵波，故推断内核呈固态。从地核密度与铁陨石密度相近，推知其成分也与铁陨石相近，主要由铁、镍组成，此外还含有少量的硅、硫等元素。

第四节　地球的外部圈层

以固体地球表面为界，可将地球划分出外圈和内圈。地球的内圈由地壳、地幔和地核组成。而从地表到地球大气的边界部位既有有机物也有无机物，既有气态物质也有固态和液态物质，这些物质经历了漫长的地质演化过程，形成了分布有序、物质构成有别的外部圈层。地球的外部圈层可分为大气圈、水圈和生物圈，它们各自形成一个围绕地表相对封闭的圈层结构。

一、大气圈

大气圈是因地球引力而聚集在地表周围的气体圈层，是地球最外部的一个圈层。大气是人类和生物赖以生存必不可少的物质条件，也是使地表保持恒温和水分的保护层，同时也是促进地表形态变化的重要动力和媒介。

1. 大气的组成

据估算，大气圈的总质量约 5×10^{18}kg，其中绝大部分分布在大气圈的下部。自然状态下的大气是多种气体的混合物，主要由氮、氧、氩、二氧化碳、水及一些微量惰性气体组成。

2. 大气圈的结构

大气圈的下界通常是指地表，但在地面以下的松散堆积物及某些岩石中也含有少量空气，它们是大气圈的地下部分，其深度一般小于 3km。大气圈的上界并无明确的界限，一般认为在 2000 ~ 3000km 的高空逐渐过渡为星际尘埃，然而 99% 的大气集中在地表以上

100km 以内，且 50% 集中在 10km 范围内。

大气圈在垂直方向上的物理性质有显著的差异，根据温度、成分、电荷等物理性质以及大气的运动特点，可将大气圈自地面向上依次分为对流层、平流层、中间层、暖层及散逸层（图 2－30）。

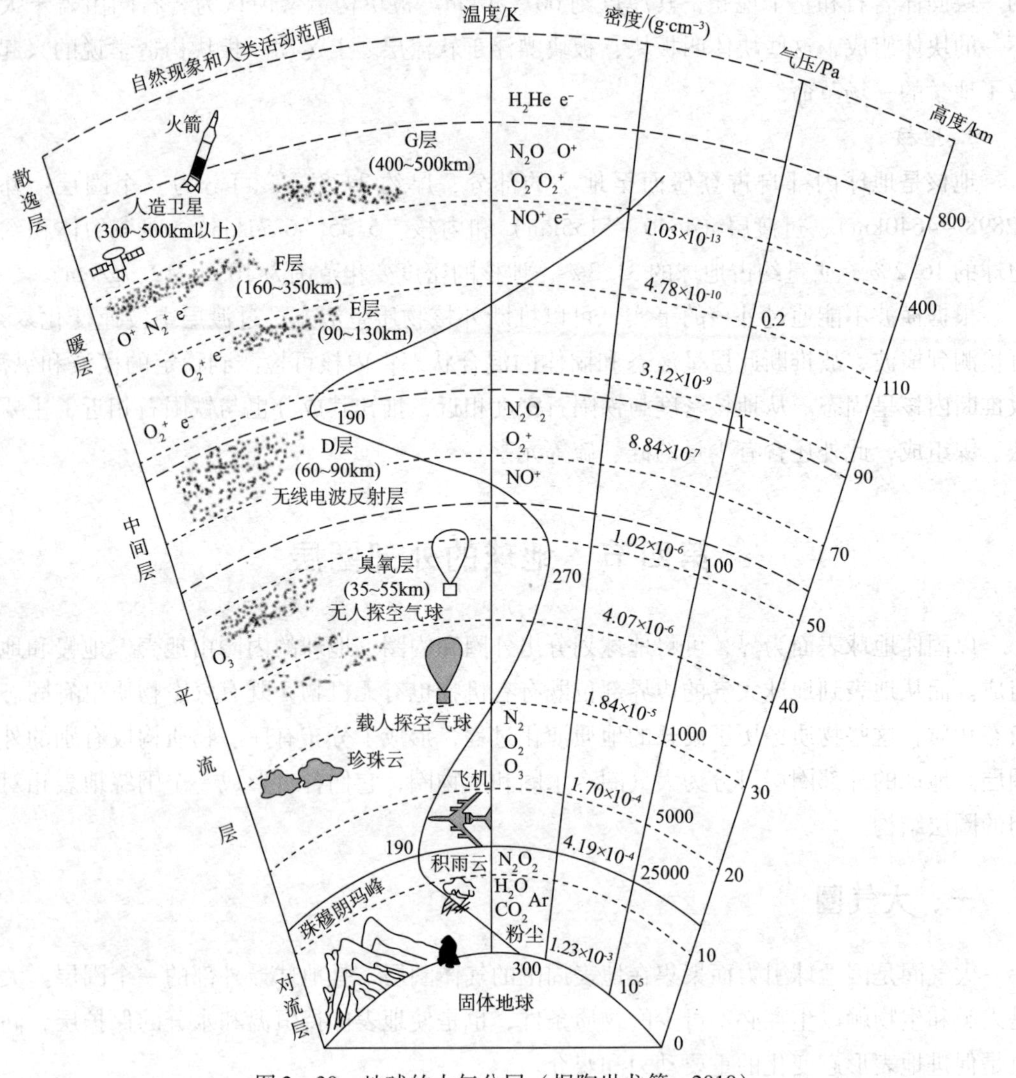

图 2－30　地球的大气分层（据陶世龙等，2010）

对流层：是大气圈最下面的一层，其厚度随纬度而变化，赤道附近厚 17～18km，两极仅 8～9km，平均厚度约 11～13km。对流层的厚度还随季节变化，一般夏季较厚，冬季较薄。同大气圈总厚度相比，对流层是很薄的，但其质量却占大气圈总质量的 70%～75%，且集中了大气圈的几乎全部水汽和尘埃。

对流层的主要特征有：①温度随高度增加而降低，每升高 1km 温度平均降低 6℃，这称为大气降温率，至平流层顶部的温度可降至－83～－53℃；②空气上下对流强烈，这是由于地面的不均匀加热而导致的不同纬度、不同高度的大气具有温度差与密度差所致，空气对流使地面的热量、水汽和杂质向高空输送，从而发生一系列天气现象，如风、雪、雨、云等；③由于对流层受地表的影响较大，其温度、湿度等气象要素水平分布不均匀，由此产生一系列物理过程，形成复杂的天气现象；④对流层受人类活动影响显著。

大气的运动形成风，全球范围的大气运动构成大气环流，直接影响全球气候。

平流层：平流层是从对流层顶至35～55km高空的大气层，其质量约占大气圈总质量的20%。

平流层的显著特点是气流以水平方向的运动为主，由此得名，该层由于气流平稳，是飞机飞行的主要地带。平流层基本不含水汽和尘埃，不存在常见的天气现象。在该层的上部(30～55km)存在多层臭氧层，臭氧层能吸收来自太阳99%以上对生命有害的紫外线，所以称它是地球生物的保护伞。

平流层的温度，最初随高度的增加保持不变或略有上升，但升至30km以上时，由于臭氧吸收了大量紫外线，温度升得很快，到平流层顶气温可升至－3～17℃。

中间层：自平流层顶至约85km高空的大气层为中间层。由于这里没有臭氧吸收太阳辐射的紫外线，气温随高度增大而迅速下降，至中间层顶界气温降到－113～－83℃。由于下热上冷，再次出现空气的垂直运动。该层的顶部已出现弱的电离现象。

暖层：又称电离层，为从中间层顶部到约800km的高空。该层的空气已很稀薄，质量只占大气总质量的0.5%。该层的空气质点在太阳辐射和宇宙高能粒子作用下，温度迅速增高，再次出现随高度上升而增高的现象。到500km处温度高达1200℃，500km以上温度变化不大。同时，因紫外线及宇宙射线的作用，氧、氮被分解为原子，并处于电离状态，按电离程度可分为几个电离层，能反射不同波长的无线电波，在远距离短波无线电通讯方面具有重要意义。

散逸层：也称外逸层，位于800km以上至2000～3000km的高空，空气已极为稀薄。此层是大气圈与星际空间的过渡地带，其温度也随高度的增加而升高。因离地面太远，地球引力作用弱，空气粒子运动速度很快，所以气体质点不断向外扩散。

二、水圈

水圈是由地球表层水体构成的连续圈层。水是生物生存必不可少的物质条件，水圈的运动是地表形态变化发展的重要动力之一。

1. 水圈的构成

自然界的水以气态、固态和液态三种形式存在于大气圈、生物圈、海洋与大陆表层之中。地球水体的总质量为1.5×10^{18}t，体积约$1.4\times10^{18}m^3$，其中，海洋水约占97.212%，大陆地表水约占2.167%，地下水占0.619%，大气水占0.001%。地球上水体的分布是极不均匀的，能被人类饮用的淡水只占其中很小的一部分，而且大部分为分布在两极及高山地区的冰川水。

2. 水圈的循环

自然界中以各种形式存在或保存在不同环境中的水，在自然因素和人为因素的影响下处于不断的运动和转换之中，这称为水圈的循环（图 2－31）。水圈产生运动的主要动力是太阳辐射能和地球重力能。水圈循环同样是物质循环和能量传输的过程，是地球表层系统的重要组成部分。

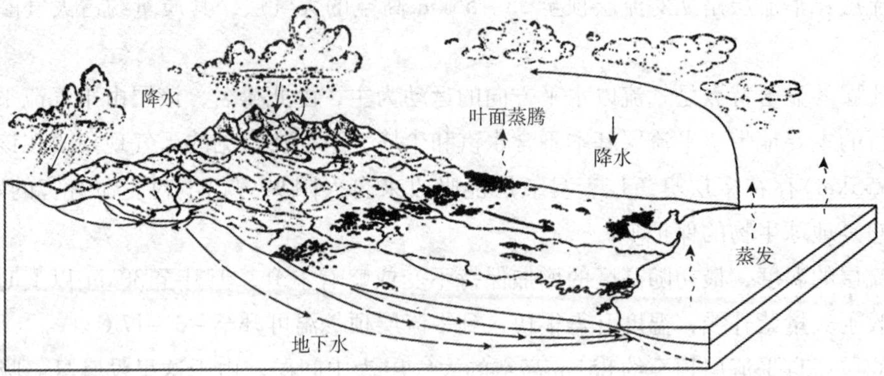

图 2－31　水圈的循环示意图（据汉布林，1980）

三、生物圈

生物圈是指地球表层由生物及其生命活动的地带所构成的连续圈层，是地球上生物及其生存环境的总和。生物圈同大气圈、水圈和岩石圈的表层之间相互渗透、相互影响，没有严格的界线。从地表以下 3km 到地表以上 10 多千米的高空以及深海的海底都属于生物圈的范围，但是 90% 以上的生物都活动在地表到 200m 的高空以及从水面到水下 200m 的水域空间内，构成生物圈的主体。

生物圈中的生物种类极为繁多，当前地球上已发现并定名的就达 200 多万种，其中动物 150 多万种、植物 50 多万种。生物是地球历史的见证者，生物在其生命活动中也改造着地球，是地质作用的参与者。

四、地球表层圈层之间的相互作用

虽然地球外部各个圈层是一个相对独立的体系，地球外部圈层的大气圈、水圈、生物圈和内部圈层顶部的岩石圈是相互关联、相互影响、相互渗透、相互作用的有机整体（图 2－32），它们共同构成了地球系统的主体，并共同促进地球外部环境的演化。地球系统科学是研究组成地球系统的这些子系统之间相互联系、相互作用中运转的机制，地球系统变化的规律及控制这些变化的机理，是地球科学发展的新方向。

岩石圈是固体地球的表层由岩石构成的圈层，岩石的孔隙中保存的空气是大气圈的有机组成部分，在温度和压力变化的情况下，岩石圈中的大气和空气中的大气可发生相互交

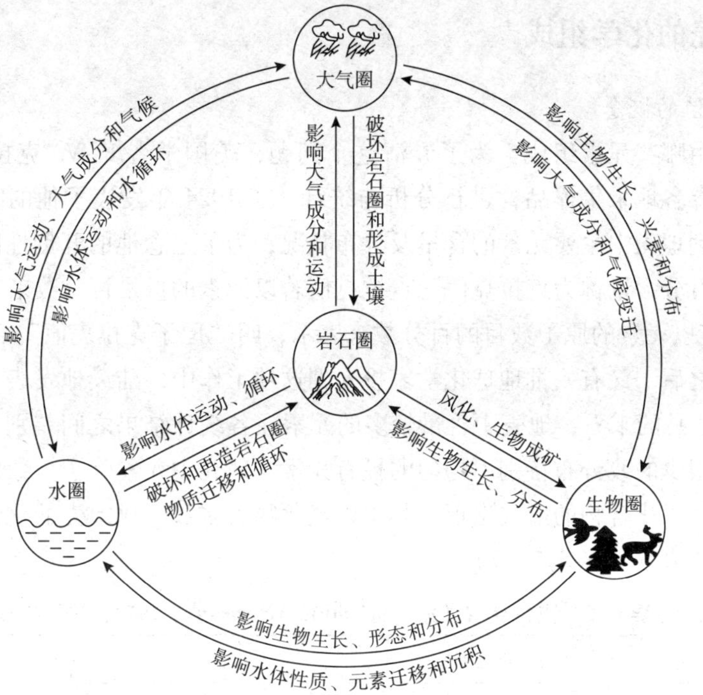

图 2－32　地球表层圈层之间的相互作用（据陶世龙等，2010）

换，尤其是 CO_2、CH_4等温室气体的埋藏或释放会对全球气候造成重要的影响。岩石孔隙中保存的水体，以地下水为主，是水圈的重要组成部分。地表生长着动植物，甚至在地下深处也有细菌等微体生物的生存，这是生物圈的重要组成部分。相应地，与岩石圈相关的大气、水圈和生物的作用，会造成岩石风化剥蚀而发生破坏，形成溶液物质和碎屑物质等并通过搬运充填于低洼地区，导致地表形态的改变。大气圈中含有的水蒸气是水圈的组成部分，随大气运动参与水圈的循环。大气圈中生活的生物，是生物圈的重要组成部分，它们的生命活动过程是全球大气循环的组成部分。水圈中溶解的气体也是大气圈的组成部分，水、气之间的相互作用是全球气候变化的重要组成部分。水圈中生活的生物是生物圈的重要组成部分，生物活动也参与到水圈循环过程。生活在岩石圈表面的生物，其生存依靠水和大气，生物对这些圈层也会产生影响。

第五节　地壳的物质组成

地壳的物质组成可以分三个层次，即元素、矿物和岩石等。地壳是由元素组成的，也是由矿物组成的。人们将元素在地壳中自然产出的单质或化合物定义为矿物，将自然产出的矿物集合体定义为岩石，因此也可说地壳是由岩石组成的。矿物与岩石是本课程的重点内容之一，本节仅做简要介绍，后面章节将做进一步详细的介绍。

一、地壳的化学组成

1. 克拉克值的概念

地壳主要由哪些元素组成？为了弄清这个问题，美国学者 F. W. 克拉克花费了约 50 年的时间到世界各地采集样品，进行分析与统计，于 1924 年发表了他的统计结果，人们才第一次了解到地壳中主要元素的含量及分布状况，为了纪念他的开创性的工作，人们把地壳中元素的百分含量称为克拉克值。克拉克值若以元素的重量百分数来表示，叫“重量克拉克值”，若以元素的原子数目的百分数来表示，叫“原子克拉克值”。

自克拉克之后，又有一批地球化学家投入到这项工作中，陆续地发表了自己的统计结果（表 2－6）。总的来看，地壳中含量较多的元素在各统计结果之间差别不大，差别较大的是那些含量很少的或分布特别不均匀的稀有元素。地壳中元素除了少数以自然元素状态产出外，大部分以化合物的形式出现，其中以氧化物占多数，故地壳的化学组成也可以氧化物含量的形式来表示（表 2－7）。

表 2－6　地壳中主要元素的克拉克值（据《Scientific American》，1970；转引自石玉章等，1995）

元　素	克拉克值	元　素	克拉克值
氧（O）	46.95	钠（Na）	2.78
硅（Si）	27.88	钾（K）	2.58
铝（Al）	8.13	镁（Mg）	2.06
铁（Fe）	5.17	钛（Ti）	0.26
钙（Ca）	3.65	氢（H）	0.14

表 2－7　地壳中主要化学成分估算值（据 Condie，1982；转引自徐成彦等，1988）

元　素	SiO_2	Al_2O_3	Fe_2O_3	FeO	MgO	CaO	Na_2O	K_2O	TiO_2
陆壳	60.6	15.2	2.5	3.8	3.1	5.5	3.0	2.9	0.6
洋壳	48.8	17.0	2.0	6.6	7.0	11.9	2.7	0.2	1.4
地壳平均	60.3	16.3	2.5	4.2	3.2	5.3	3.7	2.3	0.8

地壳中大多数元素含量较低，以百分比为单位表述并不方便，比如元素 Pb 在地壳中的含量仅为 0.00016%。因此，地球化学研究当中通常将含量小于 0.1% 的元素以百万分之一（简称为 ppm）来表述，如 Pb 元素在地壳中的含量可表述为 1.6ppm，由此引入了丰度这个概念。丰度是指地质体中元素的含量，以百分之一为单位。研究的具体对象如地球、地壳某区域的岩体、某矿体等都可称为地质体。

2. 地壳中化学元素分布特点

地壳中化学元素的分布有以下特点。

1）地壳中各种元素的克拉克值相差悬殊

含量最多的元素氧（约 47%），含量最少的元素氡（7×10^{-16}%），它们相差约 10^{17} 倍，氧的质量占地壳总质量的近二分之一，氡的质量仅有数十吨，相差悬殊；含量最多的三种元素（氧、硅、铝）的质量占地壳总质量的 82.58%；含量最多的九种元素（氧、硅、铝、铁、钙、钠、钾、镁、氢）的质量占地壳总质量 98.13%；其余一百多种元素的总质量仅占地壳总质量的 1.87%。

2）地壳中元素的克拉克值大致随其原子序数的增加而递减

将元素原子克拉克值取对数作与其对应的原子序数的曲线图（图 2－33），可以看出地壳中元素的含量随其原子序数增加而递减；此外，还可看出，相邻元素中原子序数为偶数的元素，其含量大于原子序数为奇数的元素的含量，这种特征称为元素的“奇偶效应”。

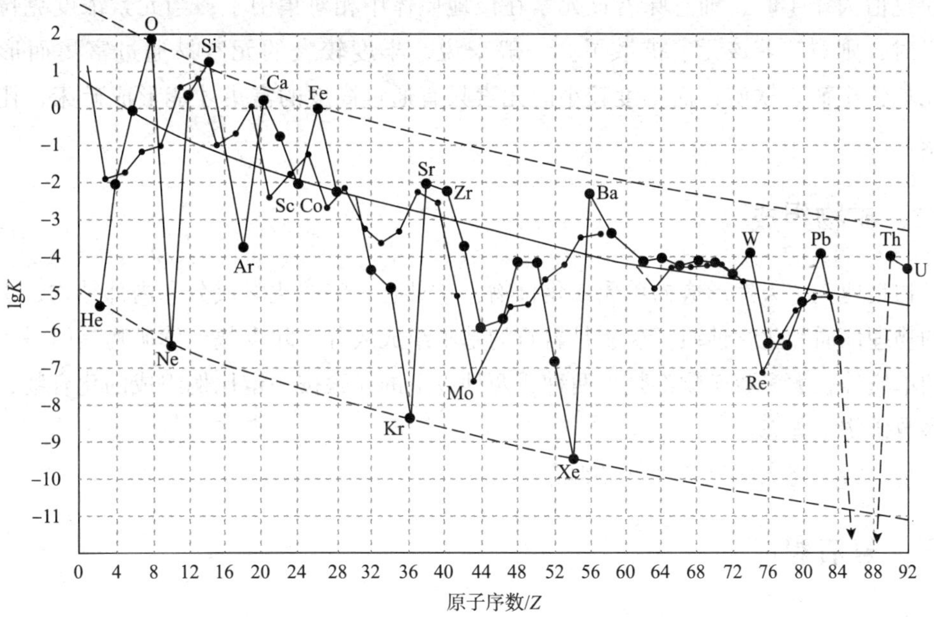

图 2－33　克拉克值对数值与元素原子序数之间的关系（据费尔斯曼；转引自冀国盛，2002）

3）地壳与地球及太阳系相比主要元素含量存在明显差别

太阳系、地球、地壳含量最多的元素排列次序如下：①太阳系：H、He、O、Ne、N、C、Si、Mg、Fe、S；②地球：Fe、O、Mg、Si、Ni、S、Ca、Al、Co、Na；③地壳：O、Si、Al、Fe、Ca、Na、K、Mg、Ti、H。

与太阳系相比，地球、地壳明显贫 H、He、Ne、N 等气体元素，这说明在太阳系演变形成地球过程中必然伴随着气态元素的散失。与整个地球相比，地壳相对贫 Fe、Mg 元素，而富集 Al、K、Na 元素，这说明在地球演变过程中，较轻的、易熔的碱金属铝硅酸盐上浮聚集于地球表层，而较重的、难熔的镁铁硅酸盐和金属铁则下沉聚集于地球深部。

3. 克拉克值的地球化学意义

元素的克拉克值反映了地壳的平均化学成分，确定了地壳中各种地球化学过程的总背景。它既是一种影响元素地球化学行为的重要因素，也提供了衡量元素集中与分散程度的地球化学指标。

元素的克拉克值在某种程度上影响着元素参与许多地球化学过程的行为。比如，化学性质相近的碱金属元素 Na、K、Rb、Cs 等，Na、K 等在地壳各种体系中都有较大的含量，因此可以形成各种独立的矿物，甚至沉淀结晶形成易溶的氯化物，如形成岩盐和钾盐矿床；而 Rb、Cs 等则由于其克拉克值低，它们在各种地质体系中的含量也低，总难达到饱和程度，因而不能形成自己的独立矿物，总是呈分散状态存在于其他元素的矿物中。

人们用浓度克拉克值来反映某种元素在地质体中集中与扩散的程度。某元素的浓度克拉克值是指在某地质体中该元素的含量与地壳中该元素的克拉克值的比值。当元素浓度克拉克值大于 1 时，即意味着该元素在该地质体中相对集中了；当元素浓度克拉克值小于 1 时，则意味着该元素扩散了。一般来说，丰度较大的元素易通过富集而形成矿床，比如铝土矿、铁矿；而丰度较小的元素只有通过高度的富集才能形成矿床，比如金矿、汞矿。

二、矿物组成

矿物是地壳中天然形成的单质或化合物，它具有一定的化学成分和内部结构，也具有确定的物理性质和化学性质。矿物是岩石的基本组成成分，除少数天然矿物是由一种元素组成的单质外，大多数矿物都是由两种或两种以上的元素按一定比例组成的化合物，而且绝大多数矿物呈固态。

矿物的特征将在第三章进行详细介绍。

三、岩石组成

岩石是矿物或岩屑的天然集合体。

有些岩石由一种造岩矿物组成，如纯净的大理岩几乎完全由方解石组成，但大多数岩石都由两种或两种以上的矿物组成。地壳中的岩石类型较多，按其成因可分为岩浆岩、沉积岩和变质岩三大类。

三大类岩石的特征将在第四、五、七章中分别给予详细介绍。

第六节 地质作用概述

一、地质作用的概念

地球是一个迷人而复杂的星球，它充满了活力，不断地运动和变化着。地质学上将引起地球或地壳内部物质组成、结构、构造以及地表形态发生变化的各种自然作用称为地质作用，而把引起这些变化的自然动力称为地质营力。

地质作用一方面形成新的矿物、岩石、地质构造和新的地表形态，另一方面又对已有矿物、岩石、地质构造和地表形态等进行破坏。地球上的地质作用是周而复始的过程，使地壳乃至整个地球始终处于运动、变化、发展的状态。

二、地质作用的能量来源

引起地质作用的能量主要有来自地球外部的能量和来自地球内部的能量两种来源。

1. 来自地球内部的能量

来自地球内部的能量，又称为内能，主要包括地球旋转能、重力能、地热能、结晶能和化学能等。

旋转能是因地球自转产生的能，据估计地球自转产生的能量有 1×10^{29} J。旋转能促使高纬度地区物质流向低纬度地区，因为离心力由高纬度地区向低纬度地区增大；旋转能也可以导致物质发生东西方向的运动。一些地质学家认为岩石圈大规模水平运动的动力可能至少有一部分来自地球旋转能。

重力能是地心引力给予物体的位能，是地表流水、冰川、岩石块体等向下运动的动力，也是促使地球内部物质圈层分异的重要动力。

热能是地球内部物质圈层演化的最根本的动力，也是岩浆活动、变质作用的重要动力。一般认为，地球是通过三种过程逐渐把热量聚集起来的（图 2－34）：①地球形成过程中，星际物质聚集过程中因碰撞产生巨大热量，其中的一部分保留于地球内部；②地球形成初期，在引力收缩阶段，部分重力能转化为热能；③地球内部的放射性同位素随时间衰变产生了大量的热能，这种能量可能是热能的主要来源。此外，地球内部物质的结晶也可以释放热能。

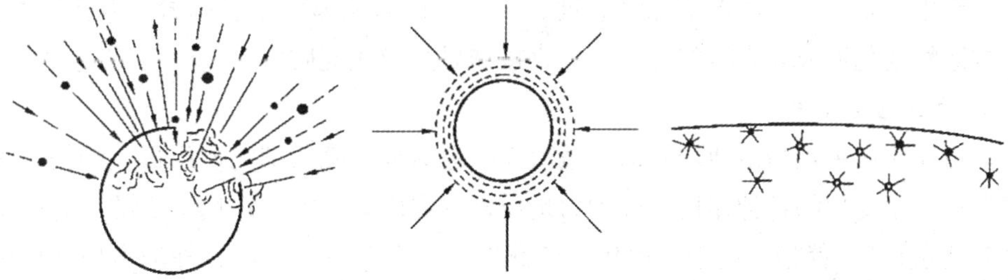

(a)增积作用　(b)重力收缩　(c)放射性元素蜕变

图 2－34　地球内部热能的三种产生方式（据 F. Press 和 R. Siener，1982）

2. 来自地球外部的能量

来自地球外部的能量，又称为外能，主要包括太阳辐射能、日月引力能和生物能。

太阳辐射能引起地面的温度变化，导致大气运动，促进自然界水的循环；太阳辐射能也是生物界兴盛的重要动力，是地表面貌不断变化的主要动力。

日月引力能可引起潮汐从而导致海平面周期性涨落，潮汐是海岸地貌变化的动力之一；日月引力能也会引起固体地球表面的周期性涨落，即固体潮，固体潮的长期作用也会引起地壳内部的物质变形。

在生命过程中，生物不断通过新陈代谢和光合作用转化太阳辐射能。通过新陈代谢，生物与外界环境不断进行着物质和能量的交换，维系着生物的生长、运动和繁殖。通过光合作用，生物可以使二氧化碳和水等转化为生物直接或间接依赖的物质和能量。生物对地表岩石的破坏、土壤的形成及煤和石油等有机矿产的形成均具有重要的作用。

三、地质作用的分类

按照能量来源和发生部位的不同，可将地质作用分为两大类：内动力地质作用和外动力地质作用。

1. 内动力地质作用

内动力地质作用是指由地球内部能量引起的地球或地壳内部物质组成、结构、构造以及地表形态发生变化的各种作用。内动力地质作用通常起源并发生于地球内部，但常常影响到地球的表层。内动力地质作用是地球变化发展的根本动力，控制了地球表面起伏的基本格局。按其作用方式，可将内动力地质作用细分为构造运动、地震作用、岩浆作用和变质作用四种基本类型。

构造运动：是指主要由地球内力引起的岩石圈缓慢的机械运动，常以岩石发生变形或变位为特征，是塑造地表形态的初始动力。

地震作用：是指地球岩石圈的快速颤动，是构造运动的激烈表现形式。地震不仅是一种地质灾害，也是塑造地表形态的重要动力之一。

岩浆作用：是指岩浆从形成、运动直到冷凝、固结成岩的全部过程，其直接结果是形成岩浆岩。

变质作用：是指主要由地下深处温度、压力和地质流体作用引起岩石发生矿物成分、结构、构造的变化形成新岩石的过程，其直接结果是形成变质岩。

2. 外动力地质作用

外动力地质作用是指由地球外部能量引起的地球或地壳内部物质组成、结构、构造以及地表形态发生变化的各种作用。外动力地质作用在内动力地质作用形成的地表起伏的基础上“铲高填低”，使地表趋于平坦化。按其作用特点及发展阶段，外动力地质作用可细分为风化作用、剥蚀作用、搬运作用、沉积作用和成岩作用以及负荷地质作用六种基本类型。

风化作用：是指由于温度的变化，大气、水以及生物活动等因素的影响，地壳表层的岩石、矿物在原地发生物理的或化学的变化，从而形成松散堆积物的作用。

剥蚀作用：是指各种外动力，如流水、风等，对地表岩石产生破坏并将破坏产物剥离原地的作用。

搬运作用：是指各种外动力，如流水、风等，将地表岩石的风化剥蚀产物从原地搬到别处的作用。

沉积作用：是指由于搬运介质的动能减弱或搬运介质的物理化学条件的改变，搬运物在新的环境下堆积或沉淀下来的作用。

成岩作用：是指松散沉积物转变为坚硬岩石的过程。

各种地质作用的特征将在后续章节中进行详述。

负荷地质作用：是位于地表的岩体、松散堆积物、土层等，由于自身的重力并在各种外因触发下产生顺坡滑动或垂直下落等作用。

第三章 矿 物

矿物是构成地壳中岩石的基本组成单元，自然界已发现3700多种矿物，而且陆续有新的矿物被发现。研究矿物成分、结构、形态、性质、成因、产出状态、用途及矿物间内在联系的学科称为矿物学，它是地质学的一门分支学科。

本章主要介绍以下几个方面的内容：①矿物的相关概念；②矿物的鉴定特征；③矿物的分类与常见矿物的特征。

第一节 矿物的相关概念

一、矿物的概念

矿物的概念是人类在漫长的生活、生产和科学实践的基础上建立起来的。古时候，人们把采掘得到的岩石或矿石碎块叫做矿物。随着认识的深入，人们发现天然产出的石块并非都是成分均一的物体，因而逐渐产生了岩石、矿石和矿物的概念。

目前一般认为，矿物是地壳中的元素经各种地质作用所形成的单质或化合物，一般具有一定的化学成分和内部结构，因而具有一定的形态、物理性质和化学性质，是组成岩石和矿石的基本单元。例如，花岗岩中的石英、长石，河沙中的自然金，盐湖里的石盐，用作爽身粉主要原料的天然滑石等都是矿物。在自然界，由各种地质作用形成的物质是多种多样的，除了石英、长石、石盐等固态物质外，还有呈液态（如水、水银等）、气态（如火山喷出气体中的二氧化碳、硫化氢等）或胶凝体（如蛋白石等）物质。鉴于多数气态、液态物质因其特殊属性而被纳入其他学科的研究范围（如石油、天然气等成为有机地球化学和有机化工等学科的研究范畴），矿物学一般只把由地质作用形成的结晶质固体称为矿物，而将在产出状态、成因和化学组成等方面与矿物相似、但不具有晶体结构的一些均匀固体（如蛋白石）称为准矿物或似矿物。

在实验室条件下，虽然可以获得一些成分、性质与矿物类似的物质（如人造金刚石等），但由于它们不是在地质作用中形成的，故称为人造矿物或人工合成矿物。陨石、月岩等来自地外天体中与矿物类似的物质分别被称为“陨石矿物”“月岩矿物”或统称为“宇宙矿物”。

二、矿物的晶体结构

1. 晶体的概念

按其内部质点结构的不同，固态物质可分为晶体和非晶体。晶体是其内部质点（包括原子、分子、离子或络阴离子）在三维空间按一定规律周期性重复排列而形成的固态物质。而晶体内部质点的这种周期性重复排列，构成格子构造，因此晶体也可以说是具有格子构造的固体。例如，石盐是由钠离子和氯离子按一定的间距有规律地重复出现，构成如图 3－1 所示的晶体结构及格子构造。

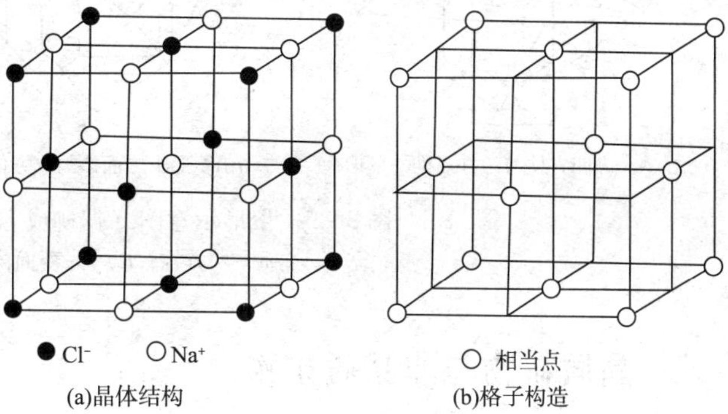

图 3－1　石盐的晶体结构及其格子构造（据陈世悦，2002）

与晶体相对应，通常把内部原子或分子在三维空间不按一定规律周期性重复排列的固态物质称为非晶体。

2. 晶体的形态

在一定的环境中，如果晶体有足够的生长空间，矿物晶体往往可以形成具有一定几何外形且平整的面，称为晶面。晶面与晶面的交线则称为晶棱。晶棱之间的交点称为角顶。

矿物晶体的形态是矿物重要的宏观特征之一，也是鉴定矿物的重要依据。

矿物的晶体外形若由同形等大的晶面组成，称为单形；若由两种或两种形状、大小均不相同的晶面组成则称为聚形。单形和聚形又可组合形成不同的晶体形态。晶体中出现的几何单形的种类相对有限，总数为 47 种，最常见的有 13 种（图 3－2）。

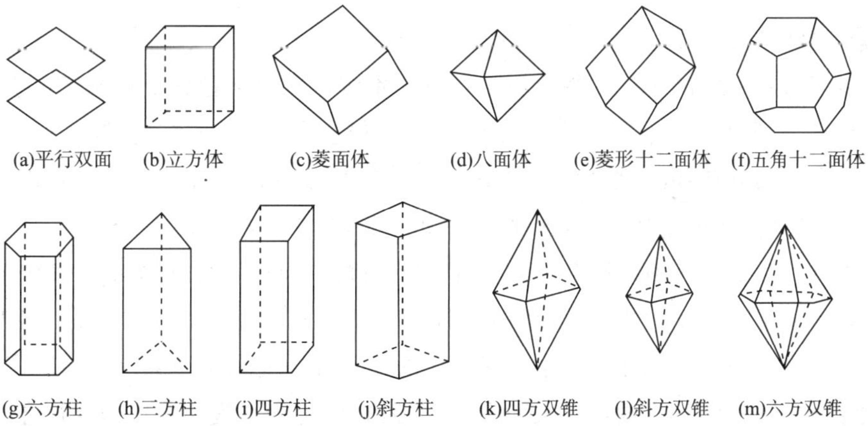

图 3－2　矿物晶体的常见单形形态（据陈世悦，2002）

聚形的特征是在一个晶体上有大小不等、形状不同的晶面，这是由于矿物结晶过程中受各种条件限制所致，通常由两个或两个以上单形聚合形成（图 3－3）。

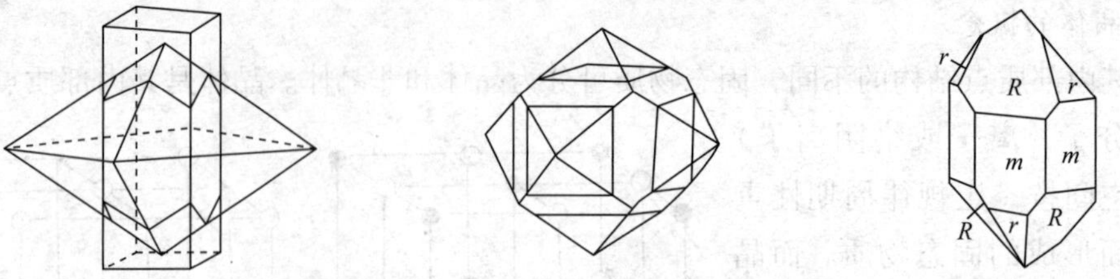

(a)四方柱与四方双锥的聚形　(b)菱形十二面体与立方体的聚形　(c)石英晶体的聚形

图 3－3　聚形示意图（据柳成志等，2010）

m—六方柱；*R*，*r*—菱面体

三、晶质矿物与非晶质矿物

矿物学上把具有晶体结构的矿物称为晶质矿物，而把无晶体结构的矿物称为非晶质矿物。如石盐（NaCl）为晶质矿物，其内部的 Na^+ 和 Cl^- 在任一方向上都是按一定间隔重复出现并组成格子状构造。非晶质矿物的内部质点排列无规律，它在外形上常表现为均一的、无颗粒的不定形凝固体形态。

自然界中绝大多数固体矿物是晶质矿物，只有少数矿物，如火山玻璃及一些胶体凝固矿物属非晶质矿物，一些非晶质矿物随时间增长可自发转变为晶质矿物。由于受到生长空间的限制，多数矿物的晶面发育不完整、甚至不发育晶面，从而形成外形不规则的晶粒。晶粒大小不一，较粗的用肉眼或借助于放大镜可以识别出来，称为显晶质；只能借助于显微镜才能分辨的，则称为隐晶质。

四、类质同象与同质多象

1. 类质同象

类质同象指在确定的各种矿物晶体结构中，本应全部由某种离子或原子占据的位置，被性质相似的其他离子或原子占据，但不引起化学键性质与晶体结构类型发生质变的现象。类质同象常导致矿物的化学成分及其他性质发生改变，例如菱镁矿（$MgCO_3$）中的 Mg^{2+} 可被 Fe^{2+} 部分乃至完全取代而形成菱铁矿（$FeCO_3$）；闪锌矿（ZnS）中的 Zn^{2+} 可被 Fe^{2+} 部分取代，从而变成磁黄铁矿。由类质同象形成的矿物系列，称为类质同象系列。

根据组分在晶体结构中相互取代的数量关系，将类质同象分为完全类质同象和不完全类质同象。两种组分间可以任意数量相互取代的现象称为完全类质同象，如菱镁矿（$MgCO_3$）、菱铁矿（$FeCO_3$）类质同象系列中 Mg^{2+} 和 Fe^{2+} 之间可发生完全类质同象。两种组分间的取代量有一定的限度而不能发生完全取代的现象，称为不完全类质同象，如闪锌矿 ZnS 中的 Zn^{2+} 可被 Fe^{2+} 取代的比例一般不超过 26%。

根据相互取代的离子的电价是否相等，可将类质同象分为等价类质同象和异价类质同象。相互取代的两种离子若电价相等，则称为等价类质同象，如菱镁矿（$MgCO_3$）、菱铁矿（$FeCO_3$）类质同象系列中 Mg^{2+} 和 Fe^{2+} 之间的相互取代。若相互取代的两种离子的电价不等，则称为异价类质同象，如斜长石中 Ca^{2+} 与 Na^{+} 及 Si^{4+} 与 Al^{3+} 之间的相互取代。

2. 同质多象

自然界矿物的形成环境是复杂多样的，相同化学成分的物质在不同环境下可形成不同的矿物。如碳单质（C）可以形成石墨和金刚石，TiO_2 可以形成金红石、锐钛矿和板钛矿等，$CaCO_3$ 可形成方解石和文石等。显然，这些具有相同化学成分的不同矿物，其晶体结构不同，形态和特征可能完全不同，如由碳单质形成的两种矿物石墨和金刚石的硬度差别迥异，金刚石是自然界最硬的矿物，而石墨几乎是硬度最小的矿物。这种化学成分相同的物质在不同的物理化学条件（温度、压力、介质等）下，形成晶体结构、形态和特征等方面具有明显差别矿物的现象，称为同质多象。

矿物的类质同象与同质多象是自然界普遍存在的现象，这是矿物种类多样的主要原因。

第二节 矿物的鉴定特征

一、矿物的形态

矿物的形态指矿物的外形特征，是矿物最醒目的外观特征之一。同时，矿物的形态也是矿物化学成分、晶体结构和形成环境的反映。不同的矿物由于内部结构、成分的不同，往往具有不同的形态。同种矿物，当形成条件不同时，也可能以不同的形态出现。矿物的形态不仅是识别矿物的标志之一，也是分析矿物成因的重要依据。

晶质矿物的形态通常呈现为单体或集合体，而非晶质矿物则只有集合体形态。

1. 矿物的单体形态

晶质矿物在有利的条件下形成的单个晶体称为单体。矿物的单体形态主要包括矿物的结晶习性和晶面花纹两个方面。

1）矿物的结晶习性

当外部条件一定时，同种矿物的晶体总能发育成某种特定的形状，这种性质称为矿物的结晶习性。根据矿物晶体在三维空间的发育特征，通常将其结晶习性分为 3 种类型（图 3－4）。

一向延伸型：晶体沿一个方向特别发育，其余两个方向发育差［图 3－4（a）］，常呈柱状、针状或纤维状的晶形，如石英具柱状晶形、辉锑矿呈针状晶形、普通角闪石呈柱状晶形、纤维石膏具纤维状晶形等。

二向延伸型：晶体呈两个方向特别发育，而第三个方向不发育或发育较差［图 3－4

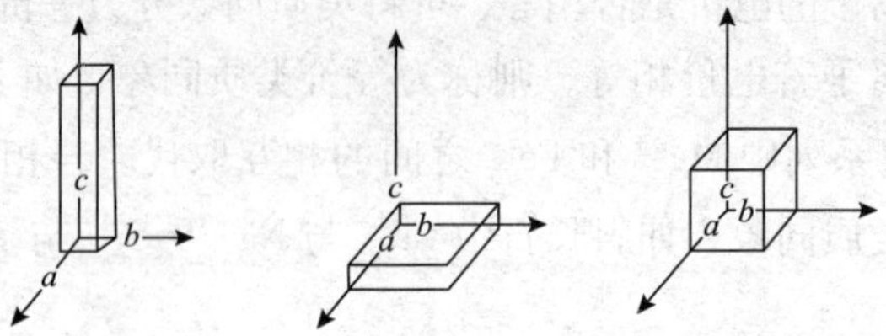

(a)一向延伸型　(b)二向延伸型　(c)三向延伸型

图 3-4　矿物结晶习性的三种方式（据李亚美，1984）

(b)]，常呈片状或板状的晶形，如云母具片状晶形、长石呈板状晶形等。

三向等长型：晶体在三维空间近于等长生长［图 3-4（c）］，常呈粒状、立方体或八面体的晶形，如黄铁矿具立方体状晶形、石榴子石具粒状晶形等。

2）晶面花纹

晶体的表面通常并非理想平面，其上通常能见到多种凹凸花纹，称为晶面花纹。常见的晶面花纹主要是反映晶体生长的晶面条纹。

晶面花纹又称为生长条纹或聚形条纹，它是指在晶面上出现且沿一定方向排列的直线状条纹。一些矿物具有特征性的晶面条纹，这对于鉴定矿物具有一定的作用。如石英通常发育与柱状延伸方向相垂直的晶面横纹，黄铁矿各晶面上的条纹相互垂直，电气石晶面条纹与柱状延伸方向一致，刚玉发育菱形的晶面花纹（图 3-5）。

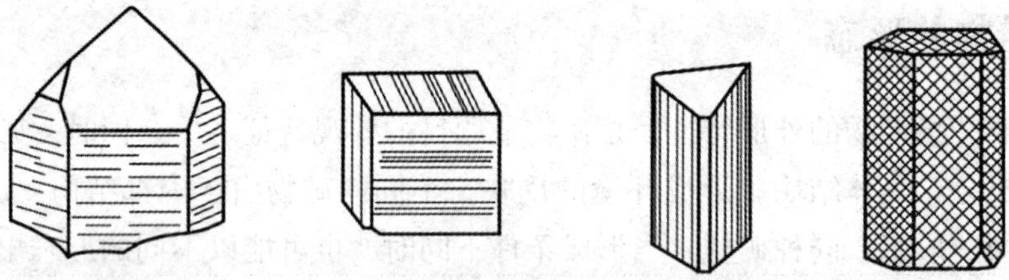

(a)石英　(b)黄铁矿　(c)电气石　(d)刚玉

图 3-5　几种常见矿物的晶面花纹

2. *矿物的集合体形态*

自然界中的矿物个体通常集合在一起以集合体的形式出现，而集合体又有同种或异种矿物集合体之分。矿物学中的矿物集合体通常指同种矿物的多个单体构成的集合体，而异种矿物集合体则称为岩石。

矿物集合体的形态包括单个矿物个体的形态及其组合方式。根据单个矿物晶体的大小，可将矿物集合体分为显晶集合体、隐晶集合体和胶态集合体。对于显晶集合体，利用肉眼或借助于放大镜可辨认其中的单体。隐晶集合体，则需要在显微镜下辨认其中的单体。而对于胶态集合体，在显微镜下也无法辨认其单体。矿物学上将隐晶集合体和胶态集合体统称为非显晶集合体。

1）显晶集合体的形态

在描述显晶集合体时，通常首先需要在矿物集合体中识别出矿物单体，再描述其单体的形态，在描述多数显晶集合体时，只需在单体形态后加上“集合体”即可，如黑云母通常呈片状集合体。一向延长型矿物单体常集合成柱状、纤维状等集合体形态，二向延长型矿物单体常集合成片状、鳞片状等集合体形态，三向延长型矿物单体常集合成粒状集合体形态等。

有时还需要根据矿物单体的组合关系描述显晶集合体（图 3－6），如放射状集合体、晶簇状集合体等。放射状集合体主要由呈放射状生长的一向延伸型矿物单体集合形成，如红柱石。晶簇状集合体是以岩石的孔洞壁或裂隙壁为基底生长而形成的矿物集合体，如石英和方解石的晶簇状集合体。

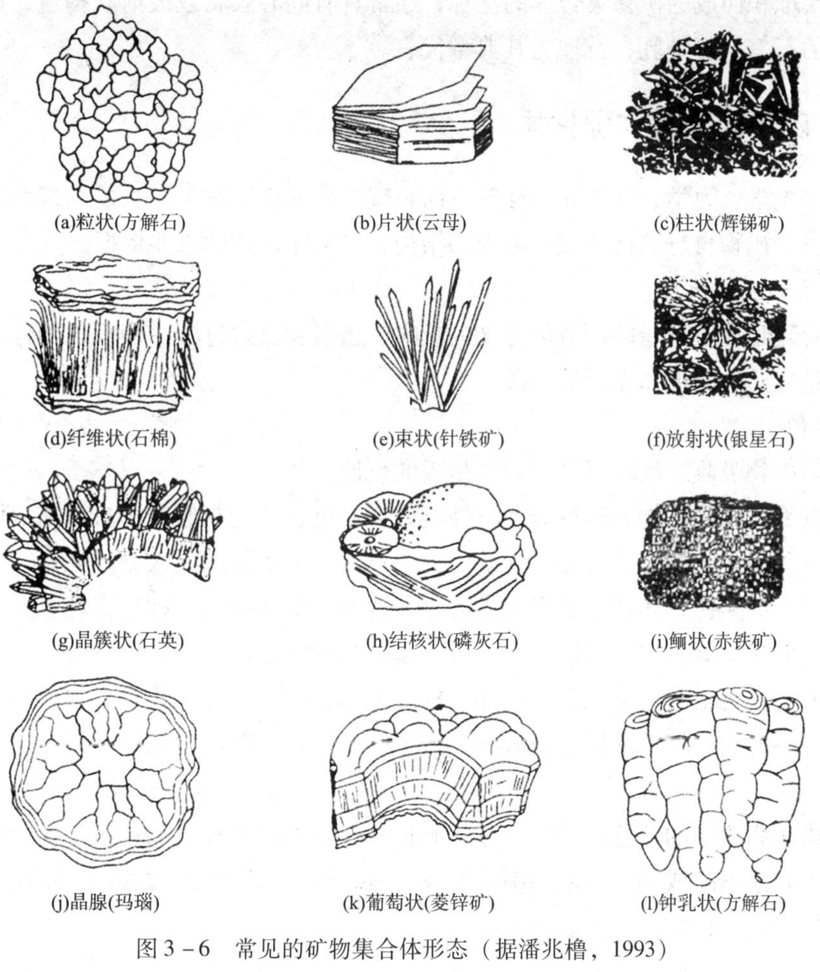

图 3－6　常见的矿物集合体形态（据潘兆橹，1993）

2）非显晶集合体

隐晶集合体和胶态集合体可从溶液中直接结晶或通过胶体沉淀形成，按照形成方式及外部特征，常见的隐晶及胶态集合体形态主要有分泌体、结核体、鲕状及豆状集合体和钟乳状集合体等（图 3－6）。

分泌体是胶体或真溶液从岩石孔洞的洞壁渗出后逐层向中心沉淀充填形成，常呈卵圆形，具同心层状构造，直径大于1cm的分泌体称为晶腺（如玛瑙），小于1cm的称为杏仁体（如充填于火山岩气孔中的方解石、沸石、玉髓等形成的杏仁体）。

结核体由隐晶质或胶态物质围绕某一中心从内向外生长而成的球状、透镜状、瘤状等形态的集合体，直径多在1cm以上，具同心层状、放射状、纤维状或致密块状构造。

鲕状及豆状集合体指由胶体物质围绕悬浮的砂粒、矿物或有机质碎屑等层层凝聚形成的圆球状或卵圆形的矿物集合体，小于2mm形如鱼卵的称为鲕状集合体，大于2mm形如黄豆的称为豆状集合体，直径更大时则称为肾状集合体。

钟乳状集合体是在岩石孔洞或裂缝中，因真溶液蒸发或胶体凝聚，以孔洞壁或裂缝壁为基底逐层堆积而成的矿物集合体的统称，通常具有同心层状或放射状构造，在石灰岩溶洞中常见的石笋、石钟乳、石柱为其典型代表。

二、矿物的主要物理性质

矿物在光学、力学、电性和磁性等方面表现出来的性质称为矿物的物理性质，这些性质主要取决于矿物自身的化学成分和内部结构，是鉴定矿物的重要依据。

1. *矿物的光学性质*

矿物的光学性质是指矿物对可见光的吸收、透射和反射过程中表现出的性质，主要包括颜色、条痕、透明度和光泽等性质。

1）颜色

颜色是矿物吸收或反射可见光后所呈现的色调。

根据成因，可将矿物的颜色分为三种类型：自色、他色与假色。自色在成因上与矿物的化学成分和晶体结构有关，如赤铁矿的红色；他色是矿物中混入微量元素、杂质或由晶格缺陷而产生的颜色，如纯净的石英为无色，若有三价铁混入，则呈紫色；假色是由于光的干涉、衍射作用而呈现的颜色，如云母表面虹霓般的晕色。

矿物的自色是由其化学成分和晶体结构决定的，对于鉴定矿物具有重要意义，他色可作为鉴定一些矿物的辅助依据，而假色只对个别矿物具有鉴定意义。

2）条痕

条痕指矿物粉末的颜色，通常通过将矿物在白色无釉瓷板（条痕板）上刻画的方法来观察。由于条痕消除或减小了矿物中杂质或其他原因对矿物颜色的影响，突出了矿物的自色，因而更稳定、也更具有鉴定意义。

条痕对于鉴定一些不透明矿物具有重要意义，如黄铁矿和自然金同为金黄色，但自然金的条痕仍为金黄色，而黄铁矿的条痕为绿黑色。

3）透明度

透明度指可见光通过矿物的程度。肉眼鉴别，通常将矿物分为透明和不透明两个等级。矿物学上，判别矿物透明度的方法是将矿物磨成0.03mm的薄片，在显微镜下看其是否透光，若透光则为透明矿物，若不透光则为不透明矿物。实际操作过程中，可通过矿物碎块的刃边观察光亮处近物的清晰程度，从而判别矿物的透明度。

4）光泽

光泽是矿物表面反射光的能力。在矿物平坦的晶面上，按反光能力的强弱分为：金属光泽、半金属光泽、金刚光泽和玻璃光泽四种基本类型。

金属光泽：反光能力强，耀眼夺目，条痕为黑色或金属色，如黄铁矿，方铅矿。

半金属光泽：反光能力较强，光泽暗淡，条痕多为彩色，如赤铁矿。

金刚光泽：反光能力中等，如同金刚石表面的光泽。

玻璃光泽：反光能力弱，如同平板玻璃表面的光泽，如石英、正长石、斜长石等。

此外，矿物不平坦的表面、断面或集合体部位常具有一些特殊光泽，如白云母表面的珍珠光泽、石英断面上的油脂光泽、纤维石膏集合体的丝绢光泽、高岭石块状集合体的土状光泽等。

矿物的颜色、条痕、光泽和透明度之间有内在的联系，一般而言，呈金属光泽的矿物，条痕仍为金属色或黑色，不透明；呈半金属光泽的矿物，条痕为彩色，不透明；呈金刚光泽和玻璃光泽的矿物，条痕多为白色，透明。

2. *矿物的力学性质*

矿物的力学性质是指矿物受外力作用（如敲打、刻划、研磨等）后所表现出的性质，主要包括硬度、解理和断口。

1）硬度

矿物的硬度指矿物晶体表面抵抗外力刻画、研磨或压入的能力。在矿物硬度鉴定中，应用最广泛的方法是摩氏硬度计法。德国矿物学家弗里德里克·摩斯（Friedrich Mohs）1822 年选择了 10 种软硬不同的矿物作为 10 个等级标准，并由它们组成相对硬度系列（表 3－1）。滑石硬度最小，为 1，而金刚石硬度最大，为 10。摩氏硬度计中各等级之间的绝对硬度值并不成倍数或等差关系。

在鉴定矿物的相对硬度时，可将所测矿物与摩氏硬度计中的标准矿物相互刻画来确定。如某种矿物能刻动正长石，又被石英刻动，则其硬度介于 6～7 之间。在野外时，常借助于小刀（硬度为 5.5）和指甲（硬度 2.5）进行简易鉴定。

表 3－1　摩氏硬度计（Mohs，1822；转引自石玉章等，1995）

硬度等级	1	2	3	4	5	6	7	8	9	10
矿物	滑石	石膏	方解石	萤石	磷灰石	正长石	石英	黄玉	刚玉	金刚石

2）解理

在矿物的晶体结构中，通常由原子、离子或分子等质点组成一系列互相平行的质点面，质点面之间的联结力通常较弱。矿物受力后沿一定方向裂开形成一系列光滑平面的性质称为矿物的解理，形成的光滑平面称为解理面。如菱面体的方解石被打碎后仍呈菱面体，云母可揭成一页一页的薄片。

根据解理形成的难易程度及解理面厚度、大小及完好程度，可将解理分为极完全解理、完全解理、中等解理、不完全解理和极不完全解理五个等级。

极完全解理：解理极易形成，解理片极薄，解理面大而平坦光滑，如黑云母、白云母的解理。

完全解理：解理容易形成，并形成规则的解理块，解理面较大且平坦光滑，如方解石的解理。

中等解理：解理较易形成，解理面不大，且平坦及光滑程度较差，碎块上既有解理面也有断口，如普通辉石的解理。

不完全解理：解理较难形成，解理面小且平坦光滑程度差，碎块以断口为主，如磷灰石的解理。

极不完全解理：又称无解理，肉眼无法看到解理面，碎块上只能看到断口，只能借助仪器看到零星的解理面。

矿物在同一方向的解理面称为一组解理，出现解理的方向数量称为解理组数，一些矿物可以发育多组解理，如方解石有三组解理，云母有一组解理，而有些矿物则不能形成解理，如石英。常见的特征解理见图 3－7。

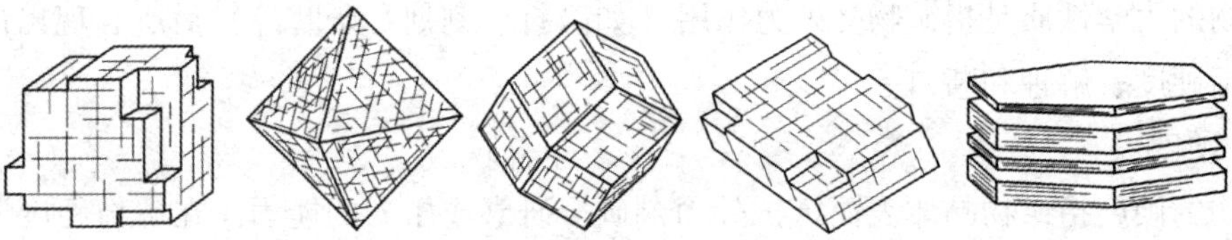

(a) (b) (c) (d) (e)

图 3－7　常见矿物的特征解理（据潘兆橹，1993）

（a）石盐平行于立方体晶面的解理；（b）萤石平行于八面体晶面的解理；

（c）闪锌矿平行于菱形十二面体晶面的解理；（d）方解石平行于菱面体晶面的解理；

（e）石墨平行于层状晶面的解理

在描述矿物的解理时，通常既要描述其解理发育组数，也要描述其解理发育的程度，如黑云母具有一组极完全解理，方解石具有三组完全解理。不同矿物解理的发育特征往往是不同的，可据此鉴定矿物。具有两组或两组以上解理的矿物，需要观察解理夹角的大小，这对于鉴定某些矿物具有重要的意义，如普通辉石与普通角闪石，前者两组解理的夹角近 90°，而后者则约为 56°。

3）断口

矿物受力后沿任意方向裂开形成的凹凸不平的断面，称为断口。常见的断口形态有贝壳状、参差状、锯齿状、土状等。

参差状断口指断口形状呈参差不平的形状，多数矿物的断口属于此类，如正长石的断口；贝壳状断口指断口呈贝壳形的曲面，面上有不规则的同心纹，形似贝壳，如石英的断口；锯齿状断口指断口呈尖锐的锯齿状，自然铜等延展性强的矿物具此种断口；土状断口指断口面呈细粉状，如高岭石等类似土块状矿物集合体上具有的断口。

矿物的硬度、解理和断口之间存在内在联系。一般而言，硬度小的矿物，解理较为发育，而断口不发育；而硬度大的矿物，解理不发育，但断口发育；硬度中等的矿物兼有解理和断口。

3. 其他物理性质

除力学、光学性质外，矿物还有比重、磁性、放射性等物理性质。这些物理性质有时在鉴定矿物时具有特殊的作用。

1）比重

矿物的比重是指纯净的、均匀的单矿物在空气中的质量与同体积水在4℃时质量之比。矿物的密度则指在单位体积内矿物的质量，单位为 g/cm^3。4℃时水的密度为 $1g/cm^3$，所以矿物的比重和密度数值相等，但比重为无量纲。

矿物比重的变化范围很大，可由小于1（如琥珀）至23（如铂族矿物），但大多数矿物的比重在2～3.5之间。矿物的比重大小取决于其化学成分和内部结构，与其组成元素的相对原子质量、原子和离子半径及其堆积方式有关。

在手标本鉴定中，一般将矿物的比重分为三级：轻级、中级和重级。轻级指比重小于2.5的矿物，如石盐（2.1～2.5）、石膏（2.3）等。中级指比重介于2.5～4的矿物，大多数矿物的比重属于此级，如石英（2.65）、斜长石（2.61～2.76）、金刚石（3.5）等。重级指矿物的比重大于4，如重晶石（4.3～4.7）、磁铁矿（4.6～5.2）等。

2）磁性

矿物的磁性是指在外磁场作用下，矿物被磁化时表现出的性质，包括矿物被外磁场所吸引、排斥以及被磁化的矿物对外界产生磁场等。含 V^{3+}、Cr^{3+}、Fe^{2+}、Fe^{3+}、Mn^{2+} 及 Cu^{2+} 等离子的矿物通常具有磁性。

根据矿物在外磁场作用下的表现，通常将磁性分为四类：磁性或铁磁性矿物、电磁性矿物、逆磁性或抗磁性矿物和无磁性矿物。磁性或铁磁性矿物的粉末或碎块可被普通磁铁吸起，如磁铁矿。电磁性矿物不能被普通磁铁所吸起，但可被强电磁铁吸起，如赤铁矿、黑云母等。逆磁性或抗磁性矿物被外磁场排斥，如自然铋、黄铁矿等。无磁性矿物指既不能被外磁场吸引，也不能被外磁场排斥的矿物，如石英、斜长石等。

在矿物的手标本鉴定中，通常根据矿物粉末能否被普通磁铁吸引，将矿物分为磁性矿物和无磁性矿物两类。

3）放射性

放射性元素能够自发地从原子核内部放出粒子或射线，同时释放出能量，这种现象叫做放射性。也有人只将主要由放射性元素（如U、Th、Ra等）组成的矿物称为放射性矿物，如晶质铀矿（UO_2）、方钍石（ThO_2）等，而将含有少量放射性元素的矿物称为含放射性元素矿物，如锆石、独居石等。

利用矿物的放射性不仅可以鉴定放射性元素矿物和找寻放射性元素矿床，同时对于计算矿物、岩石的年龄也极为重要。

4）电学性质

矿物的电学性质指矿物传导电流的能力及在外界能量作用下表面荷电的各种现象，主要包括导电性、介电性、压电性和热电性。

导电性指矿物对电的传导能力，主要取决于矿物化学键的类型，并同原子或离子与化学键的空间分布有关。各种矿物的导电性能不同，一般说来，自然金属导电性能好，是电的良导体，可作为电极材料；有些矿物则几乎不导电，是电绝缘体，如石英、正长石、斜长石、方解石、白云母、石膏等，可作为绝缘材料；还有些矿物的导电性介于良导体和绝缘体之间，称为半导体矿物，如一些含有铁锰的硅酸盐及氧化物矿物。

介电性指矿物在电场中被极化的性质。当把矿物样品放在某种电介质液体中，在外电场作用下，介电常数大于电介质液体的矿物将向电极集中，而小于电介质液体的矿物则被电极所排斥，从而可将不同介电常数的矿物分离开。

压电性指矿物的晶体在受到定向压力或张力的作用时，能使晶体垂直于应力的两侧，表面上分别带有等量相反电荷的性质。

热电性指某些矿物晶体在热的作用下能激起表面荷电的性质。例如，电气石晶体在受热时，其结晶轴 C 轴的两端即产生数量相等而符号相反的电荷。

三、矿物的化学性质

某些矿物的化学性质对鉴定矿物也特别有利，如碳酸盐类矿物中的方解石和白云石，两者无论从形态还是物理性质方面都很相似，此时可以利用滴加稀盐酸的方法加以区分。方解石滴加稀盐酸会剧烈起泡，而白云石的新鲜面滴加稀盐酸通常不起泡，只有在磨成粉末时滴加盐酸才会起泡。

第三节　矿物的分类与常见矿物的特征

目前已发现的矿物有 3700 余种，常见矿物约两三百种，为了揭示矿物之间的联系与区别，准确地掌握矿物的共性与个性，需要对矿物进行科学、合理的分类。当前普遍采用的矿物分类方案是以矿物的化学成分和晶体结构为分类依据的晶体化学分类。本节将对各类矿物中的常见类型进行介绍。

一、矿物分类的级序

在矿物的晶体化学分类体系中，以矿物种为基本的分类单元，整个分类体系的级序依次为大类、类（亚类）、族（亚族）、种（亚种）。

大类：以化学成分为依据，将化合物类型相同或相似的矿物归并为一个大类，如方解石（$Ca[CO_3]$）和石膏（$Ca[SO_4]\cdot 2H_2O$）同属于含氧盐矿物大类。

类：同一大类中，以阴离子或络阴离子种类为依据，把具有相同阴离子或络阴离子的矿物归并为一类，如重晶石（$Ba[SO_4]$）和石膏（$Ca[SO_4]\cdot 2H_2O$）同属于硫酸盐矿物类。

亚类：在某些类中，矿物的络阴离子结构类型不同，将络阴离子结构类型相同的矿物归并为一个亚类，如硅酸盐矿物类中镁橄榄石（$Mg[SiO_4]$）的每一个［SO_4］$^{2-}$络阴离子均孤立存在，而高岭石（$Al_4[SiO_4](OH)_8$）中的［SO_4］$^{2-}$络阴离子则连接成层，它们分属于岛状结构硅酸盐亚类和层状结构硅酸盐亚类。

族：在同类或亚类中，将化学成分类似、晶体结构相同的矿物归并为一个族。如正长石（$(K,Na)[AlSi_3O_8]$）与斜长石（$(Ca,Na)[AlSi_3O_8]$）化学成分类似，且其中的络阴离子均连接成在三维空间延伸的骨架状，故同属长石族。

亚族：在某些族中，把主要阳离子种类特征相同的矿物归并为一个亚族，如正长石（$(K,Na)[AlSi_3O_8]$）与斜长石（$(Ca,Na)[AlSi_3O_8]$）分属于长石族中的正长石亚族和斜长石亚族；

种：在同一族或亚族中，把化学成分和晶体结构基本相同的矿物归并为一个种，前文所提到的石英、正长石、斜长石、方解石、石膏、重晶石、镁橄榄石、高岭石等均是矿物种的名称。

亚种：在同一种中，把次要成分、形态、物理性质等特征中的一个或多个相同的矿物归并为一个亚种，如赤铁矿包括呈鳞片状和鲕状等形态的亚种，前者称为镜铁矿，而后者称为鲕状赤铁矿。

二、矿物的晶体化学分类

矿物的晶体化学分类方法是将矿物的化学成分与晶体结构紧密结合，有助于从本质上理解矿物的形态、物理性质及自然界中元素相互结合的一般规律。

1. *矿物大类的化学成分分类*

按化学成分可将矿物分为五个大类，包括自然元素矿物、硫化物及其类似化合物矿物、氧化物及氢氧化物矿物、卤化物矿物和含氧盐矿物（表3-2）。

1）自然元素矿物大类

是自然界中呈单质状态产出的矿物。该类矿物有约50多种，约占地壳质量的0.1%。主要包括三类：金、银、铜、铂等金属元素矿物，如自然金、自然银、自然铜等；砷、锑、铋、碲、硒等半金属元素矿物，如自然砷、自然硒等；硫、碳等非金属元素矿物，如金刚石、石墨等。

2）硫化物及其类似化合物矿物大类

主要由阴离子硫与一些金属阳离子相结合而形成的矿物。已知的硫化物矿物约有300余种，约占地壳质量的0.25%。常见的硫化物矿物主要有黄铁矿、黄铜矿、方铅矿、闪锌矿、辉锑矿等，它们多是有色金属矿产及部分稀有金属的主要矿物原料。

表 3－2 矿物的晶体化学分类

大类	类	主要族种举例	种数	占地壳质量百分比,%
自然元素矿物		铜族：自然铜 Cu，自然金 Au	0～40	0.10
		碳族：石墨 C，金刚石 C		
硫化物及类似化合物矿物	单硫化物	方铅矿族：方铅矿 PbS	0～350	0.25
	复硫化物	黄铁矿族：黄铁矿 $Fe[S_2]$		
	硫盐	黝铜矿族：黝铜矿 $Cu_{12}[(Sb,As)_4S_{13}]$		
氧化物及氢氧化物矿物	氧化物	石英族：石英 SiO_2、玉髓 $SiO_2 \cdot nH_2O$	0～300	17
	氢氧化物	铝土矿族：铝土矿 $Al_2O_3 \cdot H_2O$		
卤化物矿物	氟化物	萤石族：萤石 CaF_2	0～120	—
	氯化物	石盐族：石盐 NaCl		
含氧盐矿物	硅酸盐	长石族：正长石 $Kal[Si_3O_8]$	>2000	82.5
	硼酸盐	硼砂族：硼砂 $Na_2[B_4O_7] \cdot 10H_2O$		
	磷酸盐	磷灰石族：磷灰石 $Ca_5[PO_4]_3(F,Cl,OH)$		
	钨酸盐	黑钨矿族：黑钨矿 $(Fe,Mn)[WO_4]$		
	硫酸盐	石膏族：石膏 $Ca[SO_4] \cdot 2H_2O$		
	碳酸盐	方解石族：方解石 $Ca[CO_3]$		
	硝酸盐	硝石族：智利硝石 $Na_2[CO_3]$		

3）氧化物及氢氧化物矿物大类

由一系列金属阳离子及非金属阳离子与 O^{2-} 或 OH^- 相结合而成的化合物。常见的阳离子是 Si、Fe、Al、Mn、Ti 等元素的离子。此类矿物有 200 余种、约占地壳质量的 17%。常见的矿物包括石英、赤铁矿、磁铁矿、褐铁矿、铝土矿、刚玉、软锰矿、硬锰矿、锡石等，它们多是工业上金属矿产的矿物原料。

4）卤化物矿物大类

是卤族元素（F、Cl、Br、I）与 K、Na、Ca、Mg 等元素化合而成的矿物。其种类较少，在地壳中的含量甚低。常见的矿物有石盐、钾盐、光卤石、萤石等，是工业上重要的矿产原料。

5）含氧盐矿物大类

是各种含氧酸根（如 $[SiO_4]^{4-}$、$[CO_3]^{2-}$、$[SO_4]^{2-}$、$[PO_4]^{3-}$、$[WO_4]^{2-}$ 等）与金属阳离子结合而成的化合物。根据含氧酸根可进一步分为硅酸盐、碳酸盐、硫酸盐、磷酸盐、钨酸盐等盐类矿物。这类矿物种类繁多，分布广泛，是地壳中最重要的矿物大类，约占地壳质量的 82.5%。其中，最主要的是硅酸盐类矿物。

硅酸盐类矿物种数约占已知矿物总数的 24%，总量约占地壳质量的 75%，是地壳中分布最广、含量最多的一类矿物。其中最常见、分布最广的主要有长石（包括正长石、斜长石等，约占地壳质量的 50%）、普通辉石、普通角闪石、橄榄石、黑云母、白云母等。

碳酸盐类矿物约有80余种，分布最广的矿物为方解石和白云石，约占地壳质量的2%。硫酸盐类矿物约有260种，常见的矿物有石膏、重晶石等。磷酸盐类矿物中以磷灰石最为常见。钨酸盐类矿物中以黑钨矿及白钨矿最为常见。

2. 硅酸盐矿物的晶体结构分类

硅酸盐矿物类包括各种金属阳离子与硅酸根 $[SiO_4]^{4-}$ 络阴离子结合形成的矿物，由于部分 $[SiO_4]^{4-}$ 中的 Si^{4+} 常被 Al^{3+} 取代，硅酸盐矿物中可含一定数量的 $[AlO_4]^{5-}$。硅酸根 $[SiO_4]^{4-}$ 及铝酸根 $[AlO_4]^{5-}$ 是硅酸盐矿物的基本结构单元，在 $[SiO_4]^{4-}$ 中每个 Si^{4+} 被4个 O^{2-} 包围，4个Si—O 健的键角均为109°28′16″［图3－8（a）］，$[SiO_4]^{4-}$ 中的任意3个 O^{2-} 可确定一个平面，全部4个 O^{2-} 可确定4个平面［图3－8（b）］，这4个平面围成一个封闭的四面体，称为硅氧四面体［图3－8（c）］，而当 Si^{4+} 被 Al^{3+} 取代时，称为铝氧四面体。为描述方便，以下将硅氧四面体和铝氧四面体统称为硅氧四面体。

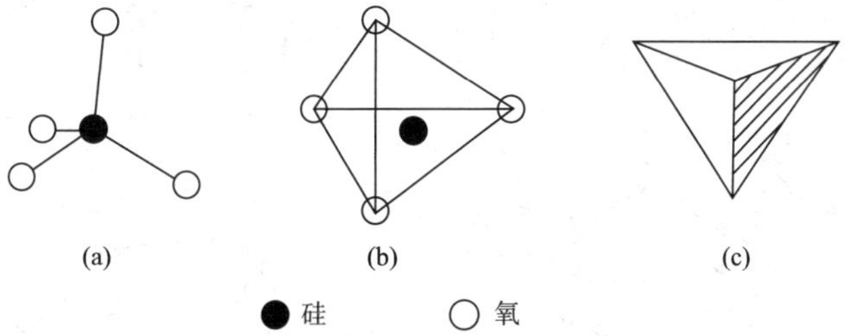

图3－8 硅氧四面体的三种表示方法

（a）$[SiO_4]^{4-}$ 中 Si^{4+} 与4个 O^{2-} 之间的关系；（b）4个 O^{2-} 确定4个平面；（c）b中4个平面围成的立体图形

硅氧四面体连接的方式主要有五种：岛状结构、环状结构、链状结构、层状结构和架状结构。与晶体结构相对应，将硅酸盐矿物分为五个亚类：岛状结构硅酸盐、环状结构硅酸盐、链状结构硅酸盐、层状结构硅酸盐和架状结构硅酸盐（图3－9）。各亚类的基本特征介绍如下。

1）岛状结构硅酸盐矿物业类

本亚类中络阴离子多呈孤立的或成对硅氧四面体联结的形式［图3－9（a）、（b）］。有时，这两种方式在同种矿物中均可见到。本亚类所包含的矿物种类较多，所含阳离子以 Ca^{2+}、Mg^{2+}、Al^{3+}、Fe^{2+}、Fe^{3+}、Mn^{2+}、Ti^{2+}、Zr^{2+} 为主，而较少出现 K^{+}、Na^{+}。矿物晶体通常形成三向等长的外形，结构紧密，硬度大，比重大，解理发育差。本亚类的代表性矿物主要是橄榄石、石榴子石、绿帘石等。

2）环状结构硅酸盐亚类

本亚类矿物中有限个硅氧四面体联结形成封闭的环状［图3－9（c）、（d）、（e）］，通常根据硅氧四面体的数目及环的形状，分别称为三联环、四联环和六联环，尤以六联环常见，同时，硅氧四面体还可以重叠起来形成双环。矿物晶体常具有一向延长的晶形，如柱状、针状、纤维状。同时由于 Al^{3+}、Mg^{2+}、Be^{2+} 等金属阳离子在环状络阴离子间所起到联结作用较强，本亚类矿物的硬度和化学稳定性较高，但因环中通常有空隙存在，矿物的比重通常不大。本亚类的代表性矿物主要是堇青石、电气石、绿柱石等。

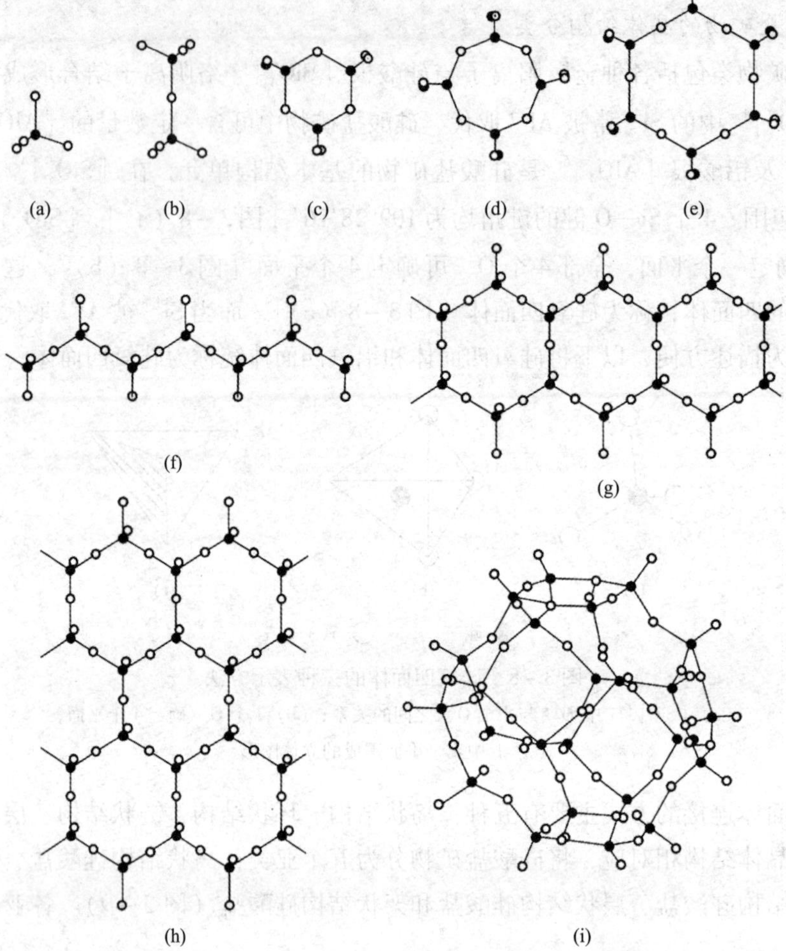

图3-9　硅酸盐矿物中硅氧四面体连接方式示意图

(a)、(b) 为岛状结构；(c)、(d)、(e) 为环状结构；

(f)、(g) 为链状结构；(h) 为层状结构；(i) 为架状结构

3）链状结构硅酸盐亚类

本亚类矿物中硅氧四面体联结成各种形式的单链和双链［图3-9（f）、（g）］，链之间以金属阳离子联结，单链状硅酸盐矿物以辉石族为代表，双链状以角闪石族矿物为代表。矿物常具有一向延长的柱状晶形，代表性矿物主要是普通辉石和普通角闪石。

4）层状结构硅酸盐亚类

本亚类矿物中每个硅氧四面体均以3个角顶与其周围的硅氧四面体相连，构成在二维空间无限延伸的网状硅氧四面体层，网孔的形状以六边形为主［图3-9（h）］。本亚类矿物的化学组成中除呈层状连接的硅氧四面体络阴离子外，还有 O^{2-}、OH^- 等阴离子，

Al^{3+}、Mg^{2+}、Fe^{2+}、Fe^{3+}、Na^{+}、Ca^{2+}等金属阳离子及其他组分。

在层状结构硅酸盐矿物晶体中，硅氧四面体实际上是连接成层状的硅酸根络阴离子，与层状络阴离子相结合的 Al^{3+}、Mg^{2+}、Fe^{2+}、Fe^{3+}等金属阳离子，其周围可以被6个 O^{2-} 或 OH^{-} 所包围，构成具有8个等边三角形面的封闭体，称为八面体，根据位于中心金属阳离子的不同，分别称为铝氧八面体、镁氧八面体、铁氧八面体，尤以铝氧八面体常见。在层状结构硅酸盐矿物中，硅氧四面体和铝氧八面体分别连接成层，由此形成的四面体层和八面体层统称为基本结构层。层状结构硅酸盐矿物中，硅氧四面体层或铝氧八面体层通过共用 O^{2-} 的方式，有规律地结合在一起，形成层状体，称为结构单元层。四面体层和八面体层数量通常不同，根据四面体层与八面体层的比值将结构单元层分为1∶1型和2∶1型两种类型。

结构单元层在垂直层的方向上有规律地重叠构成层状硅酸盐矿物的基本格架，相邻结构单元层顶面与顶面或底面与底面之间的距离称为晶面间距，而结构单元层之间存在着空隙。如果结构单元层内部已实现正负电荷平衡，则层间无需其他离子存在，也很少吸附水分子或有机分子，如高岭石和叶腊石等。如结构单元层内部负电荷较多，则层间有一定量的 K^{+}、Na^{+}、Ca^{2+}等金属阳离子充填，部分还可吸附一定量的水分子和有机分子，如白云母层间存在 K^{+}，蒙脱石层间既可能存在 Na^{+}、Ca^{2+}，又能吸附水分子和有机分子。

层状结构硅酸盐矿物几乎均呈假六方型片状或短柱状，硬度小，多具一组极完全解理，比重2.5~3.0，含水者更低。其中的矿物族有：滑石族、云母族、伊利石族、蛭石族、海绿石族、绿泥石族、高岭石族、多水高岭石族、蛇纹石族和蒙脱石族等。

5）架状结构硅酸盐亚类

在架状结构硅酸盐矿物内部，硅氧四面体中普遍有 Si^{4+} 被 Al^{3+} 取代的现象。但 Al^{3+} 取代 Si^{4+} 的数量是有限的，即 $Al^{3+}/(Al^{3+}+Si^{4+})<1/2$。每个硅氧四面体均以其全部4个角顶上的 O^{2-} 与邻近的四面体联结，构成在三维空间无限发育的硅氧四面体骨架［图3-9(i)］。由于 Al^{3+} 取代 Si^{4+} 而出现的负电荷需要阳离子中和，本亚类矿物中最为常见的阳离子为 K^{+}、Na^{+}、Ca^{2+}、Ba^{2+}等半径较大的一价或二价阳离子。从化学成分方面看，架状结构硅酸盐矿物绝大多数是这些金属的铝硅酸盐。

本亚类矿物在物理性质方面的特点是：由于所含金属阳离子主要为 K^{+}、Na^{+}、Ca^{2+}、Ba^{2+}等不显色离子，故矿物的颜色多为白色或浅色；由于硅氧四面体连接力较强，排列的紧密程度高又具有方向性，矿物的硬度通常为5~6，普遍较高，且具有多组解理。由于架状结构具有较大的空隙，成分中又很少含有重金属阳离子，因而矿物的比重较小。

本亚类矿物主要包括长石族、白榴石族、霞石族和沸石族等矿物，其中以长石族矿物最为常见。

三、矿物的命名

1. *矿物命名的依据*

了解矿物名称的来源并掌握矿物名称的含义，对于学习并深入研究矿物具有重要意义。一般来讲，矿物的命名遵循以下原则。

1）以矿物或矿物解理块的形态为命名依据

如石榴石得名于其晶形形似石榴籽，方解石的名称与其受敲击后呈“块块方解”有关，长石的名称与其具长方形的解理块有关，芒硝得名于其晶体呈麦芒状。

2）以矿物的化学成分为命名依据

如自然金、自然铜的主要化学成分分别为 Au 和 Cu。

3）以矿物的物理性质为命名依据

如橄榄石得名于其橄榄绿色的颜色，电气石名称与其具热电性有关，金刚石的含义是其具特有的光泽及无坚不摧的刚硬。

4）以产地或产出位置为命名依据

如辰砂在历史上的产地为湖南辰州，高岭石的典型产地为江西景德镇高岭村。

5）以发现者人名为命名依据

如章氏硼镁石是为纪念其发现者、我国著名地质学家章鸿钊而命名的。

6）以历代传说为命名依据

如云母，李时珍引《荆南志》：“华容方台山出云母，土人候云所出之处，于下掘取，无不大获，此石乃云之根”，故得云母之名。

2. *矿物命名的规律*

矿物名称的字尾是我国古代及近现代矿物名称的重要组成部分，其用法也具有一定的规律。

一般而言，呈金属光泽或用来提炼金属的矿物，称为××矿，如赤铁矿；呈非金属光泽的矿物，称为××石，如方解石、正长石；可作宝石材料的矿物，称为××玉，如刚玉、黄玉；常呈细小粒状产出的矿物，称为××砂，如辰砂、硼砂；在地表形成的、松散状的次生矿物，称为××华，如钴华、镍华、砷华等；具滑腻性或黏滞性的矿物，称为××膏，如石膏；易溶于水的硫酸盐，称为××矾，如明矾；常呈透明晶体出现的矿物，称为××晶，如黄晶，水晶等。

四、常见的矿物

根据前述矿物的分类体系，现将每一大类中常见矿物的特征介绍如下。

1. *自然元素矿物大类*

石墨（C）：具有层状结构（图 3 – 10），常为鳞片状集合体，颜色、条痕均为黑色，半金属光泽，不透明，硬度 1 ~ 2，发育一组极完全解理，薄片有挠性，有滑感、污手，比重2.1～2.2，石墨通常由煤层及富含有机质或碳质的沉积岩经变质作用形成，常可形成石墨矿床。

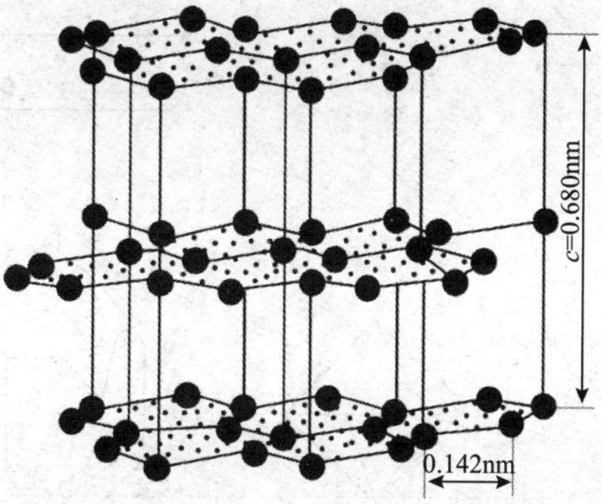

图3－10　石墨的晶体结构

金刚石（C）：常为八面体或菱形十二面体的单体，晶面常呈浑圆状，无色，透明，金刚光泽，硬度10，比重3.52。金刚石的用途非常广泛，例如工艺品、工业中的切割工具、石油钻机的钻头等均广泛采用金刚石。人们日常生活中接触的钻石，其矿物成分就是金刚石，由于其硬度大、光泽美观的特点，加之稀有，因而成为贵重的宝石。除了天然形成的金刚石外，在实验室高温、高压环境中可由石墨合成人造金刚石。

2. 硫化物及其类似化合物矿物大类

黄铁矿（FeS_2）：单体常为立方体、五角十二面体或菱形十二面体（图3－11），集合体为块状，晶面上常有平行的晶面条纹，且相邻的两个晶面上的条纹互相垂直，铜黄色，条痕为绿黑色，金属光泽，不透明，硬度6～6.5，性脆，断口呈参差状，比重4.9～5.2，形成条件多样，常因热液作用而大量富集，而在沉积地层中黄铁矿的形成与还原条件下有机质的分解有关。

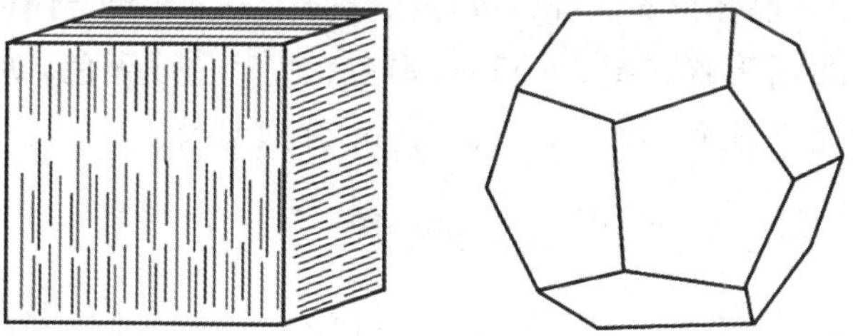
(a)立方体　　(b)五角十二面体

图3－11　黄铁矿的晶形与晶面花纹

3. 氧化物及氢氧化物矿物大类

石英（SiO_2）：形态与形成温度及二氧化硅饱和度有关，常为六方柱状或菱面体（图3－12），集合体常呈粒状或晶簇状，柱面上常发育水平条纹，无色或乳白色，晶面玻璃光泽，断口油脂光泽，透明，硬度7，无解理，断口呈贝壳状，比重2.65。无色透明的石英，称为水晶，呈紫色的称为紫水晶。石英是自然界最为常见的矿物之一，是岩浆岩、变质岩和沉积岩三大类岩石中的主要造岩矿物之一。

刚玉（Al_2O_3）：单体形态常为六方柱状或板状，柱面上常发育斜条纹或横纹，蓝灰色或黄灰色，玻璃光泽，透明，硬度9，无解理，相对密度3.965。含Cr离子者呈红色，称为红宝石，含Ti离子者呈蓝色，称蓝宝石。

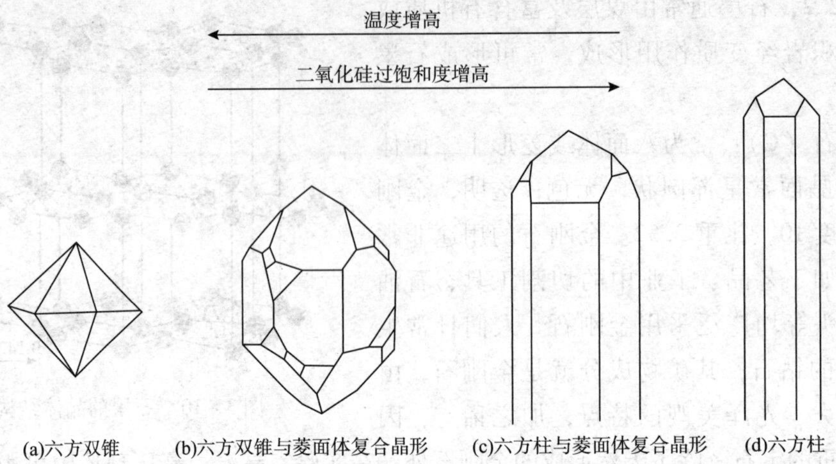

图 3－12　α－石英晶形与形成环境的关系

4. 卤化物矿物大类

萤石（CaF_2）：单体多为八面体、立方体或菱形十二面体，集合体多为粒状，颜色多样，常见绿、紫、黄、蓝等，透明，玻璃光泽，Ce、Y 含量高的萤石具有强荧光性，硬度4，具四组完全解理，比重3.18。

5. 含氧盐矿物大类

1）碳酸盐矿物类

方解石（$CaCO_3$）：晶体形态多样，单体以菱面体为主，集合体可见粒状、块状、晶簇状、钟乳状、结核状等形状（图 3－13），白色、浅黄色或无色，玻璃光泽，透明，性脆，硬度3，具三组完全解理，比重2.72，滴稀酸强烈起泡。

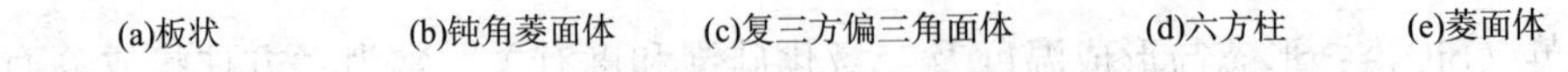

图 3－13　不同温度条件下形成的方解石晶体形态

白云石（$CaMg[CO_3]_2$）：晶体常呈菱面体，晶面多发生弯曲形成类似马鞍状的晶形，集合体多为粒状，无色、白色或淡灰色，玻璃光泽，透明，硬度3.5～4，具三组完全解理，比重2.86，滴酸微弱起泡。

2）硫酸盐矿物类

石膏（$Ca[SO_4]\cdot 2H_2O$）：单体多为板状，集合体多为粒状、纤维状，白色，玻璃光泽，透明，硬度2，具三组中等—完全解理，比重2.32。

硬石膏（$CaSO_4$）：单体多为板状，集合体多为粒状，白色，玻璃光泽，透明，硬度3～3.5，具三组中等—完全解理，比重2.96。

3）磷酸盐矿物类

磷灰石（$Ca_5[PO_4]_3(F,Cl,OH)$）：单体多为六方柱状，集合体多为粒状、肾状、结核状或块状，无色或白色，玻璃光泽，透明，硬度5，发育两组不完全解理，具参差状断口，断口呈油脂光泽，比重3.18。

4）硅酸盐矿物类

滑石（$Mg_3[Si_4O_{10}](OH)_2$）：单体多为片状，集合体多为鳞片状、纤维状或块状，无色或白色，玻璃光泽，透明，硬度1，发育一组极完全解理，有滑腻感，比重2.7。

黄玉（$Al_2[SiO_4](F,OH)_2$）：单体多为柱状，晶面具纵纹，集合体多为粒状、柱状或块状，无色或浅黄色，玻璃光泽，透明，硬度8，具一组完全解理，比重3.49。

高岭石（$Al_4[Si_4O_{10}](OH)_8$）：单体在电子显微镜下呈六边形片状，集合体多为块状，白色，土状光泽，透明，硬度1～2，发育一组极完全解理，比重2.6。

正长石（$(K,Na)[AlSi_3O_8]$）：单体多为厚板状或短柱状（图3－14），集合体多为粒状，白色或肉红色，玻璃光泽，透明，硬度6，发育两组中等—完全解理，解理夹角90°，具参差状断口，比重2.57。

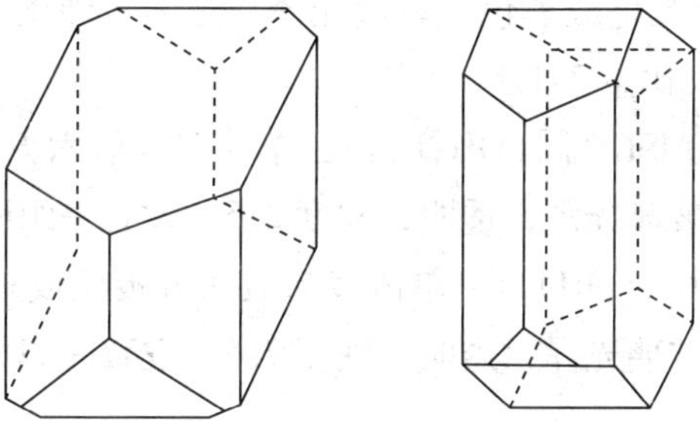

(a)厚板状　　(b)短柱状

图3－14　正长石的晶形

斜长石（$(Ca,Na)[AlSi_3O_8]$）：单体多为板状或短柱状（图3－15），集合体多为粒状，白色，玻璃光泽，透明，硬度6～6.5，发育两组中等—完全解理，解理夹角86°，具参差状断口，比重2.61。

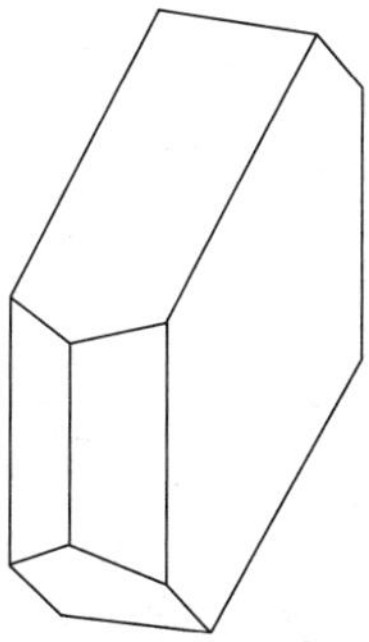

图3－15　斜长石的板状晶形

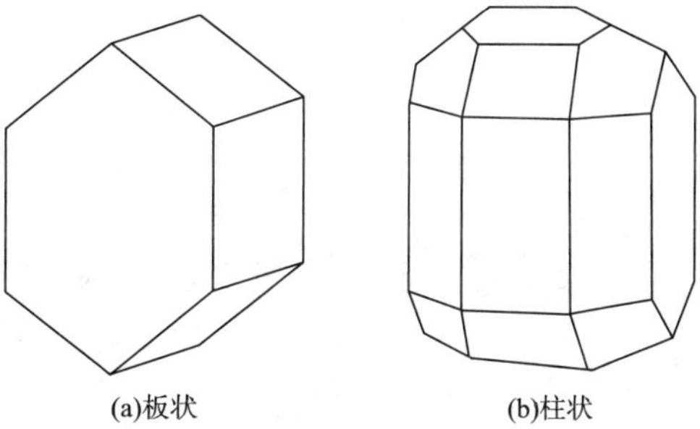

(a)板状　　(b)柱状

图3－16　橄榄石的晶形

橄榄石（$(Mg,Fe)_2[SiO_4]$）：单体多为板状或短柱状（图3－16），集合体多为粒状，橄榄绿色，玻璃光泽，透明，硬度6.5～7，发育两组不完全解理，具贝壳状断口，断口呈油脂光泽，比重3.22。

普通辉石（$Ca(Mg,Fe,Al)[(Si,Al)_2O_6]$）：单体多为短柱状，横截面多呈八边形（图3－17），集合体多为粒状，绿黑色或黑色，玻璃光泽，透明，硬度5.5～6，发育两组中等—完全解理，解理夹角87°，比重3.2。

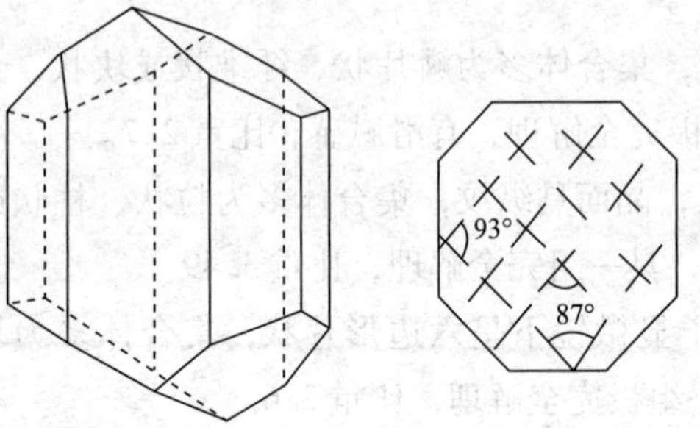

(a)短柱状晶形　(b)八边形断面

图3－17　普通辉石的晶形与断面

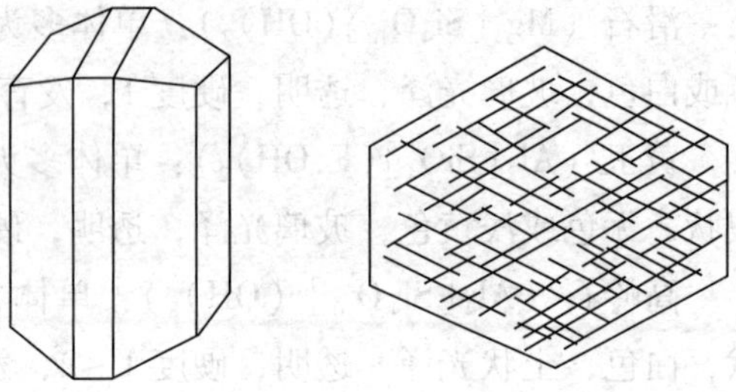
(a)长柱状晶形　(b)假六边形断面

图3－18　普通角闪石的晶形与断面

普通角闪石（$NaCa_2(Mg,Fe,Al)_5[(Si,Al)_4O_{11}]_2(OH)_2$）：单体多为长柱状，集合体多为粒状（图3－18），绿黑色或黑色，玻璃光泽，透明，硬度5.5～6，发育两组中等—完全解理，解理夹角56°，比重3.1。

黑云母（$K(Mg,Fe)[AlSi_3O_{10}](OH,F)_2$）：单体多为假六方板状或短柱状，集合体多为片状，褐黑色或黑色，玻璃光泽，透明，硬度2.5，发育一组极完全解理，比重3.02。

白云母（$KAl_2[AlSi_3O_{10}](OH)_2$）：单体多为假六方板状或短柱状，集合体多为片状，无色、淡灰色或浅绿色，玻璃光泽，透明，硬度2.5，发育一组极完全解理，比重2.76。

第四章　岩浆作用与岩浆岩

岩浆作用是一种重要的内动力地质作用，其产物岩浆岩是地壳中三大类岩石的重要组成部分。岩浆岩约占地壳体积的65%，是地壳中岩石组成的主体部分。

本章将对岩浆作用及其产物岩浆岩的特征进行系统介绍，主要介绍以下内容：①岩浆作用概述；②岩浆岩的基本特征；③岩浆岩的分类与常见的岩浆岩。

第一节　岩浆作用概述

一、岩浆的相关概念

1. *岩浆及其类型*

岩浆是形成于地壳深部或上地幔、以硅酸盐为主要成分、富含挥发性组分的高温黏稠熔融体。岩浆中的主要成分为硅酸盐，主要是硅和铝的氧化物，也有少量铁、镁、钙、钠、钾等金属元素的氧化物，此外还有以水蒸气、二氧化碳等气体为主的挥发性组分。根据其中 SiO_2 含量，可将岩浆分为超基性、基性、中性和酸性四种类型。

超基性岩浆：超基性岩浆 SiO_2 含量小于45%，数量不多，形成的岩体规模也不大，外观呈透镜状、扁豆状的超基性岩体，通常沿断裂带分布。超基性岩浆形成的岩浆岩在地表分布很少，仅占岩浆岩总面积的0.4%。超基性岩浆形成的岩浆岩颜色比较深，大部分都是黑灰色、墨绿色，密度也很大，一般都在3.0g/cm^{3}以上，因此很坚硬，常具致密块状构造。

基性岩浆：基性岩浆又称玄武岩浆，其 SiO_2 含量为45%～52%，挥发组分少，其温度高达1000～1200℃；其特点是黏度小，流动性大，冷却缓慢。基性岩浆主要为宁静式喷发，喷发时其中的挥发性组分能从容而自由地逸散，无固体喷出物，常形成基座很大、坡度平缓（3°～10°）的盾形火山。基性岩浆流出火山口之后，沿着山坡或沟谷形成舌状及各种形状的熔岩流，冷凝固结后可形成各种各样的熔岩，其代表性岩石为玄武岩，通常将扭曲呈绳索状者称为绳状熔岩；熔岩在冷凝过程中，表面常分布诸多的冷凝收缩中心，形成冷凝收缩缝，如常见的柱状节理构造等。大陆上基性岩浆常常沿巨大的断裂带喷出形成裂隙式喷发，岩浆大面积覆盖地面，冷凝后形成熔岩被。海底基性岩浆喷发时，由于岩浆受海水的淬火冷却很难远距离流动，而是呈团块状堆积于喷出口附近，形成枕状构造，称枕状熔岩。

中性岩浆：中性岩浆又称安山质岩浆，其 SiO_2 含量为 52% ~ 65%，温度约为 900 ~ 1000℃。通常分布于岛弧和大陆边缘，其形成多与洋壳板块的俯冲有关。当洋壳俯冲至大约 100km 的深度时，沉积物中的含水矿物发生脱水，在温度升高和水的作用下，沉积物和洋壳发生部分熔融，形成的岩浆即为中性岩浆。

酸性岩浆：酸性岩浆又称花岗质岩浆，其 SiO_2 含量大于 65%，温度约为 700 ~ 900℃。酸性岩浆的黏度大，流动缓慢，因而在围压降低时，挥发性组分易于集中在岩浆房顶部，受岩浆房顶盖围岩及火山颈的阻挡，压力逐渐增大，因而一旦爆发十分猛烈。酸性熔岩通常为表层破碎呈大小不等的棱角状碎块并杂乱堆积的块状熔岩，代表性岩石为流纹岩，具有特征的流纹构造。

2. 岩浆作用

在高温、高压条件下形成的岩浆，通常是具有一定黏度的流体，岩浆形成后会沿着构造软弱带上升到地壳上部或喷溢出地表，在上升、运移过程中由于物理化学条件的改变，岩浆的成分不断发生变化，最后冷凝固结成岩，这一复杂过程称为岩浆作用。

根据岩浆侵入地下深处或喷出地表固结成岩，可将岩浆作用分为侵入作用和喷出作用两种类型。

二、喷出作用

喷出作用指岩浆上升到地面之上，在地表冷凝固结成岩的作用。岩浆喷出地表形成的特征地貌即为火山，因此通常也将喷出作用称为火山作用。

1. 火山的类型

根据现代火山是否在喷发，将火山分为活火山、休眠火山和死火山。活火山是当前还在喷发的火山；休眠火山是指有史以来曾经喷发过，但长期以来处于相对静止状态的火山；死火山指史前曾发生过喷发，但在人类历史上从来没有活动过的火山。

2. 火山的结构

火山通常由火山锥、火山口和火山喉管三部分组成（图 4 - 1）。火山锥是火山喷发形成的锥状地形，由火山岩组成。在火山锥的顶部常呈现出一个洼地，略呈圆形，边缘很陡，火山物质由此喷出，称为火山口。火山再次喷发时可以将原有的火山口炸掉一部分，使火山口顶部扩大，成为更大的洼地，叫破火山口。火山喷发停止后，火山口积水就成为火山口湖，如我国长白山天池就是一个破火山口湖。与火山口相连的岩浆通道叫火山喉管或火山颈。

3. 火山的喷发方式

1）按火山通道的形状划分

按火山通道的形状，可将火山喷发方式分为裂隙式喷发、中心式喷发和熔透式喷发三种类型。

图 4－1 火山机构示意图
1—火山喉管；2—火山口；3—火山锥

裂隙式喷发：岩浆沿一个方向的大断裂或断裂群上升，喷溢出地表，称为裂隙式喷发。裂隙式喷发以黏性小、流动性大的基性岩浆为主，多表现为沿裂隙缓慢溢出，然后沿地面向各个方向流动而形成熔岩被，面积可达几十万平方千米，厚达几百米甚至超过千米。

中心式喷发：喷发物沿火山喉管喷出地面，平面上成点状的喷发方式，称为中心式喷发。火山喉管多位于两组断裂的交叉点上。中心式喷发常伴随有强烈的爆炸现象，除喷出大量气体外，还喷出大量碎屑物质，最后溢出熔浆。

熔透式喷发：岩浆熔透地壳大面积地溢出地表，称为熔透式喷发。这是一种古老的火山活动方式，现代已不存在。一些学者认为，太古宙的地壳较薄，地下岩浆热力较大，常造成熔透式岩浆喷出活动。

2）按喷发的剧烈程度划分

对于中心式喷发，按火山喷发的剧烈程度，可分为宁静式、爆炸式和递变式三种类型。

宁静式：又称夏威夷式，以宁静地流出岩浆为特点，无爆炸现象。

爆炸式：又称培雷式，以猛烈爆炸的形式出现，具突然性，喷出大量气体和火山碎屑。

递变式：以爆炸式和宁静式有规律的交替出现为特点。

4. 火山喷出物的类型

火山喷出的物质有气态、液态和固态三种。

1）气态喷出物

火山喷发气体以水蒸气为主，含量常达 70% 以上；此外有 CO_2、SO_2、N_2、H_2S 以及少量 CO、H_2、HCl、NH_3、NH_4Cl、HF 等。气体的喷出状况通常能预示火山活动的进程，若气体喷出量越来越多、硫质成分越来越浓、温度越来越高，就是大规模火山喷发即将来临的预兆；如果气体喷出量逐渐减少，CO_2成分增多，硫质成分减少，温度降低，则表明火山活动逐渐减弱。

2）液态喷出物

火山喷出的液态物质称为熔浆，它与岩浆的差别在于挥发组分含量较少，熔浆冷凝固结形成各种各样的熔岩。

3）固态喷出物

由于气体的膨胀力及其所派生的冲击作用，使火山喉管及火山口附近的岩石被炸碎并抛射出来，以及未冷凝的岩浆呈团块、细滴喷射出来并在空中或落地后凝结为固体，均属固态喷出物，统称为火山碎屑物。可根据粒径大小，将火山碎屑分为火山集块、火山角砾和火山灰三种基本类型。

火山集块：粒径大于100mm，成分为固态的岩石碎块。

火山角砾：粒径为2～100mm，形态不规则，多呈棱角状。

火山灰：粒径小于2mm，是火山喷发时粒度最细的碎屑物质，通常可随全球大气环流飘落至很远的地方。

主要由火山碎屑组成的岩石，称为火山碎屑岩，这是介于岩浆岩与沉积岩之间的过渡岩石类型。根据火山碎屑的粒径，可将火山碎屑岩分为火山集块岩、火山角砾岩和火山凝灰岩三种基本类型。关于火山碎屑岩的特征，将在第七章第四节进行详细介绍。

5. 全球活火山的分布

全球活火山有500余座，这些活火山的分布具有明显的规律性，概括起来大致可分为四个明显的火山带：环太平洋火山带、地中海—印尼火山带、大洋中脊火山带和大陆裂谷火山带（图4－2），其成因将在第十二章中详述。

图4－2　全球活火山的分布（据 G. A. Macdonald，1972；转引自夏邦栋，1995）

三、侵入作用

（一）侵入作用的分类

侵入作用指岩浆上升到地下某一深处，但未上升到地表就冷凝固结成岩的作用。

根据岩浆侵入深度的不同，可将侵入作用分为深成侵入作用（侵位深度大于3km）和浅成侵入作用（侵位深度小于3km）。

侵入地下一定深度的岩浆冷凝后形成的岩浆岩体称为侵入岩体，简称为侵入体。侵入体周围的岩石，则称为围岩。与侵入作用的分类相对应，根据发育的深度，可将侵入体分为深成侵入体和浅成侵入体。

（二）侵入体的产状

通常将岩体在空间上的形态、规模、与围岩的关系、形成深度和地质构造环境，称为侵入体的产状（图4－3）。

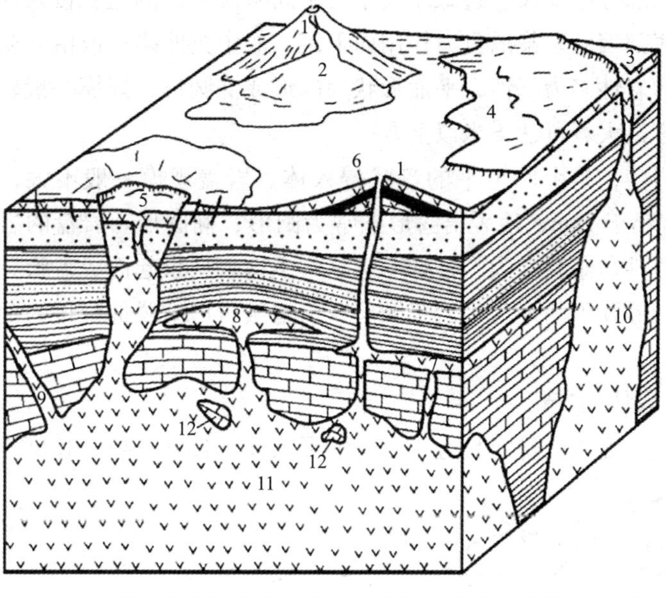

图4－3　常见的岩浆岩体的产状示意图（据张宝政等，1983）

1—火山锥；2—熔岩流；3—岩墙；4—熔岩被；5—破火山口；6—火山颈；7—岩床；8—岩盘；9—岩墙；10—岩株；11—岩基；12—捕掳体

1. 深成侵入体的产状

深成侵入体的规模通常较大，根据岩体大小进一步分为岩基和岩株。

岩基：岩基是侵入体中规模最大的一类，出露面积通常大于100km^2，最大可达数万平方千米。平面上一般呈长圆形，长数十千米，甚至几千千米，宽可达100km以上。岩基一般为中酸性岩浆冷凝而成，多由粒度较粗而成分稳定的花岗岩或花岗闪长岩等组成。我国东部地区常见规模巨大的花岗岩岩基，如山东青岛的崂山。

岩株：岩株平面上近圆形或不规则状，接触面较陡，规模相对较小，出露面积通常小于100km^2。有的岩株独立产出，有的向下与岩基相连，为岩基的顶部突起部分。呈小岩株产出的岩体通常富含矿产资源，如湖北大冶一带的中酸性岩株，在岩浆与围岩的接触带上有丰富的铁、铜、金等矿床。

2. 浅成侵入体的产状

浅成侵入作用接近地表，岩浆冷凝较快，岩体规模一般较小，常见的有岩床、岩盆、岩盘、岩鞍、岩墙、岩脉等。通常根据侵入体与围岩的产状关系，可将侵入体的产状分为整合侵入体和不整合侵入体。整合侵入体指侵入体与围岩的产状大致一致，主要包括岩床、岩盆、岩盘和岩鞍等类型。而岩墙、岩脉的产状通常与围岩产状不一致，称为不整合侵入体。

1）整合侵入体的产状

岩床：岩床又称岩席，以基性岩常见，是厚度较小而面积较大的层间侵入体，与其围岩的层面平行，接触面平坦，中部稍厚，向边部逐渐变薄以至尖灭。岩床的厚度差别很大，大的可达上千米，小的仅几十厘米。

岩盆：指中央部分厚度大、边缘厚度小、中间微向下凹的盆状侵入体。岩盆是岩浆侵入到岩层之间，底部因受岩浆的重力作用而下沉，故中央凹陷；或由岩浆侵入到构造盆地中而形成。岩盆的岩性多为基性，平面形状为圆形或椭圆形，规模一般较大，直径数千米到数百千米，厚度最大者可达千米以上。

岩盘：又称岩盖，是上凸下平的盘状侵入体。岩盖规模一般不大，底部直径约3～6km，最厚处通常小于1km，地表出露形态常为圆形、椭圆形。岩盘的岩性以中酸性岩较为常见，由于中酸性岩浆黏度大，延伸不远，将上覆岩层拱起而成盖状。

岩鞍：指在褶皱强烈的地区，岩浆顺层或沿褶皱岩层虚脱部位侵入而形成的马鞍状小岩体。

2）不整合侵入体的产状

岩墙：岩墙是厚度比较稳定且近于直立的侵入体（图4－4），长度为厚度的几十倍甚

图4－4　基性岩墙素描图（据蓝淇锋等，1979）

至几千倍，厚度一般几十厘米至几十米，长几十米甚至几千米。在一个较大区域内，岩墙很少单一产出，而是由多个岩墙有规律地分布，形成岩墙群。

岩脉：岩脉指规模小、形状不规则或贯入在岩体之中的脉状岩体。

四、岩浆的形成与演化

1. 岩浆的来源

岩浆来源于地壳和上地幔物质在高温高压下发生局部熔融或重熔，不同类型岩浆的来源深度及其物质成分也不相同。

超基性岩浆一般由上地幔（80～160km）橄榄岩的局部熔融形成。基性岩浆一般来自上地幔顶部橄榄岩的局部熔融。中性岩浆主要由大洋俯冲带上玄武岩及上覆沉积物混合熔融形成，也可由基性、超基性岩浆同化混染酸性岩之后形成。酸性岩浆主要由上地壳硅铝层的酸性岩发生局部熔融形成。

2. 岩浆的演化

岩浆自形成之后会发生活动，与围岩之间发生物质交换，发生冷凝结晶，最后固结成岩，其演化过程主要有同化混染作用和分异作用等。

1）同化混染作用

同化混染作用指岩浆运移过程中熔化围岩并改变自身成分的作用，它包括同化作用和混染作用两种作用方式。岩浆温度高，有很强的化学活动能力，可以熔化或溶解与之相接触的围岩或所捕虏的岩块，改变岩浆成分。若岩浆把围岩彻底熔化或溶解，使之同岩浆完全均一，则称同化作用；若熔化或溶解不彻底，不同程度地保留围岩的痕迹（如斑杂构造等），则称混染作用。

2）岩浆分异作用

岩浆分异作用主要有两种方式：熔离分异作用和结晶分异作用。

熔离分异作用：指岩浆在液态条件下按密度差异发生分异的过程，在基性岩浆中较为常见，主要表现为Cu、Fe、Ni的金属硫化物因密度较大而集中在岩浆房底部，可形成有工业价值的矿床。

结晶分异作用：结晶分异作用指岩浆冷却过程中，随着温度、压力的降低，矿物按照一定的顺序结晶而从岩浆中分离，使剩余的岩浆成分发生变化的过程。美国实验岩石学家鲍文（1928）根据人工合成玄武质岩浆的结晶过程特点，提出随着岩浆温度由高到低慢慢冷却，主要矿物按照一定的顺序依次结晶，可分为暗色矿物不连续序列和斜长石连续序列。暗色矿物不连续序列指由橄榄石—普通辉石—普通角闪石—黑云母构成的不连续序列（矿物成分及内部结构均有差别），斜长石连续序列指基性斜长石（钙长石）—中性斜长石（中长石）—酸性斜长石（钠长石）构成的连续序列（矿物成分有差别，而内部结构无明显差别），此后两个序列汇合成一个结晶序列，依次结晶出正长石—白云母—石英（图4-5），又形成一个不连续序列，后人为纪念鲍文，称之为鲍文反应序列。

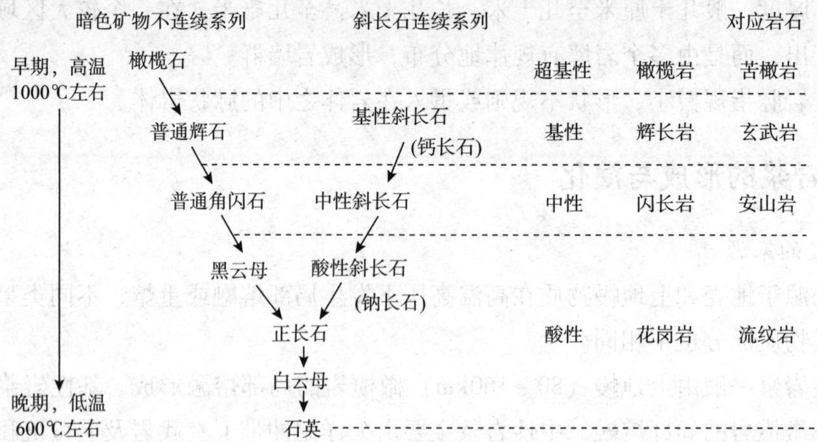

图 4－5　岩浆岩中矿物的共生组合与鲍文反应序列

到了分异作用的后期阶段，分化出来的残余岩浆中富含挥发组分。挥发组分的存在可降低岩浆黏度，增强活动性，延缓冷凝速度，这对矿物晶体的生长极为有利，通常可在围岩裂隙中形成巨大的晶体，称为伟晶岩。伟晶岩中通常富含多种稀有金属元素，如 Li、Be、Rb、Sr 等，也含有石英、云母、长石等非金属矿产。伟晶岩结晶后，残余流体为富含矿物质的热液流体，流体与围岩作用可直接沉淀形成气液矿床，如 Mo、W、Cu、Zn、Hg、Au、Ag 等。

鲍文反应序列在岩浆岩石学和沉积学领域都有重要的指导意义，主要表现在以下几个方面：①可以确定矿物的结晶顺序；②可以确定岩石中矿物的共生组合规律；③可以解释岩石类型的多样化，同种岩浆可通过结晶分异作用形成多种岩浆岩；④可以解释岩石中一些结构和构造的形成，如岩浆岩中的斜长石由于连续结晶而常具有环带结构；⑤可以确定矿物地表条件下的稳定性，通常在鲍文反应序列中越早结晶的矿物越不稳定、越易遭受风化，越晚结晶的矿物稳定性越强、抗风化的能力越强。

第二节　岩浆岩的基本特征

岩石是天然形成的、由固体矿物或岩屑组成的集合体。根据岩石的形成原因，地壳中的岩石可分为岩浆岩、沉积岩和变质岩三大类。由岩浆冷凝固结所形成的一类岩石称为岩浆岩，又称火成岩。在地表，岩浆岩约占岩石分布面积的 15%，但地下深处有增加的趋势，在地壳中岩浆岩的体积约占总体积的 65%。岩浆岩是地壳中的一种重要岩石类型，可形成重要的金属以及非金属矿产资源，它也是地壳演化的重要记录者，因而具有重要的研究意义。本节重点介绍岩浆岩的矿物组成、结构、构造等方面的基本特征。

一、岩浆岩的物质组成

岩浆岩的物质成分主要包括化学成分及矿物成分两个方面。

1. 岩浆岩的化学成分

1）岩浆岩的元素组成

自然界几乎所有元素都能在岩浆岩中存在，但含量相差很大。

岩浆岩中含量最多的元素是 O、Si、Al、Fe、Mg、Ca、Na、K、Mg、Ti 等，含量总和占岩石总体构成的99% 以上，因此将这些元素称为造岩元素，也称为常量元素。常量元素通常以氧化物的形式表示，如 SiO_2、Al_2O_3、FeO、Fe_2O_3、CaO、Na_2O、K_2O、MgO、TiO_2和 H_2O，以 SiO_2最多（59. 12%），其次为 Al_2O_3（15. 30%）（表4 –1）。

表4 –1 地壳与岩浆岩的平均化学成分（据 Clark 和 Washington，1924；转引自陈清华，2016）

元　素	岩浆岩中质量分数/%	地壳中质量分数/%	氧化物/%	质量分数/%
O	46. 59	49. 25	SiO_2	59. 12
Si	27. 72	25. 75	Al_2O_3	15. 30
Al	8. 13	7. 51	CaO	5. 08
Fe	5. 01	4. 70	Na_2O	3. 84
Ca	3. 63	3. 39	FeO	3. 80
Na	2. 85	2. 64	MgO	3. 49
K	2. 60	2. 40	K_2O	3. 13
Mg	2. 09	1. 94	Fe_2O_3	3. 08
Ti	0. 63	0. 58	H_2O	1. 15
P	0. 15	0. 12	TiO_2	1. 05
H	0. 13	0. 088	P_2O_5	0. 30
Mn	0. 10	0. 08	MnO	0. 12
总和	99. 63	98. 488	总和	99. 46

除上述常量元素外，岩浆岩中其他元素的含量较低，通常将含量小于 0. 1% 的元素称为微量元素，微量元素的单位为 ppm（百万分之一）或 ppb（十亿分之一）。

2）岩浆岩化学成分的特点

SiO_2是岩浆岩中最重要的氧化物，也是岩浆岩分类的基本依据。通常根据 SiO_2的含量，将岩浆岩分为四种基本类型：超基性岩（SiO_2含量 < 45%）、基性岩（SiO_2含量为45% ~52%）、中性岩（SiO_2含量为 52% ~65%）和酸性岩（SiO_2含量 >65%）。

岩浆岩中各氧化物之间关系密切，在各类岩浆岩中随 SiO_2含量的变化，其他氧化物也呈有规律的变化（图4 –6）：随 SiO_2含量的增加，FeO、MgO 含量逐渐减少；K_2O、Na_2O含量逐渐增加；CaO 在超基性岩中含量很低，但在基性岩中急剧增加，以后随 SiO_2含量的增加而逐渐降低；Al_2O_3在超基性岩中含量最少，在基性岩中急剧增加，在其他岩类中含量较为稳定。

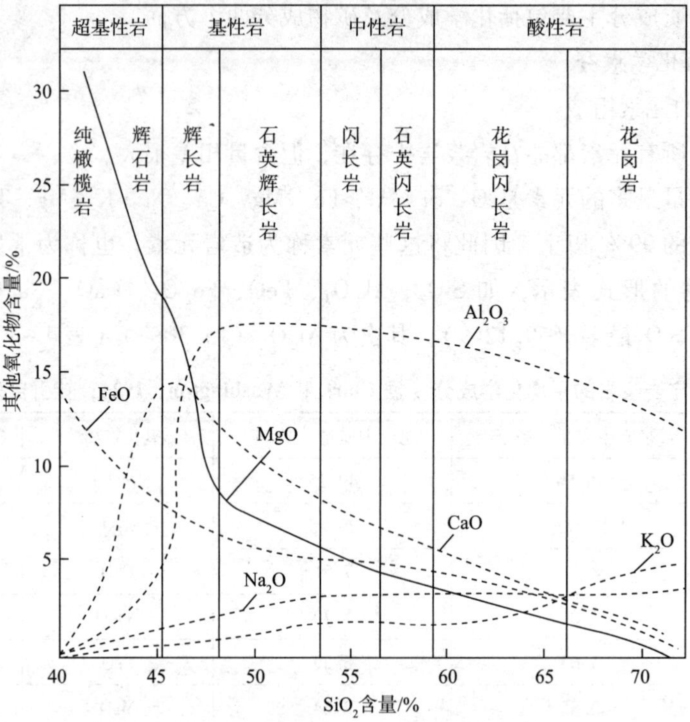

图4－6　岩浆岩中化学元素的变化规律

2. *岩浆岩的矿物成分*

1）岩浆岩中矿物的含量及其分类

根据矿物的含量，可将岩浆岩中的矿物分为主要矿物、次要矿物和副矿物。

岩浆岩中含量大于15%的矿物称为主要矿物，是划分岩浆岩大类、岩石命名的依据。如花岗岩中的石英，其含量通常要大于20%。

含量在1%～15%的矿物称为次要矿物，在岩石命名中作为确定岩石种属的依据，如黑云母花岗岩中的黑云母，石英闪长岩中的石英。

含量小于1%的矿物称为副矿物，不参与岩石定名。

2）岩浆岩中矿物的成分分类

岩浆岩的矿物成分及其组合是岩浆岩分类命名和鉴定的依据，也是了解岩浆岩化学成分、形成条件和成因的重要依据。岩浆岩中的矿物种类很多，但常见的仅20种左右，其中最常见的矿物有7种：石英、正长石、斜长石、普通角闪石、普通辉石、橄榄石和黑云母，这些构成岩石的主要矿物称为主要造岩矿物。

岩浆岩中的矿物成分根据化学成分和颜色可分为硅铝矿物和铁镁矿物。硅铝矿物颜色较浅，富含Si、Al元素，又称为浅色矿物，以斜长石、正长石和石英最为常见。铁镁矿物颜色较深，富含 Fe、Mg 元素，又称为暗色矿物，以橄榄石、普通辉石、普通角闪石和黑云母最为常见。

3）岩浆岩中矿物的共生组合关系

岩浆岩中的矿物具有明显的共生组合关系，可通过鲍文反应序列解释。在岩浆冷却结晶时，最先结晶出的矿物是橄榄石，橄榄石从岩浆中分离后，形成超基性岩，对应的岩石主要为橄榄岩、苦橄岩；随着岩浆继续冷却，普通辉石和基性斜长石几乎同时结晶，它们从岩浆中分离出来，形成基性岩，对应的岩石主要为辉长岩和玄武岩；随后，普通角闪石和中性斜长石几乎同时结晶，从岩浆中分离出来后，形成中性岩，对应的岩石主要是闪长岩和安山岩；最后，黑云母、酸性斜长石、正长石、白云母、石英依次结晶，形成酸性岩，对应的岩石主要是花岗岩和流纹岩。在鲍文反应序列图解当中，距离较近的矿物通常可以共生，而距离较远的矿物通常不能共生。

岩浆岩中的石英和橄榄石常具有特殊意义，能够反映岩浆岩中 SiO_2 饱和度，可称为酸度指示矿物。如石英为 SiO_2 过饱和矿物，而橄榄石为 SiO_2 不饱和矿物，这两类矿物通常不能共生，称为禁生关系。

4）岩浆岩中矿物成分的变化规律

各类岩浆岩中矿物成分的含量和种类各不相同，而是遵循一定的变化规律，从超基性岩、基性岩、中性岩到酸性岩，主要造岩矿物的分布见图 4－5。

从图 4－7 可以看出，按超基性岩至酸性岩的顺序，暗色矿物逐渐减少，而浅色矿物相应地增长，因而岩石的总体颜色也由深变浅，因此通常将岩石中暗色矿物的含量称为色率。

从超基性岩至酸性岩，斜长石从基性变为酸性，从中性岩开始出现正长石和石英，这两种矿物在酸性岩中大量出现。

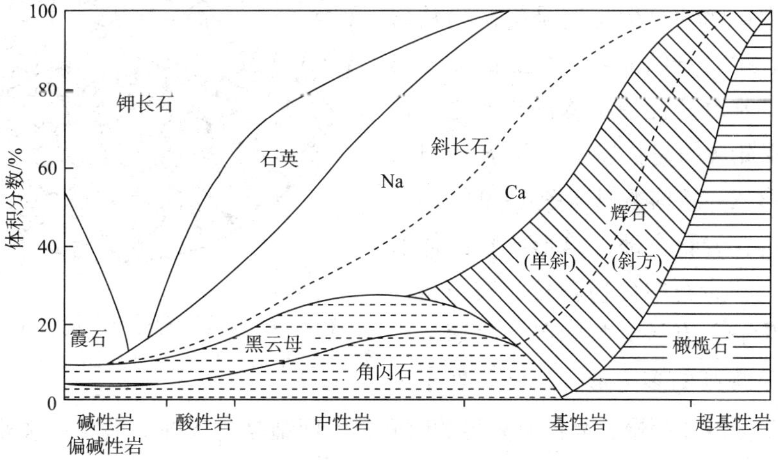

图 4－7　各类岩浆岩中矿物成分变化规律示意图（据 Adams，1956；转引自李亚美，1984）

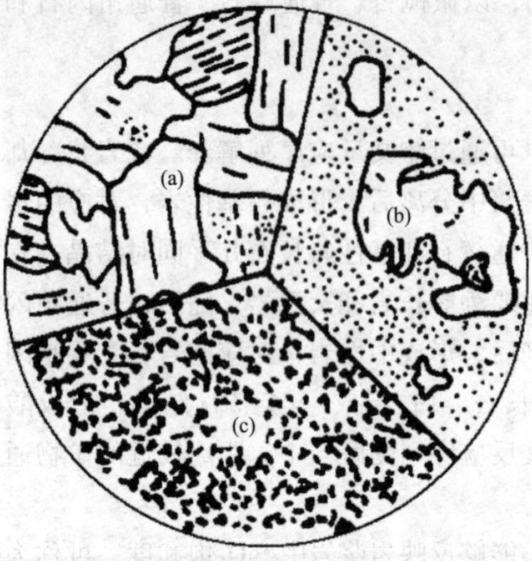

图4－8　按结晶程度划分的岩浆岩结构类型
（a）全晶质结构；（b）半晶质结构；（c）玻璃质结构

二、岩浆岩的结构

岩浆岩的结构指岩浆岩中矿物的结晶程度、颗粒大小、形状及颗粒间的相互关系。岩浆岩的结构可反应岩浆岩的形成环境，这是研究其结构的意义。

1. 按结晶程度划分

根据岩石中结晶质矿物和非晶质组分（玻璃质）的比例，可将岩浆岩的结构分为全晶质结构、半晶质结构和玻璃质结构三种类型（图4－8）。

全晶质结构：指组成岩石的矿物全部为结晶质矿物组成，如花岗岩中的矿物全是由结晶质的石英、斜长石、正长石、黑云母、普通角闪石等组成。全晶质结构通常由岩浆在地下深处缓慢冷凝结晶而成，多见于深成侵入岩。

半晶质结构：组成岩石的矿物部分结晶、部分为玻璃质，多见于喷出岩，如流纹岩等。

玻璃质结构：组成岩石的成分全部为非晶质的火山玻璃，通常由岩浆在喷出地表条件下快速冷却、来不及结晶而成，往往形成于喷出岩或浅成侵入岩的边部，如黑曜岩。

2. 按自形程度划分

岩浆岩中矿物的自形程度是指矿物从岩浆中晶出时，按自身结晶习性形成晶体外形的完整程度。在具全晶质结构的岩石中，按矿物晶体外形轮廓的完整程度，可分为自形、半自形、他形三种结构类型（图4－9）。

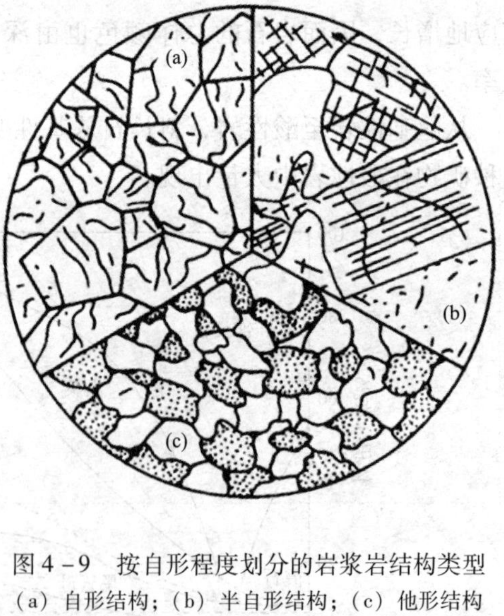

图4－9　按自形程度划分的岩浆岩结构类型
（a）自形结构；（b）半自形结构；（c）他形结构

自形结构：岩石全部由自形矿物晶体所组成的结构。在岩石中矿物颗粒能按照自己的结晶习性发育，有较完整的晶面。薄片中矿物颗粒多呈规则的多边形。通常由处于地下深处的岩浆因冷却缓慢、晶体有充足的时间和空间结晶的条件下形成。这种结构较为少见，多出现于矿物成分单一的岩石，如橄榄岩和辉石岩中，它们多是由岩浆结晶分异产生的自形晶形成的。

半自形结构：指主要由半自形矿物晶体组成的结构。岩石中矿物晶体的晶面发育不完整，部分晶面完全，部分晶面不规则，有些是晶体轮廓规则的自形颗粒，有些是形状不规则的他形颗粒。这种结构的形成是由于晶体结晶时受早期结晶的其他晶体限制，或同时结晶的矿物较多，互相干扰，没有足够的自由空间按其结晶习性自由生长。此结构在深成岩及浅成岩中分布较广。

他形结构：晶体不能发育成应有的形状，而是决定于相邻晶体所遗留的空间形状，因此常是不规则的。

3. 按矿物颗粒的绝对大小划分

根据肉眼观察，首先可将岩浆岩的结构划分出显晶质结构和隐晶质结构两大类。

1）显晶质结构

显晶质结构是能用肉眼或借助放大镜分辨出岩石中矿物颗粒的结构，依矿物颗粒的绝对大小，可进一步划分为如下结构类型。

粗粒结构：颗粒直径大于5mm，当颗粒直径大于10mm时称为伟晶结构，但伟晶结构较为少见。

中粒结构：颗粒直径为2~5mm。

细粒结构：颗粒直径为0.2~2mm。

2）隐晶质结构

当矿物颗粒小于0.2mm时，矿物颗粒用肉眼及放大镜无法辨认，需要在显微镜下才能辨认，则称为隐晶质结构。具有隐晶质结构的岩石通常呈致密块状，常以断口粗糙、无玻璃光泽、脆性程度低而与玻璃质相区分。

矿物颗粒的绝对大小跟岩石形成环境有关。深成岩在结晶过程中冷凝缓慢，结晶时间充分，往往形成颗粒较粗的岩石；浅成岩通常形成细粒和微粒结构；喷出岩在形成时冷凝较快，没有充足时间结晶，往往形成隐晶质结构，甚至玻璃质结构。

4. 按矿物颗粒的相对大小划分

按岩石中矿物颗粒相对大小，可将岩浆岩的结构划分如下。

等粒结构：岩石中同种主要矿物的粒径大致相等，常见于深成岩中。

不等粒结构：岩石中同种主要矿物的粒径有差别，矿物颗粒从小到大连续变化，常见于浅成岩中。

斑状结构：岩石中主要矿物颗粒相差悬殊，分为大小截然不同的两群，大的称为斑晶，小的称为基质（图4-10）。斑晶为结晶

图4-10 按矿物颗粒相对大小划分的岩浆岩结构类型

（a）等粒结构；（b）不等粒结构；（c）斑状结构；（d）似斑状结构

质矿物，而基质为隐晶质或玻璃质。通常斑晶结晶较早，晶形较好，而基质结晶较晚，多是熔浆喷出地表或上升至浅处迅速冷凝而成。常见于喷出岩或一些浅成岩中。

似斑状结构：岩石中矿物颗粒相差悬殊，也分为大小截然不同的两群，但斑晶和基质均为显晶质矿物，而且斑晶和基质的成分基本相同（图 4－10）。常是浅成岩和一些深成岩所具有的结构，如似斑状花岗岩。

三、岩浆岩的构造

岩浆岩的构造指岩浆岩中各组成部分（主要是指矿物）之间的空间排列和充填方式表现出的岩石特征，是岩浆岩形成条件的反映。岩浆岩常见的构造主要有以下几种类型。

块状构造：岩石中矿物排列无一定方向，不具任何特殊形象的均匀块体，是侵入岩中最常见的一种构造。

斑杂构造：又称不均一构造，它是指岩浆岩不同组成部分在结构、颜色、矿物成分上有较大的差异而具有的构造类型（图 4－11）。引起斑杂构造的原因很多，可由于析离体和捕虏体形成，也可由不均匀或不彻底的同化混染作用及不均匀的交代作用以及岩浆的多次侵入或脉冲侵入而成。

条带状构造：由颜色、成分或结构不同的条带交替、平行排列形成的构造（图 4－12），其形成可能与岩浆结晶分异有关。

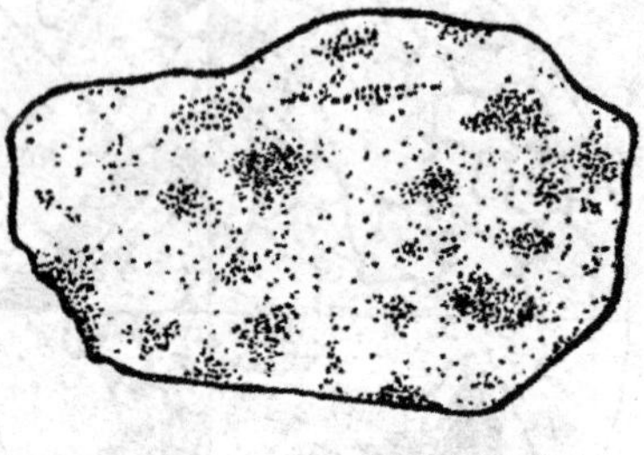

图 4－11　斑杂构造素描图
（据邱家骧，1985）

图 4－12　条带状构造素描图
（据列文信·列信各，转引自南京大学地质系矿物岩石学教研室，1980）

流纹构造：因熔浆流动由不同颜色不同成分的隐晶质、玻璃质或拉长气孔等定向排列所形成的流状构造（图 4－13），常见于中酸性喷出岩中，如流纹岩。

气孔构造：熔浆喷出地表，压力骤减，大量气体从中迅速逸出而形成的圆形、椭圆形或管状孔洞称气孔构造，这种构造往往出现在喷出岩中。

杏仁构造：岩石中的气孔被后期的矿物质（方解石、石英、玛瑙、玉髓等）所填充，形似杏仁，称杏仁构造。气孔构造和杏仁构造多分布于熔岩表层。在大规模熔岩流（如玄武岩）中常可见到多层气孔或杏仁构造，据此可统计岩浆喷发的次数。

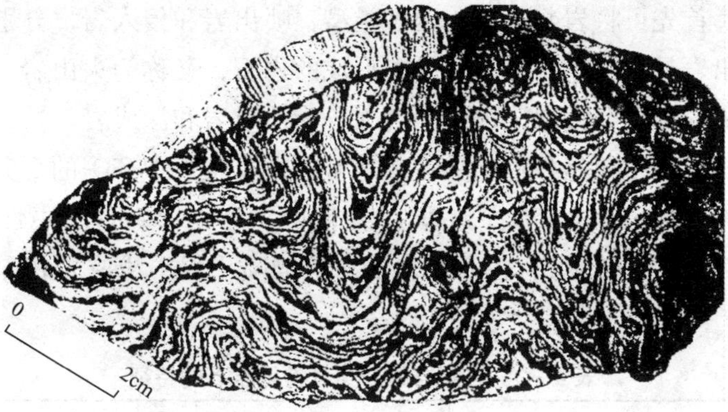

图 4－13　流纹构造素描图（据南京大学地质系矿物岩石学教研室，1980）

原生节理构造：岩浆侵入地壳表层或喷出地表冷凝时，因体积收缩岩石产生裂缝，称为原生节理，如玄武岩中常见的柱状节理。

枕状构造：岩浆水下喷发，快速冷凝形成硬壳，内部熔浆沿缝冲出硬壳流动，再冷凝而成的底平上凸的构造（图 4－14），常见于基性喷出岩。

图 4－14　枕状构造素描图（据蓝淇锋等，1979）

第三节　岩浆岩的分类与常见的岩浆岩

自然界的岩浆岩种类繁多，其物质成分、结构、构造、产状等各有差异。对岩浆岩进行系统的归纳和分类，目的在于正确认识各类岩浆岩的共性和特性，掌握其内在联系和变化规律，以便于对岩浆岩进行鉴别和描述。

一、岩浆岩的分类

按形成环境，首先可将岩浆岩分为两种类型：喷出岩和侵入岩，分别对应于喷出作用和侵入作用。喷出岩是岩浆喷出地表后冷凝形成的岩石，又称为火山岩。侵入岩指岩浆在地表以下冷凝形成的岩石，按岩浆侵位深度又分为浅成岩和深成岩。

岩浆岩的物质成分主要是各种硅酸盐，通常根据岩浆岩中 SiO_2 的百分含量将岩浆岩分为四大类：超基性岩（$SiO_2<45\%$）、基性岩（SiO_2 45% ~52%）、中性岩（SiO_2 52% ~65%）和酸性岩（$SiO_2>65\%$），各大类岩石对应的喷出岩、浅成岩和深成岩岩石类型列于表 4-2。

表 4-2　岩浆岩的分类及常见岩石的特征

基本特征		超基性岩（橄榄岩—苦橄岩类）	基性岩（辉长岩—玄武岩类）	中性岩（闪长岩—安山岩类）	酸性岩（花岗岩—流纹岩类）
SiO_2 含量/%		<45	45 ~32	52 ~65	>65
矿物成分	石英含量/%	不含	不含或微含	<5	>20
矿物成分	碱性长石含量	不含	不含	少量	较多
矿物成分	斜长石含量	几乎不含	以基线斜长石为主	以中性斜长石为主	以酸性斜长石为主
矿物成分	铁镁矿物含量	以橄榄石为主，普通辉石次之	以普通辉石为主，可含橄榄石、普通角闪石	以普通角闪石为主，普通辉石次之	以黑云母为主，普通角闪石次之
颜色		黑—绿黑	灰黑—深灰	灰—灰绿	灰白—肉红
侵入岩	深成岩	橄榄岩	辉长岩	闪长岩	花岗岩
侵入岩	浅成岩	金伯利岩	辉绿岩	闪长玢岩	花岗斑岩
喷出岩		苦橄岩	玄武岩	安山岩	流纹岩

岩浆岩中 K_2O+Na_2O 含量反映岩石的碱度，在分类过程中也有一定作用。常见岩浆岩的 K_2O+Na_2O 含量通常小于9%，而当岩石中 Na_2O+K_2O 平均含量大于9%时，称之为碱性岩类，碱性岩类的 SiO_2 含量与中性岩相当（52% ~65%）。根据 Na_2O+K_2O 含量，可将碱性岩类进一步分为偏碱性岩类（Na_2O+K_2O 含量平均为9%）和碱性岩类（Na_2O+K_2O 含量平均为14%）。由于偏碱性岩类和碱性岩类在自然界不太常见，在表 4-2 中未列出这两种岩石类型，仅在常见的岩浆岩类中简要介绍。

二、常见的岩浆岩

1. 超基性岩类（橄榄岩—苦橄岩类）

1）基本特征

超基性岩在地表分布面积小，占岩浆岩的4%，侵入岩规模小，喷出岩罕见。

超基性岩类 SiO_2 含量小于45%，富含 MgO、FeO，反映在矿物成分上，铁镁矿物占绝对优势，主要是橄榄石、普通辉石；硅铝矿物少（斜长石含量小于10%，无石英），岩石颜色深，密度大。

2）常见岩石

橄榄岩：是超基性侵入岩中的深成侵入岩，主要矿物成分为橄榄石，可含少量普通辉石，深绿色或绿黑色，比重大，常具全晶质中粗粒结构，块状构造。橄榄岩可经变质作用蚀变为蛇纹岩。除富含铁、镁外，橄榄岩中还含有铂、铬等贵重金属矿产。

金伯利岩：是超基性侵入岩的浅成侵入岩，为原生金刚石的母岩，因最初发现于南非的金伯利镇而得名。金伯利岩的主要矿物成分为橄榄石、金云母等，岩石颜色呈绿色、灰绿色，具细粒结构、斑状结构、角砾状结构等。金伯利岩可见球状构造，其核心为已蛇纹石化的橄榄石，被细粒基质包围，分布于金伯利岩体附近，俗称“凤凰蛋”，是金刚石的找矿标志。我国山东、辽宁等地发现具工业价值金刚石的金伯利岩体。

苦橄岩：是超基性侵入岩的喷出岩，绿黑色，隐晶结构，块状构造，有时见气孔、杏仁构造，若具斑状结构则称苦橄玢岩。超基性喷出岩分布很少，常与玄武岩共生，产于玄武岩底部。

2. 基性岩类（辉长岩—玄武岩类）

1）基本特征

基性岩类 SiO_2 含量为45%～52%，FeO、MgO 含量低于超基性岩类，而 Al_2O_3、CaO 含量高于超基性岩类。反映在矿物成分上铁镁矿物显著减少，暗色矿物含量为40%～75%，主要矿物为普通辉石和基性斜长石，次要矿物为橄榄石、普通角闪石等，几乎不含石英，颜色较深。基性岩的侵入岩少见，而喷出岩很常见，如玄武岩是喷出岩中分布最广的岩石。

2）常见岩石

辉长岩：基性深成侵入岩，颜色多为灰黑色，主要由含量基本相等的普通辉石和斜长石组成，此外尚有角闪石、橄榄石、黑云母等成分，全晶质中粗粒结构，块状构造，伴生的矿产资源有铁、钛、铜、镍、磷等。

辉绿岩：基性浅成侵入岩，颜色多为灰绿色，矿物成分以斜长石、辉石为主，通常由自形—半自形的长条形斜长石组成网络，自形程度差的普通辉石充填其间，这种结构又称为辉绿结构，具有块状构造。

玄武岩：基性喷出岩，也是分布最广的火山岩，陆地上常形成大面积巨厚的熔岩，黑色或灰黑色，矿物成分以斜长石、辉石为主，具有斑状结构或隐晶质结构，气孔构造和杏仁状构造，也常见柱状节理构造，与铜、钴等矿床关系密切。

3. 中性岩类（闪长岩—安山岩类）

1）基本特征

中性岩类 SiO_2 含量为52%～65%，FeO、MgO、CaO 含量进一步降低，Na_2O、K_2O 含量增加，反映在矿物成分上，铁镁矿物减少，含量约30%，以普通角闪石为主。浅色矿物增多，含量约 70%，主要为中性斜长石，并出现正长石及少量石英，颜色变浅。

2）常见岩石

闪长岩：中性深成侵入岩，主要由斜长石和普通角闪石组成，有时含普通辉石和黑云母，副矿物主要有磷灰石、磁铁矿、钛铁矿和榍石等，具全晶质粒状结构，块状构造。

闪长玢岩：中性浅成侵入岩，岩石呈灰白色、灰色，有次生变化时为灰绿色，斑状结构，斑晶通常为斜长石和普通角闪石，块状构造。

安山岩：中性喷出岩，分布很广，仅次于玄武岩，通常呈灰紫色、紫褐色，主要矿物成分是斜长石、普通角闪石和少量的辉石等。新鲜时呈灰黑、灰绿或棕色，具斑状结构。与安山岩有关的矿产主要是铜，其次是金、铅、锌等。安山岩广泛分布于环太平洋的岛弧地带及大陆边缘，构成“安山岩线”。

4. 酸性岩类（花岗岩—流纹岩类）

1）基本特征

酸性岩类 SiO_2 含量大于 65%，属 SiO_2 过饱和岩石，FeO、MgO、CaO 含量很低，K_2O、Na_2O 含量较高，反映在矿物成分上，暗色矿物含量小于 10%，浅色矿物含量大于 90%，且以石英、酸性斜长石为主，颜色浅。本类岩石分布广，以侵入岩出露最多，多呈大型的岩基及岩株。

2）常见岩石

花岗岩：酸性深成侵入岩，是分布最广的岩浆岩，颜色较浅，以灰白色和肉红色最为常见，主要矿物成分是石英、正长石、斜长石和黑云母，具有等粒结构和块状构造。按次要矿物成分的不同，可分为黑云母花岗岩、角闪石花岗岩等。几乎不含暗色矿物者，称为白岗岩。很多金属矿产（如钨、锡、铅、锌、汞、金等）、稀土元素及放射性元素与花岗岩类有密切关系。花岗岩美观且抗压强度高，是优质的建筑材料。

花岗斑岩：酸性浅成侵入岩，岩石呈灰白色、肉红色，成分与花岗岩相当，多呈斑状或似斑状结构，斑晶主要是石英、正长石，有时也可见黑云母、普通角闪石，基质多为细粒、隐晶质结构；若基质为细粒结构时，岩石具似斑状结构，称为似斑状花岗岩；若斑晶主要为石英，基质为隐晶结构时，则称为石英斑岩。

流纹岩：酸性喷出岩，一般色浅，多为浅红、灰白或灰红色，具斑状结构，含少量石英、透长石斑晶，流纹构造。流纹岩性质坚硬致密，可作为建筑材料。

5. 偏碱性岩类（正长岩—粗面岩类）

1）基本特征

偏碱性岩类 SiO_2 含量相当于中性岩，但 $Na_2O + K_2O$ 可达 9%，CaO、MgO、FeO、Fe_2O_3 的含量低，浅色矿物主要为碱性长石（包括正长石、微斜长石等），含少量斜长石和石英，暗色矿物以普通角闪石、黑云母为主（含量小于 20%），此类岩石在自然界较为少见，常出现于断裂带中，很少形成独立岩体，常与酸性岩、基性岩或碱性岩共生，通常富含 Cu、Fe 等矿产资源。

2）常见岩石

正长岩：偏碱性深成侵入岩，浅灰、肉红色，矿物成分以正长石为主，其次为斜长石、普通角闪石，全晶质中粗粒结构，块状构造，俗称“黑花岗岩”。

正长斑岩：偏碱性浅成侵入岩，浅灰、肉红色，斑状或似斑状结构，斑晶为正长石，基质隐晶质或细粒结构，块状构造。

粗面岩：偏碱性喷出岩，浅灰色、淡黄色或淡红色，斑状结构，斑晶为正长石，基质为隐晶质，气孔构造或块状构造，表面有粗糙感。

6. 碱性岩类（霞石正长岩—响岩类）

1）基本特征

碱性岩类 SiO_2 含量相当于中性岩，但 Na_2O+K_2O 可达 14%，Na_2O 含量高于 K_2O，CaO、MgO 含量高，含有较多稀土元素，浅色矿物主要为碱性长石（包括正长石、微斜长石、条纹长石等）和副长石（霞石），不含石英，含有碱性暗色矿物（辉石族的霓石，角闪石族的钠闪石、钠铁闪石和黑云母），此类岩石在自然界较为少见，常出现于断裂带中，很少形成独立岩体，常与酸性岩、基性岩或偏碱性岩共生。

2）常见岩石

霞石正长岩：碱性深成侵入岩，浅绿、浅灰、浅红色，矿物成分以正长石、霞石为主，全晶质中粗粒结构，块状构造。

霞石正长斑岩：碱性浅成侵入岩，浅灰、肉红色，斑状或似斑状结构，斑晶为正长石，基质隐晶质或细粒结构，基质主要为碱性长石和霞石，块状构造。

响岩：偏碱性喷出岩，浅灰绿色或浅褐灰色，斑状结构，斑晶为霞石或正长石，基质为隐晶质，气孔构造或块状构造，沿节理击打时常发出清脆响声。

7. 脉岩类（伟晶岩、细晶岩、煌斑岩）

脉岩指岩浆岩体内及围岩中呈脉状产出的岩体。脉岩常充填于侵入岩体内部及围岩裂隙中，规模有限，常形成于岩浆作用的晚期。常见的脉岩主要包括伟晶岩、细晶岩和煌斑岩。

伟晶岩：由特别粗大（大于 10mm）的矿物晶体组成的一种脉岩，通常在岩浆结晶分异作用的晚期形成，常见的伟晶岩为花岗伟晶岩，其成分与花岗岩相当，富含稀土元素、稀有元素及放射性元素，可形成伟晶岩型矿床。

细晶岩：通常由浅色矿物构成的具细粒结构的脉岩，最常见的类型为花岗细晶岩，主要矿物为斜长石、石英、正长石，暗色矿物含量极少，与花岗岩的区别在于粒度细、暗色矿物含量低。

煌斑岩：暗色矿物含量高的脉岩，斑状结构，斑晶为黑云母、普通角闪石、普通辉石、正长石，可产金刚石。

第五章　变质作用与变质岩

变质作用是内动力地质作用的基本类型之一，由变质作用形成的变质岩是三大类岩石的一种基本类型。变质岩可形成于不同的地质时期，地球上形成于前寒武纪（寒武纪之前，即5.4亿年前）的岩石目前多已发生变质，前寒武纪变质岩的出露面积约占地表的18%，因此研究变质作用与变质岩对于研究地球早期的演化历史具有重要的理论意义。变质岩占地壳的体积约27.4%，其中蕴藏着丰富的矿产资源，研究变质作用与变质岩也具有重要的实际意义。

本章将对变质作用及其产物变质岩的特征进行系统介绍，主要介绍以下内容：①变质作用概述；②变质岩的基本特征；③变质岩的分类与常见的变质岩。

第一节　变质作用概述

一、变质作用的概念

变质作用是在地壳一定深度内，由于温度、压力、流体等因素的综合影响，使原来的岩石在基本保持固态的情况下发生矿物成分、结构、构造的变化而形成新岩石的地质作用。

这里要特别强调，在变质岩的形成过程中原岩是在基本保持固态条件下发生的，没有大量 H_2O 和 CO_2 等流体的参与，物质不发生大规模的迁移。因此，与原岩相比，变质岩的化学成分总体变化不大，这对于恢复原岩是很有意义的。变质作用过程中岩石基本没有发生明显的熔融，因此变质作用与岩浆作用的界限是清楚的。引起变质作用发生的温度、压力等因素主要来自地球的内部，而形成沉积岩的各种作用主要发生在地表常温、常压环境，因此变质作用与沉积岩形成作用的界限也是明显的。

二、引起变质作用的因素

影响变质作用的因素是多方面的，一般可分为外因和内因。内因主要指母岩的岩性，而外因指能使变质作用发生的温压条件等。由于母岩类型多样，内因对变质作用的影响异常复杂，本书暂不做介绍。外因一般包括温度、压力、化学活动性流体和时间。

1. 温度

温度是引起岩石变质的主导因素，变质作用的温度范围一般是150～700℃。温度可以提供变质作用所需要的能量，使岩石中矿物的原子、离子或分子具有较强的活动性，促使一系列化学反应和结晶作用的发生。同时，温度增高还可使矿物的溶解度加大，使更多的矿物成分进入岩石孔隙中的流体内，增强了流体的渗透性、扩散性及化学活动性，促进了变质作用的发生。

引起变质作用的温度主要来自地下放射性元素衰变释放的热能、岩浆热能或地下断裂错动产生的热能。

2. 压力

压力也是变质作用的重要因素，主要包括静压力、动压力和流体压力。

静压力是指由上覆岩石的重量引起的压力，各向均等，随深度增加而增大，深度每增加1km静压力大致增加275×10^5Pa。变质作用的静压力范围，一般认为在（1～2）$\times10^8$Pa到（7～8）$\times10^{12}$Pa之间，相当于地下5～30km的区间。静压力的作用在于使岩石被压缩，导致矿物中原子、分子或离子间的距离缩小，促使矿物内部结构改变，形成密度大、体积小的新矿物。如红柱石（Al_2SiO_5）是在压力较低的环境下形成的，相对密度为3.1～3.2g/cm^3，当静压力增大时，它可以转变为化学成分相同、但分子体积较小的蓝晶石（Al_2SiO_5），其相对密度为3.56～3.68g/cm^3。

动压力是由构造运动所产生的定向压力，又称为应力，主要发生在断裂带附近。这种压力在变质作用中有着十分重要的意义，它可以引起矿物在平行动压力方向上溶解较强，然后迁移到垂直应力方向上沉淀，导致原岩发生矿物的重新分异与聚集，造成矿物定向排列。

流体压力实际上是静压力通过岩石孔隙中的流体发生传递而形成。流体的成分及其压力的大小控制着许多化学反应的进程，对于岩石的变质作用也有重要影响。

3. 化学活动性流体

化学活动性流体是指在变质作用过程中存在于岩石孔隙中的具有很大挥发性和活动性的流体，以H_2O和CO_2为主，并包含有多种其他易挥发物质及其溶解的矿物成分。化学活动性流体可以促使矿物组分的溶解和迁移，引起原岩物质成分的变化。流体作为固体与固体之间发生化学反应的媒介具有极重要的意义，因为固体之间的化学反应涉及物质组分的交换，如果没有流体媒介，这种反应是极其缓慢的。同时，流体本身也参与了变质作用的各种化学反应。此外，流体的存在还会大大降低岩石的重熔温度，降低某些变质反应的临界温度等。从某种程度上说，流体是变质作用的催化剂。

4. 时间

变质作用的持续时间也是影响变质作用的重要因素之一。有些变质作用看似很难发生，但在长时间持续作用下却可以发生。在温度、压力和流体基本相似的情况下，随着时间的增长，变质作用程度也逐渐增强的。

这些影响变质作用的外部因素在变质作用过程中都不是孤立存在的，经常同时出现，互相配合又互相制约，共同改造着岩石。

三、变质作用的方式

变质作用的方式复杂多样，主要表现在以下几个方面。

1. 碎裂变形作用

碎裂变形作用主要发生在断裂带附近。在地壳浅部，当岩石和矿物所受的应力超过一定限度时，岩石和矿物发生破裂、碎裂的变质作用方式称为碎裂作用。而在地壳深部，岩石或矿物所受的应力超过其弹性限度时产生的塑性变形称为变形作用。

2. 重结晶作用

重结晶作用是指岩石在固态情况下，同种矿物经过有限的颗粒溶解、组分迁移，然后又重新结晶成粗大颗粒的作用，在这一过程中并未形成新矿物（图5-1）。最典型的例子是泥晶灰岩经重结晶作用后变成颗粒粗大的大理岩，主要矿物成分仍为方解石。

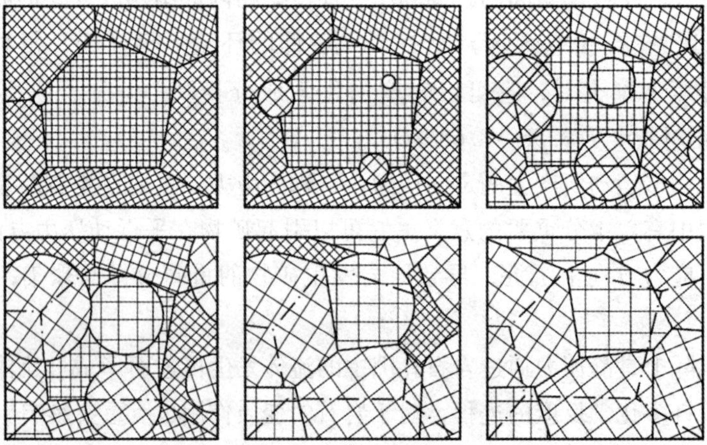

图5-1　重结晶作用示意图

图中从左往右，从上往下重结晶程度逐渐增强

3. 变质结晶作用

变质结晶作用又称变质反应，它是指岩石在基本保持固态条件下，化学成分重新组合，原有矿物消失，形成新矿物的过程，但总体化学成分不变。变质结晶作用是变质作用方式中重要的类型之一，主要表现在以下几个方面。

1）脱水或水合作用

由于挥发性组分的逃逸或获取，岩石中化学组分重新组合，形成新矿物，如沉积岩中常见的黏土矿物高岭石脱水后可生成红柱石和石英，化学反应式如下：

$$\underset{(高岭石)}{Al_4[SiO_4](OH)_8} \xrightleftharpoons[放热]{吸热} \underset{(红柱石)}{2Al_2[SiO_4]O} + \underset{(石英)}{2SiO_2} + 4H_2O \qquad (5-1)$$

此过程一般在500℃左右的温度下发生，若黏土矿物脱水反应不彻底，还会形成白云母、绿泥石、叶蜡石等含有OH^-的矿物。相反，当温度降低时，矿物吸水发生水合作用，如橄榄石可变为蛇纹石，辉石可变为角闪石或绿泥石，钾长石可变为绢云母或白云母。

2）脱碳酸或碳酸化作用

方解石受热可释放CO_2，称为脱碳酸作用，剩下的CaO可与岩石中的SiO_2结合形成新矿物硅灰石，化学反应式如下：

$$\underset{(方解石)}{CaCO_3} + \underset{(石英)}{2SiO_2} \xrightleftharpoons[放热]{吸热} \underset{(硅灰石)}{CaSiO_3} + CO_2 \qquad (5-2)$$

此过程一般在600℃左右的温度下发生，如石灰岩受热后会变成含碳或硅灰石的大理岩。相反，温度降低，矿物吸收CO_2的作用称为碳酸化作用，如中基性斜长石可变为方解石。

3）由体积大、密度小的矿物转变为体积小、密度大的矿物

在静压力下易发生体积大、密度小的矿物转变为体积小、密度大的矿物。如黏土矿物在压力小于5.5×10^8 Pa条件下，可转变为密度稍大的红柱石，而压力大于5.5×10^8 Pa的条件下，可转变为密度更大的蓝晶石。

此外，在较高的静压力作用下，体积大、密度小的不同矿物也可结合为体积小、密度大的新矿物。如镁橄榄石与钙长石在高压下可转变为石榴子石，密度增大，体积减小，化学反应式如下：

$$\underset{(镁橄榄石)}{Mg_2[SiO_4]} + \underset{(钙长石)}{Ca[Al_2Si_2O_8]} \rightarrow \underset{(石榴子石)}{CaMg_2Al_2[SiO_4]_3} \qquad (5-3)$$

4. 交代作用

交代作用是指变质过程中，化学活动性流体与固体岩石之间发生的物质置换或交换作用，其结果不仅形成新矿物，而且岩石的总体化学成分发生改变，但岩石体积保持不变。例如，含Na^+的流体与钾长石发生交代作用而置换出K^+，形成新矿物钠长石，化学反应式如下：

$$\underset{(钾长石)}{K[AlSi_3O_8]} + Na^+ \rightarrow \underset{(钠长石)}{Na[AlSi_3O_8]} + K^+ \qquad (5-4)$$

5. 变质分异作用

变质分异作用是指岩石在不发生熔融和交代的情况下，某些组分经扩散产生不均匀聚集，使成分均匀的原岩变成矿物成分不均匀的变质岩的作用，通常形成变斑晶、透镜体、条带等。

四、变质作用的类型

变质作用发生的地质条件是极其复杂多样的，一般根据变质作用发生的规模、地质背景和物理、化学条件，将变质作用分为动力变质作用、接触变质作用、区域变质作用和混合岩化作用四种主要类型（图 5－2）。

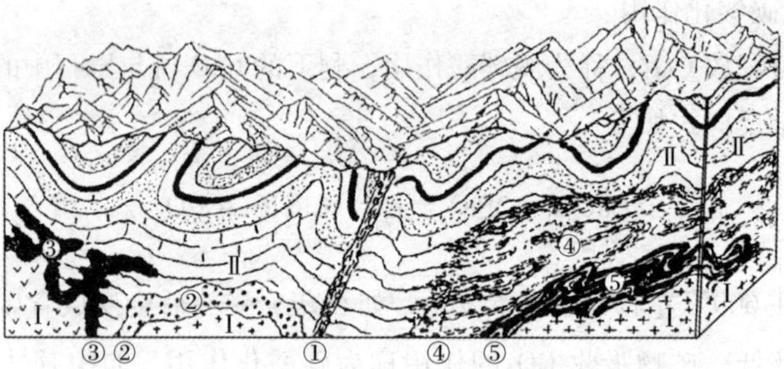

图 5－2　变质作用类型及其分布（据李尚宽，1982）
①—动力变质作用；②—热接触变质作用；③—接触交代变质作用；
④—区域变质作用；⑤—混合岩化作用；Ⅰ—岩浆岩；Ⅱ—沉积岩

（一）动力变质作用

动力变质作用是指在构造运动所产生的定向压力作用下，岩石发生的破碎、变形以及重结晶等作用。动力变质作用主要发生在断裂带，在地壳浅部岩石通常发生脆性变形，表现为机械破碎，一般不发生物质成分的重组，不形成新矿物，主要形成碎裂岩、碎粒岩、压碎角砾岩等；而在深度大于 10km、温度在 300℃以上的地下中深部通常发生韧性变形，形成糜棱岩，这种岩石的矿物多被磨碎成隐晶质或细晶质的粉末，具明显的带状或眼球状构造。

（二）接触变质作用

接触变质作用主要发生在岩浆侵入体与围岩的接触带上。接触变质作用的主要控制因素是温度及化学活动性流体，压力居次要地位，根据引发接触变质作用的因素，可将接触变质作用分为热接触变质作用和接触交代变质作用两种类型。

热接触变质作用是围岩主要受岩浆散发大量的热量而发生的一种变质作用，主要变质作用方式为重结晶作用，交代作用较弱或没有，在变质前后岩石总的化学成分不变，但通过成分重新组合可以形成新矿物，如不纯的石灰岩变质后形成含透闪石、硅灰石的大理岩。岩浆以传导的方式将热传递给围岩而发生变质，变质作用围绕侵入岩体发生，离侵入岩体越近，变质作用越强，远离侵入岩体则减弱直至完全没有变质，形成一个以岩体为中心、变质程度向外减弱的环带状的接触变质带，称为变质晕（图 5－3）。

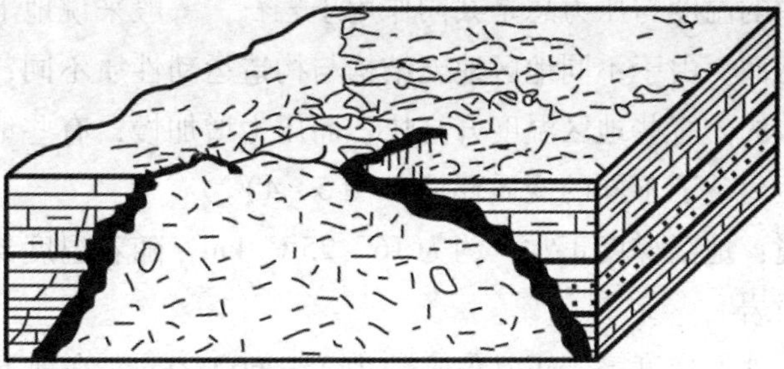

图5－3　岩浆与围岩接触部位的接触变质作用

接触交代变质作用是以流体为主要影响因素的接触变质作用。岩浆中的挥发分使岩浆与围岩发生明显的交代作用，尤其是中酸性岩浆侵入碳酸盐岩时，接触交代变质作用特别强烈，挥发组分将岩浆中的Si、Al带入围岩，又将碳酸盐岩中的Ca、Mg带入岩浆中，使接触带的内外两侧均发生变质，形成以石榴子石和透辉石为主要矿物组成的岩石，称为矽卡岩。矽卡岩中富产多金属矿产，如铁、铜、钨、锡、钼、铅、锌等。

（三）区域变质作用

1. 区域变质作用的温压条件

区域变质作用是在广大范围内，由于温度、压力及化学活动性流体等多种因素共同引起的一种变质作用，是变质作用最为常见的类型，其影响范围通常可达数千至数万平方千米，影响深度可达几十千米以上，温度范围为150～900℃，压力变化大（图5－4）。区域变质作用的发生通常与构造运动有关，构造运动可以对岩石施加强烈的定向压力，造成岩石变形甚至破裂，可将浅部岩石带入地下，使之遭受较高温压的改造，也可将地下深处的化学活动性流体带至地壳浅部，促进变质作用的发生。变质岩在温、压条件发生变化时会向新的热力学平衡发展，从低级变质向高级变质的方向发展称为进变质作用，从高级变质向低级变质的转变则称为退变质作用。

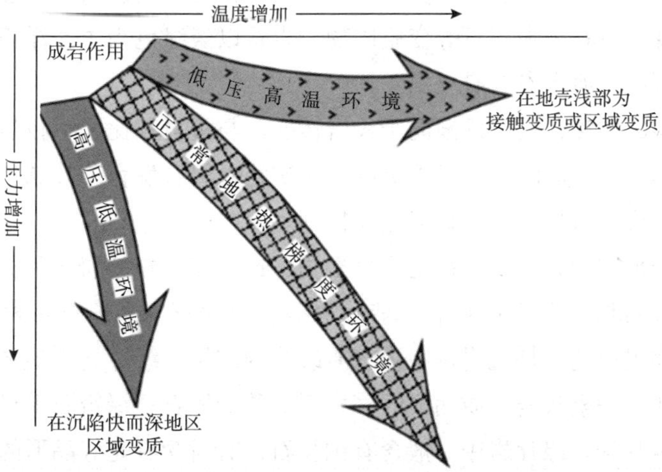

图5－4　变质环境与温度、压力的关系（据夏邦栋，1995）

区域变质作用中的温度与压力总是共同作用于岩石，一般来说地下的温度与压力随深度的增加而增大。然而，由于不同地区地壳结构与构造运动性质不同，温度与压力随深度的变化并非总是一致的。有些地区温度升高快，而压力增加慢；有些地区温度升高慢，而压力增加快，这样便出现了不同的变质环境（图 5－4）。

正常的温压环境：地温梯度正常，约为 16～25℃/km，随着温度与压力的变化可形成变质程度不同的变质岩。

低压高温环境：地温梯度高于正常值，约为 25～60℃/km，在地下深度不到 10km 时，温度可升高至 600℃；常出现在岩浆活动频繁地区，在岩浆与围岩的接触带上常发生接触变质作用；形成红柱石等低压、高温变质矿物。

低温高压环境：地温梯度低于正常值，约为 7～16℃/km，在地下深度 20～30km 地带，温度约为 300℃，常出现在板块俯冲带附近；形成蓝闪石、硬玉、多硅白云母等低温、高压变质矿物。

2. 区域变质作用的变质程度

通常将区域变质作用的变质程度分为低级、中级和高级三个等级。

变质程度不仅与温度、压力有关，也与变质岩的原岩类型有关。受变质作用改造最为明显的岩石是泥质岩，在不同的温度、压力条件下可形成不同的变质矿物和岩石，构成一个完整的变质系列。芬兰地质学家艾斯科拉于 1920 年提出变质相的概念，代表在一定温度、压力范围内，不同类型的原岩经变质作用形成的一套矿物共生组合。一种变质相通常以其中特征最为典型、分布最广的岩石或矿物命名，可对应几种岩石类型。

1）低级变质作用

低级变质作用是岩石变质程度很低的变质作用。在泥质岩类中，板岩是最低级的变质岩，表现为坚硬的细粒岩石，并容易沿劈理破裂而呈薄板状。板岩常呈黑色，这与原岩含有较多的有机质有关，在变质作用中有机质多已转变为石墨。最低级的变质作用以沸石的出现为特征，也称为沸石相，沸石在变质砂岩中较为常见。基性火山岩在低级变质作用下形成细碧岩，出现绿泥石、绿帘石等变质矿物，岩石以淡绿色为主。洋壳中的超镁铁岩常蚀变为蛇纹岩，可能有海水参与有关。

随着变质作用的加深，板岩逐渐向千枚岩转变。与板岩相比，千枚岩的主要特征是岩石的重结晶程度提高了，肉眼可见云母类的变质矿物，岩石发育千枚状构造，表面呈丝绢光泽，在显微镜下可以看见矿物明显的定向排列。

低级变质作用形成的典型变质相是绿片岩相，这一变质相的岩石种类较多，如绿泥石—绢云母片岩、含石榴子石云母片岩、蓝片岩等。绿泥石—绢云母片岩是由石英、绿泥石、绢云母等矿物组成的，是泥岩进一步变质改造的结果。绿片岩中最典型的岩石是由基性火山岩或成分相同的凝灰岩变质而成的，岩石中的绿泥石、绿帘石等矿物决定了岩石的绿色，因而称为绿片岩。绿片岩中一般含有钠长石，有时含有完好晶形的石榴子石。

蓝片岩是低级变质岩中较为特殊的一类岩石，其变质作用属于很低级到低级的一类，最有特点的变质矿物是蓝色角闪石（蓝闪石），有时也称为蓝片岩相。蓝片岩形成于较高的压力（1000～1200MPa）和较低的温度（一般不超过400℃）下，这种高压低温的变质环境通常被认为与俯冲带有关。

2）中级变质作用

中级变质作用形成的最典型岩石是片岩、片麻岩、角闪岩等。中级区域变质作用对应的变质相称为角闪岩相，根据变质程度的不同还可以分出低角闪岩相和高角闪岩相。角闪岩相变质作用，尤其是高角闪岩相，往往过渡为岩石的部分熔融，混合岩就是岩石部分熔融的产物。当变质作用进一步发展，尤其是温度升高时，岩石就会完全熔融（即深熔作用），形成混合花岗岩。

3）高级变质作用

高级变质作用的特征矿物是紫苏辉石的出现，而含水矿物（云母类、角闪石等）则几乎完全消失。高级变质作用最典型的岩石是麻粒岩，对应的变质相称为麻粒岩相，由石英、正长石、斜长石、石榴子石、紫苏辉石等组成，有时含有蓝晶石或矽线石。基性麻粒岩不含石英和正长石，其成分与基性岩浆岩相当，通常由基性岩浆岩变质而成；酸性麻粒岩一般由泥质岩类或泥质砂岩等变质而成，是处于变质岩与花岗岩之间一种特殊类型的岩石，又可称为紫苏花岗岩，其矿物成分主要为石英、钾长石、紫苏辉石。

除了麻粒岩相以外，榴辉岩相也属于高级变质变质作用。榴辉岩是致密的、密度很大的岩石，主要矿物由石榴子石和绿辉石组成，是高压变质作用的产物。

（四）混合岩化作用

混合岩化作用是由变质作用向岩浆作用过渡的一种超深变质作用，通常是区域变质作用在温度增高条件下进一步发展的结果。随着区域变质程度不断加深、变质温度逐渐升高，原岩中的硅铝质矿物发生重熔并与地下深处来源的热液流体混合，沿原岩的裂隙或片理渗透、扩散、注入或交代而形成类似于岩浆岩的组分，形成脉体，而变质岩残留的组分构成基体。这样由原来成分均匀的岩石经过混合岩化作用变为成分不均一变质岩的作用，称为混合岩化作用，形成的变质岩称为混合岩。

第二节　变质岩的基本特征

一、变质岩的概念

变质岩是由变质作用形成的岩石，主要是由地壳中已形成的岩石因温度、压力、化学活动性流体等因素的综合影响，在基本保持固态的条件下发生矿物成分、结构和构造的变化而形成的。

变质岩的原岩可以是沉积岩、岩浆岩或变质岩，它们在形成的物理、化学条件下处于稳定状态，但是这种稳定状态是相对的和暂时的，一旦物理、化学条件发生变化，原有平衡就会遭到破坏，原岩便被改造成在新的环境中稳定的变质岩。

二、变质岩的物质组成

1. 化学成分

在变质岩的形成过程中若无明显的交代作用，则岩石在变质前后化学成分变化不大。若在变质过程中，发生了明显的交代作用，由于一些组分的带入和带出，则会发生化学成分的变化。

从变质岩的化学成分取决于原岩的化学成分，主要是 SiO_2、Al_2O_3、Fe_2O_3、FeO、MgO、CaO、K_2O、Na_2O、TiO_2、P_2O_5、H_2O 和 CO_2，这与岩浆岩相似。

变质岩的化学成分有助于了解原岩类型、变质作用的类型和交代作用的特点，对于变质岩的分类、变质岩地区的地层划分与对比以及研究变质矿床的形成与分布规律都具有重要意义。

2. 矿物组成

与岩浆岩及沉积岩相比，变质岩的矿物成分要复杂得多，概括起来变质岩中的矿物可分为以下两种类型。

1）母岩残留的矿物

变质岩从母岩继承的矿物，一般称为多余矿物主要包括石英、正长石、斜长石、普通角闪石、普通辉石等常见的造岩矿物。

2）变质作用形成的矿物

变质作用形成的矿物，多为纤维状、鳞片状、柱状、针状等形态，如石英、长石、辉石、硅线石、红柱石、绢云母、蓝闪石、蛇纹石、滑石、石墨等。其中仅形成于变质作用的矿物，称为特征变质矿物（表 5－1）如石榴子石、十字石等。在变质岩中出现何种矿物受原岩的化学成分和变质条件两方面因素的控制。变质岩中的矿物成分一方面能反映原岩的物质组成，另一方面能反映岩石发生变质的温度压力条件。

表 5－1 常见矿物在三大类岩石中的分布

三大岩类的共有矿物	主要出现在岩浆岩中的矿物	主要出现在沉积岩中的矿物	主要出现在变质岩中的矿物
石英	鳞石英	黏土矿物	红柱石
钾长石	透长石	蛋白石	蓝晶石
白云母	霞石	玉髓	矽（硅）线石
黑云母	白榴石	海绿石	十字石
绢云母	方钠石	水铝石	堇青石

续表

三大岩类的共有矿物	主要出现在岩浆岩中的矿物	主要出现在沉积岩中的矿物	主要出现在变质岩中的矿物
斜长石	黝方石	褐铁矿	石榴石
角闪石	玄武角闪石	石膏	硅灰石
辉石		硬石膏	滑石
橄榄石		盐类矿物	蛇纹石
磁铁矿		有机质	绿帘石
磷灰石			透闪石
榍石			透辉石
锆石			阳起石
金红石			硬绿泥石
			石墨
			刚玉

三、变质岩的结构

变质岩的结构指变质岩中矿物组分的形状、大小和相互关系反映出的岩石特征，主要有变余结构、变晶结构、碎裂及变形结构和交代结构。

1. 变余结构

变余结构指由于变质不彻底，变质后残留有原岩的结构特点（图 5 – 5）。描述时只需在原岩结构前加“变余”即可，如：变余泥质结构（保留有泥岩的泥质结构）、变余斑状结构（保留有原岩的斑状结构）。

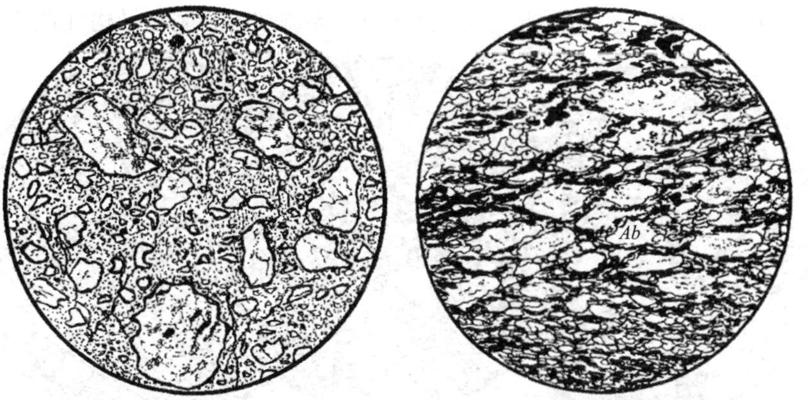

(a)变粒岩中的变余碎屑及角砾状结构　(b)片岩中所见的变余斑状结构

图 5 – 5　常见的变余结构特征（据贺同兴等，1980）

2. 变晶结构

在变质作用中形成的晶粒称为变晶。变晶结构指岩石在固态条件下经变质重结晶和变质结晶作用形成的结构，主要从变晶矿物的形态、大小等方面进行描述。

根据变晶矿物的形态可将变晶结构分为：粒状变晶结构、片状变晶结构、鳞片状变晶结构等。

根据矿物颗粒相对大小可将变晶结构分为：等粒变晶结构、不等粒变晶结构和斑状变晶结构（图5－6）。

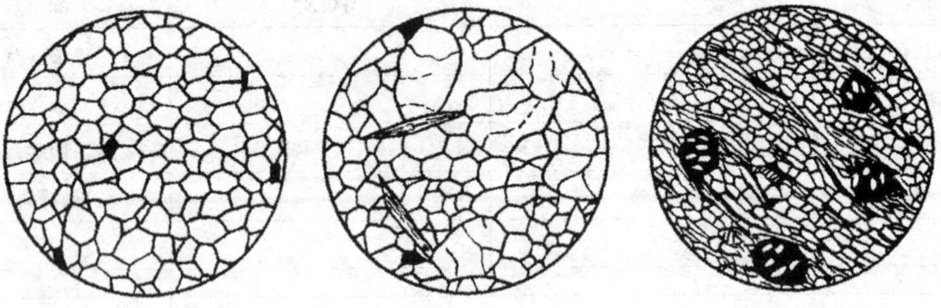

(a)等粒变晶结构　(b)不等粒变晶结构　(c)斑状变晶结构

图5－6　根据变晶颗粒的相对大小划分变晶结构（据 Raymond，1995；转引自路凤香，2002）

根据矿物颗粒绝对大小可将变晶结构分为：粗粒变晶结构（＞3mm）；中粒变晶结构（1～3mm）；细粒变晶结构（0.1～1mm）；显微变晶结构（＜0.1mm）。

在描述变晶结构时，要同时涉及变晶矿物的绝对大小、相对大小和形态，如片麻岩通常具有粗粒等粒粒状变晶结构。

3. 碎裂及变形结构

当刚性岩石在定向压力作用下超过弹性极限时，岩石本身及其组成矿物就会发生破裂、磨损等现象，形成各种碎裂和变形结构。这种结构的成因主要是动力作用，又称为动力变质结构，按碎裂程度进一步划分为碎裂结构、碎斑结构和糜棱结构（图5－7）。

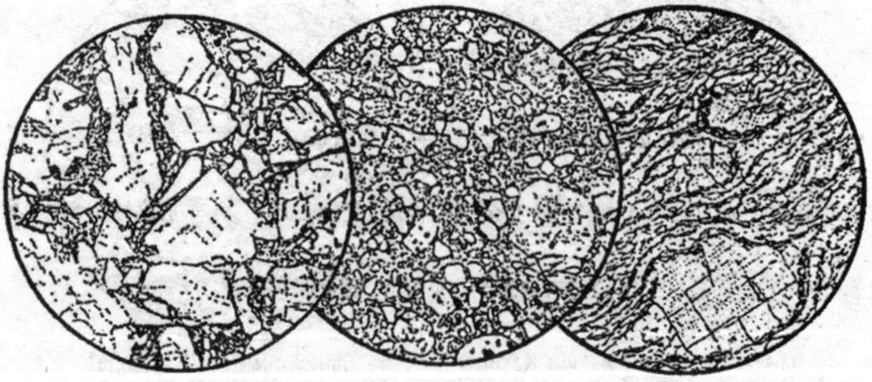

(a)碎裂辉长岩的碎裂结构　(b)碎斑花岗岩的碎斑结构　(c)花岗糜棱岩的糜棱结构

图5－7　碎裂变形结构特征（据 A. 哈克尔，1956；转引自陈世悦，2002）

碎裂结构：岩石受力轻微破碎时，首先是矿物颗粒发生裂隙、同时在矿物接触处开始破碎，形成不规则的棱角状碎屑，碎屑之间有少量破碎形成的细碎屑及粉末。

碎斑结构：岩石受力强烈破碎时，在粉碎了的岩石中只残留部分较大的矿物碎屑，称为碎斑，常具有不规则的破碎边缘、裂隙及边缘粒化现象，而岩石的主体破碎成细粒或粉末状，称为碎基，这种结构常和片理化相伴生，碎基部分常具有明显的片理。

糜棱结构：岩石受力十分强烈，矿物颗粒几乎全部破碎成极细的微粒状粉末，并在应力作用下发生了矿物的韧性流变现象，破碎的微粒呈明显的定向排列，形成定向构造（条带、条纹），其中可残留少量稍大且变形特征明显的矿物碎片（常为石英、长石等）。

4. 交代结构

在岩浆与围岩的接触带上，常发生交代作用，岩石中原有矿物被溶解的同时被新矿物置换所形成的结构，即为交代结构。若原有矿物被置换后仍保持原有晶形，则称之为交代假象结构。若两种矿物之间的接触界线极不规则，呈港湾状或锯齿状，则称为交代蚕食结构。若交代作用强烈，原有矿物被分割成零星孤立的残留体包含在新生矿物之中，则称为交代残留结构。若交代作用发生后，剩余的组分呈蠕虫状分布于新生矿物的边缘，如斜长石边缘发育的蠕虫状石英，则称为交代蠕虫结构。

四、变质岩的构造

变质岩的构造指变质岩岩石组分在空间上的排列和分布方式，按成因可分为三类：变余构造、变成构造和混合构造。

1. 变余构造

变余构造指变质岩变质程度低、变质后仍残留部分原岩的构造特征，这些残留的构造称为变余构造，如变余层理构造、变余气孔构造等，可根据变余构造恢复变质岩的原岩。

2. 变成构造

变成构造是由变质作用形成的构造，常见的类型主要有：板状构造、千枚状构造、片状构造和片麻状构造。

板状构造：泥页岩在应力作用下产生的一组相互平行、平整光滑而密集的破裂面，沿此面易于分解为薄板，岩石基本没有重结晶，肉眼分辨不出矿物颗粒。

千枚状构造：比板状构造变质程度高，有稍强的重结晶，片状矿物初具平行排列，片理面上呈现丝绢光泽，但矿物颗粒肉眼仍然难辨（图 5－8）。

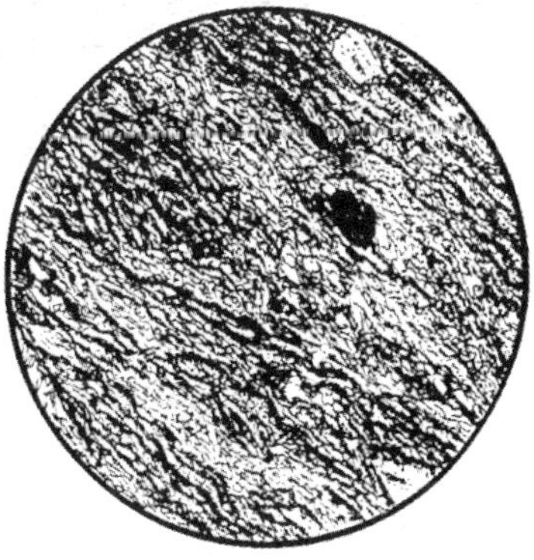

图 5－8　千枚状构造
（据贺同兴等，1980）

片状构造：主要由片、柱状矿物和少量粒状矿物组成，片、柱状矿物连续定向排列（图 5－9）。矿物定向排列的面，称为片理面，矿物颗粒肉眼可辨，又可称为片理。

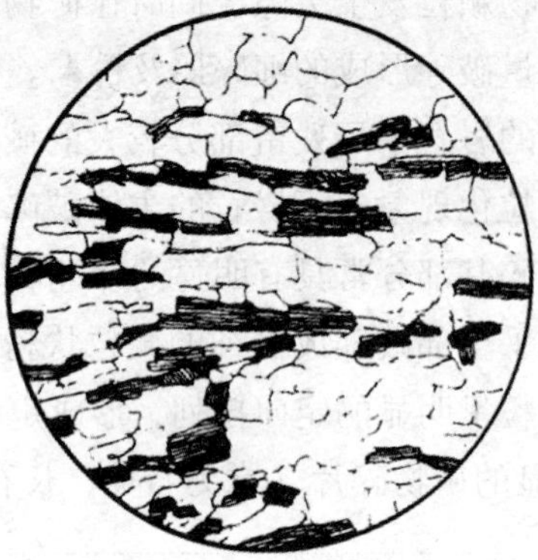

图 5-9　片状构造
（×10；据夏邦栋，1995）

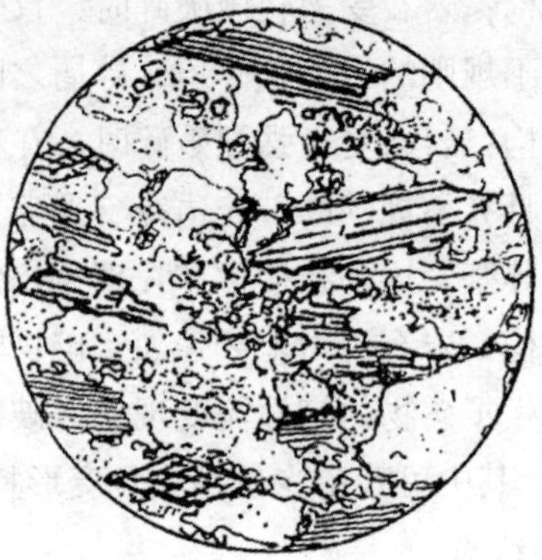

图 5-10　片麻状构造
（×80；据管守锐等，1991）

片麻状构造：以粒状矿物为主，含一定的片、柱状矿物，两者相间定向排列，片、柱状矿物被粒状矿物隔开，断续分布（图 5-10）。呈不连续的条带状构造，也可称为片麻理。

3. 混合构造

混合构造是混合岩特有的构造，由基体和脉体相间混合而成，其中基体由暗色矿物条带构成，而脉体由长英质矿物条带构成，这是在较高温度下，不同矿物由于熔点不同发生变质分异作用而形成的。根据脉体和基体形态及其相互关系，可进一步将混合构造分为条带状构造、脉状构造和眼球状构造（图 5-11）。

图 5-11　常见的混合构造（据杨伦等，1998）
（a）条带状构造；（b）脉状构造；（c）眼球状构造

第三节　变质岩的分类与常见的变质岩

一、变质岩的分类

变质岩的分类方法主要有如下两种。

1. 根据原岩类型

一般将原岩为岩浆岩的变质岩称为正变质岩，而原岩为沉积岩的变质岩称为副变质岩。变质程度低的变质岩易于恢复原岩类型，而变质程度较高的变质岩则不易恢复原岩类型。

为研究方便，通常将变质岩的原岩分为五个系列。

1）黏土质沉积岩类或富铝系列

原岩主要为泥岩、页岩，以富含铝为特征，经变质作用后可形成各种板岩、千枚岩、片岩。

2）石英长石质岩类或长英质系列

原岩主要为碎屑岩、中酸性岩浆岩，经变质作用后可形成片麻岩、变粒岩、石英岩、麻粒岩、榴辉岩等。

3）钙质岩类或碳酸盐岩系列

原岩主要为石灰岩、白云岩，经变质作用后可形成大理岩。

4）基性岩浆岩类或基性系列

原岩主要为基性岩浆岩及铁质、白云质泥灰岩，经变质作用后可形成斜长角闪岩。

5）镁质岩类或超基性系列

原岩主要为超基性岩浆岩和富铁镁的沉积岩，经变质作用后可形成蛇纹岩。

2. 根据变质作用类型

根据变质作用特点，将常见的变质岩分为动力变质岩、接触变质岩、交代变质岩、区域变质岩和混合岩五大类，各类变质岩的特征将在常见的变质岩部分详述。

二、常见的变质岩

1. 动力变质岩

动力变质岩由动力变质作用形成，以岩石机械破碎和变形为主要特征，又称为碎裂变质岩。根据碎裂特征，动力变质岩又可分为构造角砾岩、碎裂岩和糜棱岩。

构造角砾岩：指断裂带中由于应力作用，原岩破碎成角砾状，被破碎的碎块和部分外来胶结物胶结而形成，通常无新矿物的生成。构造角砾岩在动力变质岩中是破碎程度最低的，具破碎角砾结构，角砾大小不一，排列杂乱无章，有时由于挤压、滚动而稍有圆化和定向排列，还可能出现裂隙和压扁现象，不过仍保留原岩的岩性特征（图 5－12）。构造角砾岩对于研究断裂带具有重要的理论与现实意义。

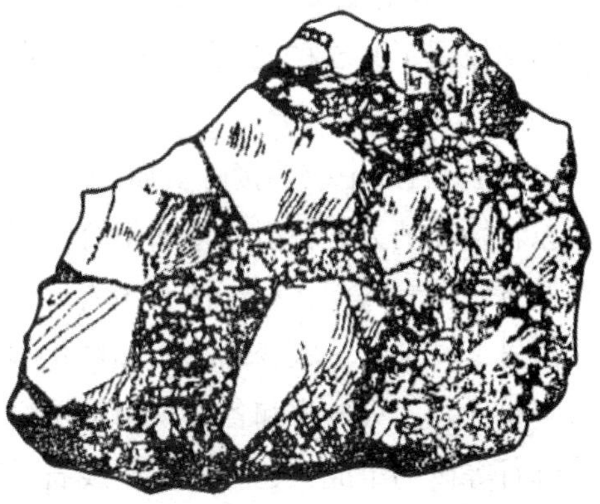

图 5－12 断层角砾岩（据叶俊林等，1996）

碎裂岩：指具有碎裂结构或碎斑结构的动力变质岩，原岩在较强的应力下挤压破碎形成，主要发育在刚性岩石中，如花岗岩、石英岩。碎裂岩中极细的矿物颗粒称为碎基，可根据碎基的含量对碎裂岩进一步分类命名。

糜棱岩：通常由断裂带附近原岩经强压扭应力错动、研磨、粉碎而成，矿物颗粒通常小于0.5mm，矿物被强烈剪切拉长、定向排列形成拉伸线理和面理，有时能在断面上见到透镜状或呈定向排列的碎斑（图5－13）。糜棱岩的原岩多为化学性质稳定的岩石，如花岗岩、石英砂岩等。具有明显千枚状构造的糜棱岩称为千糜岩。

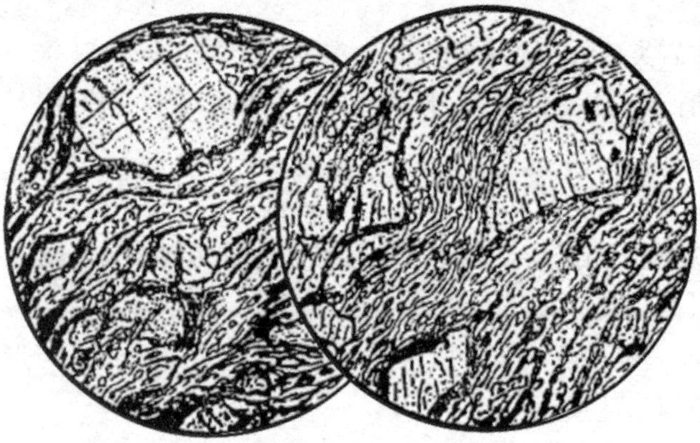

图5－13　糜棱岩（据张家环，1986）

还有一种特殊的动力变质岩——玻化岩，它是在变质作用中由摩擦产生的高温使岩石局部熔融后迅速冷凝形成的，具有隐晶质—玻璃质结构。

2. 接触变质岩

与接触变质作用相对应，接触变质岩主要包括热接触变质岩和接触交代变质岩两类。本书所讲的接触变质岩指热接触变质岩，而将接触交代变质岩归为交代变质岩。

接触变质岩一般由黏土岩、碳酸盐岩、砂岩、长英质岩类及岩浆岩类受热后发生矿物的重结晶、脱水、脱碳以及物质成分的重新组合，形成新矿物和变晶结构。现将常见的接触变质岩类型及特征介绍如下。

1）黏土岩的低级热接触变质岩

基本保留了原岩的特征，常见碳质及铁质的斑点，形成斑点状构造，如石墨斑点板岩。

2）黏土岩的中级热接触变质岩

原岩特征消失，各组分重新组合，岩石呈暗色，致密，常具有斑状变晶结构，变斑晶为红柱石、堇青石等，如红柱石角岩。

角岩是具细粒粒状变晶结构和块状构造的中高温热接触变质岩的统称，原岩主要为黏土岩、粉砂岩、火成岩和各种火山碎屑岩，重结晶明显，主要由长石、云母、角闪石、石英、辉石等矿物组成，还含少量矽线石、堇青石、红柱石和石榴子石等特征变质矿物。

3）黏土岩的高级热接触变质岩

主要是片麻岩，如硅线石片麻岩、堇青石片麻岩。

4）碳酸盐岩的热接触变质岩

主要是各种大理岩。

5）石英砂岩的高级热接触变质岩

主要是石英岩。

6）岩浆岩的热接触变质岩

岩浆岩中的矿物因形成于高温下，对热力作用不敏感，经热接触变质后通常变化不大，但对喷出岩却有明显的变化，可形成角岩。

这里需要特别指出的是接触变质岩的代表岩石为角岩，而板岩、片麻岩、大理岩、石英岩虽可经热接触变质作用形成，但这些变质岩更多地形成于区域变质作用中，因此将在区域变质岩部分详述。

3. 交代变质岩

接触交代变质作用是伴随岩浆侵入，岩浆中富含挥发组分的热水溶液与围岩之间发生交代作用，有物质的带入带出，形成与原岩不同的变质岩，即为交代变质岩。根据原岩成分，可将交代变质岩分为六类：矽卡岩、蛇纹岩、青盘岩、石英岩、云英岩及黄铁绢英岩，其中石英岩更多地形成于区域变质作用中，本书仅重点介绍较为常见的矽卡岩和蛇纹岩。

矽卡岩：它形成于中酸性岩浆侵入碳酸盐岩的接触带上，由接触交代变质作用形成，常呈现暗绿色、暗棕色或浅灰色，主要矿物为石榴子石、绿帘石、透闪石、透辉石、阳起石、硅灰石、方解石等，具粒状变晶结构，块状或斑杂构造。矽卡岩通常富含多金属矿产，如磁铁矿、黄铜矿、辉铜矿、闪锌矿、钨矿、锡矿等，这些金属矿物是由于挥发性物质以各种形式搬运金属元素并再沉淀的结果。

蛇纹岩：它是由超基性岩经接触交代变质作用，由橄榄石、辉石转变为蛇纹石，这一过程又称为蛇纹石化。蛇纹岩通常呈暗绿—黄绿色，新鲜面呈蜡状光泽，硬度小，有滑感，主要矿物为蛇纹石，可有少量滑石、菱镁矿、磁铁矿、铬铁矿、钛铁矿等，橄榄石和普通辉石通常作为残留矿物出现，多为隐晶质结构，也可见纤维状或鳞片变晶结构，块状、带状或角砾状构造。蛇纹岩中含有丰富的矿产资源，如铬、镍、钴、铂等金属矿产及滑石、石棉等非金属矿产。

4. 区域变质岩

区域变质岩是由区域变质作用形成的变质岩，是变质岩最为重要的类型。区域变质岩的分类与命名主要依据矿物成分、结构与构造，其最为重要的宏观特征是具有定向构造，依此可分出板岩、千枚岩、片岩、片麻岩。如果定向构造不明显，可根据结构特征及矿物成分定名。常见的区域变质岩主要包括：板岩、千枚岩、片岩、片麻岩、变粒岩、斜长角闪岩、麻粒岩、榴辉岩、石英岩和大理岩。

板岩：低级变质岩，具显微鳞片变晶结构、变余泥质结构或变余粉砂结构，板状构造，性脆，板理面光滑，可见绢云母化，原岩主要是泥岩、粉砂岩或中酸性凝灰岩。

千枚岩：低级变质岩，具细粒鳞片变晶结构，千枚状构造，矿物重结晶明显，呈丝绢光泽，常见矿物有绢云母、绿泥石和石英，原岩与板岩类似，但变质程度稍高。

片岩：中级变质岩，矿物成分以黑云母、白云母、绿泥石等片状矿物含量为主，可含有长石、石英、石榴子石等粒状矿物，矿物全部重结晶，具鳞片或片状变晶结构，片状构造，片、柱状矿物含量通常大于30%，连续定向排列。根据主要矿物或特征矿物对片岩进行命名，如石英片岩、云母片岩等，若含有两种以上的主要矿物或特征矿物，命名时进行复合命名法，将含量少的放在前面，含量多的放在后面，如云母石英片岩。

片麻岩：中—高级变质岩，具粒状变晶结构，片麻状构造，晶粒粗，片、柱状矿物含量通常小于30%，而长英质粒状矿物含量大于50%，片柱状矿物以云母、角闪石为主，而粒状矿物以长石、石英为主，片麻岩中片、柱状矿物与粒状矿物相间排列，矿物定向排列明显。常根据长石成分对片麻岩进行进一步的命名，如以钾长石为主的片麻岩称为钾长片麻岩，以斜长石为主的则称为斜长片麻岩。片麻岩可由泥岩、砂岩、酸性火山岩、花岗岩等变质而成。

变粒岩：主要由长石和石英组成，但不具有片麻状构造，长石和石英含量在70%以上，且长石含量大于25%，片状、柱状矿物占10%~30%，主要为粒状变晶结构，块状构造。变粒岩的原岩主要是粉砂岩、砂岩、硅质岩等。可根据其中的片状矿物或柱状矿物进一步命名，如黑云母变粒岩、角闪石变粒岩等。

斜长角闪岩：主要由斜长石和普通角闪石构成，具有粒状变晶结构，块状构造，主要由中基性火成岩或富含钙镁成分的沉积岩在中高温条件下形成。

麻粒岩：深变质作用下形成的高级变质岩，是地壳深部高温高压环境下的产物，矿物成分以斜长石、紫苏辉石为主，有时含少量石英、石榴石，具粒状变晶结构、块状构造。

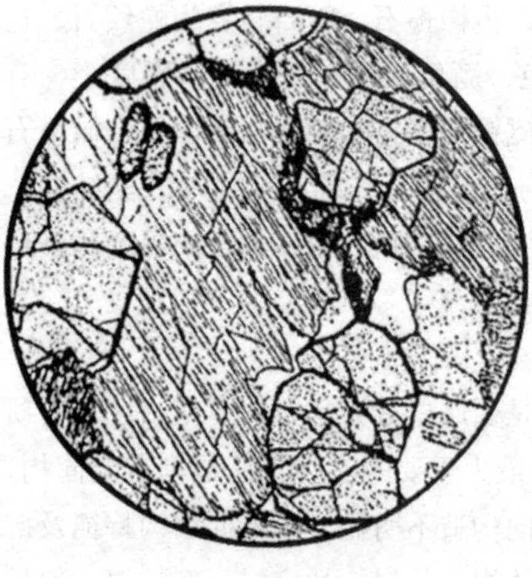

图5-14　榴辉岩
（单偏光，×25；据A. 哈克尔，1956；转引自陈世悦，2002）

榴辉岩：高级变质岩，由绿辉石和富镁石榴子石组成，不含长石，可含少量橄榄石、蓝晶石、角闪石，具粗粒不等粒变晶结构，块状构造（图5-14），通常由地壳深处高压变质作用形成，多出现在板块俯冲带，有时含有金刚石或柯石英等超高压变质矿物，是变质岩中密度最大的岩石。

石英岩：主要由石英（>75%）构成，具有粒状变晶结构，块状构造，岩石中矿物成分和颗粒大小在空间上均匀分布，不具定向性，岩石极为坚硬，原岩为石英砂岩或硅质岩。

大理岩：主要由方解石、白云石构成，具有粒状变晶结构，块状构造，有时具变余层状构造，原岩为石灰岩或白云岩。纯净的大理岩洁白如玉，称为汉白玉。多数大理岩因含有杂质，通常呈现不同颜色的色带，如蛇纹石大理岩因含有蛇纹石而呈现绿色条带。

5. 混合岩

混合岩由混合岩化作用形成，由基体和脉体两部分组成。根据基体和脉体的相对含量以及岩石结构与构造特征，可将混合岩分为注入混合岩、混合片麻岩和混合花岗岩三大类。注入混合岩中脉体含量为15%～50%，基体、脉体界限清楚，交代作用弱。混合片麻岩中基体含量小于50%，基体、脉体界限不清，交代作用强，具片麻状构造。混合花岗岩中交代作用强烈，无法区分基体和脉体，这是混合岩化程度最高的变质岩，也是花岗岩形成的一种重要途径。

混合岩化过程中，流体的活动为一些元素的迁移和富集创造了条件，从而形成矿床。当前已发现的与混合岩有关的矿产资源主要有白云母、绿柱石、刚玉、石墨、磷灰石、金、铀和一些稀有元素及稀土元素等。

第六章　外动力地质作用

外动力地质作用包括风化作用、剥蚀作用、搬运作用、沉积作用和成岩作用五种基本类型，也是外动力地质作用逐渐发展的五个阶段，这一过程也是沉积岩形成的过程。内动力地质作用控制了地球表面起伏的格局，外动力地质作用则在此基础上“铲高填低”，使地表趋于平坦。河流、冰川、风、地下水、海洋等外部营力的地质作用是塑造地表地形的重要动力。

本章将对外动力地质作用的基本特征及各种外部营力地质作用的特点进行系统介绍，主要介绍以下内容：①外动力地质作用概述；②各种地质营力的地质作用。

第一节　外动力地质作用概述

一、风化作用

有一个典故叫“海枯石烂”，它非常形象地解释了两种地质作用的发生，大海会“干枯”是由于构造抬升或气候变化，那么“石烂”就可以用来说明风化作用的进行。由于构造运动使得矿物岩石暴露于地表，其所处的环境和岩石形成时的环境相比发生了明显改变，加之大气、生物等的影响，使其自身的结构、构造甚至是矿物成分都发生显著的改变，最终导致岩石的变软和破碎——“石烂”。概括起来，风化作用是指在地表或近地表的条件下，由于温度、大气、水及生物等因素的影响，使坚硬的矿物和岩石在原地发生机械分解或化学破坏，从而形成松散堆积物的过程。

风化作用在地表极为常见，几乎无时不有、无处不在。它不仅发生于大陆上，而且也见于一定深度的海底，其强度随深度的增加而减弱。风化作用的重要特征是矿物或岩石在原地遭受分解和破坏，而风化的产物仍保留在原地。

（一）风化作用的类型

风化作用是矿物或岩石在原地遭受的机械分解或化学破坏，影响因素有岩石的释重、温度的变化、大气和水溶液以及生物活动等，根据影响风化作用的因素、方式和形成产物的特点，可将风化作用分为物理风化作用、化学风化作用和生物风化作用。

1. 物理风化作用

物理风化作用是指地壳表层的矿物、岩石在原地仅发生机械破碎的风化作用，因此又称为机械风化作用。在此过程中，矿物、岩石的化学成分不发生明显变化，只是由完整的岩石从整体或大块崩解为大小不等的碎块。影响物理风化作用的因素主要有岩石的释重、温度的频繁变化等，物理风化常有以下几种方式。

1）温差风化

温差风化是指由于岩石表层温度周期性的变化而使岩石崩解的过程。任何物体受热后体积发生膨胀，遇冷则体积收缩，岩石也不例外。在白天，当岩石受太阳光照射时，岩石表面的温度升高很快，表层体积就会膨胀，但由于岩石是不良的热导体，热量向岩石的内部传递较慢，因而内部的温度上升很慢，体积膨胀的量也很小。这样，在岩石表层与岩石的内部之间，由于体积膨胀的差异，可形成平行岩石表面的裂隙。到了夜间，温度下降，岩石表面热量散发较快，体积收缩，而内部的热量散发慢，体积还处于膨胀的状态，从而产生了表层收缩内部膨胀的不协调情况，在表层也就形成了垂直岩石表面的裂隙。久而久之，岩石表层的裂隙扩大、增多，岩体表面便会出现层层剥落的现象。当外层破碎之后，这种膨胀—收缩过程就不断向岩石内部发展，最终，整块岩石完全崩解而形成碎屑（图6－1）。

图6－1　热胀冷缩导致岩石破坏过程示意图（据李叔达，1983）

对于由多种矿物组成的岩石，不同的矿物有不同的膨胀系数，如石英的膨胀系数为31×10^{-6}，长石的膨胀系数为17×10^{-6}，普通角闪石的膨胀系数为28.4×10^{-6}。当温度发生变化时，不同矿物会有不同程度的膨胀与收缩，这种作用长期进行，可使矿物颗粒之间彼此分离，从而使整块的岩石崩解。即使是由单矿物组成的岩石，由于晶体的非均匀性，晶体在各方向的线胀系数也不同（如常见矿物石英的长轴线胀系数是短轴的1/2），温度的变化同样能够导致矿物晶体的破裂。

在温差风化这一过程中，岩石破坏的快慢取决于温度变化的速度和幅度，变化速度越快、幅度越大，岩石的膨胀和收缩交替得也越快、伸缩量也越大、岩石破碎得也越快，所以这种风化作用在昼夜温差变化较大的内陆干旱、半干旱地区最为常见，如我国塔克拉玛干沙漠地区。

2）冰劈作用

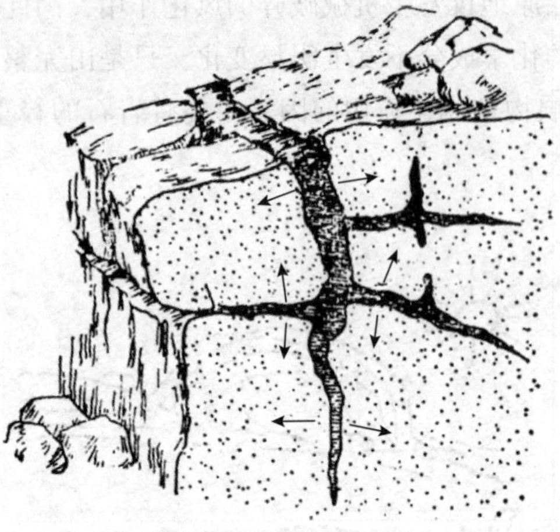
图6－2　冰劈作用示意图（据汉布林，1980）

岩石孔隙中水的冻结与融化引起的冰劈作用是指因充填于岩石裂隙中的水反复结冰体积膨胀而使岩石崩解的过程。实验表明，水结冰时体积增加9.2%，可产生96MPa的压力。当充填于岩石裂隙中的水结冰时，由于体积膨胀对周围岩石产生压力，使裂隙扩大；冰融后，扩大了的裂隙又有更多的水渗入，当水再次结冰时，裂隙又得到进一步的扩大。由于岩石裂隙中的水反复结冰和融化，裂隙不断地扩大、加深，最终使岩石崩解（图6－2）。这种风化作用在日常生活中的例子是水缸或自来水管的“冻裂”现象。

冰劈作用主要发生在高纬度寒冷地区和中低纬度高山地带，尤以温度在0℃上下波动的雪线地区最为发育，水在岩石裂隙中反复地融化与结冰，加速了岩石崩解和破坏的速度，甚至造成较大规模的山崩现象。

3）盐风化作用

盐风化作用是指因岩石孔隙（或裂隙）中的盐类结晶膨胀而导致的岩石表面颗粒分解或脱落的风化作用方式。盐类的结晶作用是指充填于岩石孔隙、裂隙中含盐分的溶液，因水溶液浓度的变化，盐类出现结晶和溶解使岩石破碎的过程。盐风化作用在不同气候带均可发育，只是表现形式有所差异，尤其是东部海岸带和西北干旱区发育可渗性孔隙的砂砾岩类和富含微裂隙的花岗岩类的岩石表面表现得尤为明显，常形成蜂窝石构造和大型风化穴。

以甘肃酒泉青稞地古近纪红层砂岩盐风化穴形成为例（吕洪波等，2017），盐风化作用形成过程如下：降水时，含盐溶液从岩石表面透过碎屑岩颗粒之间的孔隙向砂岩内部渗透，当内部充满水分后只能从岩块四周的下方渗出。在中国北方以西北风为主，降水雨滴多从西北向东南方向下降，主要冲刷岩石的北西侧，而雨滴一般不直接滴落在南东侧。渗出的含盐溶液在岩石的迎风侧随着雨水的冲刷而流失，而在背风侧下部因干燥而水分蒸发，硫酸钠、氯化钠等盐类在靠近岩石侧面近底部表面的颗粒之间结晶。盐类晶体结晶产生的张力将靠近表面的碎屑颗粒撑开而脱落，其中部分盐晶也随着脱落的碎屑颗粒和黏土掉落在岩块下方边缘。经过长时间的连续蒸发或者频繁干湿交替的蒸发作用，岩石碎屑脱落的地方就逐渐形成凹槽，这就是盐风化穴（图6－3）。在干旱、半干旱气候带，过去认为是风蚀作用形成的风化地貌，多是由盐风化作用形成的风化穴。

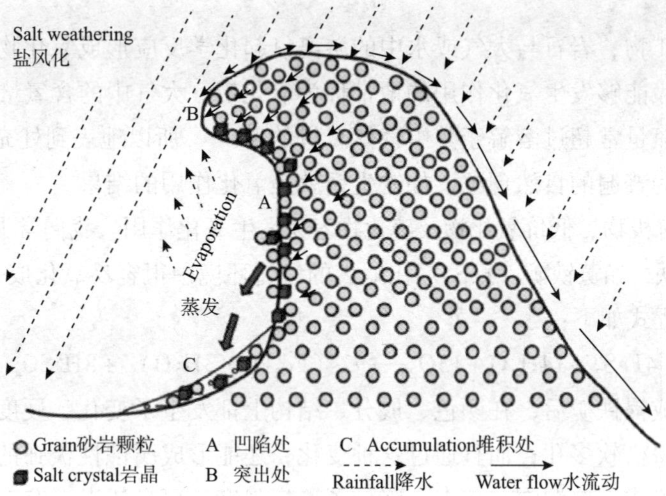

图6－3　盐风化作用示意图（据吕洪波等，2017）

4）岩石释重作用

埋藏地壳较深处的岩石，如岩浆岩、变质岩、沉积岩，都承受上覆岩石的质量而产生的静压力，一旦由于某种原因（构造运动、剥蚀作用、人工采石等），上覆岩石被剥蚀掉而出露地表，就使得岩石因卸载而产生向上或向外的膨胀作用，从而形成一系列平行地表的裂隙，称为席理，促使岩石层层剥落和崩解，这种现象又称为卸载作用。

2. 化学风化作用

化学风化作用是指岩石在原地以化学变化（反应）的方式使岩石“腐烂”、破碎的过程。在此过程中，不仅岩石发生破碎、崩解，而且在温度及含有化学组分的水溶液影响下，岩石的物质成分也将发生变化，这与物理风化作用有显著的区别。化学风化作用通常有以下几种方式。

1）溶解作用

溶解作用是指水溶液溶解岩石的某些易溶成分，使其松软、破碎、崩解的过程。水是化学风化必不可少的要素，任何矿物都能溶于水，只是溶解度大小不同而已。矿物的溶解度取决于矿物的化学性质、内部结构和外界条件等，常见矿物的溶解度从大到小的顺序为：石盐、石膏、方解石、橄榄石、普通辉石、普通角闪石、滑石、蛇纹石、绿帘石、正长石、黑云母、白云母、石英。

溶解作用在易溶的矿物或岩石中作用更为明显。在通常的情况下，最易溶于水的是卤化物和硫酸盐矿物，如石盐（NaCl）、石膏（$Ca[SO_4]\cdot 2H_2O$）；其次是碳酸盐矿物，如方解石（$CaCO_3$）；最难溶于水的是硅酸盐矿物，如石英、长石、云母等。溶解作用的结果一方面是易溶解的物质溶解于水溶液，并随水溶液带走，使岩石孔隙增加，硬度减小，易于破碎；另一方面使难溶物质残留原地形成风化产物。

2）氧化作用

氧化作用指矿物、岩石与大气或水中的游离氧起化学反应形成氧化物而使岩石破碎的过程，常把在地表能够发生氧化作用的地带称为氧化带。大气中的含氧量为21%，自然界中的水溶液的含氧量常超过溶解于其中气体总量的30%，所以地表到处充满着氧，因此氧化作用是一种极为普遍的自然现象，如铁生锈就是氧化作用的结果。

自然界中的有机物、低价氧化物及硫化物容易发生氧化作用。我们常见的有低价态的铁氧化成高价态的铁，如黄铁矿（FeS_2）在地表的氧化环境中很容易氧化成褐铁矿（$Fe_2O_3 \cdot nH_2O$），化学方程式如下：

$$4FeS_2 + 14H_2O + 13O_2 \longrightarrow 2(Fe_2O_3 \cdot 3H_2O) + 8H_2SO_4 \qquad (6-1)$$

黄铁矿氧化成褐铁矿后，在颜色、成分、结构上都发生了变化，硬度、相对密度也相应变小，矿物变得松软多孔；而且通过这种变化，还能形成腐蚀性极强的硫酸，促使岩石中某些矿物分解形成一些洞穴与斑点，降低了原岩强度，更易使岩石发生机械破坏。

另外，许多金属硫化物矿床常伴生有黄铁矿，其露头经风化后形成红褐色或黑褐色的外表，主要由疏松的褐铁矿及其他混合物组成，覆盖在原生矿床之上，俗称“铁帽”（图6-4），它指示其下埋藏有金属硫化物矿脉，是重要的找矿标志。

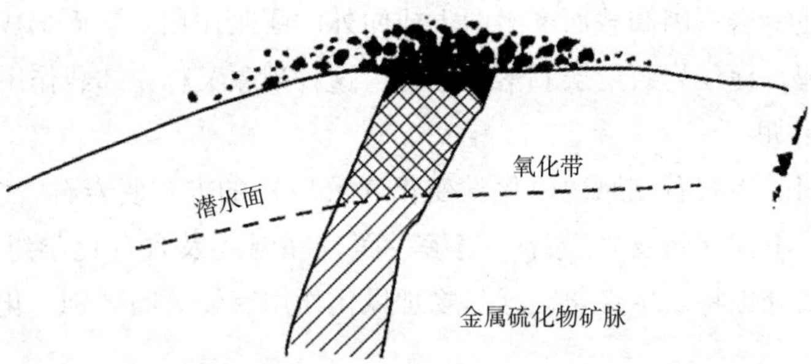

图6-4　金属硫化物近地表氧化形成的“铁帽”示意图

3）水合作用

它是指矿物与水作用吸收一定量的水分子到矿物中形成新的含水矿物的作用，又称水化作用。水合作用形成的含水矿物改变了矿物的密度（但未改变其原有的结构），硬度也相对降低，溶解度增大，减弱了岩石抗风化的能力。如硬石膏（$CaSO_4$）遇水后发生水合作用吸收两个水分子到其晶格之间，形成石膏（$Ca[SO_4] \cdot 2H_2O$），其化学反应式如下：

$$CaSO_4 + 2H_2O \longrightarrow Ca[SO_4] \cdot 2H_2O \qquad (6-2)$$

水合作用常使矿物体积膨胀，如硬石膏变成石膏体积增加约60%。体积增大将对围岩产生挤压力，导致岩石松动，降低了岩石的坚固性，有利于岩石的进一步破坏。

4）水解作用

水解作用是指水离解出的OH^-与矿物离解出的阳离子（Na^+、K^+等）结合形成含OH^-新矿物的过程。

以自然界分布极广的钾长石为例：

$$\underset{\text{(钾长石)}}{4K[AlSi_3O_8]} + 6H_2O \longrightarrow 4KOH + \underset{\text{(高岭石)}}{Al_4[Si_4O_{10}][OH]_8} + \underset{\text{(蛋白石)}}{8SiO_2} \qquad (6-3)$$

钾长石在水解作用过程中，K^+ 与 OH^- 化合形成 KOH 被水溶液带走；部分 SiO_2 析出，其中一部分以胶体的形式被水带走，而另一部分残留在原地凝聚成蛋白石；未析出的 SiO_2 与 Al_2O_3 则按不同比例组合成各种黏土矿物，如高岭石、蒙脱石等，残留在原地。

高岭石在地表条件下较为稳定，堆积在原地，但如果在湿热的气候条件和含 CO_2、有机酸的水溶液作用下，高岭石还可进一步水解形成地表条件下更稳定的铝土矿，而与之伴生的二氧化硅呈胶体溶液随水流失，残留下铝土矿，其化学反应式如下：

$$\underset{\text{(高岭石)}}{Al_4[Si_4O_{10}][OH]_8} + mH_2O \longrightarrow \underset{\text{(铝土矿)}}{2Al_2O_3.\,nH_2O} + \underset{\text{(蛋白石)}}{4SiO_2} + 4H_2O \qquad (6-4)$$

在炎热潮湿的气候条件下，钾长石风化的最终产物是铝土矿和蛋白石。斜长石在水解作用中的分解过程与钾长石相似。

5）碳酸化作用

碳酸化作用是指当 CO_2 溶解于水中时，形成 CO_3^{2-} 和 HCO_3^-，它们与矿物中的阳离子（K^+、Na^+、Ca^{2+}）结合形成易溶于水的碳酸盐或碳酸氢盐的过程。硅酸盐矿物发生碳酸化作用时，其中的碱金属元素（K、Na、Ca 等）也形成易溶于水的碳酸盐而随水流失，使原有矿物分解并形成新矿物。如钾长石在碳酸化作用过程中，K^+ 与 CO_3^{2-} 化合形成 K_2CO_3 被水溶液带走；这一过程中析出的 SiO_2，一部分以胶体的形式被水带走，另一部分则残留在原地凝聚成蛋白石；而未析出的 SiO_2 与 Al_2O_3 按不同比例组合成各种黏土矿物残留在原地，如高岭石、蒙脱石等。斜长石在碳酸化作用中的分解过程与钾长石相似。

碳酸化作用反应式如下：

$$\underset{\text{(钾长石)}}{4K[AlSi_3O_8]} + 2CO_2 + 4H_2O \longrightarrow 2K_2CO_3 + \underset{\text{(高岭石)}}{Al_4[Si_4O_{10}][OH]_8} + \underset{\text{(蛋白石)}}{8SiO_2} \qquad (6-5)$$

o 在自然界，水中或多或少都溶解有 CO_2，所以水解作用和碳酸化作用常常是同时发生的，两者相互促进。碳酸化作用形成碳酸盐或碳酸氢盐，并随水溶液带走，从而加速了水溶液对矿物离解过程。

在自然界，以上各种化学风化作用过程都是缓慢的，每种化学风化作用也不是孤立存在的，它们都是相互影响、相互促进的，共同破坏着地表岩石。

3. 生物风化作用

生物风化作用是指由生物的生命活动及其分泌物质对矿物、岩石的破坏作用。覆盖在地球表面的生物圈，存在着无数的生物，它们在生命活动过程中必然对地球表面的物质产生作用，因此，生物风化作用十分普遍。生物风化作用可以分为生物机械风化作用和生物化学风化作用两种方式。

1）生物机械风化作用

由于生物的生长或活动导致岩石的机械破碎过程称生物机械风化作用，最为常见的一种形式是根劈作用（图6－5）。生长在岩石裂隙中的植物，随着其长大，其根系也逐渐长大膨胀，对裂隙壁产生挤压，促使岩石裂隙扩大、加深以致崩解，这个过程叫根劈作用，它在植被茂盛、岩石裂隙发育的地区非常常见。

图6－5　根劈作用示意图（据陈清华等，2016）

另外，穴居动物如蚂蚁、田鼠、蚯蚓等挖洞掘穴，有蹄类动物对地表岩石的践踏等都会对地表岩石产生破坏，这些都属于生物的机械风化作用。目前，随着人类利用工具、大型机械或爆炸手段等对大自然的不断开发和利用，对岩石破坏的规模极为庞大，实质上这也应归入生物机械风化作用。

2）生物化学风化作用

由于生物活动引起岩石化学成分变化而使岩石破坏的过程称生物化学风化作用，这种作用通常是通过生物在新陈代谢过程中分泌出的物质和死亡之后腐烂分解出来的物质对岩石起化学反应完成的。如植物在新陈代谢过程中，一方面从土壤和岩石中吸取养分，另一方面又分泌有机酸、碳酸、硝酸等酸类物质以分解矿物，促使矿物中一些活泼的金属阳离子（Na^+、K^+）游离出来，一部分供植物吸收，另一部分被水溶液带走，从而使岩石遭受腐蚀破坏。生物死亡之后逐渐被泥沙覆盖，在还原环境下发生腐烂分解，形成一种暗黑色胶状物质，称腐殖质，它含有机酸，对矿物、岩石有着腐蚀作用，使它们分解、破碎。

一般情况下，物理风化作用、化学风化作用和生物风化作用是相互伴生、相互影响、相互促进的，它们共同破坏着岩石和矿物。只是在不同的地区、不同的气候条件、不同的时期以某种风化作用为主，如在寒冷地区以冰劈作用为主，而在湿热的地区则以化学风化作用为主。

（二）风化作用的影响因素

影响风化作用的因素很多，概括起来主要有气候、植被、地形和地质四个方面。

1. 气候因素

气候因素包括温度和降水量，它们是控制风化作用的重要因素。温度一方面通过控制化学反应速度来控制化学风化作用的进行，另一方面又直接影响物理风化作用，如温差风化、冰劈作用等。降水量则是通过介质的温度变化、水溶液成分的变化、植被的生长来影响风化作用。

在地表的不同气候带，气候条件相差很大。在两极及高寒地区，气温低，植被稀少，地表水主要以固态的形式存在，所以在该地区以物理风化作用为主，尤以冰劈作用盛行为特征，而化学风化作用和生物风化作用很弱。在干旱的沙漠地带，植被稀少，气温日、月变化大，降水量少，空气干燥，所以化学风化作用和生物风化作用非常弱，而以物理风化作用为主，如温差风化作用、盐风化作用是这些地区风化作用的主要形式。在低纬度的炎热潮湿气候区，雨量充沛，植被茂盛，温度高，空气潮湿，所以化学反应的速度较快，故化学风化作用和生物风化作用显著，风化作用的深度往往达数十米。如果这些地区气候在较长时间内保持稳定，岩石的分解作用便能向纵深方向发展，形成厚层的风化产物。地球上的气候具有明显的分带性，从而决定了地表风化作用的速度、方式以及风化产物的分带性（图6-6）。

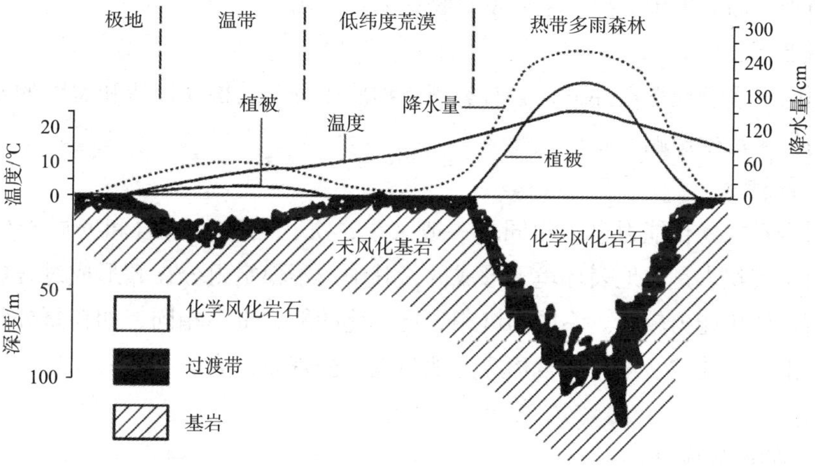

图6-6　地表气候带与风化作用的关系示意图（据汉布林，1980）

2. 植被因素

植被对风化作用的影响表现在两个方面：一方面直接影响生物风化作用，植被茂盛则生物风化作用强烈，而植被稀少的地方生物风化作用弱；另一方面又间接地影响物理风化作用和化学风化作用过程。岩石表面长满植物，减少了岩石与空气的直接接触，降低了岩石表面的温差变化，削弱了物理风化作用。但植被的茂盛却带来了更多的有机酸和腐殖质，使周围环境中水溶液具有更强的腐蚀能力，从而又加速了化学风化作用的进程。

实际上植被对风化作用的影响与气候条件是分不开的，气候潮湿炎热则植被茂盛，而干旱、寒冷则植被稀少。气候和植被对土壤的影响最为显著，不同的气候带都有其典型的土壤类型，当气候条件发生改变时，土壤类型也随之发生改变，因此有人把土壤称为“气候的函数”。如在寒冷潮湿的苔原气候带常形成冰土，在热带和温带的荒漠地区形成荒漠土，在温带落叶阔叶森林地区形成棕壤和褐土。

3. 地形因素

地形条件包括三个方面：一是地势的高度，二是地势起伏，三是山坡的方向。

地势的高度影响气候的局部变化，中低纬度的高山区具有明显的气候垂直分带，山脚气候炎热，而山顶气候则寒冷，植被特征也不一样，因而风化作用的类型和速度也不相同。雪线以上的高山区多发生冰劈作用，而低山地区则以生物风化和化学风化为主，这种现象在我国西南的高山地区非常明显。

地势的陡缓影响地下水位、植被发育及风化产物的保存，因而也会影响风化作用的进行。地势较陡的地区，地下水位低、植被较少，风化产物不易保存，使基岩不断裸露，从而加速了风化作用的进行。而在缓坡处，则因易于保留残积物及水分而植被发育，对化学风化十分有利。

阳坡、阴坡的风化作用类型和强度也不一样。阳坡日照时间长，湿度较高，植被较多，因而风化作用较强烈，如喜马拉雅山南坡面临印度洋，气候炎热、潮湿，化学和生物风化作用强烈，而北坡干、冷，主要发育物理风化作用。

4. 地质因素

在相同的气候、地形条件下，岩石类型、物质成分、结构、构造和裂隙的发育都会对风化作用的发生产生影响。

1）岩石类型

不同的岩石抗风化能力也不相同，一般来说，沉积岩比岩浆岩和变质岩更难风化一些，这是由于沉积岩是在地表环境下形成的，其中的不稳定组分在其形成过程中大多已遭破坏，因而抗风化能力较强。不同的沉积岩抗风化的能力也不相同，如在野外常可看到有石灰岩组成山脊或陡坡、黏土岩常构成洼地与缓坡的现象，表明石灰岩比黏土岩的抗风化能力更强一些。

2）岩石的矿物成分

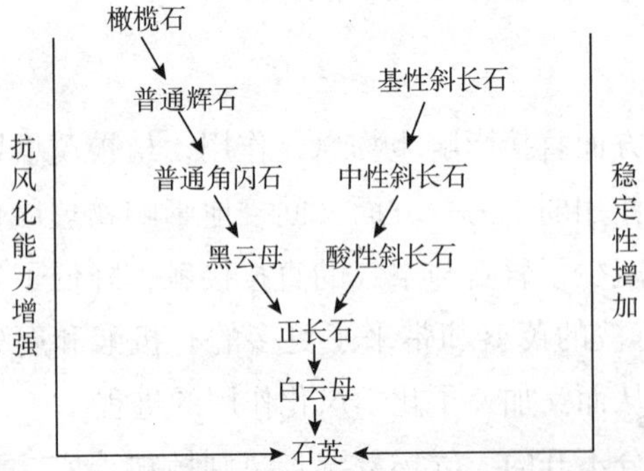

图 6－7　硅酸盐矿物在风化作用中的稳定性

不同的矿物具有不同的抗风化能力，那么由不同矿物组成的岩石其抗风化能力也就不同。常见矿物抗风化能力由弱到强的排序与鲍文反应系列中矿物的结晶顺序有着直接对应关系：岩浆岩中先晶出（结晶温度高）的矿物更容易风化，后晶出（结晶温度低）的矿物较难风化一些，石英是自然界中抗风化能力最强的造岩矿物（图 6－7）。

此外，岩石中矿物种类的多少也可影响岩石在风化作用中的稳定性。通常由单矿物组成的岩石，抗风化能力强；由多矿物组成的岩石，抗风化能力弱。

由于不同岩石抗风化能力不同，在自然界经常见到岩石中抗风化能力较弱的组分被风化后形成凹坑，而抗风化能力强的组分相对凸出，在岩石表面出现凹凸不平的现象，这种现象称为差异风化作用。差异风化在地貌上往往会出现明显的陡坎，如在河北秦皇岛柳江实习基地，由于寒武系的馒头组上段与张夏组岩性不同，之间有一高约两三米的陡坎。

3）岩石的化学成分

组成矿物的元素在矿物分解过程中也是逐步分离出来的。由于各种元素的化学性质不同，在析出的过程中就有难易之分。元素析出的难易程度，也可影响岩石在化学风化作用过程中的稳定性。苏联学者波雷诺夫（1934、1948）根据河水中元素的含量与流域岩石中相应元素的含量相比较，分析了主要元素的迁移能力，彼列尔曼（1955）进一步提出了元素的迁移序列（表6－1）。

表6－1　元素的迁移系列（据彼列尔曼，1972；转引自汪新文，1997）

元素的迁移系列	迁移系列元素的组成
①极易迁移的元素	Cl（Br、B、I）、S
②易被迁移的元素	K、Ca、Na、Mg、F、Sr、Zn、U
③可迁移的元素	SiO_2（硅酸盐）、Mn、P、Ba、Rb、Ni、Cu
④略可迁移的元素	Al、Fe、Ti
⑤实际不迁移的	SiO_2（石英）

表6－1中所列的①、②系列元素是构成卤化物、硫酸盐矿物的主要元素，它们在化学风化过程中总是最先被析出，被河水、地下水带走；表中③、④系列元素是构成硅酸盐或氢氧化物矿物的主要元素，它们只能做短距离迁移或残留原地，所以在残积物中多含SiO_2和Fe、Al的氢氧化物或含水氧化物。而石英是自然界中最为稳定的矿物之一，其中的Si几乎不能迁移。

4）岩石的结构与构造

组成岩石的矿物粒径、分布特征、胶结程度、层理及孔洞构造的发育对风化作用的速度和强度都有明显的影响。在其他条件相同的情况下，具非晶质、细粒、等粒结构的岩石较粗粒、不等粒岩石抵抗物理风化的能力强些；胶结疏松、具孔洞、发育密集层面构造的岩石更容易风化一些，因为这些岩石特征有利于水溶液的渗透和生物的活动。

5）构造裂隙

岩石中的裂隙通常由断裂作用（断层或节理）形成，裂隙的发育使岩石与水、空气的接触面积增大，从而增强水的流通性，促进风化作用的进行。如果一些岩石的矿物分布均匀（如砂岩、花岗岩、玄武岩等）并发育有三组不同方向的裂隙，把岩石切成许多大小不等的岩块，在岩块的棱角处自由表面积大，易受温度、水溶液、气体等因素的作用而风化破坏掉，经一段时间风化后，岩块的棱角消失，在岩石的表面形成大大小小的球体或椭球体（图6－8），这种现象称为球形（球状）风化作用。如在河北秦皇岛柳江实习基地，石炭系太原组底部的岩石类型为厚层岩屑砂岩，发育三组或四组不同方向的裂缝，在裂隙处及裂隙交叉部位风化较快，岩块层层剥落，岩块中心风化较慢而相对突出，从而形成球形风化。

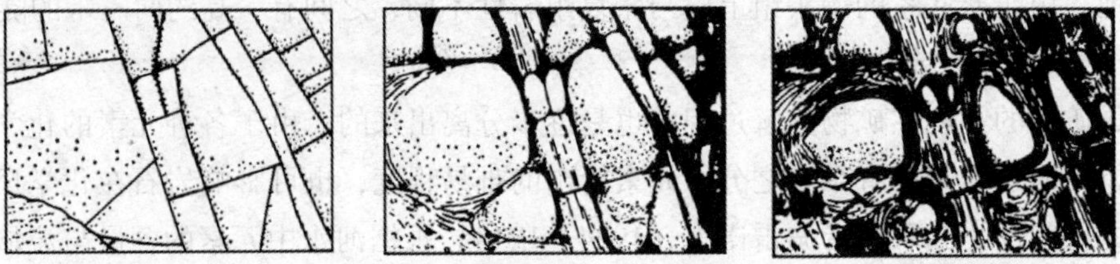

(a)岩石被节理切割　(b)球形风化初期　(c)球形风化晚期

图6-8　球形风化过程示意图（据汉布林，1980）

6）构造运动

构造运动较稳定或相对沉降的地区，地形平缓，各种风化作用产物易于在原地保留，风化作用持续缓慢地进行，风化的深度比较大，可形成厚层的风化层。随着风化层的形成与增厚，限制了风化作用向纵深方向发展。相反，在构造运动上升地区，剥蚀作用强烈，地面切割破碎，地形陡峭，风化产物易于发生搬运，因而风化层较薄、甚至基岩裸露而不断接受风化作用，成为风化作用强烈的地区。

（三）风化作用的产物

1. 风化产物的存在形式

1）碎屑物质

碎屑物质主要是由物理风化作用形成的岩石碎屑和矿物碎屑，少数是在化学风化作用中未完全分解的矿物碎屑，它们是碎屑沉积物的主要来源。碎屑物质最初形成时的特征是粗细不等、棱角明显，在山区的沟谷中这种类型的碎屑物质非常普遍。

2）化学物质

化学风化作用和生物化学风化作用的产物主要包括以下三类。

第一类是能溶于水的可迁移物质，包括各种易溶盐类及 K、Na 的氢氧化物，以真溶液的形式迁移。

第二类是少部分难溶物质（如 Si、Al、Fe、Mn 等的氧化物或氢氧化物），部分以胶体的形式发生迁移，部分残留在原地形成残积物。

第三类是由化学反应形成的新矿物，如黏土矿物、铝土矿等。

2. 风化产物的类型

自然界的风化产物是物理风化作用、化学风化作用和生物风化作用综合作用的结果，常见的类型为风化壳和土壤。

1）风化壳

暴露于地表的岩石经长期的物理、化学及生物风化的作用，在陆地表面形成由松散的残积物和土壤构成的不连续薄层，称为风化壳。

风化壳的厚度不等，一般从数厘米至数十米。受地形、气候等因素影响，有些地方风化壳不发育（如极地地区），而湿热地区风化壳厚度可达数百米，如澳大利亚的维克多利亚变质岩风化壳厚度达130m。风化壳覆盖在陆地表面，与基岩之间无明显界线。通常自地表向下，表层的风化程度较深，而下部的风化程度较浅，因此，在剖面上自上而下的风化产物在成分和结构上都有明显的差异。以花岗岩的风化壳为例，一般自上而下可分为土壤层、残积层、半风化层和未风化的基岩层（图6－9）。

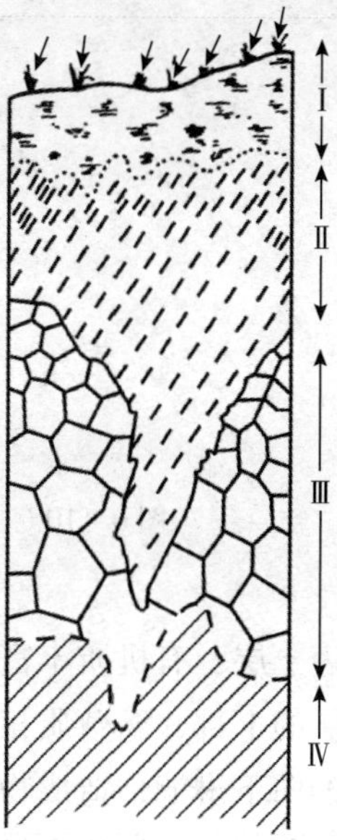

图6－9　风化壳剖面示意图
（据徐成彦，1988）
Ⅰ—土壤层；Ⅱ—残积层；
Ⅲ—半风化层；Ⅳ—基岩

土壤层：深褐灰色或灰黑色、结构疏松、富含腐殖质的细粒土状物质，原岩的矿物成分、结构基本消失，厚度变化较大，以几厘米至几米不等，是风化作用的最终产物。

残积层：黄褐色或褐红色，是岩石风化后在原地残留的物质，包括大小不一的碎屑物质和新生矿物，结构松软，一般不含有腐殖质，在剖面上自下而上粒度逐渐变细；残积层中抗风化能力强、迁移能力弱的矿物如金、锡石等，可富集形成残积砂矿床。

半风化层：淡褐色，部分保存原岩的结构、构造，但岩石已松软，部分矿物成分发生变化。

未风化的基岩层：未风化的岩石，习惯上称为基岩。

以上是风化壳剖面的理想模式，实际上不同地区风化壳在结构上可存在显著差别。比如，在生物风化作用较弱地区形成的风化壳缺失土壤；在化学风化作用弱的地区缺失残积层；在陡坡上基岩裸露，不发育风化壳。

风化壳若被后期沉积物覆盖则可以保存下来。地史时期形成的风化壳称古风化壳。古风化壳常分布于不整合面之下，如华北地区奥陶系与石炭系之间广泛发育厚度不等的古风化壳。古风化壳是上、下两套地层之间发生过沉积间断的直接标志。

2）土壤

土壤是指富含腐殖质、矿物质、水分和空气的松散堆积物，是在地表经过风化作用的松散残积物的基础上，再经过生物及其他风化作用的综合改造而形成的。

腐殖质是生物、微生物遗体在风化产物中不断聚集腐烂后形成的，它的存在与否是土壤与其他松散堆积物的主要区别。土壤中的矿物质由风化过程中形成的和残存的各种黏土矿物以及石英、长石、角闪石、云母等组成，这些矿物质与土壤中的腐殖质、水分和空气相互作用，使土壤性质多变，形成复杂的肥力性状。土壤的厚度一般从50～60cm到1～2m不等，最厚可达10m以上。发育成熟的土壤剖面，根据其成分、颜色和结构特点，自上而下可分为三层（图6－10）。

图6－10　土壤剖面示意图（据布雷迪，1982；转引自夏邦栋，1995）
A—表土层；B—淀积层；C—母质层

表土层：有机质丰富，由于腐殖质的积聚常呈黑、灰或浅灰色，是耕作的主要对象。在该层的上部，腐殖质相对富集，颜色也相对较暗，称为腐殖质层；该层下部，由于风化和水的向下淋滤，造成物质的淋溶，颜色较上部要浅，称为淋溶层或淋滤层。

淀积层：有机质含量较表土层低，由于雨水不断渗入，从上层淋滤下来的部分物质在这里沉淀。淀积的物质主要有氧化铁、氧化铝、腐殖质、石膏和碳酸钙等。

母质层：受生物风化或改造作用较弱，在基岩风化壳剖面中相当于残积层和半风化层，在松散沉积物剖面中相当于未受生物改造或改造很弱的沉积层，该层与淀积层呈过渡关系。

在不同地区、不同气候条件下土壤的特征是不同的，土壤的类型与分布主要与气候带有关。因此，土壤类型可反映其形成时的气候环境，如我国东北地区广泛分布的黑土与黑钙土主要形成于温带—寒温带气候，我国南方地区分布的红壤与黄壤主要形成于热带—亚热带的湿热气候，西北地区分布的栗钙土和盐碱土主要形成于干旱或半干旱气候。土壤在地质历史时期也可形成，通常将地史时期形成的土壤称为古土壤，它们保存在沉积物或岩层中，是记录古气候、古环境变化的重要材料。

二、剥蚀作用

暴露于地表的矿物、岩石一方面遭受风化作用，另一方面也要遭受地表各种运动介质作用（如流水、冰川、风等）的破坏。通常把各种运动的介质在其运动过程中使地表岩石产生破坏，并将其产物剥离原地的作用称为剥蚀作用。剥蚀作用是地表常见且重要的地质作用，它不仅塑造了地表千姿百态的地貌形态，同时也是地表物质迁移的重要动力。

按照作用方式，可将剥蚀作用分为机械剥蚀作用、化学剥蚀作用和生物剥蚀作用三种类型。依据产生剥蚀作用的地质营力特点不同，剥蚀作用又可分为地面流水、地下水、海洋、湖泊、冰川、风等的剥蚀作用，各种外部营力剥蚀作用的特点将在下节进行详述。

三、搬运作用

地表风化和剥蚀作用的产物，除少量残留在原地形成残积物或风化壳之外，大部分都要被运动介质搬走。风化和剥蚀作用的产物被流水、冰川、海洋、风、重力等地质营力转移离开原地的作用称为搬运作用。依据搬运物的性质，搬运作用可分为碎屑物质的搬运、化学溶液物质的搬运以及生物的搬运，即机械搬运、化学搬运和生物搬运三类，其中以机械搬运和化学搬运最为常见，而生物搬运相对少见。依据搬运作用的地质营力特点不同，搬运作用又可分为地面流水、地下水、海洋、湖泊、冰川、风等的搬运作用，各种外部营力搬运作用的特点将在下节进行详述。

1. 机械搬运作用

机械搬运作用是各种营力搬运碎屑物质的过程。流水、风、冰川、海浪等营力，均能进行机械搬运。由于不同营力有不同的特点，所以不同营力的搬运也各具特色。以下主要根据流水中碎屑颗粒受力和搬运的特点，介绍机械搬运作用的特点。

碎屑物质的搬运方式取决于颗粒在介质中的受力状况。流体作用于碎屑颗粒上的力主要有：浮力（F）、重力（G）、水平推力（P）和垂直上举力（R）。水平推移力（简称推力）是流体作用于颗粒上的顺流向的力，垂直上举力则是由紊流的扬举作用和流体由于不同深度的速度差异而产生的一种向上的力。由于所搬运的碎屑颗粒大小有别，不同大小碎屑物质的搬运特点亦不相同。概括起来，机械搬运作用可分为推移、跃移和悬移三种方式。

1）推移

流体在运动过程中，对碎屑物质有一个向前的推力。当 $P \geqslant f \cdot (G-F-R)$ 时（f 为摩擦系数），碎屑颗粒开始沿介质底面滑动和滚动，这种搬运方式称为推移。以推移形式发生搬运的物质一般为粗碎屑物质，如粗砂和砾石。颗粒的重量与颗粒半径的立方成正比，如果碎屑颗粒成分相同或相似，显然粗大的颗粒需要较大的推力才能克服摩擦力而移动，细小的颗粒只需较小的推力便可向前移动。简单地说，砂比砾石更容易搬运，这和自然界见到的情况一样（图 6－11）。如果碎屑颗粒的成分不同，则比重大者需较大推力才能移动，而比重小者需较小的推力就能移动。碎屑颗粒的形态也是重要的影响因素，球形颗粒容易被推移产生滚动，椭圆形颗粒次之，扁圆形或球度低的颗粒在较大的推力条件下才能产生滚动，一般多产生滑动。

2）跃移

在搬运过程中，碎屑物质沿介质底面呈跳跃方式向前移动的过程称为跃移。一般来说，细砂、粉砂主要以跃移的形式发生搬运。当 $R \geqslant G-F$ 时，碎屑颗粒就会从底面上跃起，并在推力作用下向前移动。当颗粒上升到一定高度时，上举力就会大大减小，在重力作用下，颗粒再次落到底面上。上举力减小的原因是由于颗粒跃起后，颗粒上下的绕流线呈对称状，并且颗粒上下流体的速度差也明显变小，导致压力差减小，上举力也就降低。碎屑颗粒跃起、沉降，再跃起、再沉降，这种过程反复进行，碎屑颗粒就不断地跳跃前进。跃移主要与受力状况和流体速度有关，但也与颗粒大小、形状和排列情况等因素有关（图6-11）。

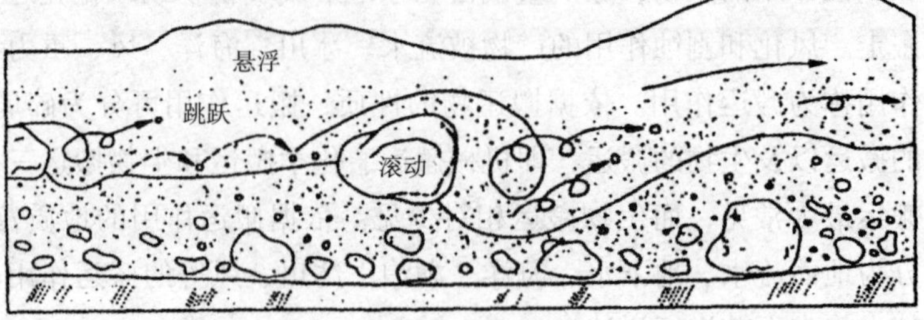

图6-11　碎屑物质在水流中的三种搬运方式（据苏文才等，1987）

3）悬移

细小的碎屑颗粒在流体中，由于 $R+F \gg G$，故不易沉到底部，总是呈悬浮状态发生搬运，这种搬运方式称悬移。悬移主要发生在紊流中，流体的紊流作用使得上举力大于碎屑颗粒的质量，其结果使细小的物质悬浮在流体中搬运。影响碎屑颗粒呈悬移方式搬运的因素，除紊流作用和颗粒大小之外，还与颗粒形状、比重及流体黏度有密切关系。在相同的流速条件下，粒径小、比重小的颗粒易于悬浮，而粒度大、比重大的颗粒则不易于悬浮，故粉砂和泥多呈悬移方式搬运（图6-11）。

2. 化学搬运作用

母岩经化学风化、剥蚀作用分解的产物（化学物质）呈胶体溶液或真溶液的形式发生搬运，称为化学搬运作用。化学搬运作用主要以化学物质溶解在水体中随水流发生搬运为特征，又称为溶运。化学搬运的介质主要有两种类型：胶体溶液和真溶液。

1）胶体溶液的搬运

Al、Fe、Mn、Si 的氧化物、氢氧化物和硫化物难溶于水，常呈胶体溶液的形式发生搬运。胶体质点极小，胶体溶液介于悬浮液和真溶液之间，在普通显微镜下难以识别。胶体溶液中存在着布朗运动，因此重力影响微弱，使得胶体能够搬运较远的距离。胶体质点常带电荷，当胶体具有相同极性的电荷时，因排斥力而避免胶粒聚集成大颗粒，有利于搬运。当河流携带胶体进入海洋或湖泊时，由于不同介质所带电荷极性不同，胶体大量凝聚沉积。

2）真溶液的搬运

母岩风化、剥蚀的产物中，Cl、S、Ca、Na、Mg 等成分多呈离子状态溶解于水中，呈真溶液的状态发生搬运。有时部分 Fe、Mn、Al、Si 也可以呈离子状态在水中发生搬运。可溶物质是否溶解、搬运或者沉积，主要取决于溶解度的大小，此外还与水介质的酸碱度（pH 值）、氧化—还原电位（Eh 值）、温度、压力以及 CO_2 含量等因素有关。

四、沉积作用

母岩风化和剥蚀产物在外力的搬运过程中，由于介质流速的降低、冰川的融化以及其他物理化学条件的改变，搬运物质会逐渐沉淀堆积，这种作用称为沉积作用。而由沉积作用形成的松散物质称为沉积物。

沉积作用的场所往往是介质动能减小或物理化学条件发生变化的地方，如山坡脚下、冲沟口、河流入海或入湖区以及海洋、湖泊等。沉积可发生于陆地和海洋中，前者包括河流、湖泊、冰川等沉积场所，后者可分为滨海、浅海、半深海和深海等场所。尽管沉积场所十分复杂，但沉积方式基本可以分为三种类型：机械沉积作用、化学沉积作用和生物沉积作用。

1. 机械沉积作用

机械沉积作用是在碎屑物质的重力大于流动介质的搬运力时发生的沉积作用。

由于介质的流速、流量的变化，碎屑本身的大小、形状、密度不同，故沉积顺序有先后之分。从碎屑大小上看，最先沉积的是颗粒粗大的碎屑，依次过渡到最小的碎屑；从碎屑密度上看，密度大的颗粒的沉积早于密度小的颗粒。这样，在沉积的过程中，使原来粗、细、轻、重混杂在一起的搬运物，按一定顺序依次沉积下来，这种作用称为机械沉积分异作用（图6－12）。机械沉积分异作用的结果是沿搬运的方向，沉积物按照砾石→砂→粉砂→黏土的顺序，依次有规律的分布。

2. 化学沉积作用

化学沉积作用包括胶体溶液沉积和真溶液沉积两种类型（图6－13）。

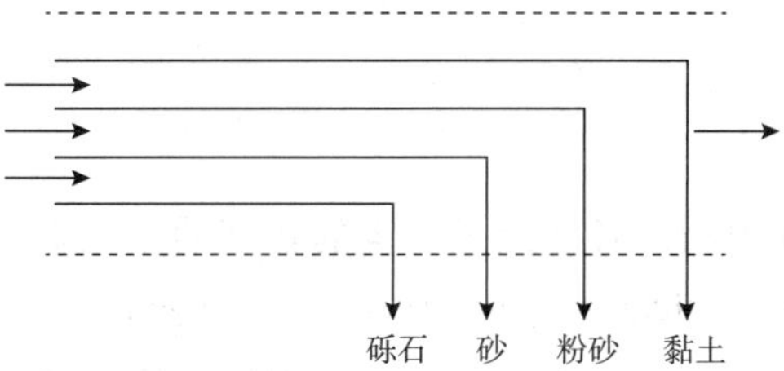

图6－12 机械沉积分异作用示意图

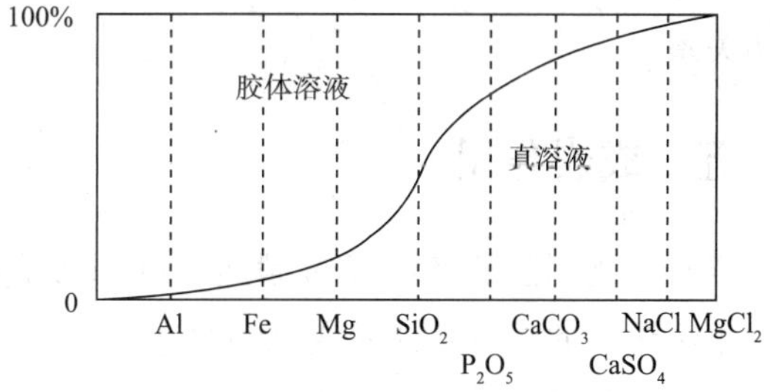

图6－13 胶体与真溶液的分布情况（据刘宝珺，1980）

1）胶体沉积

胶体质点是细小颗粒的分散系，一般不受重力作用影响，可搬运很远，沉积很慢。胶体质点通常带有电荷，如 Al_2O_3、Fe_2O_3、$CaCO_3$、$MgCO_3$ 等带有正电荷；SiO_2、MnO_2、黏土、腐殖质等带有负电荷。在一定介质中带有相同电荷的胶体质点由于互相排斥，可以长时间保持悬浮状态。但当胶体溶液中加入一定量的电解质时，即发生中和作用，并在重力影响下大量沉积下来。如在河口三角洲地区，携带胶体的大陆淡水与富含电解质的海水混合时，常发生胶体沉积，有时可聚集形成铁、铝、锰等沉积矿床。

2）真溶液沉积

溶解于水中的物质是多种多样的，由于溶质溶解度的不同，以及溶液温度、pH 值、盐度等因素的影响，真溶液物质的沉积也有先后顺序，这种作用称为化学沉积分异作用。

一般说来，化学沉积分异作用的次序依次为氧化物（Fe_2O_3、MnO_2、蛋白石）→磷酸盐（磷酸钙）→硅酸盐（海绿石、鳞绿泥石）→碳酸盐（方解石、白云石）→硫酸盐（石膏、硬石膏）→卤化物（岩盐、钾盐、镁盐）（图6－14）。

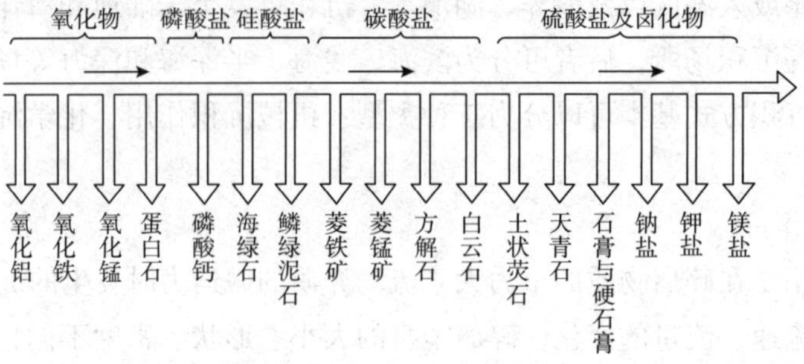

图6－14　化学沉积分异作用示意图（据 ПУстовалов，1954；转引自姜在兴，2003）

3. 生物沉积作用

生物沉积作用包括两个方面：一是生物遗体的直接沉积，例如海中生物死亡后，含有硅、磷、碳酸钙的生物骨骼或贝壳堆积在海底，可以形成硅质岩、磷质岩和石灰岩等；二是生物化学沉积，即由生物化学作用引起周围介质条件的改变，从而促进某些矿物质的沉积。例如海生藻类进行光合作用，由于吸收海水中的 CO_2，促进碳酸钙的沉积。事实上，引起自然界化学作用的各种因素如 O_2、CO_2、H_2S 等的消耗和增长，都与生物化学作用有密切关系。

五、成岩作用

岩石风化剥蚀的产物经过搬运、沉积形成的沉积物，必须经过一定的物理的、化学的、生物化学的以及其他的变化和改造，如水分排出、孔隙度减少、比重加大、胶结、重结晶、产生新矿物等，才能变成固结的岩石。这种促使疏松的沉积物变成固结岩石的作用，称为成岩作用。成岩作用主要包括以下三种方式（图6－15）。

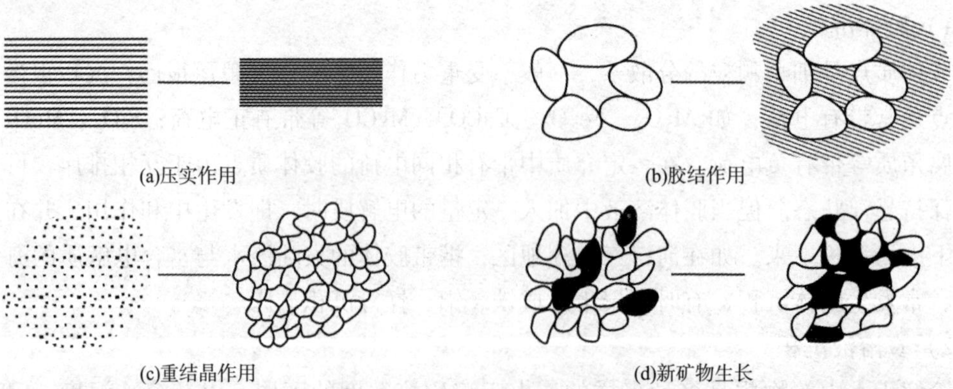

图6－15　成岩作用的方式示意图（据夏邦栋，1995）

压实作用：由于上覆沉积物逐渐增厚，静压力不断增大，因此，沉积物中的附着水分逐渐排出，颗粒间的孔隙减少、体积缩小，颗粒之间的联系力增强，进而使沉积物固结变硬。压实作用是黏土沉积物成岩的主要方式，例如新鲜的黏土孔隙度可达80%，压固成页岩后孔隙度可减少至20%甚至更小。

胶结作用：填充在沉积物孔隙中的矿物质将分散的颗粒黏结在一起的过程称为胶结作用，而这些矿物质称为胶结物。常见胶结物的成分主要有硅质（SiO_2）、钙质（$CaCO_3$）、铁质（Fe_2O_3）、泥质和火山灰等，它们多是在成岩过程中形成的新矿物或由后期沿沉积物颗粒孔隙流动的地下水沉积作用形成。

重结晶作用：沉积物受温度和压力的影响，使非结晶物质变成结晶物质、细粒结晶物质变成粗粒结晶物质的作用称为重结晶作用。一般来说，颗粒细，易溶解的沉积物，容易产生重结晶作用。重结晶后，沉积物孔隙减少，比重增大，形成坚硬岩石。重结晶作用是各类化学岩和生物化学岩（石灰岩、白云岩等）成岩的主要方式。

第二节　各种地质营力的地质作用

引发地质作用的自然动力称为地质营力。地表的地质营力按照介质的物理状态分为固态、液态和气态三种类型，其中固态的营力主要是冰川，液态的营力主要是地面流水、地下水、湖泊和海洋，气态的营力主要是风。尽管地表地质营力的类型多样，介质条件差异甚大，地质作用特点也不尽相同，但每一种地质营力都按照剥蚀作用、搬运作用和沉积作用这三种过程在改造地表形态及其物质组成。故常将某种地质营力的剥蚀、搬运和沉积作用称之为该地质营力的地质作用，如河流的地质作用、地下水的地质作用等。

一、河流的地质作用

（一）地面流水的基本特征

1. 地面流水的类型

地面流水包括片流、洪流和河流三种类型，它们在大陆上广泛分布，是塑造陆地地形的最为重要的地质营力。其中，片流是大气降水的同时在山体斜坡上出现的面状流水，它随着大气降水的结束而很快消失；洪流是大气降水的同时或之后在山区的沟谷中形成的线状流水，且在大气降水结束后不久就消退。所以，片流和洪流可统称为暂时性流水，而河流则是常年性的线状流水。从片流、洪流到河流是一个连续的发展过程。由于河流是地面流水的主要形式，本书重点介绍河流地质作用的特点。

2. 地面流水的运动形式

自然界流体质点的运动主要表现为两种流动形式：层流和紊流。

层流是一种缓慢的流动，液体质点做有条不紊的运动，彼此不相混掺，相对位置保持平行［图6－16（a）］。

紊流则是一种充满了旋涡的急湍流动，流体质点做不规则运动，互相掺混，质点的运动轨迹极不规则［图 6－16（b）］。紊流产生的上升流，其流速可达水平流速的 4%～8%，由紊流产生的上举力是促使泥沙悬浮的主要原因。

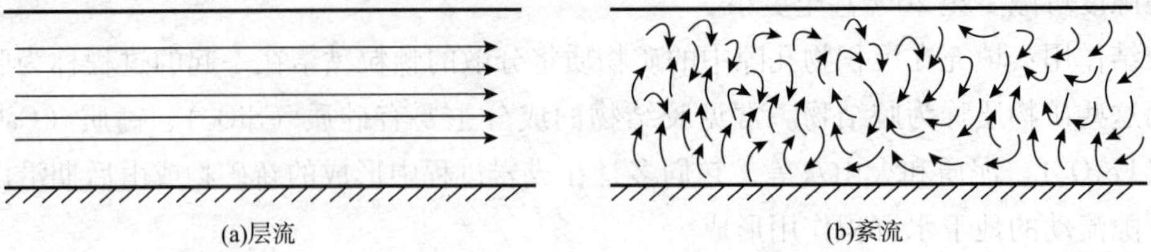

图 6－16　层流与紊流（据姜在兴，2003）

3. 河流的相关概念

大的河流通常有等级不同的各级支流形成一个庞大的地面水流网，称为水系，如我国有长江水系、黄河水系、珠江水系等水系。水系覆盖的区域，则称为流域。分隔相邻两个流域的山岭或高地称为分水岭。

流水切割地面形成的谷地称为河谷，它包括谷底和谷坡两大部分（图 6－17）。河谷中的平坦部分称为谷底，而两侧的斜坡称为谷坡。河谷的形态根据其形状，主要有“V”形谷和“U”形谷两种类型。谷底中经常被流水占据的部分称为河床，而平水期露出水面的部分称为河漫滩。在谷坡上常发育一些较为平缓的阶梯状地形称为河谷阶地或河流阶地。

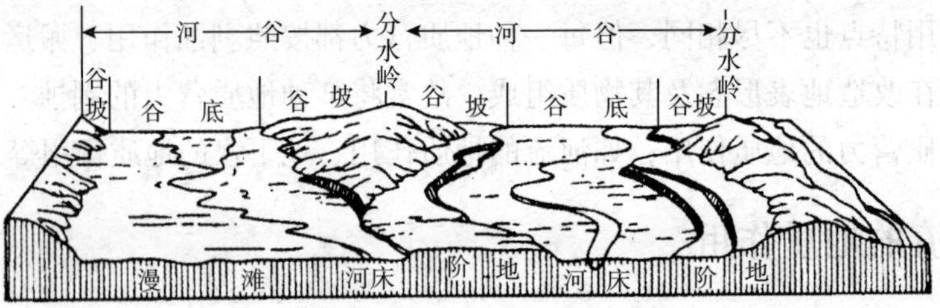

图 6－17　河谷要素示意图

（二）河流的侵蚀作用

通常将流水对陆地的剥蚀作用称为侵蚀作用。河流在流动过程中，以其自身的动力以及所挟带的泥沙对河床的破坏使其加深、加宽和加长的过程称为河流的侵蚀作用。

1. 河流侵蚀作用的方式

河流的侵蚀作用可分为机械侵蚀作用和化学侵蚀作用两种方式。河流的机械侵蚀作用是通过其动能或挟带的砂石对河床的机械破坏过程，而化学侵蚀作用是通过河水对河床岩石的溶蚀完成的，主要在可溶性岩石（如石盐、石膏、石灰岩等）组成的河段比较明显。

1）河流机械侵蚀作用的方式

河流的机械侵蚀作用主要有冲蚀作用和磨蚀作用两种方式。

流水以自身的能量冲击河床及两岸岩石，使河床遭到破坏，这种作用称为冲蚀作用。

在水流湍急的上游地段及松软岩石、松散堆积物分布的河段，冲蚀作用较为显著。

流水以其挟带的砂砾在流动过程中磨损河床及两岸岩石的作用，称为磨蚀作用。磨蚀作用还可使河流挟带的砂砾的棱角被磨去而逐渐变圆、变细。在暴雨及洪水季节，河流的中上游磨蚀作用较为明显。

2）河流化学侵蚀作用的方式

河流化学侵蚀作用的方式主要是溶蚀作用，指河水溶解河床两岸及底部易溶岩石的作用。在石灰岩、石膏等易溶岩石分布地区，溶蚀作用较为显著。

总体上，河流的侵蚀作用以机械侵蚀为主，而化学侵蚀作用则不明显。

2. 河流侵蚀作用的方向

按侵蚀作用的方向，河流的侵蚀作用又可分为下蚀作用和侧蚀作用两种方式。

1）下蚀作用

河流侵蚀河床、使河谷不断加深的作用称为下蚀作用。

下蚀作用的产生主要有三个方面的原因。

（1）河流存在坡降，河水由高向低流动，在重力的作用下产生一个垂直向下的分量作用于河床底部，使其受到冲击而产生破碎。

流水在重力作用下，沿斜坡或沟谷由高处往低处流动，将势能转变为动能，动能与流速和流量的关系为：$E = \frac{1}{2}mv^2$（E 为动能，m 为流量，v 为流速）。动能的大小决定了流水地质作用的强弱。从式中可看出，流水的动能与流量和流速的平方成正比。流量与补给水源有关，流速受地形的影响。因此，处在不同环境中的地面流水，其地质作用的强度是不一样的。如一条河流在不同河段其流量、流速都不一样。在上游，支流少，补给水源较少，河床的坡度较陡，所以流量小，流速快；而在下游则相反，流量大，流速小。

（2）河流挟带的砂石，在流动过程中对河床底部有撞击和磨蚀作用。

（3）流水中急速旋转的涡流引起涡穴作用，它促使砾石像钻具一样作用于河底，并在河底钻出孔洞，称为锅穴。

水体具黏滞力，当床底不平时水流遇阻减速，而水体黏滞力会紧靠水流快的一侧，被水流带动而跟着流动起来，致水压力变小，而另一侧的流速小、压力大，从而形成绕轴旋转的涡流。河流中产生涡流的地方很多，如床底不平会产生轴近水平的涡流，河道急转弯、支流汇入、桥墩或暗礁等处均可形成绕轴旋转呈近于直立的涡流（图 6 – 18）。涡流是一种局部的水流，可改变泥沙的运动方向，并对河床造成破坏。

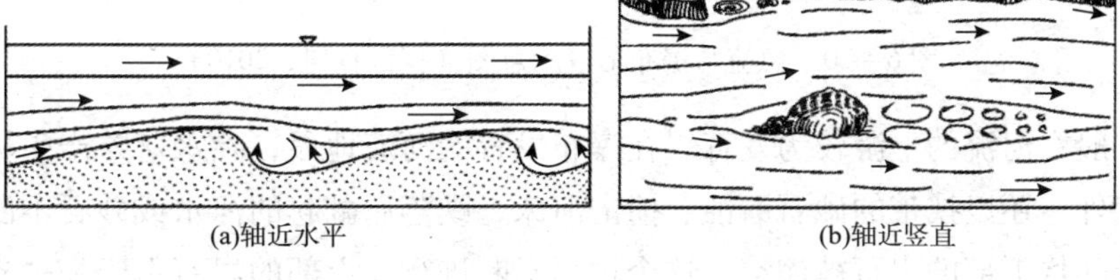

(a)轴近水平　　(b)轴近竖直

图 6 – 18　涡流示意图（据柳成志等，2010）

下蚀作用的结果主要表现在三个方面：形成“V”形谷、形成急流和瀑布、造成向源侵蚀。

图 6－19　“V”形谷示意图（据汪新文，1999）

在河流的上游以及山区河流，由于河床的纵比降和流水速度大，因此河水向下侵蚀河谷的能力较强，使得河谷的加深速度快于拓宽速度，从而形成在横断面上呈“V”字形的河谷，也称“V”形谷（图 6－19）。如我国长江上游的金沙江，谷坡陡、谷底窄，横断面为“V”字形，著名的金沙江虎跳峡江面最窄处仅 40～60m，最陡的谷坡达 70°，峡谷深达 3000m。据研究，金沙江河谷近 1Ma 以来已加深 1200m 以上，平均每年加深 1mm；而在河流的下游或平原区的河流，情况却相反，下蚀能力较弱。

由于河床岩性存在差异，不同岩层抗侵蚀的能力也不同。当河流流经坚硬岩石组成的河床时，由于其抗侵蚀能力强，下蚀作用的速度较慢，河床相对凸起；而在流经由较软岩石组成的河床时，其抗侵蚀能力弱，下蚀作用的速度较快，河床相对下凹，从而在河床的纵剖面上形成缓坡、陡坡交替出现的阶梯。在较陡的河床上，流水急，出现水花，形成急流，急流常具有更强的侵蚀能力。在长期的下蚀作用下，在河床的陡、缓交界处，陡坡下部软的岩石不断地被侵蚀，而上部的坚硬岩石仍保存下来，从而可使河床在纵剖面上出现直立的陡坡，河水从陡坎处直泻而下即形成了明显的跌水现象，称为瀑布（图 6－20）。如我国贵州的黄果树瀑布，河水从 58m 高的悬崖上倾泻而下，极为壮观。

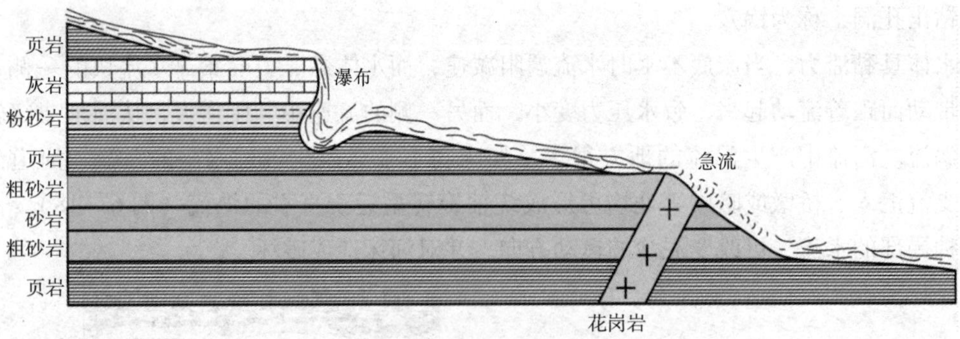

图 6－20　急流与瀑布形成示意图（据舒良树，2010）

瀑布一般在河流的上游较为发育。在瀑布发育的河流地段，除水落差产生极大的冲击力破坏河床外，还以挟带的砂石磨蚀、撞击河床，跌落后翻起的河水或砂石不断破坏陡坎的基岩，使陡坎下部的岩石被淘空，这个过程不断进行，上部的岩石由于失去支撑力而崩塌，便形成新的陡坎，于是陡坎的位置即瀑布就不断向上游移动。如美国尼亚加拉瀑布以1.3m/a 的速度向上游移动，我国第二大瀑布黄河壶口瀑布平均每年后退5cm。在瀑布后退的同时，河床还不断加深，河床纵剖面坡度渐渐变小，瀑布最终消失。同样的道理，急流也向上游发育并逐渐消失。

从瀑布和急流向上游发展并逐渐消失可见，下蚀作用在加深河谷的同时，还使河流向源头发展，使河谷加长。通常把河流向源头发展的侵蚀作用称为向源侵蚀作用或溯源侵蚀作用。河流的源头部分，大都存在跌水地段，该处下蚀作用最强，与瀑布、急流后退的现象类似，河流形成后，因向源侵蚀作用，河谷不断向源头方向延伸，直至分水岭。由于自然界种种因素（如水量、地形、岩性、构造等）的影响，不同地区的河流下蚀作用强度和速度是不一样的。位于同一分水岭两侧的两条河流，如果其中一侧的河流下蚀作用较强、下蚀速度快于另一侧的河流时，其河谷可先发展到分水岭，迫使分水岭不断向下蚀作用弱的河流靠近，最后下蚀能力较强的河流侵蚀到下蚀作用较慢的河流，并夺取了它上游的河水，使其流入自己的河流中，这种现象称为河流的袭夺（图6－21）。河流袭夺发生后，被袭夺河的上游或支流以急转弯的形式流入新的水系，袭夺处的这个急转弯称袭夺弯；被袭夺的河流称为断头河，它的水量大减，甚至会出现干谷河段。

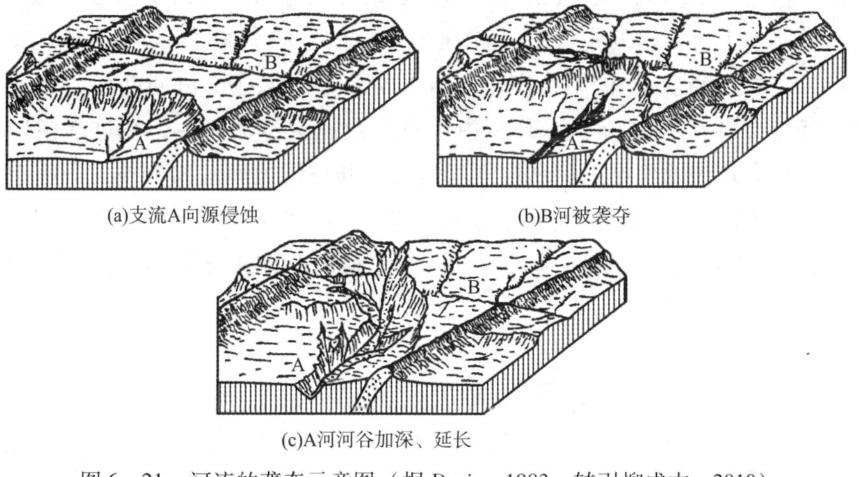

图6－21　河流的袭夺示意图（据 Davis，1983；转引柳成志，2010）

河流的下蚀作用使河谷不断加深，但这种作用并不是无止境的。河流下切到一定的深度，当河水面与河流注入水体（如海、湖等）的水面高度一致时，河水不再具有势能，动能趋于零，下蚀作用也就停止了。因此，注入水体的水面就是控制河流下蚀作用的极限面，常把该极限面称为河流的侵蚀基准面。简而言之，侵蚀基准面就是河流下蚀作用的深度极限。河流的侵蚀基准面可分为局部侵蚀基准面和最终侵蚀基准面。陆地上大多数河流最终都注入海洋，所以海平面应是河流的最终侵蚀基准面。局部侵蚀基准面很多，如一些支流汇入干流或湖泊，则干流水面或湖水面即为其局部侵蚀基准面（图6－22）。

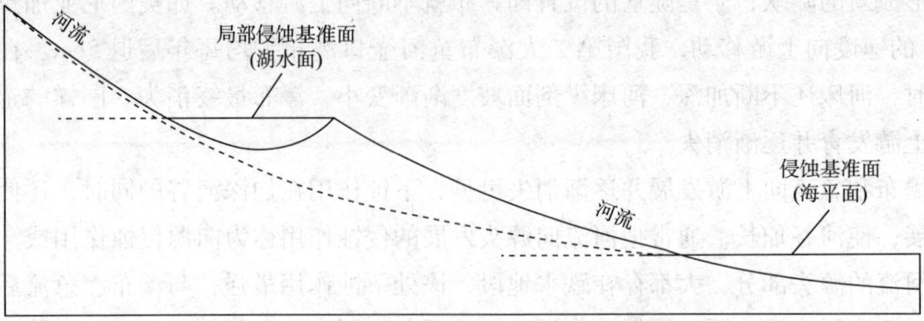

图 6-22　局部侵蚀基准面与最终侵蚀基准面示意图（据夏邦栋，1995）

2）侧蚀作用

河水侵蚀谷坡使河床不断拓宽的作用称为河流的侧蚀作用。

侧蚀作用的成因主要有两个：地转偏向力的作用和弯道环流的作用。

地球上运动的物体在地转偏向力作用下，都将产生运动方向上的偏离。北半球向右偏，南半球向左偏。河流作为运动的流体，同样受地转偏向力的影响，在北半球水流总是偏向右岸，而南半球则偏向左岸。这样一来，在流水偏向的一侧河岸便发生侧向侵蚀作用。

自然界的任何一条河流都不会是平直的，总是有点弯曲。当河水流过河湾时，河水在惯性离心力的驱使下，河水的主流线（流速最快点的连线）就会偏向河床的凹岸（河床凹入的一岸），由于受到凹岸的阻挡作用，河水就沿着河床底部流向凸岸，这样就产生了河水的单向环流［图 6-23（a）］。环流由水质点做螺旋运动产生，在过水横切面上的投影为环状。在单向环流的作用下，凹岸下部岩石不断被侵蚀而破碎掏空，同时上部的岩石也随之崩塌，形成的碎屑物质被底流搬运到河流的凸岸发生沉积，结果造成凹岸不断向谷坡方向后退，凸岸不断前伸［图 6-23（b）］，河道的曲率逐渐增加，使原来弯曲较小或较平直的河床变得更弯曲。

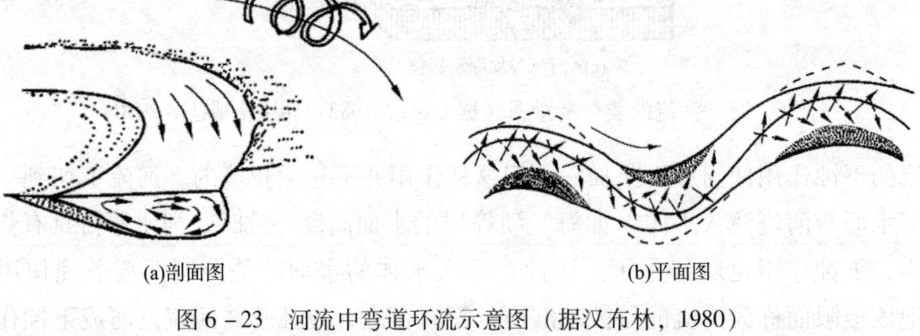

图 6-23　河流中弯道环流示意图（据汉布林，1980）

在凹岸后退、凸岸前伸的同时，由于主流线冲击凹岸的点偏向弯顶的下方，而不是凹岸的最大弯曲点，单向环流又是一种螺旋状的流水，所以最大弯曲点的位置也不断向下游移动。由于河曲不断向下游移动，河谷的凸出地形不断被削直，其结果使河谷变得越来越宽、越来越直。最后，河床只在宽阔的谷底上迁徙摆动，形态变得极度弯曲，这种河流称为河曲或蛇曲。

蛇曲的发育，使河流的长度不断增长，河床的坡降渐渐减小，河流的活力逐渐削弱。随着河曲的不断发展，使两个相邻的河湾不断靠近。洪水期时，由于水量猛增，冲击力加大，河水冲溃两河湾之间的河床，河水从上一个河湾直接流入相邻的下一个河湾，这种现象称为河流的截弯取直。被遗弃的弯曲河道由于河水受阻而发生沉积作用，逐渐被泥沙淤积、堵塞形成牛轭湖（图 6－24）。如我国长江下游段曲流牛轭湖尤为发育，在下荆江段（藕池口—城陵矶）直线距离 87km，而弯曲河道却长达 200km 左右，素有“九曲回肠”之称，有史以来发生了数十次截弯取直。

河流的下蚀作用和侧蚀作用几乎贯穿于整条河流中，两者是同时发生的。在河水对河床岩石下蚀的同时，也对河床两侧岩石进行侧蚀作用。但由于不同河流及不同河段的河水流速、河床的纵比降、岩性、地壳运动等因素不同，这两种侵蚀作用的强弱也就不同。一般来说，在河流的上游常以下蚀作用为主，使河谷横剖面形成“V”字形；在中下游则以侧蚀作用为主，塑造成谷底宽平、横剖面为“U”形的河谷；山区河流以下蚀作用为主，而平原区河流则以侧蚀作用为主。

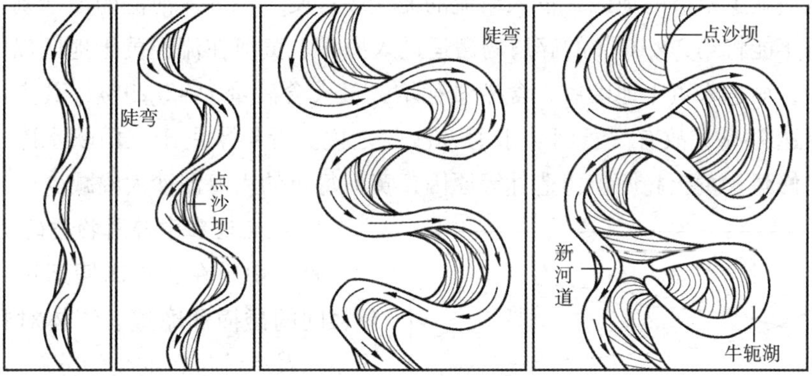

图 6－24　侧向侵蚀作用使河谷加宽、形成河曲和牛轭湖的过程

（三）河流的搬运作用

1. 沉积物的搬运、沉积与流速的关系

1936 年，尤尔斯特隆（F. HjulstrÖm）根据水槽试验提出了一个碎屑物质的侵蚀、搬运和沉积与颗粒大小及流速的关系，人们称之为尤尔斯特隆图解（图 6－25）。从图中可以看出如下规律。

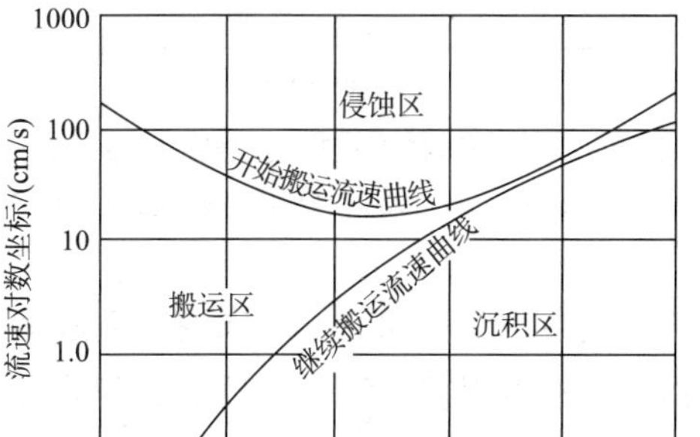

图 6－25　碎屑物质发生侵蚀、搬运和沉积与流速的关系（据尤尔斯特隆，1936；转引自姜在兴，2003）

（1）颗粒开始启动所需的流速比启动后维持正常搬运的流速要大。

（2）粒径大于 2mm 的颗粒开始搬运所需的流速与开始沉积所需的流速都很大，

但差值很小，所以砾石不易搬运且很易沉积，搬运距离不远。

（3）粒径小于0.05mm的颗粒开始搬运的流速大，但开始沉积的流速小，而且差值随粒度减小而增大，这表明很细的黏土类物质因黏结力增大，不易搬运，但一经启动则只要很小的流速即可维持搬运。

（4）粒径介于0.05～2mm的颗粒所需的启动流速最小，表明砂粒在水中最易发生搬运，是流水搬运物中最活跃和搬运方式多变的物质，而且开始搬运和继续搬运的临界流速相差较小。

2. 河流的搬运力与搬运量

流水的搬运能力与流速有关。根据爱里定律：被搬运碎屑颗粒的粒径与流速的平方成正比，即 $R \propto V^2$（R 为颗粒直径，V 为流速）；而搬运的颗粒质量与其半径的立方成正比，即 $G \propto r^3$（G 为颗粒质量，r 为半径）；所以被搬运颗粒的质量与流速的六次方成正比。如果流速增加一倍，则能被搬运的颗粒重量将增大64倍。因此，在山区河流或上游河段中，常可见到直径为2～3m甚至更大的石块被搬运走。

河流的搬运能力不仅与流速、流量有关，还与流域内的自然条件有关。气候干燥、风化强烈、地面缺少植被的地区，进入河流的泥沙多；反之，进入河流的泥沙则少。全世界的河流，每年能将约 2×10^{10}t 的碎屑物搬运进入海洋。黄河在流经黄土地区以前，其机械搬运量不大，而进入黄土地区后，含砂量猛增，最大含砂量为42.29%，其支流无定河最大含砂量竟达78%，故有“黄河斗水七升沙”之说。近年来由于三门峡水库、小浪底水库等水库的修建、黄土高原植树造林等原因，黄河每年的入海泥沙大幅减少。

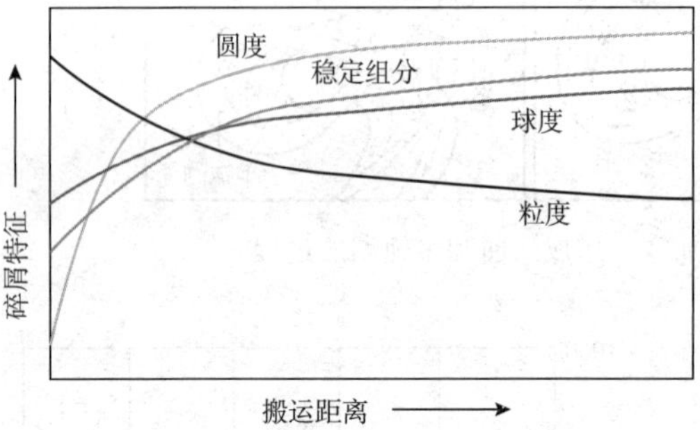

图6－26　碎屑物质在搬运过程中的变化特征
（据 Krumbine，1959；转引自姜在兴，2003）

3. 搬运过程中碎屑物质的变化

碎屑物质在长距离搬运过程中，由于颗粒间的碰撞和摩擦、流体对颗粒的分选作用以及持续进行的化学分解和机械破碎，使得矿物成分、粒度、分选性和外形都要发生变化（图6－26）。

矿物成分上的变化：由于搬运过程中的化学分解、破碎和磨蚀作用，随着搬运距离增长，不稳定组分如长石、铁镁矿物等会逐渐减少，而稳定组分如石英、燧石等的含量会相应增加。一般来说，随搬运距离的增大，软的、耐磨性低的、易劈开破碎的矿物，容易磨损甚至消失；反之，稳定组分易于保存而含量相对增加。重矿物远离母岩区，其含量明显减少。

粒度和分选性的变化：粒度是指碎屑颗粒的大小，分选性是指颗粒大小分布的均一程度。随搬运距离的增长，碎屑颗粒越来越细。河流上游因靠近母岩区，其河床中只有较粗的物质；下游随着搬运距离的增大，在冲蚀和磨蚀作用下，碎屑颗粒不断变小。随着搬运距离的增加，颗粒的分选程度也越来越高，即颗粒大小趋于一致。但分选性还与粒度有一定关系，即越趋于细砂级，分选就越好，因为细砂最活跃，易于沉积也易于搬运，因此可以受到多次的分选作用。

圆度和球度的变化：圆度是指碎屑颗粒搬运过程中，棱角被磨蚀、圆化的程度。球度则是碎屑颗粒接近于球形的程度。由于磨蚀作用的存在，随着搬运距离的增长，圆度和球度一般越来越高。特别在搬运初期，圆化较为迅速。破碎作用的存在，可部分抵消颗粒的圆化。碎屑颗粒的圆化还受到矿物物理性质、搬运方式等因素的影响。硬度低者易于圆化，粒状矿物易于圆化。推移、跃移的搬运方式易使颗粒圆化，而悬移则难以使颗粒圆化。

（四）河流的沉积作用

在河流流速降低或化学条件改变时河流搬运物沉积下来的作用，称为河流的沉积作用。河流的沉积作用以机械沉积作用为主，由于流水总是处于较快的运动与循环状态，其中的溶运物在搬运过程中一般不具备沉积条件，故化学沉积作用微弱。河流沉积物以碎屑物质为主，称为冲积物。

河流的机械沉积作用发生的原因主要是流速减小或流量减小造成河流动能降低所致。因此河流发生机械沉积作用的主要场所是一些动能明显降低的地方：一是河流汇入其他相对静止的水体处，如河流入海、入湖以及支流入主流处，主要位于河口，形成的沉积体称为三角洲；二是河床纵剖面坡度由陡变缓处，位于河流出山口的位置，形成的沉积体称为冲积扇；三是河谷的底部，主要分布于河床和河漫滩上，形成的沉积物是典型的河流沉积。

河流沉积是陆地上沉积物形成的主要场所之一，这部分内容较多，将放在第八章第三节河流相中进行详细介绍。

（五）河流的地质作用与构造运动

1. 河流的发展阶段及其地质作用的特点

一般来讲，河流的上游是河流发育的初期，河流类型为辫状河，下蚀作用强，通常形成“V”形谷，急流和瀑布也比较发育；河流的中游是河流发育的中期，河流类型为曲流河，下蚀作用减弱而侧蚀作用增强，通常形成“U”形谷，具有边滩和河漫滩；河流的下游是河流发育的晚期，河流类型为曲流河，由于坡降小，侵蚀和沉积暂时平衡，但河床不稳定、摆动频繁，因而通常具有宽阔的边滩和河漫滩。

2. 准平原化

地壳处于相对稳定时期，流水及其他各种表层地质作用长期共同对陆地表面进行改造，其总趋势是把原来地表高差较大的地形经过风化、剥蚀而削低，同时又将破坏下来的物质搬运到地表低洼处进行堆积，以减少地表的高差。这种“削高填低”的结果，使广大地区内形成只存在零星分布的、高度不大的剥蚀残丘，整个地区变得比较平坦，这种近似平原的地形称为准平原。当地表演变到准平原阶段之后，如果地壳又重新上升，准平原被抬高，并遭受流水切割而成为山地，这时在山地的顶部可以残留着原有准平原的遗迹，即相当平坦的顶面。其范围可大可小，上面可见到准平原发育时期的沉积物或风化壳，而且一系列相邻的平坦山顶大致位于同一高度，它们代表了已被破坏的早期准平原的表面，称为夷平面。根据夷平面上沉积物或风化壳的年代可以判断其形成年代，根据夷平面的高度可以推算准平原形成后地壳的上升幅度。

地表被夷平后，若地壳转为持续上升，下蚀作用势必增强，地形起伏重新变大，可形成多级河流阶地，这种过程称为大地回春。

3. 河流阶地及其形成过程

在地壳运动相对稳定时期，河流以侧蚀作用为主，河谷不断侧向迁移，形成宽阔的河谷，河谷中形成由冲积物构成的河漫滩。如果地壳运动使该区域处于上升状态，则河流侵蚀基准面下降，河流的下蚀作用重新加强，使河床降低，原有的河漫滩相对升高，一般洪水已不能达到，于河谷谷坡上形成顶面较平坦的台阶状地形，称为河流阶地或河谷阶地。

河流阶地的类型主要有三种：堆积阶地、基座阶地和侵蚀阶地（图 6－27）。堆积阶地的阶地面和阶地斜坡均由河流沉积物构成，无基岩出露。基座阶地的阶地面上有河流沉积物，阶地斜坡的下部可见基岩。侵蚀阶地的阶地面和阶地斜坡均为基岩出露，基本无沉积物的出露。

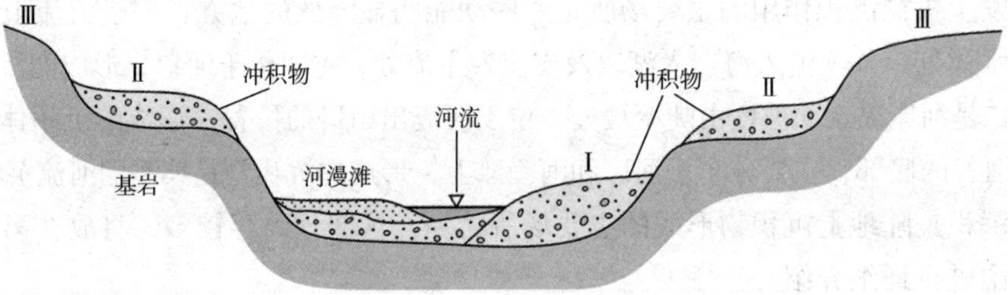

图 6－27　河流阶地类型示意图（据舒良树，2010）

Ⅰ—堆积阶地；Ⅱ—基座阶地；Ⅲ—侵蚀阶地

若某一区域的构造运动表现为多次的上升—稳定—上升的过程，就会沿河谷出现多级阶地，其中位置越高的阶地形成时间越早，通常从河漫滩以上最低一级阶地算起，从下而上或由新到老依次称为一级、二级、三级阶地等，阶地数量可代表构造发生显著抬升的次数。因此，河流阶地常可看作地壳垂直运动的标志之一，而阶地面的相对高差大致反映了地壳上升的幅度。当河流下蚀作用的速度与构造抬升速度相协调时，河流可维持原来流路切割河床逐渐形成深切峡谷，因为河流是先于构造隆起而存在的，故称先成河。若构造隆升速度过快，河流原有流路可能会发生改变，甚至发生倒流。

河流阶地的形成过程如下。

（1）地壳上升，河流进行下蚀作用，河谷加深。

（2）地壳停止上升甚至微有下降，河床坡降变缓，河流流速减小，下蚀作用减弱，侧蚀作用增强，河谷扩宽并发生沉积，河谷内出现河曲和河漫滩，河曲不断移动，形成厚层的河流沉积物。

（3）此后地壳又快速上升，增加了河床坡降，河流下蚀作用增强，河流再度下切，原来的河漫滩就形成了一级河流阶地。

这样的过程重复几次，就形成多级河流阶地（图6－28）。

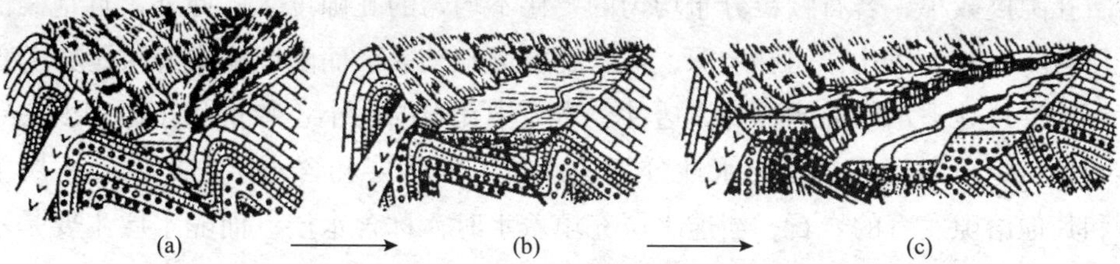

图6－28 河谷阶地形成过程示意图（据李叔达，1983）

二、地下水的地质作用

地下水是指地表以下松散堆积物和岩石空隙中的水。地下水是水圈的重要组成部分，其总量占地球淡水总量的14%，约是地表河湖水量的26倍。地下水的流动是水圈循环的重要部分，也是改造地表形态的重要营力。

（一）地下水的基本特征

1. 地下水的来源

地下水的来源主要包括渗透水、凝结水、埋藏水和岩浆水四种类型。

渗透水：由大气降水、冰雪融水、地表流水、湖水及海水等从地面渗入地下积聚而成，是地下水的主要来源。

凝结水：指空气中的水气因降温在地面凝聚后渗入地下积聚而成，它实际上是一种特殊类型的渗透水。

埋藏水：指湖水或海水伴随沉积物一起沉积而保存起来的古水，是沉积物孔隙中保存的水体。

岩浆水：指由岩浆活动过程中冷却析出的水积聚而成的原生水。

2. 地下水的储存状态

1）地下水的储存空间

岩石中存在空隙是地下水贮存的必要条件，岩石中的空隙包括孔隙、裂缝和溶隙三种形式。

孔隙指岩石中颗粒之间的空隙，如砂岩中的孔隙、火山岩中的气孔等。裂缝是岩石中由构造作用形成的断层或节理等缝隙。溶隙是可溶性岩石受溶解形成的洞穴，如石灰岩中的溶洞等。由于孔隙分布均匀、分布广泛，因而是岩石空隙的主要组成部分。

2）影响地下水运动的因素

岩石中孔隙的数量、大小及连通情况对地下水的储存、流动起着重要影响。

孔隙度指岩石内孔隙总体积与岩石总体积的比值，其计算公式为：

$$\Phi = V_{\Phi}/V \times 100\% \tag{6-6}$$

式中，V_{Φ}为孔隙体积；V为岩石体积。

岩石的孔隙度与岩石的结构有密切关系。通常，结构疏松的岩石孔隙度较大，胶结紧密的岩石孔隙度较小，岩石颗粒分布均匀的要比不均匀的孔隙度大。此外，近地表的岩石因所受压力小，并受风化作用影响深，通常孔隙度也较大，而随埋深增大，孔隙度变小。

岩石能通过地下水的性能称为渗透性。岩石中孔隙的大小、数量和连通程度决定了岩石的透水性。地下的岩石按其透水性分为透水层、隔水层和含水层三类。透水层主要是砂、砾和其他溶隙发育的岩石，当透水层充填着水时，称含水层。而隔水层主要是不透水的岩石，包括黏土岩、页岩、岩浆岩、变质岩等致密的岩石。

3）地下水的运动类型

根据地下水的运动状态、埋藏条件，可以把地下水分为包气带水、潜水和承压水三种类型。

包气带水：包气带指介于地面和地下水潜水面之间的地带，埋藏在包气带中的地下水称为包气带水（图6－29）。其中，埋藏在土壤中的水也称为土壤水。包气带水常以吸附水、薄膜水、毛细水的形式存在，重力水较少。这种水与大气关系密切，主要由大气降水及大气中的水汽凝聚而成，它易于蒸发和重新进入大气。当水通过包气带下渗时，重力水可以在包气带中的局部隔水层上受阻积聚，形成上层滞水。上层滞水受气候影响较大，是不稳定的地下水源。

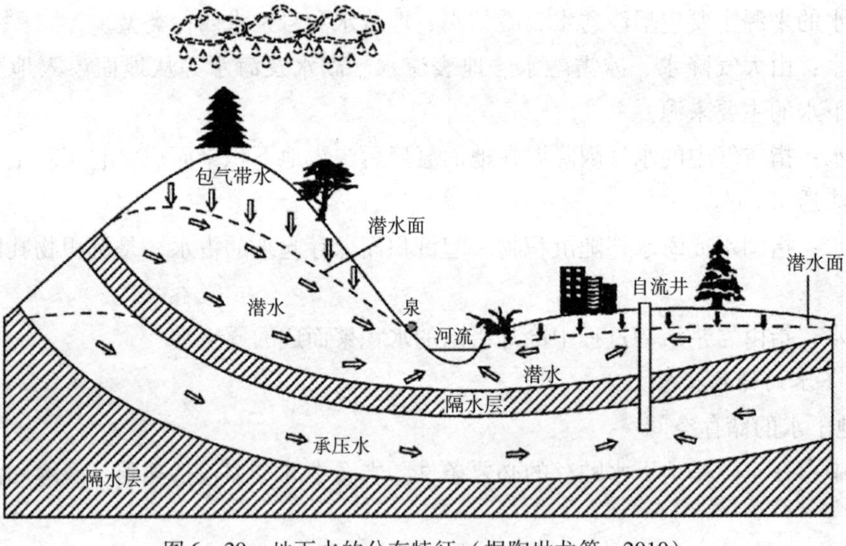

图6－29　地下水的分布特征（据陶世龙等，2010）

潜水：它是地面以下第一个稳定隔水层以上的饱和带水，它一般埋藏在松散堆积物的孔隙、裸露基岩上部的裂隙或溶隙中，也可以进入透水性良好的基岩内；它主要由下渗的大气降水或地表水受隔水层阻挡积聚而成，其自由水面称潜水面。潜水面随季节变化而改变。潜水由于埋藏浅，分布广，是常用的地下水水源。潜水受大气降水和地表水的补给，当潜水面较高时，它可能补给地面流水；潜水面较低时，则受地面流水的补给。

承压水：它是充满于上、下两个稳定隔水层之间含水层的地下水，又称层间水。承压水承受着岩石和水体的静压力，如有钻孔打穿隔水层顶板，水便能沿着井孔上升。如果承压水的静水压力所达到的水头高度超过井口高度时，可自行喷溢出地表，形成自流井（图6-29）。若含水层出露地表，承压水可获得地表水的补给。

（二）地下水的剥蚀作用

地下水在运动过程中对周围岩石的破坏作用称为地下水的剥蚀作用，因为地下水的剥蚀作用是在地下进行的，因而又称为潜蚀作用。地下水主要在岩石空隙中渗流，流速慢、水量分散、动能小，所以其机械潜蚀作用很弱。但由于地下水的化学成分较复杂，常含有较多 CO_2 和各种溶剂，在缓慢的流动中，岩石和矿物颗粒与水的接触时间变长，接触面积加大，因而地下水的化学潜蚀作用较为显著。

1. 机械潜蚀作用

由于地下水的流速通常很慢，动能一般比较小，它仅能冲刷松散堆积物中的细小粉砂和黏土，因此地下水的机械潜蚀作用通常比较微弱。而位于地下洞穴中的地下河，流速较快，机械潜蚀作用较强，类似于河流的机械侵蚀作用，但分布较为局限。

地下水的机械潜蚀作用可引起滑坡的发生。当地下水以它的冲力冲蚀松散堆积物中的细小颗粒时，常伴随着化学溶蚀，其结果使堆积物孔隙增大、结构变疏松。如果这些疏松堆积物位于斜坡上，当孔隙被地下水充满后，堆积物的重量增加，并且水也使堆积物内部摩擦力以及颗粒间黏结力降低。此时堆积物就可能会在重力作用下，大量地从高处往低处滑动，这种现象即为滑坡。滑坡常发生在雨季或冰雪融化时，正是因为在这些季节地下水得到大量补给所致。

2. 化学潜蚀作用

1）岩溶与岩溶作用

地下水的化学潜蚀作用是通过地下水对可溶性岩石溶解并把溶解下来的物质带走，使岩石产生破坏的。地下水中常含有 CO_2 和大量有机酸、且流动缓慢，流经岩石时，会产生不同程度的溶蚀作用，尤其在一些可溶性岩石（如碳酸盐岩、岩盐等）地区，溶蚀作用最为常见。

在石灰岩广泛分布的地区，地下水沿层面、孔隙或裂隙流动，在流动过程中不断溶蚀岩石，其溶蚀过程是：

$$CaCO_3 + H_2O + CO_2 \rightarrow Ca[HCO_3]_2 \tag{6-7}$$

其结果使难溶的 $CaCO_3$ 变成易溶的 $Ca[HCO_3]_2$ 而随地下水带走，从而使岩石空隙扩大，在岩石内形成各种形状与大小的洞穴。溶蚀作用不断进行，洞穴不断增多、扩大，最终导致洞穴上部岩层因失去支撑而垮塌，形成千姿百态的地表形态。

通常把在可溶性岩石出露地区发生的以地下水为主（兼有部分地表水的作用）对可溶性岩石进行以化学溶蚀为主、机械冲刷为辅的地质作用以及由此产生的地貌称为岩溶或喀斯特地貌。“桂林山水甲天下，阳朔山水甲桂林”就是岩溶地貌的美誉。相应地，地下水的化学潜蚀作用又称为岩溶作用。

2）岩溶地貌

岩溶作用可形成各种地形，由于岩溶作用的方向受地下水运动方向的影响，因而在不同的地下水分布带具有不同特征的岩溶地貌，根据地下水的运动特征和岩溶地形的延伸方向，大致可分为以下两类。

（1）地下水的垂直运动带与岩溶地貌。

在包气带，地下水主要做垂直运动，因而岩溶地形也沿垂直方向发育，主要有溶沟、石芽、落水洞、溶斗等（图6－30）。地表水向地下水转化的过程中溶蚀地表岩石，由于地表凹凸不平或受裂隙的影响，在凹入的地方片流的流量较大、流速快，而在凸出的地方片流的流量小、流速慢，因而产生不同的溶蚀速度。溶蚀速度快的地方形成沟、槽，称为溶沟；而溶蚀速度慢的地方形成突出的脊状突起称为石芽。确切地说，溶沟、石芽是地面流水和地下水共同作用的结果。如果灰岩的层理水平，又发育有垂直的裂隙，在地面流水和地下水沿裂隙溶蚀作用下，使溶沟加深、石芽增长，就可形成石林。如我国云南著名景点石林，石芽近于直立，发育成群，最高可达30m以上，峭壁林立、千姿百态，宛若森林。如果地面流水沿裂隙下渗不断补充地下水，溶蚀裂隙两侧的岩石形成向深部发展的陡立深洞，称落水洞，落水洞是地面流水汇入地下水的主要途径。溶蚀漏斗是分布于地表及浅处，形态如碟状、碗状或漏斗状的溶蚀洼地，它的形成除地面流水和地下水沿垂直方向溶蚀外，还有重力的崩塌作用。溶斗扩大可积水成湖，则构成喀斯特湖泊。

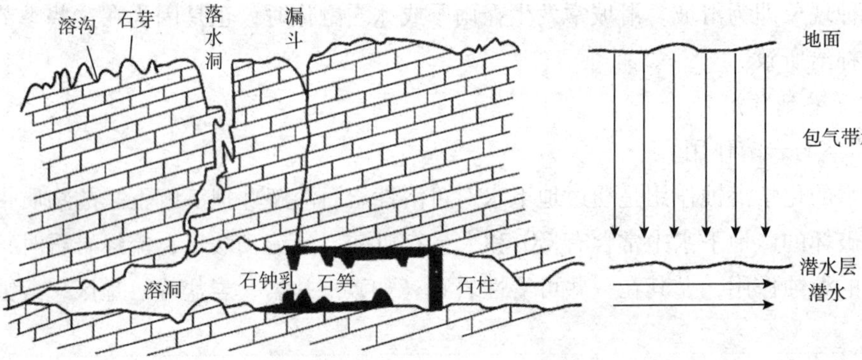

图6－30　地表岩溶地貌示意图（据汪新文等，1999）

（2）地下水的水平运动带与岩溶地貌。

在潜水面附近，地下水做近于水平方向的运动，因而溶蚀作用沿水平方向发展，岩石经溶蚀后形成近于水平方向延伸的溶洞。溶洞常迂回曲折，时宽时窄，常汇集丰富的地下水，称为地下暗河。溶洞的发育的地带大致位于潜水面的附近位置，当地壳运动在一段时期内比较稳定或潜水面不变时，地下水沿水平方向溶蚀岩石，逐渐扩大空隙形成溶洞。

溶洞的形成除与溶蚀作用有关外，还与重力崩塌作用有关，一个巨大溶洞的形成常常是二者共同作用的结果。溶洞的大小不一，小者只有数米，大者可达几百千米，如马来西亚姆鲁的清水洞高达200m，水平延伸达220km。如果地壳发生阶段性升降运动，潜水面也相应发生变化，从而形成分布于不同高程的溶洞，每一层溶洞代表一次地壳稳定时期的潜水面，如秦皇岛柳江盆地发育有四层溶洞。

地下水在溶洞中流动则形成地下河。溶蚀作用不断进行，溶洞逐渐扩大导致顶部垮塌，使溶洞部分出露于地表，称为溶蚀谷。溶蚀谷顶部若有部分残留未垮塌，则形成天生桥。溶蚀谷继续扩大，形成溶蚀盆地。盆地之间残留的孤立陡峭山峰称孤峰，大面积出现的这种孤峰称峰林（图 6－31），基部相连的峰林称峰丛。我国广西、云南、四川、贵州广泛分布有碳酸盐岩，因此喀斯特地貌极为发育。

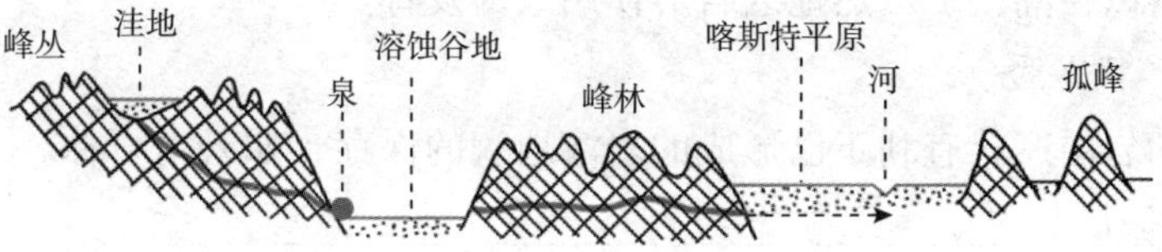

图 6－31　岩溶地貌示意图（据舒良树，2010）

3）岩溶作用的发育过程

一般而言，在构造运动相对稳定的条件下，岩溶地貌的形成和发展具有一定的阶段性。

早期：地表水沿着岩层表面的裂隙向下流动，形成大量的溶沟、石芽及少量的落水洞和岩溶漏斗，出现地下河道。

中期：漏斗和落水洞扩大，地表水进入地下，地下溶洞发育，形成完整的地下水系。

晚期：溶洞进一步扩大，地下河及溶洞顶部不断坍塌，地面破碎，地下河变成地上河，形成溶蚀谷、天生桥、溶原、溶盆、峰林等岩溶地貌。

末期：溶洞进一步坍塌，地下河转变为地表水系，地面高程降低，残留少数孤峰或残丘，出现喀斯特平原。

4）岩溶作用的发育条件

岩溶作用的发生常要具备一些基本条件，概括起来有以下几个方面。

（1）可溶性岩石的存在。

岩石的可溶性是发生岩溶作用的必要条件，所以岩溶作用主要发生在灰岩、白云岩等易溶岩石发育的地区。

（2）岩石的透水性。

透水性强的岩石，地下水运动速度相对较快，新鲜的地下水不断补充，使它处于不饱和状态，具较大溶蚀能力，利于岩溶作用的进行。岩石的透水性主要取决于岩石的结构、构造、破碎程度和空隙的连通性。由粗颗粒或等粒的碎屑组成的岩石透水性能强，利于地下水流动。岩石破碎、裂隙发育时其透水性好，反之则差。所以在石灰岩的破碎部位，地下水易于流动，岩溶作用也最为发育。

（3）地下水的溶蚀能力。

地下水的溶蚀能力取决于 CO_2 的含量和适宜的气候条件。CO_2 的含量越高，其溶蚀能力越强。在地下较深处，渗流于岩石裂隙中的地下水，由于围压较大，可溶解较多的CO_2；而在地表，因压力较小，CO_2含量较低。另外，CO_2的含量还与温度有关，温度高溶解的CO_2就少。气候条件对地下水的溶蚀能力影响很大，在降雨量大的地区，地表水充沛，下渗的水量也大，地下水具有丰富的补给水源，使地下水常常处于不饱和状态，大大地增加了其溶蚀能力，所以潮湿气候区的岩溶作用比较发育。温度除影响水中的CO_2含量外，更重要的是加速了化学反应的进行，所以气温高的地区溶解过程要更快一些。此外，潮湿、炎热的地区，植物繁茂，生物作用也可使水中有机酸含量增加，因而加强了地下水的溶蚀能力。所以在潮湿、炎热地区岩溶作用最为发育。

（4）岩层产状平缓。

近于水平的岩层产状有利于已形成的岩溶地貌的保存，如云南石林。

（5）构造运动。

在一定时期内构造运动相对稳定，地下水作用时间长，易于形成岩溶地貌。

（三）地下水的搬运作用

由于地下水主要是在松散沉积物和岩石空隙中运动，流速很小，故其机械搬运力很弱。只有在较大的地下河中才与河流类似。

地下水的搬运作用主要为化学搬运，化学搬运物的成分和数量取决于地下水渗流区的岩性和风化程度。流经灰岩地区的地下水，含HCO_3^-、Ca^{2+}、Mg^{2+}较多。在干旱及半旱地区，因化学风化较弱，只有极易迁移的K^+、Na^+、Cl^-、SO_4^{2-}等离子易被地下水运走。在湿热气候区，化学风化作用强烈而彻底，地下水搬运的物质除上述物质以外，可有较多的SiO_2、$Al(OH)_3$、$Fe(OH)_3$等胶体物质。

地下水的溶运能力与水温、压力、水流速度、酸碱度及CO_2含量有关。一般来说，温度高、压力大、流速快、CO_2和酸类物质含量高时，其溶运能力强；反之，则较弱。据统计，全世界每年由陆地搬运入海的溶解物质多达49×10^8t，其中大部分由地下水搬运而来。

（四）地下水的沉积作用

地下水的沉积作用以化学沉积作用为主，一般只在地下河中才发育一定数量的碎屑沉积，此外还可形成一些洞穴崩塌碎屑堆积。地下水的化学沉积方式主要有过饱和沉积和置换沉积两种。

1. 过饱和沉积

1）过饱和沉积的原因

地下水的化学沉积主要发生在地下水出露于地表或渗入岩石空隙时，由于压力降低使水中的CO_2逸出，或水温降低以及蒸发作用使溶液过饱和而发生沉积。

2）过饱和沉积的形式和场所

地下水化学沉积作用的场所主要有泉口、洞穴、裂缝、孔隙和气孔等。

（1）泉口沉积。

热（温）泉水流出地表时，因压力降低、温度降低，地下水中的矿物质发生沉淀，在泉口形成的疏松多孔物质称为泉华。

钙质的泉华称为钙华，硅质的泉华称为硅华，泉华可堆积成锥状、台阶状或扇状地貌。

（2）溶洞沉积。

富含 CO_2 的地下水，沿着孔隙、裂隙渗入空旷的溶洞，由于温度、压力的改变，CO_2 逸出，加之蒸发作用加强，就沉淀出 $CaCO_3$。石灰岩溶洞中通常都有大量的地下水沉积物，因其形态奇异具有极大的观赏价值，是一种珍贵的资源。

溶洞沉积常见的形式为石钟乳、石笋、石柱和石幔（图 6－32）。石钟乳由水自洞顶下滴，边滴边沉积形成，其横切面呈同心环带构造，核心常是空的；石笋由水滴到洞底后，$CaCO_3$ 从洞底沉淀，从下向上生长，横切面具有同心环带构造，为实心；若石钟乳与石笋连成一体，则称为石柱；石钟乳、石笋、石柱合称为钟乳石。若地下水沿洞壁渗出，可形成如幕布垂挂的沉积体，称为石幔。

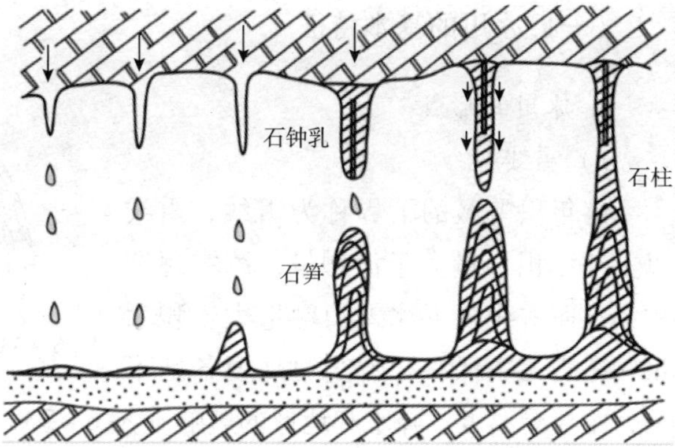

图 6－32　溶洞滴石的形成过程示意图

石灰岩溶洞中通常有大量的地下水沉积物，因其形态奇异具有很强的观赏价值。石笋由于生长缓慢，形成过程与气候变化密切相关，因而成为高分辨率第四纪古气候研究的重要记录。

（3）缝隙沉积。

地下水流入岩石裂缝中，由于温度或压力降低而使 SiO_2、$CaCO_3$ 等沉积物沉积于围岩裂缝中，形成脉状物，常见的缝隙沉积有方解石脉、石英脉等。当裂隙紧密时，颜色深的 Fe、Mg 等的沉积物呈树枝状，形似植物茎叶化石，称为假化石。

（4）孔隙沉积。

地下水在岩石颗粒之间的孔隙中沉淀下来的沉积物，常形成松散沉积物中的胶结物，常见钙质、硅质、铁质、泥质的胶结物。

（5）气孔沉积。

岩浆岩的气孔也是地下水沉积的重要场所，如常见的杏仁体等，较大气孔中可形成大的玛瑙。

2. 置换沉积

地下水中的矿物质与掩埋在沉积物中的生物体之间可发生物质交换。生物体内物质溶蚀流失，其空间被地下水中矿物质（SiO_2，$CaCO_3$）沉淀充填，物质成分改变了，但仍完全保留着生物原有的构造。

置换沉积最常见的是硅化木，其形成是地下水中的矿物质（SiO_2，$CaCO_3$）交代有机质的结果，植物的纤维构造、年轮等仍然清晰可见。

三、冰川的地质作用

冰川是陆地上终年缓慢移动的巨大冰体。现代陆地地表面积约有10%被冰川覆盖，主要分布在两极及中低纬的高山地区。全球冰川中的淡水占地球淡水资源总量的85%，全球冰川如果全部融化将使全球海平面上升65m。冰川是改造地球表面形态的重要地质营力，历史上地球曾经历多次大冰期，对冰川地质作用的研究具有重要的意义。

（一）冰川的基本特征

1. 冰川的形成

1）雪线

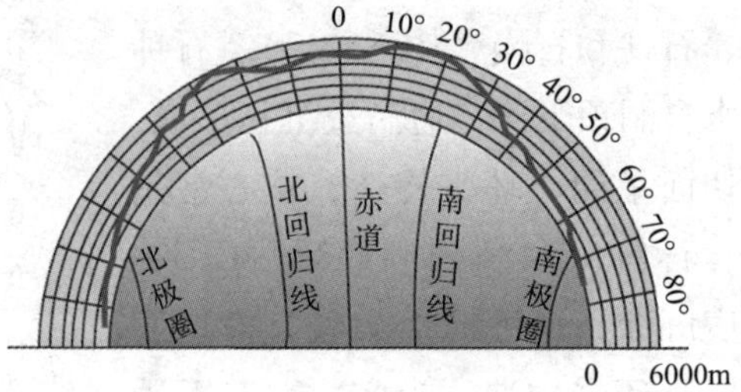

图6－33　雪线在全球的分布特征（据舒良树，2010）

终年积雪区的下界称为雪线，雪线以上冰雪积累量大于消融量，冰雪逐渐积累，而雪线以下冰雪消融量大于积累量，冰雪无法保存。雪线的高度各地不一，主要受温度、降水和地形的影响（图6－33）。

一般而言，从赤道到两极，随着纬度升高温度逐渐降低，雪线高度也随之降低。比如，非洲赤道地区的雪线高度约5700～6000m，到南北极雪线高度甚至在海平面以下。但雪线高度最高并不是在赤道，而是在南北纬20°～30°的地带，这是由于这些地区气候干旱、降水稀少，因而雪线高度较高，如我国喜马拉雅山北坡东绒布冰川的雪线高度高达6200m，这是世界上雪线最高的地方。

此外，雪线高度还与地形有关，这是由于雪在山的陡坡比在缓坡及平坦地带更难积累和保存，通常陡坡的雪线高度要高于缓坡。此外，不同坡向的气温和降水存在差别，因而雪线高度也不同，如珠穆朗玛峰南坡雪线高度约为5500m，而其北坡的高度则为6000m。

2）冰川冰的形成

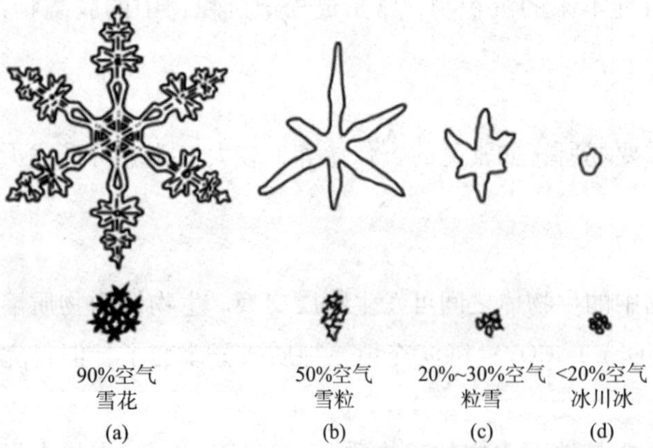

图6－34　冰川冰的形成示意图（据汪新文等，2013）

新雪为六角形冰晶，雪层疏松，空气含量高达95%，密度仅0.085g/cm^3。随着雪层的增厚，下部雪层受到压缩，排出空气，同时在压力和阳光照射下，部分雪升华或融化，水汽迁移到其他雪粒上重新结晶，雪粒增大变圆，形成粒雪。粒雪中含有连通孔隙，随着压力进一步加大，经压溶及重新结晶，孔隙水进一步减少，冰粒更紧密，密度加大而变成冰川冰（图6－34）。冰川冰是浅蓝色、致密透明的冰层，比重为0.9。

3）冰川的形成

在雪线以上随着冰雪越聚越多，当冰川冰厚度达到50m以下时，冰川冰在缓慢而又持久的压力下，可发生塑性流动。只要冰川表面达到一定的坡度，冰川冰在自身压力和重力推动下，就从高处流向低处，从而形成冰川。

2. 冰川的类型

根据冰川的形态、规模及所处的地理位置，可将冰川分为大陆冰川和山岳冰川两种基本类型。

1）大陆冰川

大陆冰川又称冰盾或冰盖，主要分布在高纬和两极地区，南极和北极格陵兰岛是当前地球上大陆冰川的主要分布地区。

大陆冰川的特点：①面积大，通常可达数百万甚至上千万平方千米，如南极冰盖面积达$1.3\times10^{7}km^{2}$；②冰层厚，如南极冰盖最厚可达4000m以上，通常中部厚、四周薄，呈盾形；③运动不受地形影响，在自身压力和重力作用下从中心向四周缓慢运动。

2）山岳冰川

山岳冰川主要分布于中、低纬高山地区，由于雪线较高，积累区通常不大，因而冰川分布受地形影响大。

山岳冰川的特点：①规模小；②冰层薄；③其运动主要受地形影响和限制。

（二）冰川的剥蚀作用

冰川在流动过程中，以自身的动力及挟带的砂石对冰床岩石的破坏作用称为冰川的剥蚀作用，简称为冰蚀作用，又可称为刨蚀作用。

1. 冰蚀作用的方式

冰川破坏岩石的方式有挖掘作用和磨蚀作用两种，无论哪种方式，都是一种单纯的机械破坏过程。

1）挖掘作用

又称拔蚀作用，是指冰川在运动过程中，将冰床基岩破碎并拔起带走的作用。而冰床是指冰川占据的槽、谷。冰川底部的冰在上覆巨厚冰层的压力下，部分融化，冰融水渗入冰床基岩的裂隙中，由于压力减小而重新结冰，并与冰川冻结在一起，当冰川向前运动时，就把冻结在冰川中的岩石拔起，随冰川带走。挖掘作用的强弱受岩石性质、冰层厚度等因素的影响。冰床岩石的裂隙越发育，冰层越厚，挖掘作用越显著。挖掘作用在冰床的底部最为发育，两侧次之。在挖掘作用下，冰床岩石不断遭受破坏，其结果是冰床加深（图6－35）。在挖掘作用过程中，自始至终有冰劈作用的参与，冰劈作用不断使裂隙扩大，岩石破碎，利于挖掘作用的进行。

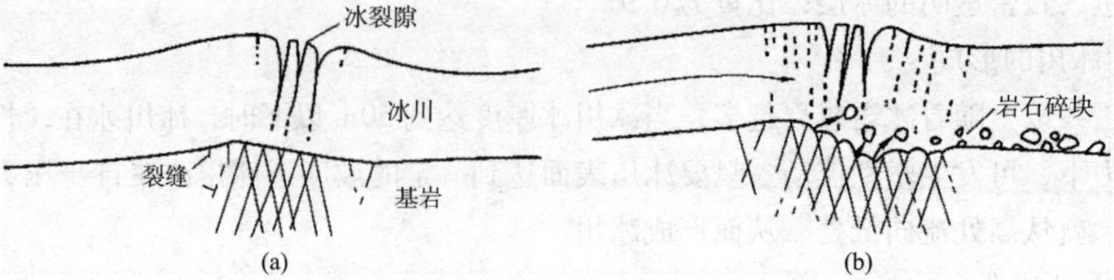

图 6 - 35　冰川的剥蚀作用示意图（据夏邦栋，1995）

（a）冰川前进中遇到冰床基岩的凸起，凸起外有裂缝；

（b）冰川将冰床凸起处的基岩压碎掘起，掘起的岩块冻结在冰川底部或边部被带走，可进一步磨蚀基岩表面

2）磨蚀作用

又称锉蚀作用，是指冰川以冻结在其中的岩石碎屑为工具进行刮削、磨蚀冰床的过程。由于冰川是一种固体，冻结在冰川中的岩屑不能自由转动，当冰川流动时，岩屑和冰川也一起整体运动，在岩屑和冰床接触时，岩屑就像锉刀一样锉削冰床中的岩石，使冰床岩石破碎。在被锉削的岩石上常留下一些痕迹，如冰川擦痕、磨光面等。冰川擦痕一般呈楔形，其延伸方向与冰川的运动方向一致，由粗的一端指向细的一端。冰体对冰床的磨蚀可产生冰溜面。具有冰川擦痕的砾石称条痕石。磨蚀作用的强弱主要取决于冰川含岩屑的数量和岩屑的性质、冰层的厚度以及冰川的流速等。

挖掘作用和磨蚀作用是同时进行的，但在冰床的不同部位这两种方式作用的强度不完全相同。一般在冰床的凸起部位与迎流面磨蚀作用较强，而在冰床的背流面、冰床底部及冰川后缘挖掘作用较强一些。

2. 冰蚀地形

冰川刨蚀形成的地貌称冰蚀地貌，常见冰斗、角峰、刃脊和冰蚀谷等（图 6 - 36）。

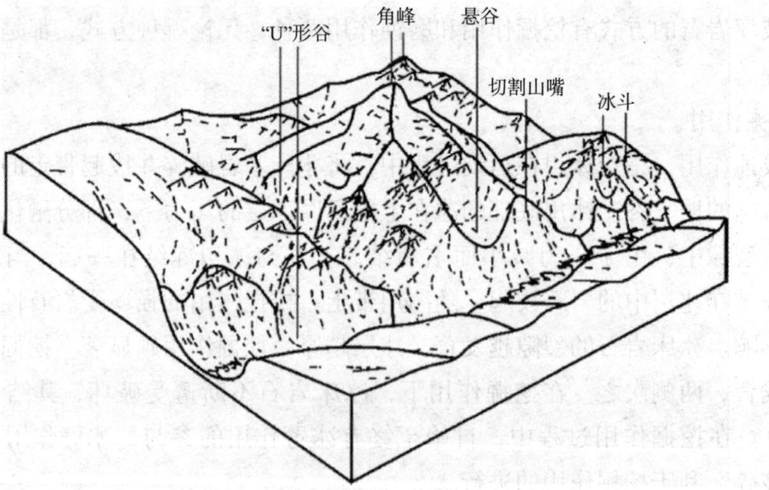

图 6 - 36　山岳冰川常见的冰蚀地形示意图（据汉布林，1980）

冰斗：它是由冰川的刨蚀作用形成的具三面陡壁的半碗状或马蹄状的洼地，常发育在雪线附近，停留在冰斗中的冰川称冰斗冰川。在冰川的冰劈、刨蚀及重力崩塌的共同作用下，洼地不断加深，后壁及两侧不断后退、变陡，原来的洼地就不断扩大形成冰斗。冰斗一面开口，是冰斗冰川流出的通道。

角峰：当一个山峰出现3个或3个以上不同方向的冰斗时，在冰川的刨蚀作用下，冰斗的后壁不断后退，它们之间的距离不断缩小，最终围成一个尖锐、似金字塔形的山峰，即角峰。

刃脊：相邻的两个冰斗冰川或山谷冰川，因冰川的刨蚀作用，冰川谷的谷壁发生节节后退，使两相邻冰斗或山谷之间的山脊变得越来越窄，形成两侧陡峻、顶部尖锐的山脊，称为刃脊或鳍脊。

冰蚀谷：经山谷冰川刨蚀、改造而成的谷地称冰蚀谷。冰蚀谷多数是冰川沿原来的谷地改造而形成的。经改造后的冰蚀谷一般具有以下几个特点：横断面一般为“U”字形，故称“U”形谷；在纵向上较平直；谷底宽度从上游到下游逐渐有变窄的趋势；如果因岩性及构造的差异性，谷底还可形成阶梯状地形。

羊背石：在冰床上还可发育冰溜面或冰川擦痕的岩石，有时形成分布众多的不对称小石丘，形如伏卧的羊群，称羊背石（图6-37）。其迎流面较平缓，而背流面陡峻，可由此推断冰川流向。与前述其他冰蚀地形主要由山岳冰川侵蚀形成不同，羊背石主要是由大陆冰川侵蚀形成。

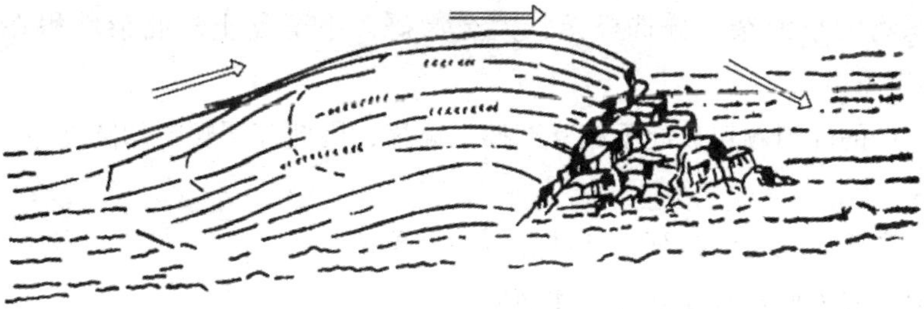

图6-37 羊背石示意图（据夏邦栋，1995）

冰蚀洼地：是指冰川对冰床基岩软弱地段的挖掘和刨蚀形成的洼地，常积水形成冰蚀湖，在大陆冰川发育地区尤为常见。如千湖之国芬兰，其众多的湖泊就是末次冰期的冰蚀洼地，冰后期冰川融化之后积水成湖。

（三）冰川的搬运作用

冰川将刨蚀的碎屑物质及坠落入冰面的物质一并冻结在冰体之中，像传送带一样将其搬运至冰川前端（冰前）的作用称为冰川的搬运作用。

1. 冰川搬运的方式

冰川的搬运作用是纯机械性质的搬运，冰川搬运的物质称冰运物，其搬运方式主要有推运和载运两种方式。

推运指冰川以前端的推力将冰前地面上的碎屑物质推移的作用。

载运指冰运物被冻结、随冰川的流动而发生搬运的作用。

2. 冰川搬运的特点

冰川搬运是单纯的固体搬运，只能搬运碎屑物质。

冰川的搬运力通常比较强，能够把巨大的石块（大到直径几百米、重上万吨的岩石）搬运很远，甚至能把挟带物从陆地搬运到海洋中。通常把冰川搬运的直径大于1m的岩块称为冰漂砾。

冰川搬运物小到黏土、大到冰漂砾，大小混杂，不具分选性。

冰川在搬运过程中对碎屑几乎无改造，因此搬运物质的圆度通常较差。

（四）冰川的沉积作用

冰川向雪线以下流动，并不是无休止的。随着气温的逐渐升高，冰川逐渐消融，冰运物也就随之堆积，所以冰川消融是冰川堆积的主要原因。此外，冰川前进时若底部碎屑物过多或受基岩的阻挡，也会发生中途停积。由此可见，冰川的沉积是纯机械沉积。由冰川形成的沉积物统称为冰碛物，当其固结成岩后则称为冰碛岩。冰碛物可堆积形成各种各样的冰碛地形。

1. 冰碛物的特点

冰碛物常具有如下特征。

（1）冰碛物是单纯的碎屑沉积，几乎见不到化学沉积。

（2）沉积物大小混杂，分选极差，大至漂砾，小至黏土，混杂堆积在一起，形成“泥包砾”的现象。

（3）冰川中的碎屑颗粒彼此不相互摩擦、碰撞，因此碎屑颗粒的圆度差，通常为棱角状或次棱角状。

（4）岩块和砾石无定向排列，杂乱无章，无层理。

（5）部分砾岩表面常有冰擦痕、冰溜面。

（6）冰碛物内部化石稀少，常含有喜冷植物的孢子花粉及化石。

2. 冰碛地形

当气候条件稳定时，冰川的前端稳定于一定地点，那里冰川的消融量等于供给量，整个冰川虽在流动，但冰前的位置不变。因此，冰川将冰运物源源输送到冰前堆积，形成弧形的垅岗，称为终碛堤或终碛垅。其外侧较陡，内侧较缓，不同类型及规模的冰川所形成的终碛堤规模差异甚大。当全球气候变冷，冰川扩展时，冰川供给量大于消融量，冰川向前推进终碛堤遭受破坏。在大陆冰川终碛堤的内侧，冰川流动时，因碎屑物过多并受基岩阻挡，冰运物堆积，形成一系列长轴平行于流向的丘状地形，称为鼓丘。由冰下河沉积的冰碛物呈蛇形弯曲的垅岗地形，则称为蛇形丘，这是大陆冰川常见的冰碛地形（图6－38）。

当气候转暖，冰川萎缩时，冰运物不再运往固定的地点堆积，而是随着冰前的后退广泛堆积在冰床上，这部分冰碛地形称为底碛。山谷冰川的两侧在冰川退缩时，可堆积成侧碛堤。在复式冰川中，两冰川侧面的复合部位可堆积成中碛堤。

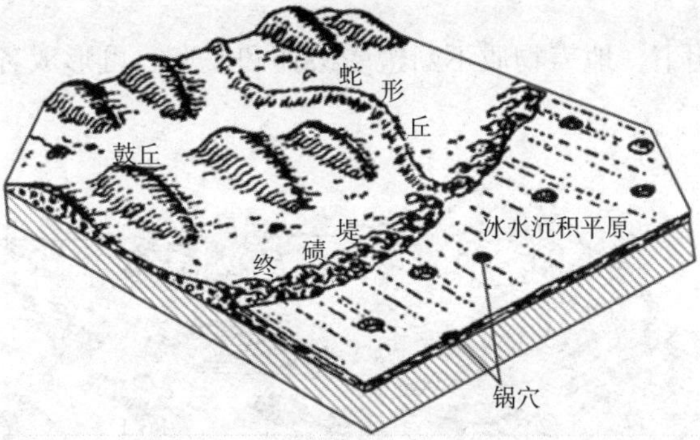

图6－38 大陆冰川堆积地貌（据汪新文等，1999）

四、风的地质作用

空气的流动形成风。风是一种重要的外部地质营力，特别是在干旱、半干旱地区，由于降水稀少、植被贫乏，物理风化作用强烈，风的地质作用尤为重要。风力是一种单纯的机械动力，因而风的地质作用是一种纯机械性质的地质作用。

（一）风蚀作用

风以自身的动力以及所挟带的砂石对地面进行破坏的作用，称为风蚀作用，即风的剥蚀作用。风改变地表形态的强弱主要取决于风力，风力又与风速大小直接相关。当风力达到一定程度时，风就能移动或扬起地面的砂粒。挟带砂粒的风称风砂流，风砂流是风蚀作用的最主要的动力。据实测，风砂流中的含砂量随高度增加而减少，而且绝大部分砂粒集中在地表以下30cm范围内。砂粒的粒径大小也与其搬运方式有关，如粒径小于0.1mm的粉砂及黏土多悬浮于高空，数量极少；粒径大于2mm的砾石多在近地表滚动。风砂流的含砂量直接影响风蚀作用的强度，它与风速、砂粒粒径、地面性质等因素有关。

1. 风蚀作用的方式

风蚀作用的方式包括吹蚀作用和磨蚀作用两种类型。

吹蚀作用：风把地表的松散砂粒或尘土扬起并带走的作用，称为吹蚀作用，又称吹扬作用。当风刮过地面时，风就对砂粒产生正面冲击力以及由紊流和涡流产生上举力，如果这两种合力大于重力，砂粒就能离开地面被扬起随风带走。影响吹蚀作用强度的因素主要有风速和地面性质。风速大、地面植被稀少、地表物质松散且粒度细，吹蚀作用就强烈；反之，吹蚀作用就弱。

磨蚀作用：风以挟带的砂石对地面岩石的破坏作用，称为磨蚀作用。风的磨蚀作用通常包括风挟带砂石对地面岩石的正面冲击和磨蚀，从而使岩石破坏、变碎。磨蚀作用的强度主要与风砂流的特征有关，因为风砂流在近地表30cm范围内含砂量最高，砂粒的运动也最活跃，所以在此范围内风的磨蚀作用最强烈。风的磨蚀作用还受风速和地表特征的影响，风速大，地表松散物质多，风砂流含砂量高，风的磨蚀作用就强。

2. 风蚀地貌

在长期的风蚀作用下，地表物质不断遭受破坏和改造，可形成各种奇特的地形，称为风蚀地貌（图6－39）。

图6－39　干旱区风的地质作用形成的侵蚀和堆积地形（据李尚宽，1982）
侵蚀地形：1—风蚀湖；2—风蚀蘑菇；3—风蚀城堡；4—风蚀柱；5—蜂窝石；
堆积地形：6—新月形砂丘；7—塔状砂丘；8—砂垄；9—砂丘中的风成交错层理

图6－40　风棱石示意图
（据李叔达，1983）

在风力强劲的地区，细小碎屑物质被风搬运走，保留下较粗大的碎屑，可形成以砾石为主的砾漠，称为戈壁。散布在戈壁滩上或沙漠中的砾石，在风的磨蚀作用下，可在砾石一侧形成光滑的磨光面；当下次风向改变或砾石翻动时，又可在砾石另一侧形成磨光面；磨光面之间有明显的棱脊，最终形成棱角明显、具多个磨光面的砾石，称风棱石（图6－40）。风棱石的表面由于毛细管蒸发的水分中含有铁锰，干燥后形成深色的薄膜，称为沙漠漆。

在风蚀作用强烈的基岩出露地区，经长时期的磨蚀作用可形成风蚀窝石、风蚀蘑菇与风蚀柱等地貌。孤立突起的岩石经风蚀作用而成的蘑菇状岩体称风蚀蘑菇，多发生在垂直节理发育的较不发育的岩石中，由于近地表的岩石基部受风蚀作用强，顶部受风蚀作用弱，逐步形成上部大、下部小的蘑菇石。而垂直节理发育、岩性比较坚硬的岩石，在风蚀作用下形成孤立的柱状岩体，称为风蚀柱。陡峭的迎风岩壁上风蚀形成的圆形或不规则椭圆形的小洞穴和凹坑，直径约20cm，深度为10～15cm，有时群集，有时零星散布，使岩石表面具有蜂窝状的外貌，故称风蚀窝石或蜂窝石。

由风的侵蚀作用形成的洼地称为风蚀洼地，单纯由风蚀作用造成的洼地多为小而浅的碟形洼地，而一些大型风蚀洼地都是在流水侵蚀的基础上，再经风蚀改造而成的。风蚀作用的下限是潜水面。较深的风蚀洼地如后期有地下水溢出或存储雨水即可成为干旱区的湖泊，如甘肃酒泉的月牙湖。

干旱地区松散沉积物覆盖区，因暴雨洪流的冲刷形成冲沟，在长期风蚀作用的改造下，沿主风向延伸，逐渐加深，形成风蚀谷。风蚀谷不断扩大，原始地不断缩小，最后仅残留下一些孤立的小丘，即风蚀残丘。它常成群或呈带状分布，丘顶呈尖峰状或平顶状，但以平顶状居多，其高度一般为10～30m。

雅丹地貌是一种典型的风蚀地貌，“雅丹”在维吾尔语中的意思是“具有陡壁的小山包”。由于风的磨蚀作用，小山包的下部往往遭受较强的剥蚀作用，并逐渐形成向里凹的形态。如果小山包上部的岩层比较松散，在重力作用下就容易垮塌形成陡壁，形成雅丹地貌，有些地貌外观如同古城堡，俗称魔鬼城。

（二）风的搬运作用

风的密度远较流水小，所以其搬运能力比相同速度的流水小得多，它通常只能吹动砂级及更细的颗粒。风的搬运能力虽小，但由于风沿地面吹动，常波及大范围的区域。因此，风砂流所挟带的砂量往往是很大的。在沙漠地区，一次大风暴形成的风砂流所搬运物质的总量可达几十万到几百万吨。风的搬运能力主要决定于风速，此外还与搬运物的颗粒大小、比重、形状以及地表状况有关。地表风速很小时，只能吹动尘土；当风速大于4m/s时，就能将0.1～0.25mm的砂粒吹动。随着风速加大，搬运砂粒的粒径也就加大，风砂流中的含砂量也随之增加。据观测，在干旱的沙漠地区，风速大于30m/s时，可将地面的细砾吹走，造成飞砂走石的现象。

1. 风的搬运方式

风的搬运方式有三种类型：推移、跃移和悬移（图6－41）。

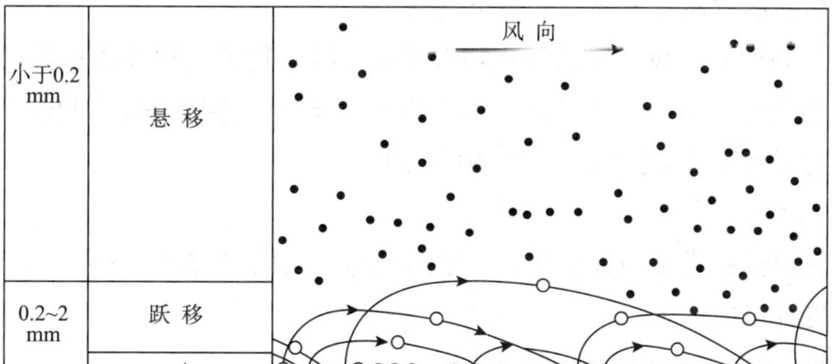

图6－41 风搬运作用的方式示意图（据夏邦栋，1995）

1）推移

较粗大的砂粒在风的作用下沿地表滚动或滑动，搬运距离通常比较小。以推移搬运的沉积物占风搬运总量的不足20%。

2）跃移

粒径0.2～0.5mm的砂粒在风力的作用下以跳跃的方式发生搬运，是风力搬运作用中最主要的方式，70%～80%的砂粒是以跃移形式搬运的。

3）悬移

悬移物多是粒径小于0.2mm的细砂、粉尘，在风的吹扬作用下，悬浮在空中进行搬运。以悬移形式搬运的搬运物不足风搬运量的10%，但可进行长距离搬运。

2. 风运物的特点

风搬运的物质称为风运物，概括起来具有以下特点。

1）颗粒球度高、分选好、磨圆好

风运物在搬运过程中与地面发生碰撞磨损，使棱角逐渐被磨圆，因此风搬运碎屑的球度通常比较高。同时，风密度小，当砂粒下落到地面时，受到风的阻力小，与地面碰撞强，碎屑物在风搬运中的磨圆比在流水中快得多。由于风力作用的相对稳定性，风搬运碎屑的大小相对均一，分选良好。

2）颗粒表面常呈毛玻璃状

风搬运过程中，颗粒之间碰撞、摩擦较多，因此颗粒表面通常较为粗糙、呈毛玻璃状。

（三）风的沉积作用

风的沉积发生在大气介质中，是纯机械的沉积作用。风力堆积形成的沉积物，称为风积物。

1. 风积物的沉积条件

风成沉积物的形成通常需要以下两个条件。

（1）当风力减弱时，风挟带的沉积物会发生沉降，这种沉积方式称为沉降堆积。

（2）当风遇到障碍物时，沉积物会发生沉降，称为遇阻堆积。如我国黄土高原的形成，就是风运物遇到秦岭阻挡而发生堆积的结果。

2. 风积物的类型

风的沉积作用具有明显的分带性，干旱的风源地区以风成砂沉积为主，在风源外围的半干旱地区则发育风成黄土。

1）风成砂

（1）风成砂的特征。

风成砂的特征主要表现在以下几个方面：①砂粒大多为稳定矿物，主要是石英，此外还有长石、暗色矿物、碳酸盐等少量不稳定矿物；②分选极好；③磨圆度高，石英砂的表面呈毛玻璃状，并有小的碰撞坑；④较粗的砂粒表面常有氧化铁、氧化锰析出，形成具有油脂光泽的薄膜，称为沙漠漆；⑤风成砂中有中小型交错层理，有时出现大型风成板状交错层理，层理的倾角通常较大；⑥风成砂中生物遗迹稀少，有时存在蒸发盐矿物。

（2）风成砂丘的特点。

风砂流遇到障碍物时，砂粒打在障碍物的迎风面上，因能量消耗沉积下来。如果障碍物是灌木、草丛，部分砂粒便会沉落于其中，最后把障碍物埋没，形成砂堆。砂堆的特点是不能移动。

砂堆的出现改变了近地面气流的动力结构，在砂堆的背风面产生涡流，使风力减弱，发生沉积。涡流还可以将砂堆两侧的砂粒卷进背风区沉积，随着沉积作用的进行，背风坡逐渐变陡，随之顶部砂粒发生滑塌形成砂丘。砂丘的特点是能产生移动，随着砂丘的移动其内部也随之形成顺风向的斜层理（图6－42）。

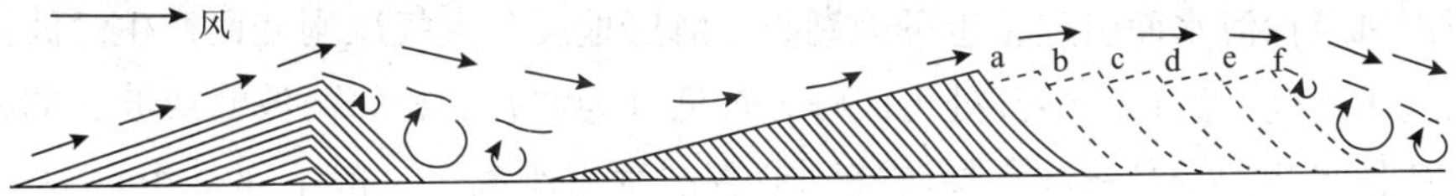

图6－42　风成砂丘形成示意图

砂丘和砂堆可以孤立存在，也可以连接起来形成砂垅。在砂源不足的地区，如沙漠的边缘，风砂流在开阔平坦的地面上，所形成的弯月状砂丘称为新月形砂丘。当一个地区终年盛行两个方向相近的风，并且风力一大一小时，砂堆、砂丘则沿主风向伸延，形成纵向砂垅。如果两股相反方向的风交替作用，并以一个方向的作用占优势，则风砂可聚集成垂直风向的横向砂垅。当风向多变时，形成星状砂丘。在干旱区，风力和风向变化很复杂，因此形成的砂丘、砂垅形态各异。在风力作用下，砂堆、砂丘和砂垅表面形成起伏的砂波纹，远远望去，就像浩瀚的海洋一样，这种地貌称为沙漠。

2）风成黄土

黄土是一种灰黄或棕黄色的松散土状沉积物，以粉砂和黏土为主，孔隙及垂直节理发育。其成因复杂，但以风成为主。风吹蚀地面时，使大量粉砂和黏土离开地面。在紊流上举力的作用下，悬浮空中，被风带出砂漠区，随着风力的减弱徐徐沉降下来，形成风成黄土。风成黄土沉积基本不受地形影响，山顶、山坡、沟谷中都可发生沉积，降落面积广大。

风成黄土的特征：①颜色呈灰黄或棕黄色；②矿物成分为石英、长石、碳酸盐类及黏土矿物，其中石英和长石占90%以上；③粒径以粉砂（0.005～0.05mm）为主，分选好；④由于黄土颗粒细，又呈悬移搬运，故其磨圆度差；⑤孔隙度大，可达44%～55%，结构疏松，常含钙质结核；⑥层理不明显，发育垂直节理。

五、海洋的地质作用

海洋约占地球表面的71%，它既是陆地上水的主要供给者，也是地面流水和地下水最终汇聚的场所。海洋的地质作用是一种重要的外动力地质作用，包括剥蚀作用、搬运作用和沉积作用三种形式，其中尤以沉积作用为主。

（一）海洋的基本特征

海洋的地质作用是由海水的运动和海水的物理化学性质决定的，也受海水深度及其所处的构造位置的控制。

1. 海水的运动

海水的运动是海洋地质作用的动力来源。造成海水运动的因素主要有风、海水的密度差、温度差、日月引力和地震等。按其运动形式，海水的运动可分为波浪、潮汐、洋流和浊流。

1）波浪

主要由风摩擦海水而引起，也可因潮汐、海底地震、大气压剧变而产生。波浪是一种有规律的起伏运动，波形的最高处为波峰，最低处为波谷。相邻两波峰或波谷的距离为波长，最大波长可达上千米；波高指波峰到波谷的垂直距离，一般不超过 4m，大风暴时波高可达 15～30m。

波浪发生时，波形的传递沿水平方向前进，而水质点则是做上下旋转运动并无实质性位移，犹如在风的吹动下滚滚向前的麦浪。由于水的内摩擦作用，水质点圆周运动的半径随深度增加而减小，以至于消失。因此，波浪向深部传导的能力有限，一般不超过波长的1/2，这一深度称为波基面或浪基面。通常以波基面为界，将海洋划分为浅水区和深水区。

当波浪由外海向浅水带传播时，当水深小于 1/2 波长时，波浪下部的水分子运动受海底阻碍和摩擦影响，逐渐变为椭圆形，越近海底其扁度越高，至海底时水分子只作前后运动，这时上层水体的运动速度大于下层，致使波长缩短，波高加大，波峰变尖。波浪越接近海岸，其变形越明显，最后波峰明显超前并且翻卷破碎，称为破浪。破浪涌向海岸，拍击海岸，称为激浪（图 6－43）。

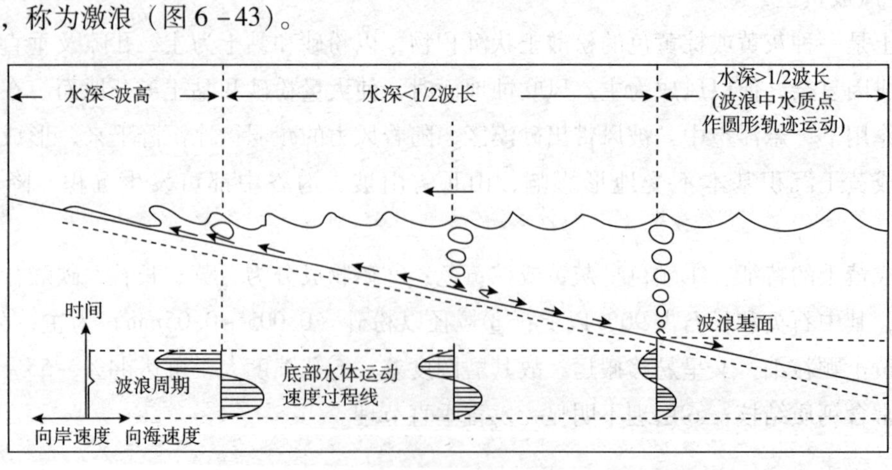

图 6－43　波浪向岸传播示意图（据柳成志等，2010）

2）潮汐

全球海水的周期性涨落现象称为潮汐。它包括海平面的周期性升降和周期性的海水水平运动，前者称为潮汐，后者称为潮流。潮流是由潮汐引起的海面高度变化迫使海水做大规模的水平运动，涨潮时，潮水涌向陆地；落潮时，潮水退回外海。

潮汐的形成主要是由海水在月球的引力及地月系统相对旋转产生的惯性离心力的合力作用下产生的，这个合力称为引潮力。在地球的向月一面，引力大于离心力，引潮力指向月球，海水将涌向月球方向，发生涨潮；同时在地球的另一面，离心力大于引力，引潮力指向背月一面，也会发生涨潮；而在两个涨潮方向之间的海面因海水流走将发生落潮（图6-44）。由于地球的自转，使涨落潮位置不断发生变化。月球绕地球公转一周所需的时间是24时51分，因此同一地点每12小时25分30秒就会发生一次高潮，相应地也会有两次低潮。

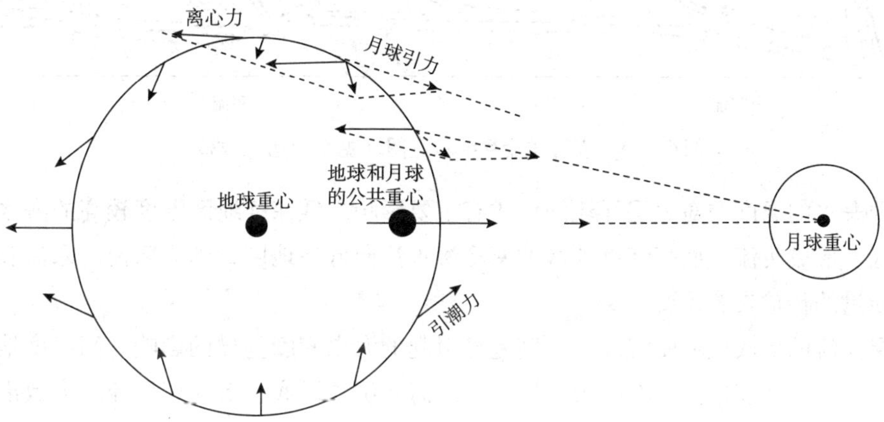

图6-44　潮汐作用示意图（据同济大学海洋地质系海洋地质教研室，1982）

太阳对海水也产生引力，但由于地日距离过于遥远，太阳引力对海水潮汐的影响很小。因地月系统绕太阳运行，当出现新月和满月（农历初一和十五）前后，月、地、日三者位于同一线上，太阳的引力与月球的引力叠加，会形成大潮。当出现上弦月或下弦月（即农历初八、初九及二十二、二十三）之后1~2天，月地的连线同地日的连线垂直，形成小潮。

3）洋流

海水做大规模的定向流动，称为洋流或海流。洋流既能见于海水表层，也能形成于海水深部；既能发生在近岸，也能分布于远海水域。表层洋流影响深度一般不超过100m，深部洋流可见于深海底。

表层洋流主要受控于地球上风系的分布，同时受到大陆分布的阻挡。太平洋和大西洋的北部均具有顺时针方向的巨型环流，而在两大洋的南部，则发育逆时针方向的巨型环流，这种环流的形成主要是由于信风形成的赤道流系遇大陆阻挡后流向转变所致。在南极洲附近海域，没有大陆阻挡，在西风带作用下形成了一股强大的绕南极环流——西风漂流

(图 6-45)。

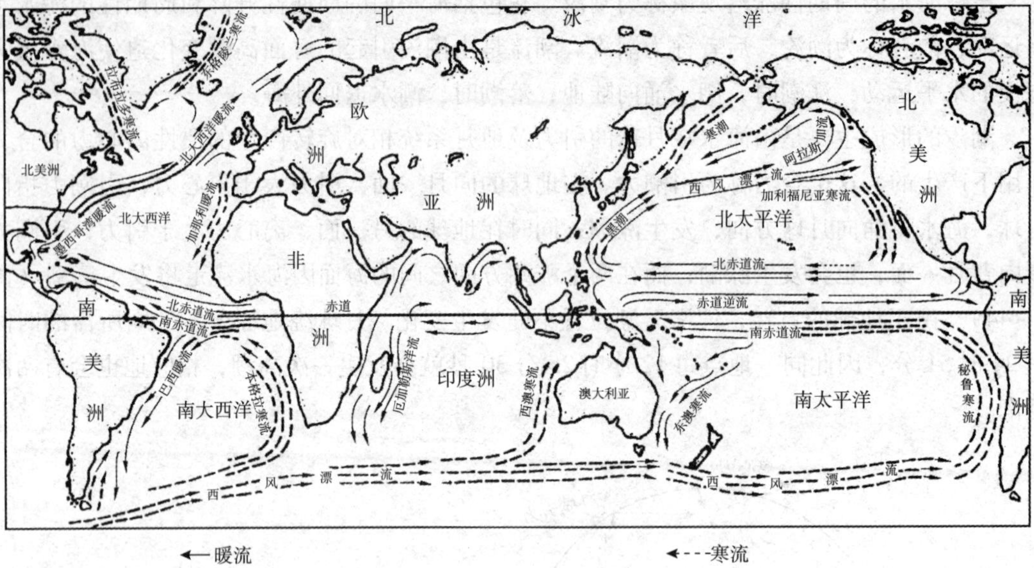

图 6-45　表层洋流系统示意图（据李叔达，1983）

各种海水的温度差对表层洋流的形成有重要影响。低纬度地区温度较高的海水流向高纬度地区，形成暖流；而高纬度地区的寒冷海水流向低纬地区，则为寒流。寒流和暖流对于全球能量的传输具有重要意义。

深层洋流的形成主要受温度、盐度差异引起的海水密度差异的影响。高纬度地区随着海水结冰，海水盐度增大，在重力作用下表层海水沉入洋底，形成底层流，大致沿大洋中脊流向低纬海区。在低纬海区，深层水上升，通过表层环流流向高纬地区，从而构成表层水和深层水的循环，这就是著名的大洋传送带，对地球气候系统起着至关重要的调节作用。

4）浊流

浊流是一种富含碎屑物质的高密度流体，密度可达 1.5～2.0g/cm^3，在重力作用下沿大陆斜坡快速流动。浊流通常发源于大陆架或大河河口，这些地方堆积的松散沉积物厚度大，在波浪搅动、河水冲击等作用下充分液化，在受到地震震动及海底滑坡等因素的激发下，沿斜坡快速滑动并扩散至深海，从而形成浊流。浊流具有很强的侵蚀能力、搬运能力和沉积能力。

2. 海洋的环境分区

根据海水深度、海底地形以及海洋生物的分布等特征，可将海洋分为滨海、浅海、半深海和深海四个分区（图 6-46）。

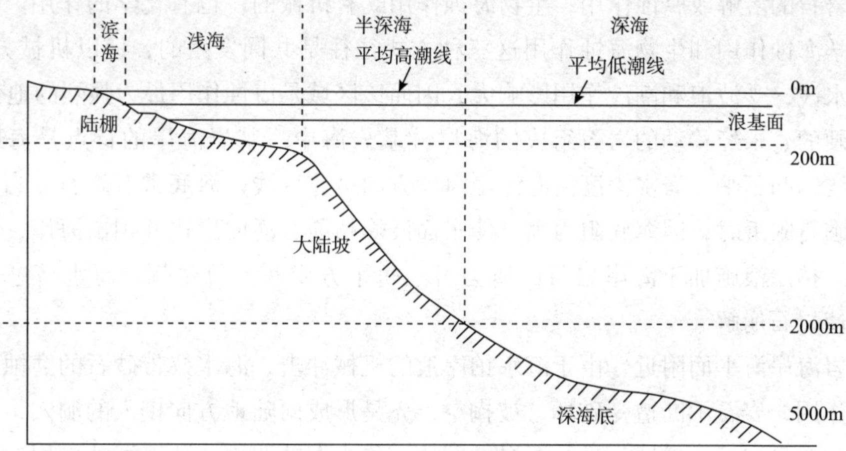

图6-46 海洋的环境分区与海底地形特征

1）滨海

滨海是海陆过渡的狭长地带，一般指平均低潮线与平均高潮线之间的海域。滨海随潮汐作用时而被淹，时而露出水面。滨海的宽度主要取决于海岸的坡度，坡度越缓则越宽，最宽可达数千米。此外，滨海还受到波浪作用的影响。

海洋地质学习惯于将滨海的范围扩大，将风暴浪所及的上限与波基面之间的区域称为海岸带或滨岸带。在波浪作用强烈的海岸，海岸带可进一步划分为后滨、前滨和近滨。而潮汐作用强烈的海岸，海岸带可进一步划分为潮上带、潮间带和潮下带。一般情况下，后滨与潮上带、前滨与潮间带、近滨与潮下带一一对应。

根据岩性，可将海岸带分为基岩海岸、砾质海岸、砂质海岸和泥质海岸四类，其中基岩海岸出露坚硬的岩石，砾质海岸发育砾石滩，砂质海岸发育砂滩，泥质海岸则发育泥滩。

2）浅海

浅海是平均低潮线以下至水深130～200m之间的海域，大致相当于大陆架之上的海域。浪基面的水深通常约为50m，以此深度为界可将浅海分为近岸区和远岸区。

3）半深海

半深海指水深在200～2000m的海域，大致相当于大陆坡之上的海域。

4）深海

深海指水深大于2000m的海域，在海底地形上相当于大陆基以及大洋盆地和大洋中脊之上的海域。

（二）海洋的剥蚀作用

海洋的剥蚀作用是指由海水的机械动能、溶解作用和海洋生物活动等因素引起海岸及海底岩石的破坏作用，简称海蚀作用。

海蚀作用按方式可分为机械的、化学的和生物的三种类型。机械海蚀作用主要是由海水运动产生动能而引起的（如波浪、潮汐等），破坏的方式有冲蚀和磨蚀；化学海蚀作用是海水对岩石的溶解或腐蚀作用；生物海蚀作用既有机械的，也有化学的作用。机械海蚀作用、化学海蚀作用和生物海蚀作用这三种方式往往是共同发生的，但以机械方式为主。因海岸带水浅，受波浪和潮汐作用影响大，因而该区域是海蚀作用最为强烈的地带。

由坚硬的、未经移动的岩石组成的海岸称基岩海岸。基岩海岸的特点是海底坡度较陡，海岸线凹凸不平，海水深度由海洋至海岸方向迅速变浅，海底常有礁石。当波浪运动至浅滩或礁石附近时，因海底阻力大，使水面波峰超前、涌向岸边并拍击海岸，形成强大的拍岸浪。拍岸浪施加于海岸岩石的压力可达每平方米几十万牛顿，海水挤进岩石缝隙中，可促使岩石崩解。

在基岩海岸海平面附近，由于海水拍岸浪的机械冲击、海水挟带砂石的磨蚀作用以及化学溶蚀作用，岩石不断遭受破坏，被掏空，先是形成向陆地方向楔入的洞穴，称为海蚀穴。海蚀洞穴可进一步发展为平行海岸的凹槽，称为海蚀凹槽。随着海蚀作用的进一步进行，海蚀凹槽不断扩大，其上的岩石失去支撑而发生重力崩塌，形成陡峭的崖壁，称海蚀崖。海蚀崖形成后，其基部岩石还继续受海水的冲击，形成新的海蚀槽、产生新的海蚀岸并促使海蚀崖会不断向陆地方向后退，在海蚀崖前形成一个向上微凸并向海洋方向倾斜的平台，称波切台。而被破坏下来的碎屑物质搬运至深水区沉积下来形成波筑台。突出的海岬两侧若同遭浪击，可同时发育海蚀穴，一旦洞穴彼此相通，即可形成一座海蚀天生桥，称为海蚀穹。海蚀穹逐渐增大可使顶板塌落，则形成孤立的海蚀柱（图 6－47）。

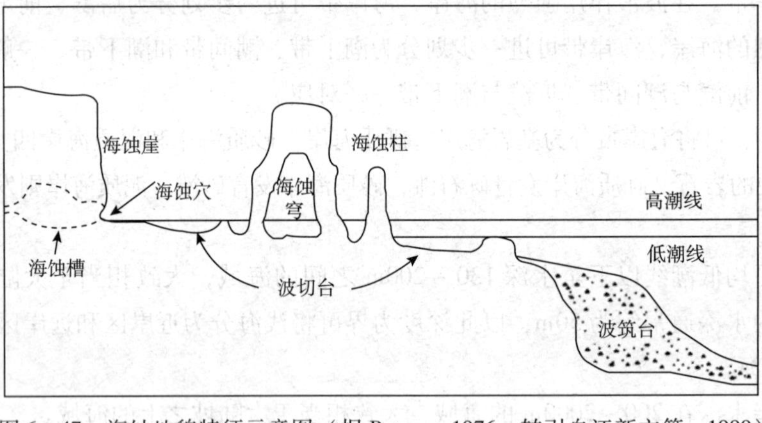

图 6－47　海蚀地貌特征示意图（据 Butxer，1976；转引自汪新文等，1999）

基岩海岸通常以坚硬的、断裂不发育的岩石和软弱的、断裂发育的岩石交替出现为特征，前者抗海蚀能力强，可形成向海突出的海岬，而后者抗海蚀能力弱，则形成向陆凹入的海湾。在海岬处由于波浪能量集中、海蚀作用强而不断被破坏，海岸线向陆地方向后退；在海湾处，波浪能量较小，剥蚀作用微弱，以沉积作用为主。海岬逐渐被剥蚀而后退，而海湾却由于沉积作用使海岸线不断向海方向推进，其结果是海岸线向平直方向发展，坡度变得平缓。海蚀平台因海蚀作用而不断加宽，使波浪冲击崖基时要经过越来越长的距离，波浪能量的消耗也越来越大。当海蚀平台宽度大到使波浪的全部动能消耗殆尽时，海蚀作用即趋于停止，这时形成的海岸横剖面称为海蚀平衡剖面。此后，如果地壳抬升使波切台上升到海水不能淹没的高度时，则形成海蚀阶地。

（三）海洋的搬运作用

在海洋中，波浪、潮流、洋流和浊流是主要的搬运营力。

1. 海水的搬运方式

海水搬运作用的方式包括机械搬运作用和化学搬运作用。

海水的机械搬运作用有推运、跃运和悬运三种方式，其搬运方式与其他介质的机械搬运作用相似。通常粗粒的砾石和粗砂以推运形式沿海底搬运，中细砂以跃运形式搬运，而细粒的黏土和粉砂则以悬运的形式搬运。总体而言，海水的运动速度慢，搬运力较弱，但由于海洋面积广阔，海水总的搬运量相当可观。

海水的化学搬运作用主要分为真溶液的搬运和胶体搬运两种类型，其特征与其他流体的化学搬运较为相似。

2. 海水的搬运作用过程

在滨海地区，通常以波浪为主要的搬运营力；在峡湾或潮汐通道附近，潮流的搬运作用明显；在半深海与深海则以洋流为主要营力。推移方式的搬运主要出现在海滨，推移物质一部分来自河流，另一部分来自海蚀作用。当波浪垂直海岸作用时，进流将砾石推向岸边，回流则将砂带向深水区，这种搬运物质垂直海岸方向的移动称为横向搬运。它可使碎屑物质产生良好的分选，并造成碎屑物质由岸向海呈带状分布，即砾石、粗砂在岸边，较细的物质在海洋一侧。滨海砾石的长轴大致与海岸线平行，其最大扁平面倾向海洋。当波浪斜向冲击海岸时，在进流与回流的共同作用下，粗砂和砾石以推移方式沿海岸方向运移。

（四）海洋的沉积作用

海洋是巨大的汇水盆地，是最终的沉积场所。海洋沉积物主要来源于大陆，河流、冰川和风等营力每年将数百亿吨的物质搬运到海洋并沉积下来。另外，海洋生物、火山物质、宇宙物质等也是海洋沉积物的重要组成部分。海洋的沉积作用受海水运动、海底地形、海洋生物和海水的物理、化学性质等因素的影响，在不同的海区沉积环境不同，沉积作用及其沉积物也各有不同的特点。本节简要介绍各海区沉积作用的特点，滨海及浅海的沉积特征还将在第八章中详述。

1. 滨海的沉积作用

滨海是海陆交互地带，其范围是平均低潮线与平均高潮线之间的海域。滨海的沉积作用以机械沉积作用为主，形成各种各样的碎屑沉积物。

滨海是海岸带的主要构成部分，海岸带根据有无障壁的存在分为障壁海岸和无障壁海岸，其详细的沉积特征请参看第八章第六节。

2. 浅海的沉积作用

浅海是海岸以外较平坦的浅水海域，其水深自低潮线以下至水深200m之间。许多地区的大陆架水深在200m以内，地势开阔平坦，所以浅海大致与大陆架相当。浅海距大陆较近，各种生物极其繁盛，无论沉积物数量及沉积作用的类型都比海洋中的其他环境分区要丰富得多，古代海相沉积岩中的绝大部分也为浅海沉积。浅海沉积中碎屑沉积、化学沉积和生物沉积都比较发育。

1）浅海的碎屑沉积

浅海中90%以上的碎屑物来源于大陆，当不同粒级的碎屑经潮流和洋流搬运进入浅海时，海水的运动使颗粒下沉速度减慢，一些较细的颗粒处于悬浮状态，洋流将这些悬浮物搬运到离岸较远的地区，较粗的颗粒则沉积在近岸地区。因此从近岸到远岸，依次排列着砾石、粗砂、细砂、粉砂和黏土并成带分布。

浅海沉积物的特点可概括如下。

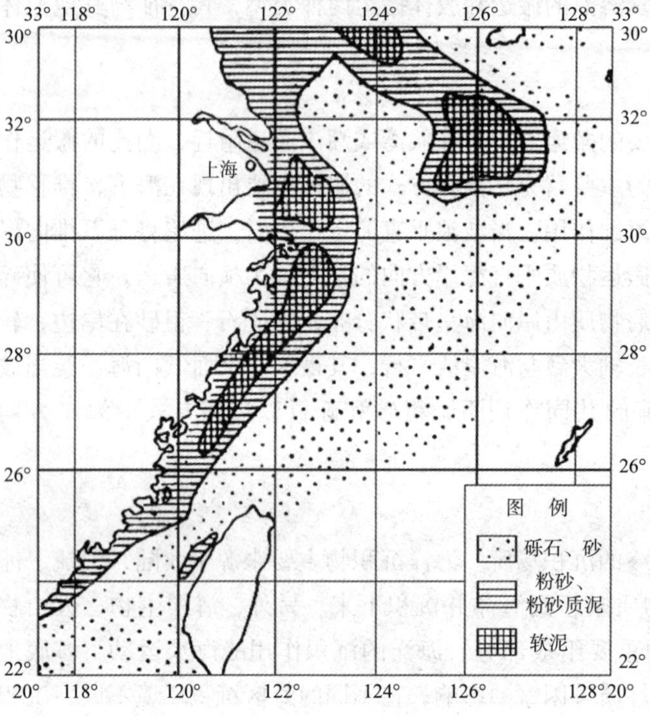

图6-48 我国东海大陆架沉积物分布图
（据秦蕴珊，1978；转引自柳成志，2010）

近岸带沉积：颗粒粗，以砂砾质为主，具交错层理和不对称波痕，含大量生物化石，有良好的磨圆度和分选性，成分较单一。

远岸带沉积：粒度细，以粉砂和泥质为主，具水平层理，波痕不发育，偶尔发育对称波痕，分选好但磨圆度不高，成分较复杂。

此外，在浅海常见到与现代浅海环境不相适应的粗粒碎屑沉积，这是在末次冰期时的陆相沉积物，冰期结束后海平面上升而残留在原地，称为残留沉积物（图6-48）。

2）浅海的化学沉积

浅海是化学沉积的有利地区，现代浅海化学沉积主要发生在中、低纬地区陆源碎屑来源少的海域。浅海的化学沉积物主要有碳酸盐、硅质、铝、铁、锰的氧化物和氢氧化物、胶磷石和海绿石等，其中许多是重要的矿产。

碳酸盐沉积：在浅海化学沉积物中，碳酸盐类所占比重最大，主要为石灰岩和白云岩。碳酸盐沉积的原因是温度升高或压力降低，这样引起海水中CO_2含量减少，重碳酸钙过饱和，从而形成$CaCO_3$沉积。

硅质沉积：海水中的硅质一部分来自大陆，它们以溶解硅（H_3SiO_4）和悬浮硅两种形式搬运；另一部分硅质来源于海底火山作用、海水的溶解作用及生物活动。当硅质物质进入海洋后，在温度较低、偏碱性的环境中逐步凝聚而沉积下来，形成蛋白石，进一步脱水形成燧石。燧石常呈结核状、透镜状或条带状产出，颜色多样。

铝、铁、锰及海绿石沉积：海水中的铝、铁、锰等主要来自大陆。湿热气候区强烈的化学风化作用使 Al、Fe、Mn 以胶体状态随河流流入海中，在近岸地带遇电解质而凝聚沉积。近岸区，因海水动荡，易形成鲕状、豆状或肾状结构。海成铝土矿由铝的氢氧化物组成，铁质沉积物主要为赤铁矿和褐铁矿，而锰质沉积物则以水锰矿、硬锰矿的形式出现。海绿石是一种绿色黏土矿物，是由海水中硅、铝、铁的胶体吸附钾离子而成。

磷质沉积：磷主要以 HPO_4^{2-} 的形式存在于海水中，表层海水含磷量低，难以沉积。海洋的下层由于有机质的分解而富含磷质，当富含磷质的海水随上升洋流到达浅海区后，因压力减小，温度升高，CO_2 的含量降低，磷质发生沉积，形成胶磷石（$Ca_3[PO_4]_2$）。胶磷石和其他沉积物共同组成磷块岩，当含磷量较高时形成磷矿床。

3）浅海的生物沉积

浅海的生物沉积主要是生物碎屑和生物礁的堆积。

生物碎屑：浅海区生活着大量底栖生物，当它们死亡后，生物的壳体与灰泥混杂沉积，可形成介壳石灰岩；生物壳体或骨骼的碎片可以与其他沉积物混杂形成生物碎屑岩。

生物礁：生物礁是指在海底原地繁殖、营群体生活的生物（如珊瑚、苔藓虫和层孔虫等）的骨骼、外壳以及某些沉积物在海底形成的隆起状堆积体。珊瑚礁在浅海沉积中有特殊意义，珊瑚虫对生活环境有较严格的选择，只能生活在 20℃左右的海水中，并且要求水质清澈、盐度正常，水深不超过 20m，水流通畅而不激烈动荡。在这种环境中，珊瑚虫不断繁殖，其骨骼逐渐堆积成礁。根据珊瑚礁与海岸的关系，可将珊瑚礁分为岸礁、堡礁和环礁三类。珊瑚礁环绕岛的岸边生长，形成岸礁；如果珊瑚礁平行海岸分布，与岸间有一个较宽的水道，则成为堡礁；珊瑚围绕海底隆起的边缘生长则形成环状的礁体，称为环礁。根据达尔文的解释，岸礁、堡礁和环礁的形成是在珊瑚礁发育过程中火山岛逐渐沉没形成的，岸礁沿新生火山岛的边缘海滨生长，随着火山岛的下沉，岸礁变成堡礁，最后当火山岛完全沉没时形成环礁（图 6－49）。

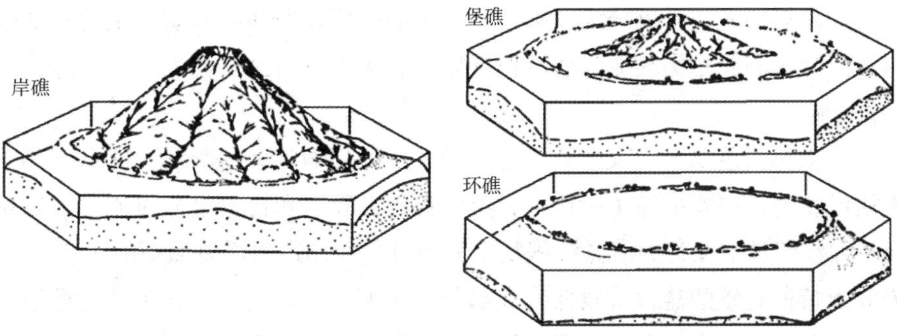

图 6－49　珊瑚礁类型示意图（据 Sayner，1977；转引自柳成志，2010）

3. 半深海的沉积作用

半深海是从浅海向广阔深海延伸的过渡地带，水深一般位于 200 ~ 2000m 之间，在海底地形上相当于大陆坡的位置，通常地形坡度较陡。半深海离大陆较远，一般来说，粗粒物质很难到达这里，只有浊流、冰川和风以及火山作用能产生较粗的物质沉积。陆源物质大部分沉积于浅海带，只有粒径小于 0.005mm 的悬浮物质能进入半深海和深海区。

半深海中的沉积物具有共同的特点，即都是一些胶状软泥，其成分大体相似。这些软泥跟据颜色的差异，分为蓝色软泥、绿色软泥、红色软泥等。

蓝色软泥：广布于大陆坡，蓝黑、深蓝或浅蓝色，有 H_2S 气味，以黏土和粉砂为主，代表还原环境。

红色软泥：局限于热带、亚热带海岸以外，由陆源红色细粒风化产物被搬运至半深海沉积形成。

绿色软泥：分布于大陆架和大陆坡的接壤地带，含较多海绿石，故呈绿色，代表还原环境。

4. 深海的沉积作用

深海是水深大于 2000m 的广大海域，其海底地形主要包括大陆基、大洋盆地及海沟等。深海的沉积作用比较复杂，主要包括陆源碎屑沉积物、生物沉积和深海黏土，此外还发现大量的锰结核和多金属软泥。

1）陆源碎屑沉积

半深海及深海离大陆较远，一般来说，粗粒物质很难到达这里，只有浊流、冰川和风以及火山作用能产生较粗的物质沉积。

浊流以悬浮状态和挟带的大量物质，在进入大陆坡脚和深海盆地时，因搬运能力剧减而发生堆积，所形成的沉积物叫浊积物。由浊积物构成的扇状地形叫深海扇。扇体的沉积厚度较大，向深海平原厚度减小。

2）生物沉积

深海的生物沉积主要是一些生物软泥，是深海沉积的重要组成部分。大量的浮游生物死亡后发生堆积，与泥质沉积物混在一起形成生物组分超过 50% 的生物软泥。生物软泥据其成分和生物碎屑的种类，可分为以碳酸钙为主的钙质软泥和以硅质为主的硅质软泥。前者包括抱球虫软泥和翼足类软泥，后者包括硅藻软泥和放射虫软泥。

3）深海黏土

深海黏土又称褐色黏土或大洋红黏土，指远洋沉积物中生物遗骸含量小于 30% 的红褐色细粒泥质沉积物，主要由黏土矿物、石英和长石细碎屑和自生组分组成，平均粒径小于 0.005mm。大洋红黏土在各类海洋沉积物中分布较广，约占海洋总面积的 36%。

深海黏土特征是碳酸盐含量较低，大部分物质来自风运尘土，其次是远洋生物和海水化学沉积物以及少量宇宙尘和火山泥。红黏土中有磁铁矿、锆石、电气石、石英、长石及云母等矿物和火山玻璃及沸石等火山物质，并含铜、镍、钴、铍及铝等元素及其他稀土元素，常伴有富含铜、镍、钴、锰的多金属结核。

4）锰结核

锰结核又称锰团块、锰矿球等，它由水针铁矿、钠水锰矿和钡镁锰矿等矿物组成。锰结核中含 30 多种元素，除 Fe、Mn 外，还有 Cu、Co、Ni 等，其品位均已达到工业品位，而且储量可观，所以锰结核的经济意义很高。锰结核主要为黑褐色，含铁多时呈红褐色。结核大小不一，一般为 0.5 ~ 25cm，个别大于 1m。锰结核都具有一个碎屑核心，铁、锰矿物以同心层状包在核外，这些核心可以是火山玻璃、生物骨屑或浮冰岩屑等。锰结核主要分布于水深 4000 ~ 6000m 的深海底，以太平洋深海底最多。锰结核的形成条件为：有丰富的锰质来源，处于氧化环境，洋流不断补充锰质和沉淀核心。锰结核的沉积速率很小，一般为 $10^{-5} \sim 3 \times 10^{-3}$mm/a。

5）多金属软泥

多金属软泥是一种富含 Fe、Mn、Al、Zn、Pb、Ag、Au 等金属的未固结沉积物。一般分布在水深 2000 ~ 3000m 处，现在已发现的海区有红海、东太平洋海隆等。多金属软泥中各种金属主要以硫化物形式存在，金属含量已达到工业品位。由于它分布的深度比锰结核浅，因而成为拥有良好前景的矿产。

第七章　沉　积　岩

沉积岩是在地表或近地表的条件下，由母岩风化、剥蚀的产物经搬运、沉积和硬结成岩而形成的岩石，由于主要形成在水中，又称水成岩。沉积岩绝大部分是在水介质中沉积形成的，但也有少数是在空气介质中沉积形成的。

沉积岩的分布非常广泛，其出露面积约占陆地面积的75%，而海底几乎全部由沉积岩或沉积物覆盖。沉积岩是地壳发展历史的重要记录者，其中所含的生物化石也记录了地球生命的演化历史。沉积岩中含有丰富的矿产，它给人类提供了绝大部分的可燃性矿产（石油、天然气、煤）和90%的铁矿，此外铝、磷、钾、锡、铜、金、金刚石等矿产也主要采自沉积岩，因此研究沉积岩具有重要的科学价值和经济意义。

本章将对沉积岩进行较为系统的介绍，分以下几个方面讲述：①沉积岩的形成过程；②沉积岩的基本特征；③碎屑岩；④火山碎屑岩；⑤碳酸盐岩。

第一节　沉积岩的形成过程

一、构成沉积岩的原始物质

构成沉积岩的原始物质是形成沉积岩的物质基础，其来源主要有四种：陆源物质、生物物质、深源物质及宇宙物质。

陆源物质：主要来自母岩风化、剥蚀的产物，包括陆源碎屑物质和化学及生物化学物质，是沉积岩原始物质的主要来源。

生物物质：主要是生物遗体及有机质。生物在其生命活动中可营造出生物硬体（包括动物的骨骼、外壳和植物的钙化壳体）及软体组织。生物死亡后其壳体或骨骼可以完整地以实体化石的形式或生物碎屑的形式在原地或搬运到异地堆积保存下来，成为沉积物的组成部分。生物的软体组织主要是碳氢化合物，需要经过复杂的演化过程，演变为沉积物中的有机质。

深源物质：主要指由火山作用带到地表的火山碎屑物质及其伴生的气液和沿断裂带流至地表的深部卤水。火山剧烈爆发时形成的火山碎屑物质喷射到空中再降落地表，可集中堆积形成火山碎屑岩，也可分散掺杂于其他沉积物中。火山碎屑物质喷发的同时，还往往伴随有气体及热液的喷发，它们有时可成为某些沉积岩和沉积矿床（如硅、铁、有色金属等）的重要来源。深部卤水在成岩、成矿中的作用日益为沉积学和矿床学工作者所重视，如我国柴达木盆地盐岩沉积中就有部分成盐物质来自深部卤水。

宇宙物质：主要是陨石及宇宙尘埃。据统计，每年落到地球上的陨石有几千颗，然而能够穿过大气层到达地表的陨石数量相对有限，在沉积物或沉积岩中出现的几率较小，但它们对于研究宇宙具有特殊的意义。

二、沉积岩的形成

沉积岩的形成历经原始物质的形成、搬运作用、沉积作用和成岩作用四个阶段。

1. 原始物质的形成阶段

出露于地表或地表附近的岩石经历复杂的风化、剥蚀作用形成的产物主要包括三大类：陆源碎屑物质、自生矿物和溶解物质。

陆源碎屑物质：主要是矿物和岩石的碎屑，它是母岩先遭受风化作用，随后经剥蚀作用而形成的。

自生矿物：主要是指在化学风化作用过程中新生成的矿物，如高岭石、蒙脱石、伊利石、蛋白石、铝土矿、褐铁矿等。这些自生矿物在初始阶段也大都存在于母岩的风化带中，所以也常称为化学残余物质。

溶解物质：主要是指母岩在化学风化作用过程中被溶解的那些成分，如 Cl、S、Ca、Na、Mg、K、Si、Fe、Al、P 等，这些物质大都呈真溶液或胶体溶液状态顺水流走，转移至远离母岩区的湖泊或海洋中去。

2. 搬运作用阶段

构成沉积岩的原始物质除少部分残留原地外，大部分都要被搬运到沉积盆地中沉积下来。对沉积物进行搬运和沉积的介质主要是流水和风，其次为冰川、生物等。而搬运作用的方式有机械搬运、化学搬运和生物搬运三种类型。

一般来讲，碎屑物质多以机械形式搬运，溶解物质多以化学形式搬运，而在生物活动显著的地方生物搬运则比较常见。

3. 沉积作用阶段

母岩风化和剥蚀的产物在搬运过程中，由于搬运介质流速降低、搬运介质物化条件等发生改变时搬运物质会发生沉淀，沉淀堆积下来而形成各种类型的沉积物。

碎屑物质主要发生机械沉积作用，形成的沉积物主要是泥、粉砂、砂、砾石等碎屑沉积物。化学溶解物质发生化学沉积作用，形成氧化物、硅酸盐、碳酸盐、硫酸盐及硫化物等化学沉积物。生物沉积作用的形式主要是生物遗体直接堆积和生物化学沉积，如珊瑚礁等。

4. 成岩作用阶段

松散的沉积物经过复杂的压实作用、胶结作用和重结晶作用等成岩作用过程，可变为坚硬的沉积岩。

第二节 沉积岩的基本特征

一、沉积岩的颜色

颜色是沉积岩最醒目的特征，是鉴别岩石、进行地层划分与对比、分析古地理环境的重要依据之一。沉积岩的颜色取决于岩石的矿物成分、沉积环境及成岩后的次生变化，按其成因颜色可分为三种。

继承色：沉积岩中的碎屑颗粒是母岩机械风化的产物，因此主要由碎屑物质组成的沉积岩其颜色很大程度上取决于母岩的颜色，是对母岩碎屑矿物颜色的继承。如石英砂岩多呈白色，是由于石英碎屑为无色透明。

自生色：指沉积物沉积作用过程中形成自生矿物的颜色，如含有海绿石的石英砂岩，通常具有灰绿色。海绿石形成于沉积阶段的自生矿物，颜色呈绿色。

次生色：指在成岩作用或风化作用过程中，原生组分发生次生变化，由新生成的次生矿物所形成的颜色。这种颜色多由氧化作用、还原作用、水合作用、脱水作用等作用过程中，矿物发生次生变化而形成。如黄铁矿最初形成时为金黄色，当出露地表在氧化作用下会发生褐铁矿化，从而变为红褐色。

通常将继承色和自生色合称为原生色，它可反映沉积岩形成的沉积环境。比如灰色、黑色通常指示沉积岩中有机质含量高，表明岩石形成于还原环境；红色、褐色、紫色通常由含铁的氧化物或氢氧化物（如赤铁矿、褐铁矿）染色形成，代表氧化环境；绿色多数是由于其中含有低价铁的矿物（如海绿石、绿泥石），通常代表弱氧化或弱还原的过渡环境。

二、沉积岩的化学组成

沉积岩的元素组成与岩浆岩、变质岩相比差别不大（表7-1），但与岩浆岩相比，沉积岩的化学成分有自身的特点，这表现在如下几个方面。

1. Fe_2O_3和 FeO 的含量

沉积岩和岩浆岩中铁的总量接近，但沉积岩中 Fe_2O_3的含量高于 FeO，而岩浆岩中 FeO 的含量略高于 Fe_2O_3。这是由于沉积岩形成于地表富含自由氧的环境，多形成高价铁。

2. Na_2O 与 K_2O 的含量

岩浆岩中 Na_2O 的含量多于 K_2O，而沉积岩则相反。其主要原因是岩浆岩化学风化产生的 Na^+ 易溶于水，会随水流滤失；而含钾矿物如白云母等在表生作用过程中较为稳定，同时化学风化作用及成岩作用过程中形成的黏土矿物易吸附 K^+，结果造成沉积岩 K_2O 的含量相对升高，而 Na_2O 的含量相对减少。

3. H_2O 和 CO_2的含量

沉积岩中富含 H_2O 和 CO_2，这与沉积岩形成于表生环境相对应。而岩浆岩形成于高温高压环境，因此这两种成分含量极低。

表 7-1 沉积岩和岩浆岩的平均化学成分的对比（据陈清华，2016） 单位：%

化学成分	沉积岩（据克拉克，1924）	沉积岩（据舒科夫斯基，1952）	岩浆岩（据克拉克，1924）
SiO_2	57.95	59.17	59.14
TiO_2	0.57	0.77	1.05
Al_2O_3	13.39	14.47	15.34
Fe_2O_3	3.47	6.32	3.08
FeO	3.08	0.99	3.08
MnO	—	0.80	—
MgO	2.65	1.85	3.49
CaO	5.89	9.99	5.08
Na_2O	1.13	1.76	3.84
K_2O	2.86	2.77	3.13
P_2O_5	0.13	0.22	0.30
CO_2	5.38	—	0.10
H_2O	3.23	—	1.15
总和	98.73	99.11	99.50

表 7-2 岩浆岩和沉积岩的平均矿物成分（据陈清华，2016） 单位：%

矿物	沉积岩（据利思、米德，1915）	沉积岩（据克里宁，1948）	岩浆岩（65%花岗岩+35%玄武岩）
橄榄石	—	—	2.65
普通角闪石	—	—	1.60
普通辉石	—	—	12.90
长石	15.57	7.5	49.29
石英	34.80	31.50	20.40
云母+绿泥石	20.40	19.00	7.76
氧化铁矿物	4.10	3.00	4.6
玉髓	—	9.00	—
黏土矿物	9.22	7.50	—
碳酸盐矿物	13.63	20.50	—
石膏	0.97	—	—
有机质	0.73	—	—
其他	0.58	3.0	0.88

三、沉积岩的矿物成分

沉积岩中常见的矿物约为20种，而在每一种沉积岩中常见的矿物只有5～6种。由于成因及形成条件不同，沉积岩与岩浆岩相比矿物组成明显不同（表7－2）。岩浆岩中常见的高温高压下结晶形成的暗色矿物，如橄榄石、普通辉石、普通角闪石等，在表生作用中极易风化，只有极少数以重矿物的形式保存于沉积岩中。岩浆岩中常见的低温低压下结晶的石英、长石等矿物，在表生作用中不易风化，随着不稳定矿物的风化，在沉积岩中的含量相应升高。除了主要从岩浆岩风化继承的矿物之外，沉积岩中还有一些在其形成过程中自生的矿物，如黏土矿物、碳酸盐矿物、石膏等，而这类矿物在岩浆岩中几乎没有。有机质是沉积岩特有的组分，在岩浆岩和变质岩中都不出现。

四、沉积岩的结构

沉积岩的结构指沉积岩组分（矿物和岩屑）的颗粒大小、形态及其排列方式。沉积岩常见的结构类型主要包括碎屑结构、泥质结构、晶粒结构和生物结构四种类型。

碎屑结构：由母岩机械风化剥蚀产生的碎屑经搬运、沉积、成岩作用形成的沉积岩（即碎屑岩）所具有的结构。

泥状结构：由细小的黏土矿物（粒度一般小于0.01mm）构成的黏土岩所具有的结构。

晶粒结构：由化学作用和生物化学作用从溶液中沉淀的晶粒或成岩作用中重结晶形成的晶粒所构成的结构，主要出现于化学结晶形成的石灰岩、白云岩、硅质岩等沉积岩中。

生物结构：直接由生物遗体构成的结构，如珊瑚灰岩由群体生活珊瑚虫的钙质住室构成。

关于沉积岩的结构，在后面讲述主要沉积岩的类型时再给予详细说明。

五、沉积岩的构造

沉积岩的构造简称为沉积构造，是沉积岩最为显著的特征，指沉积物沉积过程中或沉积后由于物理、化学或生物作用所形成的岩石各组成部分的空间分布和排列状况。根据成因可将沉积构造分为物理成因的构造、化学成因的构造和生物成因的构造三类。

（一）物理成因的构造

沉积物在搬运和沉积时，由于介质（如水、空气）的流动，在沉积物的内部以及表面形成的构造属于流动成因的构造，主要包括各种层理构造及层面构造。

1. 层理构造

层理构造简称为层理，是沉积岩最重要的一种构造。层理是指在垂向上由沉积物的成分、结构、颜色及层的厚度、形状等方面的变化而显示出来的成层现象，它通常是在沉积物沉积过程中形成的。

1）层理要素

为便于描述和研究层理，可将层理细分为：细层、层系、层系组和层等组成要素（图7－1）。

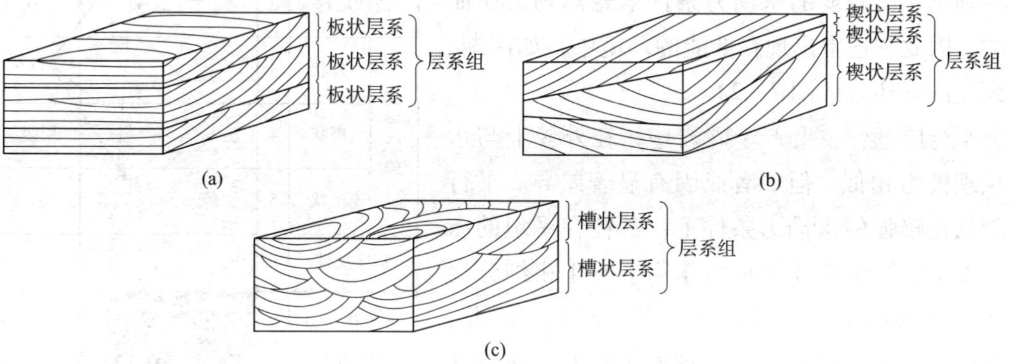

图7－1 层理的组合要素示意图（据曾允孚等，1986）

细层：又称为纹层，是组成层理的最小单位，其厚度极小，常以毫米或厘米计。同一细层往往具有相对均一的成分和内部结构，但往往也有粒度的变化，是在相同或相近水动力条件下同时沉积形成的。细层可以是平直的、波状的或弯曲的，可以是连续的或是断续的，细层之间可以平行或不平行，细层与层面平行或斜交。

层系：由成分、结构和产状上相同或相近的细层组成，由在同一沉积环境中相同水动力条件下、不同时间形成的细层组成。水平纹层组成的层系，由于缺乏明显的划分标志，故一般难以划分层系。而由倾斜细层组成的层系则易于识别，层系间由明显的层系界面分隔。层系的顶底界面间的垂直距离即层系厚度，可从数毫米到数十米厚。按层系界面的形态可分为板状层系、槽状层系和楔状层系（图7－1）。板状层系界面为平面，且层系界面相互平行呈板状延伸，楔状层系的界面彼此不平行，槽状层系的底界面成槽状。

层系组：由两个或两个以上的相似层系组成，是在同一沉积环境的相似水动力条件下形成的，如由厚度不等的板状层系所组成的层系组。

岩层：由两个近于平行的明显物理界面所限制的岩性均一的岩体组成，它是在较大范围内、水动力条件基本稳定的条件下沉积形成的一个单元，由成分基本一致的沉积物组成。一个岩层可包括若干个细层、层系或层系组。层是组成沉积地层的基本单位，也是最小的岩石地层单位。岩层的厚度差别很大，一般为数厘米至数十厘米。按层厚，可将岩层分为：块状层（厚度＞1m）、厚层（0.5～1.0m）、中层（0.1～0.5m）、薄层（0.01～0.1m）和页状层（＜0.01m）。

2）常见的层理类型及其特征

层理构造可按细层的形态及其与层系界面的关系分为水平层理、平行层理、波状层理、交错层理等类型；而按层内粒度递变特征，可分为粒序层理、透镜状层理、韵律层理等（图7－2）。

水平层理：主要产于细碎屑岩（泥质岩、粉砂岩）和泥晶灰岩中，细层平直并与层面平行，可连续或断续，厚度小或极小，约为0.1μm。水平层理是在比较弱的水动力条件下悬浮物沉积而成的，因此它通常出现在低能的环境中，如深湖、潟湖及深海环境（图7－2）。

平行层理：主要产于砂岩中，在外貌上与水平层理极为相似，但二者成因有显著差异。平行层理是在较强的水动力条件下，砂粒在平坦的床砂上发生连续滚动并在重力作用下发生粗细分离形成一系列的水平细层，即为平行层理。因此，细层的侧向延伸较差，沿层理面易剥开，在剥开面上可见到剥离线理构造。平行层理一般出现在急流及能量高的环境中，如河道、湖岸、海滩等，常与大型交错层理共生。

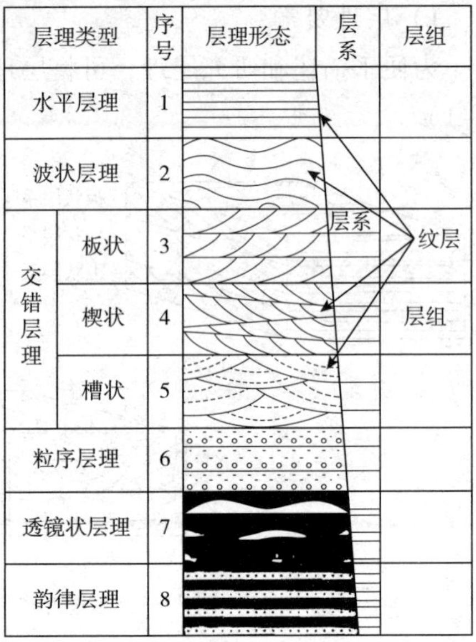

图7－2　常见层理的类型及特征

（据朱筱敏，2008）

波状层理：层内的细层呈连续的波状弯曲，通常由波浪引起砂纹的移动形成。如细层不连续，则称为断续的波状层理。一般形成波状层理要有大量的悬浮物质沉积，当沉积速率大于流水的侵蚀速率时，可形成连续的波状细层（图7－2）。

交错层理：在层系的内部由一组倾斜的细层（前积层）与层面或层系界面相交，所以又称斜层理。根据交错层理内层系的形状不同，通常可将交错层理分为板状交错层理、楔状交错层理、槽状交错层理等。板状交错层理在与流水平行的断面上，细层呈单向倾斜，层系呈板状；而在与流水垂直断面上，细层可以水平，也可以倾斜。楔状交错层理的层系界面也为平面，但互不平行，层系界面限定的层厚在不同部位不等，呈现出楔状的形态。槽状交错层理在与流水垂直的断面上，层系成槽状；在与流水平行的断面上，层系可以呈单向倾斜的板状或舟状。交错层理细层面的倾向往往可以指示水流方向，在板状交错层中细层面的倾向代表水流的流向，槽状交错层中槽的长轴倾斜方向平行于水流的流向。按层系厚度不同，可分为小型（＜3cm）、中型（3～10cm）、大型（10～200cm）、特大型（＞200cm）交错层理。

粒序层理：又称递变层理，从层的底部至顶部，粒度由粗逐渐变细者称正粒序，由细逐渐变粗者则称为逆粒序。粒序层理底部常有一冲刷面，内部除了粒度的变化外，不具纹层。

透镜状层理和压扁层理：透镜状层理和压扁层理是砂、泥沉积中的一种复合层理。在水流或波浪作用较弱、砂质供应不足、对泥质沉积与保存都较有利的情况下，可形成泥包砂的透镜状层理；而当水流或波浪作用较强、有利于砂质沉积和保存的情况下，因波峰处泥质缺乏或较薄，形成被砂质包围的泥质压扁体，称压扁层理或脉状层理。波状层理是透镜状层理和压扁层理之间的过渡类型，是在水动力条件强弱交替出现的情况下形成的砂、泥交互层理。

韵律层理：由层与层间平行或近于平行的，从数毫米至数十厘米等厚或不等厚的两种或两种以上岩性互层出现而组成，常见砂质和泥质层的韵律互层，称为砂泥互层层理。韵律层理的成因很多，可以由潮汐环境中潮汐流的周期变化形成潮汐韵律层理，也可由气候的季节性变化导致浅色层与深色层互层形成季节性韵律层理，还可由浊流沉积形成复理石韵律层理等。

块状层理：层内物质均匀、组分和结构上无差异、不显细层构造的层理称为块状层理。在泥岩及厚层的粗碎屑岩中常见，厚度通常大于1m。一般认为块状层理是由悬浮物的快速堆积、沉积物来不及分异因而不显细层，如河流洪泛期快速堆积形成的泥岩层。此外，沉积物重力流快速堆积也可形成块状层理。还有些块状层理是由强烈的生物扰动、重结晶或交代作用破坏原生层理而形成的。

2. 层面构造

层面构造是沉积物表面由于流水、风、生物活动、阳光曝晒等作用所留下的痕迹，常见波痕、干裂、雨痕、痕迹化石等。

1）波痕

波痕是指由于波浪、流水、风等介质的运动，在沉积物表面形成的一种波状起伏的构造。

在波痕剖面中（图7－3），波峰是波痕剖面上最高的点，而波谷是最低点，波长（L）是两个相邻波峰或波谷之间的水平距离，波高（H）是谷底至脊顶的垂直距离；波脊是大于1/2波高向上凸出的部分，波槽是小于1/2波高向下凹的部分；波痕缓倾斜的部分称迎水坡（或迎风坡），又称缓坡；陡倾斜的部分称背水坡（或背风坡），又称陡坡；水流流动的分离点称作波缘。波痕指数（RI）= 波长（L）/波高（H），表示波痕相对高度和起伏情况；波痕不对称指数（RSI）= 迎水坡水平长度（L_1）/背水坡水平长度（L_2），表示波痕的不对称程度。

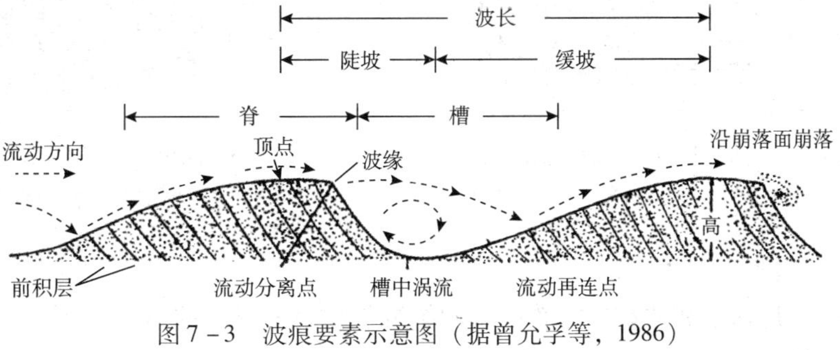

图7－3　波痕要素示意图（据曾允孚等，1986）

根据形成波痕介质条件的不同，可将波痕分为流水波痕、浪成波痕和风成波痕（图7－4）。浪成波痕，常见于海、湖浅水地带，其特点是波峰尖、波谷圆，形状对称，波痕指数（L/H）为4～13，多数为6～7。流水波痕由定向水流形成，见于河流或有底流存在的海、湖近岸地带，波峰、波谷都较圆滑，波痕指数介于浪成波痕与风成波痕的波痕指数之间，不对称，陡坡倾向水流方向，在海、湖滨岸地段，陡坡朝向陆地。风成波痕由风形成，见于沙漠及海岸砂丘中，呈极不对称状，陡坡的倾斜方向与风向一致，其波痕指数（L/H）为10~70，一般大于20，波峰波谷都较圆滑，但谷宽峰窄，沉积颗粒在波峰处粗、波谷处细，与流水波痕情况相反。

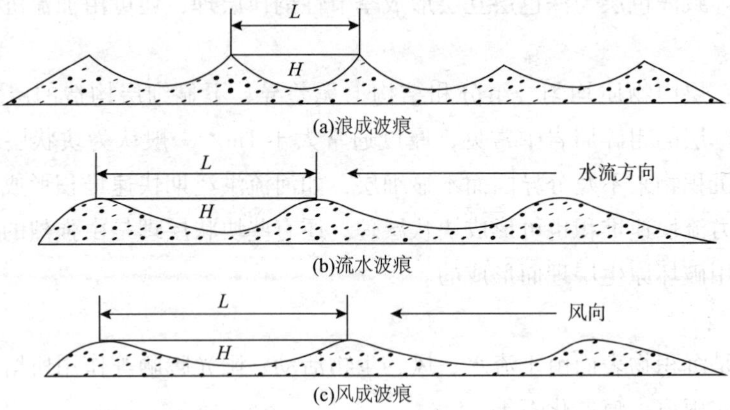

图7-4　波痕的成因类型

2）泥裂

露出水面的软泥受曝晒干裂形成的不规则多边形网状裂隙称为泥裂或干裂，断面呈下窄上宽的“V”字形（图7-5），常出现于泥质、粉砂质沉积物中，可指示岩层顶面和暴露环境。

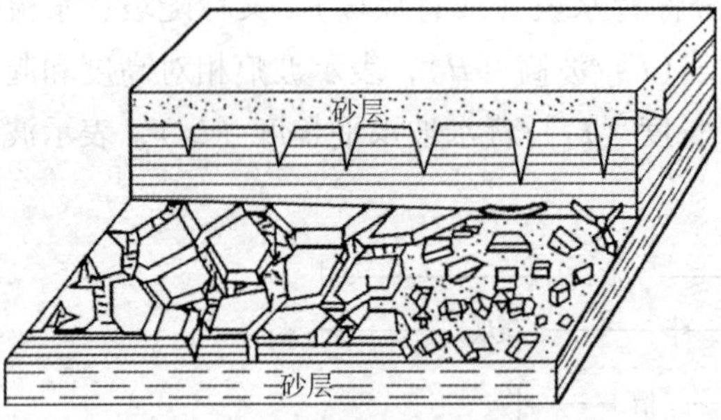

图7-5　泥裂及其形成示意图

（据 Shrock，1948；转引自刘宝珺，1980）

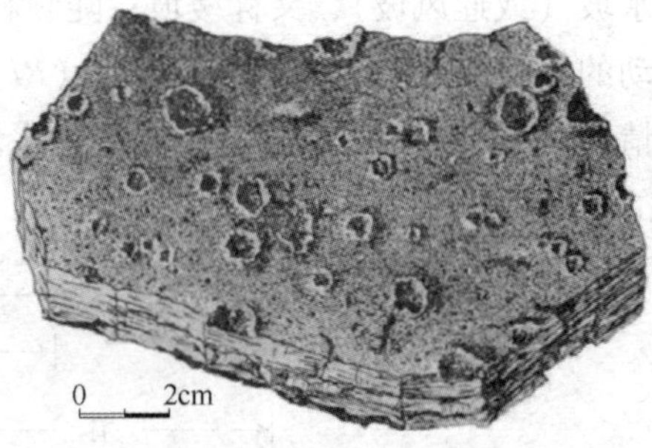

图7-6　四川广元三叠系砂岩雨痕素描图

（据李尚宽，1982）

3）雨痕、雹痕

雨痕和雹痕是降雨和冰雹在松软的未固结沉积物表面留下的痕迹（图7-6），常能提供某些古气候信息。

4）冲刷面

由于流速的突然增加，流体对下伏沉积物冲刷、侵蚀形成的凹凸不平的面称为冲刷面，它通常形成于粗粒沉积物与细粒沉积物的接触界面上。

5）槽模

是由定向水流（突发性水流、涡流）在尚未固结的软泥表面侵蚀冲刷出许多凹槽，后被砂质充填而在砂岩底面上铸成呈舌状凸起的印模，即为槽模。槽模的长轴平行水流方向，大小一般为2~10cm，陡的一端指向上游。

6）沟模

由流水挟带运动的颗粒对下伏泥质沉积物侵蚀而成细沟，后被砂质物充填，在砂岩底面上呈现出的稍微突起的直线形的平行脊状沟称为沟模。

3. 变形构造

未固结的沉积物饱含水分或呈塑性状态，由于重力或其他偶然性震动（地震、海啸）很容易发生沿斜坡滑动、沉陷等，使沉积物（层理）变形而产生变形构造，常见的变形构造有重荷模、火焰状构造、包卷层理、滑塌构造等，多出现于泥岩、粉砂岩和碳酸盐岩中。

1）重荷模和火焰状构造

在砂岩与下伏泥岩的接触界面上，由于泥岩与砂岩密度的不同，在差异压实作用下，砂质沉积物会陷入泥岩中，从而在砂岩底面上形成圆丘状或瘤状的突起，称为重荷模。同时，泥岩相应地以舌形或火焰状向上穿插到上覆砂岩中，形成火焰状构造。

2）包卷层理

单层内的层理揉皱现象（图7-7）称为包卷层理，是饱含水分的沉积物受流水推压（揉搓）变形而成。

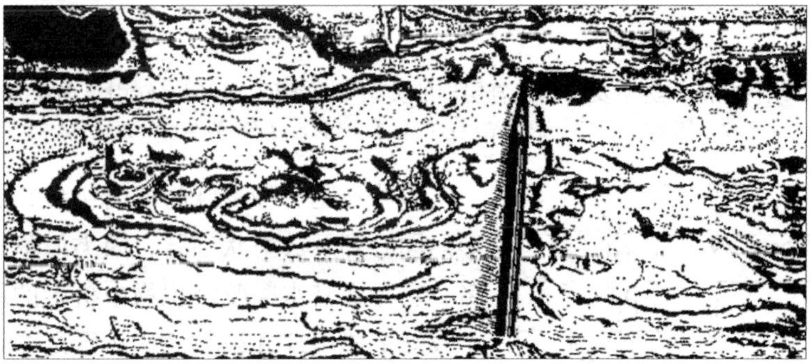

图7-7 陕北侏罗系砂岩包卷层理素描图（据刘宝珺等，1985）

3）滑塌构造

滑塌构造指沉积物在重力的作用下发生移动而形成的各种同生变形构造。沉积物可以顺斜坡蠕动，也可以发生大规模的滑动，从而引起沉积物的变形、揉皱、断裂、角砾岩化及岩性的混杂。滑塌构造常局限于一定层位，与上下层位间呈突变关系。滑塌构造是识别水下滑坡的良好标志，多出现于三角洲前缘、大陆坡、海底峡谷前缘及湖底扇或深海扇环境。

（二）化学成因的构造

化学成因构造是指在沉积时期和沉积期后由结晶、溶解、沉淀等化学作用在沉积面上或沉积物中所形成的沉积构造，这类次生成因的沉积构造是沉淀和溶解两种作用的结果，常见晶体印痕、结核、缝合线、龟背石等。

1. 晶体印痕

沉积物表面可形成盐类和冰的晶体，易于溶解消失，在层面留下印痕。晶体常被其他物质交代，或印痕被充填，形成晶体假象（假晶）。

2. 结核

结核是岩石中自生矿物的集合体，多呈球状、椭球状或团块状，在颜色、成分、结构等方面与围岩有明显差别，主要出现于泥岩、粉砂岩、碳酸盐岩等沉积岩中，可以孤立或呈串珠状出现，如我国华北地区下古生界碳酸盐岩中常见燧石结核。按形成阶段，可将结核分为同生结核、成岩结核和次生结核（图 7－8），可根据结核与层理间关系判断结核的类型。

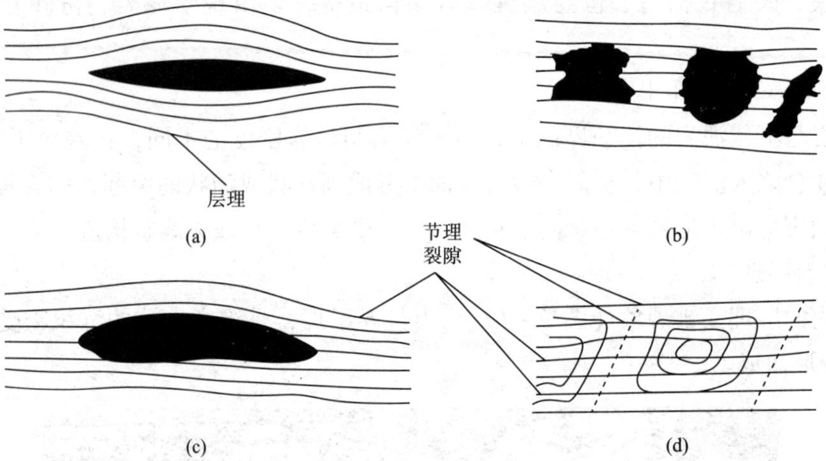

图 7－8　结核的成因类型及其与围岩层理的关系（据鲁欣，1964；转引自姜在兴，2003）
（a）同生结核；（b）成岩结核；（c）次生结核；（d）假结核（风化环）

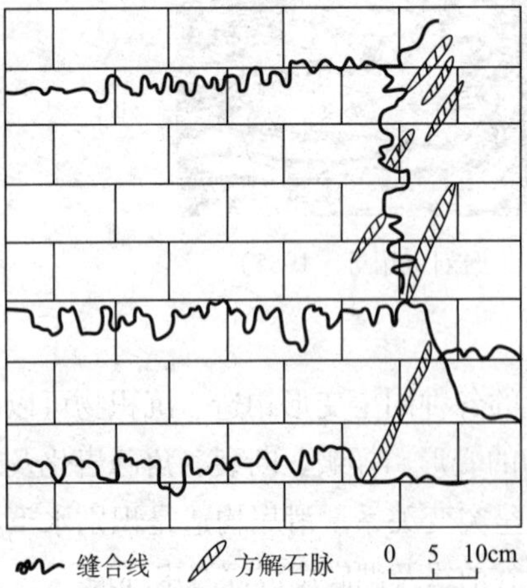

图 7－9　缝合线构造示意图
（据刘和甫，1959）

龟背石是一种特殊的成岩结核，表面存在多边形的同心环及放射状细脉，因类似龟背的花纹而得名，它是在富水凝胶沉积物中析出的结核物质经脱水收缩形成裂缝并被其他矿物质充填而成。

3. 缝合线构造

缝合线是一种裂缝构造，常见于碳酸盐岩中，但也出现在石英砂岩、硅质岩及蒸发岩中。在岩层的剖面上，它呈现为锯齿状的曲线（图 7－9）；在平面上，它呈现为参差不齐凹凸起伏的裂面。

4. 鸟眼构造

鸟眼构造指泥晶或粉晶碳酸盐岩的孔隙被方解石、石膏等矿物充填，形成的形似鸟眼的构造，大小为1~3mm，多呈平行于碳酸盐岩的层面分布。鸟眼构造多形成于潮坪环境，是良好的沉积相标志。

5. 示顶底构造

在碳酸盐岩的孔隙中，下部为暗色泥、粉晶方解石，上部为浅色亮晶方解石（图7-10），二者界面平直，代表当时的沉积界面，其中亮晶为成岩—后生期再充填物，代表上层面，由此可判别岩层的顶底界面，故称示顶底构造。

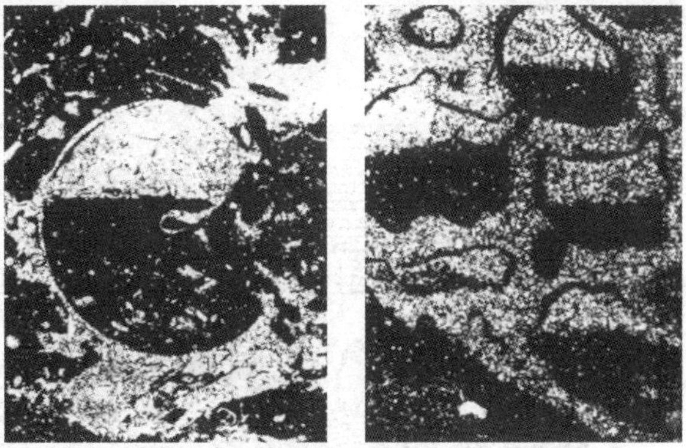
(a) (b)

图7-10 示顶底构造示意图（据姜在兴，2003）

（三）生物成因的构造

生物成因的沉积构造是指生物由于活动或生长而在沉积物表面或内部遗留下来的各种痕迹，其中包括生物遗迹构造、生物扰动构造、生物生长构造、植物根迹等。

1. 生物遗迹构造

生物遗迹构造是生物生命活动过程中在沉积岩中保留下的痕迹（图7-11），主要包括居住迹、爬行迹、停息迹、进食迹、觅食迹、逃逸迹、耕作迹等。

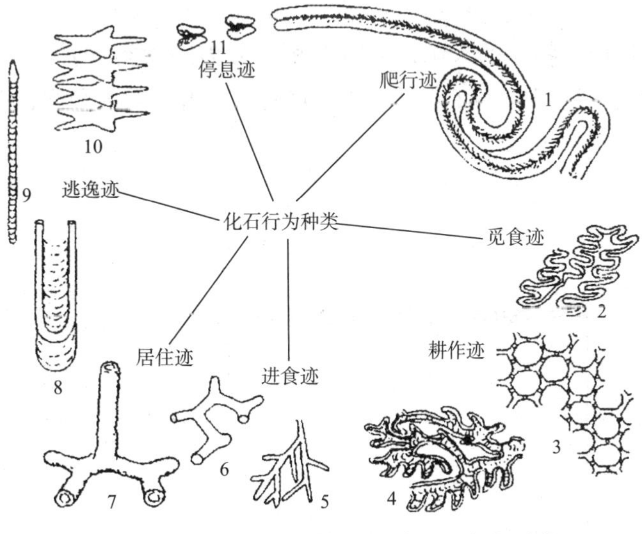

图7-11 一些常见的生物遗迹构造示意图（据胡斌等，1997）

2. 叠层构造

叠层构造由两种基本层组成：富藻纹层和富屑纹层。富藻纹层又称暗层，藻类组分含量多，有机质富集。富屑纹层又称亮层，藻类组分少，而碳酸钙含量高。两种基本层叠置出现，即形成叠层构造（图7-12）。叠层构造是由蓝绿藻分泌黏液周期性捕集和黏结沉积质点而成，与周期性风暴、昼夜交替（周期性光合作用）有关。具有叠层构造的石灰岩称为叠层石灰岩，常见于志留纪以前的老地层中。

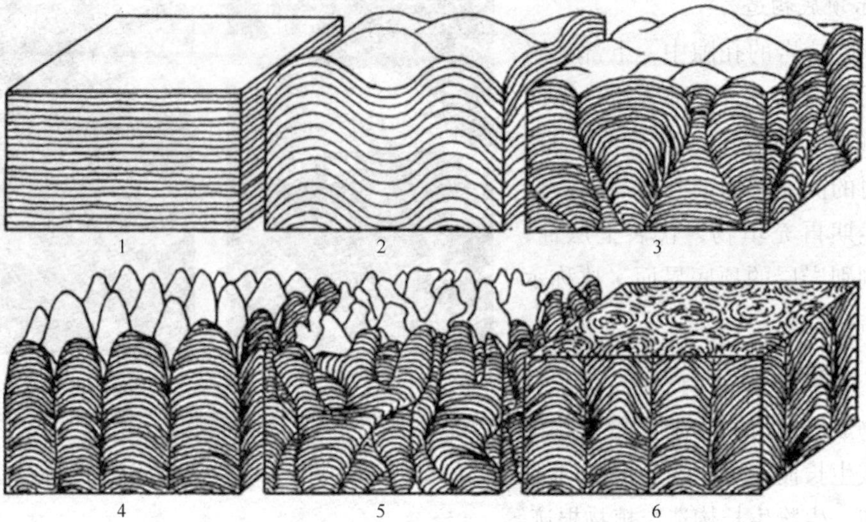

图 7－12　叠层构造的常见类型示意图（据路凤香等，2002）

1—水平状；2—波状；3—倒锥状；4—柱状；5—分枝状；6—顶部遭侵蚀后同心菜花状

六、沉积岩的分类

根据构成沉积岩原始物质的来源，可将沉积岩分为三大类（图 7－13）：①主要由母岩风化剥蚀产物组成的沉积岩；②主要由火山碎屑物质组成的沉积岩；③主要由生物遗体组成的沉积岩。

- 沉积岩
  - 主要由母岩风化产物组成的沉积岩
    - 碎屑岩
      - 砾岩
      - 砂岩
      - 粉砂岩
      - 黏土岩
    - 化学岩
      - 碳酸盐岩
      - 硫酸盐岩
      - 卤化物岩
      - 硅岩
      - 其他化学岩
  - 主要由火山碎屑物质组成的沉积岩
    - 火山碎屑岩
  - 主要由生物遗体组成的沉积岩
    - 可燃生物岩
    - 非可燃生物岩

图 7－13　沉积岩的分类图解

上述各类沉积岩按照成因和基本特征又可进行细分。主要由母岩风化剥蚀产物组成的沉积岩是最重要的沉积岩类型。根据母岩风化产物的类型及其搬运沉积作用的不同，可将其划分为碎屑岩和化学岩。碎屑岩根据其粒度组成，可进一步划分为砾岩、砂岩、粉砂岩及黏土岩（泥质岩）。化学岩根据其主要成分特征，可划分为碳酸盐岩、硫酸盐岩、卤化物岩、硅岩及其他化学岩，其中碳酸盐岩是最为常见的化学岩。

主要由火山碎屑物质组成的沉积岩称火山碎屑岩，这是介于岩浆作用和表生作用之间的岩石类型。

主要由生物遗体组成的沉积岩称生物岩或有机岩。根据其是否可燃，可进一步划分为可燃生物岩（如煤、油页岩）和非可燃生物岩。

第三节 碎屑岩

碎屑岩是陆源碎屑岩的简称，是主要由陆源碎屑沉积物经压实、胶结而成的岩石，占沉积岩总量的65%以上。

一、碎屑岩的物质组成

碎屑岩的基本成分包括四部分：碎屑颗粒、杂基、胶结物和孔隙。在碎屑岩中，杂基和胶结物都可充填于碎屑颗粒之间作为孔隙的充填物，合称为填隙物。

1. *碎屑颗粒*

碎屑物质是碎屑岩中最主要的组分，如砾岩中的砾石、砂岩中的砂粒。碎屑物质主要来源于陆源区母岩的机械破碎，亦称陆源碎屑。因各种矿物和岩石的稳定性不同，它们在碎屑岩中的含量也不同。碎屑颗粒可分为矿物碎屑和岩屑两类。

矿物碎屑以石英（66.8%）和长石（10%～15%）为主，此外还含有少量的普通辉石、普通角闪石、黑云母、白云母等副矿物及锆石、磁铁矿等重矿物。

岩屑是母岩的岩石碎屑，保留着母岩的结构特点，也可作为碎屑颗粒的组成部分，尤其是在砾岩中含量较高，随着碎屑岩粒度的变小其含量逐渐减少。岩屑的存在，通常表明沉积物源区不会太远，可由此进行沉积物源示踪并在此基础上进行古地理重建。

石英（Q）、长石（F）和岩屑（R）是碎屑颗粒中最为常见的组分。通常将碎屑组分在其风化、剥蚀、搬运、沉积作用的改造下接近最稳定终极产物的程度称为成分成熟度，而这种最稳定终极产物的特征是：碎屑颗粒基本是石英（Q）、几乎不含长石（F）和岩屑（R）。成分成熟度通常用 $Q/(F+R)$ 来表示，值越大，表明成分成熟度越高，值越小，则成分成熟度越低。

碎屑岩中碎屑颗粒的成分与粒度大小关系密切（图7-14），一般而言岩屑主要出现于砾石和粗砂中，随着粒度的减小，岩屑含量逐渐降低。多晶石英作为岩屑的一种，具有与岩屑类似的变化趋势。中砂至粉砂级沉积物中的主要碎屑矿物是石英和长石。粉砂至黏土粒级沉积物中黏土和云母的含量较高。

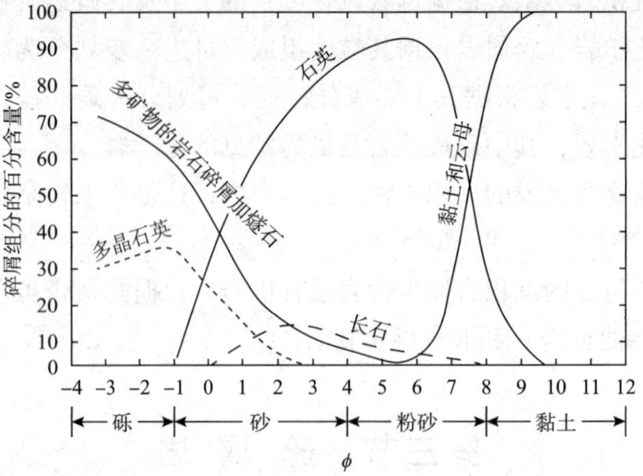

图 7－14　碎屑岩中碎屑组分与粒度的关系（据姜在兴，2003）

2. 杂基

杂基是与砂、砾等碎屑一起以机械方式沉积下来的细粒碎屑物质，主要为高岭石、水云母、蒙脱石等黏土矿物，还有细砂、粉砂、泥和碳酸盐等。在粗碎屑岩中，杂基也相对变粗，如砾岩中的杂基甚至可有砂级颗粒。

3. 胶结物

胶结物是以化学沉淀方式形成于碎屑粒间孔隙中起胶结作用的沉积物质。它们多数形成于晚期成岩作用阶段，也有在沉积—同生期形成的。常见的胶结物有硅质、钙质、铁质和泥质四种类型。硅质包括石英、蛋白石等，多呈灰白色，胶结坚硬；钙质遇盐酸起反应，有气泡产生；铁质主要为赤铁矿、褐铁矿，多呈红或红褐色，胶结坚硬；泥质呈土黄色，胶结较为疏松。此外，石膏、黄铁矿、海绿石、绿泥石等自生矿物也是常见的胶结物质。

4. 孔隙

孔隙指碎屑颗粒间未被填隙物充填的部分，碎屑岩的孔隙是石油和天然气重要的运移通道和储集空间。

二、碎屑岩的结构

碎屑岩的结构简称为碎屑结构，其结构组分包括碎屑颗粒、填隙物和孔隙。因此，碎屑岩的结构应包括碎屑颗粒的结构、填隙物的结构和孔隙结构，以及颗粒与填隙物的关系（胶结类型）。碎屑岩的结构是碎屑岩鉴别及分类命名的主要依据，也是其成因的重要标志。由于填隙物的结构和孔隙结构利用肉眼难以识别，需要在显微镜下才能进行观察，本书不做详述。而碎屑颗粒的结构及胶结类型利用肉眼及放大镜易于识别，是本书重点介绍的内容。

1. 碎屑颗粒的结构

碎屑颗粒的结构指矿物和岩屑的大小和形状及其组合关系，一般包括粒度、分选、圆度、球度等特征。

1）粒度

粒度指碎屑颗粒的大小，是碎屑颗粒最为重要的结构特征，是碎屑岩分类命名的依据。在国际上应用较广的粒度分级是伍登·温特华斯（Udden Wentworth）的方案，可以称之为2的几何级数制，它是以1mm为基数，乘以2或除以2来进行分级；通常将其粒级转化为ϕ值（$\phi = -\log_2 D$，D为碎屑颗粒的直径），在对碎屑岩粒度组分进行系统统计的基础上通过绘制直方图、频率曲线图、累积频率曲线图等图件，可对碎屑岩的粒度分布进行系统研究，限于篇幅，本书不做深入阐述。我国生产实际中应用较广泛的是十进制的粒度分级。常用的碎屑颗粒粒度分级列于表7－3。

表7－3 碎屑岩的粒度分级

粒级		十进制/mm	2的几何级数/mm
砾	巨砾	>1000	>256
	粗砾	100～1000	64～256
	中砾	10～100	4～64
	细砾	2～10	2～4
砂	粗砂	0.5～2	0.5～2
	中砂	0.25～0.5	0.25～0.5
	细砂	0.1～0.25	0.063～0.25
粉砂	粗粉砂	0.05～0.1	0.031～0.063
	细粉砂	0.01～0.05	0.0039～0.031
黏土（泥）		<0.01	<0.0039

碎屑岩的粒度特征是碎屑岩分类和命名的基础。如果碎屑岩的粒度分选程度非常好，其碎屑基本属于一个粒级，那么它的粒度分类和命名非常简单，只需要把表7－3中相应的粒级后面加一个“岩”字即可，如中砾岩、粗砂岩、粉砂岩等。然而，自然界的情况并不是这么简单。碎屑岩大都是由几个不同粒级的碎屑所组成，随着各种粒级所占百分含量的不同，应给予不同的命名。

常用的粒度分类命名的具体原则如下。

（1）三级命名法以含量大于或等于50%的粒级定岩石的主名，即基本名；含量介于25%～50%的粒级以形容词“××质”的形式写在基本名之前；含量在10%～25%的粒级作次要形容词，以“含××”的形式写在最前面；含量小于10%的粒级一般不反映在岩石的名称中。例如，某碎屑岩含细砾15%、中砂55%、粗粉砂30%，则命名为“含细砾粗粉砂质中砂岩”。

（2）如果碎屑岩的粒度分选较差，所含粒级较多，但没有一个粒级的含量大于或等于50%，而含量在25%～50%的粒级又不止一个，这时则以含量为25%～50%的粒级进行复合命名，以“××—××岩”的形式表示，含量较多的写在后面，其他含量少的粒级仍按第一条原则处理。例如，某碎屑岩含砾 8%、粗砂 6%、中砂 30%、细砂 40%、粗粉砂 16%，则命名为“含粗粉砂中—细砂岩”。

（3）若碎屑岩的粒度分选更差，不但没有含量大于 50% 的粒级，而且含量为 25% ~ 50% 的粒级也没有或者只有一个，则应将此岩石的全部粒度组分分别合并为砾、砂和粉砂三个级别，然后按前两条原则命名。例如，某碎屑岩含中砾 8%、细砾 10%、粗砂 17%、中砂 16%、细砂 18%、粗粉砂 14%、细粉砂 17%，则应命名为“含砾粉砂质砂岩”。

2）分选

分选指碎屑岩中碎屑颗粒大小的均匀程度，分选的好坏与碎屑颗粒的成分、风化、剥蚀及搬运和沉积过程等因素密切相关。利用目估的方法描述碎屑岩的分选，可将碎屑颗粒的分选分为极好、好、中等、差和极差五个级别（图 7 - 15），更粗略地可合并成好、中等和差三个级别。

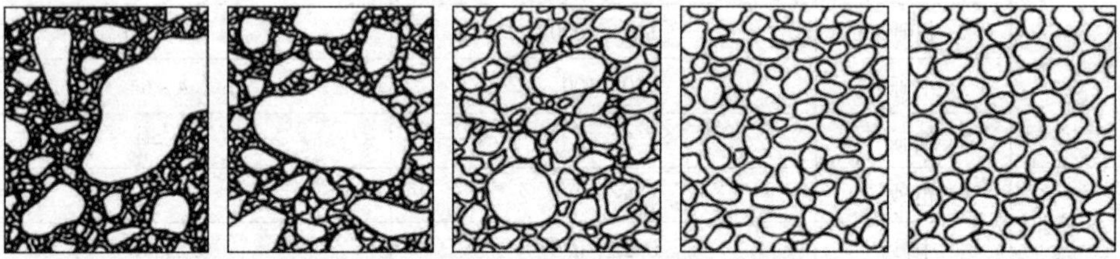

图 7 - 15　碎屑颗粒分选程度的目估分级（据路凤香等，2002）

分选好：主要粒级的碎屑颗粒占 75% 以上。

分选中等：主要粒级的碎屑颗粒占 50% ~75%。

分选差：没有任何一种粒级的含量超过 50%。

3）圆度

圆度指碎屑颗粒的原始棱角被磨圆的程度，可分为尖棱角状、棱角状、次棱角状、次圆状、圆状和滚圆状六个等级（图 7 - 16）。

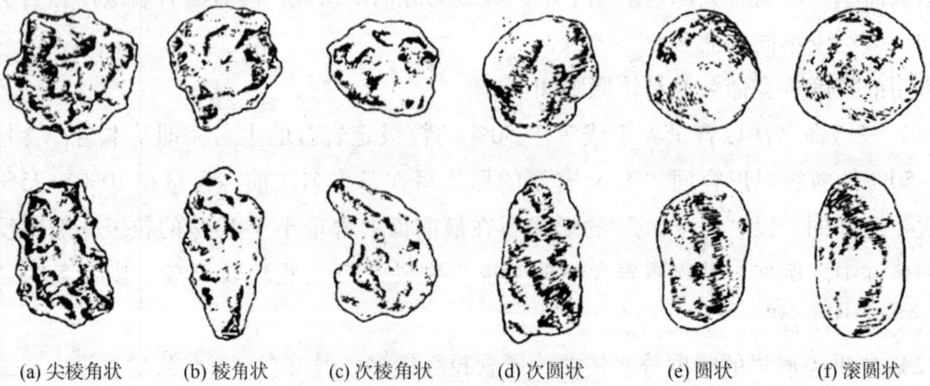

图 7 - 16　碎屑颗粒分选程度的目估分级（据鲍尔斯，转引自姜在兴，2003）

尖棱角状：颗粒棱角尖锐，保持颗粒破碎时的形状。

棱角状：颗粒棱角比较尖锐，表面内凹或外凸，不显磨损痕迹。

次棱角状：棱角清晰可见，但其顶缘已稍显磨蚀，颗粒原始形状明显可见。

次圆状：棱角已磨损圆化，颗粒棱线、顶端呈弧形，但原始轮廓仍可辨认。

圆状：棱角已全部磨损而消失，颗粒表面呈弧形，但颗粒原始轮廓仍保存，表面有内凹或外凸的弧面。

滚圆状：棱角全部磨损，颗粒表面呈平滑的外凸弧面，无内凹外凸现象，只能据其特征大致推断原始的颗粒形状。

圆度可指示碎屑沉积物的搬运距离，通常搬运距离越远，圆度越好。

4）球度

球度是碎屑颗粒接近球体的程度，可用球度系数 ψ 表示：

$$\psi = \sqrt[3]{\frac{BC}{A^2}} \tag{7-1}$$

式中，A 为颗粒长轴长度；B 为颗粒中轴长度；C 为颗粒短轴长度。

显然，ψ 值最大为1，即球体；最小接近于0，即很薄的片状体。球度主要取决于原始的颗粒形状。在搬运和沉积过程中颗粒球度的影响很大，例如球度很低的云母碎片很难沉积，而球度高的石英砂则很容易沉积。

需要注意的是，圆度和球度是两个不同的概念，相互之间并不存在依赖关系，即圆度好者，球度不一定高，如圆饼状砾石；球度高者，圆度也可能很差，如未磨损的石榴石晶粒。

5）表面特征

颗粒表面与粒度、圆度、球度无关的细微起伏，称为颗粒的表面特征。如磨光面、毛玻璃化、擦痕、撞痕等均属此类。砾石的表面结构通常用肉眼即可观察，而许多砂粒的表面特征则需要用显微镜、扫描电镜等来研究。由于砾石在搬运过程中的磨损、溶解作用，砾石表面多呈毛玻璃状，有粗糙感，极其光滑者少见。另外，有些砾石表面可出现冰川擦痕、风砂撞击痕迹、溶蚀凹坑等，可统称为刻蚀痕。

2. 胶结类型

碎屑岩中碎屑颗粒与填隙物之间的关系称为胶结类型。它首先与碎屑颗粒和填隙物的相对含量有关，其次和颗粒间的接触关系有关。

1）根据碎屑颗粒与杂基的相对含量的分类

根据碎屑颗粒和杂基的相对含量，可将胶结类型分为杂基支撑和颗粒支撑两类。杂基支撑的特点是杂基含量高，颗粒之间互相不接触。颗粒支撑的特点是杂基含量较低，颗粒之间呈点接触、线接触或面接触。

2）根据碎屑颗粒与杂基的相对含量及颗粒之间的接触关系的分类

根据碎屑颗粒与杂基的相对含量及颗粒之间的接触关系，可将胶结类型分为基底式胶结、孔隙式胶结、接触式胶结和镶嵌式胶结四种类型。基底式胶结为杂基支撑，而孔隙式胶结、接触式胶结和镶嵌式胶结都属于颗粒支撑的胶结类型（图 7－17）。

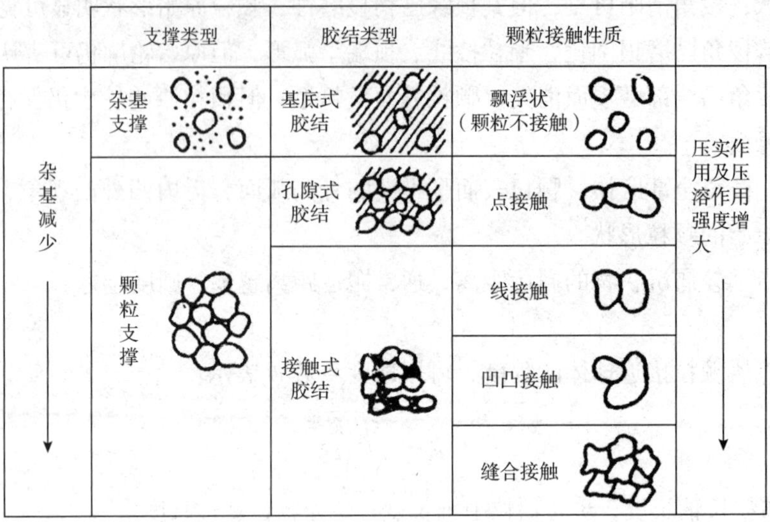

图 7－17　碎屑岩胶结类型的特征（据曾允孚等，1986）

基底式胶结：碎屑颗粒在杂基中大多彼此不相接触而呈漂浮状孤立分布。基底胶结形成于沉积期，一般反映快速堆积的重力流沉积特点。

孔隙式胶结：其大部分颗粒彼此直接接触，填隙物可以是黏土杂基，也可以是化学胶结物，反映稳定水流沉积作用或波浪淘洗作用的特征。

接触式胶结：胶结物只在颗粒接触处才出现。这种胶结方式只在比较特殊的条件下才能产生，如在干旱气候条件下形成的砂层，由于毛细管作用而使得溶液沿颗粒接触点的细缝流动、并发生矿物的沉淀作用而形成。也可以是原先具孔隙胶结的岩石在近地表处经大气水的淋滤而形成。

镶嵌式胶结：在成岩期的压实固结作用下，特别是当压溶作用明显时，砂质沉积物中的碎屑颗粒会更紧密地接触。颗粒之间由点接触发展为线接触、凹凸接触，甚至形成缝合状接触。这种颗粒直接接触构成的镶嵌式胶结，有时不易将碎屑与其硅质胶结物区分开，看起来像是没有胶结物。

3. 结构成熟度

通常将碎屑颗粒的分选、圆度及杂基含量接近极限的程度称为结构成熟度。结构接近极限的特征是：无杂基、分选好、磨圆好、球度高。

结构成熟度是碎屑岩形成过程中风化程度、搬运距离和沉积作用过程的反映，具有重要的指示意义。

三、碎屑岩的分类

在碎屑岩的结构中已提及，粒度是碎屑岩分类命名的主要依据。与碎屑颗粒粒级相对应，可将碎屑岩分为砾岩、砂岩、粉砂岩和黏土岩（泥岩）四大类，砾岩和砂岩又可进一步细分（表7-4）。

表7-4 碎屑岩的分类及特征

碎屑岩类型		主要粒级		粒径/mm	特征
砾岩	巨砾岩	砾	巨砾	>1000	砾石含量大于50%，根据砾石成分分为单成分砾岩和复成分砾岩
	粗砾岩		粗砾	100~1000	
	中砾岩		中砾	10~100	
	细砾岩		细砾	2~10	
砂岩	粗砂岩	砂	粗砂	0.5~2	砂级沉积物含量大于50%，按碎屑颗粒成分分为石英砂岩、长石砂岩和岩屑砂岩
	中砂岩		中砂	0.25~0.5	
	细砂岩		细砂	0.1~0.25	
粉砂岩	粗粉砂岩	粉砂	粗粉砂	0.05~0.1	粉砂级沉积物含量大于50%
	细粉砂岩		细粉砂	0.01~0.05	
黏土岩（泥岩）		泥		<0.01	黏土矿物含量大于50%

四、常见的碎屑岩

（一）砾岩

1. 砾岩的基本特征

砾岩指粒径大于2mm的砾石占50%以上的碎屑岩。砾岩中的碎屑颗粒以各种岩屑为主，杂基为细粒的砂、粉砂和黏土物质，胶结物为方解石、二氧化硅、氢氧化铁、黏土等。

砾岩具有重要的研究意义：可以推断物源区岩性和构造位置；可作为地层划分对比的标志层；可推断古岸线、古河床位置；可根据扁平砾石倾斜方向确定古流向。

2. 砾岩的分类

1）根据砾石圆度的分类

根据砾石的圆度，可把砾岩划分为以下两种基本类型。

砾岩：圆状和次圆状砾石含量大于50%的砾岩。

角砾岩：棱角状和次棱角状砾石含量大于50%的砾岩。角砾岩中砾石没有经过长距离搬运或原地堆积，因而具有明显的棱角；除由风化、剥蚀、搬运、沉积而成的角砾岩外，还可由构造作用（断层角砾岩）、火山作用（火山角砾岩）或化学风化作用（岩溶角砾岩）形成。

2）根据砾石大小的分类

根据砾石大小，可进一步将砾岩分为巨砾岩（粒径>1000mm）、粗砾岩（粒径100~1000mm）、中砾岩（粒径10~100mm）和细砾岩（粒径2~10mm）（表7-4）。

3）根据砾石成分的分类

按照砾岩中的砾石成分，可将砾岩分为单成分砾岩和复成分砾岩。

单成分砾岩指砾石成分相对单一，同种成分砾石含量大于75%，且多是稳定性较高的岩屑或矿屑。

复成分砾岩中砾石成分多样，但每种砾石含量均小于50%，主要取决于物源区母岩的类型及风化、剥蚀、搬运及沉积作用特征。

（二）砂岩

1. 砂岩的基本特征

砂岩指粒径在0.1～2mm的砂级碎屑颗粒占50%以上的碎屑岩，形成于河流、滨浅海、滨浅湖等沉积环境。

砂岩的结构具有典型的碎屑结构，可从粒度、分选、磨圆、球度等方面进行描述。砂岩的构造以各种层理、层面和生物成因的构造为主。

砂岩分布广泛，占沉积岩总量的约20%，可作为建材、矿床、储油层及储水层，全球约50%的油田为砂岩储层。

2. 砂岩的粒度分类

砂岩按粒度可进一步分为粗砂岩（粒径0.5～2mm）、中砂岩（粒径0.25～0.5mm）和细砂岩（粒径0.1～0.25mm）（表7－4）。

3. 砂岩的成分分类

砂岩的成分中，碎屑颗粒以石英、长石、岩屑为主，杂基以黏土、细粉砂为主，胶结物以硅质、钙质、铁质、泥质为主。石英、长石和岩屑构成砂岩成分的三个端元，它们的相对含量是砂岩分类命名的主要依据。同时，杂基也是砂岩中重要的组分，石英、长石、岩屑和杂基合称为砂岩的四组分。

1）根据杂基含量分类

砂岩分类时，首先按杂基含量分为杂砂岩（杂基＞15%）和净砂岩（杂基＜15%）。

平常所见的砂岩多为净砂岩。通常所说的砂岩，如果没有特殊说明，均为净砂岩。

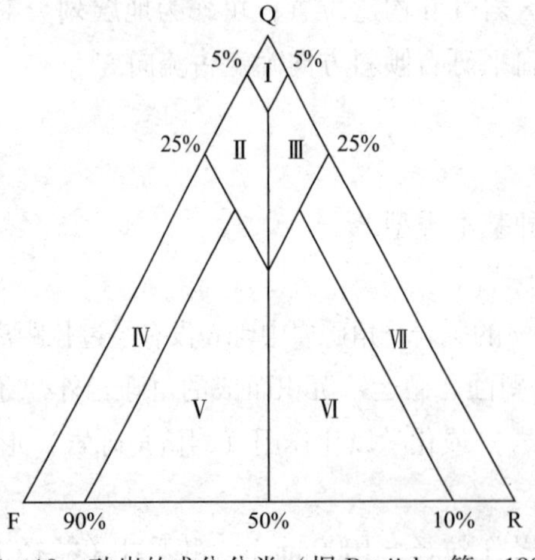

图7－18　砂岩的成分分类（据Pettijohn等，1987）

Ⅰ—石英砂岩；Ⅱ—长石质石英砂岩；Ⅲ—岩屑质石英砂岩；Ⅳ—长石砂岩；Ⅴ—岩屑质长石砂岩；Ⅵ—长石质岩屑砂岩；Ⅶ—岩屑砂岩

2）根据石英（Q）、长石（F）、岩屑（R）的相对含量分类

按照石英（Q）、长石（F）、岩屑（R）的相对含量，可将砂岩分为石英砂岩类、长石砂岩类和岩屑砂岩类三大类（图7－18、表7－5）。石英砂岩类包括石英砂岩，长石质石英砂岩和岩屑质石英砂岩，长石砂岩类包括长石砂岩和岩屑质长

石砂岩，岩屑砂岩类包括岩屑砂岩和长石质岩屑砂岩。

表7-5 砂岩的成分分类表

岩类	岩石	碎屑颗粒含量,%			
		石英（Q）	长石（F）	岩屑（R）	
石英砂岩类	石英砂岩	>90	<5	<5	
	长石质石英砂岩	50~95	5~25	<F	F>R
	岩屑质石英砂岩	50~95	<R	5~25	R>F
长石砂岩类	长石砂岩	<75	>25	<10	
	岩屑质长石砂岩	<75	25~90	10~50	F>R
岩屑砂岩类	岩屑砂岩	<75	<10	>25	
	长石质岩屑砂岩	<75	10~50	25~90	R>F

4. 常见的砂岩及其特征

石英砂岩：石英含量在90%以上，可含少量长石和燧石岩屑（二者之和不超过10%），胶结物多为硅质，颜色多为灰白色，若含海绿石则为灰绿色，通常由多旋回再沉积形成，成分成熟度和结构成熟度均高。

长石质石英砂岩：是石英砂岩和长石砂岩的过渡类型，石英含量50%~95%，长石含量5%~25%，岩屑含量小于长石含量。

岩屑质石英砂岩：是石英砂岩和岩屑砂岩的过渡类型，石英含量50%~95%，岩屑含量5%~25%，长石含量小于岩屑含量。

长石砂岩：石英含量小于75%，长石含量大于25%，岩屑含量小于10%。一般为红色，也有浅黄色，风化后可呈浅灰色或灰白色，长石主要为钾长石和微斜长石，重矿物含量可达1%以上，除了锆石、金红石、电气石等稳定性高的重矿物外，还有磷灰石、独居石、榍石、角闪石等稳定性较差的重矿物。常含黏土杂基，胶结物常为钙质，有时为铁质。砂粒通常较粗，常为中—粗粒，分选和圆度变化大。长石砂岩的形成需要富含长石的花岗质母岩和快速堆积的条件。

岩屑质长石砂岩：石英含量小于75%，长石含量25%~90%，岩屑含量25%~50%，长石含量大于岩屑含量，特征与长石砂岩相似。

岩屑砂岩：石英含量小于75%，长石含量小于10%，岩屑含量大于25%。颜色一般为浅灰色、灰绿色或灰黑色等，岩屑成分复杂，主要取决于母岩；重矿物的种类和含量变化大，常为普通辉石、普通角闪石等不稳定组分，分选、圆度均不好，杂基含量少。岩屑砂岩一般形成于构造运动剧烈时期，由母岩遭受强烈的物理风化、短途的搬运、快速沉积而成。

长石质岩屑砂岩：石英含量小于75%，长石含量10%~50%，岩屑含量25%~90%，岩屑含量大于长石含量，特征与岩屑砂岩相似。

杂砂岩：凡杂基含量多于15%的、分选不好、泥沙混杂的砂岩均属此类。它的进一步分类和命名原则与净砂岩相同。杂砂岩一般呈暗灰色或黑色，富含石英，有不同比例的长石和岩屑，通常有少量云母碎屑。碎屑大小不等，包括砂或细砾以至细小质点的所有粒级，分选差，磨圆度不好，碎屑颗粒一般具尖锐棱角状。富含杂基是杂砂岩的基本特征，碎屑颗粒可被泥质杂基隔开，呈杂基支撑结构。杂砂岩是构造活动带中常见的一类碎屑岩，形成于快速的剥蚀、搬运及沉积环境。

（三）粉砂岩

粉砂岩指粒径在0.01~0.1mm的粉砂级碎屑颗粒占50%以上的碎屑岩，成分以石英为主，长石其次，岩屑较少，泥质含量高，重矿物含量高，形成于河流、浅海、半深湖等环境。

粉砂岩依粒度可进一步分为粗粉砂岩（粒径0.05~0.1mm）和细粉砂岩（粒径0.01~0.05mm）两类。

粉砂岩是经过较长距离搬运，在稳定的水动力条件下缓慢沉降形成，其分选性通常较好，但磨圆性较差，发育各种层理构造。

（四）黏土岩

黏土岩指粒径小于0.01mm的泥级碎屑颗粒占50%以上的碎屑岩，又称为泥质岩。黏土岩成分以黏土矿物为主，其次为陆源碎屑矿物、化学沉淀的非黏土矿物及有机质，通常形成于河流、海洋、半深湖—深湖等环境。

根据页理发育与否，可将黏土岩划分为页岩和泥岩两类。页岩发育页理构造，而泥岩不发育。依据黏土矿物成分，可将黏土岩分为高岭石黏土岩、蒙脱石黏土岩、伊利石黏土岩和海泡石黏土岩等类型。依据混入物成分，可将黏土岩分为钙质黏土岩、铁质黏土岩、硅质黏土岩以及碳质黏土岩、油页岩等。

黏土岩是沉积岩中分布最广的一类，约占沉积岩总量的60%左右。它又是重要的一类生油岩，我国许多大型油气田的生油岩多为黏土岩，且由于它的渗透率极差，还可作为良好的盖层。此外，黏土岩中还含有可燃冰、某些稀有及稀土元素等，故研究黏土岩具有重要的实际意义。同时，研究黏土岩对于了解沉积岩的成因、古沉积环境等具有重要的理论意义。

第四节　火山碎屑岩

火山碎屑岩是火山碎屑物质含量大于50%（一般大于90%），介于火山岩和碎屑岩之间的一类岩石。火山碎屑岩具有重要的研究意义，表现在三个方面：通常形成于火山喷发时期，可以了解火山活动情况；常在正常沉积岩中形成夹层，对地层的划分和对比具有重要意义；富含矿产资源，也可作为油气储层。

一、火山碎屑岩的物质成分

火山碎屑物质按其组成及结晶状况分为岩屑（岩石碎屑）、晶屑（晶体碎屑）和玻屑（玻璃碎屑）三种。此外，还有一些其他的物质成分，如正常沉积物、熔岩物质等。

1. 岩屑

岩屑形状多样，大小不一，直径由不足1mm至1m以上。依其物态可分为刚性及塑性两种。

刚性岩屑：由已凝固的熔岩或火山基底、管道的围岩在火山爆发时被冲碎而成。

塑性岩屑：由塑性、半塑性熔浆在喷发后不久发生塑变而成。塑性熔浆团喷至空中，在空中旋转时，可形成纺缍锤状、椭球状、麻花状、陀螺状、梨状等形状的岩屑，表面有旋扭纹理和裂隙，称为火山弹（图7-19）。一些可塑性岩浆由于喷发高度不高，堆积时尚未凝固，在上覆堆积物的压力下压扁拉长，可形成透镜状或火焰状的火焰石（图7-20）。

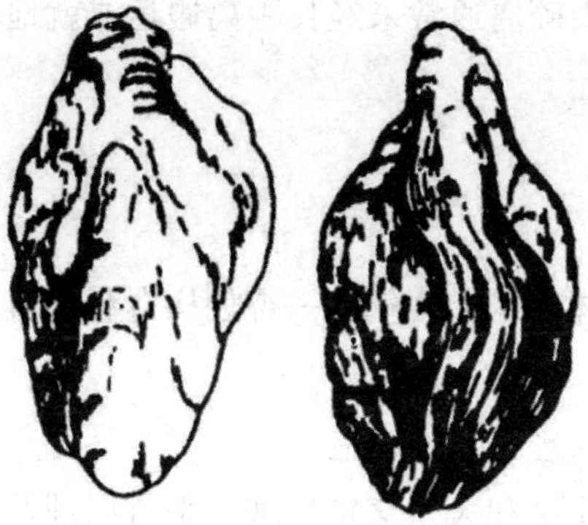

图7-19 火山弹（山西大同）

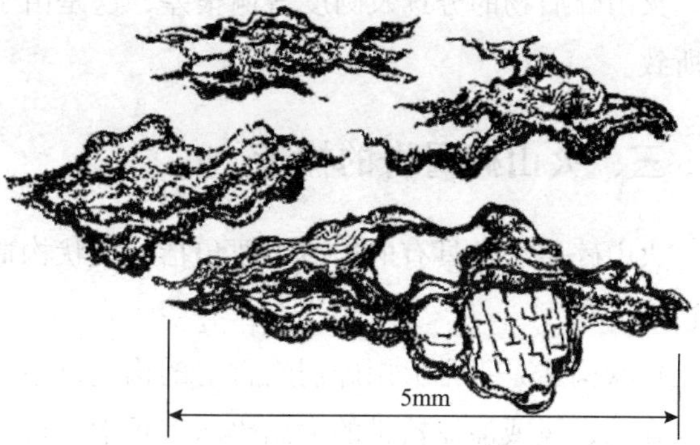

图7-20 塑性浆屑（河北下花园）

2. 晶屑

晶屑多为早期析出的斑晶随熔浆炸碎而成，大小一般不超过2~3mm，常呈棱角状，有时也保持原来的部分晶形，其成分多为石英、长石、黑云母、普通角闪石、普通辉石等。石英晶屑表面极为光洁，具不规则裂纹及港湾状溶蚀外形。长石晶屑主要为透长石、酸性至基性斜长石，有较高自形程度，可见沿解理破裂及明显的裂纹。黑云母和普通角闪石晶屑常具弯曲、断裂及暗化现象。普通辉石晶屑主要出现在偏基性的火山碎屑岩中。

3. 玻屑

玻屑通常大小在0.01~0.1mm之间，很少超过2mm。0.01~2mm者称火山灰，小于0.01mm者称火山尘。

刚性玻屑有弧面棱角状和浮石状两种。前者较为普遍，形状多样，显微镜下常呈弓形、弧形、镰刀形、月牙形、鸡骨状、管状、海绵骨针状、不规则尖角状等。后者不太常见，是没有彻底炸碎的弧面棱面状玻屑，内部保留较多的气孔，状如浮石，在中基性火山碎屑岩中较为常见。塑性玻屑是炽热的玻屑在上覆火山碎屑物的重压下，彼此压扁拉长叠置定向排列，且相互粘连熔结在一起而成。

二、火山碎屑岩的结构

1. 火山碎屑岩的结构类型

对于火山碎屑，目前通常依粒级划分为：火山集块（>100mm）、火山角砾（2~100mm）、火山灰（0.01~2mm）和火山尘（<0.01mm）四个等级。根据构成火山碎屑岩

中火山碎屑的粒度，可将火山碎屑岩的结构分为：集块结构（火山集块 >50%）、火山角砾结构（火山角砾 >75%）和凝灰结构（火山灰 >75%）三个级别。

此外，根据火山碎屑的形态特点，还有塑变碎屑结构（主要由塑变碎屑组成）、碎屑熔岩结构（基质为熔岩结构）、沉凝灰结构（指混入正常沉积物表现出的特征），以及凝灰砂状、凝灰粉砂状、凝灰泥状等过渡类型结构等。

2. 火山碎屑物的分选和圆度

火山碎屑物的分选及圆度普遍很差，这是由于火山碎屑通常未经长距离搬运或就地堆积所致。

三、火山碎屑岩的构造

火山碎屑岩常具有的构造主要包括：块状构造、层理构造、气孔—杏仁构造和假流纹构造等。

块状构造是正常火山碎屑岩常有的构造，不具有层理等其他构造。

在水、风或浊流挟带的火山碎屑沉积中，可出现小型和大型交错层理、平行层理及递变层理。

火山碎屑熔岩类中常见气孔—杏仁构造，与正常火山岩的气孔、杏仁构造类似。

假流纹构造是由压扁拉长的塑性玻屑和塑性岩屑定向排列形成，常出现在流纹质熔结凝灰岩中，其中塑性玻屑可见燕尾状分叉，刚性碎屑边部可见塑变不强的弧面棱角状外形，由于其特征与流纹构造相似但成因不同，因此称为假流纹构造。假流纹构造延伸不远，一般无气孔及杏仁体等，有别于流纹构造。

四、火山碎屑岩的分类

地质学上将火山碎屑含量在10%以上的岩石统称为火山碎屑岩，这是广义的火山碎屑岩类，其分类和命名原则如下。

（1）首先根据物质来源和生成方式，划分为火山碎屑岩类型、向熔岩过渡类型和向沉积岩过渡类型三种成因类型，这里的火山碎屑岩指火山碎屑含量在90%以上的岩石，称为狭义的火山碎屑岩。

（2）再根据碎屑物质相对含量和固结成岩方式，划分为火山碎屑熔岩、熔结火山碎屑岩、火山碎屑岩、沉火山碎屑岩和火山碎屑沉积岩五种岩类。

（3）再根据碎屑粒度和各粒级组分的相对含量，划分为集块岩、火山角砾岩和凝灰岩三个基本种属，它们之间的过渡类型如凝灰角砾岩、角砾凝灰岩等。

（4）最后以火山碎屑物态、成分、构造等依次作为形容词对岩石进行命名，如晶屑凝灰岩、流纹质晶屑凝灰岩，含火山球流纹质玻屑凝灰岩等。次生变化也常作为命名的形容词，如硅化凝灰岩、蒙脱石化凝灰岩、沸石化凝灰岩和变质流纹质晶屑凝灰岩等（表7-6）。

表 7-6 火山碎屑岩的分类

大类	向熔岩过渡类型	火山碎屑岩		向沉积岩过渡类型	
岩类	火山碎屑熔岩	熔结火山碎屑岩	火山碎屑岩	沉火山碎屑岩	火山碎屑沉积岩
火山碎屑含量	10%~90%	>90%		50%~90%	10%~50%
结构	碎屑熔岩结构	熔结结构	火山碎屑结构	沉火山碎屑结构	凝灰沉积结构
构造	流动构造	假流纹构造	块状构造	层理构造	层理构造
>100mm	集块熔岩	熔结集块岩	集块岩	沉集块岩	凝灰质砾岩
2~100mm	角砾熔岩	熔结火山角砾岩	火山角砾岩	沉火山角砾岩	
<2mm	凝灰熔岩	熔结凝灰岩	凝灰岩	沉凝灰岩	凝灰质砂岩、凝灰质粉砂岩
成岩方式	熔岩胶结	熔浆胶结	压实、胶结	化学沉积物及黏土胶结	

五、火山碎屑岩的基本类型及特征

1. 火山碎屑熔岩类

是火山碎屑岩向熔岩过渡的一个类型，熔岩基质中可含 10%~90% 的火山碎屑物质。具碎屑熔岩结构，熔岩基质中可含数量不等的斑晶，呈斑状结构，通常具流动构造或气孔、杏仁构造。火山碎屑主要是晶屑及部分岩屑，玻屑少见。当成分相近时，往往不易区分岩屑与熔岩基质，而被误认为是熔岩。按主要粒级，可将火山碎屑熔岩类划分为集块熔岩、角砾熔岩和凝灰熔岩。

2. 熔结火山碎屑岩类

是以熔结方式而形成的一类火山碎屑岩。火山碎屑物质达 90% 以上，其中以塑变碎屑为主，主要产于火山颈、破火山口、火山构造洼地和巨大的火山碎屑流中。

较粗粒的熔结集块岩和熔结角砾岩主要分布于火山口附近，分布较为局限。而细粒的熔结凝灰岩分布很广，可组成厚层的火山碎屑岩层，它主要由塑性玻屑和岩屑组成，也有一定数量的晶屑，具熔结结构、假流纹构造，碎屑以相互熔结的方式成岩。

根据火山碎屑粒度，可将熔结火山碎屑岩类进一步划分为熔结集块岩、熔结角砾岩和熔结凝灰岩。

3. 火山碎屑岩类

指狭义的火山碎屑岩类，火山碎屑占有 90% 以上，经压实作用成岩。按粒度大小，可分为火山集块岩、火山角砾岩和凝灰岩。

火山集块岩：具集块结构，由火山弹及熔岩碎块堆积而成，也常混入一些火山管道围岩碎屑，一般未经过搬运而呈棱角状，由细粒级角砾、岩屑、晶屑及火山灰充填压实胶结成岩。多分布于火山通道附近构成火山锥，或充填于火山通道之中。

火山角砾岩：主要由大小不等的火山角砾组成，分选差，不具层理，通常被火山灰充填，并经压实胶结成岩，多分布在火山口附近。

凝灰岩：主要由火山灰组成，根据其物质组成及相对含量，可进一步划分为玻屑凝灰岩、晶屑凝灰岩和岩屑凝灰岩。

4. 沉火山碎屑岩类

是火山碎屑岩与正常沉积岩间的过渡类型，火山碎屑物质含量50%～90%，其他为正常沉积物质，经压实作用和水化学物质胶结成岩。常显层理，故有时也称层火山碎屑岩类。它与陆源火山碎屑沉积物的区别是新鲜、棱角明显、无明显磨蚀边缘及风化边缘。正常沉积物除陆源砂泥外，还可有化学及生物化学组分，以及生物碎屑等。

5. 火山碎屑沉积岩类

以正常沉积物为主，火山碎屑物质占10%～50%，岩性特征与正常的沉积岩基本相同。当碎屑物质主要是陆源的砂时，称为凝灰质砂岩；主要为泥时，称凝灰质泥岩；主要为碳酸盐时，称凝灰质石灰岩或凝灰质白云岩等一系列过渡类型岩石。

第五节　碳酸盐岩

碳酸盐岩指主要由沉积的碳酸盐矿物组成的沉积岩，包括石灰岩和白云岩两类基本的岩石类型。碳酸盐岩占沉积岩总量的20%～25%，在中国占沉积岩出露面积的55%，是重要的矿产资源及油气的储集层。

一、碳酸盐岩的物质成分

1. 碳酸盐岩的化学成分

碳酸盐岩的化学组成相对简单，以碳酸钙和碳酸镁为主。石灰岩以$CaCO_3$为主，白云岩以$CaCO_3$和$MgCO_3$为主。若以氧化物计，主要化学成分有：CaO、MgO及CO_2，其余氧化物有SiO_2、TiO_2、Al_2O_3、FeO、Fe_2O_3、K_2O、Na_2O、H_2O等。石灰岩中CaO占42.61%，MgO占7.90%，CO_2占41.58%，SiO_2占5.19%，其他氧化物仅占2.72%。白云岩如果单由白云石所组成，其主要化学成分为：CaO占30.4%，MgO占21.8%，CO_2占47.8%。

碳酸盐岩中SiO_2的含量与黏土、陆源石英以及硅质生物和燧石的存在有关；Al_2O_3含量较高，也和黏土有关；随着黏土矿物的出现，K_2O、Na_2O和H_2O也高于正常值；Fe_2O_3与P_2O_5的出现分别与铁质矿物及胶磷矿有关；如果出现较多的SO_2，则可能与黄铁矿或石膏及硬石膏有关。

另外，碳酸盐岩中经常有含某些微量元素，如Sr、Ba、Rb、V、Ni等，根据元素含量及其比值，可作为判别沉积环境的标志。

2. 碳酸盐岩的矿物成分

碳酸盐岩中的矿物可分为三种类型：碳酸盐矿物、陆源碎屑混入物和非碳酸盐的自生矿物。

碳酸盐矿物：碳酸盐岩中的碳酸盐矿物主要是低镁方解石、高镁方解石、文石、白云石、菱镁矿、菱铁矿、菱锰矿等。

陆源碎屑混入物：碳酸盐岩中的陆源碎屑混入物主要是石英、长石和黏土等。碳酸盐岩中可含泥质，随着泥质含量的增加可向黏土岩过渡。例如野外常见的泥灰岩，它就是含有25% ~50%黏土矿物的一种石灰岩，它质地细腻，风化面光滑，滴加稀盐酸后除起泡外，尚有泥质沉淀物出现，多呈薄层状层理。

非碳酸盐的自生矿物：碳酸盐岩中的非碳酸盐的自生矿物主要是海绿石、黄铁矿、石膏、硬石膏及自生的石英、长石等。

二、碳酸盐岩的结构

根据成因，可将碳酸盐岩的结构分为：晶粒结构、粒屑结构和生物骨架结构三种类型。

（一）晶粒结构

晶粒是指结晶物质在生长过程中，由于受到外界空间的限制，未能发育成具有规则形态的晶体，而只是结晶成颗粒状的矿物。碳酸盐岩的晶粒是在化学作用和生物化学作用下，碳酸盐溶质过饱和沉淀、结晶形成。晶粒结构是结晶灰岩等化学岩常有的结构类型。

按照晶粒大小，可将晶粒结构分为四级：砾晶：>2mm；砂晶：0.1 ~2mm；粉晶：0.01 ~0.1mm；泥晶：<0.01mm。

（二）粒屑结构

粒屑是在盆地内部由化学作用、生物作用和波浪、流水的机械作用形成的“碎屑状”碳酸盐沉积物，相当于碎屑岩中的碎屑颗粒。粒屑结构非常类似于碎屑岩的碎屑结构，其基本构成包括颗粒、泥晶基质、胶结物和孔隙四个部分。

1. 颗粒

按颗粒组成和成因，颗粒类型包括内碎屑、生物碎屑、鲕粒、团粒和藻粒等。

1）内碎屑

内碎屑是由弱固结的碳酸盐沉积物，经波浪、潮汐等水流作用冲刷、破碎、搬运、再沉积形成的颗粒，指示浅水、水动力强的环境，依大小可分为：砾屑：粒度>2mm；砂屑：粒度0.1 ~2mm；粉屑：粒度0.01 ~0.1mm；泥屑：粒度<0.01mm。

2）生物碎屑

生物碎屑主要包括破碎的生物化石碎屑或微体化石（<2mm），如珊瑚碎块、纺锤虫等，又称骨屑。

3）鲕粒

鲕粒是由核心和包壳组成的球形或椭球形颗粒（<2mm），核心可以是陆源碎屑、内碎屑、生物碳酸盐等，包壳由化学沉淀形成的微晶碳酸盐，又称同心层。若特征与鲕粒相

似而粒径大于2mm者，称为豆粒。

鲕粒通常形成于温暖的浅海，水体动荡、海水中碳酸钙过饱和，并有作为鲕粒核心的陆源碎屑或内碎屑、生物碳酸盐颗粒等质点存在条件下的潮汐砂坝和潮汐三角洲等高能沉积环境。鲕粒灰岩在野外较常见，颜色为灰色、深灰色，鲕粒含量常在50%以上，填隙物为亮晶或隐晶方解石，有时发育层理构造。

4）团粒

团粒又称为球粒，是由微晶碳酸盐矿物组成的表面光滑、内部均一的球形或卵形颗粒，粒径一般为0.3～0.01mm，其形成通常与生物尤其是藻类的活动有关。

5）藻粒

藻粒是与藻类有成因联系的颗粒，主要包括藻鲕、藻包粒、藻团块等。

藻鲕是在藻类参与下形成的鲕粒，其同心层是通过藻丝体黏结灰泥形成的，形成机制类似叠层石，鲕粒大小多在1～2mm，与正常鲕粒的区别在于其同心层多呈波状或梅花状且厚度变化大。

藻包粒又称为核形石，呈大小不等、外形不规则、具同心层的球形颗粒，同心层由藻类吸附碳酸盐沉积物而形成，因而富含有机质。核形石的成因与藻鲕相似，但其粒径较大，多大于2mm，一般为10～20mm。

藻团块是由藻类黏结生长的颗粒，但不具有同心层，外形不规则，粒径一般大于2mm。

2. 泥晶基质

泥晶基质，简称泥，指泥级的碳酸盐质点，与碎屑岩中的杂基相当，通常小于0.03mm，充填于颗粒之间。泥晶基质通常由机械破碎、化学沉淀或生物化学沉积形成，其含量高通常代表低能环境。

泥晶基质按其成分分为灰泥和云泥，灰泥成分为方解石，而云泥成分是白云石。

3. 胶结物

胶结物是沉淀于颗粒之间的结晶方解石或其他矿物，颗粒一般大于0.01mm，由于其晶体清洁明亮，故称亮晶方解石或亮晶等，形成于水体能量较强的条件下。

（三）生物骨架结构

由原地生长的群体生物（如珊瑚、苔藓、海绵、层孔虫等）的钙质骨架和伴生的生物化学组分构成的结构，常见于礁灰岩中。

此外，一些藻类的黏液可吸附其他碳酸盐组分，如灰泥、颗粒、生物碎屑等，从而形成黏结格架，如叠层石。

三、碳酸盐岩的构造

在碎屑岩中常见的层理构造和层面构造在碳酸盐岩中均可出现，但不是碳酸盐岩中常见的沉积构造。碳酸盐岩的构造以化学成因和生物成因的构造为主，常见的沉积构造类型主要有叠层构造、缝合线构造、生物骨架构造、鸟眼构造、示顶底构造等，请参考本章第二节。

四、碳酸盐岩的结构成因分类

（一）碳酸盐岩的成分分类

依据碳酸盐岩主要的矿物组成，即方解石与白云石的相对含量，碳酸盐岩可分为石灰岩和白云岩两大类，它们之间可划分出一系列过渡类型：石灰岩—含白云质灰岩—白云质灰岩—灰质白云岩—含灰质白云岩—白云岩等。

石灰岩：方解石含量大于50%的碳酸盐岩。进一步细分出石灰岩（方解石含量大于95%，白云石含量小于5%）、含白云质灰岩（方解石含量75%～95%，白云石含量5%～25%）、白云质灰岩（方解石含量50%～75%，白云石含量25%～50%）。

白云岩：白云石含量大于50%的碳酸盐岩。进一步细分出白云岩（白云石含量大于95%，方解石含量小于5%）、含灰质白云岩（白云石含量75%～95%，方解石含量5%～25%）、灰质白云岩（白云石含量50%～75%，方解石含量25%～50%）。

（二）石灰岩的结构分类

根据石灰岩的结构，可将石灰岩分为三种基本类型：颗粒—灰泥石灰岩、晶粒石灰岩和生物格架石灰岩（表7－7）。

表7－7　石灰岩的结构分类（据姜在兴，2003）

<table>
<tr><td colspan="3" rowspan="2"></td><td rowspan="3">灰泥/%</td><td rowspan="3">颗粒/%</td><td colspan="5">颗粒</td><td rowspan="2">晶粒</td><td rowspan="2">生物格架</td></tr>
<tr><td>内碎屑</td><td>生物颗粒</td><td>鲕粒</td><td>球粒</td><td>藻粒</td></tr>
<tr><td rowspan="6">Ⅰ颗粒—灰泥石灰岩</td><td rowspan="3">Ⅰ（1）颗粒石灰岩</td><td>Ⅰ（2）颗粒石灰岩</td><td>内碎屑石灰岩</td><td>生粒石灰岩</td><td>鲕粒石灰岩</td><td>球粒石灰岩</td><td>藻粒石灰岩</td><td rowspan="6">Ⅱ晶粒石灰岩</td><td rowspan="6">Ⅲ生物格架石灰岩</td></tr>
<tr><td>含灰泥颗粒石灰岩</td><td>10</td><td>90</td><td>含灰泥内碎屑石灰岩</td><td>含灰泥生粒石灰岩</td><td>含灰泥鲕粒石灰岩</td><td>含灰泥球粒石灰岩</td><td>含灰泥藻粒石灰岩</td></tr>
<tr><td>灰泥质颗粒石灰岩</td><td>25</td><td>75</td><td>灰泥质内碎屑石灰岩</td><td>灰泥质生粒石灰岩</td><td>灰泥质鲕粒石灰岩</td><td>灰泥质球粒石灰岩</td><td>灰泥质藻粒石灰岩</td></tr>
<tr><td>颗粒质石灰岩</td><td>颗粒质灰泥石灰岩</td><td>50</td><td>50</td><td>内碎屑质灰泥石灰岩</td><td>生粒质灰泥石灰岩</td><td>鲕粒质灰泥石灰岩</td><td>球粒质灰泥石灰岩</td><td>藻粒质灰泥石灰岩</td></tr>
<tr><td>含颗粒石灰岩</td><td>含颗粒灰泥石灰岩</td><td>75</td><td>25</td><td>含内碎屑灰泥石灰岩</td><td>含生粒灰泥石灰岩</td><td>含鲕粒灰泥石灰岩</td><td>含球粒灰泥石灰岩</td><td>含藻粒灰泥石灰岩</td></tr>
<tr><td>无颗粒石灰岩</td><td>灰泥石灰岩</td><td>90</td><td>10</td><td>灰泥石灰岩</td><td>灰泥石灰岩</td><td>灰泥石灰岩</td><td>灰泥石灰岩</td><td>灰泥石灰岩</td></tr>
</table>

1. 颗粒—灰泥石灰岩

此类石灰岩具有粒屑结构，可根据颗粒和灰泥的相对含量进一步细分。

2. 晶粒石灰岩

此类石灰岩具有晶粒结构，根据晶粒大小进一步分为粗晶、中晶、粉晶、泥晶石灰岩。

3. 生物格架石灰岩

此类石灰岩又称为礁灰岩，具有生物骨架结构，含有原地的生物格架组分。

（三）白云岩的成因分类

当前自然界以化学沉淀结晶形成的白云岩相当少见，因此古代白云岩的成因始终是沉积岩石学的一个难题，而白云岩的分类主要依据其成因。

1. 白云岩的成因分类

按成因，可将白云岩分为原生白云岩和次生白云岩。

1）原生白云岩

原生白云岩是直接沉淀白云石而形成的白云岩。现代碳酸盐沉积物中鲜有以化学沉淀的方式直接从水体中沉积白云石的报道，澳大利亚南部考龙澙湖中的原生白云石是为数不多的实例。白云石原生沉淀的条件要求比较苛刻：①高盐度：比正常海水盐度高 5 ~ 8 倍；②高 Mg/Ca 比：（5∶1）~（10∶1）；③高 pH 值：碱性—弱碱性；④高温：30℃左右；⑤沉积环境：澙湖、咸化海、局限海环境。因此，这种类型的白云岩在自然界较为少见。

2）次生白云岩

常见的白云岩多为次生成因，主要是石灰岩发生白云岩化作用形成的。按照其形成阶段，进一步分为同生白云岩、准同生白云岩、成岩白云岩和后生白云岩。

同生白云岩：刚沉积的碳酸钙沉积物在沉积环境中，在其沉积水体的影响下，在沉积物和水体的界面处，通过白云化作用生成的白云岩。这类白云岩可以算为沉积期形成的白云岩，但不是化学沉积直接形成的白云岩。

准同生白云岩：指沉积后不久的碳酸钙沉积物基本上脱离其沉积的水体，不再受其沉积水体的影响，通过白云岩化作用而生成的白云岩。这类白云岩可通过潮上带毛细管浓缩作用或蒸发泵作用形成。

成岩白云岩：指碳酸钙沉积物在其成岩作用过程中，由白云化作用生成的白云岩。这类白云岩可通过回流渗透白云化作用、混合白云化作用或调整白云化作用形成。

后生白云岩：指石灰岩形成以后，由白云化作用生成的白云岩。这类白云岩可通过回流渗透白云化作用、混合白云化作用、调整白云化作用、热液作用和变质作用形成。

2. 白云岩的成因机制

通常认为白云岩是由石灰岩中方解石部分或全部被白云石交代而形成的，这种作用称为白云岩化作用。白云岩化作用的机理主要有以下几种。

1）毛细管浓缩作用

在现代热带地区气候干燥的潮坪上，刚沉积不久的碳酸钙沉积物主要是文石，沉积物里充满了粒间水。随着蒸发作用的持续进行，海水可以通过毛细管作用持续补给粒间水，沉积物中的粒间水盐度不断上升，逐渐变成盐水，从这些盐水中首先结晶出石膏。石膏的沉积，造成粒间水或表层积水的 Mg/Ca 比值大大提高。这种高镁的粒间水与文石颗粒相接触，就会造成文石被交代，转变为白云石，这就是毛细管浓缩作用，又称为蒸发泵作用［图 7－21（a）］。

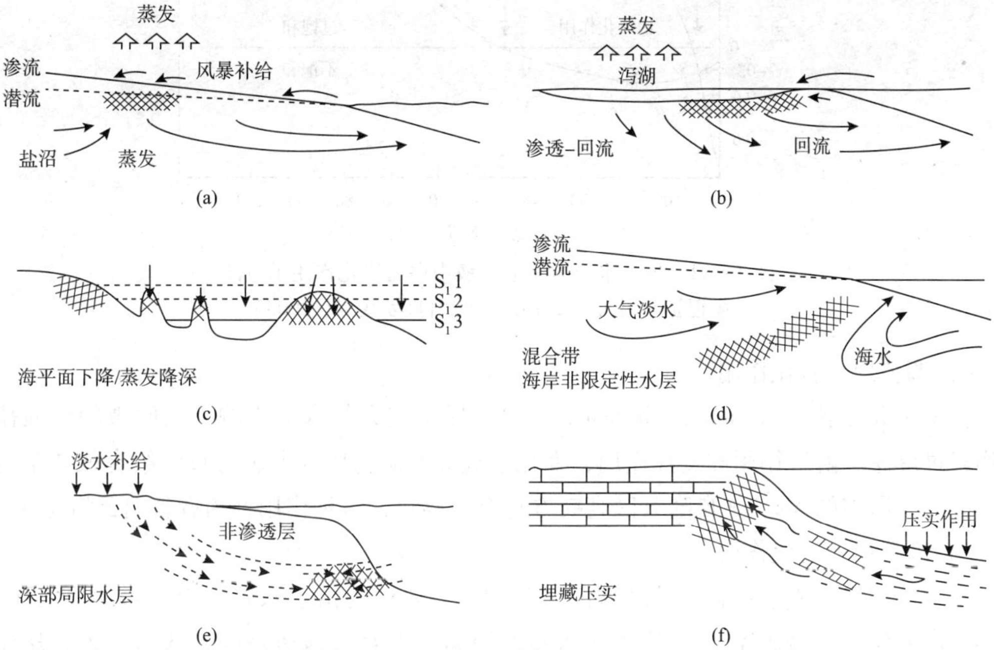

图 7－21　白云岩化作用示意图（据 Tucker，1991；转引自姜在兴，2003）
图中打网格者表示白云岩，1、2、3 代表海平面变化阶段

由于毛细管浓缩作用形成的白云岩是在沉积物刚脱离沉积环境就发生白云岩化作用形成的，因此这种白云岩化作用又称为准同生白云岩化作用，形成的白云岩称为准同生白云岩。

2）回流渗透白云岩化作用

潮上带高镁粒间盐水对表层沉积物的白云岩化基本完成后，产生这种高镁盐水的地质条件如果持续存在，多余的高镁盐水必然会向下回流、渗透，就会使较深部位的碳酸钙沉积物或石灰岩发生白云岩化，从而形成白云岩或白云质灰岩［图 7－21（b）、（c）］。

3）混合白云岩化作用

巴迪奥扎曼尼（Badiozamani，1973）用实验方法证明在大气水与正常海水的混合液中，当海水浓度为 5%～50% 时，白云石为过饱和状态，而方解石不饱和，将发生方解石被白云石交代的作用（图 7－22），这种作用称为混合白云岩化作用。由于这种白云岩化作用不需要强烈的蒸发作用和高镁盐水，因此其发生不局限于低纬度的干旱地区，其应用也就更为普遍。巴迪奥扎曼尼用这一机理解释了美国威斯康辛中奥陶统大面积出露白云岩的成因［图7－21（d）、（e）］。

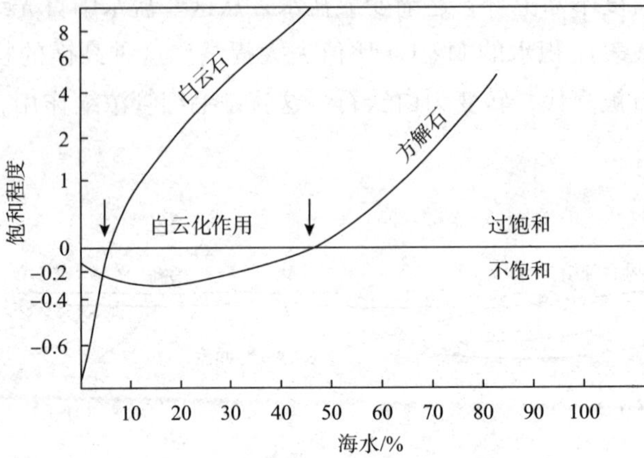

图7－22　地下水与海水混合液中白云岩化作用示意图
（据巴迪奥扎曼尼，1973；转引自姜在兴，2003）

4）调整白云岩化作用

古德尔和加曼（Goodell和Garman，1969）提出在大气水的影响下，原来的碳酸盐沉积物经过淋滤、溶解作用和交代作用，在化学成分及矿物成分上进行重新组合或调整可形成白云石，所需的Mg^{2+}来自隆升区高镁方解石的溶解，这种作用称为调整白云岩化作用。

5）埋藏白云岩化作用

很多白云岩形成于灰岩层被埋藏的过程中，一般认为由于深海沉积泥岩的压实作用，使黏土矿物转化，释放Mg^{2+}，流体在压实作用驱动下对台地边缘的石灰岩侵入，从而发生白云岩化［图7－21（f）］。

6）生物白云岩化作用

现代生物只有海胆可直接生成白云石，而很多生物（如藻类）可沉淀出高镁方解石。在成岩作用过程中，高镁方解石中的Mg^{2+}释放出来，从而形成富镁的粒间水，可使石灰岩发生调整白云岩化作用。

五、常见的碳酸盐岩

1. 结晶灰岩

成分以方解石为主，具晶粒结构，滴加稀盐酸会剧烈起泡，是烧制水泥和石灰的主要原料。

2. 白云岩

以白云石为主（大于50%），常含方解石、黏土混入物，通常具晶粒结构，野外剖面上常呈刀砍纹。

3. 竹叶状灰岩

又称砾屑灰岩，砾屑呈饼状或长椭球形，剖面上砾屑形似竹叶；砾屑圆度高，大小不一，砾屑表面常有一层紫色氧化铁膜；砾屑由碳酸盐软泥因海退露出水面，干裂成泥块，再经潮水冲刷、磨蚀而成。

4. 生物碎屑灰岩

具粒屑结构，颗粒为生物碎屑，生物碎屑含量大于30%；胶结物是泥晶、隐晶或亮晶方解石；可按所含化石命名，如纺锤虫灰岩、海百合灰岩等。

5. 鲕粒灰岩

具粒屑结构，颗粒为鲕粒，鲕粒含量在50%以上，填隙物为亮晶或隐晶方解石，形成于温暖浅水、搅动剧烈、碳酸钙过饱和、富含碎屑物质的水体中。

6. 叠层石灰岩

通常具生物骨架结构、叠层构造、主要由藻类生长过程中吸附碳酸盐颗粒逐层生长形成。

7. 泥灰岩

石灰岩中含有25%～50%的黏土矿物时称为泥灰岩，岩石质地细腻，风化面光滑，在岩石裂缝中常有风化残留的黏土物质。滴加稀盐酸后除起泡外，尚有泥质沉淀物出现。多呈薄层状层理。

第六节　岩石的转变

一、三大类岩石的分布

在地表，沉积岩覆盖面积较广占75%，尤其是海底几乎完全被沉积物覆盖，而岩浆岩和变质岩的分布仅占25%。但在整个地壳的体积中，沉积岩占5%，而岩浆岩和变质岩占95%。这是由于沉积岩主要出露在地表或近地表，而岩浆岩和变质岩通常埋藏较深。

二、三大类岩石的鉴定及识别特征

三大类岩石均有其自身特征性的鉴定和识别特征，概括如下。

岩浆岩：由岩浆冷凝结晶形成，通常结构致密，矿物结晶形态多不规则。侵入岩常具有中粗粒结构，块状构造；喷出岩常具有斑状结构或隐晶质结构，发育气孔构造、杏仁构造或流纹构造。

变质岩：变质重结晶和变质结晶作用通常造成矿物颗粒比较粗大，在定向压力作用下，变质岩矿物通常具有定向排列的片理构造，如板状构造、千枚状构造、片状构造和片麻构造等。

沉积岩：通常在水中形成，结构较为疏松，常具有层理构造而表现出成层性，含有机质和化石。

三、岩石之间的转变

三大类岩石具有不同的形成条件和环境，而岩石形成所需的环境条件又会随着地质作用的进行不断地发生变化（图 7-23）。地下深处的先成岩石（包括岩浆岩、沉积岩和变质岩）在高温高压条件下会发生熔融形成岩浆，经结晶作用可形成岩浆岩。岩浆岩可通过变质作用形成变质岩，在抬升至地表附近时通过风化、剥蚀、搬运、沉积与成岩作用可形成沉积岩（先成沉积岩及变质岩也可通过同类过程转变为沉积岩）。变质岩可通过前述过程分别变成岩浆岩和沉积岩。沉积岩亦可转变为变质岩，随着温度、压力升高可进一步转变为岩浆岩。因此，在地球的岩石圈内，三大岩类处于不断演化转变过程之中。

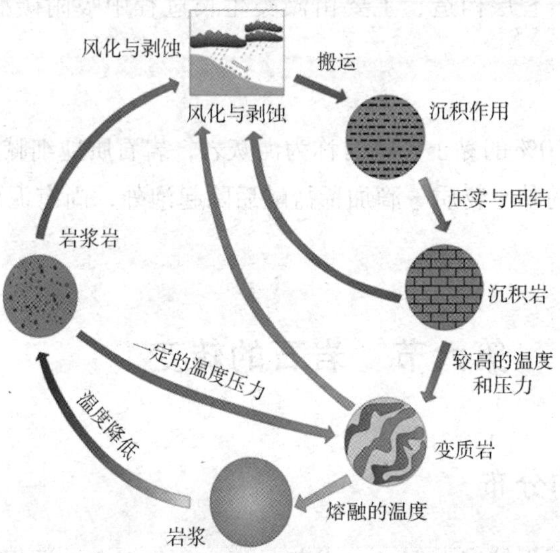

图 7-23　三大类岩石的相互转化示意图（据舒良树，2010）

第八章 沉 积 相

沉积岩是在地表特定的环境中沉积形成的，保留下明显的沉积环境的特征，因此可通过沉积岩的特征恢复其形成时的环境，这就是沉积环境与沉积相分析，对于研究某一地区不同地质年代的古地理及地质演化具有重要的理论意义，而且对指导石油勘探与开发具有重要的实际意义。

本章将对沉积相的特征进行系统介绍，主要介绍以下内容：①沉积相的相关概念；②冲积扇相；③河流相；④湖泊相；⑤三角洲相；⑥海岸相；⑦重力流沉积相；⑧碳酸盐岩沉积相。

第一节 沉积相的相关概念

一、沉积相的概念

相这一概念是1669年由丹麦地质学家斯丹诺（Steno）引入地质文献的，并认为是在一定地质时期内地表某一部分的全貌。1838年瑞士地质学家格列斯利（Gressly）开始把相的概念用于沉积岩研究中，他认为“相是沉积物特征的总和，它表现为这种或那种岩性的、地质的或古生物的差异”，此后相的概念逐渐为地学界接受和使用。

目前较为普遍的看法是，相的概念中应包含沉积环境及其沉积特征这两个方面的内容，而不应当把相简单地理解为环境，更不应当把它与地层概念相混淆。沉积相指沉积环境及在该环境中形成的沉积岩（包括沉积物）特征的总和。

沉积环境是在物理上、化学上和生物上均有别于相邻地区的一块地表，是发生沉积作用的场所。沉积环境由下述一系列环境要素组成：①自然地理条件，包括海、陆、河、湖、沼泽、冰川、沙漠等的分布及地势的高低；②气候条件，包括气候的冷、热、干旱、潮湿；③构造条件，包括大地构造背景及沉积盆地的隆起与坳陷；④沉积介质的物理条件，包括介质的性质（如水、风、冰川、清水、浑水、浊流）、运动方式、能量大小以及水介质的温度和深度；⑤介质的地球化学条件，包括介质的氧化还原电位（Eh）、酸碱度（pH）以及介质的含盐度及化学组成等。

沉积岩的特征主要包括岩性特征（如岩石的颜色、物质成分、结构、构造、岩石类型及其组合）、古生物特征（如生物的种属和生态）以及地球化学特征等。沉积岩的这些特征是相应沉积环境的物质记录。

综上所述，沉积环境是形成沉积岩特征的决定因素，沉积相则是沉积环境的物质表现。与相的概念同时存在的还有沉积相、岩相等这些流行的术语。在沉积学中，相就是沉积相，二者是同义语。岩相不仅用于沉积岩，也可用于岩浆岩或变质岩。沉积岩的岩相是一定沉积环境中形成的岩石或岩石组合，它是沉积相的主要组成部分。

二、沉积相的分类

沉积相常以沉积环境为主要依据进行分类，而沉积环境则主要依据自然地理地貌进行分类，因此沉积相与沉积环境的分类有一一对应关系。

沉积环境依据自然地理地貌可分为大陆沉积环境、海陆过渡沉积环境和海洋沉积环境三大类，沉积相也相应地分为陆相组、过渡相组和海相组三大组。每一大类（或相组）可进一步划分。

1. 陆相组（大陆沉积环境）

主要包括山麓—洪积相、河流相、湖泊相、风成相、冰川相、沼泽相等。

2. 海相组（海陆沉积环境）

主要是海岸相、浅海相、半深海相和深海相。

3. 过渡相组（海陆过渡沉积环境）

主要是三角洲相和河口湾相。

每一种沉积环境（相）可进一步划分为若干个次级亚沉积环境（亚相），每一个亚沉积环境（亚相）可以划分出若干个微沉积环境（微相）。比如河流相，可分出河床、漫滩、堤岸、牛轭湖四个亚相，河床亚相可进一步分出底部滞留沉积、边滩、心滩三个微相。

三、沉积相的识别标志

沉积相的识别标志简称为相标志，指沉积相中可反映沉积环境特点的各方面特征的统称，它是沉积相分析研究的基础。相标志可归纳为岩性、古生物、地球化学和地球物理四种类型。

1. 岩性标志

沉积岩的颜色、成分和岩石类型、结构和沉积构造均是其沉积相的物质表现。

沉积岩的颜色：沉积岩的自生色主要取决于岩石中含铁自生矿物及有机质的含量，黏土岩、化学岩和生物化学岩的自生色是对其形成水体介质物理化学条件的反映，可作为直观的相标志。

沉积岩的成分和岩石类型：沉积岩中原生的自生矿物可指示沉积环境，碎屑岩的岩屑可直接反应物源区的母岩性质，重矿物组合和某些轻矿物特征也可指示母岩性质。岩石类型在一定程度上可指示沉积环境，还可反映物源区或沉积盆地的大地构造状况和古气候条件等。

沉积岩的结构：不同沉积环境下形成的岩石结构是有差异的，如岩石的支撑性、杂基及颗粒的含量、颗粒的分选磨圆、粒度分布特征等，均可反映沉积环境某些方面的特征。

沉积构造：原生的层理和层面构造可反映沉积介质的水动力条件，因而成为沉积相最为重要的识别标志之一。

2. 古生物标志

一种沉积环境中往往生活一定的生物组合，而不同沉积环境中的生物组合也往往是不同的。因此，根据生物化石组合可大致判断其生活环境或沉积相。古生物的种类和生态不仅可确定海相与非海相，还可指示水域的深度、盐度、温度和浊度等介质条件。近年来不仅利用遗体化石，而且还用遗迹化石来判断沉积环境。

3. 地球化学标志

岩石中或生物介壳中的微量元素（如 B、B/Ga、Sr/Ba、Br、Br/Cl 等）、同位素（O、C、S、H 等）及有机地球化学资料可用来恢复水体的盐度、pH 值、温度等条件。

4. 地球物理标志

地震资料和测井资料也可用来研究沉积相。

利用地震资料分析沉积相的方法称为地震相，主要利用地震剖面上沉积体的内部反射结构、外部形态特征、连续性、振幅、频率和层速度等标志研究沉积相。前人已系统总结了各种沉积相类型的地震相模式，详见姜在兴等（2003）。

利用测井资料分析沉积相的方法称为测井相，主要利用电阻率、自然电位等测井方法来研究沉积相。前人已系统总结了各种沉积相类型的测井相模式，详见姜在兴等（2003）。

四、沃尔索相律

沉积相在时间、空间上发展变化的有序性称为相序。沃尔索（Walther，1894）指出：只有在横向上成因相近且紧密相邻的相，才能在垂向上依次叠覆出现而没有间隔，换句话说就是：在没有沉积间断的地层剖面里，垂向上彼此邻接的相在横向上也一定彼此邻接，这一规律被称为相序递变规律，又称为沃尔索相律，这是相分析过程中必须遵守的基本准则（图 8-1）。

五、相模式

在沉积相分析中，通常运用到“将古论今”的现实主义原则。有些现代正在发生的地质现象，如河流的沉积作用、滨海的沉积作用等，在地质历史时期同样可能发生，它们的特点具有可比性。沉积学家通常根据现代沉积作用的观察，归纳出沉积相的识别标志和沉积相模式，从而指导地质历史时期沉积相的研究。

沉积模式或相模式是以图解、文字或数学等方法表现的一种理想的和概括的沉积相，并能有助于了解复杂的自然现象和作用过程。波特和佩蒂庄（1984）指出：“沉积模式是在原来形式上加以构思的，事实上就是描述和再现了沉积作用的面貌。”沃克（Walker，1967）认为沉积模式是“删去其地方性的细节，而保留其纯粹本质上的东西”。因此，相模式就是对于沉积环境及其产物和作用过程的高度概括，通常具有广泛的概括性和代表性。沃克认为作为一个相模式必须起到以下四个方面的作用：①必须起到作为对比标准的作用；②必须起到进一步观察的提纲和指南的作用；③必须起到对新的地质环境的“预测者”的作用；④必须起到作为水动力学解释基础的作用。

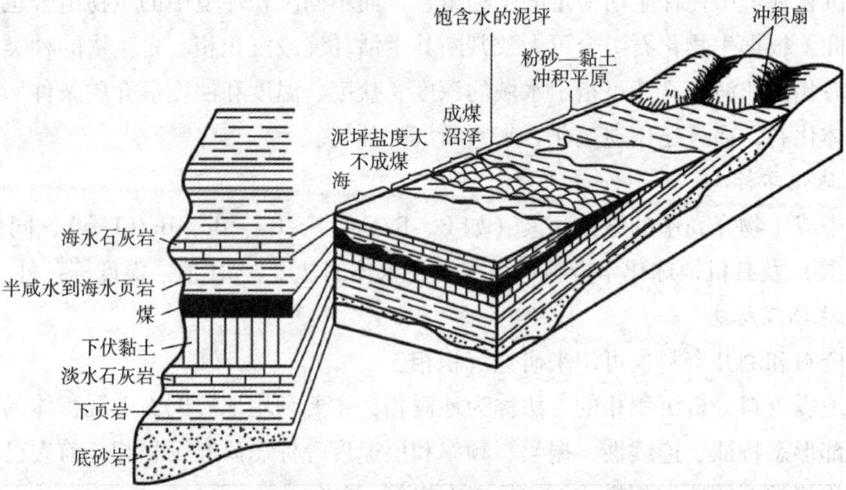

图 8－1　沃尔索相律示意图

所以，沉积模式是从许多实例中经过提炼和概括的，可以反映沉积物的空间、时间的变化规律，以及和沉积环境的成因联系，可以作为研究其他实例时对比的标准。

第二节　冲积扇相

在干旱、半干旱地区，若构造运动强烈，岩石会遭受强烈的风化、剥蚀作用，形成的碎屑物质被洪水或山区河流带走，当水流流出山口时，地形坡度急剧变缓，水流向四方散开，流速骤减，碎屑物质大量沉积，形成的锥状或扇状堆积体称为冲积扇或洪积扇。随着冲积扇的逐渐发育，其范围逐渐扩大，山前的冲积扇逐渐联结起来，并掩埋和包含了山前的坡积物，形成环绕山脉的山麓—洪积相。

冲积扇沉积为陆相沉积体系中粒度最粗、分选最差的近源沉积，通常向源区与残积、坡积相相邻，向下游并入细粒、低坡度的河流沉积体系。而当冲积扇直接入湖或入海时，可形成水下扇或扇三角洲沉积。

一、冲积扇的沉积物类型

根据沉积物特征及其成因，可将冲积扇沉积物分为四种类型（图8-2）。

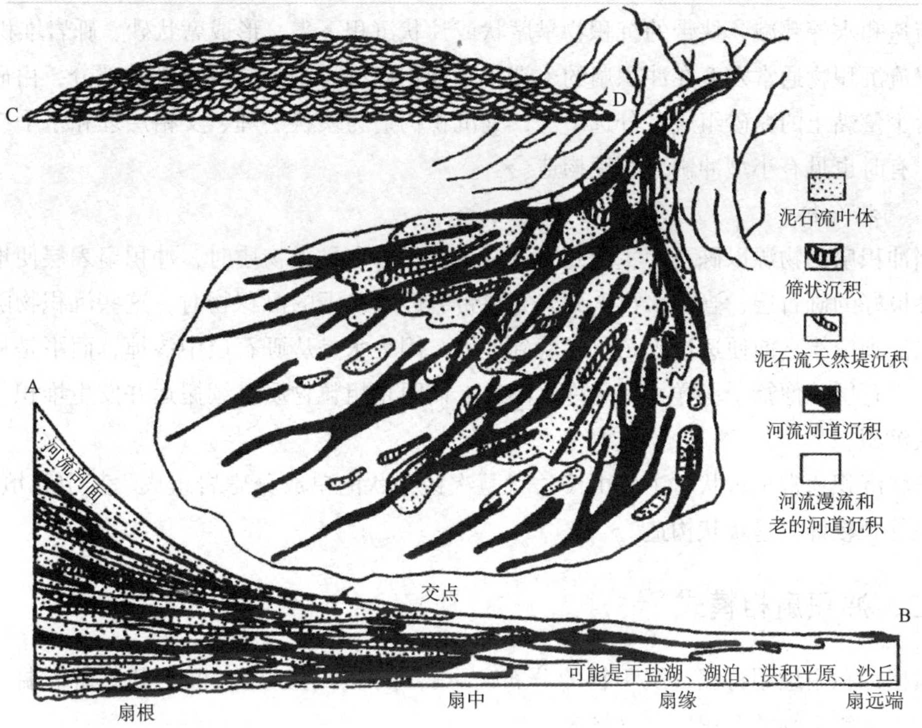

图8-2 冲积扇沉积物的分布特征（Spearing，1974；转引自姜在兴，2003）

1. 泥石流沉积

泥石流是指陆地上的一种高密度和高黏度的块体流，其碎屑颗粒由杂基支撑，并在重力作用下呈块体搬运，又称为碎屑流。促使泥石流产生的主要因素是：①坡度陡，植被不发育；②有大量泥质和碎屑物质的供应；③突发季节性的洪水。因此，在干旱或半干旱地区泥石流沉积更为发育。

泥石流沉积主要出现于冲积扇的根部，形态上呈舌状或叶瓣状，碎屑物质含量可达40%~60%以上，沉积物分选极差，砾、砂、泥混杂，多为杂基支撑结构。砾石多呈棱角状至次棱角状，砾石的扁平面呈水平或叠瓦状排列，一般不发育层理或偶见不明显的递变层理。若泥石流的碎屑物质主要由砂、粉砂、泥组成，则称为泥流，其分选仍很差，层面上常见干裂。

2. 河道沉积

冲积扇堆积到一定程度，坡度会变缓。当洪水再次来到时，早期形成的冲积扇会被下蚀冲刷出放射状的辫状河道，所挟带的沉积物在这些暂时性河道中沉积下来，形成河道沉积。河道沉积物通常由砾石和砂组成，分选较差，在剖面上常见明显的河道冲刷—充填构造，砂层中可见规模较大的交错层理。

通常河道在扇根直而深，至扇中和扇端变浅，平面上一般形成窄而长的砂体。

3. 漫流沉积

漫流沉积又称片流沉积，其形成过程是：挟带沉积物的流水从冲积扇辫状河道末端漫出，流速和水深骤减，挟带的沉积物呈席状或片状沉积下来，形成席状砂、砾岩堆积体。

漫流沉积物通常发育在冲积扇的末端，是冲积扇沉积物中粒度最细的部分，由砂、砾石和含少量黏土的粉砂组成，分选中等，其沉积构造为块状层理、交错层理和水平或平行纹理，有时也见有小型冲刷—充填构造。

4. 筛状沉积

当冲积扇的物源以砾石为主而几乎没有砂、粉砂和黏土物质时，冲积扇表层便堆积了渗透性极好的砾石层，当洪水再次到来并挟带有砂级以下的沉积物时，这些沉积物随着洪水尚未流到扇缘之前便透过砾石层渗滤到地下。因为水是从砾石层中渗掉，而不是从上面流走，砾石层就像筛子一样，只允许水渗走，而阻止粗粒物质继续搬运并发生堆积，故称为筛状沉积。

筛状沉积通常呈舌状，主要由棱角状至次棱角状的单成分砾岩组成，其中充填砂粒，分选中等到较好，呈块状构造。

二、冲积扇相模式

根据冲积扇地貌特征及沉积物的分布，可将冲积扇划分为扇根、扇中和扇端三个亚相，构成下粗上细的沉积层序（图 8－3）。

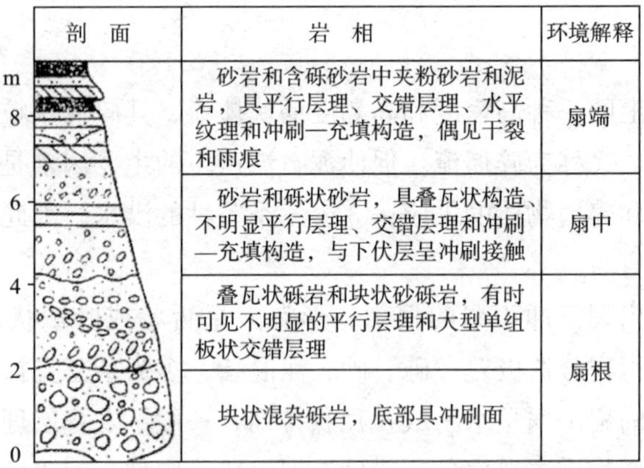

图 8－3　冲积扇相的剖面沉积特征（据孙永传等，1986）

1. 扇根

扇根形成于靠近山口的部位，沉积坡角最大，并发育有单一的或 2～3 条直而深的主河道，沉积物主要由泥石流沉积和筛状沉积形成的分选极差的、无层理的混杂砾岩或呈叠瓦状排列的砾岩、砂砾岩组成。砾石之间被黏土、粉砂和砂的杂基所充填，有时也可见到不明显的平行层理、大型单组板状交错层理以及流速衰减而形成的递变层理。

扇根通常由多个呈透镜状的沉积物相互叠置形成。

2. 扇中

扇中位于冲积扇的中部，是冲积扇的主要组成部分，以具有中到较低的沉积坡角和发育辫状河道为特征。沉积物主要由辫状河道的砂岩、砾状砂岩和砾岩组成。与扇根沉积比较，砂、砾比率增加，分选稍好，砾石多呈叠瓦状排列；在交错层中，砾石的扁平面则顺倾斜的前积纹层分布。在砂、砾状砂岩中则出现主要由辫状河道形成的不明显的平行层理和交错层理。河道冲刷—充填构造较发育也是扇中沉积的特征之一。

3. 扇端

扇端出现在冲积扇的远端，又称为扇缘，其地貌特征是具有最低的沉积坡角和平缓的地形，主要由洪水漫流沉积形成。沉积物通常由砂岩和含砾砂岩组成，夹粉砂岩和黏土岩，局部可见有膏盐层。扇端的砂岩粒级变细，分选性变好。砂岩和含砾砂岩中可见到不明显的平行层理、交错层理和冲刷—充填构造，粉砂岩和泥岩中可见块状层理、水平层理、变形构造和暴露构造（如干裂、雨痕等）。

第三节 河 流 相

河流是河水由陆向海或湖流动的通道，是把陆上的物质向海洋或湖泊搬运的主要营力，同时河流本身也是沉积作用的重要场所。通常将河流沉积环境及其沉积物的总和称为河流相。

一、河流的类型

地表发育有众多的河流，不同河流的几何形态、坡降、流量、沉积物负载、地理位置、发育阶段等方面都有显著不同，这些因素往往可以作为河流类型划分的依据。

根据地形及坡降，可将河流分为山区河流和平原河流。山区河流高差大，坡降大，侵蚀切割强烈，河谷陡深，河道直而支流少，水流急而沉积物粗。平原河流高差小，坡降小，以侧向侵蚀为主，河道弯曲且支流多，沉积物相对较细。

按发育阶段，可将河流分为幼年河、壮年河与老年河。幼年河属河流发育的初期阶段，下蚀作用强烈，山区河流多属此类型；中游河流多为壮年河，可形成广阔的泛滥平原；下游河流多为老年河，河流多发生分叉，河网密布。平原河流多为壮年期或老年期河流，沉积作用较为显著。通常一条大河的上、中、下游分别对应河流的幼年期、壮年期和老年期。

在沉积学上通常按河道的数量及弯曲程度对河流进行分类。Rust（1978）引入河流弯度指数（即河道长度与河谷宽度的比值）对河流进行划分，将河流分为：平直河、曲流河、辫状河和网状河（表 8－1、图 8－4）。

表 8－1　河流的基本类型（据 Rust，1978；转引自姜在兴，2003）

	单河道	多河道
低弯度（<1.5）	平直河	辫状河
高弯度（>1.5）	曲流河	网状河

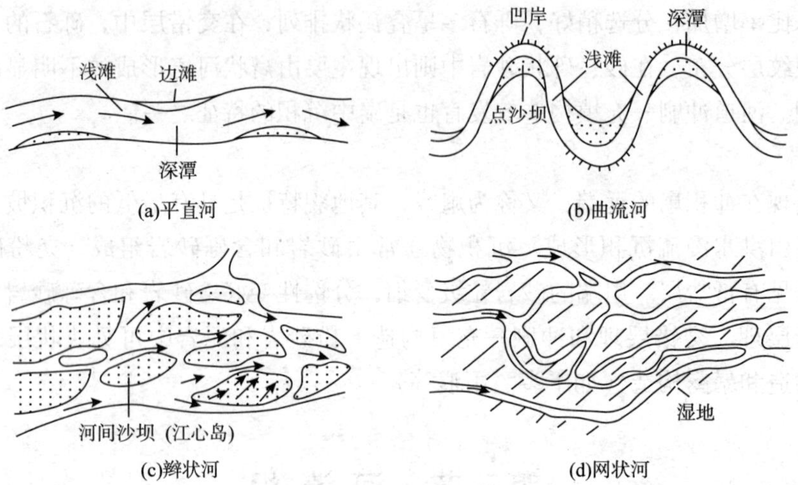

图 8－4　河流类型示意图（据 Smith，1983；Reineck 和 Singh，1978；转引自姜在兴，2003）

平直河：河道数量单一，河流弯度小，较平直，通常出现于大型河流的某一处相对较短的河段。由于侧向侵蚀、加积，可引起河道位置改变，并向曲流河发展。

曲流河：河道弯度指数大，河道蜿蜒曲折，河床坡降小，河道较稳定。侧向侵蚀和加积作用可造成河床的不断迁移，弯曲程度越来越大，直至发生截弯取直。曲流河多发育在河流中下游地区，边滩和泛滥平原较为发育。

辫状河：河道不稳定，频繁交叉合并，形成辫状。多发育在河流的中上游河段以及冲积扇上，形成于坡陡、水急、泥沙含量高的条件下，心滩发育。

网状河：河道数量多、河道窄而深且相对稳定，河道间被半永久性的冲积岛和泛滥平原或湿地所分开，顺流向下游呈结网状。一般认为，网状河发育在三角洲地区，由于洪水期间河水产生决口分流而形成网状河道。

二、河流相沉积物的基本特征

1. *岩石组合*

河流沉积由砾、砂、粉砂和黏土等各类碎屑沉积物组成。上游偏粗，下游偏细。砾石成分复杂，底部冲刷面之上常见泥砾，是河流相的重要鉴定标志之一。砂岩主要是长石砂岩和岩屑砂岩，成分成熟度一般较低。

2. *结构*

河流沉积分选差到中等，粒度频率曲线常为双峰，正偏态，累积频率曲线图上常表现出明显的两段性，分别代表跳跃总体（粗粒的砂）和悬浮总体（细粒的粉砂和黏土），且以跃移总体为主。

河流沉积物的圆度多呈次棱角状到次圆状。

3. 沉积构造

层理类型多样，以反映单向水流的大型槽状和板状交错层理为特征，单层倾角15°~30°，层系厚度多为30cm或更薄，一般不超过1m。此外，还可发育平行层理、上攀波纹状层理、包卷层理等。河流沉积物中常见流水不对称波痕，有时可见砾石的叠瓦状排列，扁平面倾向上游，倾角10°~30°。河流沉积的底部通常具有明显的侵蚀、冲刷构造，含有泥砾或砾石。

4. 生物化石

河流沉积物中化石一般保存不好，常为破碎的植物茎叶，河床沉积中可见硅化木，河漫沉积中可见炭化植物的碎屑或完整的植物化石，在时代较新的河流相地层中可见脊椎动物的化石。

5. 横向和垂向变化

横向上，相变较快，砂岩多呈透镜体。垂向上，呈现自下向上由粗变细的正韵律，韵律底部发育明显的底冲刷现象，形成冲刷面。

6. 相组合

横向上，向上游与山麓—洪积相衔接，向下游与湖泊、三角洲、海岸相邻接。垂向上，向上演变为三角洲相。

三、河流相的沉积特征及相模式

曲流河和辫状河是最常见的两种河流，也是河流沉积相最为常见的两种类型。

（一）曲流河相

根据次一级沉积环境及其沉积物的特征，可将曲流河相进一步划分为河床、堤岸、河漫和牛轭湖四个亚相（图8－5）。

1. 曲流河相的平面沉积特征及相模式

1）河床亚相

河床是河谷中经常流水的部分，即平水期水流所占的最低部分。其横剖面呈槽形，上游较窄，下游较宽，岩体多呈透镜状，底部显示明显的冲刷面，构成河流沉积单元的底部。

河床亚相也称河道亚相，其岩石类型以砂岩为主，次为砾岩，沉积物粒度是河流相中最粗的，发育各种层理构造。缺少动植物化石，仅见破碎的植物枝干等残体。曲流河河床亚相可进一步划分为河床滞留沉积和边滩两个微相。

河床滞留沉积：由于机械沉积分异作用，细粒物质随河水带向下游，而粗粒物质沉积于河床底部成为滞留沉积。河床滞留沉积以成分复杂的砾石为主，砾石呈叠瓦状排列，一般厚度不大，呈透镜体分布于河床之中，向上可演化为边滩。

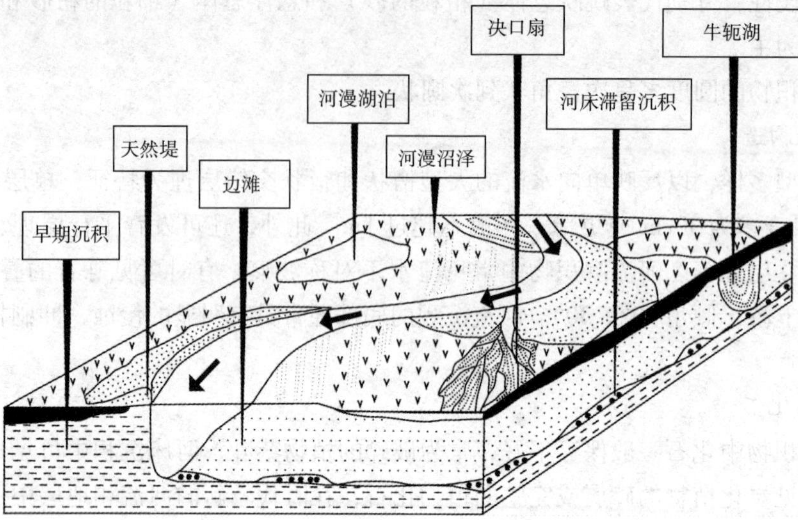

图 8－5　曲流河相的沉积模式（据 Allen，1964；转引自石玉章等，1995）

边滩：边滩又称为点砂坝，是曲流河的特征沉积单元。河流在迁移弯曲的过程中，所挟带的碎屑物在凸岸一侧沉积下来，开始仅仅形成浅滩，随着河流不断侧向迁移，浅滩也不断增长，最后形成宽阔的边滩。边滩是单向环流侧向加积的产物，沉积物成分复杂，粒度变化范围大，规模较大河流的边滩沉积以砂为主，含少量的砾石和粉砂；而较小河流的边滩，粒度可粗至砾石级。边滩沉积常发育大型板状、楔状或槽状交错层理。

2）堤岸亚相

堤岸亚相在垂向上发育在河床沉积的上部，属河流相的顶层沉积。与河床沉积相比，其岩石类型简单，粒度较细，发育小型交错层理，可分为天然堤和决口扇两个沉积微相。

天然堤：洪水期河水漫过河岸时挟带的细砂、粉砂级碎屑物质沿河床两岸堆积，形成平行于河床的砂堤，称天然堤。天然堤两侧不对称，向河床一侧坡度较陡。每次随洪水上涨，天然堤不断加高，最大高度代表最高水位。弯曲河流的凹岸天然堤一般发育较好，凸岸天然堤逐渐变为边滩的上部，天然堤和边滩上部通常互层出现，很难分开。天然堤主要由细砂岩、粉砂岩、泥岩组成，粒度较边滩沉积细，比河漫滩沉积粗，垂向上突出的特点是砂、泥岩组成薄互层。层理构造以小型波状交错层理、槽状交错层理为特征，其垂向序列是下部砂岩发育交错层理，上部泥岩则发育水平层理。由于间歇性出露水面，钙质结核发育，泥岩中可见干裂、雨痕、虫迹以及植物根等。岩体形态沿河床两侧呈弯曲的砂垄。随着河床迁移，天然堤不断扩大、增长，使天然堤岩体呈面状分布。

决口扇：河床随沉积物的淤积而升高，最后可能反而高出两侧的河漫滩，洪水期河水冲决天然堤，部分水流由决口流向河漫滩，砂、泥物质在决口处堆积成扇形沉积体，称为决口扇。决口扇位于河床外侧，与天然堤共生。决口扇沉积主要由细砂岩、粉砂岩组成，粒度比天然堤沉积物稍粗。具小型交错层理、波状层理及水平层理，冲刷与充填构造常见。岩体形态呈扇状，剖面上呈透镜状，向泛滥平原方向变薄、尖灭。

3）河漫亚相

河漫亚相位于天然堤外侧，这里地势低洼而平坦，洪水泛滥期间，水流漫溢天然堤，流速降低，使河流悬浮沉积物大量堆积。由于它是洪水泛滥期间沉积物垂向加积的结果，故又称泛滥平原沉积。河漫亚相主要为粉砂岩和黏土岩，是河流沉积中最细的相带。河漫亚相的层理类型单一，主要为波状层理和水平层理。河漫亚相在平面上位于堤岸亚相外侧，分布面积广泛，垂向上位于河床或堤岸亚相之上，属河流顶层沉积组合。根据环境和沉积特征，可进一步划分为河漫滩、河漫湖泊和河漫沼泽三个沉积微相。

河漫滩：河漫滩是河床外侧河谷底部较平坦的部分，平水期无水，洪水期水漫溢出河床，淹没平坦的谷底，形成河漫滩沉积。河漫滩沉积以粉砂岩为主，亦有泥岩沉积。平面上距河床越远粒度越细，垂向上有向上变细的趋势。沉积构造以波状层理为主，可见水平层理及不对称波痕。河漫滩间歇出露水面，因而在泥岩中可形成干裂和雨痕等暴露构造。

河漫湖泊：是河漫平原上最低的部分。平原区的曲流河，当河床在一个比河岸两侧地形高的“冲脊”上流动，洪水期河水漫溢至河床两侧河漫滩上，洪水期后低洼地区就会积水，形成河漫湖泊。河漫湖泊沉积以泥岩为主，是河流相沉积中最细的相带。层理一般发育不好，有时可见到薄的水平层理。泥岩中泥裂、干缩裂缝常见。

河漫沼泽：又称岸后沼泽，它是在潮湿气候条件下，河漫滩上低洼积水地带植物生长繁茂并逐渐淤积而成，或由潮湿气候区河漫湖泊发展而来，常可形成泥炭沉积。

在河流快速侧向迁移的情况下，天然堤通常发育不全，洪水泛滥可形成广阔平坦的河漫沉积区，沉积物不仅有泥质，而且有大量砂质沉积，这时堤岸亚相与河漫亚相已难以区别，故统称为泛滥平原沉积。

4）牛轭湖亚相

由河流的改道、截弯取直作用形成的废弃河道构成的湖泊称为牛轭湖，其沉积物底部是侧向加积形成的河道沉积物，往上为垂向加积的粉砂和黏土，富含有机质，一般具水平层理。这些垂向加积的细粒物质是由洪水期河流所带来的。

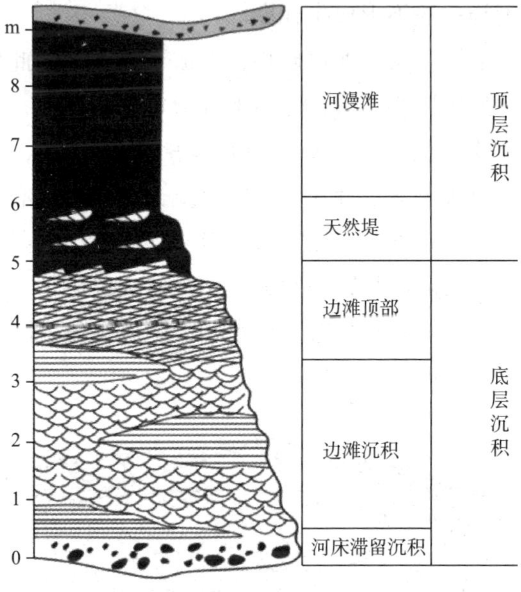

图 8－6 曲流河相模式及河流沉积的二元结构
（据沃克，1978；转引自石玉章等，1995）

2. 曲流河相的剖面沉积特征及相模式

曲流河沉积的剖面相模式由沃克等（1976）提出，这个标准的相模式自下而上划分为四个沉积单元，自下而上依次为河床滞留沉积、边滩、边滩顶部、天然堤和泛滥平原沉积（图 8－6）。

河床滞留沉积为块状含砾砂岩或砾岩，底部具有明显的冲刷面，冲刷面上常见泥砾。

边滩沉积具有大型槽状交错层理的中细砂岩，向上层理规模变小，中部发育具平行层理的粉砂岩，沿层面可发育剥离线理。

边滩顶部由粉砂岩、细砂岩组成，发育小型槽状交错层理和上攀波纹交错层理。

天然堤和泛滥平原沉积不易区分，常为具断续波状层理的粉砂岩和具水平层理的泥岩。

在河流相的垂向剖面中，下部为河床亚相，常为河流相沉积的主体，主要由河床滞留沉积的砾岩、边滩或心滩的砂岩构成，因位于河流相剖面的下部，又称为底层沉积；剖面上部为堤岸亚相与河漫亚相，称为河流相的顶层沉积，主要由粉砂岩、泥岩等细粒沉积组成。河流相底层沉积和顶层沉积这样下粗上细的沉积特征，称为河流沉积的二元结构，这是河流相的重要识别标志。曲流河底层沉积和顶层沉积的厚度近于相等，二元结构尤为明显。在一个地区的河流相沉积剖面上，由于河道的频繁摆动，二元结构会重复出现，构成多个间断性的正旋回，每个正旋回由一个二元结构构成，称为河流沉积的一个阶，河流沉积旋回的多阶性也是河流沉积的又一重要特征。

（二）辫状河相

辫状河河床亚相发育河床滞留沉积和心滩，而不发育边滩，这是辫状河与曲流河的重要区别。辫状河河道迁移迅速，稳定性差，天然堤、决口扇、泛滥平原沉积不发育，其废弃河道一般不形成牛轭湖。

心滩：又称河道砂坝，形成于洪水期，此期间表层河水从中央向两侧流动，底层河水从两侧向中心汇聚，然后上升形成双向环流，由于水流的相互抵触和重力作用使碎屑在河心发生沉积形成（图 8－7）。每一次洪水期，心滩扩大、加高最后露出水面，造成河流分叉。这种分叉过程在河道内反复进行，形成心滩密布、网状的游荡性河流。心滩沉积物成分复杂，粒度范围比边滩大得多，也更粗一些，可以有砾石、粗砂，有时还有粉砂和黏土夹层。心滩沉积物中常见大型板状交错层理、槽状交错层理，层理的底界面常为明显的冲刷面，并有砾石分布。枯水期，随着水位下降，仍然存在双向环流，但流向与洪水期刚好相反，心滩会遭受侵蚀。

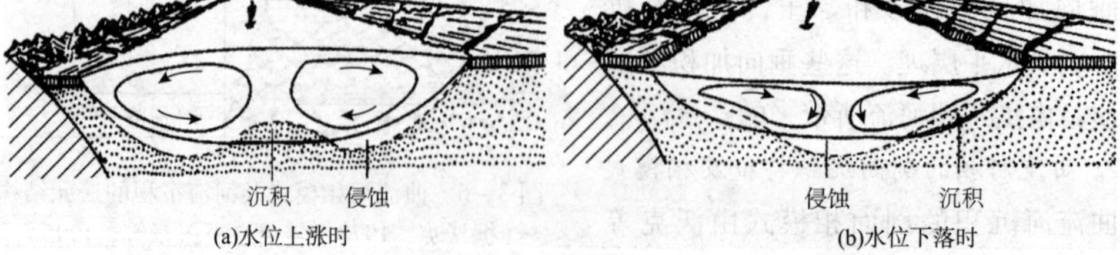

图 8－7　双向环流的沉积与侵蚀特征（据柳成志等，2010）

辫状河尚无公认的相模式，加拿大魁北克泥盆系辫状河沉积层序可作为辫状河剖面相模式的代表，剖面自下而上发育A、B、C、D、E、F共六个沉积单元（图8-8）。

F：具波状交错层理、水平层理的粉砂岩和泥岩。

E：偶见具小型槽状交错层理的细砂岩。

D：具小型板状交错层理的细砂岩。

C：具大型板状交错层理的中粗砂岩。

B：具大型槽状交错层理的粗砂岩。

A：冲刷面（图8-8中SS），之上为具不清晰大型槽状交错层理的含砾粗砂岩。

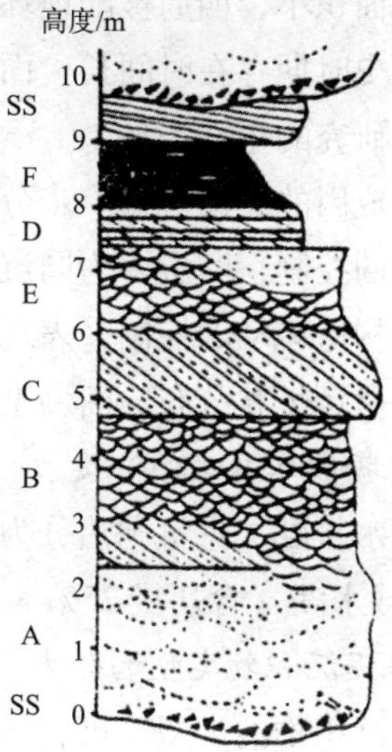

图8-8　加拿大魁北克泥盆系辫状河（据沃克，1976；转引自石玉章等，1995）

其中A~E为河床沉积，厚度较大，底部为河床滞留沉积，向上主体为心滩沉积，F为垂向加积的泛滥平原沉积。辫状河与曲流河沉积相比河床沉积占主体，尤其是发育厚层的心滩沉积，而河漫沉积相对较薄，堤岸沉积不发育，河流的二元结构不明显。

四、河流相砂体与油气

河流相边滩和心滩形成的砂体可构成油气储集的良好场所，如果有充足的油源供应，可成为良好的油气储集层。由于河流砂体相变快，其储层物性的非均质性较为明显。

古代河流砂体可形成岩性油气藏、地层—岩性油气藏及构造—岩性油气藏，目前这类油气藏在国内外油气勘探中均有发现。中国中新生代以来的沉积盆地以陆相沉积为主，相当多的油气储层与河流成因砂体有关，如松辽盆地下白垩统泉头组、鄂尔多斯盆地中侏罗统延安组、渤海湾盆地古近系东营组、新近系馆陶组中均发现了河流相砂体作为储层的大型高产油气田。

第四节　湖 泊 相

湖泊是大陆上地形相对低洼的汇水区，是沉积物堆积的重要场所。中国中生代以来地层中湖泊沉积广泛发育，与油气资源密切相关。

一、湖泊的分类

通常从成因、盐度、沉积物特征等方面对湖泊进行分类。

1. 湖泊的成因分类

按成因，可将湖泊分为构造湖、火山湖、岩溶湖、冰蚀湖、风蚀湖、河漫湖、牛轭湖等。湖泊面积小，四周被陆地环绕，受区域构造及地形的影响较为明显。构造成因的湖泊是地质历史时期存在时间长、面积大、沉积特征明显、富含矿产资源的湖泊类型，因而是沉积学上研究的主要类型。

构造成因的湖泊可进一步分为断陷湖泊、坳陷湖泊和断坳过渡型湖泊。断陷湖泊的发育受断层的控制，断层多为同沉积断层，断层决定沉积物的分布及特征。坳陷湖泊的形成受坳陷式构造运动的控制，表现为整体性的沉降。从盆地边缘到盆地中心，沉积物粒度由粗变细且呈环带状分布。断坳型过渡型湖泊的特征介于断陷湖泊和坳陷湖泊之间。

2. 根据湖水盐度的分类

按湖水盐度，可将湖泊分为：淡水湖（含盐量<0.3‰）；半咸水湖（含盐量0.3‰~25‰）；咸水湖（含盐量25‰~250‰）；盐湖（含盐量>250‰）。

3. 根据沉积物类型的分类

根据沉积物的类型，可将湖泊分为潮湿气候区碎屑型湖泊和干旱气候区化学型湖泊两类。

碎屑型湖泊：多为发育在潮湿气候区的淡水湖，沉积物以陆源碎屑为主。

化学型湖泊：多为发育在干旱气候区的咸水湖，沉积物以碳酸盐岩、膏盐和盐岩为主。

二、湖泊沉积环境的特点

1. 湖泊的水动力条件

构造和气候是湖泊沉积的两个主控因素，构造控制了湖泊的规模、形态及地形，气候则控制了湖水的水位及化学成分的变化。

湖泊的水动力条件与海洋有相似之处，主要受波浪和湖流作用的控制，局部受气候及河流的影响较大。滨浅湖地区波浪作用强烈，可形成各种浪蚀湖岸及湖滩、砂坝等侵蚀、堆积地形。湖浪的规模（波长、波高）与湖泊的大小、风的强度成正比。湖浪的波基面水深一般在20m左右。常见的湖流是由风的吹动、大气压的差异、河流注入的惯性等因素所造成的，湖流对沉积物的搬运和沉积起着重要作用。

湖泊距离物源区较近，物源区的岩性对湖泊沉积物的成分和分布影响较大。同时，湖泊水体的流通性差，受气候条件的控制较为明显，气候的干湿变化会对湖泊的水动力条件和水化学条件造成影响。

2. 湖泊的水化学特征

湖泊的水化学特征在不同气候区有所不同。在半干旱或干旱区的湖水离子浓度大，可等于或超过海水浓度，能沉淀出蒸发矿物。在温暖潮湿气候的淡水湖中离子浓度较小，但它仍然影响水中生物的生长率和氧的溶解程度。当生物生长率高时，会耗尽下层湖水的氧气。当生物生长率低时，湖水保持一定氧化能力。热带地区即使是在生物生长率低的湖水中，下部也缺氧为还原环境，可使湖底的有机物保存下来。

3. 湖泊中的生物

古生物是划分湖泊与海洋沉积最常用的标志。如珊瑚、苔藓动物、腕足动物、头足动物和棘皮动物都是海生或大多数是海生的生物，而瓣鳃类、腹足类、介形虫类中有许多淡水生物属种多出现于湖泊中。藻类是恢复沉积环境应用最广泛的植物，一般地讲，呈树枝状或分离的结核团块状生长的是湖泊环境的藻类，呈叠层状生长的藻则生活在海洋或咸水湖环境。红藻几乎都是海生的，而轮藻则多是淡水藻类。

三、湖泊的沉积环境分区

根据洪水期、枯水期和波基面位置，可将湖泊分为滨湖、浅湖、半深湖和深湖四个区域（图8-9）。

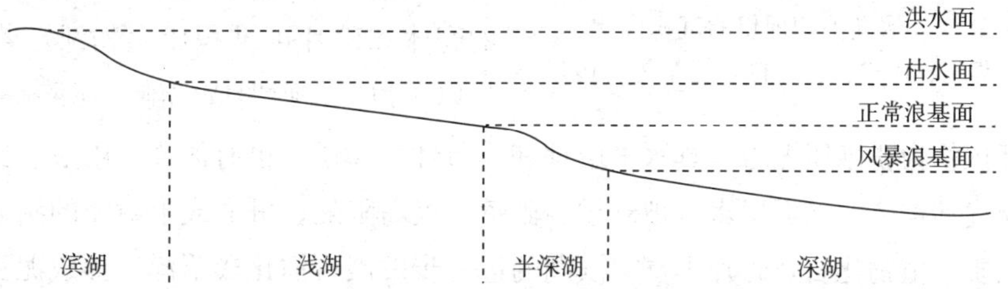

图8-9　湖泊的沉积环境分区

滨湖：介于洪水期与枯水期湖水面之间，其宽度的变化受控于洪水期与枯水期水位差和湖岸地形。如箕状断陷湖泊陡岸区滨湖相带只有数米，而坡度平缓的缓岸区滨湖相带宽度可达数千米。

浅湖：位于枯水期最低水位线至正常浪基面之间的地带，始终位于水下，遭受波浪和湖流扰动，水生生物繁盛。通常滨湖和浅湖难以区分，沉积学上往往将二者笼统地合称为“滨浅湖”。

半深湖：位于浪基面以下至风暴浪基面之上水体较深的部位，地处为缺氧的弱还原环境，当湖盆面积小、沉积特征不明显时不易区分。

深湖：位于风暴浪基面之下，是湖盆最深的部位，波浪不能涉及，水体安静，为缺氧的还原环境，无底栖生物。半深湖、深湖通常难以区分，往往合称为半深湖—深湖。

四、湖泊相的沉积特征

（一）潮湿气候区碎屑湖泊相

与沉积分区相对应，通常把碎屑湖泊相划分为滨湖亚相、浅湖亚相、半深湖亚相和深湖亚相，它们在平面上大致呈环带状分布（图8-10）。

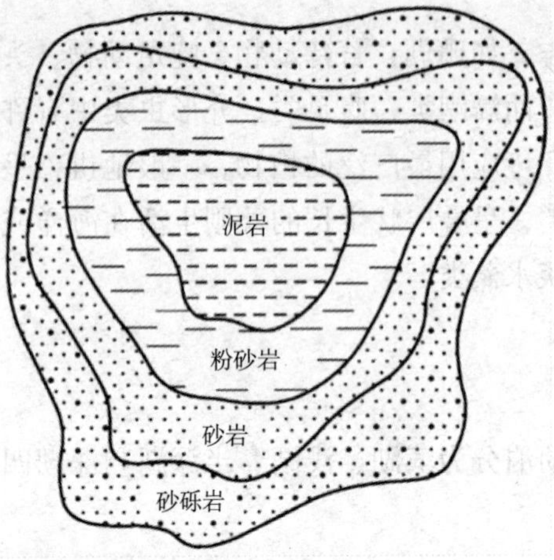

图 8－10　碎屑湖泊相理想的沉积模式
（据特温霍费尔，1932；转引自石玉章等，1995）

1. 滨湖亚相

滨湖是位于洪水期水面与枯水期水面之间的地带，水动力条件复杂。低水位时，可出露水面，氧化作用强，可见泥裂、雨痕、脊椎动物的足迹等暴露成因的沉积构造。

在碎屑物源供应充分的开阔湖岸，形成以砂岩和粉砂岩为主的湖滩，有时发育湖滨砾岩。砂岩中砂粒的磨圆和分选都较好，可见大型的交错层理。有时有平行湖岸的重矿物富集带。砂砾质湖滩不适于生物生长，但可见湖浪带来的浅水生物如螺、蚌等，它们的壳体和碎片可堆积成生物滩。若碎屑供应物以泥为主，则形成泥滩。泥滩一般坡度小，面积大，沉积物为粉砂质泥岩，具水平层理和季节性韵律层，也有泥裂、雨痕、虫孔、植物碎片及生物扰动构造。如近岸水体被砂坝、砂嘴、堤岛阻隔，可形成半封闭的湖湾区，沉积物主要是泥质，植物化石及碎片丰富。滨湖的进一步发展可演化成沼泽，形成泥炭。气候干旱区可有白云质沉积物。各种暴露成因构造的发育及沼泽夹层的出现是滨湖亚相区别于其他亚相类型的重要标志。

2. 浅湖亚相

浅湖是位于枯水期水面以下与波基面以上的浅水地带。沉积物主要受波浪作用和湖流作用的影响而无拍岸浪的作用。岩石类型以粉砂岩、泥岩为主，可夹少量化学岩。陆源物质供应充分时可形成呈透镜体状的细砂岩，圆度、分选好，发育水平层理、波状层理；水动力较强的浅湖区，可见小型交错层理；在砂泥岩交互出现时，可见压扁层理、透镜状层理等，有时可见对称的浪成波痕。

本带是湖泊中生物最发育的地带，生物化石丰富，植物有各种藻类和水草，动物主要是淡水腹足类、双壳类、鱼类、昆虫、节肢动物等，可堆积形成成生物滩。

当砂质供应充分时，地形平缓的浅湖区可形成砂质浅滩和沿岸砂坝等砂体。浅湖亚相发育的砂体可作为油气的储集层。

3. 半深湖亚相

半深湖位于正常浪基面以下至风暴浪基面以上的湖底范围，地处缺氧的弱还原、还原环境，沉积物主要受湖流和风暴浪作用的影响，一般的波浪作用已很难影响沉积物表面，在平面分布上位于近湖泊中心，在断陷湖盆中偏于靠近边界断层一侧或深洼陷中。

岩石类型以富含有机质的暗色泥、页岩或粉砂质泥、页岩为主，常具有粉砂岩、化学岩的薄夹层或透镜体，水平层理发育，间有波状层理。化石较丰富，浮游生物为主，保存较好，底栖生物不发育，可见菱铁矿和黄铁矿等自生矿物。除此之外，还可见风暴沉积和重力流沉积的砂岩。

当湖盆面积较小、沉积特征不明显时，很难分出此亚相。

4. 深湖亚相

位于湖盆中水体最深部位，在断陷湖盆中偏于靠近边界断层的断陷最深的一侧。波浪作用已完全不能涉及，水体安静，地处缺氧的还原环境。

岩性的总特征是粒度细、颜色深、有机质含量高。岩石类型以泥岩、页岩为主，并可发育灰岩、泥灰岩、油页岩，常具有水平层理。常见保存完好的介形虫等浮游生物化石。黄铁矿是常见的自生矿物，多呈分散状分布于黏土岩中。岩性横向分布稳定，沉积厚度大，是最有利于生油的相带。

在许多深湖亚相中，都有湖泊重力流的形成，可以形成浊积扇，同样有浊流水道、天然堤、舌形体等不同的沉积单元，是岩性油气藏勘探的重要目标。

在剖面上，理想的湖泊相沉积层序自下而上依次为：深湖、半深湖的泥岩沉积、浅湖细碎屑沉积、滨湖砂质沉积、河流粗碎屑沉积，构成一个反旋回沉积层序。

（二）干旱气候区化学岩型湖泊相

分布在干旱地区的湖泊多为泄水不畅的咸水湖。这些地区化学风化不彻底，被搬运进湖泊中的物质以易溶盐类为主，如 NaCl、KCl、NaOH、KOH 等。由于湖水不断蒸发，盐分不断积累，淡水湖逐渐咸化而变为咸水湖。湖水中含盐溶液的浓度常可达到过饱和而发生沉积。由于湖水含盐量高，故湖泊无显著的生物沉积；又由于周围地面流入湖中的水量少而不能带来大量的碎屑物，只有风和洪水可将一些碎屑物质搬运而来。

干旱气候区的湖泊沉积以化学沉积为主。湖泊中常可含有多种盐类，在湖泊中发展的不同阶段可按盐类溶解度由小至大依照碳酸盐—硫酸盐—卤化物的顺序沉积（图 8 – 11）。

1. 碳酸盐沉积阶段

湖水在逐渐咸化的过程中，当含盐度达到一定程度时，湖水中溶解度低的碳酸盐类首先达到过饱和而结晶沉淀［图 8 – 11（a）］。其中，镁和钙的碳酸盐（方解石、白云石）最先沉积，镁和钠的碳酸盐随后沉积，如苏打（$Na_2CO_3 \cdot 10H_2O$）和天然碱（$Na_2CO_3 \cdot NaHCO_3 \cdot 2H_2O$），而钾的碳酸盐最后沉积。这一阶段可形成碱类矿床，因此这种类型的湖泊又称为碱湖。

在碳酸盐沉积阶段，可以形成一定的碎屑沉积，它们常与盐类沉积混合或单独出现。

2. 硫酸盐沉积阶段

当碳酸盐结晶析出后，湖水继续蒸发进一步咸化，含盐度持续增大，溶解度较大的硫酸盐可逐渐达到过饱和而发生沉积［图 8 – 11（b）］，沉积物主要有石膏（$CaSO_4 \cdot 2H_2O$）和芒硝（$Na_2SO_4 \cdot 10H_2O$）等。硫酸盐类沉积物多数味苦，因此这类湖泊又称为苦湖。

在硫酸盐沉积阶段，碎屑沉积较少出现，石膏、芒硝等可形成独立的岩层。

3. 氯化物沉积阶段

当硫酸盐析出后，湖水进一步浓缩几乎成为卤水时，氯化物便可发生沉积。首先是氯化钠沉积，然后是氯化镁和氯化钾沉积，这是盐湖沉积的最后阶段［图 8-11（c）］。常见的沉积物有岩盐（NaCl）、钾盐（KCl）和光卤石（$KCl \cdot MgCl_2 \cdot 6H_2O$）。若湖水中含有硼酸盐，则会随氯化物同时沉积形成硼砂（$Na_2B_4O_5[OH]_4 \cdot 8H_2O$）。

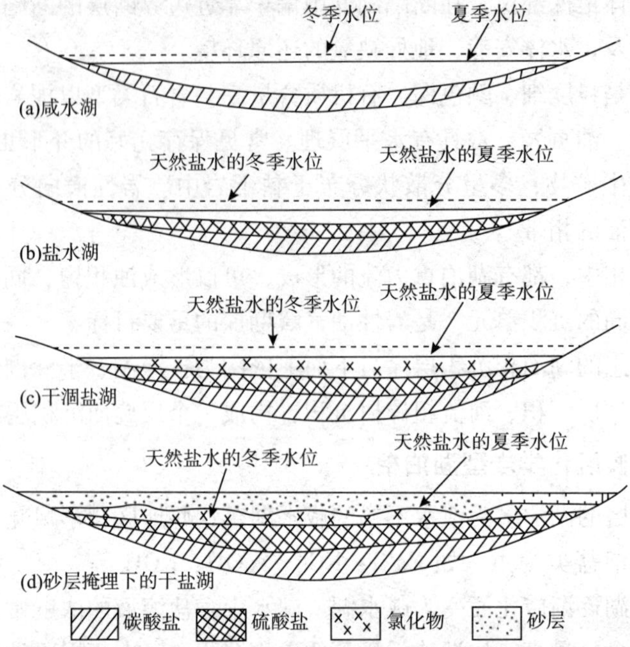

图 8-11　干旱区盐湖沉积阶段示意图（据瓦梁什科；转引自舒良树，2010）

经过以上三个阶段的化学沉积，盐湖就此干涸，残留盐水只存在于盐晶的粒间孔隙，称为晶间卤水。在潮湿季节，可有少量盐水出现于表层；而在干旱季节，湖面几乎完全干涸。这种盐湖称为干盐湖。此时，其他外力地质作用就取代了湖泊的地质作用，盐岩沉积可逐渐被风成砂丘覆盖［图 8-11（d）］。

上述盐类的沉积顺序不仅表现在垂向分布上，也可以表现在横向分布上。例如，柴达木盆地边缘的一些小盐湖，从湖岸到湖心的盐类沉积表现为碳酸盐、硫酸盐、氯化物的顺序，形成同心环带分布的现象。

五、湖泊相与油气的关系

碎屑湖泊相常具有油气生成和储集的良好条件，目前我国发现的多数油气田都分布在碎屑湖泊相沉积中。就生油条件而论，深湖和半深湖亚相水体深，地处还原或弱还原环境，适于有机质的保存和向石油的转化，是良好的生油环境，这种环境中形成的暗色泥岩可成为良好的生油岩，如松辽盆地和渤海湾盆地的生油岩系就分别是白垩系和古近系半深湖—深湖亚相的暗色泥岩。碎屑湖泊沉积中发育各种类型的砂体，如三角洲砂体、水下重力流砂体、滨浅湖滩坝砂体等，它们常因具有分布广、厚度大、近油源、粒度适中、生储盖组合配套等特点而成为油气储集的良好场所。

从湖泊的发育和演化史看，湖泊裂陷扩张期，湖盆大幅度持续稳定下沉，有利于深湖、半深湖亚相的发育，利于以黏土岩为主的生油岩系及盖层的形成；湖盆的抬升收缩期，有利于三角洲、滨浅湖滩坝等储油砂体的形成。若湖泊的发育具有多旋回性，在垂向剖面上可出现多个生储盖组合，而且第一个组合的盖层即为第二个组合的生油层，从而造成生储盖组合的垂向叠合。目前勘探结果表明，潮湿气候区多旋回近海湖盆的中期的旋回生储盖组合最发育，油气资源最丰富。

第五节 三角洲相

河流入海、入湖的地方称为河口，当河流进入河口时，水域骤然变宽，再加上海水或湖水对河流的阻挡作用使流速减小，搬运的碎屑物质便大量沉积下来，所形成的沉积体形态呈三角形，故称三角洲。

一、三角洲的形成过程

河流入海的河口区，由于水流流速骤减，河流挟带的泥沙卸载堆积成水下浅滩。水下浅滩不断淤高、增大、露出水面形成河口砂坝，水流从砂坝顶端分成两个分支河道。分支河道向前发展，形成次一级河口砂坝。这一过程不断重复，就形成了一个喇叭形向海延伸的多叉道河网系统，三角洲的锥形随之形成（图 8－12）。

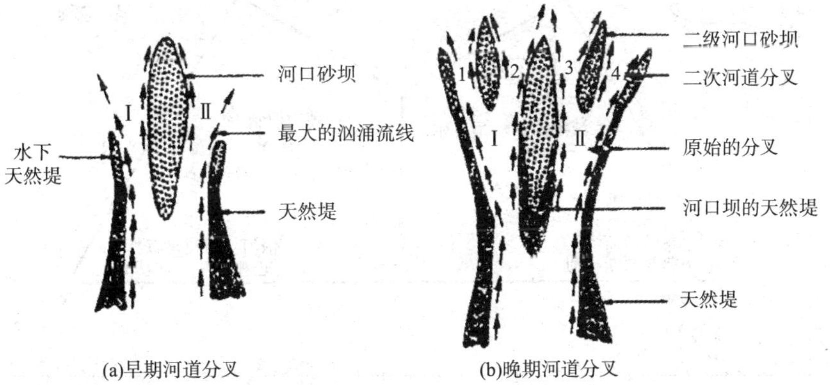

图 8－12 三角洲河口砂坝与分支河道的形成示意图（据拉塞尔，1967；转引自姜在兴，2003）

由于分支河道不断向海延伸，河床坡度减小，流速减缓，河床淤高，洪水时河流冲决天然堤，挟带的物质在滨海平原或叉道间逐渐沉积下来形成决口扇，使三角洲在横向上由于河流的不断改道与摆动而逐渐扩大。河水冲决天然堤将促使河流改道、旧河道淤塞，原来的三角洲废弃，而在其旁侧新河道入海处，新的三角洲开始发育成长。随着时间的推移，三角洲的废弃和发育相互转化、交替出现，形成三角洲复合体。三角洲的形成过程实质上就是分支河道不断分叉并向海方向不断推进的过程。

二、三角洲的分类

由于河流、波浪、潮汐对三角洲的形成起直接控制作用，故很多学者主张按这三者的相对强度来划分三角洲的成因类型。盖洛韦（Galloway，1976）根据上述三种作用的相对关系，分析了世界上一些代表性的三角洲，提出了三角洲的三端元分类方案。三个端元分别代表了河流、波浪、潮汐作用为主的三角洲类型，分别称为河控三角洲、浪控三角洲和潮控三角洲（图 8 – 13）。河控三角洲为建设性三角洲，而其他两种类型则为破坏性三角洲。

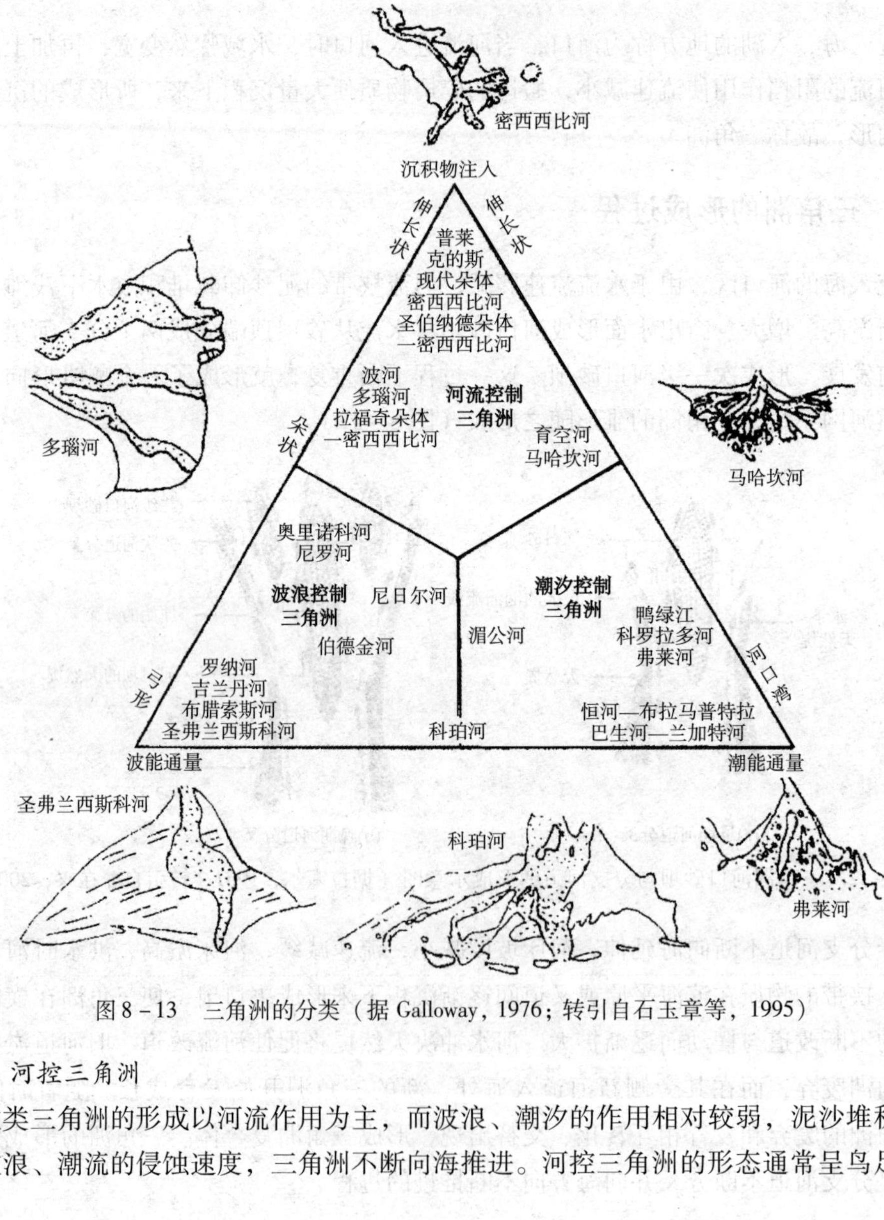

图 8 – 13　三角洲的分类（据 Galloway，1976；转引自石玉章等，1995）

1. 河控三角洲

这类三角洲的形成以河流作用为主，而波浪、潮汐的作用相对较弱，泥沙堆积的速度大于波浪、潮流的侵蚀速度，三角洲不断向海推进。河控三角洲的形态通常呈鸟足状或朵状，密西西比河三角洲是其典型代表。

2. 浪控三角洲

这类三角洲的形成以波浪作用为主，而河流的建设性作用相对较弱，泥沙受波浪的改造较大，可在河口两侧形成一系列大致平行海岸分布的海滩脊砂或障壁砂坝，只有在河口处才形成较多的砂质沉积，形成的三角洲呈鸟嘴状，巴西圣弗兰西斯科河三角洲是其典型代表。

3. 潮控三角洲

这类三角洲的形成以潮汐作用为主，河流的建设性作用相对较弱，泥沙只能在港湾内堆积形成规模较小的三角洲，砂体在潮汐的改造作用下，常形成与潮流流向大致平行的长条状或裂指状形态，如我国的珠江三角洲、越南的湄公河三角洲和印度的恒河三角洲等。

三、河控三角洲的亚相类型及沉积特征

河控三角洲是最为常见的三角洲类型，它能形成厚度大、面积广的大型三角洲。在地质历史中能保存下来并识别出的三角洲，多属河控三角洲，因此本书主要介绍河控三角洲的沉积特征。三角洲是一个包括多种沉积环境的沉积体系，所谓沉积体系指在成因上有联系的几种沉积环境的统一体。无论从平面上或是从剖面上来看，一个河控三角洲都可以划分为三个亚相，由陆向海依次为三角洲平原、三角洲前缘和前三角洲（图 8－14）。

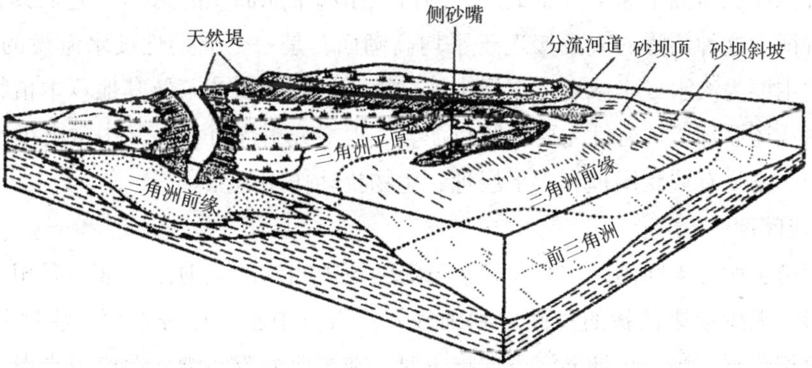

图 8－14　三角洲的沉积模式（据 J. P. Shannon，1971；转引自曾允孚等，1986）

1. 三角洲平原亚相

三角洲平原是三角洲的陆上沉积部分，它与河流沉积体系的分界是从河流大量分叉处开始，止于海平面处。三角洲平原的沉积微相多种多样，以分流河道为格架，分流河道的两侧有天然堤、决口扇，而分流河道间常发育有沼泽、湖泊和分支间湾等。分流河道砂沉积与沼泽的泥炭或褐煤沉积是三角洲平原的典型沉积特征。

1）分流河道

分流河道是三角洲平原中的格架部分，也称为分支河道。分流河道沉积具有一般河床沉积的特征，即以砂质沉积为主，向上逐渐变细，但与河流沉积相比粒度较细，分选较好。一般底部为中—细粒砂，常含泥砾、植物干茎等残留沉积物，向上变为粉砂、泥质粉

砂及粉砂质泥等。砂质层具有槽状或板状交错展理和波状交错层理，规模向上变小。其底界与下伏岩层常呈侵蚀冲刷接触。

由于分流河道位置较固定而且较直，所以曲流砂坝一般不发育。分流河道砂体的形态在平面上为长条形砂体，有时分叉；砂体在横剖面上呈对称的透镜状，常沉陷于下伏的泥岩层中。

2）天然堤

三角洲平原的天然堤与河流的天然堤相似，位于分流河道的两侧，向河道内一侧较陡，向外一侧较缓。这种天然堤由洪水期挟带泥沙的洪水漫出淤积而成。天然堤在三角洲平原的上部发育较好，但向下游方向其高度、宽度、粒度和稳固性都逐渐变小。其粒度较河流沉积细而较沼泽沉积粗，以粉砂和粉砂质黏土为主，而且由河道向两侧变细和变薄。水平层理和波状交错纹理发育，波痕及雨痕、干裂等层面构造较为发育，常见植物根茎叶的碎屑和生物潜穴。

3）决口扇

三角洲平原决口扇与河流决口扇沉积很相似，但由于三角洲平原天然堤稳定性较差，故它们较河流中下游更为发育。

4）沼泽

沼泽沉积在三角洲平原上分布最广，约占三角洲平原面积的90%。它们具有一般沼泽所具有的特征。这种沼泽的表面接近于平均高潮面，是一个周期性被水淹没的低洼地区，其水体性质主要为淡水或半咸水。沼泽中植物繁茂，主要为芦苇及其他草本植物，为一停滞的弱还原或还原环境。岩性主要为暗色泥岩、泥炭或褐煤沉积，其中常夹洪水期沉积的薄层粉砂岩。常见有块状层理和水平层理，生物扰动作用强烈。

5）分流间湾

分流间湾也称分支间湾，主要发育在分流河道中间的凹陷地区，常与海相连通。岩性主要为泥岩，夹少量透镜状的粉砂岩和细砂岩。岩石中水平层理发育，生物扰动作用强烈，偶见海相化石。当三角洲向海方向推进时，在主要分流间湾可形成泥岩楔，这种泥岩楔在层序上往往向下渐变为前三角洲泥岩，向上逐渐变为富含有机质的沼泽沉积。

2. 三角洲前缘亚相

三角洲前缘是三角洲的水下部分，位于海平面与浪基面之间，呈环带状分布于三角洲平原向海一侧的边缘。三角洲前缘是三角洲砂体的主体部分。从河流带来的砂、泥沉积物，一旦离开河口注入海洋，就迅速地堆积在这里。由于受到河流、波浪和潮汐的反复改造，形成分选较好、质较纯的砂质沉积集中带，这种砂体可构成良好的储集层。三角洲前缘可分为水下分流河道、水下天然堤、水下分流间湾、河口砂坝、远砂坝、席状砂等沉积微相，水下分流河道、水下天然堤和水下分流间湾均为三角洲平原相应沉积微相在水下的延伸，与三角洲平原相应特征相似，只是沉积物粒度更细。以下重点介绍分流河口砂坝、席状砂和远砂坝的沉积特征。

1）分流河口砂坝

分流河口砂坝简称为河口砂坝，是由于河流挟带的泥沙在河口处因流速降低快速堆积而成。其岩性主要由砂和粉砂组成，一般分选较好，质较纯净。砂层呈中层至厚层状，发育有楔形交错层理或“S”形前积层理和水平纹理，前积层理的倾向多变，反映水流方向的变化，可见流水波痕和浪成波痕等层面构造。砂层中化石稀少，但有时可见到由其他环境搬运来的介壳。

河口砂坝的形态在平面上多呈长轴方向与河流方向平行的椭圆形，横剖面上呈近于对称的双透镜状，其周围为前三角洲泥沉积。当砂泥供应量大且砂与泥比率低时，河口砂坝发育，在其向海方向推进过程中可形成指状砂坝。

2）席状砂

席状砂是由于三角洲前缘的河口砂坝经海水冲刷作用使之分布于其侧翼而形成的薄而面积大的砂层。这种砂层分选好，质较纯净、可成为极好的储集层。其沉积构造常见有平行层理和水流线理。

在鸟足状三角洲发育的情况下，砂易沉陷于泥中而得以保存，仅其上部受到冲刷改造，故不能形成大面积的席状砂。朵状三角洲向海推进时，砂盖在薄的泥层之上，易受海水作用形成席状砂。当海水改造作用更强时，三角洲前缘席状砂发育得更为宽广，可使各分流河口砂坝相互连接起来。更进一步的海水破坏作用可使河口砂坝完全消失，在三角洲前缘形成广泛的席状砂，这时就和海滩砂难以区别。

3）远砂坝

远砂坝位于河口砂坝前较远的部位，沉积物较河口砂坝细，主要由粉砂和黏土组成，只有在洪水期才有细砂沉积，并偶见递变层理。沉积构造以水平层理为特征，也见波状交错层理和脉状、波状、透镜状复合层理。沿纹层面分布较多的植物碎屑和炭屑，生物扰动构造和潜穴发育。

3. 前三角洲亚相

前三角洲位于三角洲前缘的前方，它是三角洲沉积体系中分布最广、沉积最厚的相带。前三角洲的海底地貌为一平缓的斜坡，其沉积物完全形成于浪基面以下，实际是正常的浅海相沉积，岩性主要由暗灰色黏土和粉砂质黏土组成。

前三角洲沉积物中的沉积构造不发育，主要为水平层理和块状层理，偶见透镜状层理。其中发育有生物扰动构造和潜穴，并含有广盐度的化石种属，如介形虫、瓣鳃类和有孔虫等。

前三角洲的暗色泥质沉积物富含有机质，而且其沉积速度和埋藏速度较快，故有利于有机质转化为油气，可作为良好的生油层。

四、三角洲的沉积模式

河控三角洲在形成发育过程中，不断地从陆地向海洋推进，其结果形成一个特征明显的垂向沉积层序：底部为前三角洲泥，向上依次出现三角洲前缘砂、粉砂和三角洲平原较粗粒分流河道沉积和细粒沼泽沉积，大体上为下细上粗的反旋回沉积序列（图 8－15），即所谓的进积型沉积序列，这是识别三角洲沉积的一个重要标志。由于构造运动及河流的改道，会造成三角洲建设和破坏交替出现的多旋回现象。

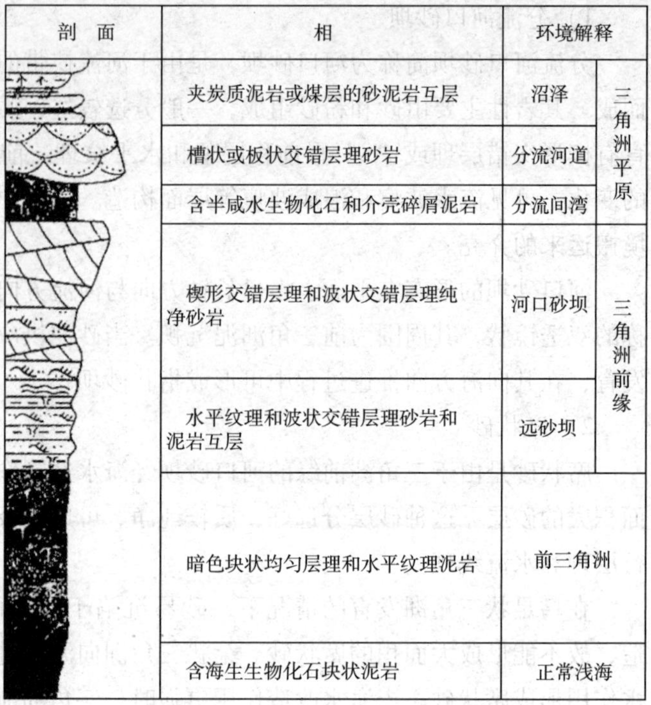

图 8－15　河控三角洲的剖面相模式（据孙永传等，1986）

五、三角洲沉积与油气

三角洲沉积与油气生成和聚集有着密切的关系。油气田的形成必须具备以下几项基本地质条件：①生油层；②储集层；③盖层；④圈闭；⑤运移；⑥保存条件，这些条件的存在及其相互配合的关系将直接影响油气藏的形成及其规模，详见本书第十三章。

1. 生油层

前三角洲的暗色泥岩可作为良好的生油层。河流不仅为三角洲沉积带来大量的泥沙，而且带来了大量的有机质。这些有机质随着悬浮的泥质一起在前三角洲地区沉积下来。它们为湖盆或海盆中的生物提供了丰富的营养，促使生物得以大量繁殖、生长。此外，前三角洲环境一般是处于浪基面之下的还原或弱还原环境，加之三角洲的沉积和埋藏都比较迅速，有利于有机质的保存和转化。因此，富含有机质的前三角洲泥岩和粉砂质泥岩可作为良好的生油岩。

2. 储集层

在三角洲沉积中，良好的储集砂体是多种多样的。如河控三角洲的河口砂坝、席状砂、分流河道砂，浪控三角洲中的海滩砂和障壁砂坝等都具有良好的储油性能。

3. 盖层

在三角洲沉积中，盖层是大量存在的，如沼泽沉积、分支间湾和前三角洲泥等皆可作为盖层。而且，在三角洲形成的进退过程中，它们和生油层、储油层共同构成了良好的生储盖组合。

4. 圈闭

在三角洲沉积中，上述储油砂岩除席状砂和分支河道砂体外，大多数砂体呈透镜体状产出，这就容易形成岩性圈闭。在河控三角洲沉积中，常有同生断层和由此而产生的牵引构造、底辟构造和盐丘构造伴生，因而也可形成构造圈闭。上述圈闭大多是在沉积过程中形成的，其形成时间较早，有利于油气的聚集和形成。

总之，三角洲沉积既有沉积厚的生油层，又有质纯、分选好的储油层。加之三角洲沉积过程中局部的海进海退比较频繁，幅度也较大，这样就可形成众多的、良好的生储盖组合，进而构成良好的油气聚集带。

第六节　海岸相

一、海相组的划分

根据海底地形和水深，可将海相组分为滨海相、浅海相、半深海相和深海相四个沉积相。

滨岸相又称为海岸相，位于风暴潮高潮面至浪基面之间的海域，以波浪作用为主的海岸可进一步划分出后滨、前滨、近滨（临滨）三个相带；以潮汐为主的海岸可划分出潮上带、潮间带和潮下带三个相带。浅海相位于浪基面以下的陆棚区（陆架），向陆方向与海岸相衔接，向海与半深海相毗邻。半深海相大致对应于大陆坡，深海相大致对应于大洋盆地。

二、海岸带及其分类

海岸带实际上是分隔大陆与开阔海的过渡地貌单元，也是连接陆地与外海的过渡带，专指除三角洲之外的海滨带。对于无明显河流作用的海岸带，其主要的动力来源是波浪和潮汐。依据波浪和潮汐作用的相对强弱以及海岸线的发育情况，可将海岸带分为无障壁海岸和障壁海岸两种基本类型。

1. 无障壁海岸

海岸线较平直，向广海没有障壁，海岸带宽度与地形密切相关，陡岸处宽度仅数米，而平缓海岸可宽达 10km 以上。波浪是无障壁海岸带的主要水动力条件，水动力条件很强。无障壁海岸带相应的沉积环境及沉积物称为无障壁海岸相。从沉积体系的角度来讲，称为海滩沉积体系。

2. 障壁海岸

海岸线较为曲折，向广海一侧发育有障壁（如砂洲、砂坝等），靠陆地一侧往往发育潟湖。这类海岸带也称为障壁海岸带，相应的沉积环境及沉积物称为障壁海岸相。从沉积体系角度来讲，又称为障壁岛—潟湖沉积体系。

障壁海岸带的水动力条件主要是潮汐而不是波浪，因为障壁岛阻碍了波浪的作用。

三、无障壁海岸相

无障壁滨岸带沉积环境的特点是无障壁岛遮挡、海水循环良好。按照海岸水动力状况和沉积物类型，可进一步分为砂质或砾质高能海岸及粉砂淤泥质低能海岸两种类型。

无障壁海岸由沉积物堆积形成的平坦地形称为海滩，其中高能海岸的海滩主要是砾滩和砂滩，其中尤以砂滩最为常见；低能海岸的海滩为泥滩。

1. 高能海岸砾滩沉积

在山区河流的入海口或基岩海岸附近，沉积物主要由砾石组成，这种海滩称为砾滩。

砾石具有较高的磨圆度，扁圆形砾石常具定向排列，砾石长轴基本与海岸平行，最大扁平面倾向海洋。

2. 高能海岸砂滩沉积

主要由砂组成的海滩称为砂滩。在波浪的长期作用下，砂粒具有良好的分选性和磨圆度，成分单一，不稳定矿物少，以石英砂最为常见。砂滩表面具有不对称波痕，内部具有交错层理。

根据地貌、水动力和沉积物特征，可将无障壁海岸砂滩沉积分为：海岸砂丘、后滨、前滨和近滨四个亚相（图 8－16）。

环境	滨外	滨岸(海岸)						
带	陆棚	近滨				前滨	后滨	海岸砂丘
水动力	涨浪	升浪	碎浪	涌浪		冲浪	风暴浪	风吹
水的运动	震荡运动		波浪破碎	波浪传播，沿岸流向海回流，裂流		冲洗，回流，裂流		
剖面及地貌	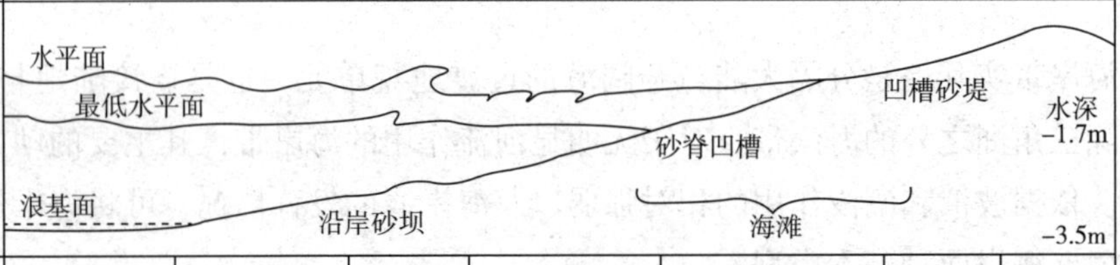							
沉积物粒度	细	较细	最粗	中		较粗	细	
主要作用	加积		侵蚀	搬运		侵蚀+加积	加积	
能量	低	较低	高	中等		较高	低	
床砂特征	(外)水平的平坦状	(外)不对称砂纹	新月形砂垅	(外)平坦状	(内)砂纹	(内)平行的平坦状	(内)水平平坦	
沉积构造	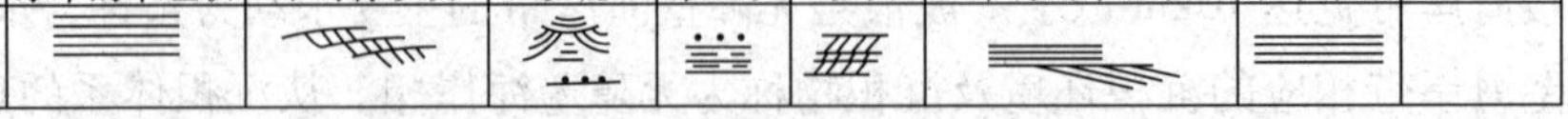							

图 8－16　无障壁海岸的水动力条件与沉积特征（据刘宝珺，1980）

1）海岸砂丘亚相

海岸砂丘指海平面之上的海滩砂经风的改造作用而形成的砂丘带，位于风暴潮高潮面以上，常在最大高潮线附近形成线状的海滩砂脊。在砂供给充分、有强劲向岸盛行风和海岸不断向海推进的地区经常发育海岸砂丘，其宽度可达 10km。沉积物以中细砂为主，石英含量高、分选好、磨圆好。石英砂表面常发育因颗粒撞击而形成的碟形坑，表面多呈毛玻璃状。风成砂丘常发育大型槽状交错层理，纹层和层系厚度较大，前积纹层倾角陡，可达30°~40°，层系厚度为数十厘米。砂丘内部常有大量弯曲的侵蚀面。砂丘之间常有植被生长，植物腐烂后可形成泥炭层和根系层的透镜状夹层。

2）后滨亚相

后滨指海岸砂丘下界与平均高潮线之间，属潮上带，只有在风暴潮和异常高潮时才能被海水淹没，水动力很弱。沉积物以细砂为主，常有生物介壳，可以由风暴浪带来大量介壳堆积形成介壳层。常见生物潜穴和爬迹，但一般不易保存下来，发育水平层理、块状层理和小型交错层理。

3）前滨亚相

前滨指平均高潮线与平均低潮线之间，属潮间带，地形平坦，起伏较小，并逐渐向海倾斜。前滨以波浪的冲洗为特征，沉积物以中砂为主，分选好。前滨最为典型的沉积构造是冲洗交错层理，其纹层向海倾斜，倾角小（小于10°），延伸远（平行海岸延伸可达30m，垂直岸线可达10m），因倾角大小不同而交错，层系平直，厚度一般为10~15cm。前滨砂体常发育对称波痕、不对称波痕以及菱形波痕，并出现极浅水的其他沉积构造如冲刷痕、流痕、变形波痕、流水波痕及生物搅动构造。前滨下部沉积物分选比上部差，并含有大量贝壳碎片和云母等，贝壳排列凸面朝上，属于不同生态环境的贝壳大量聚集，也可以作为鉴别古代海滩砂体的标志。

4）近滨亚相

近滨又称为临滨，指平均低潮线与正常浪基面之间，属潮下带，也是浅水波浪作用带，沉积物始终遭受着波浪的冲洗、扰动。根据波浪活动的特点及地形表现，可将临滨带进一步划为下临滨、中临滨和上临滨三个部分（图8-16）。

下临滨是临滨带最深的部分，下界位于波基面附近，与浅海陆棚过渡；上界在破浪带以外。下临滨是波浪刚开始影响海底的较低能带，沉积物的运动方向是向陆作缓慢的移动。但在强风暴的影响下，由于风暴浪基面的降低，沉积物常遭受风暴浪的侵蚀。该带的沉积物主要是粉砂和细砂，并含有粉砂质泥的夹层。沉积构造主要是水平层理和小波痕层理。底栖生物大量活动，形成丰富的遗迹化石和生物扰动构造。

中临滨出现在水深变浅的破浪带内，为高能带，地形坡度较陡并有较大的起伏，平行岸线常发育有一个或多个沿岸砂坝和凹槽。砂坝长度可达几千米至几十千米。中临滨沉积物粒度是海滩沉积中最粗的，主要是中、细砂，由海向陆沉积物粒度逐渐变粗。

上临滨与前滨紧密相邻，位于破浪带内近岸的高能带。由于受潮汐水位波动的影响，其位置常发生一定程度的摆动迁移。上临滨的沉积物以中细砂为主，沉积构造多为大型的槽状交错层理，常夹有低角度双向交错层理和冲洗层理及平行层理。上临滨与前滨相多呈过渡关系，有时二者不易区分。

在无障壁海岸沉积中，在海进时形成的进积型海岸沉积层序自下而上依次为近滨—前滨—后滨—海岸砂丘或河流沉积，构成自下而上粒度由细变粗的反旋回。

3. 低能海岸泥滩

在波浪作用弱而潮流作用强的地区，常形成粉砂淤泥质海岸，沉积物以粉砂、黏土沉积为主，具宽阔的潮间带，缺失后滨（图 8－17）。

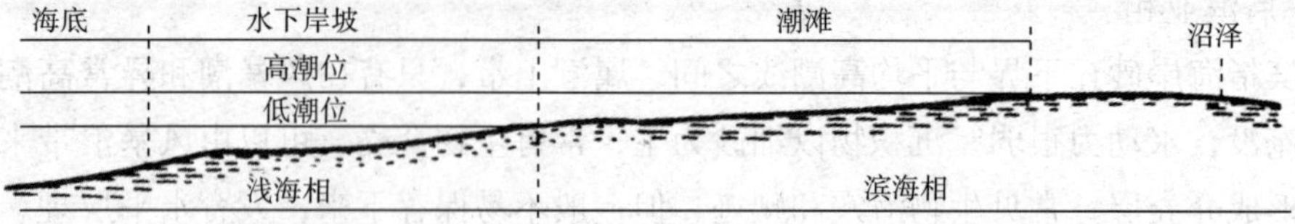

图 8－17　粉砂淤泥质海岸沉积环境剖面示意图（据任明达等，1981）

四、障壁海岸相

沿岸若存在障壁地形，如砂坝、砂洲、生物礁或水下隆起等，使得近岸海域与广海隔绝或部分隔绝，海水处于局限流通状态，则形成障壁海岸。在障壁岛面临广海的一侧，水动力条件与无障壁海岸相似，以波浪作用为主。在障壁岛面临大陆的一侧，与外海隔绝或半隔绝的水域称为潟湖，水动力能量较低，以潮汐作用为主，海水的盐度不正常，可以咸化也可以淡化。自海向陆，障壁海岸沉积相依次出现障壁岛、潟湖、潮坪三个亚相，向海方向以障壁岛与海岸相相接，向陆方向以潟湖、潮坪与大陆沉积的沼泽相或冲积相相接，从而构成障壁岛—潟湖—潮坪沉积体系（图 8－18）。

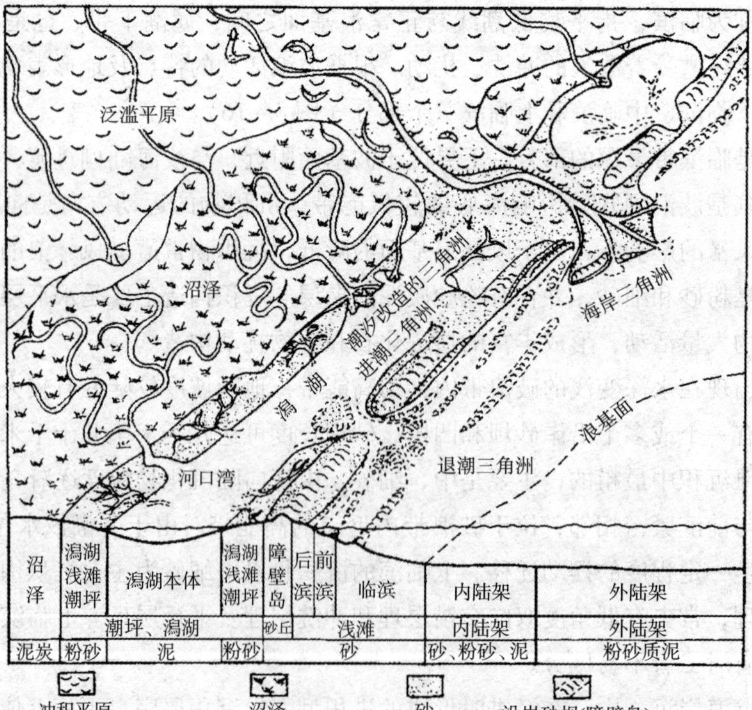

图 8－18　障壁海岸相沉积模式示意图（据冯增昭，1994）

1. 障壁岛亚相

障壁岛是指平行于海岸高出水面的狭长砂体，由水下砂坝或砂嘴发展而成，故其下部由砂坝或砂嘴构成底座，上部则由海滩、障壁坪、砂丘三部分组成。海滩位于障壁岛向海一侧，并向滨岸沉积过渡；障壁坪居于障壁岛向潟湖一侧，为一宽缓的斜坡带；砂丘位于障壁岛顶部，出露于水面之上，由海滩沉积经风的改造作用而成。

障壁岛沉积物以中细砂—粉砂沉积为主，经过海水的长期冲刷筛选，分选、圆度较好，重矿物较富集，向海一侧的沉积物富含生物贝壳和云母。障壁坪沉积常掺杂粉砂，粒度比砂丘砂细。障壁岛具厚层楔状、槽状交错层理，也可发育低角度板状交错层理，常具不对称波痕及冲蚀痕迹，可见虫孔。原地生物化石较少，生物介壳多为异地埋藏。障壁岛沉积体形态呈与海岸平行的狭长带状，笔直或微弯曲，甚至具微弱分支，剖面上呈底平顶凸的透镜状。

2. 潟湖亚相

潟湖是海岸砂坝或砂嘴后侧与海隔离的浅海水域，常与海有狭窄的通道相连。潟湖中波浪作用较弱，潮汐作用较强，水体安静、低能，沉积物以细粒碎屑物质和化学沉积物质为主。由于障壁岛的遮拦、潟湖水体的蒸发、淡水的注入等因素影响，都使潟湖的含盐度高于或低于正常海水，由此形成淡化潟湖和咸化潟湖。淡化潟湖形成于气候潮湿、雨量大、有大量淡水供给的条件下，其沉积物主要为碳酸盐粉屑、粉砂质黏土和黏土。当潟湖底部出现还原环境时，可形成黄铁矿、菱铁矿等自生矿物。交错层理不发育，一般为水平层理，若有波浪作用时，也可有浪成波痕和浪成交错层理。生物种类单调，以适应淡化水体的广盐度生物为主，如腹足类、瓣鳃类、苔藓类、藻类等，并有变异现象，如出现个体变小、壳体变薄、具特殊纹饰等反常现象。淡化潟湖由于河流的注入、沉积物的淤积，逐渐沼泽化，形成沼泽化潟湖，沼泽中植物丛生，可形成大量泥炭堆积，泥炭被埋藏后可形成煤。

在干旱气候区，由于蒸发量很大，潟湖水体浓缩，盐度升高，则形成咸化潟湖，其沉积物以粉砂岩、粉砂质泥岩为主，并可夹有盐渍化和石膏化的砂质泥岩，几乎无粗碎屑岩沉积，可出现石膏、盐岩夹层。潟湖若为清水沉积时，则主要是石灰岩、白云岩，并夹石膏及盐岩层，可出现天青石、硬石膏、黄铁矿等自生矿物，沉积构造以水平层理及塑性变形层理为主。生物种属单调，以广盐性生物最为发育，特别是腹足类、瓣鳃类、介形虫等。适应正常盐度的生物，如珊瑚、棘皮类、头足类、大多数腕足类、苔藓虫等几乎全部绝迹。

暴风浪时海水越过障壁岛而在潟湖一侧形成的扇状堆积体称为冲越扇，是潟湖中粗粒沉积物形成的原因。

3. 潮坪亚相

在宽阔平缓的海岸地带，波浪波及不到，只有高潮时海水才能到达，因而这里以潮汐作用为主，此地带称为潮坪。潮流动能小于波浪，仅能把细砂、粉砂和黏土搬运到潮坪发生沉积。由于潮水周期性的往复运动，潮坪沉积具有双向斜层理，沉积物表面发育波痕、泥裂、虫迹等沉积构造。

潮上带通常是以沼泽为主的湿地，地势平坦，有早期留下来的潮道，主要为泥质沉积，发育水平层理和扰动层理，称为泥坪。潮间带以泥、粉砂和细砂为主，沉积构造多样，常见水平层理、透镜状层理、压扁层理、双向交错层理，生物潜穴发育，称为泥沙混合坪。潮下带以细砂、中砂为主，具平行层理、低角度交错层理、羽状交错层理和压扁层理，称为砂坪。

在发生海退时，海岸线向海推进，在障壁海岸可形成由下而上依次为浅海陆棚相—海岸相—障壁岛亚相—潟湖、潮坪亚相—沼泽相—冲积相（图 8－19）。在发生海进时，岸线向大陆推进，其垂向剖面上的相序递变与上述情况相反。当海岸相对稳定，沉积速度和沉降速度相差不大的情况下，潟湖亚相与障壁岛亚相及海岸亚相在垂向上呈锯齿状交错。一般而言，海退时层序较厚，微相类型多；海进时层序较薄，岩性单一。

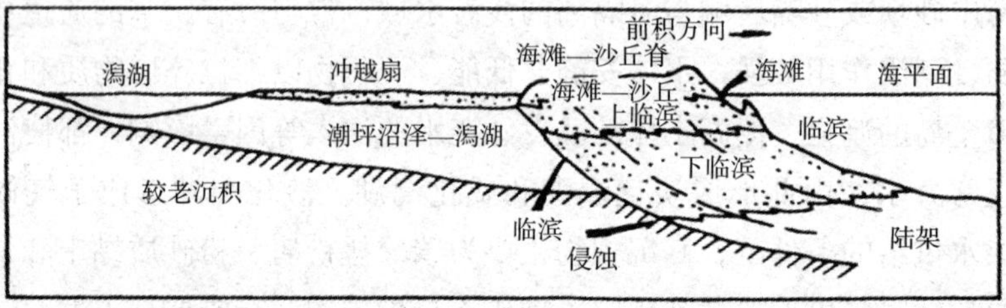

图 8－19　障壁海岸沉积相的剖面沉积模式（据麦克卡宾，1982；转引自姜在兴，2003）

五、海岸相与油气

无障壁滨岸相以砂质沉积为主，砂质颗粒的分选好、磨圆度高、填隙物含量低、岩性均一、横向分布稳定，有利于油气的储集。例如我国塔里木盆地塔中地区石炭系部分储层就属于碎屑海岸相沉积。

障壁海岸相中的环境和沉积特征决定了它们具有良好的生、储、盖条件。在潟湖环境中，生物种类单调但数量多，且水体安静，有利于有机质的堆积，潟湖底部常形成富 H_2S 的还原环境，有利于有机质的保存和向石油的转化，是良好的生油相带。障壁岛及潮坪都发育不同类型的砂体，有利于油气的储集。尤其障壁岛砂体，砂质碎屑的粒度适中、分选好、岩性均一、横向上与潟湖、浅海等有利生油的相带相邻，对油气的储集更为有利。潟湖、潮坪广泛发育泥质岩类，也可以成为良好的盖层。由于海侵和海退的交替变化，使潟湖、潮坪、障壁岛相在垂向上做有规律的递变，有利于形成完整的生、储、盖组合。

第七节　重力流沉积相

重力流是在重力作用下，沿水下斜坡或峡谷流动的，含大量泥沙并呈悬浮搬运的高密度底流。

一、重力流的类型

通常根据支撑机理，把沉积物重力流划分为四种类型：泥石流（或碎屑流）、颗粒流、液化沉积物流和浊流（Middleton 和 Hampton，1973、1976；转引自姜在兴，2003）。

1. *泥石流*

泥石流也称为碎屑流，是在山麓环境中常见的在水流中含大量弥散黏土和粗细混杂碎屑而形成的黏稠的、呈涌浪状流动的一种流体，如含粗碎屑很少则称为泥流，以水和黏土的混合物为主，一般比泥石流少见。泥石流或泥流中含水量为40% ~60% 左右，比重为2.0 ~2.4 左右，黏度较高。泥石流或泥流流动所需的坡度一般为5°左右，最低可为1°。汉普顿（Hampton，1972；转引自姜在兴，2003）等指出在水体中也能形成泥石流，如海底峡谷的源头处、海底扇的顶部和内扇区等。

陆上和水下的泥石流和泥流沉积物多为厚层块状、富黏土杂基、无分选、无层理的黏土质砂砾沉积或砂砾质黏土沉积。

2. *颗粒流*

颗粒流指流动的、含水的砂级颗粒互相碰撞，产生的扩散应力引起颗粒流动而形成的流体。自然界中，完全由粒间离散力支撑的颗粒流相当少见，但在砂丘、砂垄和砂痕的背流面可存在高浓度的颗粒流。在水下18° ~28°的斜坡上也可形成颗粒流，如海底峡谷的上端，这种流体侵蚀能力很强。颗粒流沉积物粒度范围可以由黏土到砾石，但主要是砂质沉积，常具有块状层理、底模，在其底部还可见下细上粗的反递变层理。

3. *液化沉积物流*

液化沉积物流是由超孔隙压力引起的向上粒间水流产生的牵引力支撑砂级颗粒的流体。沉积物形成后，当其孔隙压力等于沉积物中流体的静水压力时，沉积物保持稳定平衡。如沉积物沉积较快，其中水分来不及排出，或者从外部渗流进入孔隙空间的水分过多，都可造成孔隙压力大于沉积物中流体的静水压力。这时沉积物中的流体就连同颗粒一起向上移动，变得像流砂一样，即所谓“液化”。在此过程中，部分流体会上逸至砂的表面。在重力作用下沸腾化的沉积物沿3°或4°以上的斜坡迅速运动，形成液化沉积物流。在流动过程中，孔隙压力很快消散，液化沉积物流减速，可直接堆积层状悬浮沉积物，堆积物常为颗粒支撑的细砂和粗粉砂，呈块状或具泄水构造，也可形成各种底面铸模、火焰状构造、包卷层理和砂火山等沉积构造。若液化流流速加速而导致紊动，则向颗粒流或浊流转化。

4. *浊流*

浊流是一种在水体底部形成的高速紊流状态的混浊的流体，是水和大量呈自悬浮的沉积物质混合而成的一种密度流，也是一种由重力作用推动成涌浪状流动的重力流。浊流具有密度大、流速快、侵蚀能力强、搬运能力强的特点。

发源于大陆架或大陆坡的浊流，在到达深海盆地后由于坡度变缓会在海底大量堆积，形成的扇状地形称为浊积扇或深海扇。

二、重力流的形成条件

形成沉积物重力流一般需要具备如下条件。

1. 足够的水深

一般认为海洋中重力流沉积的水深是 1500～1800m，最小水深 80m，最深的是美国加利福尼亚岸外蒙特里深海扇，深达 8000m。足够的水深通常是相对而言的，海洋与湖泊也有较大差异，湖泊中形成重力流的水深相对较浅，但水深一般在风暴浪基面以下。

2. 足够的坡度角和密度差

在水体中，由于盐度的差异（如河口湾中的盐水楔）、温度的差异（如冰雪融水流入湖中形成的冷流，海洋中的寒流和暖流）或沉积物浓度的差异等形成的密度差都可引起密度流的产生。在水体中含有大量弥散沉积物的重力流也是一种密度流。

足够的坡度角是造成沉积物不稳定、易受触发而发生块体运动的必要条件。一般认为，这个斜坡地形的坡度角一般不小于 3°～5°。

3. 充沛的物源

充沛的物源也是形成沉积物重力流的必要条件。洪水注入的碎屑物质、火山喷发物质、浅水的碎屑物质和碳酸盐物质，在其重力作用下向深水区发生搬运，都可为沉积物重力流提供物质来源。

4. 一定的触发机制

重力流沉积物的形成多属于事件沉积，通常在洪水、地震、海啸巨浪、风暴潮和火山喷发等阵发性因素直接和间接诱导下，会导致块体流和高密度流的形成。除洪水密度流直接入海或入湖外，大多数斜坡带沉积物必须达到一定的规模且充分液化的情况下，再经一定的触发机制，才能形成大规模沉积物重力流。

三、浊积岩的基本特征

形成于深水沉积环境的各种类型重力流沉积物及其形成的沉积岩统称为浊积岩。

1. 岩石类型

浊积岩中最普遍的是陆源碎屑浊积岩，由砂、泥及砾石组成，以砂岩为主，泥质含量高达 15% 以上，为杂砂岩，且多为长石杂砂岩和岩屑杂砂岩。

少量浊积岩由碳酸盐碎屑构成，称为钙屑浊积岩。

有些浊积岩由海底火山喷发的火山碎屑物质组成，称为火山碎屑浊积岩。

2. 结构

浊积物一般以悬浮形式搬运，因此浊积岩的分选、圆度均与其物源区的碎屑物质特征有关，分选一般较差—较好。

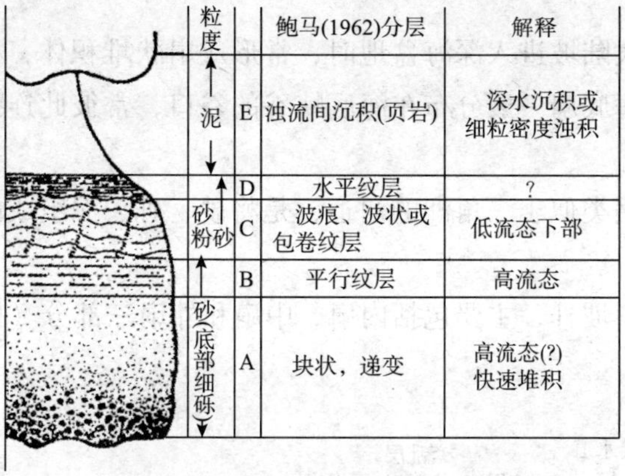

图 8-20 浊流沉积的鲍马序列
（据鲍马，1962；转引自石玉章等，1995）

3. 沉积序列与沉积构造

浊积岩在剖面上通常具有下粗上细的韵律沉积，称为鲍马序列，典型的鲍马序列由五段组成（图 8-20），自下而上分别为 A、B、C、D、E。

A 为递变层理段：砂岩和含砾砂岩，具递变层理或块状层理，底部含砾石，底面上有槽铸型、沟铸型构造，与下伏为冲刷侵蚀接触。

B 为平行层理段：中、细粒砂岩，具平行层理，沿层理面有时可见剥离线理。

C 为交错层理段：粉砂岩，具波痕层理、波状交错层理、变形层理、爬升波痕层理。

D 为水平层理段：粉砂岩和粉砂质泥岩，具水平层理。

E 为块状层理段：块状泥岩，正常深海沉积。

4. 生物化石

深水页岩中含有深水生物化石，如放射虫等，而在浊积砂岩中却有浅水生物化石，如有孔虫、钙藻等。在深水环境中发现浅水生物化石，是判断浊流沉积物来源的重要依据。

5. 浊积岩的分布与形态

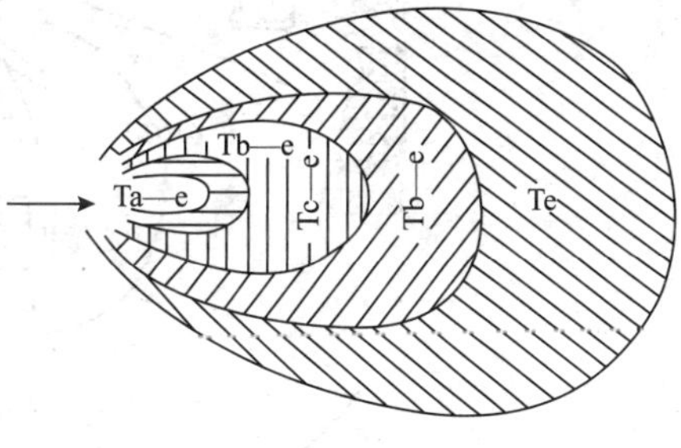

图 8-21 浊流沉积物的平面示意图
（据鲍马，1962；转引自石玉章，1995）

随着搬运距离的增加、能量的减弱，浊流搬运的碎屑物质会逐渐沉积下来，最先沉积下来的是粗的砾石和砂，其沉积范围小，但厚度大；随着粗碎屑物质的析出，浊流密度变小、流速降低，细粒的泥沙向前方扩散，沉积范围扩大，但厚度减薄。总体上看，浊流沉积的每个层段都发育成舌状体（图 8-21）。

浊积岩体在剖面上一般呈现中间厚、两端薄的透镜状形态。

四、浊积岩相模式

浊积岩相的沉积模式主要根据浊积岩体的形成环境和形态来进行描述，主要有扇相模式和槽相模式两种类型。扇相模式是最为常见的浊积岩相类型，以形成扇状浊积岩体为特征，其中发育在海底的浊积岩相称为海底扇，发育在湖底的则称为湖底扇。槽相模式指海槽或断陷湖盆浊积沟道中的浊积岩相。本书主要介绍经典的海底扇和湖底扇的相模式。

1. 海底扇相模式

浊流沿海底峡谷流动，穿过大陆架和大陆坡进入深海盆地时，常形成扇状堆积体，称为浊积扇，因分布于海底又称为海底扇。海底扇一般分布在海底峡谷的谷口，常彼此连接构成大陆隆，也可延伸至深海平原。

浊积扇的补给水道即海底峡谷，其作用类似于三角洲的河道，是将砂、砾、泥组成的重力流沉积物输送到深水环境中的通道。

扇体分布在补给水道下倾方向的大陆斜坡外，主要包括内扇、中扇和外扇三部分（图8－22）。

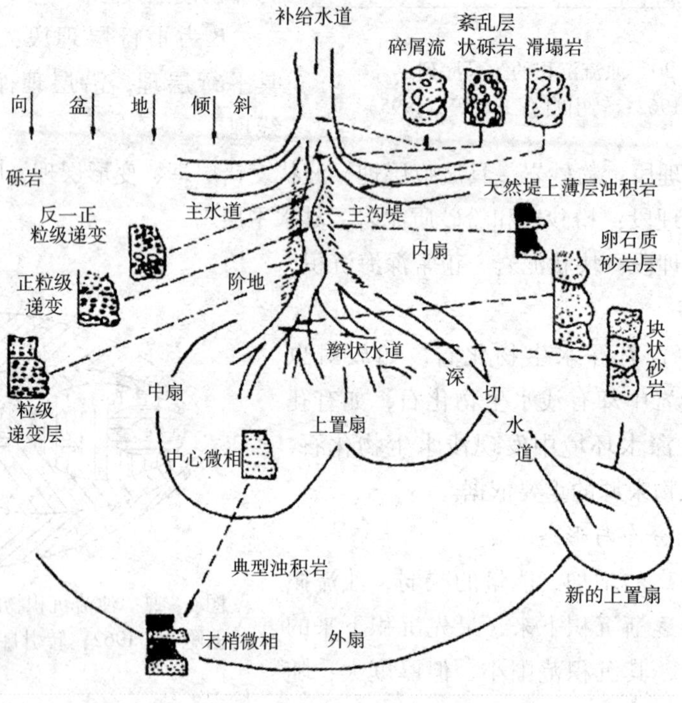

图8－22 海底扇沉积模式（据沃克，1978；转引自姜在兴，2003）

1）内扇亚相

内扇亚相位于大陆斜坡根部的峡谷出口处，可细分为主水道和天然堤阶地两个微相。

在斜坡脚地带，发育滑塌层和紊乱层的泥石流、碎屑流沉积物，在水道向下延伸的方向上，依次出现泥石流、碎屑流沉积。在水道堤或阶地外缘，由于漫溢作用可形成不同序次的浊积岩。

内扇亚相沉积物的分布严格受地形的控制，特别是砾岩更严格地受水道的限制。水道宽度和深度因地而异，其深度可达100～150m，宽度可达2～3km。由于水道的迁移和加积作用可使砂砾质浊积岩分布的宽度和厚度更大。在水道里，尤其是内扇主沟道的末端，可发育颗粒流沉积。

2）中扇亚相

中扇亚相位于内扇和外扇之间，常形成叠覆舌状体，可细分为辫状水道、辫状水道间和中扇前缘等微相。

在辫状分支水道中，随着水动力的降低，依次沉积以卵石质砂岩（或含砾砂岩）和块状砂岩等粗粒浊流沉积类型，有时见颗粒流和液化流沉积。在辫状分支沟道间和中扇前缘，出现发育鲍马序列 A、B 段的不同序次的典型浊积岩。中扇无沟道部分以漫溢沉积的 B—E、C—E 序列典型浊积岩为特征。

辫状水道一般宽 300～400m，深一般不超过 10m。由于扇表面辫状水道的迁移和加积作用，可使颗粒流沉积的卵石质砂岩和块状砂岩连续出现，从而形成孔隙度和渗透率都非常好的厚层优质油气储集层。

3）外扇亚相

外扇亚相与中扇无水道部分相接，地形平坦，基本无水道，沉积物分布宽阔而层薄。典型沉积特征是发育鲍马序列 C—E 序列和 B—E 序列的典型浊积岩和深水泥页岩。

2. 湖底扇相模式

研究表明，我国中新生代陆相沉积盆地发育有不同规模的浊积扇，其岩性、岩相特征可与沃克（1978）的海底扇相模式对比。在我国东部渤海湾盆地的盆地陡坡，常发育近物源的浊流沉积体——近岸水下扇，可用海底扇相模式来描述。

以东营凹陷南坡梁家楼古近系沙三中亚段缓岸湖底扇为例，其相模式和垂向层序均表现为推进式复合叠置的向上变厚、变粗层序。存在几个向上变厚和变粗的浊流沉积层序就大致反映了有几个“浊流扇叶”的叠加，其特点是扇相砂体、砂砾岩体与深水泥页岩交互出现。每个“扇叶”平面上呈扇形，横剖面呈顶平底凸状，纵剖面呈楔状。从扇体根部至扇缘，岩相带依次为补给水道—内扇—中扇—外扇（图 8－23）。

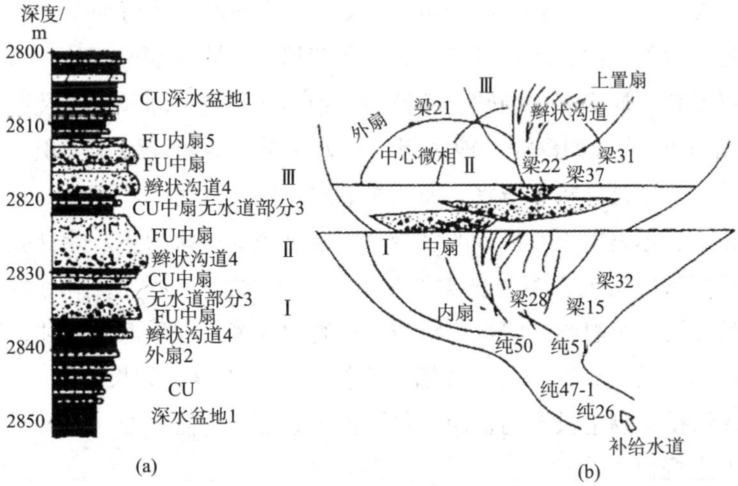

图 8－23 东营凹陷纯梁地区古近系沙三中亚段湖底扇相模式

（据赵澄林，1981；转引自姜在兴，2003）

补给水道沉积物较为复杂，可以是充填水道的粗碎屑物质，如碎屑支撑的砾岩和紊乱砾岩、砾状泥岩和滑塌层等，也可以完全由泥质沉积物组成。

内扇亚相由一条或多条较深水道和天然堤组成，内扇水道沉积物为厚层混杂砾岩和碎屑支撑的砾岩和砂砾岩组成，天然堤沉积具鲍马序列，为典型的浊积岩。

中扇亚相的辫状水道主要为砾质—砂质高密度浊流沉积，发育典型的叠合砂砾岩，单一层序粒级变化自下而上依次是砾岩—砂砾岩或砾状砂岩—砂岩。中扇前缘区，水道特征已不明显，粒度变细，发育具有鲍马序列的典型浊积岩。

外扇为薄层砂岩和深灰色泥岩互层，以低密度浊流沉积为特征。

与海底扇相似，湖底扇也可以是多个舌形体组成的复合体，在剖面上呈水退式反旋回，但其中的单个砂体则呈正韵律特征。

五、浊积岩与油气

浊积岩具有良好的油气生储盖条件，包围浊积岩的深水暗色泥岩是良好生油层，浊积岩沉积序列中的 A、B 段砂层可作为储集层，D、E 段可作为盖层，可形成自生自储的油气藏。近年来国内外都发现了许多浊积岩型的油气田。

第八节　碳酸盐岩沉积相

一、现代海洋碳酸盐沉积环境的特点

1. 现代碳酸盐沉积的海水条件

现代海洋碳酸盐沉积，主要分布于南北纬 30°之间的温暖浅海地带，如加勒比海大巴哈马滩、波斯湾、孟加拉湾、中国南海诸岛及印度尼西亚巽他陆架等地，这些地带钙藻大量繁殖，珊瑚礁发育，局部有贝壳砂、鲕粒砂、葡萄状团块、球粒灰泥及造礁生物黏结岩堆积。而在南北纬 40°之间的深海盆地底部，有大量浮游生物碳酸盐沉积。这些现代海相碳酸盐产出环境，不仅是温暖、浅水，而且是清水环境，如我国广西北海水域的涠洲岛和海南三亚的滨浅海，远离黏土及粉砂的供给区而以沉积碳酸盐为主。除钙壳生物提供的骨骼，现代热带浅海碳酸钙沉积多与藻类活动有关，藻类的生物化学作用会促使碳酸钙沉积。钙藻的生活需要一个温暖、浅水、清洁、透光的环境，如果海水浑浊，不仅妨碍光合作用、阻止钙藻的生长，而且不利于底栖无脊椎动物的生存。如果水体太深，阳光不足，对藻类和底栖无脊椎动物生长不利，而当水深位于碳酸钙补偿深度（CCD）之下时，碳酸盐沉积物不能发生沉积。

2. 碳酸盐沉积的水文条件

碳酸盐的沉积与海水的水动力条件密切相关。在开阔海陆棚浅水地带，由于海底坡度

不同，在缓斜海底上，波浪及潮汐在滨岸带产生碎浪，出现高能带。随着碳酸盐沉积物的不断产生，自身加积作用使海底坡度逐渐变平，此时波浪及潮汐作用与浅水海底发生摩擦，在远岸地带产生碎浪带，出现滨外高能带。在滨岸高能带或滨外高能带，由于波浪（包括潮汐）及其伴生的沿岸流、底流作用，使碳酸盐沉积物发生筛选，将其中的细屑碳酸盐物质带走，而留下各种砂砾级碳酸盐颗粒，形成各种滨岸砂砾屑滩、介壳滩、沿岸砂坝及砂嘴或滨外砂堤及砂洲、潮汐三角洲及潮汐砂坝等。如现代波斯湾潮坪的鲕粒滩、砂滩及鲕粒三角洲沉积，大巴哈马滩西缘鲕粒砂堤，三亚小东海生物碎屑组成的海滩及三亚湾珊瑚砂坪等，均属于以机械沉积作用为主的碳酸盐沉积体。从浅水陆棚高能带被筛选出来的细屑碳酸盐物质（即灰泥、粉屑）主要被搬运到陆棚边缘或障壁砂坝前缘的较深水地区沉积，部分堆积在障壁后受保护的潟湖主潮坪区，形成两个低能带沉积区。

生物碳酸盐沉积物与生物的生活习性有关，有些生物能适应较高水能环境，甚至具有抗浪的生态本能，它们能在高能环境下就地快速生长聚集成为抗浪的礁体。在高能带，由于向岸风及潮汐作用，使波浪搅动及海水压力变化，沿着斜坡上升来的深部海水温度骤然升高、水压降低、CO_2释放，促进了$CaCO_3$大量沉淀；同时从深水还带来大量营养物资，有利于造礁生物的发育，故在沿岸高能带常形成岸礁，如海南岛南端三亚湾的现代珊瑚岸礁；在滨外或陆棚边缘高能带常出现堤礁或堡礁，如澳大利亚东部沿海现代堡礁等。在出现岸礁或堡礁时，礁体首当其冲遭受波浪冲击，从这些礁体中带出大量生物碎屑及礁屑岩块，在礁前斜坡产生礁角砾堆积——塌积岩，在礁后形成生物砂滩。如果这些地带持续地保持较强的海水运动，而又有较咸的碳酸钙过饱和的海水不断产生，这就使得正常盐度的造礁生物不能繁衍，由海底碳酸钙的加积作用、胶结作用及水体中的颗粒包壳作用等，可以产生鲕粒、砂屑、球粒、团块、核形石及生物砂等沉积物并被亮晶胶结。

在障壁礁或砂堤之后，水的循环受到限制，出现安静潟湖及潮坪环境，如果气候炎热干燥，由蒸发作用使潟湖水体的盐度不断升高，最初产生$CaCO_3$（文石）的化学沉淀。水体中微细的文石针发生絮凝作用，经常出现球粒灰泥沉积，进一步咸化就会出现白云岩及膏盐沉积。如果气候比较潮湿炎热，潟湖水体的盐度变化不大，除了上述生物，还可有大量绿藻、钙质海绵、苔藓虫及腕足类等窄盐度生物，为碳酸盐沉积提供大量颗粒。在潮坪地带由于间歇性的涨潮淹没及退潮期裸露暴晒，常出现一些特征明显的沉积物，如纹层石灰岩（白云岩）、叠层石灰岩（白云岩）、纹层状球粒石灰岩（白云岩）以及鸟眼、干裂、膏盐晶体假象等沉积构造。

二、碳酸盐岩的沉积环境

形成碳酸盐沉积物的浅海一般分为两种类型：陆表海与陆缘海，这是两种性质截然不同的海洋。

陆表海位于大陆或陆架内部，以分布面积广、海水极浅、海底平缓为特征。陆表海的深度很少超过200m，一般只有几十米，其海底平均坡降仅0.03～0.15m/km。我国西南地区古生代及早中生代的海洋、华北早古生代的浅海都可能属于陆表海，但现代已很少见到陆表海。

陆缘海位于大陆边缘或陆架边缘，以坡度大、范围小、深度大为特征。陆缘海的宽度达160～480km，深度达200～350m，海底平均坡降为0.6～3m/km。我国东部沿海的黄海、东海及南海均属于陆缘海。

三、碳酸盐岩沉积相模式

形成古代碳酸盐沉积物的海洋多数不像现代的陆缘海特征，而更像是陆表海的特征。

由于陆表海内波浪、海流以及潮汐作用对于碳酸盐沉积物的分异，形成了三个明显的沉积相带，即一个高能带和两个低能带。这一特征首先由肖（Shaw，1964）提出，奠定了碳酸盐相模式的基础。其后，欧文（Irwin，1965）划分出X、Y、Z三个带。拉波特（Laport，1967、1969）提出四个相带，一直发展到威尔逊（Wilson，1975）的九个相带，碳酸盐沉积相模式才逐渐趋于完善。

1. 根据海水运动能量划分的碳酸盐沉积相模式

欧文（Irwin，1965）根据陆表海水动力条件，主要考虑潮汐和波浪的运动特征，提出不含或很少含有陆源碎屑物质的陆表海清水碳酸盐沉积相模式。欧文的模式，将陆表海从海向陆依能量强弱划分为三个能量带：远离海岸的X带（水下低能带）、稍近海岸的Y带（高能带）和靠近海岸的Z带（近岸低能带）（图8－24）。

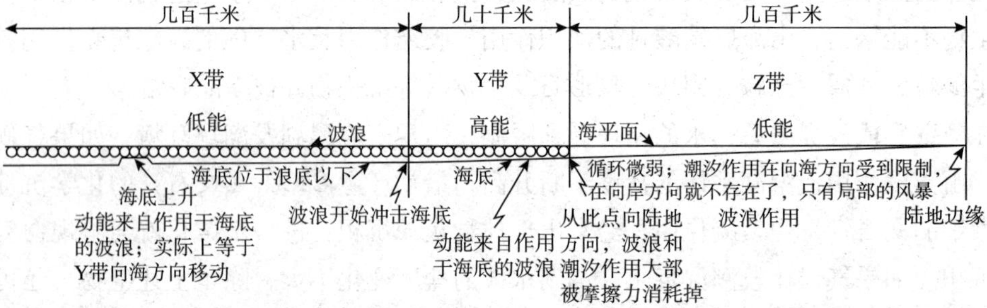

图8－24　欧文碳酸盐岩沉积相模式图（据欧文，1965；转引自石玉章，1996）

X带（低能带）指位于广海浪基面以下的地带，宽约数百千米。一般来说，海底很少受到扰动，只有海流能作用于海底，其沉积物主要来自高能带（Y）的细粒碎屑，形成粉屑灰泥沉积物。此带的大部分海底都接近于或低于光合作用的下限，因而大大地限制了生物及藻类的生长发育。如果海流不断供给充足的氧气，那么底栖生物就会大量繁殖，并能形成粗粒介壳碎屑，形成介屑泥晶灰岩。由于灰泥沉积物主要来自邻近浅水地区，其沉积速度一般较慢，而且海水温度又较低，因而不利于化学成因的灰泥发生沉淀。所以这一带沉积物的厚度不大。向远海方向，海水逐渐变深，温度也相应降低，同时海底又十分宁静，这就限制了氧气的供给，底栖生物不能大量发育。来自高能带的大量有机质都堆积在此带，同时许多浮游和自游生物也堆积在这里，加上沉积物在沉积以后又很少受到扰动，因而所形成的沉积物一般呈暗色，水平层理发育。

Y 带（高能带）指从浪基面，即波浪开始冲击海底的地点开始，向滨岸方向延伸，直到能量完全耗尽为止，宽约数十千米。由于这一带波浪及潮汐十分活跃，水浅，阳光充足、氧气充分，底栖生物及藻类大量繁殖，所形成的沉积物基本上都是生物成因的。此带向海一侧，从深水上升带来的养料尤其丰富，因而各种生物包括造礁生物大量发育，往往形成生物礁。而向陆一侧，是鲕粒、生物碎屑、内碎屑等各种较粗的粒屑颗粒堆积的有利场所，灰泥则很少，因此形成的岩石主要为原始粒间孔隙较高的生物碎屑灰岩、鲕粒灰岩、内碎屑灰岩等。

Z 带（低能带）指位于高能带向滨岸方向直至潮坪为止，该带海水较浅，其深度一般不过数米，宽度可达数百千米，海底坡度很小。此处海水循环不畅，主要受潮汐作用影响，波浪作用影响较小，属低能环境。在靠近滨岸的地带，如因气候炎热干燥，水流停滞，可使海水蒸发，含盐度不断提高，因而主要沉积白云岩、硬石膏、石膏以及各种盐类沉积物；而在潮湿气候区有大量陆地淡水注入的情况下，藻类可以大量发育，此带可形成藻叠层石灰岩。远离滨岸的地带则主要发育由化学方式沉积形成的泥晶灰岩或层纹状灰岩，普遍含有球粒。此带岩石中常见干裂、鸟眼构造及生物钻孔等沉积构造。由于该带水浅、循环局限、盐度及温度变化较大，因此生物数量较少，仅有藻类、介形虫、腹足类等少量生物化石。

2. *碳酸盐岩综合沉积相模式*

威尔逊（1975）综合分析了大量的古代及现代碳酸盐岩的沉积模式，根据地理分布并参考沉积环境的潮汐、波浪、氧化界面、盐度、水深及水循环等因素，提出了综合的碳酸盐沉积相模式，把碳酸盐海洋沉积划分为九个相带，自海向陆依次为：1—盆地相；2—广海陆棚相；3—盆地边缘相；4—台地前缘斜坡相；5—台地边缘生物礁相；6—台地边缘浅滩相；7—开阔台地相；8—局限台地相；9—台地蒸发相。这里的碳酸盐台地指地形平坦的浅水碳酸盐沉积环境。

威尔逊的模式是欧文、拉波特等模式的发展，其 1、2、3 相带相当于 X 带，位于浪基面之下，为典型水下低能带，又称为盆地相区，是一个宽相带区，沉积物以泥晶灰岩和页岩为主，是主要的生油区；4、5、6 相带相当于 Y 带，位于浪基面之上，水动力强，又称为台地边缘相区，是一个窄相带区，沉积物以礁灰岩、生物碎屑灰岩、鲕粒灰岩、内碎屑灰岩为主，是主要的油气储集相带；7、8、9 相带相当于 Z 带，为近岸低能带，水动力弱，又称为台地沉积相区，是一个宽相带区，碳酸盐台地区包括潟湖、海湾、潮坪等环境，沉积物以白云质灰岩、泥晶灰岩、白云岩、膏盐、蒸发岩为主。

威尔逊的模式在我国已被广泛采用，对在碳酸盐岩地区开展沉积环境及相分析的研究工作起到了良好的指导作用。

第九章 地层与古生物

某一地质时期形成的岩层或岩石组合，包括沉积岩、岩浆岩以及由此经变质作用形成的变质岩称为地层。地层中不仅保存有许多重要的矿产资源，而且还保存着地壳运动、海陆变迁、生物演化等重要地质事件的丰富信息，因此地层的研究常是地质工作的基础。在地质历史时期生活的生物称为古生物，古生物的遗体和遗迹称为化石。古生物和化石是研究早期生命活动和生物进化过程的重要地质记录。

研究地质发展历史的科学称为地史学，它以古生物与地层为主要的研究对象。地史学是地质学的基础学科之一。

本章主要介绍地史学的基础知识，其内容有：①地层；②古生物；③地质年代。第十四章介绍地质发展简史。

第一节 地 层

一、地层的相关概念

地质学上将层状的岩石统称为岩层，它包括沉积岩和层状的岩浆岩（火山岩）及变质岩。相邻岩层间通常以明显的层面或岩性界面分隔开来。岩层一般是板状体，其上下具有特征明显的层面，也具有一定的厚度。两个层面所限的一套岩层之内发育有各种沉积构造。

当把岩层赋予年代概念时，将某一地质时期形成的岩层或岩石组合称为地层，如白垩纪形成的岩层称为白垩系。地层主要包括沉积岩、火山岩以及二者经变质作用形成的变质岩，这其中沉积岩是构成地层的主要岩石类型。而侵入岩在地壳中四处穿插没有成层顺序，因而各种侵入体不能列为地层。只有当侵入岩顺层侵入岩层中形成岩床等整合侵入体时，才可作为地层。

地层学是研究地壳表层成层岩石的学科，是地质学的一门基础分支学科。传统地层学主要通过研究地层序列的划分及其与邻区地层的对比关系，从而建立地层系统和相应的地质年代系统。随着地质学的快速发展，现代地层学不仅要研究地层的形成顺序和年代关系，还要研究地层的时空分布规律以及形成地层的物理化学条件、沉积环境和成因等方面的内容。

二、地层单位

同一岩石具有许多不同的特性，如岩性、化学成分、矿物成分、化石、地磁极性、电性、地震波传播速度等，还具有形成时间及形成环境这样的属性，依据其中任何一个特性或属性就可以划分地层。这样就产生了不同类型的地层单位，如岩石地层单位、生物地层单位、年代地层单位、地球物理单位等（图 9－1），这在地层学上称为多重地层分类。但岩石的任何特性或属性在地层位置上的变化，不一定与其他特性或属性的变化相一致，因此不同地层单位的界线一般不会完全吻合，往往是相互穿切的，而岩石地层单位甚至会穿时，其顶底界线常是倾斜的（在各地的起止时间不同），并与等时线斜交（图 9－2）。

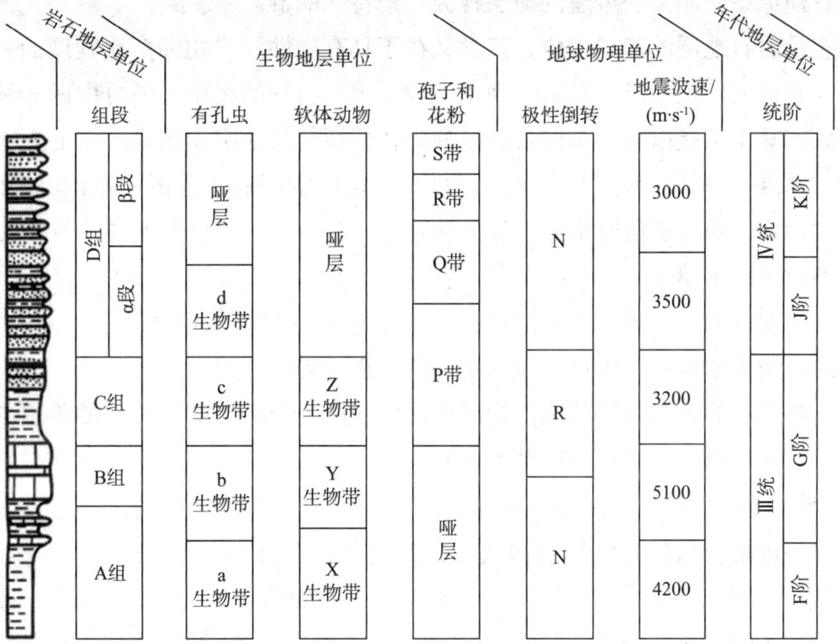

图 9－1 多重地层划分和多种地层单位（据 Hedberg，1976；转引自杜远生等，2009）

注：一个地层剖面根据不同的特征和属性所划分的地层界线存在差别

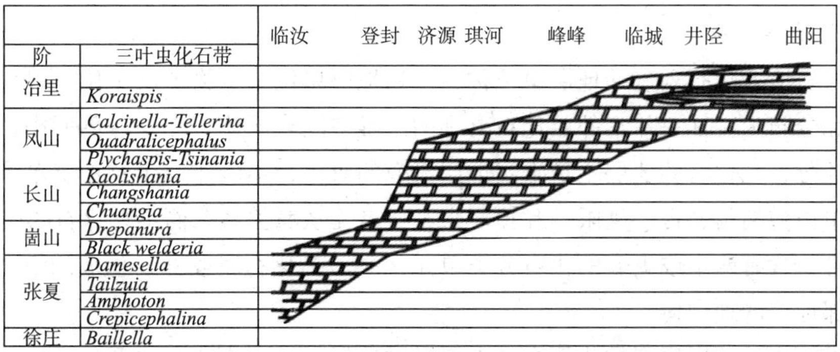

图 9－2 寒武系三山子组白云岩沿临汝至曲阳方向的穿时状况（据张守信，1989）

年代地层单位徐庄阶、张夏阶、崮山阶等顶底界线的时间值在各地相同，表现为彼此平行的等时线

地层根据其特性或属性可分为许多不同类型，每一类型都需要建立各自特有的单位，常用的地层单位主要包括岩石地层单位、生物地层单位和年代地层单位三种类型。

1. *岩石地层单位*

根据地层的岩性特征和接触关系划分的地层单位称为岩石地层单位。岩石地层单位建立在岩石特征在纵、横两个方向延伸的基础之上而不考虑其年龄，它的顶、底界线常有穿时现象。岩石地层单位分为四个级别：群、组、段、层，其中“组”是最基本也是最常使用的岩石地层单位。

群：它是岩石地层系统中最大的分类单位。群由两个或两个以上经常伴随在一起而又具有某些统一的岩石学特征的组联合构成，也可以将一套厚度巨大、岩性复杂、又因受到构造扰动致使原始顺序无法重建的地层视为一个特殊的群。

组：它是岩石地层的基本单位，其含义在于具有岩性、岩相和变质程度的一致性。组可由一种岩石构成，也可以一种岩石为主夹若干重复出现的夹层，还可由两三种岩石交替出现所构成，甚至可能以很复杂的岩石组分为特征而与其他组相区别。组的界线在岩性上容易识别，厚度一般从几米到几百米，组具有一定的空间展布范围，在该范围内其岩性、岩相应基本稳定。在地层研究中必须划分和建立“组”，其他岩石地层单位如无必要或研究程度不够时可以不建。

段：它是组内的次一级岩石地层单位，由于它具有与组内相邻岩层不同的岩石特征，可以作为次一级的单位。组内可分段或不分段，也可局部分段。

层：它是最小的岩石地层单位，指组内或段内的一个明显的、特殊的单位层。由单层或若干相邻的单层组成，厚数厘米至十余米。

“群”和“组”通常以典型剖面附近的地名来命名，如“馒头组（$\in_{1-2}m$）”的创名地在山东省济南市长清区张夏镇的馒头山，其代号为“$\in_{1-2}m$”，“$\in_{1-2}m$”表示早—中寒武世（或下—中寒武统），“m”为馒头组汉语拼音的第一个字母。“段”可以用地名、岩石名称或二者的综合来命名，如馒头组的“石店段”和“下页岩段”，前者的命名地在山东省济南市长清区张夏镇馒头山附近的石店村，后者以馒头组的“下段页岩”命名。“层”常以岩性命名，如“薄煤层”“钙质胶结砾岩层”等。

2. *生物地层单位*

根据岩石所含化石划分的地层单位称为生物地层单位。生物地层单位是以含有相同的化石组合和分布为特征，并与邻层化石有别的三维空间岩层体。在地层剖面中，有许多不含化石的部分，无化石的地层不是生物地层研究的对象，不能建立生物地层单位。常用的生物地层单位包括组合带、延限带和顶峰带，三者无从属关系。而不含化石的层叫哑层。

组合带：含有两个或更多的化石分类单元（一般指化石属或种）构成的组合，并以此区别于相邻地层的地层体。

延限带：指从地层序列的化石组合中，经过选择的一个或几个化石分子已知延续时限内所代表的地层体。

顶峰带：指某些化石种、属最繁盛的一段地层。

组合带、延限带和顶峰带以具代表性的一个或若干个化石属或种表示，如 *Cypridea-Rhinocypris-Mongolianella* 组合带。

3. 年代地层单位

根据生物的演化阶段和同位素年龄划分的地层单位称为年代地层单位，也称时间地层单位。年代地层单位对应的时间段称为地质年代单位。根据生物演化阶段可以划分六个级别的年代地层单位和六个对应的地质年代单位（表 9－1）。

表 9－1　年代地层单位与地质年代单位对比表

年代地层单位	地质年代单位
宇	宙
界	代
系	纪
统	世
阶	期
时间带	时

宇：是最大的年代地层单位，往往反映全球性的无机界与生物界的重大演化阶段。目前整个地质时期划分为四个宙，即冥古宙、太古宙、元古宙、显生宙，相应的地层单位是：冥古宇、太古宇、元古宇、显生宇。冥古宇包括地球形成（46 亿年前）至 40 亿年前的时间段的地层，此阶段未见生物化石和岩石标本，属天文演化阶段。太古宇（40 亿～25 亿年前）和元古宇（25 亿～5.4 亿年前）中的化石稀少且普遍较小，生物没有分泌硬壳的能力，处于低级发展阶段。显生宇（5.4 亿年至今）化石繁多。

界：是第二级年代地层单位。界与界的划分是根据全球生物界明显演化阶段的不同，例如下古生界中的古生物以海生无脊椎动物的繁盛为特征，上古生界以鱼类、两栖类、海生无脊椎动物（四射珊瑚、腕足类、蜓）和蕨类植物共存为特征，中生界以爬行类动物和裸子植物繁盛为特征，新生界以哺乳类动物和被子植物繁盛为特征。

系：是第三级年代地层单位。根据全球生物界演化总貌来划分，例如寒武系三叶虫总体上占优势，因此寒武纪称为三叶虫时代；泥盆系中富含鱼类化石，因此泥盆纪称为鱼类时代。

统：是第四级年代地层单位，代表生物界中“科”“属”层级的演化阶段。以寒武纪三叶虫演化为例，全球范围内下寒武统的三叶虫一般都呈多节多刺、头大尾小的原始类型，表现出相似的演化阶段。

阶：是基本的年代地层单位，是一个统范围内生物演化阶段的更具体划分。只有根据分布广泛的浮游、游泳生物建立的阶才有全球性等时意义，底栖生物受地理分布的限制所建的阶只具有大区域性的等时意义。大部分阶尚不能用于全球。

时间带：是最小的时间地层单位，一般在深入进行生物地层学研究或从事高分辨地层学综合研究时才使用。例如崮山阶内部的蝴蝶虫产出层位在下，蝙蝠虫层位在上，二者不重叠，但又无法根据三叶虫化石组合特征作更精细的划分，就建立了下部 *Blackwelderia paronai* 时间带和上部 *Drepanura premisnili* 时间带。

由此可见，宇、界、系和统均属全球性的年代地层单位，不受世界各地自然地理环境和生物区系不同的影响。“系”的命名由来已久，多在19世纪创名，且出处各异，有以地名命名的，如寒武系以英国威尔士寒武山命名；有以古代名族的名字命名的，如奥陶系、志留系；有以含煤岩系命名的，如石炭系；白垩系则以化石颗石藻、浮游有孔虫形成的白色碳酸钙沉积命名。“阶”的名称多用地名，也有用人名的。

年代地层单位可以在大区域内对比，甚至可以在全球范围内对比。正是年代地层单位在世界范围内的对比和同位素年龄的确定，最终产生了国际性的地质年代表。

三、地层的划分与对比

地层作为一个地质体具有各种特性或属性，此外还有地层的接触关系、变质程度等，人们能够根据这些特征认识地层并进一步划分、对比地层。只有通过地层划分对比才能认识地层的时空分布特点，进而了解地层的沉积相、区域构造和矿产资源的成因及分布规律。地层的划分与对比是地质学研究的基础性工作。

1. 地层的划分

地层的形成和发展具有明显的阶段性和旋回性，而且这种阶段性和旋回性还可分出大小不同的级别序列。地层划分是把地球的岩层按其原来的顺序系统地组织成为岩石可以具有任一特征、性质或属性的单位。上下地层的属性差别越大，则分类级别越高。

例如在图9-3的地质剖面中，Ⅰ是一套构造复杂的变质岩系，Ⅱ是单斜的沉积岩层，之间被一个角度不整合面所分隔，显然Ⅰ和Ⅱ代表被一个重大地质事件——褶皱作用所分开的两个地质阶段，Ⅰ和Ⅱ是该剖面中最大一级的地层单位。Ⅱ又可按地层的叠覆和岩性变化特征分为三个旋回：$Ⅱ_1$、$Ⅱ_2$、$Ⅱ_3$，分别代表三个次一级的地质阶段，可划分出三个次一级的地层单位。在$Ⅱ_1$、$Ⅱ_2$、$Ⅱ_3$中，根据岩性不同又可分出更次一级的地层单位，如$Ⅱ_1$中的①、②、③、④。在$Ⅱ_1$的④中，上部和下部所含化石不同，故又可分为上、下两部分。按地层的各种属性（包括岩性、化石、不整合面等）把地层剖面分为大小不同的单位称为地层的划分，也称之为多重地层划分。划分出的单位有岩石地层单位（群、组、段、层）、生物地层单位（延限带、组合带、顶峰带）及年代地层单位（宇、界、系、统、阶等），也可有其他地层单位，如磁性地层极性单位等。地层的划分及所划分出的单位系统（岩石地层系统、生物地层系统、年代地层系统等）是地层工作的重要组成部分。

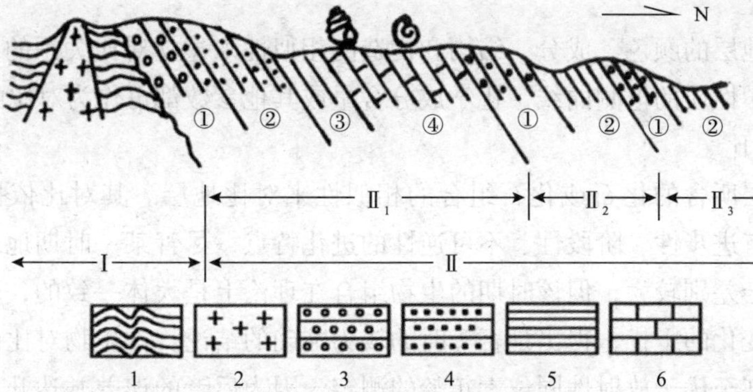

图9－3　地层划分示意图

1—变质岩；2—花岗岩；3—砾岩；4—砂岩；5—页岩；6—石灰岩

从上面的例子可看出，地层划分的方法主要有三种：①构造学方法，根据角度不整合面、平行不整合面把上、下地层划分开，这样划分出的地层单位级别较高，一般是相当于组或组以上的单位；②岩石学方法，根据上、下地层岩性的不同而将两套地层划分开来，也可根据岩石的组合情况及旋回韵律划分地层，一般划分组及其以下单位；③古生物学方法，根据上、下地层中所含化石的不同来划分地层。

在实际工作中应多种方法并用，取长补短共同完成地层划分。使用构造学方法、岩石学方法能把露头剖面或钻井剖面几千米厚的地层划分到适当厚度的若干“组”，但仍需要古生物学方法确定这些“组”的相对地质年代，并划分剖面的年代地层单位（系、统）和建立年代地层系统，如各地的区域地层表。古生物化石保存在适合生物生存的环境中所形成的地层里，由于沉积相变，保存有化石的地层在剖面上断续出现，因此化石在地层中的分布不均匀，虽然生物化石（或组合）能大致显示它们所在的“组”或“段”，但“组”或“段”的具体界线还需根据构造学方法、岩石学方法进行标定。

2. 地层对比

地层对比是表示地层特征和地层层位相对关系的方法。根据所关注的地层特征，可有多种不同的对比方法。岩石地层对比是论证岩石特征和岩石地层位置的关系，即岩性、岩石组合是否相似，是否为同一组或段；两个含化石层的对比是论证它们的化石组合和生物地层位置的关系，即化石属、种的构成是否相近，是否属于同一生物地层单位；年代地层对比则是论证年龄和年代地层位置的相对关系，即地层的相对地质年代和同位素年龄及其先后关系。地层对比的方法概述如下。

1）野外直接追踪对比

在野外追溯一个露头剖面的地层到另一个剖面，这是原始、简单而又可靠的方法。但在野外实际工作中，沿地层走向展布的连续地层常因被构造运动破坏、被其他沉积物覆盖或因河流、陡峭地貌阻挡而无法追踪，因此这种方法的使用范围较为局限。

2）岩性对比

按不同地区地层的颜色、成分、结构和构造的相似性来建立对比关系的方法。反映岩石地层物理、化学性质的电测曲线、化学成分含量或其他参数都可作为对比的依据。

3）古生物对比

根据不同地层所含的化石或化石组合的相似性来对比地层。其对比依据是生物层序律，由于生物具有进步性、阶段性、不可逆性的进化特点，尽管某一时期地球表面的环境及其形成的地层会差别较大，但该时期的生物组合在理论上是大体一致的，因此古生物对比能够排除岩性变化的干扰，得出是否等时的较为准确的结论。古生物对比的精度能够达到区分组或段，甚至优于放射性同位素年龄的测定，因为后者的误差常达几百万年，大致相当于一个组或段的沉积期。

4）地质事件对比

地质事件是多种多样的，如小行星撞击、地球磁场倒转、火山爆发、冰川的形成和消融、气候变化、海水进退等。地质事件发生快，往往在全球或一定区域内上千年或数千年内完成，这在地质时间尺度上几乎是瞬时和等时的，并且影响面广，是不同地区岩石地层等时性对比的重要标志。

5）同位素年龄对比

同位素年龄对比的优点是知道具体的年龄值，时间上是否相当一目了然，缺点是在目前的技术手段下仍然存在较大误差（可达百万年以上），要实现准确对比需参考其他资料。

第二节　古 生 物

从地球形成到全新世以前（约 1 万年前）在地质学上称为地质历史时期，这一时期出现的生物称为古生物。而埋藏在地层中的古生物的遗体或遗迹称为化石。地质学研究的古生物多已灭绝，人们主要通过生物化石来研究生物的演化过程。

一、生物的起源与演化

在距今 32 亿年前的南非无花果树统中发现的古球藻（*Archaeo haeroides harbertonensis*）和古细菌（*Eobacterium isolatum*），是没有细胞核的原核单细胞生物，是当前发现的最老的生物化石，但生物出现的时间可能更早。Cloud（1983；转引自刘本培，1996）发现格陵兰距今 38 亿年前变质沉积岩中石墨的^{13}C 同位素含量低，应为有机碳，代表早期生命存在的证据。田代孝之（Tashiro 等，2017）根据加拿大拉布拉多北部距今 39.5 亿年前变质碎屑岩中石墨颗粒和碳酸盐的浓度和同位素组成指示碳质物质是生源的，指出石墨的结晶温度和母岩的变质温度一致，说明石墨并非源自后期污染物，有可能指示生物在距今 39.5 亿年前就已经出现。生物的出现是地球历史上的重大事件，使地球历史从化学演化阶段进入生物演化阶段。

最初的生命可能以非细胞形态的形式存在，为了保证有机体与外界正常的物质交换，原始生命在演化过程中逐渐演化出具有细胞膜和细胞结构的原核生物。细胞是生命的结构单元、功能单元和生殖单元，细胞的产生是生物演化史上的重大进展。原核生物主要包括各种各样的细菌、病毒等。生命起源理论一般认为地球上最初出现的原核生物为厌氧异养型细菌，以原始海洋为营养源，从中吸收有机小分子，经过不断分化和发展，逐渐进化成能进行光合作用、把无机物合成有机物的自养型原核生物蓝藻，在南非发现的距今 32 亿年前的古球藻是最早的蓝藻。蓝藻和细菌作为早期生物界的生产者和分解者，构成了一个完整的生态系统，这是生物演化过程中的一大飞跃。

蓝藻光合作用释放氧气，使得地球上氧气含量逐渐升高，距今约 25 亿年前全球多处发现红褐色条带状磁铁矿，表明氧化大气可能已经出现。氧化大气的出现提高了生物能量代谢的功效，加速了生物的演化，距今约 20 亿年前真核生物出现（Han 和 Runnegar，1992）。在美国密歇根发现的卷曲藻（*Grypania spiralis*）是迄今发现最早的真核生物，真核生物具有细胞核，细胞核的出现是生物演化史上的重大事件。

随着真核生物的出现，动物、植物开始分化。加拿大麦肯锡山 8.5 亿年前海绵状有机物痕迹表明海绵生物的降解（Neuweiler 等，2009），是当前世界上发现的最早动物化石记录。

接下来将分别介绍植物和动物的演化过程。

二、植物的演化

植物的演化经历了菌类植物、藻类植物、裸蕨植物、蕨类植物、裸子植物和被子植物六个阶段。

菌类植物结构简单，没有根、茎、叶等器官，一般不具有叶绿素，大多为异养生活。菌类植物可分为细菌门、黏菌门和真菌门三个彼此并无亲缘关系的门类。细菌是一种原核生物，也是一种单细胞微生物，形状多样，主要有球状、杆状以及螺旋状。黏菌是介于动物和真菌之间的生物，它在营养期为裸露的、无细胞壁的、多核的原生质团，称变形体，但在繁殖期可产生具纤维素细胞壁的孢子，又具真菌的性状。真菌多数种类营养体为分枝或不分枝的丝状体，每一条丝称为菌丝，组成一个植物体的所有菌丝称为菌丝体。南非距今约 32 亿年古细菌化石的发现表明菌类最晚在太古宙中期已经出现。在西澳大利亚距今 34 亿 ~35 亿年前的沉积岩中发现了丝状、链状的细胞，可能代表早期的菌类植物体。时至今日，菌类植物在地球上依然有约 10 万种。

藻类植物是一种比较原始、古老的低等植物。藻类植物的构造简单，没有根、茎、叶的分化，多为单细胞、群体或多细胞的叶状体（图 9 -4）。藻类能进行光合作用，属自养植物。南非距今约 32 亿年的古球藻化石是一种蓝藻，表明藻类植物最晚在太古宙中期已经出现。澳大利亚距今约 34 亿年的叠层石的发现（Wacey，2010），表明太古宙中期的藻类植物可能已经相当发育。然而，藻类植物大繁盛的时期却相对较晚，为早古生代，尤其在寒武纪藻类植物尤为繁盛。志留纪之后藻类植物就开始衰退，当前仍有3万种左右。

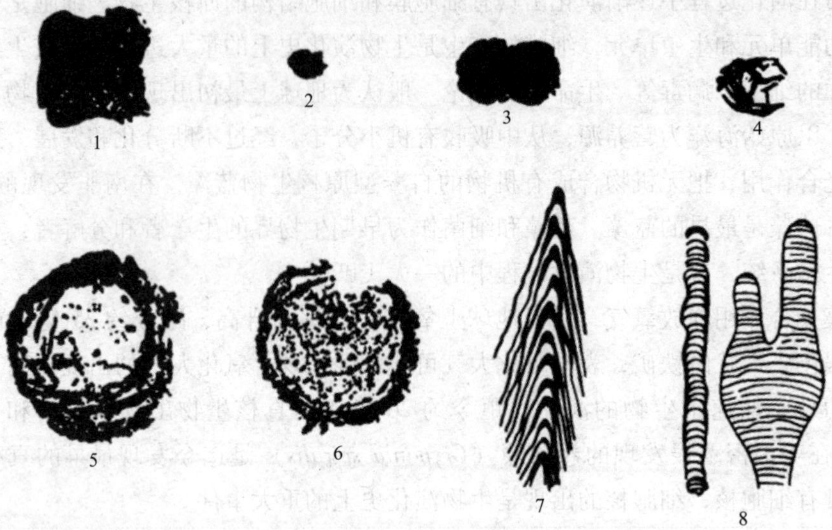

图9－4　早期的微体古植物和叠层石（据温献德，1998）

1—方形藻；2—光面小球藻；3—双核藻；4—光球藻；
5—显著粗面球形藻；6—粗面拟球形藻；7—锥叠层石；8—喀什叠层石

晚志留世开始出现半水半陆的裸蕨植物，这种植物开始出现茎、叶的分化，出现维管束，但没有真正的根，生殖过程仍离不开水。尽管裸蕨植物还比较低等，在植物演化史上持续时间不长，持续时间为晚志留世—晚泥盆世，但裸蕨植物的出现却是生物演化史上的重大事件，是陆生生物的开端。

石炭纪—二叠纪时期蕨类植物茂盛，这种植物出现了根、茎、叶的分化，孢子生殖，受精作用仍离不开水，楔叶、石松、真蕨、种子蕨、科达纲是蕨类植物的典型代表。蕨类植物多是多年生草本植物或高大的木本植物，可形成茂密的森林，加上湿热的气候条件，使石炭纪—二叠纪成为全球最重要的成煤期之一。

中生代的植物界以裸子植物大为发展为特征。裸子植物出现花粉管，能进行体内受精，种子繁殖，但种子裸露、无子房的包裹，基本摆脱了对水的依赖。常见的裸子植物包括苏铁类、银杏类和松柏类等植物，也可形成高大的森林，加上湿热的气候条件，侏罗纪也是全球重要的成煤期之一。

新生代被子植物繁盛，这种植物又称为有花植物，其种子在子房内发育，进行双受精作用，完全摆脱了水的束缚。被子植物最早出现于晚侏罗世，至新生代取代裸子植物成为植物界霸主。古近纪湿热的气候条件，使得被子植物繁盛，因此古近纪也是全球重要的成煤期之一。

三、动物的演化

根据有无由脊椎骨组成的脊柱，可将动物分为无脊椎动物和脊椎动物两种基本类型。

1. 无脊椎动物

动物最晚在距今8.5亿年前已经出现，但早期的动物数量相当稀少，直至元古宙晚期（距今6.8亿~5.4亿年）才首次出现群体生活的动物群——埃迪卡拉动物群，该动物群最先发现于澳大利亚南部的埃迪卡拉地区，已发现的生物化石主要是印模化石，包括腔肠动物门、节肢动物门和环节动物门等8科、22属、31种，多是形态、结构都很原始的无脊椎动物，代表性的生物化石为多毛类环虫、钵云母等（图9-5）。我国贵州瓮安陡山沱组中也发现了埃迪卡拉动物群。

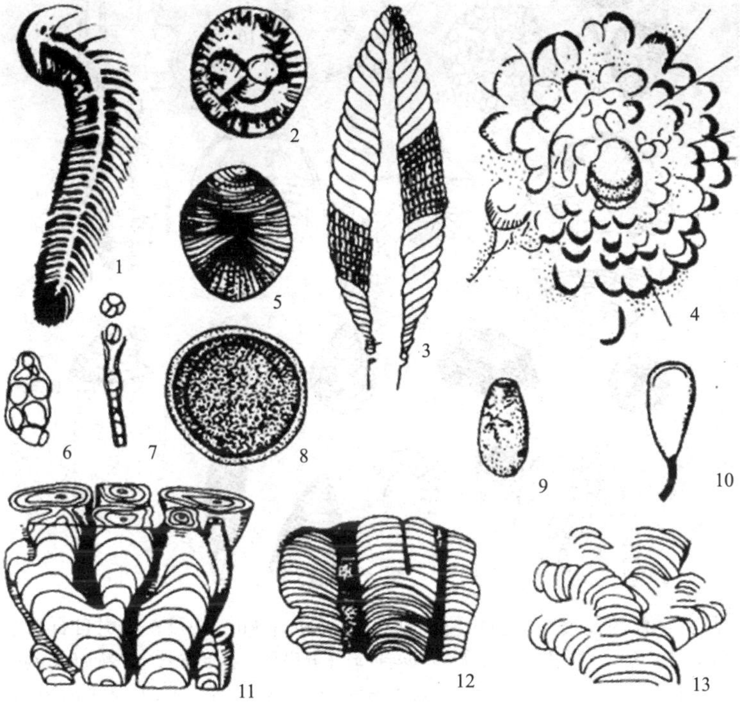

图9-5 埃迪卡拉生物群中的特征生物化石（据石玉章，1996）

1—*Spriggina floundersi*（斯普里格虫）；2—*Tribrachidium heraldicum*（三星盘虫）；3—*Rangea longa*（似海鳃类）；4—*Mawsonites spriggi*（莫森水母）；5—*Dickinsonia minima*（狄更逊水母）；6—*Polysellaria bonnerensis*（菌类）；7—*Filamentella plurima*（藻类）；8—*Chuaria*（藻类）；9—*Chitinozoans*（几丁虫）；10—*Longfengshania*（龙凤山藻）；11—*Minjaria*（叠层石）；12—*Chihsienella*（蓟县叠层石）；13—*Tungussia nodosa*（通古斯叠层石）

震旦纪末期—寒武纪初出现了一种个体微小（1~2mm）、具外壳的多门类海生无脊椎动物群，主要包括软体动物门中的软舌螺、单板类和腹足类，腕足类等，称为小壳动物群。小壳动物群的出现使动物界完成了从无壳到有壳的演变，它是继埃迪卡拉动物群之后生物界又一次质的飞跃。

早古生代是海洋无脊椎动物的空前繁盛时期（图9-6）。寒武纪时期无脊椎动物化石大量出现，而在之前的地层动物化石中发现的很少，这种现象在地质学上称为“寒武纪大爆发”，这一时期尤以三叶虫最为繁盛。奥陶纪—志留纪笔石繁盛，志留纪末三叶虫和笔石大为衰退。

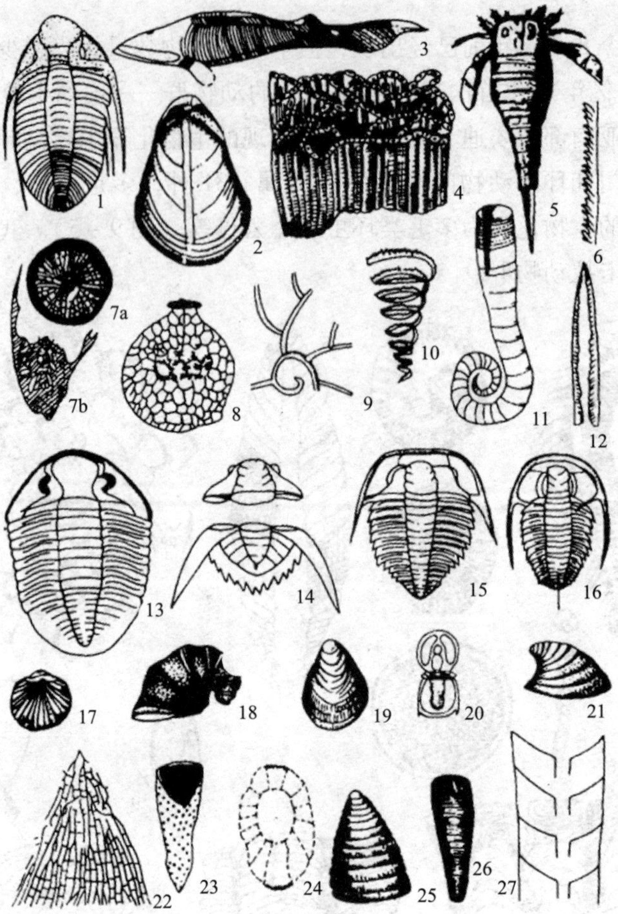

图 9-6　早古生代的代表性动物化石（据 Seyfert 和 Sirkin；1973；转引自石玉章，1996）

1—*Coronocephalus*（王冠虫，三叶虫类）；2—*Pentamerus*（五房贝，腕足类）；3—*Hemicyclaspis*（半环鱼）；4—*Halysites*（链珊瑚）；5—*Eurypterus*（板足鲎）；6—*Monograptus*（单笔石）；7—*Streptelasma*（扭心珊瑚）；8—*Echinosphaerites*（刺海林檎）；9—*Cyrtograptus*（弓笔石）；10—*Spirograptus*（螺旋笔石）；11—*Lituites*（喇叭角石）；12—*Didymograptus*（对笔石）；13—*Asaphus*（栉虫，三叶虫类）；14—*Drepanura*（蝙蝠虫，三叶虫类）；15—*Olenus*（油节虫，三叶虫类）；16—*Redlichia*（莱德利基虫，三叶虫类）；17—*Orthida*（正形贝，腕足类）；18—*Lapworthella*（拉伯伏螺）；19—*Lingulella*（小舌形贝，腕足类）；20—*Agnostus*（球接子，三叶虫类）；21—*Ginella*（小壳类）；22— *Dictyonema*（网格笔石）；23—*Monocyatha*（单古杯）；24—*Ajacicyathus*（阿雅斯古杯）；25—*Tannuella*（小壳类）；26—*Circotheca*（圆管螺）；27—*Sinoceras*（中华震旦角石）

晚古生代海生无脊椎动物继续发展，以珊瑚、腕足类、蜓和菊石最为繁盛。珊瑚类以四射珊瑚、床板珊瑚为主，腕足类以石燕贝为主，菊石类以无棱菊石和棱菊石为主，但此时笔石类已基本灭绝，三叶虫和鹦鹉螺类大大减少，无脊椎动物已退居次要地位。二叠纪末期，发生了地球历史上最为惨烈的生物灭绝事件，全部的蜓类、三叶虫及大部分腕足类灭绝。

中生代无脊椎动物以菊石类、双壳类和六射珊瑚等迅速兴起并繁盛为特征。菊石类以具齿菊石式缝合线为特征。海生双壳类在三叠纪开始繁盛，侏罗纪出现淡水双壳类和箭石类。白垩纪末期发生了一次生物灭绝事件，菊石等无脊椎动物灭绝。

新生代的无脊椎动物以双壳类、腹足类和有孔虫大为发展为特征。

2. 脊椎动物

晚古生代脊椎动物兴起，并逐渐从海洋发展到陆地。脊椎动物的演化经历了鱼类、两栖类、爬行类、鸟类和哺乳类五个阶段。

根据舒德干院士的研究（Shu 等, 1999），我国云南早寒武世澄江动物群中已发现鱼类化石。泥盆纪时鱼类繁盛，在动物演化上泥盆纪可称为鱼类的时代。在其演化过程中，一部分鱼类为了适应陆地环境，身体的构造发生了变化，总鳍鱼类的一支演化为最早的两栖类，在晚泥盆世已经出现。石炭纪—二叠纪时期，两栖类动物空前发展，在动物演化上石炭纪—二叠纪可称为两栖动物的时代。

晚石炭世两栖类又进一步演化出爬行类动物，完全摆脱了对水的依赖。中生代是爬行动物空前繁盛的时代，尤以恐龙最为繁盛。恐龙最早出现于中三叠世，侏罗纪—白垩纪尤为繁盛，是地球的霸主，然而白垩纪末期恐龙全部灭绝。

鸟类是从爬行类动物演化而来的一个分支。德国晚侏罗世的始祖鸟化石是最早的鸟类化石，长着翅膀、羽毛、牙齿和爪，表明始祖鸟是从爬行类动物演化而来的原始鸟类。鸟类在新生代得到了大发展。

鸭嘴兽是最早出现的哺乳类动物，出现于晚三叠世，至今在澳大利亚还有发现。然而，鸭嘴兽是较为原始的哺乳类动物，为卵生哺乳。而胎生哺乳动物在晚侏罗世才开始出现，我国辽西中华侏罗兽是胎生哺乳动物的早期祖先（Luo 等, 2011）。新生代是哺乳动物大发展的时代，其中绝大部分生活在陆地。新生代晚期开始出现人类，这是地球上生物演化史的一次重大飞跃。

四、生物演化史上的重大事件

地质过程是均变与灾变的统一，生物的演化也不例外，总体上生物是连续进化的，但是也历经了多次生物大爆发和生物灭绝事件。

1. 寒武纪生命大爆发

寒武纪生命大爆发被称为古生物学和地质学上的一大悬案，自达尔文以来就一直困扰着科学界。大约 5.4 亿年前，在地质学上称为寒武纪的开始，绝大多数无脊椎动物门的众多生物在几百万年的很短时间内出现了，包括节肢动物、软体动物、腕足动物和环节动物等，而在寒武纪之前更为古老的地层中，长期以来动物化石稀少，这一事件被古生物学家称作“寒武纪生命大爆发”，简称“寒武纪大爆发”。

2. 地球历史上几次生物灭绝事件

自寒武纪大爆发以来，地球上的生命演化并非一帆风顺，其中出现了五次影响遍及全球的生物大灭绝事件。

1）距今约4.4亿年前的奥陶纪末期

奥陶纪末期生物灭绝事件是地球史上第三大的物种灭绝事件，约85%的物种灭亡。古生物学家认为这次物种灭绝是由全球气候变冷造成的。

2）距今约3.6亿年前的泥盆纪末期

泥盆纪末期生物灭绝事件历经两个高峰，中间间隔100万年，是地球史上第四大的物种灭绝事件，海洋生物遭到重创。

3）距今约2.5亿年前的二叠纪末期

二叠纪末期，估计地球上有90%的物种灭绝，其中96%的海洋生物和70%的陆地脊椎动物灭绝，是地球史上最为惨烈的物种灭绝事件。

4）距今约2.0亿年前的三叠纪末期

三叠纪末期，估计有76%的物种（主要是海洋生物）在这次灭绝中消失。这一次灾难并没有特别明显的标志，只发现海平面下降之后又上升了，出现了大面积缺氧的海水。

5）距今约6500万年前白垩纪末期

白垩纪末期生物灭绝事件是地球史上第二大生物大灭绝事件，约75%～80%的物种灭绝。在五次大灭绝中，这一次大灭绝事件最为著名，因持续长达1.4亿年之久的恐龙时代在此终结而闻名。

第三节　地质年代

地质年代是以地质学方法所确定的年代，包含两层含义：一种反映岩石、地层层序和地质事件形成的先后顺序，称为相对地质年代；另一种指地质事件发生距今的时间，称为绝对地质年代，主要通过放射性同位素来测定，故又称为同位素年代。

一、相对地质年代

确定地层相对地质年代的方法主要有地层学方法、古生物学方法和构造学方法等。

1. 地层层序律

沉积岩形成时，岩层面一般为水平或接近水平的状态，先形成的地层位于下部，后形成的地层位于其上。这种原始产出的地层具有下老上新的地层层序称为地层层序律，也叫地层叠覆律，它是确定地层相对地质年代的基本方法之一。

如果地层形成以后遭受构造运动的影响，其下老上新的正常层序可能被破坏，这时可通过沉积构造判断岩层的原始顶底面来恢复原来的生成顺序。图9－7（a）示意构造运动仅造成地层平稳抬升，地层层序未变；图9－7（b）示意原始地层因构造运动而发生倾斜，但从铅直方向看，地层层序也未发生改变；图9－7（c）示意地层因构造运动发生了褶皱，其中一翼的地层层序正常，另一翼则发生了倒转。野外可通过观察泥裂、交错层理形态来确定一个岩层原来的顶底面，进而恢复地层的正常层序。

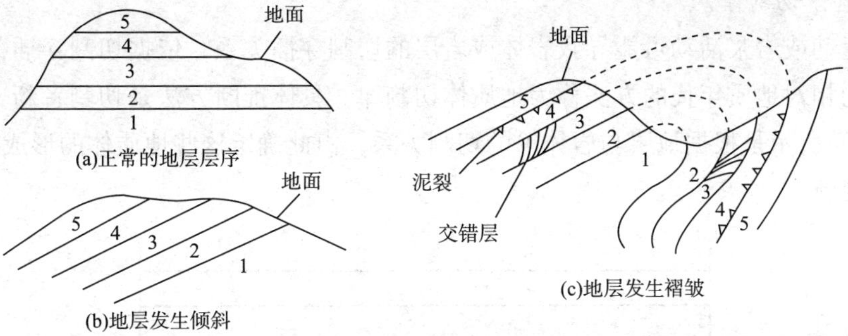

图 9－7 地层层序律示意图（据夏邦栋，1995）
1～5 代表从老到新的地层

地层学方法只适用于空间上相邻而且相互接触的地层，不适用于不同地区不相接触的地层。

2. 生物层序律

生物是进化发展的，表现出进步性、阶段性、不可逆性、多样性和适应性，任何物种都有一个从发生、发展、繁盛、衰退直到绝灭的过程。上述生物进化的特征是利用地层中所含的化石特征获得的，这是确定相对地质年代的基础，利用从老到新的地层中保存的不同化石可以建立一个相对地质年代标尺。宙、代、纪、世、期、时等地质年代单位就是根据生物演化阶段及各阶段内的生物面貌划分的相对地质年代单位。史密斯（1796）提出，不同时代的地层含有不同的化石，含有相同化石的地层其时代是相同的，这就是生物层序律，也称为化石层序律。生物层序律完全符合生物进化规律，因此可以根据上下地层中所含化石的不同来划分和对比地层（图 9－8）。

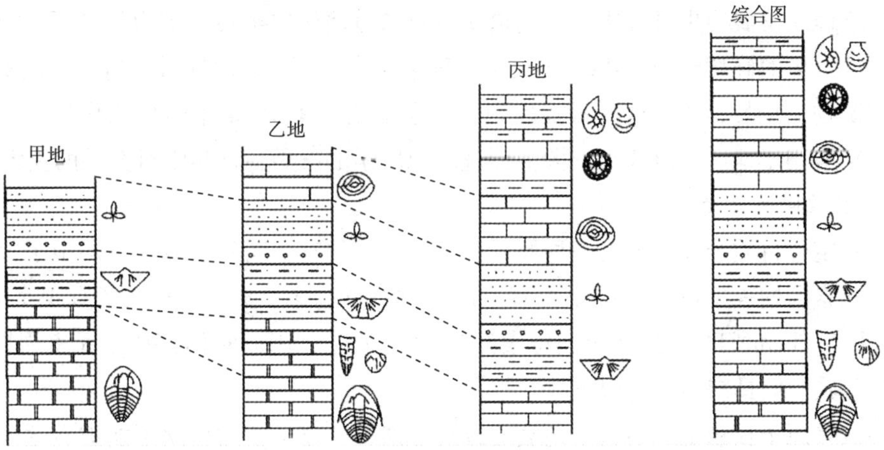

图 9－8 生物层序律应用于不同地区地层的划分与对比示意图（据夏邦栋，1995）

该方法适合于不同地区地层的划分与对比，但在缺少化石的地层中不能使用。

3. 地质体切割律

构造运动或岩浆活动可能导致岩体或岩层的切割穿插关系，依据切割穿插关系推断岩体或岩层的相对地质年代的方法称为地质体切割律。具体推断方法是切割者新，被切割者老。图 9－9 所示是根据地层与岩体等的切割关系，由此确定这些地质体的形成次序为由 1 到 6 依次变新。

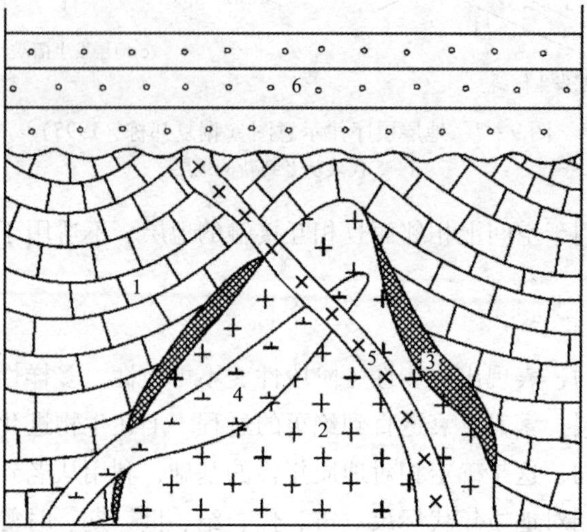

图 9－9　地质体切割律判断地质体之间的相对年龄示意图（据夏邦栋，1995）

1—石灰岩；2—花岗岩；3—矽卡岩；4—闪长岩；5—辉绿岩；6—砾岩

二、绝对地质年代的确定

在探索地质发展历史过程中，人们迫切需要知道地球的年龄、矿物与岩石的形成年龄及地质事件发生的确切时间。1902 年英国物理学家卢瑟福发现可通过放射性同位素衰变的方法确定矿物的年龄，凭借这一重大发现，卢瑟福获得了 1908 年诺贝尔化学奖。放射性同位素定年应用于地质学研究，极大地促进了地质学的发展，这是学科交叉的重大成果。

1. 放射性同位素简介

具有一定数目质子和中子的一种原子称为核素。具有相同质子数和不同中子数的一组核素，在元素周期表中占据同一个位置，因此称为同位素。例如 Pb 元素有 4 个同位素，^{204}Pb、^{206}Pb、^{207}Pb 和 ^{208}Pb，这 4 个同位素都有 82 个质子，因而它们都位于元素周期表第 6 周期第ⅣA 族，但具有不同的中子数。

有些核素原子核稳定，不自发地衰变或衰变期长、原子核的变化不能被察觉或可忽略不计，称为稳定同位素。有些核素的原子核不稳定，能以一定方式自发释放出 α（粒子）、β（电子）或 γ（电磁辐射量子）而衰变为其他核素，衰变速度通常是恒定的，这种核素称为放射性同位素，而衰变形成的同位素称为放射成因同位素。放射成因同位素通常为稳定同位素。如铷锶同位素体系衰变方程为 $^{87}Rb \rightarrow {}^{87}Sr + \beta$，$^{87}Rb$ 为放射性同位素，也称为母体同位素，而^{87}Sr为放射成因同位素，也称为子体同位素。

2. 同位素年龄测定原理

随着放射性衰变的不断进行，放射性强度将呈指数曲线下降（图9－10），放射性强度达到原值一半也就是放射性同位素母体原子衰变完一半所需要的时间称为同位素的半衰期（$T_{1/2}$），如K-Ar同位素体系中母体同位素^{40}K衰变为子体同位素^{40}Ar的半衰期为13亿年，经历一个半衰期的衰变有一半的^{40}K衰变为^{40}Ar，^{40}K的含量变为原来的1/2，经历两个半衰期的衰变^{40}K的含量只有原来的1/4，依次类推，直至接近完全衰变。当前常用同位素体系的半衰期均已在实验室测定，见表9－2。衰变常数指放射性核素的一个原子核在单位时间内发生衰变的几率，衰变常数（λ）与半衰期（$T_{1/2}$）有下列关系：$\lambda = 0.693/T_{1/2}$。母体同位素剩余量（N）与初始值（N_0）之间的计算公式为：$N = N_0 \cdot (1/2)^{t/T} = N_0 \cdot e^{-\lambda t}$，式中$t$为衰变时间，$T$为半衰期，$\lambda$为衰变常数。在放射性同位素体系中，放射成因同位素的含量（D）应等于衰变掉的放射性同位素的量，即$D = N_0 - N = N(e^{\lambda t} - 1)$，可求出$t = 1/\lambda \cdot \ln(1 + D/N)$。

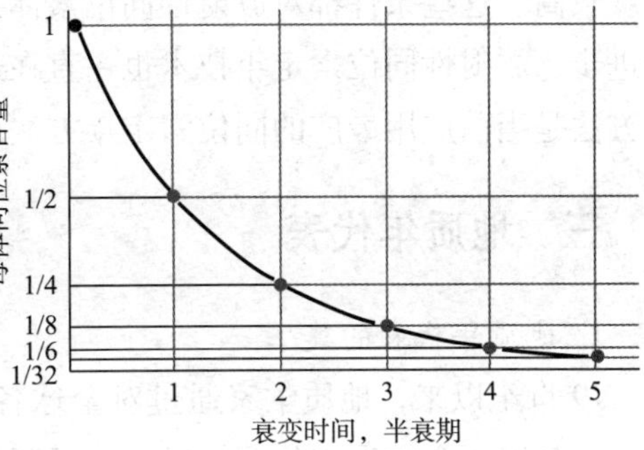

图9－10　母体同位素含量变化与半衰期
（据Grotzinger等，2007）

表9－2　常用的同位素体系半衰期

母体同位素	子体同位素	半衰期	定年范围	定年材料
^{238}U	^{206}Pb	45亿年	1百万年~46亿年	锆石
^{235}U	^{207}Pb	7亿年	1百万年~46亿年	锆石
^{40}K	^{40}Ar	13亿年	5万年~46亿年	黑云母，白云母，角闪石，钾长石或全岩
^{87}Rb	^{87}Sr	470亿年	10百万年~46亿年	黑云母，白云母，钾长石或全岩
^{14}C	^{14}N	5730年	100年~7万年	木材，木炭，泥炭，骨头，牙齿，贝壳，碳酸盐

同位素年龄的测定原理可简要概括如下：当含有放射性同位素的矿物或岩石形成以后，在与外部环境隔绝的情况下，放射性同位素因不断衰变而减少，衰变的最终产物放射成因同位素则相应增加，只要能够准确测出岩石中所剩余的放射性同位素的含量（N）与放射成因同位素的含量（D），就可以用公式算出矿物或岩石的形成年龄（t），计算公式为：$t = 1/\lambda \cdot \ln(1 + D/N)$，其中$\lambda$为衰变常数。

准确的同位素定年需满足以下条件：①同位素体系半衰期适中；②母体同位素在岩石中有足够的含量，可以分离出来并用于测试；③子体同位素易于富集并保存下来；④地质体形成以后一直保持同位素封闭状态，没有造成母体和子体同位素的进出。用于测年的同位素应有适当的半衰期，这样才能积累起足够数量的子体同位素，同时母体同位素也未衰变完。如果半衰期太长，经过漫长的地质历史也难以积累足够数量的子体同位素，如 Rb-Sr 同位素体系的半衰期为 470 亿年，测年精度差、误差大，这种定年方法已基本淘汰；如果半衰期太短，母体同位素很快衰变完，如 ^{14}C 测年法，测年时限仅为 7 万年，只能用于年轻地质体的测年。地质体形成以后尽可能保持同位素封闭状态则要求同位素体系的封闭温度较高。这些条件都对放射性同位素体系及测年材料提出了很高的要求，随着技术水平的进步，放射性同位素定年技术也一直在进步。岩浆岩锆石 U-Pb 定年和含钾矿物 K-Ar 定年方法是当前应用最广的同位素定年方法。

三、地质年代表

1. 地质年代表的建立

19 世纪以来，地质学家通过对全球各个地区不同年代的地层开展对比研究，特别是通过对其中所含古生物化石的研究，逐渐认识到在地球的在整个发展进程中，生物界的演化及自然界的演化均表现出明显的阶段性。于是，他们以地球演化的这种阶段性为依据，配合同位素年龄的测定，对漫长的地球历史进行了系统的年代划分，编制出一个在全球范围内能普遍参照对比的年代表，即地质年代表（表 9－3）。

地质年代表按时代先后顺序表示地史时期的相对地质年代及其同位素地质年龄值。如前所述，确定地质年龄的方法有两种，一是相对地质年代，根据生物演化和岩石形成顺序，将地球历史划分为对应于生物演化的一些自然阶段，用以表示地质事件发生的顺序、地质历史的自然分期和地壳发展的阶段；二是绝对地质年代，根据岩层中放射性同位素定年得出地层形成和地质事件发生的确切时间。多年来，地质年代的确定一直是开展地质学研究的基本前提，最终产生了地质年代表。地质年代表的建立是地质学研究成果的高度综合，它为推进地质学的发展起到了重要作用，至今仍是开展地质学研究的指导性文件。

2. 地质年代的划分

地质年代表中的相对地质年代单位一般分为宙、代、纪、世、期等五个分级，一般简化到世一级。宙为最大的一级年代单位，地球历史共划分为冥古宙、太古宙、元古宙和显生宙四个宙。宙可划分为若干个代，如显生宙可划分为古生代、中生代和新生代三个代。代又可划分为若干个纪，纪是地质年代的基本单位，如古生代可分为早古生代和晚古生代，早古生代包括寒武纪（ε）、奥陶纪（O）和志留纪（S）三个纪，晚古生代包括泥盆纪（D）、石炭纪（C）和二叠纪（P）三个纪；中生代可划分为三叠纪（T）、侏罗纪（J）和白垩纪（K）三个纪；新生代可划分为古近纪（E）、新近纪（N）和第四纪（Q）三个纪。纪一般划分为早、中、晚三个世，代表一个纪的早期、中期和晚期，如奥陶纪可划分为早奥陶世、中奥陶世和晚奥陶世三个世，有一些纪划分为四个世，如寒武纪，也有一些纪划分为两个世，如白垩纪。

地质年代表中的绝对地质年代用数字表示，单位为 Ma（百万年），Ma 也是绝对地质年代的基本单位，此外还有 Ga（十亿年）、a（年）等其他单位。

表 9-3 国际地质年代表（据国际地层委员会 2018 版国际年代地层表修改）

相对年代：宙	相对年代：代	相对年代：纪	相对年代：世	底界年龄/Ma	生物演化阶段：动物	生物演化阶段：动物	生物演化阶段：植物
显生宙（Ph）	新生代（Kz）	第四纪（Q）	全新世（Qh）	0.01	人类	无脊椎动物继续演化	被子植物
			更新世（Qp）	2.58			
		新近纪（N）	上新世（N_2）	5.33	哺乳动物		
			中新世（N_1）	23.0			
		古近纪（E）	渐新世（E_3）	33.9			
			始新世（E_2）	56.0			
			古新世（E_1）	66.0			
	中生代（Mz）	白垩纪（K）	早、晚白垩世	145.0	爬行动物		裸子植物
		侏罗纪（J）	早、中、晚侏罗世	201.3			
		三叠纪（T）	早、中、晚三叠世	251.9			
	古生代（Pz） 晚古生代（Pz_2）	二叠纪（P）	早、中、晚二叠世	298.9	两栖动物		蕨类植物
		石炭纪（C）	早、晚石炭世	358.9			
		泥盆纪（D）	早、中、晚泥盆世	419.2	鱼类		
	古生代（Pz） 早古生代（Pz_1）	志留纪（S）	始、早、中、晚志留世	443.8	无脊椎动物		裸蕨植物
		奥陶纪（O）	早、中、晚奥陶世	485.4			藻类 菌类
		寒武纪（∈）	始、早、中、晚寒武世	541.0			
元古宙（Pt）	新元古代（Pt_3）	震旦纪（Z）		1000	小壳动物、裸露动物		
		南华纪（Nh）					
		青白口纪（Qb）					
	中元古代（Pt_2）			1600			
		蓟县纪（Jx）					
	古元古代（Pt_1）	长城纪（Ch）		2500			
		滹沱纪（Ht）					
太古宙（Ar）	新太古代（Ar_3）			2800			
	中太古代（Ar_2）			3200			
	古太古代（Ar_1）			3800			
	始太古代			4000			
冥古宙（Hd）				4600			

注：元古宙中纪的划分仅在中国使用，每一地质年代后面（）内字母为其代号。

3. 地质年代名称的由来与含义

冥古宙：具有“开天辟地”之意，是地球发展的初期阶段，地球上尚无这一时期岩石和生物化石的发现。

太古宙：是已有大量岩石记录的最古老的地质年代，是原始生命出现及生物演化的初级阶段。

元古宙：早期原始生命的演化阶段，主要是菌类和藻类生物。

古生代：“古老生物”的时代，以海生无脊椎动物、鱼类、两栖类及藻类植物、蕨类植物繁盛为特征。

寒武纪：“寒武”是英国威尔士寒武山的名称，在此创名。

奥陶纪：“奥陶”是英国威尔士的一个古代民族的名称。

志留纪：“志留”是英国威尔士边境的一个古代部族的名称。

泥盆纪：在英格兰泥盆郡研究最早。

石炭纪：地层中富含煤层，创名于英国。

二叠纪：最早研究于乌拉尔山，地层具有明显的二分性。

中生代：“中期生物”的时代，以爬行类动物和裸子植物繁盛为特征。

三叠纪：在德国南部研究最早，地层具明显的三分性。

侏罗纪：在法国与瑞士的交界的侏罗山研究最早。

白垩纪：最早发现于英吉利海峡北岸，产出白色的细粒碳酸钙，拉丁文称为 Creta，意为白垩。

新生代：“近代生物”的时代，以哺乳动物和被子植物繁盛为特征。

第三纪、第四纪起源于18世纪欧洲地质学家对地层系统的划分。第三纪已解体，分为古近纪和新近纪，其中古近纪对应于老第三纪，新近纪对应于新第三纪。第四纪则沿用至今。

第十章 构造运动

构造运动是指由内力引起的岩石圈的缓慢机械运动。

内动力地质作用的方式主要包括构造运动、地震作用、岩浆作用和变质作用，其中以构造运动为主导，地震主要由快速构造运动引起，构造运动还会引起岩浆的活动，诱发变质作用的发生。所以研究构造运动具有十分重要的意义。

根据构造运动发生的时间，人们把构造运动分为现代构造运动、新构造运动和古构造运动等三类：现代构造运动是指从人类出现以来至现在发生的构造运动；新构造运动是指新近纪以来发生的构造运动；古构造运动是指新近纪以前发生的构造运动。

这个分类从两个方面考虑：一方面是从构造运动留下的痕迹是否完整或清晰来看，显然现代构造运动和新构造运动留下的痕迹较完整、清晰，古构造运动留下的痕迹多不够完整和清晰，甚至没有保留下来；另一方面是从构造运动对人类的影响来看，现代构造运动对人类影响最大，其次是新构造运动，而古构造运动对人类影响最小。人们研究构造运动应以新构造运动、现代构造运动为基础，而古构造运动是我们研究的主要对象。

本章内容分三部分：①构造运动的证据：明确岩石圈始终处于运动、变化、发展之中；②构造运动的基本特征：介绍构造运动的状况与一般规律；③地层的接触关系：古构造运动的证据。

第一节 构造运动的证据

现代构造运动、新构造运动可以通过大地测量的结果去确定，通过考古、地貌的变迁、地质记录等方面去分析推定；而古构造运动的研究则主要从沉积学、地质构造等方面去分析推断。

一、大地测量证据

定时的大地测量可以揭示现代构造运动的方向和速度。

我国从 1951 年至 1982 年先后进行了两次全国范围精密的大地测量，对比两次测量结果，揭示我国大陆地区近 30 年以来构造运动的总体状况：以昆仑山—秦岭—大别山一线为界，南部以上升为主，其中青藏高原上升幅度最大，平均每年上升 5 ~ 10mm；北部以下降为主，其中准噶尔盆地、塔里木盆地以及东北三江平原下降较快，一般速率为每年 2~5mm。

美国西部圣安德裂斯大断裂带由于近代以来多次活动并引发地震，造成很大的灾难，如1906年旧金山大地震等。人们对这条大断裂进行长期的监测，从1882年到1946年65年间对预先设定的测量点进行了四次定时测量。分析结果显示：这些测量点的水平位移矢量各不相同，但总的运动方向平行于断裂带的走向，主要沿北西方向发生差异性移动，平均速率约每年1cm（图10-1）。从1972年到1976年，多次利用卫星对该断裂进行监测，发现大断裂两侧昆西与奥泰山之间的距离四年内拉近了35.6cm，年均约8.9cm。

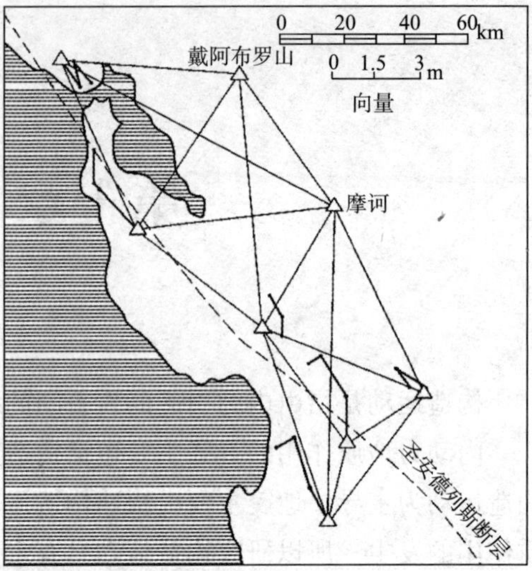

图10-1 美国旧金山三角测量站的相对位移（据C. A. 怀腾，1948；转引自柳成志等，2010）

二、地貌证据

沿海居民通过长期仔细观察，会发现海岸一个时期露出海面成为陆地，另一个时期被海水淹没成为大海，海岸的升降导致海陆变迁。人们发现一些原本形成于海岸线附近的海蚀地貌已经远离了现在海岸线，如广州七星岗海蚀地貌已远离现今海岸线几十千米（图10-2），这表明第四纪以来该地区地壳上升，发生了海退。

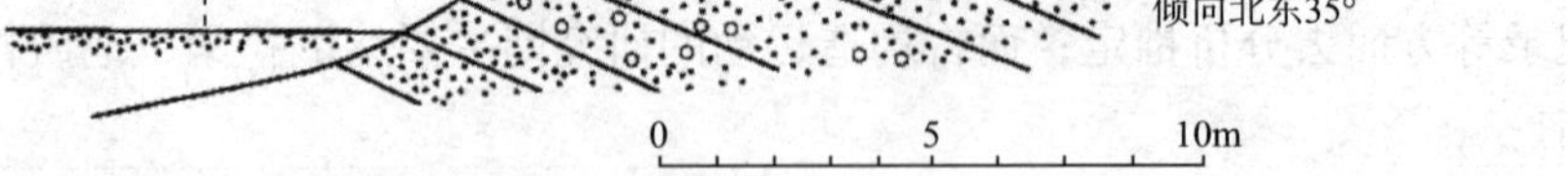

图10-2 广州七星岗海蚀地貌示意图（据陈国达；转引自柳成志等，2010）

海陆变迁的一个著名例子来自意大利那不勒斯海湾附近的塞拉比斯城镇遗址。该城镇修建于公元前105年古罗马时期，1749年从掩埋废墟的火山灰下面发掘出来。废墟中残留三根大理石柱和几面残垣断壁（图10-3）。大理石石柱柱高12m，石柱下部3.6m一段在1538年努渥火山喷发时被火山灰掩埋，柱面光滑；再往上2.7m一段，柱面上布满了海洋生物钻蚀留下的小孔，代表地壳沉降至海平面以下时，海洋生物的侵蚀作用；最上一段约5.7m，一直出露地表遭受风化作用，因此柱面不甚光滑。据史料记载：石柱在公元1500年被海水掩埋深度约6.3m，公元1600年开始上升，1749年挖掘出来时已经整体上升到了海平面之上，1800年石柱处于最高位置，之后又下沉。19世纪初该石柱被海水掩埋的深度不断增加，1826年石柱被淹深度为0.3m，1878年为0.65m，1913年为1.53m，1933年为2.05m，1954年为2.50m。这三根大理石柱见证了古城建成以来该地区的几度上升与沉降，是地壳垂直运动的最好记录。

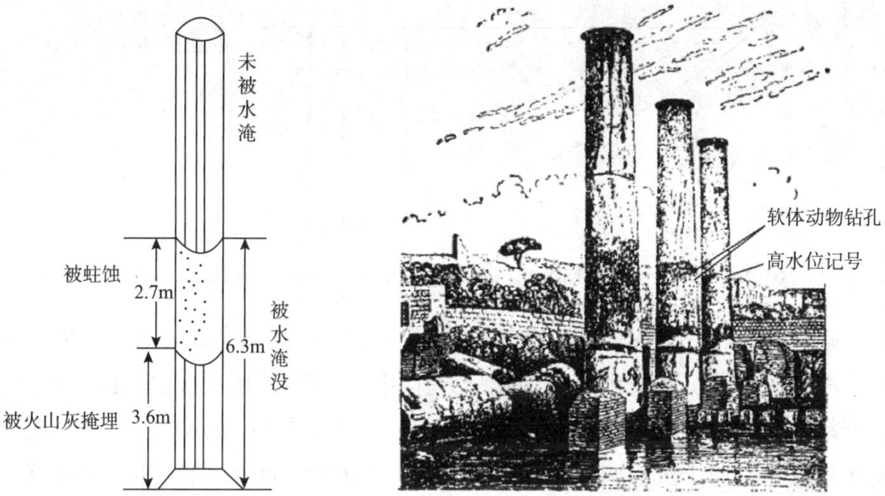

图10－3 意大利那不勒斯大理石柱的升降与地壳升降运动

被海水淹没的河流从更大范围揭示了海陆变迁及地壳大范围的升降运动。比如欧洲的易北河、莱茵河等都有很长的海底延长线。在冰期时，英伦三岛与欧洲大陆联成一体，动物可自由迁徙于二者之间。一条以易北河、莱茵河为支流的大河向北流淌，当时的塞纳河流过现今的英吉利海峡汇入大西洋。

三、沉积学证据

地层剖面上沉积岩厚度与沉积岩岩相的变化，均可以记录曾经发生过的构造运动，以浅海沉积为例说明如下。

浅海深度一般不超过200m，而浅海沉积形成的沉积岩的厚度在有些地区大大超过200m，比如华北地区奥陶系浅海相石灰岩厚度约为1000m。厚度大于浅海深度的浅海沉积物（岩）是怎样形成的？假如浅海海底保持稳定，则沉积物的厚度不会超过海水的深度；假如海底不断上升，则沉积物厚度小于海水的深度；如果海底边沉降边接受沉积，而且沉积的速度与海底的沉降速度相适应，则沉积物必然越来越厚，但却总能保持浅海沉积环境，从而使得沉积物的厚度大于海水的深度。

图 10-4 中Ⅰ—Ⅰ为沉积开始前海底的位置，这时水深为 h_0，如果海底稳定，则可能沉积的最大厚度为 A；如果海底下降到Ⅱ—Ⅱ的位置，下降幅度为 a，则可能沉积的最大厚度为 $A+a=B$；如果地壳下降速度与沉积速度相当，沉积物的厚度 m 及时补偿地壳下降的幅度，那么海水可以始终保持相似的深度即 $h_1 = h_0$，而沉积物的厚度却不断增加。由于构造运动时升时降，下降运动引起相应的沉积，上升运动导致沉积中断或沉积物的剥蚀，所以，一定时间内形成的岩层厚度是这个时间内地壳升降幅度的代数和，在一定程度上代表了该地区地壳下降的总幅度。

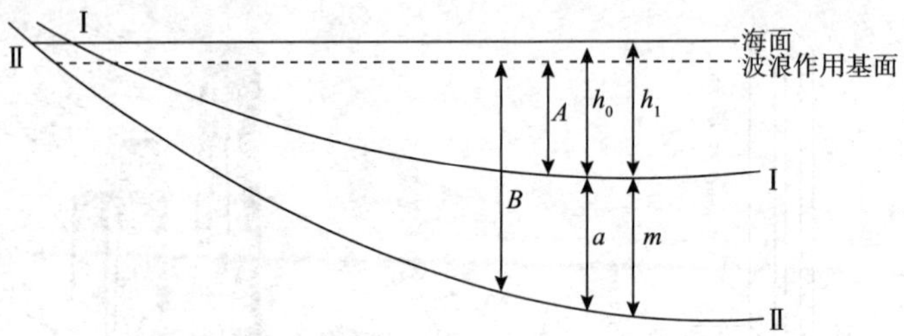

图 10-4 地壳下降幅度与沉积物厚度的关系（据宋春青等，1996）

浅海相碎屑岩岩相在剖面上的变化也能反映曾经发生过的构造运动。当地壳保持稳定的情况下，浅海的碎屑沉积发生机械沉积分异作用，沉积物的粒度由岸往海洋方向逐渐变细，并呈带状平行于海岸线分布。假若地壳下沉，海水向陆地方向推进，导致海洋面积扩大，陆地面积缩小，这个过程叫海侵；海侵过程中沉积序列整体向大陆方向迁移并依次叠置于先前沉积序列之上，形成海侵层序（图 10-5）；从剖面上看，海侵层序沉积物粒度向上变细。假若地壳上升，海水向海洋方向退去，导致海洋面积缩小，陆地面积扩大，这个过程叫海退；海退过程中沉积序列整体向海洋方向迁移并依次叠置于先前沉积序列之上，形成海退层序；从剖面上看，海退沉积层序沉积物粒度向上变粗。

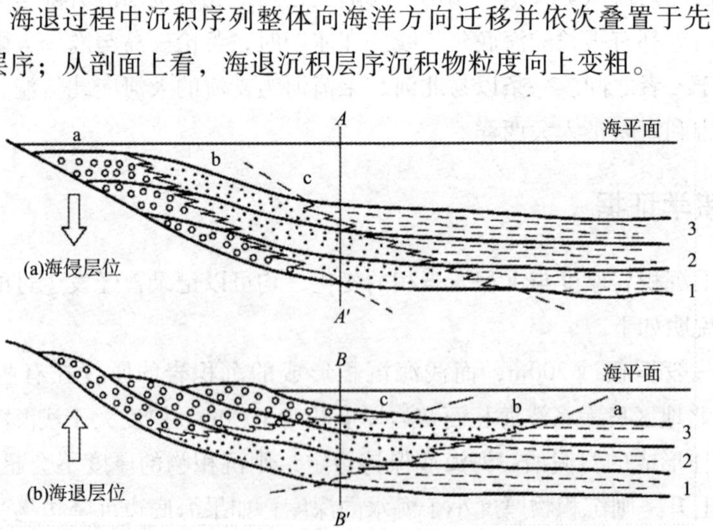

图 10-5 海侵层位与海退层位（据李叔达，1983）

有时同一地层剖面中可以看到海侵层序与海退层序交替叠置［图10-6（a）］，这表明该区地壳曾经发生过多次升降运动。一般将地壳从下降开始到上升结束形成的沉积序列称为一个沉积旋回。一个沉积旋回由一个海侵层序和一个海退层序组成。大多数情况，海侵层序厚度较大，保存较完整；海退层序厚度较小，保存不够完整，有时甚至缺失，出现沉积间断［图10-6（b）］。

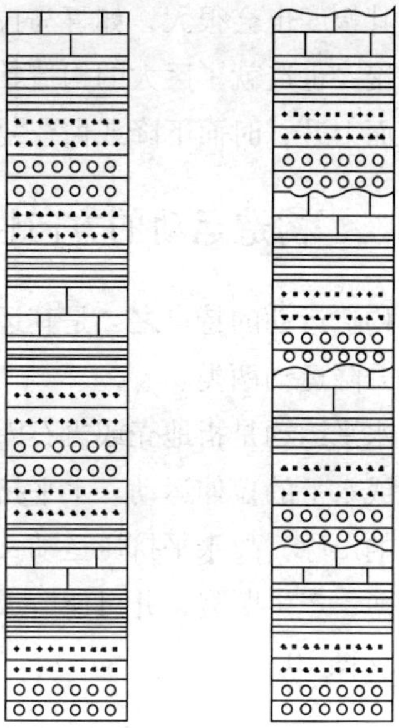

图10-6 沉积旋回剖面示意图
（据宋春青等，1996）

四、地质构造证据

构造运动造成岩石的变形或变位称为地质构造。地质构造的存在反过来可以证实曾经发生过构造运动。关于地质构造的内容将在下一章专门介绍。构造运动还会造成不同时代的地层在空间上相互接触，形成不同的地层接触关系类型，可反映构造运动的方向与强度，由于地层的接触关系非常重要，将在本章第三节中作为独立内容进行详细介绍。

第二节 构造运动的基本特征

构造运动的基本特征可以从构造运动的速度、幅度、方向性及其历史发展规律等方面进行了解。

一、构造运动的速度和幅度

构造运动的特点之一是其运动速度一般很缓慢，多在每年十几厘米以下，人们基本无法感觉到，只有通过长期的观测才能发现。比如，喜马拉雅山地区于2500万年前从海底升起至今已成为世界最高的山脉，其平均上升速率每年仅有0.04cm。不同地区构造运动的速率存在着明显的差别，比如当前东欧地区地壳升降运动的速率为每年0.2～0.4cm，而美国西部山区则达每年11.5cm。在地震多发地区，构造运动的速率往往在地震前夕或地震过程中明显加快，比如美国西部的圣安德列斯断层，在1906年旧金山大地震前的16年间，断层位移达7m，年均位移达44cm，又如1970年云南海通地区地震造成的水平错动达2.2m。

构造运动的幅度常以某一段地质时期升降运动的总高差或水平运动的距离来衡量。构造运动的幅度取决于运动的方向和持续时间。只要构造运动的方向不变，持续时间很长时，其幅度也会很大，如喜马拉雅地区，2500 万年以来一直保持上升的运动方向，尽管速率很慢，也造就了巨大的构造抬升幅度。如果在一定时间间隔内，运动的方向反复变化，如时而上升、时而下降或做往复的水平错动，则在地质记录上反映的运动幅度就不大。

二、构造运动的方向性

构造运动的特点之二是其运动具有方向性。依据运动方向，可将构造运动分为水平运动和升降运动两类。

水平运动是指地壳或岩石圈大致沿地球表面切线方向的运动。水平运动表现为水平的挤压或水平的拉伸运动。水平挤压运动会导致岩层或地层发生强烈的褶皱隆起，从而形成高大的山脉，故水平挤压运动又常被称为造山运动。水平拉伸运动会导致地壳或岩石圈厚度变薄，产生断裂，并可能造成地表上出现巨大的裂谷，故水平拉伸运动又常被称为造谷运动（图 10－7）。

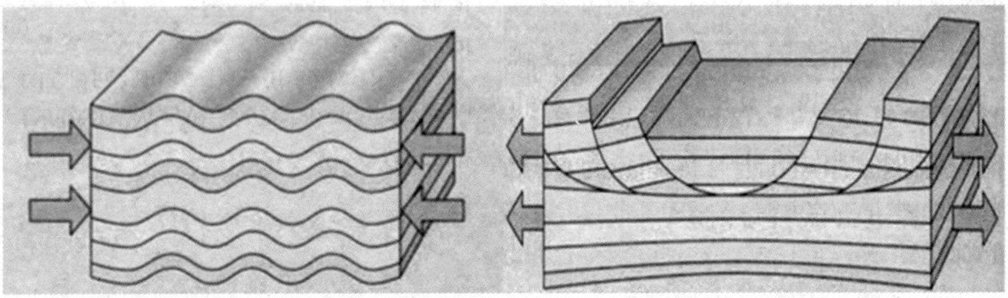

(a)水平挤压：造山运动　　(b)水平挤压：造谷运动

图 10－7　水平运动的表现（据 Tarbuck 和 Lutgens，1993）

升降运动是指地壳或岩石圈大致沿垂直地表方向的运动，表现为上升运动或下降运动。上升运动会导致海水退却，陆地面积扩大，故上升运动又被称为造陆运动。下降运动会导致海水的入侵，大陆面积缩小。地层中的海退层序记录了地壳的上升事件，海侵层序记录了地壳的下降事件。

从地质发展历史看，全球构造运动是以水平运动为主，还是以升降运动为主？这个问题曾经有过争论。20 世纪 60 年代以前，地质学的研究范围主要局限于大陆地壳，有关大陆地壳运动历史发展规律的槽台学说认为构造运动以升降运动为主，而水平运动则是其派生的产物。60 年代以后，地质学研究范围扩展到大洋地壳以及整个岩石圈，板块构造学说对全球岩石圈运动发展规律进行了探索，改变了人们对构造运动的看法，现在地质学者的主流看法是构造运动以水平运动为主导，并派生出升降运动。

三、现代构造运动的空间分布

不同地区构造运动的活动性存在差异：一些地区构造运动相对强烈，另一些地区构造运动相对平静。现代构造活动带与构造稳定区的分布见图 10－8。

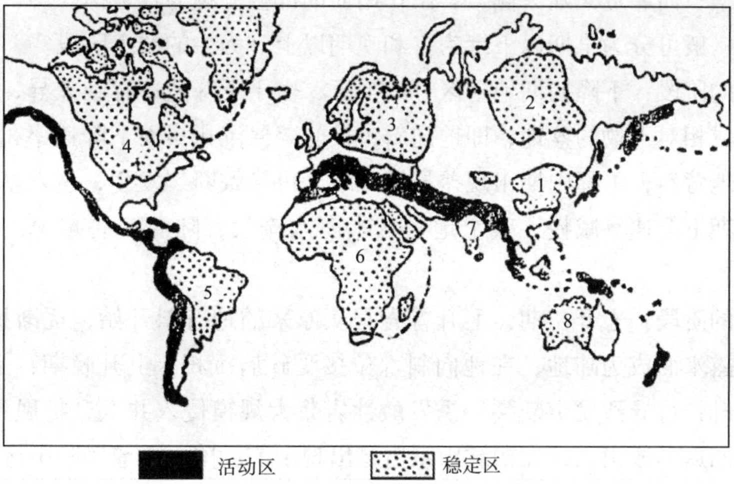

图 10－8 大陆地壳构造活动性示意图（据李叔达，1983）

构造活动带呈带状分布，地形上是高低悬殊的地带，如为高大的山系、洋脊或海沟地带以构造运动速度快、岩浆活动及地震活动较为强烈为其基本特征。现代构造活动带主要有环太平洋构造活动带、地中海—印尼构造活动带、洋脊构造活动带和大陆裂谷构造活动带等。

现代构造稳定区一般是指古生代以来构造运动相对平静的地区。构造稳定区常呈面状分布，地形上高差不大，为平原、高原或盆地，以构造运动速度较慢、岩浆活动及地震活动较弱为其基本特征。

四、构造运动历史发展规律

构造运动的历史发展规律一直是地质学探讨的核心内容。人们提出过不少学说试图阐明这一问题，其中最具影响力的两个学说是槽台学说和板块构造学说。20 世纪 60 年代以前，槽台学说占主流地位；60 年代以后，板块构造学说占主流地位。板块构造学说将在第十一章给予介绍，而槽台学说尽管已基本被淘汰，但其中一些合理的概念至今还在使用，如盆地结构的划分以及大地构造旋回等，本节将对槽台学说的基本思想做简单介绍。

19 世纪中后期，由霍尔、丹纳、休斯等地质学家建立的槽台学说的基本思想可以用以下三个概念来表述：①地槽：构造运动相对强烈的地区；②地台：构造运动相对平静的地区；③大地构造旋回：构造运动从相对平静到相对强烈活动为止并呈周期性发展的规律。

1. 地槽

地槽是指构造运动相对强烈的地区。地槽的特点：一般呈狭长带状分布，长可达数百至数千千米，宽数十至数百千米，地槽中各时代形成的岩石多沿地槽的长轴方向分布，其变形或变位复杂，岩浆活动强烈，变质作用普遍等。靠近大洋一侧的部分，岩浆作用强烈，称为优地槽；而靠近大陆一侧，岩浆作用弱的部分，称为冒地槽。

地槽发展一般可分为早期以下沉为主和晚期以上升为主的两个阶段。

下降为主的阶段：下降初期地槽区开始下沉，由于下降速率存在差异，造成了下降速率大的地区形成相对下坳的盆地，即地向斜，接受碎屑沉积；而下降速率相对较小的地区相对隆起形成地背斜；下降中期出现差异性沉降，可导致断裂发生，诱发基性岩浆侵入或喷发；下降晚期下沉速率减慢，整个地槽区被海水淹没，陆源碎屑减少，发育碳酸盐岩沉积。

上升为主的阶段：上升初期，上升首先是从原来的地背斜开始，逐渐扩展到地向斜，部分地背斜出露水面成为陆地，在地向斜部位接受碎屑沉积；上升晚期，上升速率加快，出现差异性上升，可导致发生断裂，诱发酸性岩浆大规模侵入并上升扩展到整个地槽区，最终全部褶皱回返形成山系，在褶皱山系边缘出现山前坳陷，山前坳陷中接受碎屑沉积。

地槽经历了一次下降和上升发展阶段后，其活动减弱，逐渐演变成地台。

2. 地台

地台是指构造运动相对平静的地区。地台多呈近卵形分布，平面直径可达数千千米，地势平坦，各时代形成的岩石呈面状分布，地质构造简单，岩浆活动较弱。

地台的发展也可分为早期以下沉为主和晚期以上升为主的两个阶段，但构造活动的速率和强度远不如地槽。地台发展过程中接受沉积形成沉积岩直接覆盖于下伏老地层之上构成剖面上的二元结构。下伏老地层称为褶皱基底，是地槽发展的产物，以地层变形或变位复杂、岩浆活动强烈、变质作用普遍等为特征；上覆地层称为沉积盖层，是地台发展的产物，以地质构造简单、岩浆活动较弱等为特征。未被沉积物覆盖的其余地台区，褶皱基底直接出露于地表者，称之为地盾，如加拿大地盾。地台区内部也可分为台向斜、台背斜和沉降带等地带，其中沉降带中构造运动比较强烈、坳陷幅度比较大，也存在一定程度的岩浆作用等。

地台区经历下降和上升发展阶段后，构造运动继续向前发展，又会进一步活化变成地槽。

尽管槽台学说已遭弃用，地槽和地台在后来的板块构造学说中均找到了归宿，优地槽相当于现在的大洋盆地，而冒地槽相当于现在的大陆边缘，而地台则相当于现在的大陆板块或克拉通。盆地结构的基底与盖层的划分，目前仍在使用。

3. 大地构造旋回

大地构造旋回是指构造运动从相对平静到相对强烈活动为止并呈周期性发展的规律。

一般将构造运动从相对平静开始到相对强烈为止作为一次大地构造旋回，历时约 1.5 亿年。在一次大地构造旋回中，构造运动相对平静时期历时比较长，主要表现为地壳缓慢的升降运动；而构造运动相对强烈时期历时比较短，主要表现为强烈的褶皱回返形成山系。习惯上，将构造运动强烈时期称为“××运动”，多以形成的山系来命名，如欧洲加里东褶皱山系形成于早古生代末期，故将早古生代末期的构造运动称之为加里东运动，又如我国的天山褶皱山系形成于晚古生代末期，故将晚古生代末期的构造运动称为天山运动。

有人指出，纵观整个地质发展历史，至少可以划分出 20 次大地构造旋回或构造期，其中显生宙以来的大地构造旋回人们了解得比较清楚（表 10－1）。

表 10－1 中国的大地构造旋回（据程裕淇等，1995）

地质年代划分及年龄值/Ma				地质发展阶段、构造期及构造运动			岩浆活动期	主要地质事件	与劳亚大陆构造运动对比	
									欧洲	北美
显生宙	新生代	第四纪	2.48	陆内发展阶段	喜马拉雅	喜马拉雅运动	喜马拉雅	青藏高原升起	阿尔卑斯运动	
		第三纪	66±2					喜马拉雅、藏滇对接南海开始裂陷		
	中生代	白垩纪	135±2		燕山	燕山运动	燕山	东部环太平洋陆内拗（断）陷开始活动，大陆造山运动	晚斯米里运动	拉拉米运动
		侏罗纪	205						早斯米里运动	
		三叠纪	250		印支	印支运动	印支	藏滇与华南板块以及华南板块与塔里木—华北板块对接		
	古生代	二叠纪	285±5		华力西	华力西运动	华力西	塔里木—华北板块与西伯利亚板块对接 印度板块北缘、喜马拉雅、藏滇、羌中之间开裂 扬子陆块西缘开裂	华力西运动	阿帕拉契运动
		石炭纪	355±5							
		泥盆纪	405±5	陆缘发展阶段						
		志留纪	435±5		加里东	加里东运动	加里东	扬子陆块东南固结增生，古中国大陆形成	加里东运动	太康运动
		奥陶纪	500±10							
		寒武纪	600					天山—兴安、昆仑—秦岭、南华等陆缘开始发展	阿森特运动	
元古宙	晚元古代	震旦纪	800		震旦	张广才岭运动	震旦			
		青白口纪	1000	陆块发展阶段	晋宁	晋宁运动	晋宁	塔里木陆块形成，与华北陆块对接；扬子陆块、华夏陆块形成，并与前者汇合形成原始中国大陆		
	中元古代	蓟县纪	1400±		四堡	四堡运动	四堡		哥德运动	格森威尔运动
		长城纪	1800±						卡瑞里运动	赫德孙运动
	早元古代	滹沱期	2500±		吕梁	吕梁运动	吕梁	华北陆块形成		
太古宙	晚太古代	五台期	2600±		五台	五台运动	前吕梁		白海运动	肯诺尔运动
		阜平期	2900±	陆核发展阶段	阜平	阜平运动		华北陆核以及川西、佳木斯、南塔里木等微陆核形成		
	早中太古代	迁西期			迁西	迁西运动				

加里东旋回：构造运动经历寒武纪、奥陶纪和志留纪相对平静后，随志留纪末期的加

里东运动而结束。这次构造运动的痕迹在我国见于华南、祁连山等地。

海西旋回：构造运动经历泥盆纪、石炭纪和二叠纪相对平静后，随二叠纪末期的海西运动而结束。这次构造运动的痕迹在我国见于天山、昆仑山以及东部沿海一带，这次运动造就了天山山脉，故我国将这次运动也称为天山运动。

印支旋回：历经三叠纪，三叠纪末期的印支运动痕迹在我国见于四川西部、青海东南部以及我国东部地区。

燕山旋回：历经侏罗纪、白垩纪，燕山运动的痕迹在我国见于燕山地区、横断山脉等地。

喜马拉雅旋回：历经整个新生代，喜马拉雅运动的痕迹见于我国的台湾和青藏高原地区。

第三节　地层的接触关系

构造运动造成不同地史时期的地层在空间上直接接触，通常将新老地层在空间上的相互叠置状态称为地层的接触关系。地层的接触关系记录了构造运动的方向和强度等，所以研究地层的接触关系是研究构造运动的一个十分重要的方面。地层的接触关系一般分为三类（图 10－9）。

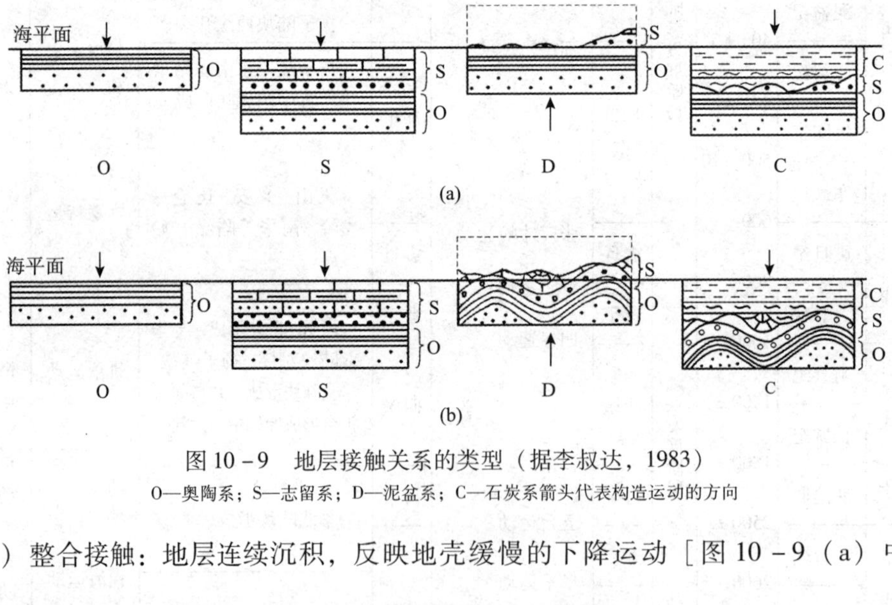

图 10－9　地层接触关系的类型（据李叔达，1983）

O—奥陶系；S—志留系；D—泥盆系；C—石炭系箭头代表构造运动的方向

（1）整合接触：地层连续沉积，反映地壳缓慢的下降运动［图 10－9（a）中 O—S 之间］。

（2）平行不整合接触：存在地层缺失，但地层产状一致，反映地壳曾经一度发生过大幅度的升降运动［图 10－9（a）中 S—C 之间］。

（3）角度不整合接触：存在地层缺失，且地层产状不一致，反映地壳曾经一度发生过强烈的水平挤压运动［图 10－9（b）中 S—C 之间］。

一、地层接触关系的类型及特征

（一）整合接触

整合接触是指空间上相互接触的地层其生成年代是连续的一类地层接触关系。如图10－9（a)所示，志留系覆盖于奥陶系之上，它们的生成年代是连续的，之间没有地层的缺失，故奥陶系与志留系之间的地层接触关系为整合接触。

整合接触是在地壳保持持续缓慢下沉的背景下，盆地连续接受沉积形成的。反之，从整合接触可以推知在地层形成时期，该区地壳运动表现为缓慢的下沉。如图10－9（a）所示，该整合接触形成于奥陶纪—志留纪，地壳缓慢下沉，连续接受沉积。

（二）不整合接触

与整合接触类型相对应的是不整合接触。地层不整合接触是指空间上相互接触的地层其形成年代是不连续的，可分为平行不整合和角度不整合两种类型。

1. 平行不整合

地层在空间上的产出状态，称为地层的产状，以走向、倾向和倾角表示（详见第十一章第二节）。

平行不整合接触是空间上相互接触的地层，其产状大体一致的地层不整合接触关系。如图10－9（a）所示，石炭系直接覆盖于志留系之上，缺失了泥盆系；但它们的产状均呈水平状态，故石炭系与志留系之间为平行不整合。新老地层之间的接触界面呈现出一定的起伏，这个接触界面称为不整合面，不整合面其实是一个古地面。不整合面以下地层习惯上称为下伏地层，而之上的地层称为上覆地层。

平行不整合的形成过程可分四个阶段。

1）下伏地层形成阶段

这个时期，地壳保持持续下降，连续接受沉积，形成下伏整合接触的地层，如图10－9（a)所示的奥陶系和志留系，该区地壳持续下沉，连续接受沉积。

2）地壳抬升阶段

下伏地层形成之后，发生了地壳运动，主要表现为垂向抬升，致使沉积中断，老地层出露地表。如图10－9（a）所示，志留纪末，该区发生大幅抬升，出露地表。

3）下伏地层遭受风化剥蚀阶段

老地层出露地表之后，在外动力地质作用下遭受长期的风化、剥蚀，地面高程降低，起伏减小，并形成风化壳。如图10－9（a）所示，志留纪末，该区大幅抬升，出露地表，遭受风化、剥蚀，这一过程持续整个泥盆纪。

4）上覆地层形成阶段

经过长期风化、剥蚀，地表夷平之后，该区地壳再次沉降，海水侵入，接受沉积，形成上覆地层，在新老地层之间就形成了平行不整合。如图10－9（a）所示，该区经过泥盆纪的风化、剥蚀后，于石炭纪初再次下沉，接受沉积，造成石炭系覆盖于志留系之上，形成平行不整合接触关系。

由此可以推知平行不整合是一个地区发生两次构造沉降、一次构造抬升的结果。

2. 角度不整合接触

地层角度不整合接触是空间上相互接触的地层其产状不一致的地层不整合接触关系。如图 10 - 9（b）所示，石炭系直接覆盖于志留系之上，缺失了泥盆系；它们的产状也不同，下伏地层发生褶皱，而上覆地层呈水平状态，二者呈角度相交，这就是角度不整合。角度不整合同样存在具一定起伏的不整合面。

角度不整合接触的形成过程可分四个阶段。

1）下伏地层形成阶段

这个时期，地壳保持持续下降，沉积区连续接受沉积，形成下伏呈整合接触的地层，如图 10 - 9（b）所示的奥陶系和志留系。

2）地壳遭受强烈的水平挤压、褶皱抬升阶段

下伏地层形成后，发生了地壳运动，主要表现为强烈的水平挤压运动，导致下伏地层褶皱抬升、出露地表。

3）下伏地层遭受风化剥蚀阶段

下伏地层发生褶皱抬升、露出地表之后，在外动力地质作用下遭受风化、剥蚀，经过长期的剥蚀，地面高程降低、起伏减少，并形成风化壳。如图 10 - 9（b）所示，志留纪末，该区地壳发生水平挤压抬升，下伏地层出露水面，遭受剥蚀，剥蚀过程持续整个泥盆纪。

4）上覆地层形成阶段

经过长期风化剥蚀后，该区地壳再次下沉，海水侵入，接受沉积形成上覆整合接触的地层，上覆新地层直接覆盖于下伏老地层之上形成角度不整合接触。如图 10 - 9（b）所示，该区经过泥盆纪的剥蚀后，于石炭纪初再次下沉，接受沉积，造成石炭系覆盖于志留系地层之上，形成角度不整合接触。

由此可以推知角度不整合的形成是一个地区发生两次构造沉降和一次构造水平挤压的结果。

二、不整合的识别标志

不整合是构造运动的产物，而构造运动在地表除了引起沉积间断、产生不整合外，还会影响环境的变迁、古生物生存以及其他地质作用，如沉积作用、构造变形、岩浆作用、变质作用等，所有这些与构造运动相关的地质作用产生的现象，都可作为确定不整合的标志（图 10 - 10）。

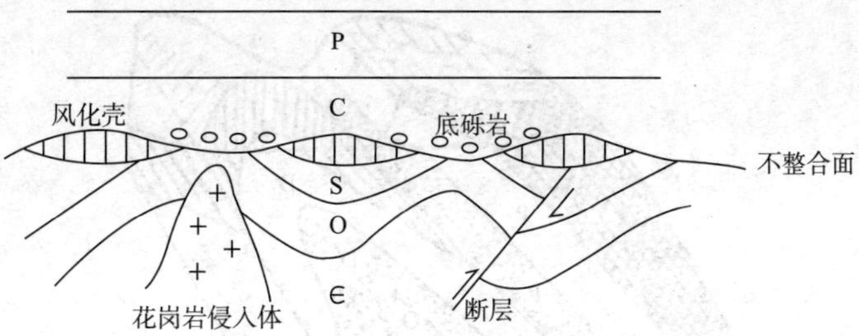

图 10－10 不整合的识别标志

1. 古生物化石标志

因为生物演化具有连续性，如果上下两套地层中的化石所代表的地质时代相差较远，两者的生物面貌迥然不同，反映生物演化存在不连续或突变，说明上下地层之间存在地层的缺失。生物标志是确定地层不整合存在的首要证据。

2. 沉积学标志

不整合面作为曾经的古地面具有一定的起伏，不整合面之下下伏老地层的顶层可能保留厚度不大的古风化壳或古土壤层；不整合面之上上覆地层的底部常发育有厚度不大的底砾岩沉积，或者与风化有关的残积矿床（铁、锰、磷、稀土和铝土矿等），可以作为不整合存在的证据之一（图 10－10）。此外，由于形成于不同的沉积环境，不整合面上下地层的岩性、岩相可能存在明显的差别，也可以作为不整合存在的证据之一。

3. 岩浆活动和变质作用标志

不整合面上下两套地层及其形成的地质构造是不同时期构造运动的产物，所以往往具有不同时代特点的岩浆活动和变质作用。下伏地层遭受比上覆地层更强烈的、更多次的构造运动的影响，因而会显示出较强的岩浆活动和变质作用特征。

4. 地质构造标志

不整合面上下两套地层的产状不一致，构造变形强弱程度不同。一般说来，下伏地层的变形程度要大于上覆地层的变形程度，两套地层的构造线方向往往不同；下伏地层中的某些构造线有时延至不整合面就被切割。

三、不整合的形成时代

不整合的形成时代是指形成不整合的某次构造运动所发生的时间。这要从与不整合面紧邻的上下地层的形成时代去确定。导致地层呈不整合接触的构造运动通常发生于下伏地层中最新地层形成之后，上覆地层中最老的地层沉积之前，如图 10－11 所示，图中在下泥盆统（D_1）和上奥陶统（O_3）之间缺失志留系，地层界线平行，为平行不整合，不整合形成于晚奥陶世（O_3）与早泥盆世（D_1）之间；而下二叠统（P_1）与下伏的上泥盆统（D_3）、中泥盆统（D_2）、下泥盆统（D_1）和上奥陶统（O_3）均呈角度相交，为角度不整合接触，角度不整合形成于晚泥盆世（D_3）与早二叠世（P_1）之间。

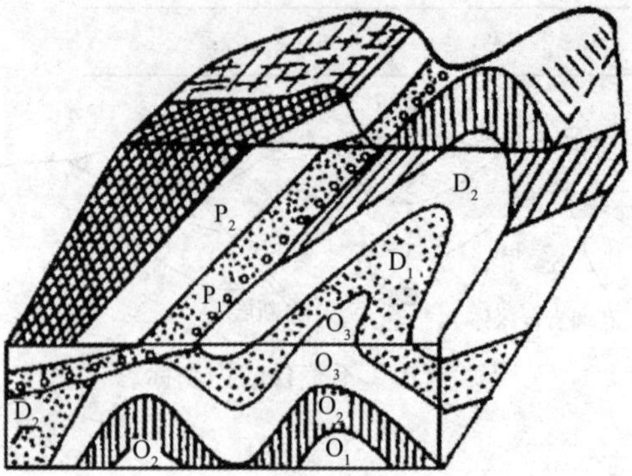

图 10－11　不整合的形成年代判别（据武汉地质学院等，1979）

如果上下两套地层时代相距不远，不整合的时代可以较确切地定出；如果上下两套地层时代相差很远，就只能确定不整合是在这段很长的时间内形成的，更确切的形成时间则需要对大范围内的上下地层进行详细研究后，才可能得出结论。

四、不整合在地质图上的表现

人们将地表出露的地质体、地质界线、地质构造等投影到平面图（地形图）上并以一定符号表示的图件称为地质图。地质图是综合表述野外地质调查成果的图件，是开展某一地区地质研究的基础性图件。

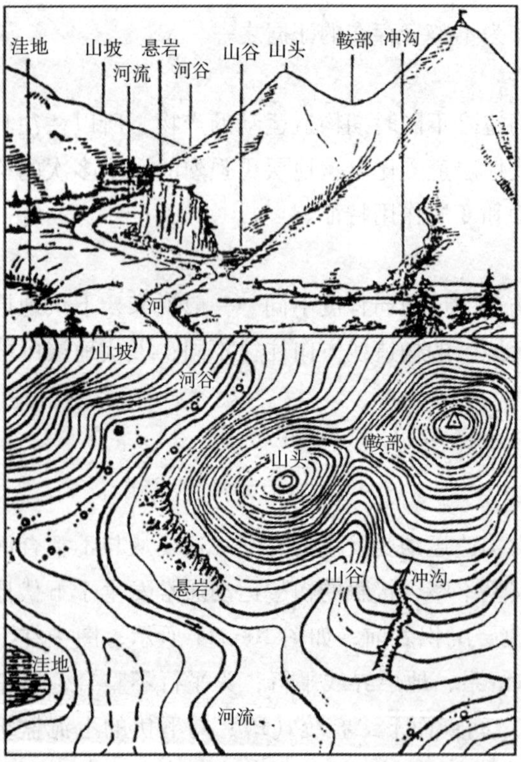

图 10－12　典型地貌在地形图上的表现形式（据陶世龙等，2010）

要看懂地质图，需要先了解地形图。地形图是通过一系列等高线的形状及其间距宽窄的变化记录地形起伏特征的图件。以下简要介绍几种典型的与等高线样式相对应的地貌类型（图 10－12）。在地形图上若等高线呈同心圆状的闭合曲线，中心部位等高线高程最高的地方代表圆锥状的山峰或山头；如果等高线呈同心圆状的闭合曲线，而中心部位等高线高程最低的部分为洼地或盆地。山脊的等高线表现为一组向高处凸出的曲线，相应地曲线向低处凸出的曲线为山谷。山脊与山谷之间的侧面为山坡，其等高线表现为一组平行的曲线。两山峰之间形似马鞍的低平处，等高线表现为一组双曲线，为鞍部。

1. 平行不整合在地质图上的表现

平行不整合在平面地质图上和剖面图上都表现为：不整合面上、下地层的地质界线在较大范围内呈平行展布、不相交，产状也基本一致，但其间缺失部分地层，如图 10 - 13（a）新近系（N）与上白垩统（K_2）间的地质界面平行但缺失古近系。

2. 角度不整合在地质图上的表现

角度不整合在平面地质图上和剖面图上都表现为：不整合面上、下地层的地质界线交截，产状有明显差异，其间缺失部分地层，如图 10 - 13 下白垩统（K_1）与下伏的上三叠统（T_3）、中三叠统（T_2）、上三叠统（T_3）、上二叠统（P_2）和下二叠统（P_1）均呈角度相交，这是角度不整合的显著特征。

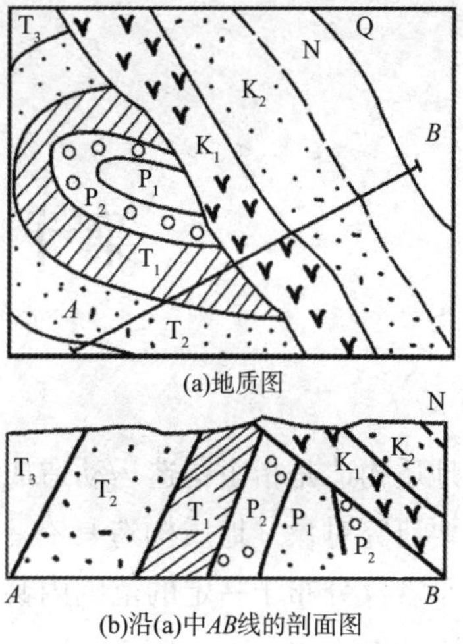

图 10 - 13 不整合在地质图上的表现形式
（据戴俊生，2006 修改）

五、不整合的研究意义

不整合的研究无论在理论上和生产实践上都有重要意义，主要表现在以下几方面。

（1）不整合的存在是构造运动方式的直接记录，可由此判断构造运动的方向及强度。

（2）可根据不整合判定构造运动发生的时间，并由此分析区域地质发展史。

（3）不整合面代表一定时期的沉积间断，而沉积间断多与区域构造活动及古地理变迁有关，根据不整合不仅可以研究区域构造演化，还可以研究古地理演化。

（4）不整合面通常在大范围内稳定存在，因此可作为地层划分与对比的标志。

（5）不整合面上通常存在长期风化形成的铁、锰、磷、铝土矿等风化型矿产资源，如我国华北地区上石炭统本溪组下部就发育山西式铁矿和 G 层铝土矿。

（6）地下深处不整合面不仅可作为油气运移的通道，也可成为油气聚集的有利地带，这是由于不整合面之下的岩层，在地质历史中曾遭受过强烈的风化作用，一般都具有较好的储油物性，如果不整合面上有不渗透地层覆盖，且有其他地质条件相配合，在有充足油气供应的情况下，可形成地层不整合遮挡油气藏（图 10 - 14）。

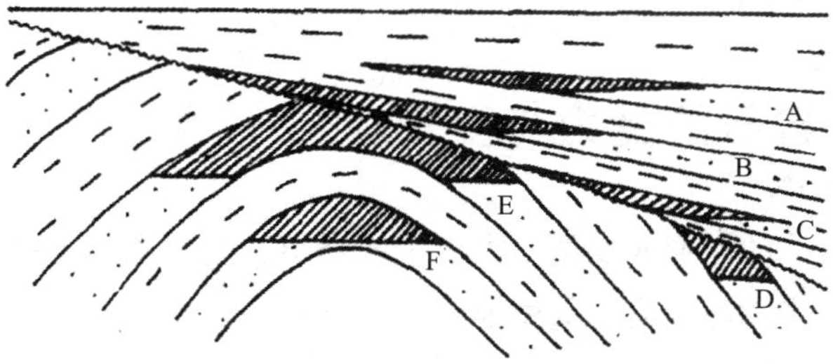

图 10 - 14 地层不整合遮挡油气藏示意图
（据蒋有录，2006）

第十一章　地质构造

地质构造是指由构造运动造成的岩石的变形或变位，它是地质学分支学科构造地质学的主要研究对象。地质构造具有不同的级别和尺度，大者成百上千千米甚至具有全球规模，小者仅分布于一定的范围内甚至在一块岩石上就可以观察到构造的全貌，更小者则需要镜下才能观察。

地质构造以岩石或岩体为研究对象，而岩石或岩体的变形或变位在层状岩石中更易于识别与研究，故地质构造研究的主要对象是层状的岩石。沉积岩、层状的火山岩以及它们的浅变质岩便成为地质构造研究的主要对象，其中沉积岩由于具有清晰的层理构造更是地质构造研究的重点对象。

研究地质构造具有重要的理论意义，通过研究一个地区某一地史时期地质构造的特征，可以了解这一地区这一时期构造运动的特征；通过研究一个地区乃至全球不同地史时期地质构造的特征，可探讨该地区乃至全球的构造运动发展规律。同时，研究地质构造也具有重要的实际意义，通过对地质构造空间分布规律的研究，可指导人们寻找地下矿产资源，尤其是油气资源。

岩石的变形主要表现为岩石的塑性变形和脆性变形，因此地质构造主要分为两种基本类型：褶皱构造和断裂构造。断裂构造可进一步分为节理和断层。

本章主要内容如下：①岩石的受力与变形；②岩层及其产状；③褶皱；④节理；⑤断层。

第一节　岩石的受力与变形

研究地质构造实质是研究岩石或岩体的变形或变位，本节主要介绍岩石变形的基本概念以及岩石受力与变形的关系，为进一步学习地质构造做准备。

一、岩石的受力

应力是导致岩石直接变形的原因。什么叫应力？这要从外力、内力说起（图 11－1）。一个物体施加于另一个物体的力，对被施加力的物体来说，这个力叫外力。内力则是指物体内部各部分之间的相互作用力。未受外力作用时，物体内力维系着物体内部各质点间的相互平衡状态，使物体保持一定的形态；当物体受到外力作用时，物体内各质点的相对位置发生改变，它们之间的相互作用力也随之发生变化，以达到一个新的平衡。外力作用下物体内力的改变量叫附加内力。附加内力直接导致物体的变形或变位，它因外力而产生，起到阻止物体继续变形并力图恢复其原来形状的作用。以下讲述的内力均指附加内力。

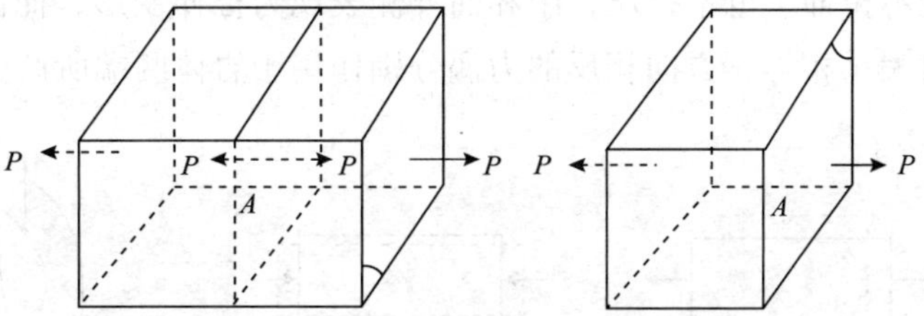

图 11－1　内力与外力示意图

应力是指单位面积上的内力。当外力作用于物体时，物体内便产生与外力相抗衡的内力（P），其大小与外力相等，方向相反。若取物体内与内力方向相垂直的截面 A，在内力分布均匀的情况下，应力等于 P/A，这个应力称正应力；若取物体内与内力方向相平行的截面 A，在内力分布均匀的情况下，应力等于 P/A，这个应力称剪应力；若取物体内与内力方向相交的截面 A，则内力可分解为垂直于截面和平行于截面的分量。

实测表明，在外力作用下，岩体内部产生的应力有压应力、张应力和剪应力三种类型，它们在空间上的分布呈现一定的规律（图 11－2）。压应力是指使物体遭受挤压的正应力；张应力是指使物体遭受拉伸的正应力；剪应力则是使物体发生旋转变形的应力。压应力方向与张应力方向相垂直，剪应力则沿压应力与张应力相交的角平分线分布，两组剪应力呈“X”形分布。

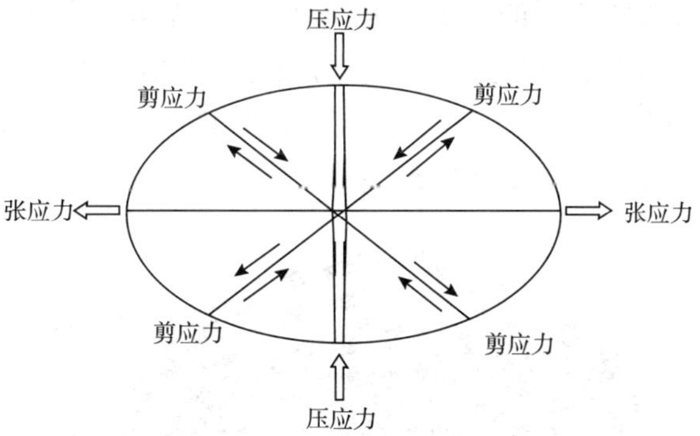

图 11－2　应力的三种作用方式

二、岩石的变形方式

1. *岩石的变形方式*

岩石受力后，其内部各质点间的相对位置发生的改变叫岩石的变形。岩石的变形可以是体积的改变或形状的改变，或二者均发生改变。

岩石的变形方式有五种类型：拉伸、挤压、剪切、弯曲和扭转（图 11 - 3）。拉伸：岩石沿张应力方向被拉长；挤压：岩石沿压应力方向被压缩；剪切：岩石被剪应力错动并发生形状的改变；弯曲：岩石在压应力作用或弯梁作用下发生的弯曲，物体内部存在一个中和面，此面上既不拉伸、也不挤压，中和面外侧表现为拉伸变形，而内侧表现为压缩变形；扭转：由一对大小相等、方向相反的力偶分别作用于岩体两端所产生的变形。

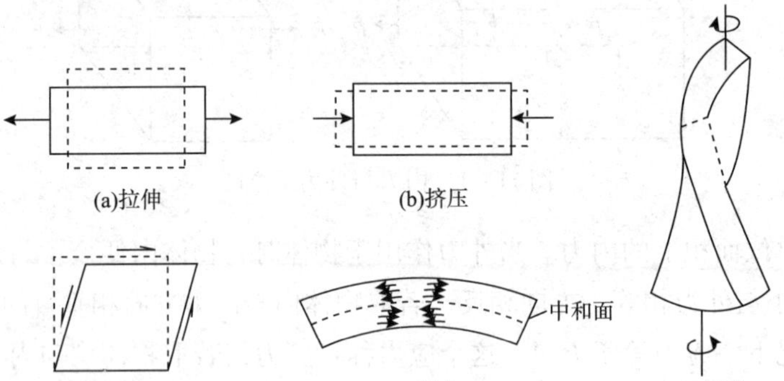

图 11 - 3　岩石变形的五种方式

上述岩石的五种变形方式可以归结为均匀变形和非均匀变形两类。均匀变形包括拉伸、挤压和剪切变形等，其特点是：岩石内部各部分变形的性质、方向和大小相同，表现为原来为直线的，变形后还是直线；原来是平行直线的，变形后仍然是平行的直线。非均匀变形包括弯曲和扭转两种方式，其特点是岩石内部各部分变形的性质、方向和大小不同，表现为原来为直线的，变形后成为曲线；原来是平行直线的，变形后呈相交的曲线。

图 11 -4 示意岩层弯曲变形的情况。未变形前，在岩层上均匀地画上大小相等的小圆，岩层弯曲后，这些小圆形态发生了变化。分析这些变形小圆的分布状况，可以得到这样结论：岩层弯曲的外部，受到拉张作用，而其内部则受到挤压作用；在两者过渡的地带，小圆没有变形，表明此处没有发生变形作用。

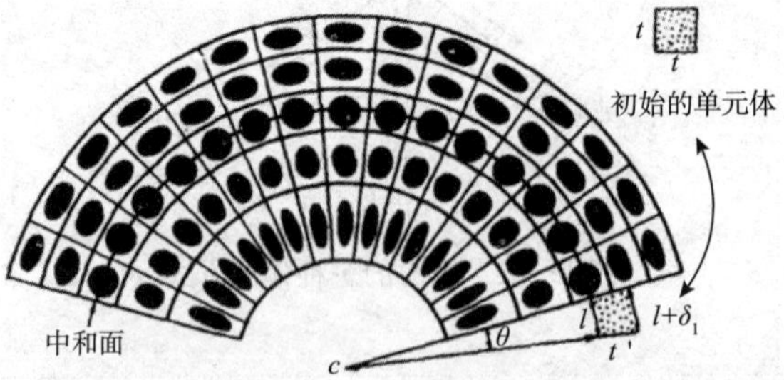

图 11 - 4　岩层弯曲变形示意图（据 J. G. Ramsay，1987；转引自戴俊生，2006）

2. *岩石的变形阶段*

与其他固体物质一样，岩石的变形一般经历弹性变形、塑性变形和断裂变形三个阶段

(图 11 -5)，这三个阶段依次发生而且相互过渡，不是截然分开的。

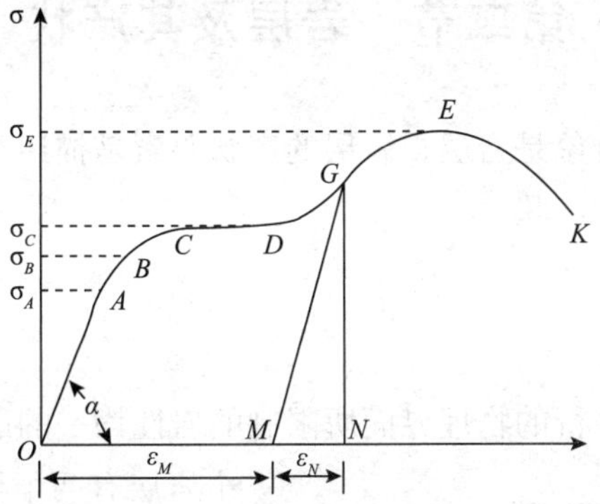

图 11 -5　岩石发生变形的三个阶段（据戴俊生，2006）

弹性变形：是指岩石受外力作用发生变形，当外力取消后，岩石能完全恢复到变形前的状态。图 11 -5 应力—应变曲线中 *OB* 一段为弹性变形阶段。弹性变形在岩石中不会留下明显的痕迹。

塑性变形：是指当应力超过岩石的弹性极限后，撤去外力，岩石的变形不能完全恢复到变形前的状态。图 11 -5 曲线中 *BE* 一段为塑性变形阶段。塑性变形的特点是岩石内各质点间仍然存在着结合力，使岩石保持完整的连续性。塑性变形在岩石中留下的痕迹形成褶皱构造（图 11 -6）。褶皱构造将在本章第三节讲述。

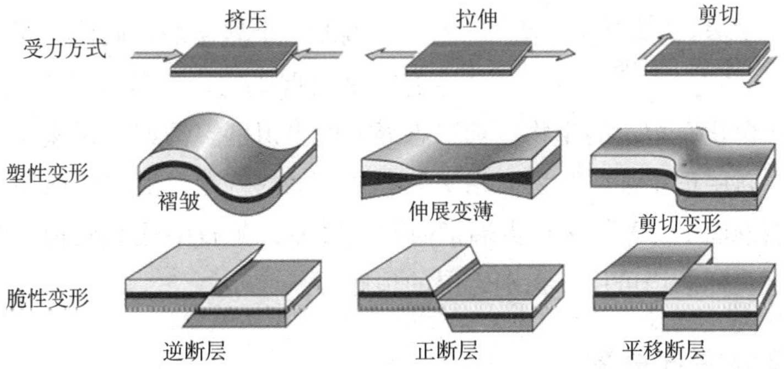

图 11 -6　岩石受力方式及其形成的地质构造

断裂变形：又称脆性变形，是指当应力超过岩石的强度极限后，岩石内部质点间的结合力就会遭受破坏产生破裂面，使岩石失去完整的连续性。图 11 -5 曲线中 *EK* 一段为断裂变形阶段。断裂变形在岩石中留下的痕迹形成断裂构造（图 11 -6），根据破裂面有无明显位移发生又可分为节理和断层两类，将在本章第四节和第五节详述。

岩石变形不仅受到岩石成分、结构和构造等因素影响，也受到外部诸多因素的影响。比如，随着温度的升高，岩石韧性加大，易于变形；岩石中流体含量的增加有利于岩石发生塑性变形；快速施力，利于岩石发生断裂变形；缓慢施力，利于岩石发生塑性变形等。

第二节　岩层及其产状

地质构造的重要研究对象是岩层，岩层的产状要素是描述与划分地质构造类型的依据之一。本节重点介绍岩层的产状。

一、岩层的概念

岩层是指由两个近于平行的物理界面所限制的岩性均一的层状岩体。

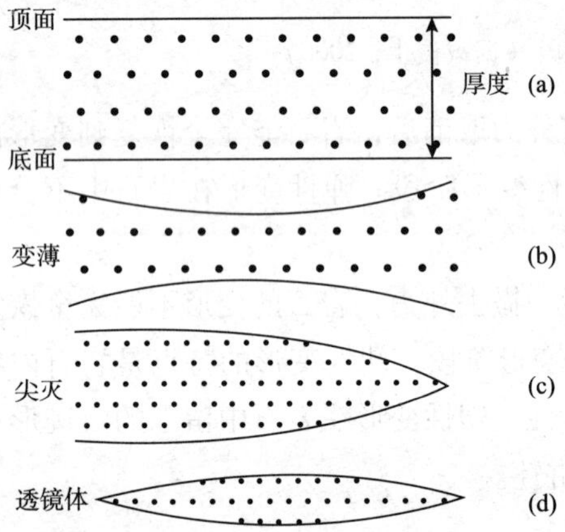

图 11－7　岩层的厚度及其表现
（据宋春青，1996）

一个岩层有两个界面，依它们形成的先后分出顶底面。同一岩层顶底面之间的距离为岩层的厚度［图 11－7（a）］。自然界出露的岩层，其厚度总会沿其延伸的方向发生变化。一般来说，海相地层的厚度比较稳定，延伸距离较远［图 11－7（a）］；而陆相地层的厚度变化比较大，延伸距离不远［图 11－7（b）］。岩层厚度向一端逐渐变薄以致消失的情况称为岩层尖灭［图 11－7（c）］，岩层两端在较短距离内很快尖灭的岩层称为透镜体［图 11－7（d）］。

判断一个岩层的顶底面，对于研究地质构造有时是很重要的，通常可从沉积岩的层理构造、层面构造以及所含化石指示的生物生长状态等方面去识别。例如，正递变层理颗粒由下往上变细的特点，斜层理中细层与层面相交呈上陡下缓的特点，浪成波痕剖面上波峰指向岩层的顶面，泥裂剖面上“V”字形尖端指向岩层底面，化石中藻类植物自然生长的分枝指向岩层顶面，这些标志均可用于识别岩层的顶底面。

二、岩层的产状要素

沉积岩形成之初，岩层面大部分呈近于水平状态，可称为原始水平岩层。在沉积盆地边缘或水下凸起附近沉积形成的岩层，存在一个角度不大的倾斜，可称为原始倾斜岩层。而自然界出露的岩层大多受到后期构造运动的影响而发生了变形或变位。准确地描述岩层在自然界中产出的状态是研究地质构造的第一步。通常将岩层在三维空间的产出状态称为岩层的产状，可用走向、倾向和倾角进行描述，这三个参数称为岩层产状的三要素(图 11－8)。

1. 走向

走向是指走向线所指的方位。设想一个水平面使之与岩层面相交，相交得到一条直线（如图 11－8 中的 *AB*），这条直线（*AB*）叫走向线。走向描述了在水平面上岩层面的延伸方向。走向有两个方向（即由 *A* 到 *B* 和由 *B* 到 *A*），它们方向相反，相差 180°。岩层的走向一般用走向线的方位角表示。

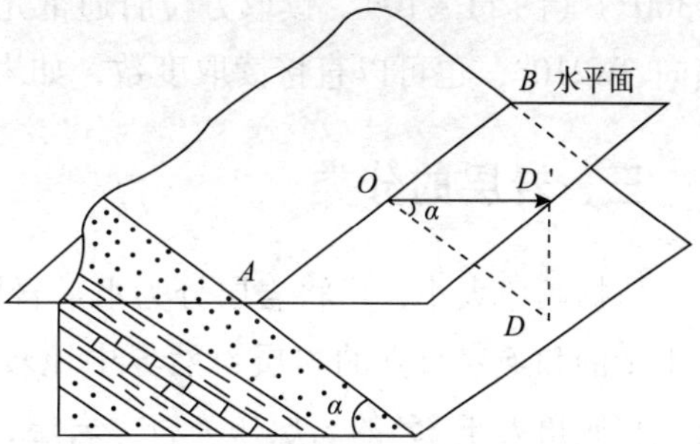

图 11－8　倾斜岩层产状要素示意图

AB—走向线；*OD*—倾斜线；*OD'*—倾斜线的水平投影，箭头方向为岩层倾向；α—倾角

2. 倾向

倾向是指倾向线所指的方位。垂直于走向线，沿岩层面下倾的方向作一条射线（如图 11－8 中的 *OD*），这条射线（*OD*）叫倾斜线，倾斜线在水平面上的投影（如图 11－8 中的 *OD'*）叫倾向线。倾向描述了水平面上岩层面倾伏的方向。倾向只有一个方向，它与走向相差 90°。

3. 倾角

倾角是指水平面与岩层面的夹角，即倾斜线与倾向线的夹角（如图 11－8 中的 α 或 $\angle D'OD$）。倾角描述了岩层面倾斜的程度，倾角大小变化范围为 0° ~ 90°。

岩层产状的三要素不仅可以描述岩层面的产出状态，也可以用于描述任何一个面状体的产出状态，如断层面的产状同样可以用走向、倾向和倾角这三个要素进行描述。在野外地质考察时，岩层产状可用罗盘测定，关于罗盘的使用将在野外地质实习时介绍（图 11－9）。记录野外岩层产状时，一般只记录岩层的倾向和倾角，如岩层倾向 205°、倾角 25°可简单记录为 205°∠25°。

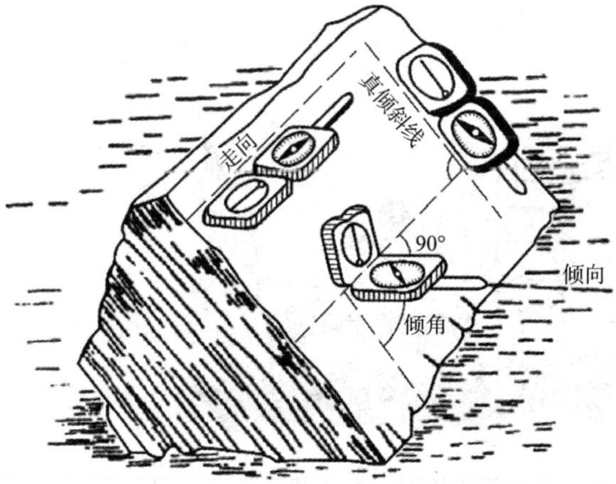

图 11－9　岩层产状的测量示意图（据夏邦栋，1995）

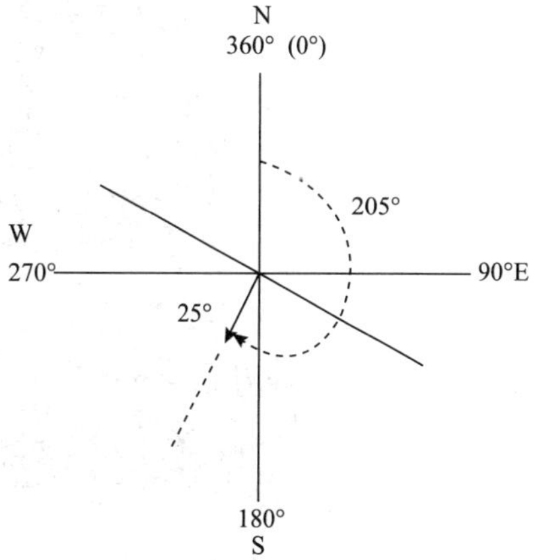

图 11－10　方位角表示岩层产状示意图

下面简要介绍一下地理学上关于方位的概念。地理学上方位角的规定：正北为 0°，顺时针旋转到 90°为正东，转至 180°为正南，转至 270°为正西，转至 360°为正北。由此分出四个象限区，即北东（0° ~90°）、南东（90° ~180°）、南西（180° ~270°）和北西（270°

~360°）（图 11－10）。读取方位时通常先读象限区，后读取度数，比如岩层走向 SE120°，倾向 SW210°，也可以直接读取度数，如岩层走向 120°、倾向 210°。

三、岩层的分类

依据倾角大小，可将岩层分为水平岩层、倾斜岩层和直立岩层三类（图 11－11）。绝对水平的和绝对直立的岩层自然界中比较少见，一般把倾角小于 5°的岩层看作是水平岩层，将倾角大于 85°的岩层作为直立岩层，而倾斜岩层的倾角变化范围为 5°～85°之间。

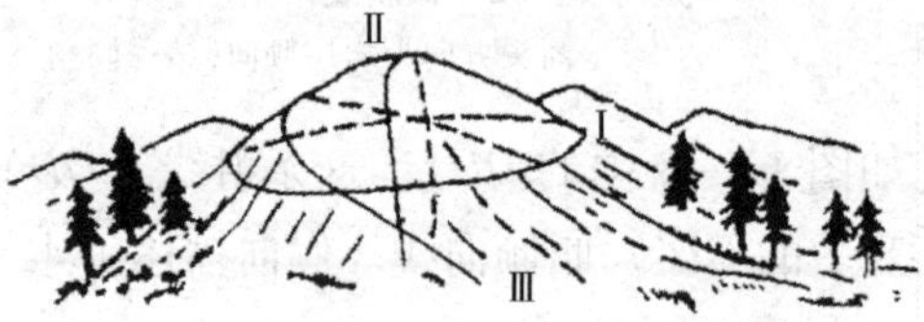

(a)

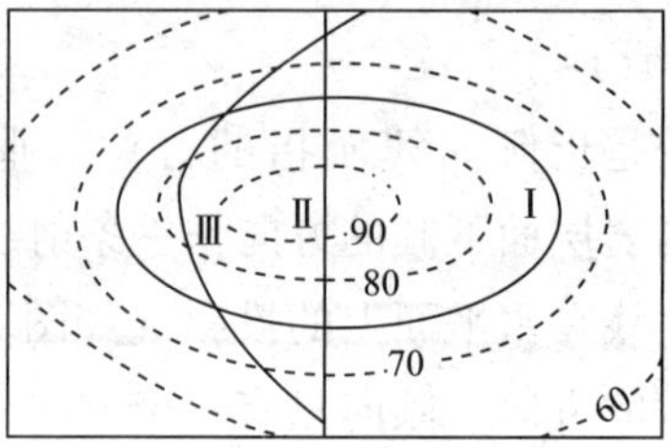

(b)

图 11－11　岩层的产状及其在平面图上的表现形式（据徐开礼等，1984）

Ⅰ—水平岩层；Ⅱ—直立岩层；Ⅲ—倾斜岩层

1. *水平岩层*

水平岩层是指倾角小于 5°的岩层，又称为水平构造。沉积岩形成时，岩层大多呈水平状态，若后期构造运动以垂直抬升为主，岩层出露地表后仍保持水平状态，故称为水平岩层（图 11－12）。

图 11－12　广西桂林泥盆系灰岩的水平岩层素描图（据蓝淇锋等，1979）

2. *倾斜岩层*

倾斜岩层是指倾角在 5°～85°之间的岩层。沉积岩形成后，在后期构造运动作用下岩层面发生倾斜而成为倾斜岩层，倾斜岩层又称为倾斜构造。野外常见到由一系列倾向一致、倾角大致相等的倾斜岩层所构成的单斜岩层或单斜构造，形成的山岭称为单斜山（图11－13）。单斜山中，如岩层倾角平缓，且顺岩层倾向一侧的山坡较缓、而另一侧山坡较陡者，称为单面山。若山岭的两侧均为单斜岩层，且岩层倾角及两侧山坡均陡、外貌形同猪背，则称为猪背岭。

图11－13 甘肃肃南观山河奥陶系灰岩形成的单斜山素描图（据蓝淇锋等，1979）

3. 直立岩层

直立岩层是指倾角大于85°的岩层。直立岩层的野外露头比较少见（图11－14）。

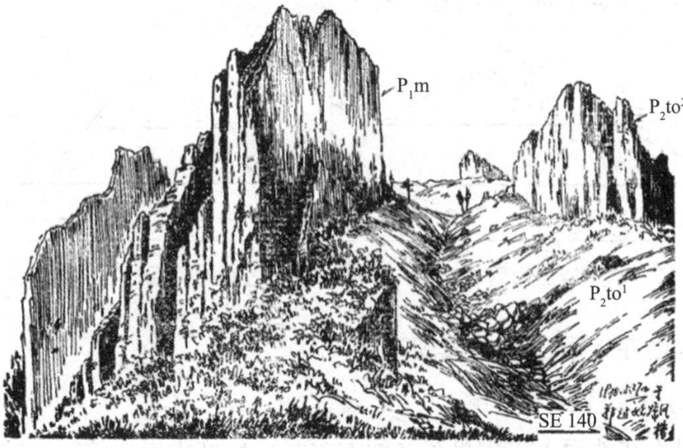

图11－14 湖北建始凉风槽直立岩层素描图（据蓝淇锋等，1979）

从小范围看水平岩层、倾斜岩层和直立岩层可以独立出现，而从更大的范围看水平岩层、倾斜岩层和直立岩层往往可以看作是一个完整的褶皱构造或断裂构造的某一部分。

四、岩层在地质图上的表现形式

（一）水平岩层在地质图上的表现形式

水平岩层在地质图上的表现形式有以下几个特点（图 11－15）。

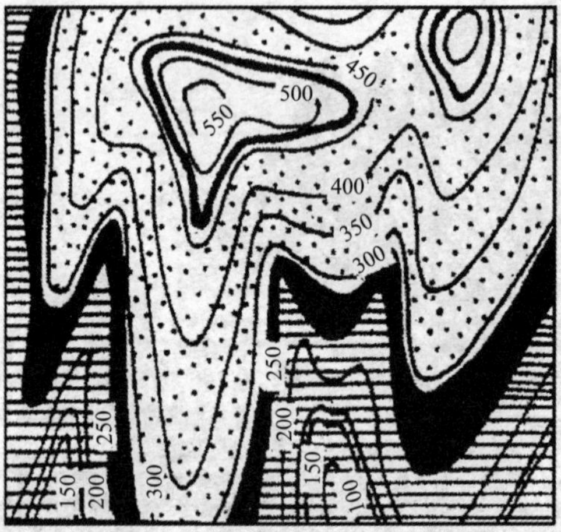

图 11－15　水平岩层在地质图上的表现（据徐开礼等，1984）

（1）水平岩层的地质界线与地形等高线平行或重合。

（2）根据地层层序律，新地层分布于高地，老地层出露于谷地。

（3）水平岩层的厚度等于该岩层顶底界面的高程差。

（4）水平岩层的出露宽度取决于岩层厚度及地形坡度：岩层厚度越大、地形坡度越小，岩层出露越宽，反之亦然（图 11－16）。

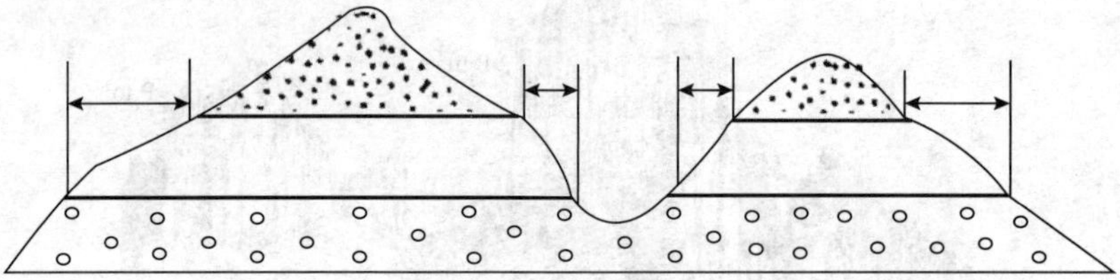

图 11－16　水平岩层出露的宽度与厚度、地形之间的关系（据戴俊生，2006）

（二）倾斜岩层在地质图上的表现形式

1. 倾斜岩层的出露特征

岩层的顶底界面在地面上出露界线之间的水平距离称为岩层的露头宽度。

倾斜岩层的出露宽度取决于岩层厚度、倾角大小及地形坡度等因素。在地面坡度和岩层倾角相同时，岩层出露宽度取决于岩层厚度，厚者宽、薄者窄［图 11－17（a）］。在地面坡度和岩层厚度不变时，岩层出露宽度取决于岩层倾角的大小，倾角越小，露头宽度越大；倾角越大，露头宽度越小［图 11－17（b）］。在岩层厚度和岩层倾角不变时，岩层出露宽度取决于地形坡度，地形越缓，露头越宽；地形越陡，露头越窄［图 11－17（c）］。实际上，岩层出露宽度同时受到上述各种因素的影响。

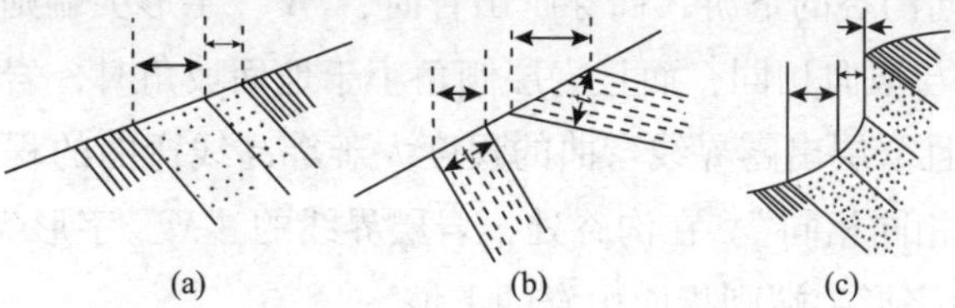

图 11－17 倾斜岩层出露宽度与岩层厚度（a）、岩层倾角（b）及地形坡度（c）的关系（据戴俊生，2006）

2. "V" 字形法则

倾斜岩层在地质图上以其地质界线呈曲线并与等高线相交为特点。在经过山脊或河谷时，倾斜岩层的地质界线呈"V"字形展布，"V"字形态受岩层产状、地面坡向和坡度的控制，这种规律称为"V"字形法则，表现为以下三种情况。

（1）当岩层倾向与地面坡向相反时，岩层界线与地形等高线的弯曲方向相同，但岩层界线的弯曲程度比等高线弯曲的程度更小（图 11－18），这种情况可以简述为"相反相同"。在沟谷处，岩层界线的"V"字形尖端指向沟谷的上游，而穿越山脊时，"V"字形尖端则指向山脊的下坡。

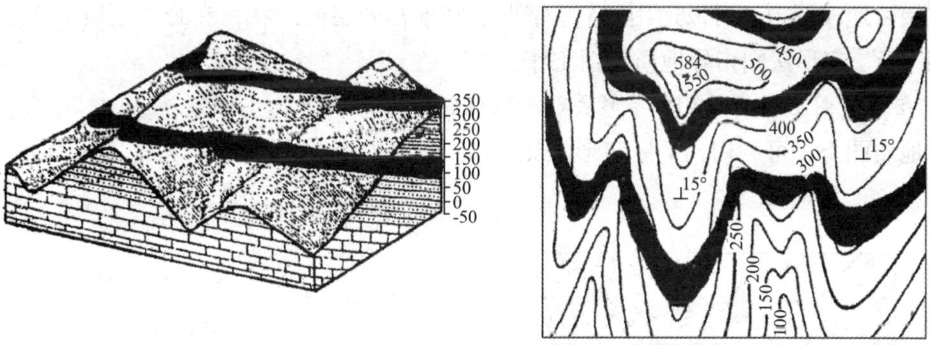

图 11－18 倾斜岩层在地质图上的表现：相反相同（据徐开礼等，1984）

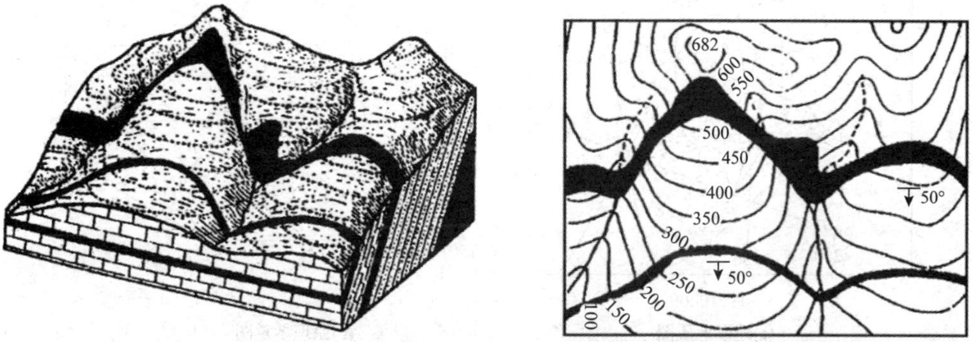

图 11－19 倾斜岩层在地质图上的表现：相同相反（据徐开礼等，1984）

（2）当岩层倾向与坡向相同，而且岩层倾角大于地面坡角时，岩层界线与地形等高线弯曲的方向相反（图 11－19），这种情况可以简述为“相同相反”。在沟谷处，岩层界线的“V”字形尖端指向沟谷的下游，而穿越山脊时，“V”字形尖端则指向山脊的上坡。

（3）当岩层倾向与坡向相同，而且岩层倾角小于地面坡角时，岩层界线与地形等高线弯曲的方向相同，而且岩层出露界线弯曲的程度大于等高线弯曲的程度（图 11－20），这种情况可以简述为“相同相同”。在沟谷处，岩层界线的“V”字形尖端指向沟谷的上游，而穿越山脊时，“V”字形尖端则指向山脊的下坡。

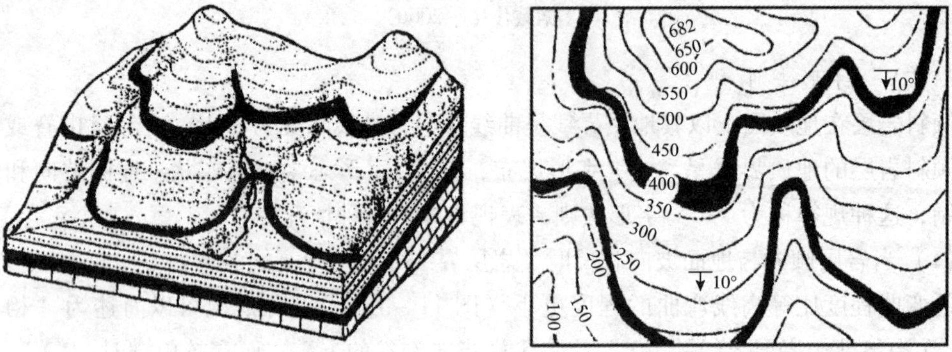

图 11－20　倾斜岩层在地质图上的表现：相同相同（据徐开礼等，1984）

在阅读地质图中，可以运用“V”字形法则推知岩层的产状，在野外地质工作中，需要运用“V”字形法则指导地质填图工作。

3. 在地质图上利用“V”字形法则求取倾斜岩层产状

在地质图上，可利用“V”字形法则间接求取倾斜岩层的产状（图 11－21），方法如下。

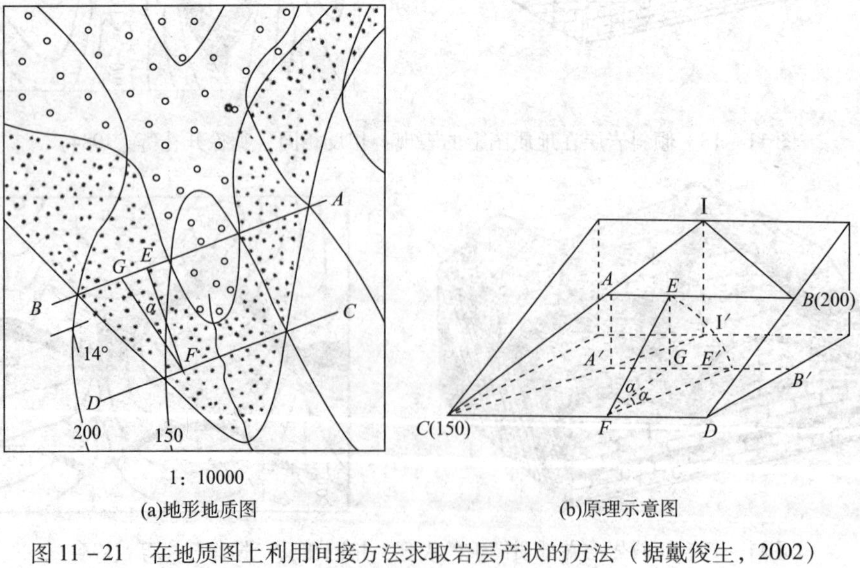

(a)地形地质图　　(b)原理示意图

图 11－21　在地质图上利用间接方法求取岩层产状的方法（据戴俊生，2002）

1）走向

同一地质界线与同一等高线相交的两个点（或与高度相同的两条等高线相交的点）的连线即为走向线。图 11－21（a）中 *AB*、*CD* 分别为砂岩上层面 200m 和 150m 的走向线的投影，量出 *AB* 或 *CD* 的方位角即为走向。

2）倾向

由高走向线（200m）向低走向线（150m）作垂线，即为倾斜线，此倾斜线在水平面的投影倾向线 *EF* 的方位角即为倾向。

3）倾角

把相邻两条走向线的高差按平面图上的比例尺计算长度并将其投在任一走向线上得 *GE*，联合 *GF* 得一直角三角形，这时 $\angle EFG=\alpha$ 即为倾角。这一过程在图 11－21（b）中是通过将高差 *EG* 投影到平面图上获得两个全等直角三角形的方法实现的。

走向、倾向和倾角都可在图上用量角器直接量出。

（三）直立岩层在地质图上的表现形式

直立岩层在地质图上以其地质界线呈一条直线为特征，不受地形起伏的影响（图 11－12），岩层厚度可通过地质图上出露的宽度按地图比例尺计算出来。

第三节 褶　　皱

褶皱构造简称褶皱，它是指岩层呈连续弯曲的地质构造，是岩层塑性变形的产物，其特点是岩石内各质点间仍然保持着连续性。它是地壳中广泛发育的一类地质构造，其规模大小不等，形态复杂多样。将一个复杂的褶皱划分为一个一个的岩层弯曲，是研究褶皱的第一步。岩层的单个弯曲叫褶曲，褶皱可以看作由一系列褶曲所组成。

一、褶曲要素

准确描述褶曲在自然界中出露的形态特征是研究褶曲的基础。褶曲的形态是多样的，也是复杂的。将一个褶曲细分为几个部分，然后去描述这些部分的形态特征，可以较为准确地描述整个褶曲的形态特征，这些划分出来的若干部分统称为褶曲要素或褶皱要素（图 11－22）。褶曲要素主要分为核部、翼部、转折端、枢纽、轴面、轴迹、脊、槽等。

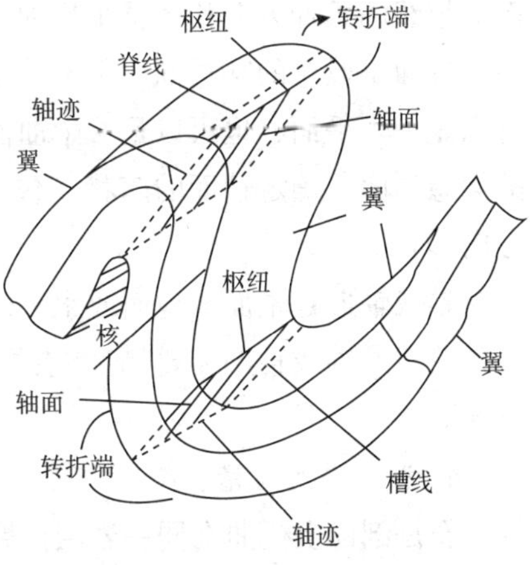

图 11－22　褶皱的组成要素

1. 核部与翼部

核部是指褶曲中心部分的岩层，翼部是指褶曲核部两侧对称分布的岩层（图 11－22）。一个褶曲可划分为核部与翼部，这种划分是相对的，通常是依据所能观测到的部分情况来确定的。如图 11－23 所示，左侧褶曲为一背斜，若能获知构成褶曲的所有岩层，其核部为寒武系（∈），两翼岩层依次为奥陶系（O）、志留系（S）、泥盆系（D）和石炭系（C）；但就地表经剥蚀出露的岩层分析，寒武系（∈）未出露，核部为奥陶系（O），两翼岩层依次为志留系（S）、泥盆系（D）和石炭系（C）。

划分出褶曲的核部与翼部两个要素的意义在于：可以比较两者地层的相对新老，从而确定褶曲的类型（图 11－23）。

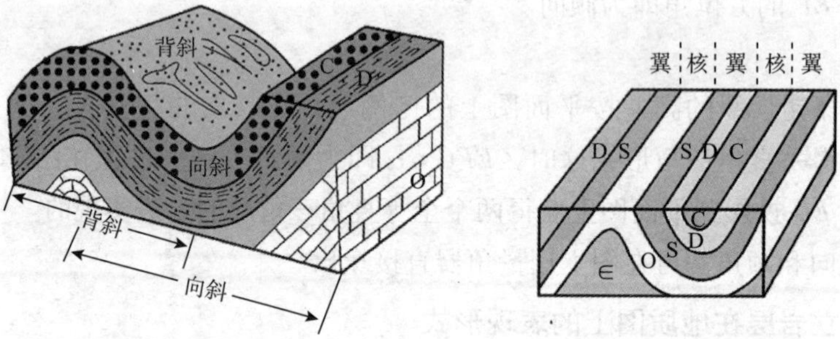

(a)未剥蚀时褶皱的形态　　(b)剥蚀后平面岩层的对称排列

图 11－23　褶皱的基本类型及特征（据汪新文，1999）

2. 转折端

转折端是指从褶曲的一翼向另一翼过渡的部分，它通常是弯曲的（图 11－22）。划分出褶曲转折端的意义在于：方便描述这一部分的形态特点，便于对褶曲进行分类。大部分褶曲转折端呈圆滑的弧形，但也有其他的形态，比如尖棱形等。

3. 枢纽、轴面、轴迹

枢纽是指褶曲中同一个岩层面上各最大弯曲点的连线（图 11－22）。枢纽可以是一条直线，也可以是一条曲线；可以呈水平状态，可以呈倾斜状态，也可以呈波状起伏的状态。枢纽的延伸方向代表整个褶曲在空间上的延伸方向。

轴面是设想的穿过同一个褶曲不同岩层面上的枢纽所构成的一个面（图 11－22），它可以是一个平面，也可以是一个曲面。轴面可以近似地看作是一个将褶曲平分为两个部分的假想的面。确定轴面的产状，包括其走向、倾向和倾角，可确定褶曲在空间上弯曲的方向。

轴或轴迹是轴面与地面或水平面的交线（图 11－22）。它可以是一条直线，也可以是一条曲线。轴或轴迹需要描述它的延伸方向，轴向代表了褶曲在地面或水平面上的延伸方向。

4. 脊、脊线与槽、槽线

脊是剖面上褶曲在同一岩层面弯曲的最高点，脊线是褶曲同一岩层面弯曲最高点的连线（图 11－22）。槽是剖面上褶曲在同一岩层面弯曲的最低点，槽线是褶曲同一岩层面弯曲最低点的连线（图 11－22）。这四个要素需要描述它们所处的位置与高程，因为需要这些数据去估计褶曲所能占据的空间体积，这对于估算油气储量是很重要的。

二、褶曲的基本类型

依据核部地层与翼部地层的相对新老关系，可将褶曲划分为背斜和向斜两种基本类型(图11－23)。

1. 背斜

背斜是指核部地层老，两翼地层对称出现、依次变新的褶曲。

背斜在剖面上一般呈上拱形。平面上，背斜的枢纽若呈水平状态，则地层出露界线相互平行；横穿地质界线时，地层对称重复出现，核部地层最老，两翼地层依次对称变新(图11－23)。背斜的枢纽若呈倾伏状态，则地层出露界线不平行，顺枢纽倾伏方向，两翼地层界线逐渐靠近相接过渡；横穿地质界线，地层也对称重复出现。

2. 向斜

向斜是指核部地层新，两翼地层对称出现、依次变老的褶曲。

向斜在剖面上一般呈下凹形。平面上，向斜的枢纽若呈水平状态，则地层出露界线相互平行，横穿地质界线，地层出现对称重复，核部地层最新，两翼地层依次对称变老（图11－23)。向斜的枢纽若呈倾伏状态，则地层出露界线不平行，向枢纽扬起方向，两翼地层界线逐渐靠近相接过渡，横穿地质界线，地层也出现对称重复。

褶曲形成之初，背斜为山，向斜为谷。随着时间的推移，褶曲遭受风化剥蚀，背斜隆起部位因为处于拉张状态，易于剥蚀，甚至遭受强烈的剥蚀形成谷地（图11－24)，这就是背斜成谷；而向斜核部由于处于受挤压状态，遭受剥蚀的程度相对较轻而逐渐相对凸起成为山脊，即向斜成山。这种地形高低与褶皱形态凸凹相反的现象，称为地形倒置。

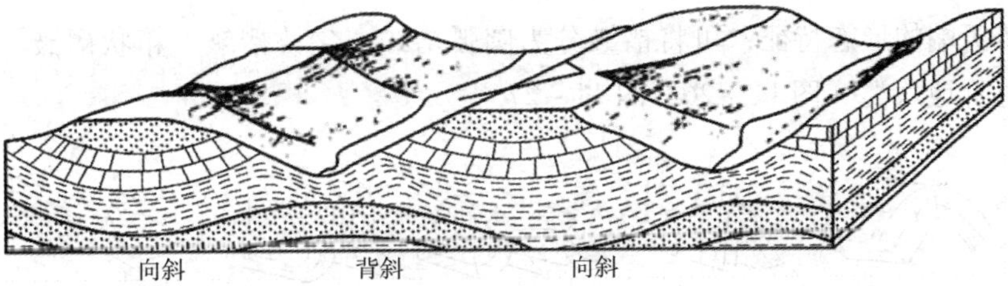

图11－24 褶皱在地形上的表现（据R. J. Foster，1979；转引自柳成志，2010）

三、褶皱的形态分类

褶皱的形态特征是了解褶皱的分布规律与成因的重要依据，可从不同角度进行描述与分类。以下介绍剖面上与平面上常见的褶皱分类方案。

(一) 剖面上褶皱的形态分类

1. 依据轴面产状，结合两翼岩层产状的分类

依据轴面产状及两翼岩层产状，可将褶皱可分为直立褶皱、斜歪褶皱、倒转褶皱、平

卧褶皱和翻转褶皱等五类（图 11－25）。

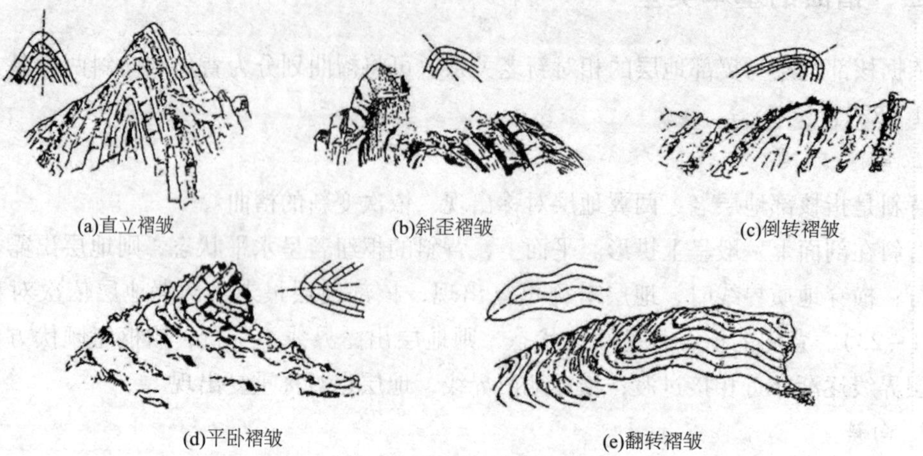

图 11－25　依据轴面产状并结合两翼岩层产状的褶皱分类（据戴俊生，2006）

直立褶皱：轴面近于直立，两翼岩层倾向相反，倾角近于相等。

斜歪褶皱：也称为倾斜褶皱，轴面倾斜，两翼岩层倾向相反，倾角不等。

倒转褶皱：轴面倾斜，两翼岩层倾向相同，倾角不等，一翼地层层序正常，而另一翼地层层序发生了倒转，即老地层位于新地层之上。

平卧褶皱：轴面呈水平状态，一翼地层层序正常，另一翼地层层序发生了倒转。

翻卷褶皱：轴面弯曲的平卧褶曲，通常由平卧褶皱再经叠加褶皱作用而形成。

从直立褶曲到翻转褶曲，形成褶皱的构造应力由弱到强。

2. 依据转折端形态特征的分类

依据转折端的形态特征，可将褶皱分为圆弧褶皱、尖棱褶皱、箱状褶皱、扇状褶皱、挠曲和构造阶地六类（图 11－26、图 11－27）。

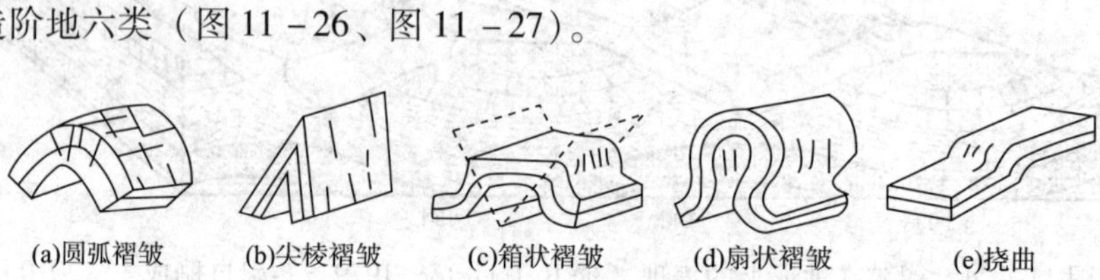

图 11－26　依据转折端形态的褶皱分类

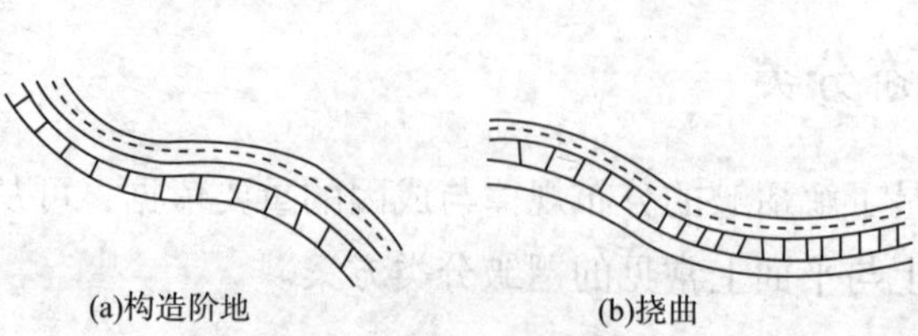

图 11－27　挠曲与构造阶地

圆弧褶皱：转折端呈圆弧形弯曲［图 11－26（a）］。

尖棱褶皱：两翼平直，转折端为尖顶状［图 11－26（b）］。

箱状、屉状褶皱：这类褶皱转折端平缓，而两翼陡峻，具有两个共轭的轴面［图11－26（c）］，背斜顶部平缓开阔，呈箱形；向斜底部平缓开阔，呈屉形。

扇状褶皱：转折端呈圆弧状，褶曲形态呈扇状，两翼地层层序都发生了倒转［图11－26（d）］。

挠曲：在平缓的岩层中，某一段岩层突然变陡的膝状弯曲［图11－26（e）、图11－27（b）］。

构造阶地：倾角陡峻的倾斜岩层的某一段产状突然变缓而表现出的台阶状弯曲［图11－27（a）］。

3. 依据枢纽产状的分类

依据枢纽产状，可将褶皱分为水平褶皱、倾伏褶皱和倾竖褶皱等三类（图11－28）。

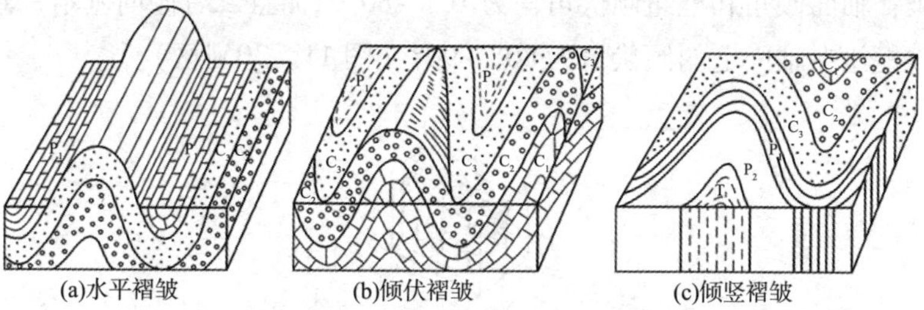

图11－28　依据枢纽产状的褶皱分类（据谢仁海，2007）

水平褶皱：枢纽呈水平状态，水平面上两翼岩层走向互相平行。

倾伏褶皱：枢纽倾伏，水平面上两翼岩层走向不平行，沿倾伏方向延伸相交于一点，在地质图上呈“V”字形或“之”字形弯曲。

倾竖褶皱：岩层面、轴面与枢纽均直立，这类褶皱比较少见。

4. 根据翼间角大小的分类

翼间角是指正交剖面上两翼的夹角，根据翼间角的大小可以分为平缓褶皱、开阔褶皱、闭合褶皱、紧闭褶皱和等斜褶皱五类（图11－29）。

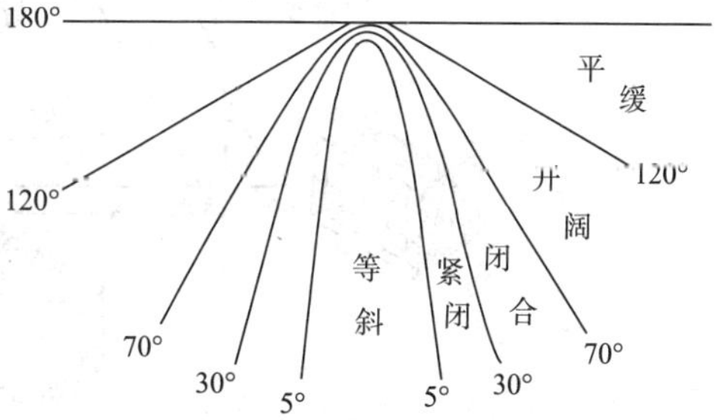

图11－29　根据翼间角大小的褶皱分类

平缓褶皱：翼间角120°～180°；开阔褶皱：翼间角70°～120°；闭合褶皱：翼间角30°～70°；紧闭褶皱：翼间角小于30°；等斜褶皱：翼间角近于0°。

5. 根据轴面产状和枢纽产状的分类

根据轴面产状和枢纽产状，可将褶皱分为以下七种类型。

直立水平褶皱：轴面近于直立（倾角80°～90°），枢纽近于水平（倾伏角0°～10°）（图11－30 Ⅰ区）；

直立倾伏褶皱：轴面近于直立（倾角 80°～90°），枢纽向一端倾伏（倾伏角 10°～80°）（图 11－30Ⅱ区）；

倾竖褶皱：轴面和枢纽均近于直立（轴面倾角、枢纽倾伏角均为 80°～90°）（图 11－30Ⅲ区）；

斜歪水平褶皱：轴面倾斜（倾角 10°～80°），枢纽近于水平（倾伏角 0°～10°）（图 11－30Ⅳ区）；

平卧褶皱：轴面和枢纽均近于水平（轴面倾角、枢纽倾伏角均为 0°～10°）（图 11－30Ⅴ区）；

斜歪倾伏褶皱：轴面倾斜（倾角 10°～80°），枢纽向一端倾伏（倾伏角 10°～80°）（图 11－30Ⅵ区）；

斜卧褶皱：轴面倾角和枢纽倾伏角均为 10°～80°，而且二者倾向基本一致，倾斜角度也大致相等，枢纽在轴面上的倾伏角为 80°～90°（图 11－30Ⅶ区）。

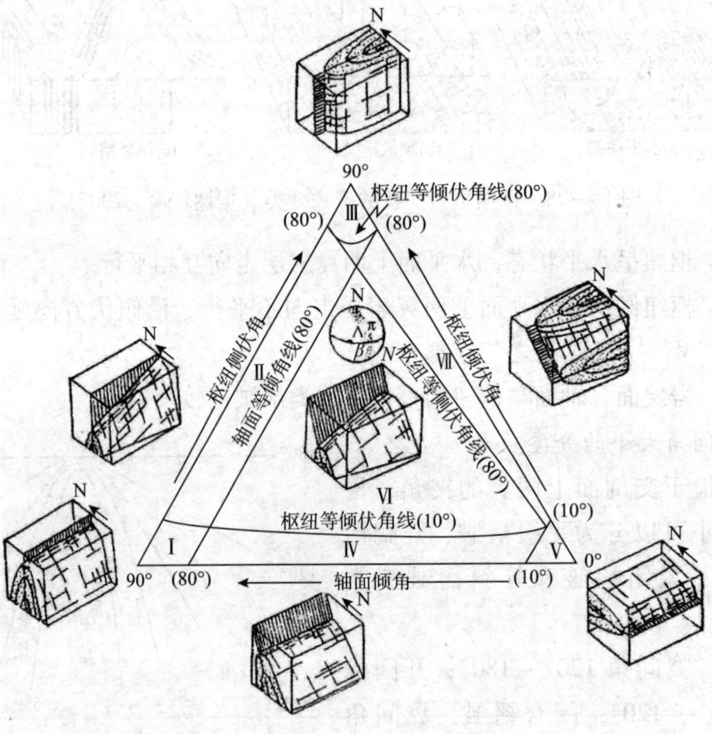

图 11－30　根据轴面产状和枢纽产状的褶皱分类（据里卡德，1971；转引自石玉章，1995）

（二）平面上褶皱的形态分类

依据褶皱中某一岩层在地面上出露界线的纵向长度（长轴）与横向长度（短轴）之比，可将褶皱分为线状褶皱、长轴状褶皱、短轴状褶皱、穹窿构造和构造盆地等类型。

线状褶皱：长宽比大于 10∶1 的狭长型褶皱。

长轴褶皱：长宽比介于 5∶1 到 10∶1 之间的褶皱。

短轴褶皱：长宽比介于3∶1到5∶1之间的褶皱。

穹窿构造：长宽比小于3∶1的背斜，褶皱层面呈浑圆形隆起［图11－31（a）］。

构造盆地：长宽比小于3∶1的向斜，褶皱层面从四周向中心倾斜［图11－31（b）］。

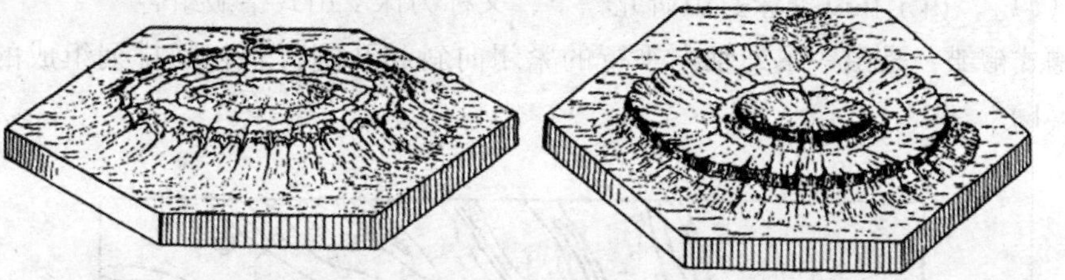

(a)穹窿　　(b)构造盆地

图11－31　穹窿和构造盆地（据朱志澄，1990）

这个分类可以反映形成褶皱的构造应力的强弱及方向。从线状褶皱到短轴褶皱，反映形成褶皱的作用力由强到弱。一般来说，线状褶皱、长轴褶皱多由垂直于褶皱长轴方向的水平挤压作用形成；短轴褶皱可由水平挤压作用或升降运动形成；穹窿构造和构造盆地多由垂直升降运动形成。

四、褶皱的组合类型

地壳中不同形态、不同规模、不同时代的褶皱总是交织在一起存在于自然界中。同一次构造运动形成的褶皱在空间上有一定的组合形式。以下将简单介绍剖面上和平面上常见的褶皱组合类型。

1. 剖面上常见的褶皱组合类型

剖面上常见的褶皱组合类型有复式褶皱、隔挡式褶皱和隔槽式褶皱等。

1）复式褶皱

复式褶皱是被一系列次级褶皱所复杂化的巨型背斜和向斜，包括复背斜和复向斜两类。复式褶皱的特点是剖面上次级褶皱的轴面常向复式褶皱的核部收敛，而在平面上次级褶皱的轴线近于平行。

复背斜：是由一系列次级褶皱组成的巨型背斜［图11－32（a）］。

复向斜：是由一系列次级褶皱组成的巨型向斜［图11－32（b）］。

复背斜和复向斜常形成于构造运动强烈的地区，从其结构可以推测它们经历了多次构造运动。

(a)复背斜　　(b)复向斜

图11－32　复背斜与复向斜（据陆克政，1996）

2）隔挡式和隔槽式褶皱

当一系列轴线互相平行的背斜和向斜相间排列时，往往构成隔挡式和隔槽式褶皱。

隔挡式褶皱：是由一系列轴向平行的紧闭背斜和开阔向斜相间排列组成的褶皱［图11－33（a）］，由于在欧洲侏罗山研究较早，又称为侏罗山式褶皱组合。

隔槽式褶皱：是由一系列轴向平行的紧闭向斜和开阔背斜相间排列组成的褶皱［图11－33（b）］。

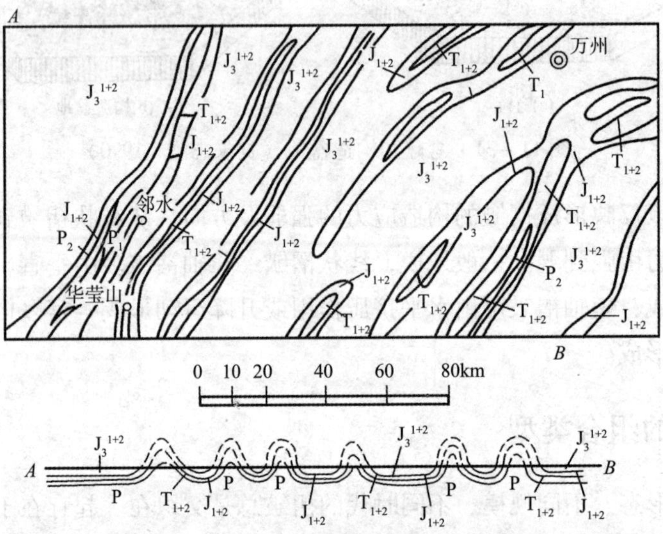

(a)隔挡式褶皱

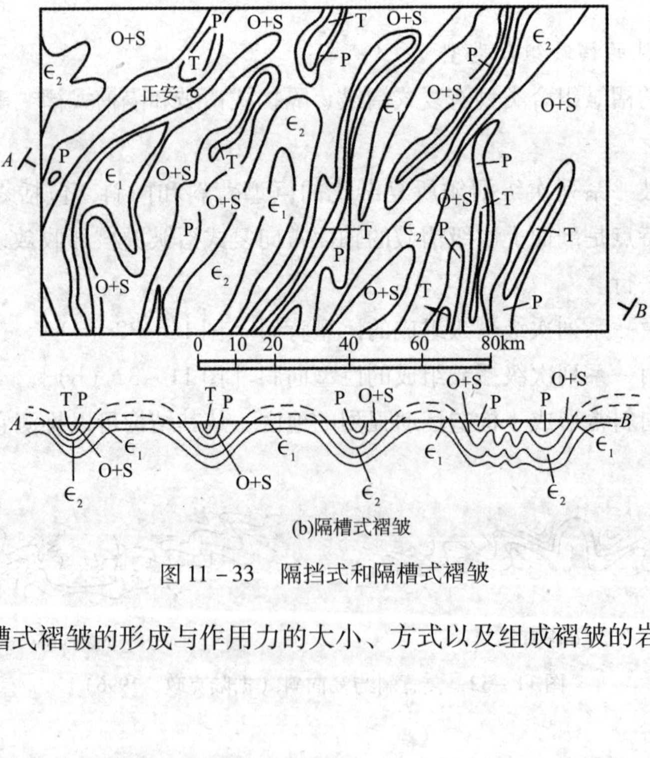

(b)隔槽式褶皱

图 11－33　隔挡式和隔槽式褶皱

隔挡式和隔槽式褶皱的形成与作用力的大小、方式以及组成褶皱的岩石类型有关。

2. 平面上常见的褶皱组合类型

平面上常见的褶皱组合类型有平行式褶皱、分枝状褶皱、雁列式褶皱、弧状褶皱和帚状褶皱等。

平行式褶皱：由一系列线状或长轴状的背斜和向斜相间平行排列组成，它由与长轴方向相垂直的水平挤压运动形成，前述的隔挡式褶皱和隔槽式褶皱在平面上均呈现平行式褶皱的特征。

分枝状褶皱：由一个主褶皱沿其延伸方向分为若干个分枝小褶皱，如四川盆地东部华莹山背斜，在其西南延伸方向上分成数个背斜和向斜（图 11－34）。

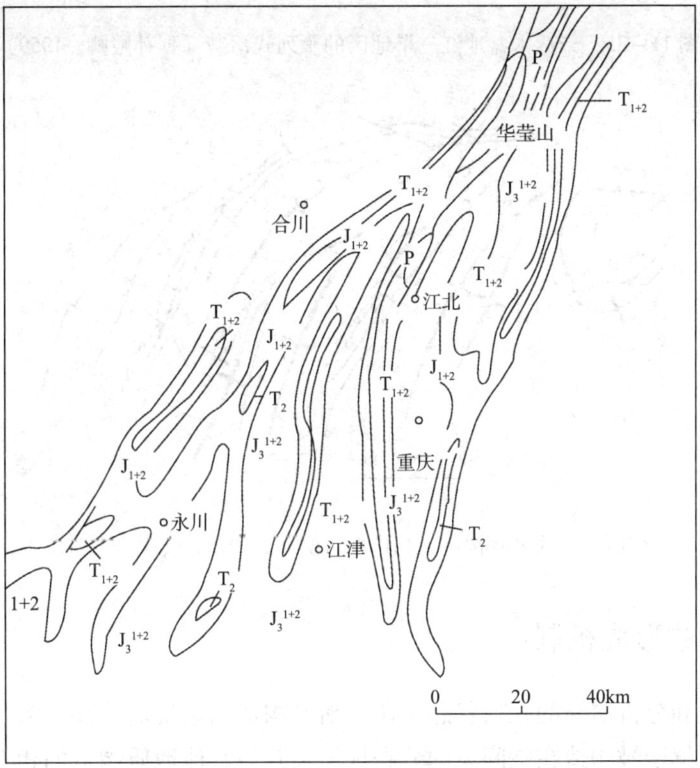

图 11－34 四川盆地东部重庆地区分枝状褶皱特征（据石玉章等，1995）

雁列式褶皱：由一系列短轴背斜和向斜相间斜列分布组合而成（图 11－35），它多由区域性扭应力作用形成。

弧状褶皱：由单个或一系列褶皱成明显的弧状弯曲排列形成，这是由区域性不均匀的水平挤压运动所造成的。

帚状褶皱：由一系列相间排列的背斜和向斜组成一端收敛、另一端撒开的形态组合。如图 11－36 示意的广西巴马帚状褶皱，相间排列的背斜和向斜在巴马附近收敛，向东南方向撒开。帚状褶皱是由区域性水平旋扭运动形成。

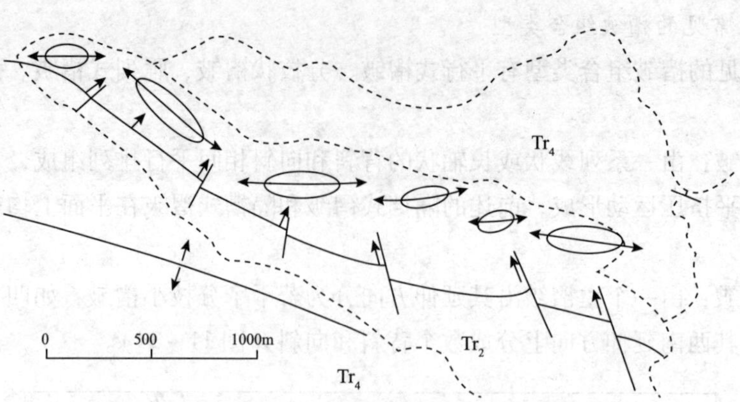

图 11－35　柴达木盆地红三旱地区的雁列式褶皱（据孙殿卿，1959）

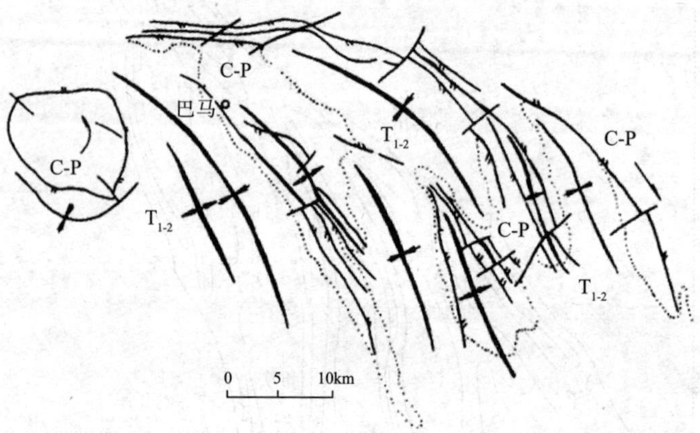

图 11－36　广西巴马的帚状构造（据广西区测队，1975；转引自石玉章等，1995）

五、褶皱的形成机制

观察、描述和分析褶皱的几何状态是研究褶皱构造的基础。然而，为了恢复褶皱构造的形成过程，了解褶皱构造在空间上的分布规律及其与其他地质构造的相互关系，则必须研究褶皱构造的形成机制。由于岩石力学性质的复杂性、岩石变形因素的可变性、应力作用的长期性等原因，褶皱构造的形成机制是复杂的。褶皱变形是在构造应力作用下岩石变形的结果，构造应力作用的基本方式为水平应力作用和垂直应力作用，因此褶皱构造形成的机制也相应地分为纵弯褶皱作用和横弯褶皱作用两种主要类型。

1．纵弯褶皱作用

纵弯褶皱作用是指岩层受顺层挤压应力作用而形成褶皱的过程。地壳中大多数岩层形成之初处于水平状态，而地壳的水平挤压运动则是造成纵弯褶皱作用的动力，因此地壳中的多数褶皱是纵弯褶皱作用的产物。纵弯褶皱作用有两种方式：弯滑作用和弯流作用。

1）弯滑作用

弯滑作用是指多个岩层在纵弯褶皱作用过程中，上下坚硬岩层之间的层间滑动（图 11-37）。

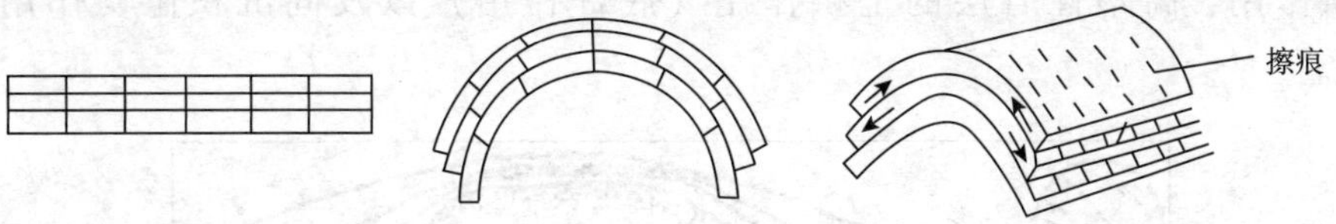

图 11-37　弯滑作用过程示意图（据戴俊生，2006）

弯滑作用主要表现在以下三个方面。

（1）各单层有各自的受力中和面，而整个褶皱岩层没有统一的中和面，因此各相邻岩层面相互平行，褶皱各部位岩层的厚度大体相当［图 11-37（b）］。

（2）相邻岩层面的层间滑动方向为其上方岩层相对向背斜转折端滑动，其下方岩层相对向向斜转折端滑动，因此会在岩层面上留下与褶曲枢纽直交的擦痕［图 11-37（c）］，而在转折端部位往往形成空隙或断裂破碎，出现虚脱现象（图 11-38）。

（3）坚硬岩层之间的塑性岩层，在弯滑作用下常形成不对称的层间小褶皱（图 11-39）。

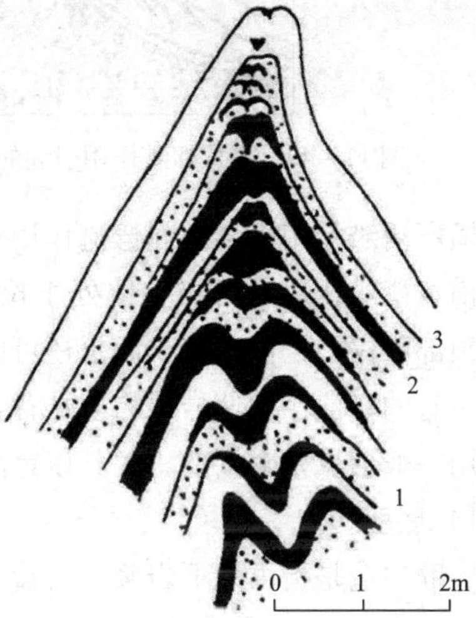

图 11-38　褶皱转折端虚脱现象和弯流作用（据戴俊生，2006）

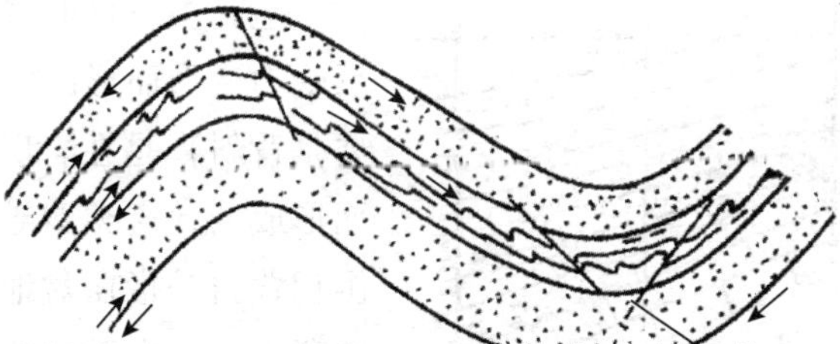

图 11-39　弯滑作用所形成的层间小褶皱（据 F. W. Spencer，1997；转引自戴俊生，2006）

2）弯流作用

弯流作用是指由于岩层内部物质流动而形成褶皱的作用（图 11-38）。

弯流作用多发生于厚层脆性岩层之间的塑性岩层之内。层内物质的流动方向一般是从两翼流向转折端，形成顶厚褶皱。在由软硬岩层组成的褶皱中，由坚硬岩层形成的等厚褶皱与软弱岩层形成的顶厚褶皱可以共存。

2. 横弯褶皱作用

横弯褶皱作用是指岩层因受到垂直于岩层面方向的挤压而形成褶皱的作用。地壳中大多数岩层形成之初处于水平状态，而垂直于岩层面方向的挤压力来自地壳的升降运动、岩浆的上拱作用、高塑性岩层的上拱作用（底辟作用）以及同沉积压实作用等（图11－40）。

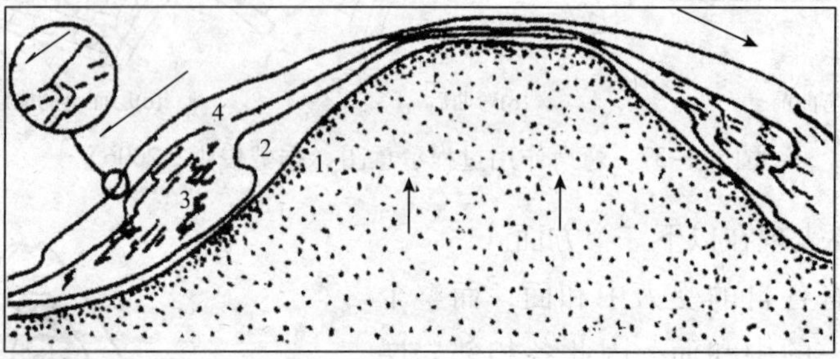

图11－40　横弯褶皱作用引起的弯流作用（据 J. D. Dennis；转引自朱志澄，1990）

横弯褶皱作用也会引起弯流作用和弯滑作用，但与纵弯褶皱作用不同，有其自身的特点。横弯褶皱作用的岩层整体处于拉伸状态，不存在中和面，形成的褶皱一般为顶薄褶皱，顶部不仅因拉伸变薄，而且还可能造成平面上呈放射状或环状分布的断裂。横弯褶皱作用引起的弯流作用使岩层物质从背斜顶部向两翼流动，在翼部形成层间小褶皱。横弯褶皱作用一般形成单个褶曲，尤其以穹窿构造或短轴褶皱最为常见。

1）底辟构造

底辟构造是指由地下岩浆、石盐、石膏或黏土等易流动物质上涌，使上覆岩层拱起形成的一种特殊褶皱构造（图11－40）。

2）同沉积背斜

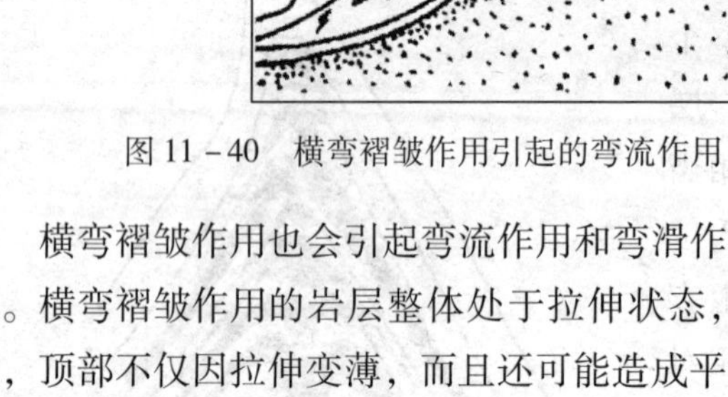

图11－41　同沉积背斜剖面示意图

地壳中发育的多数褶皱是岩层形成以后受力变形而形成的，也有少数褶皱（主要是背斜）是在岩层沉积的同时逐渐变形而形成的，这类褶皱称为同沉积褶皱。同沉积背斜是指在盆地普遍沉陷、接受沉积的背景下，由于盆地基底局部隆起所形成的沉积岩层组成的背斜（图11－41），又称生长背斜。

同沉积背斜通常具有以下特点。

（1）同沉积背斜在剖面上的形态为上部平缓、下部较陡的开阔背斜。

（2）同沉积背斜中同一岩层的厚度顶部较薄，往两翼逐渐变厚，在古隆起相对强烈上升时期，同一岩层顶部翼部的厚度差更大，甚至会造成顶部岩层的缺失。

（3）同沉积背斜同一岩层的岩性由顶部向两翼逐渐变细。

(4) 同沉积背斜构造高点自顶层往下普遍发生明显的位移，可垂直于轴线方向发生位移，也可顺轴线方向发生位移。

六、褶皱的形成时代

褶皱构造是由构造运动形成的。确定褶皱的形成时代就是确定形成褶皱的构造运动发生的时间，一般根据区域性不整合来确定。

假若不整合面以下所有地层发生了褶皱，而以上地层没有发生褶皱，则褶皱形成于不整合面下伏的最新地层沉积之后、上覆的最老地层沉积之前。褶皱与不整合通常是同时形成的。图 11－42 所示的褶皱构造的形成时代是三叠纪（T）之后、早白垩世（K_1）之前。

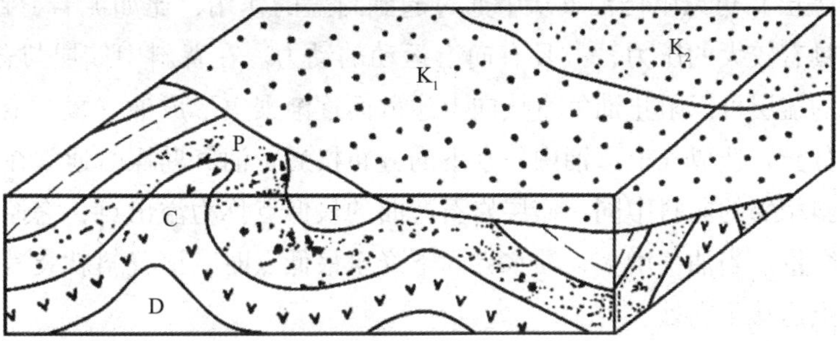

图 11－42　褶皱的形成年代判别示意图（据徐成彦等，1988）

若不整合面上下地层都发生了褶皱，但褶皱的方式、形态以及分布规律必有差别，因为下伏地层比上覆地层多经历了一次构造运动，下伏地层褶皱比上覆地层褶皱要复杂。图 11－43 示意图内发育背斜、向斜和不整合等地质构造，存在两个分别以上二叠统（P_2）和上白垩统（K_2）为核部的向斜，一个以中石炭统（C_2）为核心的背斜和两个分别以中下侏罗统（J_{1+2}）与下伏地层之间以及始新统（E_2）与下伏地层之间的不整合面。根据褶皱形成时代的确定原则，本地区至少发生过两次构造运动。最下伏的构造层（C－P）经历了两次构造运动，第一次发生于晚二叠世（P_2）之后、早侏罗世（J_1）之前，第二次发生于晚白垩纪世（K_2）之后、始新世之前（E_2）；中部构造层（J－K）发生过一次构造运动，即第二次构造运动；上部构造层（E）没有经历构造运动，故岩层保持水平状态。

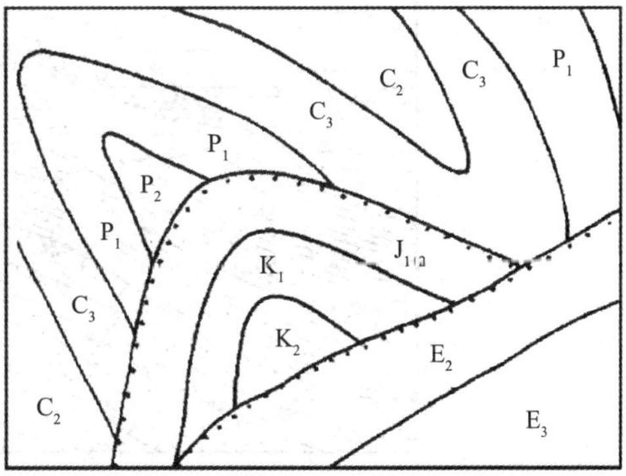

图 11－43　在地质图上借助于不整合判断褶皱的形成年代

七、褶皱的研究意义

褶皱构造是地壳上广泛发育的地质构造之一，研究褶皱构造的形态、规模、分布、组合特征及其形成方式和时代，对于揭示一个地区地质构造的规律和构造运动的发展历史具有重要的理论意义。研究褶皱构造的形态及空间上的分布规律可帮助人们寻找地下的矿产资源，因而也具有重要的实践意义。

褶皱构造对寻找地下油气资源具有特殊的意义。世界上许多大油田都分布于背斜中，完整的背斜构造，尤其是短轴背斜和穹窿构造是良好的储油构造。图 11－44 所示是一个理想的背斜储油构造。背斜中孔渗好的岩层（储层）是油气储集的场所，比如砂岩等，孔渗差的岩石（盖层）可以阻挡油气从中通过起到封盖的作用，比如泥岩、致密的灰岩等。地下油气由于具有较大的压力，故具有向上运动的动力。在背斜中储层与盖层相间分布，位于储层上方的盖层可以阻止油气直接向上逸散而逐渐聚集形成油气藏。聚集的油气在重力作用下发生分异，造成气上、油中、水下的分布格局。油气勘探时通常在背斜的高点布置油井。与背斜相邻的向斜中同一储层岩石弯曲的最低点称为溢出点，它控制了该背斜装存油气的最大数量。当油气增多，油水界面下降至最低点时，该背斜就装满了，多余的油气会绕过最低点运移至它处。

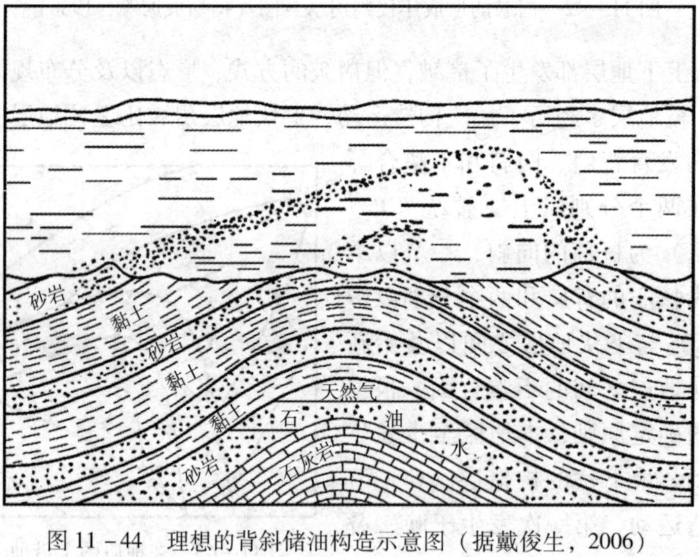

图 11－44　理想的背斜储油构造示意图（据戴俊生，2006）

在油田生产中，为了查明地下褶皱构造的形态与分布规律，人们常依据钻井资料编制能反映地下某一岩层顶面或底面起伏状态的图件——构造等高线图。构造等高线图的编制原理与阅读方法与地形图类似。如图 11－45 中构造等高线的高程都是海平面以下的深度数值，示意大庆长垣姚家组顶面的构造等高线图。长垣是指由一系列宽大平缓的背斜沿其轴向排列而成的长条形隆起构造。大庆长垣是一个由 7 个次级背斜组成的长条形分布的一个巨型背斜，它南北长 145km，东西宽 6～30km，面积约 2000km^2，其东翼较缓，倾角一般为1°~2°，西翼较陡，倾角一般为3°~4°。在长垣统一的圈闭中保存的油气，造成了大型背斜带整体含油连片，成为著名的油气聚集带。

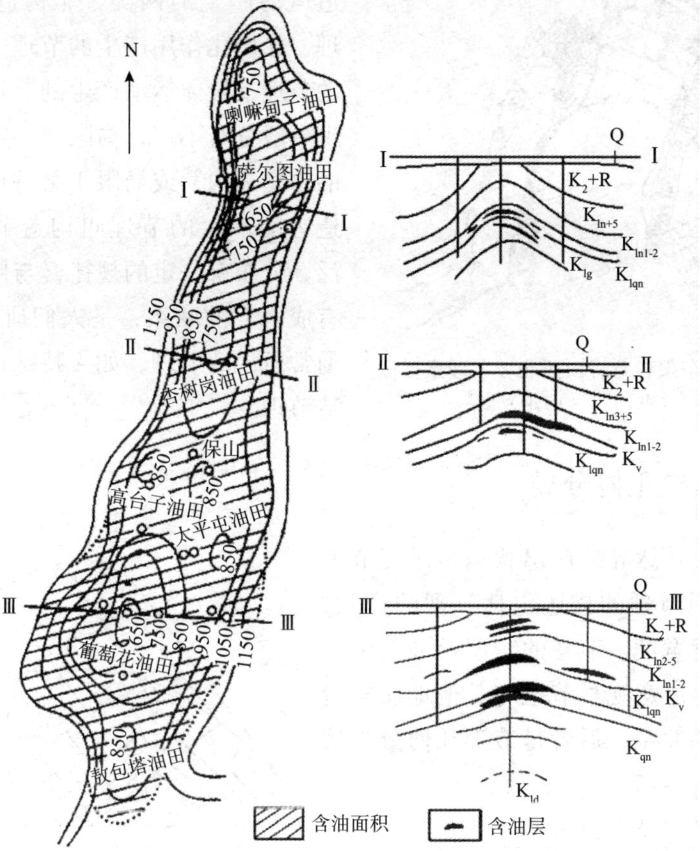

图11-45　大庆油田上白垩统姚家组顶面构造与油气聚集（据戴俊生，2006）

第四节　节　　理

节理又称为裂缝或裂隙，是指岩石受力后发生破裂，但破裂面两侧的岩块没有发生明显位移的一种断裂构造（图11-46）。节理的破裂面叫节理面。节理是一种普遍存在的地质构造，无论是地表还是地下的岩石中都可以存在。节理大小相差很大，大部分节理属于小节理，规模在几米以下。节理面多有物质充填于其中成为脉状物，如石灰岩中常见有方解石脉等。节理发育多不均匀，但在分布上有一定的方向性，它们与褶皱构造和断层等地质构造具有密切的联系。

节理形成的原因很多，依据节理与岩石形成时间的先后关系，可将节理分为原生节理和次生节理两类。原生节理是岩石形成过程中产生的，比如黏土岩中的泥裂，玄武岩中的

图 11－46　广东阳春龙岩山西北坡节理素描图
（据蓝淇锋等，1979）

柱状节理等；次生节理是岩石形成之后产生的，这类节理包括由非构造运动产生的和构造运动产生的两类。非构造运动产生的节理，如风化作用产生的节理、冰川作用产生的节理，块体运动产生的节理等，非构造节理一般分布不广，局限于一定的岩层或一定的深度之内，或局限于某一现象附近。由构造运动产生的节理叫构造节理，它分布广泛、分布有一定的规律，与周边的地质构造有成因上的联系，是人们研究的主要对象。通常所说的节理，如无特殊说明，主要指构造节理。

一、节理的几何分类

描述节理在自然界的产出状态是研究节理的开始。野外对节理的描述包括节理的产状、节理长度、裂缝宽度、节理的密度及裂缝中充填物等，尤其要注意观察节理与其他地质构造在空间方位上的关系，后者是节理几何分类的重要依据（图 11－47）。

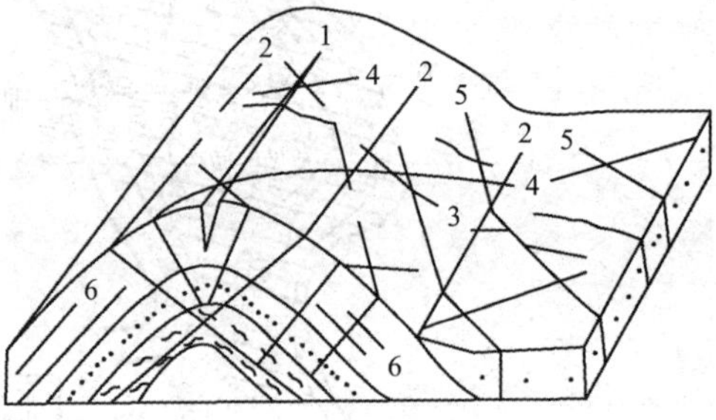

图 11－47　节理的形态分类示意图
1，2—走向节理或纵节理；3—倾向节理或横节理；4，5—斜向节理；6—顺层节理

1. *依据节理产状与岩层产状的关系分类*

走向节理：节理走向与岩层走向大致平行。

倾向节理：节理走向与岩层走向大致垂直。

斜向节理：节理走向与岩层走向斜交。

顺层节理：节理产状与岩层产状大致相同，即节理面与岩层面大致平行。

2. *依据节理走向与褶皱枢纽走向的关系分类*

纵节理：节理走向与褶皱枢纽走向大致平行。

横节理：节理走向与褶皱枢纽走向大致垂直。

斜节理：节理走向与褶皱枢纽走向斜交。

上述两个节理的分类是从不同角度划分的，它们可以相互吻合而并不矛盾，比如对于枢纽水平的褶曲上发育的节理，走向节理与纵节理、倾向节理与横节理、斜向节理与斜节理等是相对应的。

二、节理的力学成因分类

依据形成节理的力学性质，可将节理分为剪节理和张节理两类。

1. 剪节理

剪节理是由剪应力形成的节理。当剪应力强度超过岩石的抗剪强度，岩石在平行于剪应力方向上就会产生脆性破裂形成剪节理（图 11－48）。剪节理的一般特征如下。

（1）产状比较稳定，沿走向和倾向延伸较远。

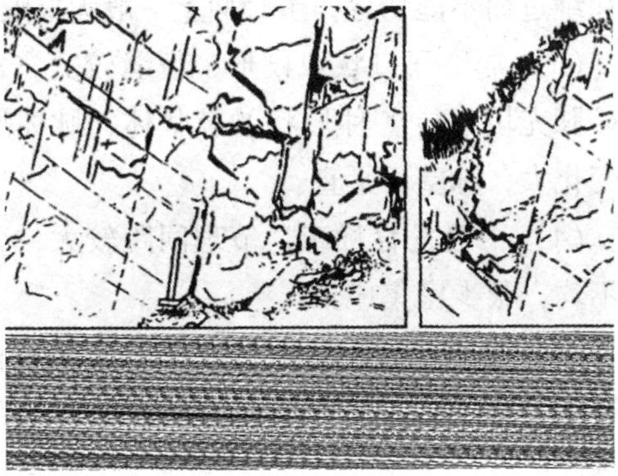

图 11－48　山东诸城白垩系砂岩中的“X”形共轭剪节理（据朱志澄，1990）

图 11－49　剪节理直切砾岩中的砾石（据蓝淇锋等，1979）

（2）节理面通常平直光滑，遇到砾石、粗砂可切穿而过（图 11－49），节理面上常留下擦痕、摩擦镜面等痕迹。

（3）开口较窄，常呈闭合状态，若被充填形成脉状体，则脉体厚度变化不大，脉壁平整。

（4）一般发育较为密集，间距较小，分布均匀，常密集成带。

（5）在剖面上常由两组同时形成的剪节理交叉构成“X”形组合，称为“X”形共轭剪节理（图 11－48）。

（6）单条剪节理往往由若干条方向相同、首尾接近的小节理呈羽状排列而组成（图 11－50），称为羽列现象。利用剪节理的羽列现象，可判断破裂面两侧岩块的相对运动方向，沿节理走向向前观察，若后一微裂面重叠在前一微裂面的左侧，则称之为左旋［也叫左行，图 11－50（a）］，反之为右旋［或叫右行，图 11－50（b）］。

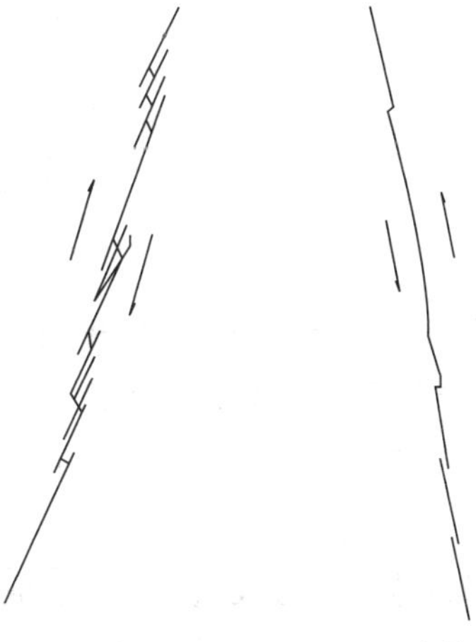

图 11－50　剪节理中的羽列现象

2. 张节理

张节理是由张应力形成的节理。当张应力强度超过岩石的抗张强度，岩石在垂直于张应力方向上就会产生脆性破裂形成张节理。张节理的一般特征如下。

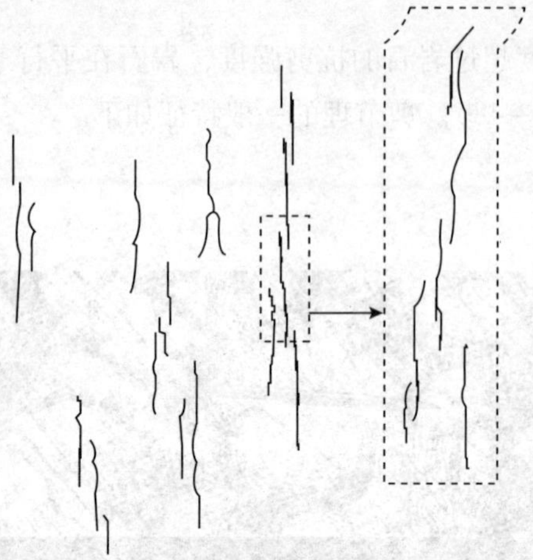

图 11－51　张节理的特征及侧列现象
（据马宗晋等，1965；转引自戴俊生，2006）

（1）产状不稳定，往往延伸不远，单个张节理短而弯曲，多条张节理常呈侧向排列（图 11－51）。

（2）节理面粗糙不平，遇到砾石、粗砂往往绕过而不能切穿，节理面上一般无擦痕。

（3）常呈开口状或楔形，裂缝较宽，常被矿脉充填形成各种形状的脉状体，脉体厚度变化大，脉壁不平直。

（4）一般发育稀疏，节理间距较大，分布不均，很少密集成带。

（5）常呈不规则的树枝状或网格状，有时追踪“X”形共轭剪节理可形成锯齿状张节理。

三、节理的组合

一次构造运动形成的节理一般是有规律的，它们通常成群产出、构成一定的组合形式：节理组和节理系。

节理组是指由同一时期相同应力下形成的方向相互平行或大致平行的、力学性质相同的一组节理，其排列形式主要有平行式和雁列式两种（图 11－52）。由侧向拉伸的张应力作用产生的一组张节理，多呈平行式排列组合［图 11－52（a）］；由扭动作用诱发的张应力形成的一组张节理，多呈雁列式排列组合［图 11－52（b）］。

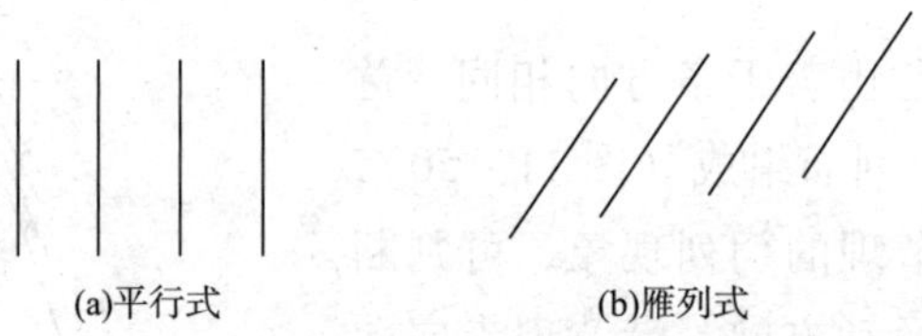

图 11－52　节理组的类型

节理系是指由同一时期相同应力下形成的两组或两组以上节理组的组合。其排列的形式有“X”形、放射状、环状等。“X”形为同时期剪应力形成的两组剪节理的组合。在穹窿构造地区常见到同一时期的张应力形成许多不同方向的节理组成放射状、环状分布的组合形式（图 11－53）。

节理为什么会成组、成系、成群出现呢？这是因为当岩层受力达到强度极限，将要出现破裂时，任何一个局部的破裂，都不足以使应力全部得到释放，而其他部位仍然处于受力状态，随着应力逐渐的积累，岩层之中还会继续产生破裂。

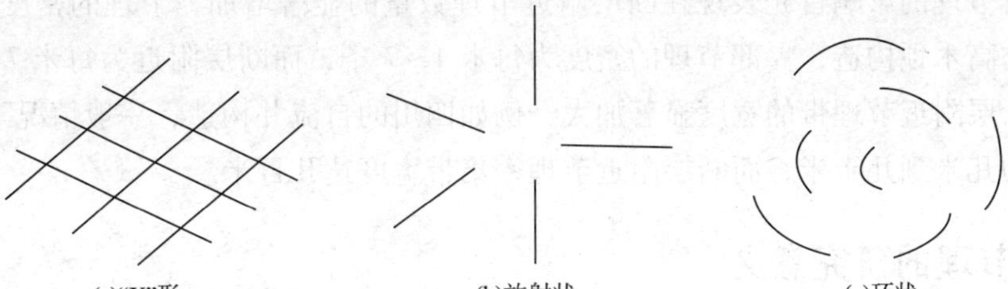

图 11－53 节理系的类型

四、节理与褶皱和断层的关系

构造节理往往与褶皱或断层相伴生，或者由它们所派生。认识构造节理与褶皱或断层的关系，对于了解构造节理在空间上的分布规律具有重要意义。

1. 节理与褶皱的关系

褶皱构造形成的不同阶段都有节理的产生并形成不同的节理组或节理系（图 11－54）。

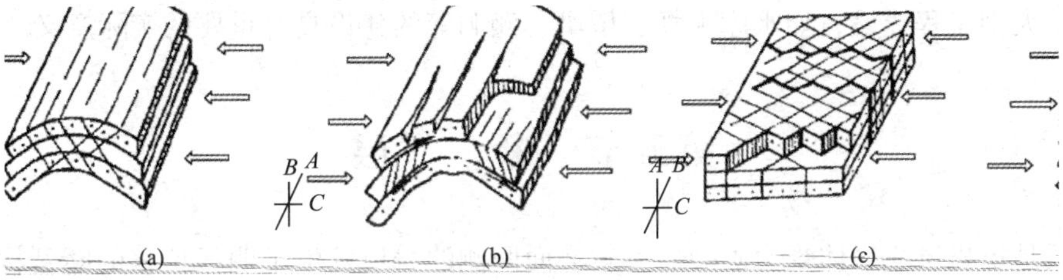

图 11－54 节理与褶皱的关系示意图（据武汉地质学院等，1979）

褶皱构造形成前夕：产状平缓的岩层受到与岩层面平行的侧向水平挤压应力的作用，若压应力强度已能使岩层发生破裂，而在岩层未弯曲之前，往往先形成节理面呈垂直的一对平面共轭剪节理系；岩层未弯曲前，在沿褶皱枢纽方向的张应力作用下，常追踪早期的平面共轭剪节理形成横张节理，横张节理面呈锯齿状［图 11－54（a）］。

褶皱构造形成过程中：在挤压应力持续作用下，岩层开始弯曲并发展到一定程度，导致局部应力发生相应变化，由于水平挤压派生的张应力方向由早期呈水平状态变为呈直立状态，此时也可以产生共轭剪节理系，其交线平行于褶皱枢纽方向，在剖面上呈交叉状，故称剖面“X”形剪节理系［图 11－54（b）］；岩层弯曲发展到一定程度，导致局部应力发生相应变化，在背斜转折端附近，派生出近于垂直于枢纽方向的张应力，可产生纵张节理，其走向平行于褶皱枢纽方向，节理面垂直于岩层面，并呈上宽下窄的楔形开口，一般在脆性岩层中较发育，但沿走向延伸不远［图 11－54（c）］。

2. 节理与断层的关系

节理与断层同属岩石的断裂变形，断层往往是节理发育的继续，反过来，断层的发育又会产生新的节理，所以节理发育程度与断层的出现有密切关系。

断层对节理的影响首先表现在断层附近节理数量的显著增加，节理的密度相对增大，例如四川的高木顶构造，翼部节理的密度为每米4~7条，而断层附近为每米7~9条；其次表现在断层附近节理带的宽度显著加大，例如四川的自流井构造，一般情况下节理密集带的宽度为几米到几十米，而断层附近节理密集带宽度达几百米。

五、节理的研究意义

节理是地壳岩石中广泛发育的一种地质构造，其研究在理论上和实践上都具有重要的意义。

研究节理的性质、产状和分布规律以及与褶皱、断层和区域构造的成因联系，对于了解区域地质构造特征、力学成因机制和构造发展历史具有重要的理论意义。

节理常常成为成矿热液的运移和储集的通道和场所，了解节理的形态、产状和空间分布规律对于寻找受节理控制的矿体具有实际意义。节理与地下油气的关系是很密切的，它可作为油、气、水的运移通道和储集场所，节理的发育程度、裂缝开启程度不仅影响油气的渗流、运移和储集，还会影响油气的采收率。了解节理发育状况，避开节理的密集发育区，对于大型工程建设，如水库大坝、桥梁、涵洞等的建设具有重要的实际意义。

第五节　断　　层

断层是指岩层或岩体受力破裂后，破裂面两侧的岩块发生了明显位移的断裂构造。断层是地壳中广泛发育的地质构造，其种类多，形态各异，规模不一。小的断层在手标本上可以见到，位移仅几厘米；大的断层可延伸上千千米，位移可达几百千米，甚至可切穿岩石圈。断层主要由构造运动产生，也可由外动力地质作用形成。外动力地质作用形成的断层一般规模较小，分布局限。

本节仅介绍由构造运动产生的断层，主要内容包括断层要素、断层的基本类型、断层的组合规律以及断层对矿产的控制作用等内容。

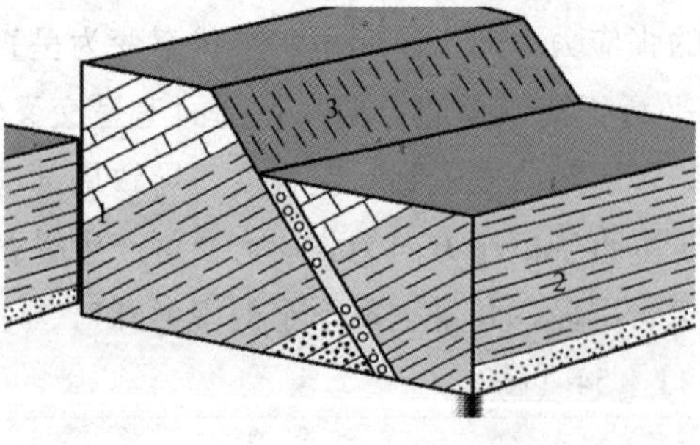

图11-55　断层要素示意图（据汪新文，1999）
1，2—断盘；3—断层面

一、断层要素

描述断层在自然界中产出的状态是研究断层的第一步。通常先把断层分为若干个基本组成部分，这就是断层的组成要素，简称为断层要素。断层要素一般包括断层面、断盘和位移三个方面（图11-55）。

1. 断层面

断层面是指断层的破裂面。当断层规

模较小时，断层破裂面的宽度很窄，可以看作是一面；当断层规模比较大时，断层面的宽度可能相当宽，形成一个断层破碎带。断层破碎带由一系列近于平行的或相互交织的断层面组合而成，其中通常充填有两侧岩块相对错动时形成的岩石碎块所构成的动力变质岩，如断层角砾岩等。断层破碎带的宽度从不足一米到几十千米不等。断层面上常留下擦痕，它们为一系列相互平行的细脊与细沟，也会在局部留下摩擦镜面等由两侧岩块的相对错动产生的痕迹。

断层面的产状可用走向、倾向和倾角三要素来描述。断层面与地面的交线叫断层线，断层线的走向指示了断层面在地面上的延伸方向。断层面可构成悬崖壁，叫断层崖，沿断层线常形成沟谷地貌，有时沿断层线分布带状泉水或湖泊。

2. 断盘

断盘是指断层面两侧的岩块。在地面上若只能观察到断层线，未知断层面倾向时，以地理方位来描述断层的两盘，如断层线呈南北走向时，断盘分东盘与西盘；断层线呈北东—南西走向时，断盘分北西盘和南东盘等。若已知断层面的倾向，或观察到断层的横剖面，可将两盘划分出上盘和下盘，上盘是位于断层面之上的断盘，下盘为断层面之下的断盘（图 11－56）。若已知断层两盘相对运动的方向，断盘可分出上升盘和下降盘。

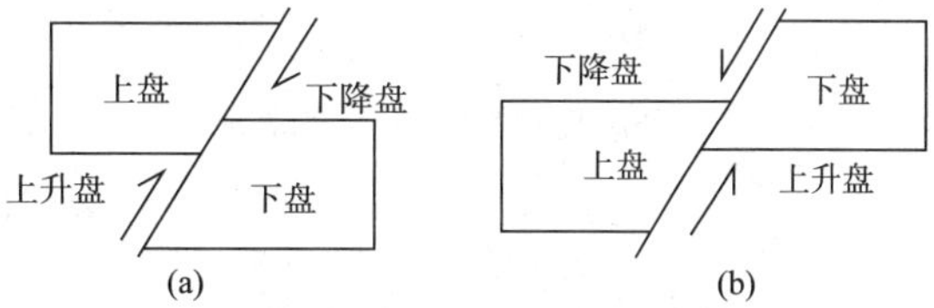

图 11－56　断层上盘、下盘与上升盘、下降盘

3. 位移

断层的位移是指断层两盘相对错动的距离。断层的位移可以从不同的方向或剖面上测量得到。

1）断层面上的断层位移

在断层面上测量得到的断层位移，习惯上称之为滑距。滑距的测量需要寻找一个相当点。假设未断前存在一个点，断开后刚好将此点分割成两点，并分别位于两个断盘上，这样的点叫相当点，如图 11－57（a）中的 a、b 两点。

断层面上的滑距可分为以下六种。

总滑距：两个相当点之间的距离［图 11－57（a）中的 ab］，总滑距为断层两盘的真实位移。

走向滑距：总滑距在断层面走向线上的分量［图 11－57（a）中的 ac］。

倾斜滑距：总滑距在断层面倾斜线上的分量［图 11－57（a）中的 cb］。

水平滑距：总滑距在水平面上的分量投影［图 11－57（a）中的 am］。

铅直滑距：总滑距的铅直分量［图 11－57（a）中的 mb］。

倾向滑距：倾斜滑距在水平面上的投影［图 11－57（a）中的 cm］。

以上六种滑距在空间上组成一个四面体，每一个面都是一个直角三角形。

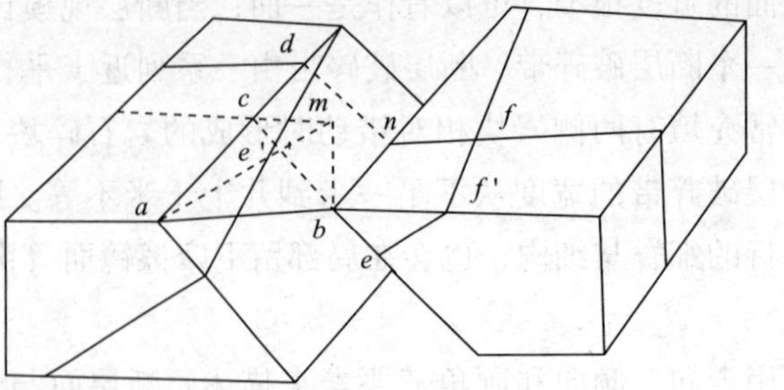

(a)断层位移立体图

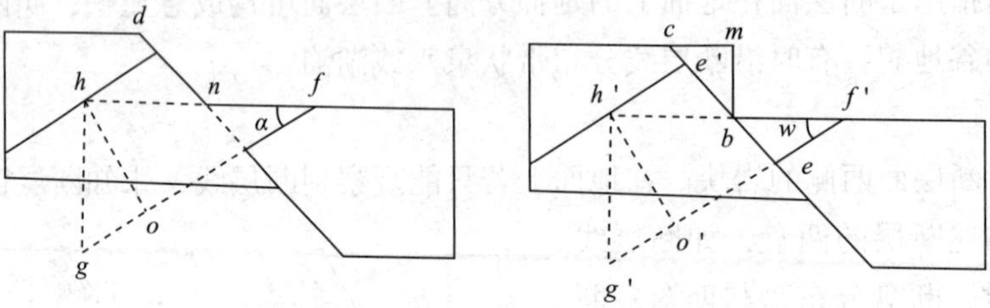

(b)垂直于被错段地层走向的剖面图　　(c)垂直于断层走向的剖面图

图 11－57　断层位移示意图

ab—总滑距；ac—走向滑距；cb—倾斜滑距；am—水平滑距；ho—地层断距；

h'o'—视地层断距；hg = h'g'—铅直地层断距；hf 水平断距；h'f'—视水平断距；α—地层倾角；ω—地层视倾角

2）与地层走向相垂直剖面上的断层位移

在与地层走向相垂直的剖面上测量得到的断层位移，习惯上称之为地层断距。地层断距的测量需要寻找相当层。相当层是指未断前为同一岩层，断开后分布于断层两盘上的岩层，如图 11－57（b）中的 e、e′两层。断距可以分为以下三种。

地层断距：断层两盘相当层层面之间的距离［图 11－57（b）中的 ho］。

铅直地层断距：断层两盘相当层层面之间的铅直距离［图 11－57（b）中的 hg］。

水平地层断距：断层两盘相当层层面之间的水平距离［图 11－57（b）中的 hf］。

以上三种地层断距构成两个直角三角形关系。若已知地层的产状和其中一个断距，就可以求取其他两个断距。

3）在垂直于断层走向剖面上的断层位移

在垂直于断层走向剖面上的断层位移有倾斜滑距、倾向滑距和铅直滑距。另外，还可观测视地层断距［图 11－57（c）中的 h′o′］，视铅直地层断距［图 11－57（c）中的 h′g′］和视水平断距［图 11－57（c）中的 h′f′］。通常情况下，岩层走向与断层走向是不一致的，故视地层断距、视铅直地层断距和视水平断距通常分别大于地层断距、铅直地层断距和水平断距。

二、断层的基本类型

依据两盘相对运动的方向，可将断层划分为正断层、逆断层和平移断层三种基本类型（图 11－58）。

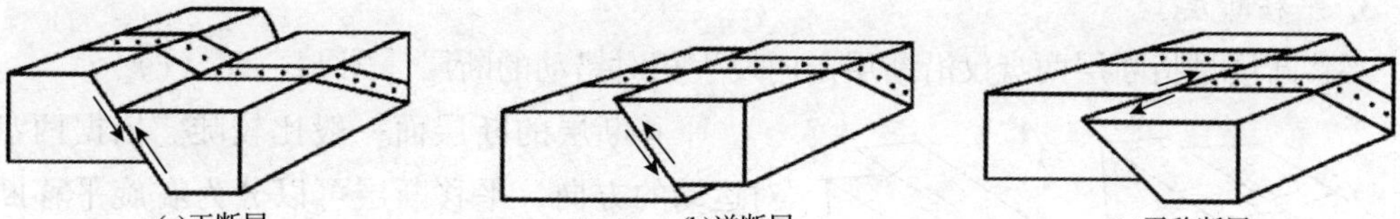

图 11－58　断层的基本类型示意图（据汪新文，1999）

1. 正断层

正断层是指上盘相对于下盘下降的断层［图 11－58（a）］。

正断层的断层面一般比较陡，倾角多在45°以上，断层面有的比较平直，呈板形；多数呈上陡下缓的铲形（图 11－59）。正断层的断层带中岩石破碎相对较弱，断层角砾岩多呈棱角状。

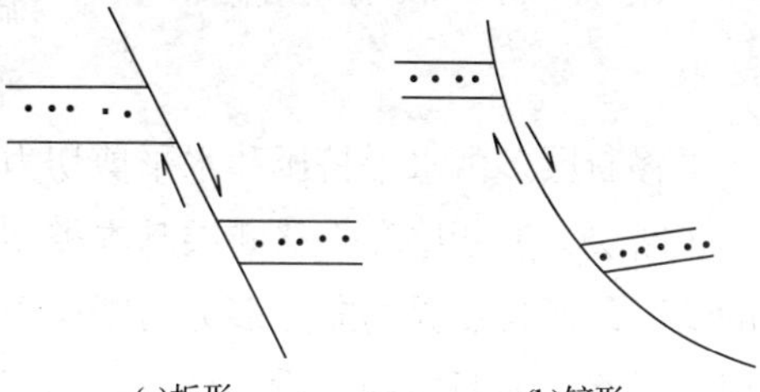

图 11－59　正断层的剖面形态示意图

正断层多由水平拉张作用和重力作用形成。

2. 逆断层

逆断层是指上盘相对下盘上升的断层［图 11－58（b）］。

逆断层的断层面倾角变化较大，依倾角大小一般可以分为高角度逆断层和低角度逆断层两类，前者倾角多大于 45°，后者倾角小于 45°。低角度逆断层又称为逆掩断层或逆冲断层，其倾角一般小于 30°，断层推移距离越远，倾角越平缓。逆断层的断层破碎带中充填的角砾岩破碎较为强烈。逆掩断层带两侧的岩块通常发生强烈的褶皱变形。

逆断层多由水平挤压作用形成。推移距离在 10km 以上，倾角极其平缓的巨大逆掩断层的上盘称为推覆构造或推覆体，推覆构造及相应的逆掩断层合称为逆冲推覆构造。推覆构造是由远处推移而来的，故称之为外来岩块［图 11－60（b）］，其下盘则为原地岩块［图 11－60（a）］。后期的风化剥蚀作用可能使上覆的外来岩块被大面积破坏，仅局部残留下来而分布于原地岩块之中，这种残留的外来岩块多构成山峰，称为飞来峰［图 11－60（d）］；外地岩块也可能仅局部被剥蚀掉，原地岩块得以局部出露地表，出露地表的原地岩块被外来岩块所包围，故被称为构造窗［图 11－60（c）］。飞来峰与构造窗之间的距离可以当作上盘上冲的最小位移。推覆构造多出现于构造运动强烈的地区。

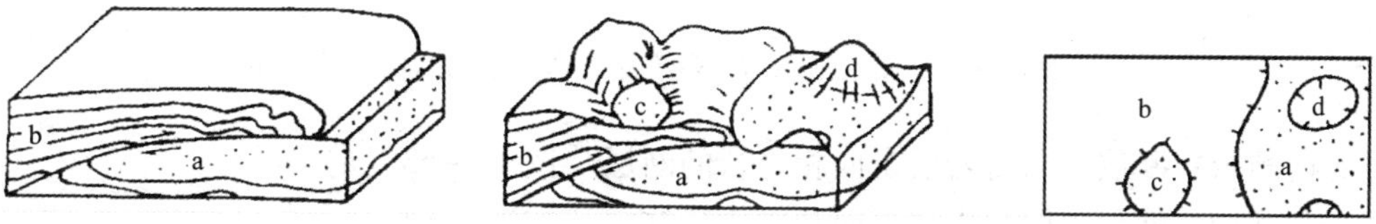

图 11－60　构造窗和飞来峰的形成发育过程（据 M. Mattauer；转引自戴俊生，2006）

a—原地岩块；b—外来岩块；c—构造窗；d—飞来峰

3. 平移断层

平移断层是指断层两盘仅沿断层走向发生相对错动的断层［图 11－58（c）］。

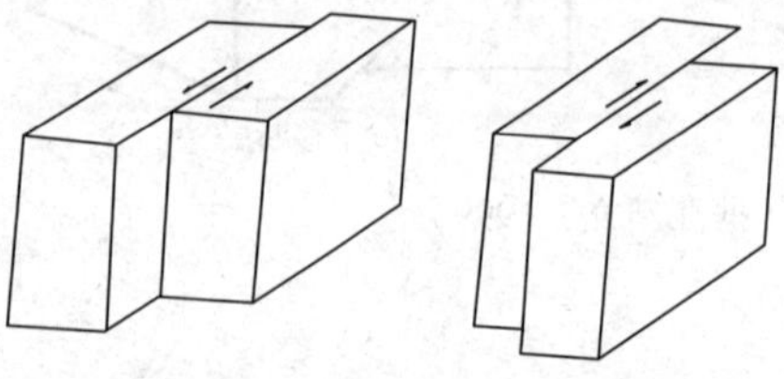

图 11－61　平移断层示意图

平移断层的断层面一般比较陡。依据两盘相对运动的方向，平移断层可以分为右旋平移断层和左旋平移断层两类。当沿断层走向观察时，朝自己方向移动过来的一盘，若是冲向右边，则称之为右旋，若冲向左边，则称之为左旋。实际上，平移断层的结果使岩体发生旋转，若发生顺时针旋转为右旋，逆时针旋转为左旋（图 11－61）。平移断层破碎带的特点与逆断层相近。

平移断层多由水平挤压和水平剪切力应力形成。

正断层、逆断层和平移断层基本类型仅概况了断层沿断层面倾向与走向方向上相对运动的情况，而自然界的断层多为沿断层面斜向上发生相对错动，即断层同时具有平移—正断层或平移—逆断层的性质，分别称为正平移断层和逆平移断层（图 11－62）。

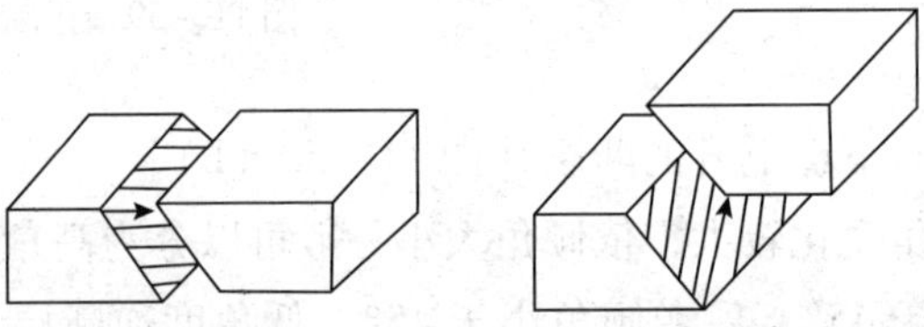

图 11－62　正平移断层和逆平移断层

三、断层的几何分类

1. 依据断层走向与岩层产状的关系

依据断层走向与岩层产状的关系，可将断层分为四类（图 11－63）。

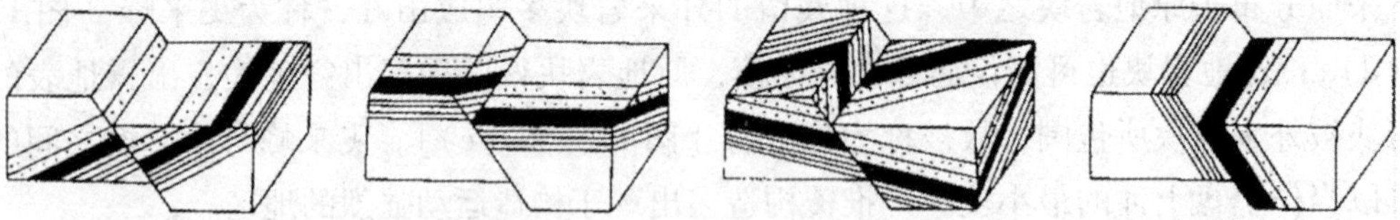

图 11－63　断层走向与两盘岩层产状关系的断层分类

走向断层：断层走向与岩层走向相平行的断层［图 11－63（a）］。

倾向断层：断层走向与岩层走向相垂直的断层［图 11－63（b）］。

斜向断层：断层走向与岩层走向相斜交的断层［图 11－63（c）］。

顺层断层：断层产状与岩层产状相平行的断层［图 11－63（d）］。

2. 依据断层走向与褶曲轴向的关系

依据断层走向与褶曲轴向的关系，可将断层分为三类（图 11－64）。

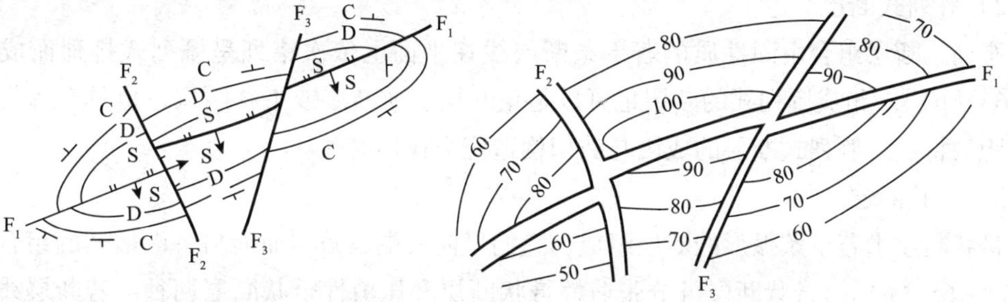

(a)地质图　(b)构造图

图 11－64　地质图和构造图中断层走向与褶曲轴向的关系

F_1—纵断层；F_2—横断层；F_3—斜断层

纵断层：断层走向与褶曲轴向相平行的断层（图 11－64 中的 F_1）。

横断层：断层走向与褶曲轴向相垂直的断层（图 11－64 中的 F_2）。

斜断层：断层走向与褶曲轴向相斜交的断层（图 11－64 中的 F_3）。

四、断层的组合

地壳中分布有很多断层，这些断层规模差别很大。有的断层可切穿盆地的沉积盖层到达盆地的基底，有的切穿地壳，有的切穿岩石圈达到地幔上部。规模大、下切深的断层可称为深大断裂或岩石圈断裂，如著名的郯城—庐江深大断裂（郯庐断裂）、雅鲁藏布江深大断裂等切穿整个岩石圈。

为了探讨地壳中断层的组合分布规律，需要将历次构造运动形成的断层进行归类，然后，对每一次构造运动形成的断层组合分布规律进行研究。断层的组合是指同一次构造运动形成的断层在平面上或剖面上的组合。

1. 平面上断层的组合

平面上断层常见的组合有平行断层、雁列式断层、帚状断层、环状断层和放射状断层等类型（图 11－65）。

(a)平行断层　(b)雁列式断层　(c)帚状断层　(d)环状断层　(e)放射状断层

图 11－65　断层的平面组合类型（据陆克政，1996）

1）平行断层

平行断层由若干条走向大致相同的断层组成［图 11－65（a）］。组成平行断层的可以是正断层、逆断层或平移断层，断层面的倾向可以相同或相反，但走向一致。同一个组合内各断层的规模大致相当，相邻两条断层的距离大致相同。

2）雁列式断层

雁列式断层组合由同性质的若干条断层线在平面上依次错列呈雁列式排列而成［图11－65（b）］。组成雁列式的断层也可以是正断层、逆断层或平移断层，也具有等规模和等间距的特点。雁列式断层的成因与剪切构造应力作用有关。

3）帚状断层

帚状断层由若干条弧形的断层组成，它们呈向一端收敛，而向另一端散开的组合形式［图11－65（c）］。帚状断层可分张剪性帚状断层和压剪性帚状断层两种。若断层线凹侧盘相对于凸侧盘向收敛方向移动，具有张剪性；反之，断层线凹侧盘相对于凸侧盘向撒开方向移动，则具有压剪性。在帚状断层的旁侧常存在一条高级别的主干断层，正是主干断层的活动导致了帚状断层的形成。

4）环状断层和放射状断层

环状断层由若干条弧形或半弧形断层围绕一个中心呈同心圆状排列而成［图11－65（d）］。放射状断层由若干条断层自一个中心向外呈辐射状排列而成［图11－65（e）］。环状断层和放射状断层往往由隆起或上拱作用而形成，它们都是正断层的组合，两者可以在同一个构造上产出，也可单独发育。

2. 剖面上断层的组合

剖面上断层常见的组合有地堑与地垒、阶梯状断层、叠瓦状断层和“Y”字形断层等。

1）地堑与地垒

地堑由走向大致平行、倾向相反、性质相同的两条或两条以上的断层组成，其中央断块相对下降，两侧断块的相对上升（图11－66）。地垒由走向大致平行、倾向相反、性质相同的两条或两条以上的断层组成，其中央断块相对上升，两侧断块相对下降（图11－66）。构成地堑和地垒的断层一般为正断层。

图11－66　地堑和地垒（据李叔达，1983）

地堑与地垒常伴生在一起，常发育于断陷盆地中（图11－67）。断陷盆地内部的坳陷、凹陷等常为地堑，而隆起、凸起等常为地垒。

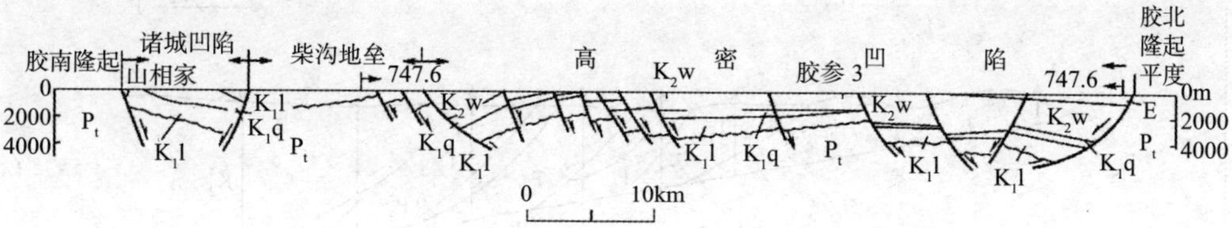

图 11－67　断陷盆地中的地堑和地垒（据戴俊生，2006）

2）阶梯状断层

阶梯状断层由若干条产状大体一致的正断层组成（图 11－68）。从剖面上看各断层的上盘依次向同一个方向断落，各断块上的相当层沿断层面倾向看呈阶梯状排列。阶梯状断层中诸断层面向下延伸可交于主干断层，或交于某一水平滑动面，或被水平滑动面所切割。规模较小的阶梯状断层面向下延伸不远而自行消失（图 11－69）。阶梯状断层在断陷盆地边缘较发育，常构成地堑或地垒的一部分。

图 11－68　阶梯状断层剖面示意图（据李叔达，1983）

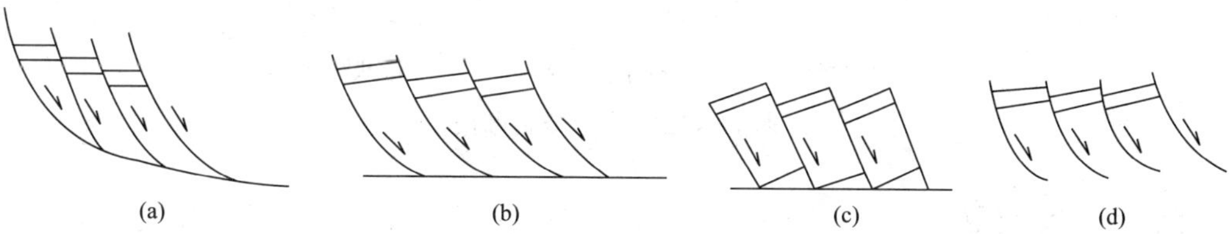

图 11－69　阶梯状断层的深部延伸（据戴俊生，2006）

3）叠瓦状断层

叠瓦状断层由若干条产状大体一致的逆断层组成（图 11－70）。从剖面上看各断层的上盘依次向同一个方向逆冲，各断块上的相当层在剖面上呈叠瓦状排列。叠瓦状断层中各断层面往下延伸倾角变缓并与深处的主干断层交汇（图 11－71）。叠瓦状断层常出现于构造运动强烈的地区。

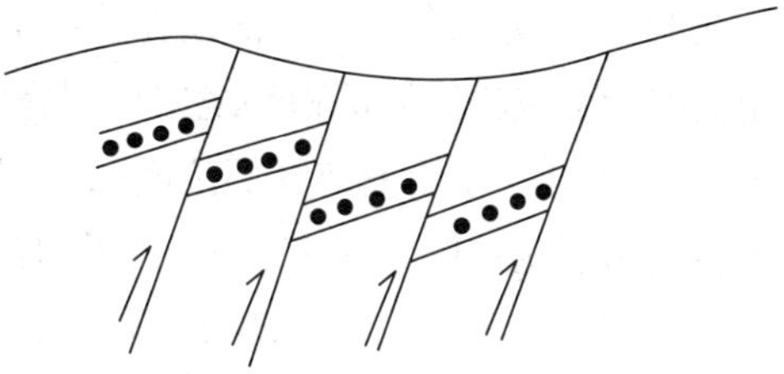

图 11－70　叠瓦状断层示意图

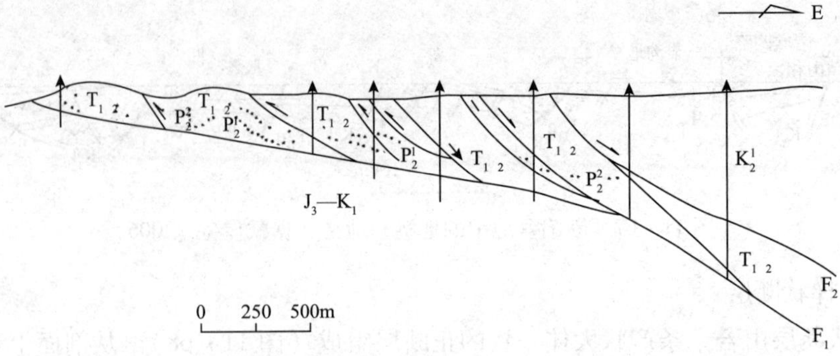

图 11－71　江苏茅山南段花山叠瓦构造特征（据戴俊生，2006）

4）“Y”字形断层

“Y”字形断层由主干断层及其上盘中发育的次级断层组成，在剖面上呈“Y”字形组合（图 11－72）。根据上盘低级别断层面与主干断层面的倾向关系，“Y”字形断层可以分为反向的“Y”字形断层［图 11－72（a）］和同向的“Y”字形断层［图 11－72（b）］，以及多级“Y”字形断层［图 11－72（c）］。“Y”字形断层是在伸展作用和重力作用下，主干断层活动产生的，常发育于断陷盆地中。

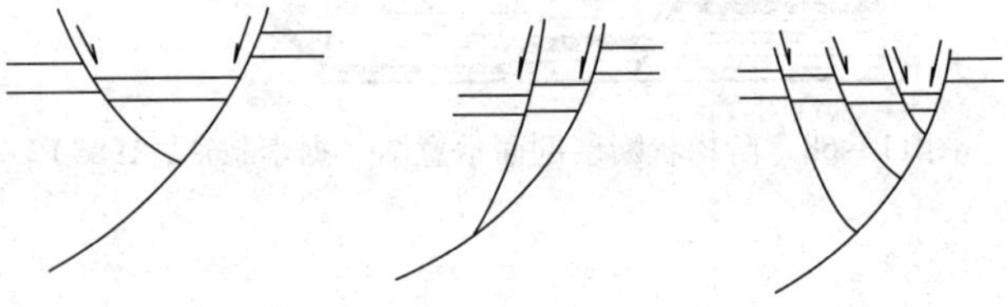

(a)反向“Y”字形　　(b)同向“Y”字形　　(c)多级“Y”字形

图 11－72　“Y”字形断层

五、生长断层

生长断层是指在沉积过程中长期发育逐渐形成的断层，也称为同生断层或同沉积断层。

图 11－73 为三角洲沉积前期在前缘部位生长断层发育过程的模式图。图 11－73（a），三角洲前缘部位粉砂质沉积环境中出现薄弱地带；图 11－73（b），沿薄弱地带发生断裂；图 11－73（c），三角洲前缘部位断层崖被沉积物填平；图 11－73（d），断层再次活动，出现新的断层崖；图 11－73（e），新的断层崖又被沉积物填平；图 11－73（f），断层不断活动，沉积物不断充填，形成一套粉砂质沉积层序。

事实上，大部分生长断层发育过程中，两盘都在下降，都处于接受沉积的状况，只不过下降盘沉降的速率较上升盘大一些。生长断层主要发育于浅海、内陆断陷盆地边缘地区。生长断层的成因是在沉积期间盆地基底断裂活动导致地壳运动而形成，或沉积盖层受自身重力以及由此产生的重力滑动、沉积压实作用等而形成。

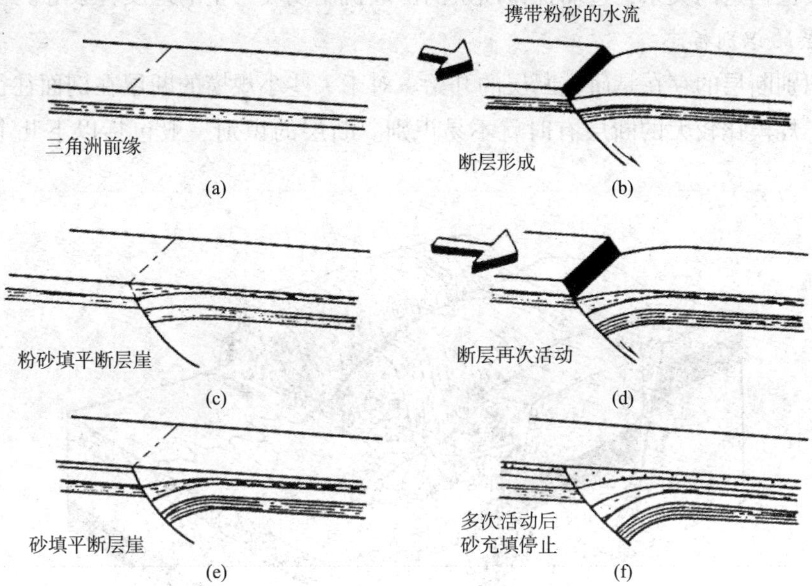

图 11－73 理想的生长断层演化模式图（据 M. H. Rider，1978；转引自戴俊生，2006）

生长断层的基本特征如下。

（1）单条生长断层在平面上，常呈弧形，凹面指向下降盘，其中段倾角小、位移大，两端倾角大、位移小。

（2）在剖面上生长断层的断层面常呈上陡下缓的铲形，例如渤海湾地区的生长断层浅层断层面倾角多在 70°以上，向深层逐渐过渡到 30°～40°。

（3）生长断层的相当层在下降盘的厚度明显大于上升盘的厚度，这是识别生长断层最基本的标志；两盘相当层厚度差越大，说明断层活动越强烈（图 11－74）。

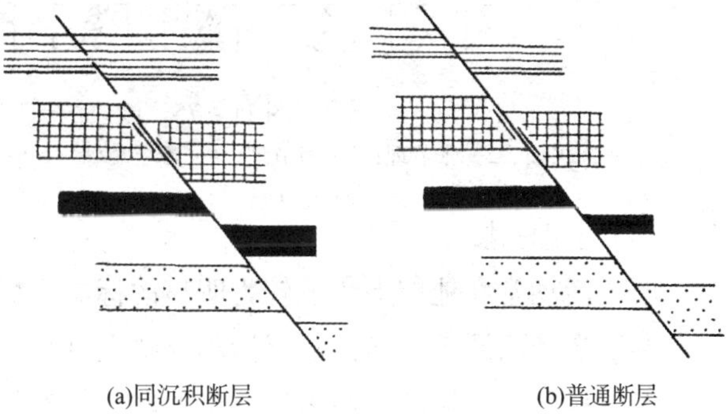

图 11－74 同沉积断层与普通断层两盘地层厚度变化的对比（据朱志澄，1990）

（4）生长断层的相当层在两盘上的落差随深度增加而加大。

（5）生长断层上盘因重力作用下滑形成开阔的背斜，这种背斜被称为逆牵引构造［图 11－73（f）］。

六、断层的识别与研究

断层的活动总会在地壳上留下痕迹，人们可从地层、岩石、构造、地貌、地球物理等方面寻找断层存在的证据。断层的观察与研究主要是在根据断层识别标志确定断层存在的基础上，测量断层的产状，确定断层两盘相对运动的方向，分析断层的形成时代、组合规律以及与其他构造的关系，进而探讨断层的形成机制及其产生的地质背景等。

1. 断层的识别标志

野外识别断层的存在是研究断层的开始。对于一些小规模的断层在剖面往往比较容易识别，对于规模比较大的断层有时就不易识别。断层的识别一般包括以下几个方面（图11-75）。

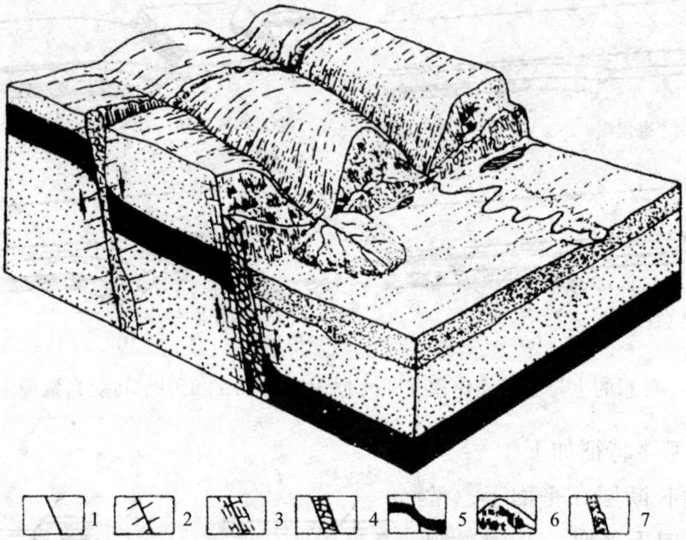

图 11-75　断层的识别标志示意图

1—断层面；2—张节理；3—剪节理；4—断层角砾岩；5—牵引褶皱；6—断层三角面及擦痕；7—岩墙

1）地貌标志

断层活动常在地貌上留下较为明显的标志，概括如下。

断层崖和断层三角面：断层活动导致上升盘与下降盘之间存在明显的落差形成的陡崖——断层崖，断层崖的延伸多呈一定的起伏状态，如果上升盘岩性较坚硬，则断层崖保存的时间就比较长久一些；断层崖形成后会遭受地面流水侵蚀破坏，沿断层线分布的位置上残留一些大致呈三角形的陡崖，称为断层三角面（图11-75）；随着风化剥蚀作用的继续，断层三角面最终会消失而不复存在。

山脉的错断和水系的转向：断层两盘的平移错动会导致山脉的错断，也会导致水系的不自然转向。

湖泊洼地和泉水的带状分布：带状或串珠状分布的湖泊洼地主要是由断层陷落形成的；地下水往往顺断层破碎带涌出地表形成泉水，因此泉水呈串珠状分布往往也是断层存在的标志。

2）地质界线或构造线的不连续

地质体如岩层、地层、矿脉、岩浆岩体、变质岩体等在地面上或平面上的出露界线称地质界线，岩层的走向线、倾斜线、褶曲的枢纽、轴线、断层线等称构造线。地质界线或构造线顺其延伸的方向可以自然延伸一段距离，如果它们突然出现中断错开，便说明存在断层，这是断层存在的最为直接的证据。

图 11－76 示意断层导致构造线被错断，走向断层 F_1、倾向断层 F_2、斜向断层 F_3分别切断地层或早期的断层，在平面上或剖面上，两者均显示出构造线延伸方向上的突然中断。

根据地质体切割律推断，断层形成次序由老到新为走向断层 F_1、倾向断层 F_2、斜向断层 F_3。

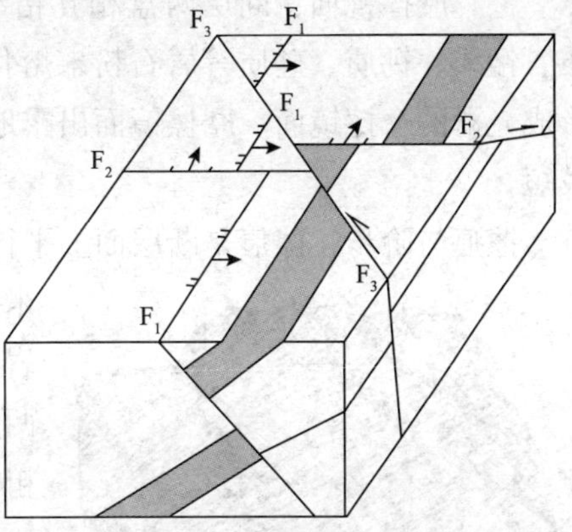

图 11－76　断层引起的构造线不连续现象

3）断层面或断层带标志

断层两盘的相对错动产生断层面及与断层面大致平行的断层破碎带，在断层面或断层破碎带中会留下各种痕迹，如构造岩、擦痕、阶步、摩擦镜面等，均可作为断层存在的直接证据。

图 11－77　西藏雅鲁藏布江断裂带内的构造透镜体和片理化岩石（据朱志澄，1990）
1—石英绿泥石片岩；2—绿泥石片岩；3—透镜体化石英脉

构造岩：这是由于断层两盘相对错动形成并分布于断裂带内的动力变质岩。在逆断层或平移断层中，常见到构造岩体呈透镜状分布（图 11－77），一般认为，构造透镜体的长轴和中轴组成的平面往往与断层面斜交，其锐角指示本盘的运动方向。构造岩包括断层角砾岩、碎裂岩和糜棱岩等，尤以断层角砾岩最为常见。断层角砾岩可分为张裂角砾岩和压碎角砾岩两类；前者分布于正断层中，角砾棱角分明，大小混杂，无定向排列，胶结比较松散［图 11－78（a）］；后者分布于逆断层和平移断层中，角砾破碎较为强烈，角砾有一定程度的圆化，定向排列，胶结比较紧密［图 11－78（b）］。

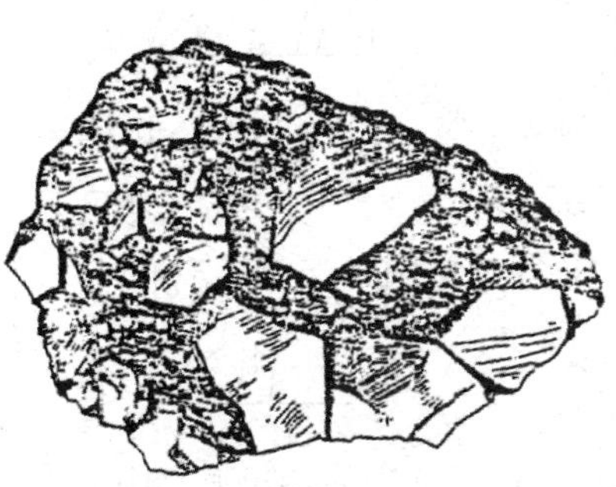
(a)张裂角砾岩

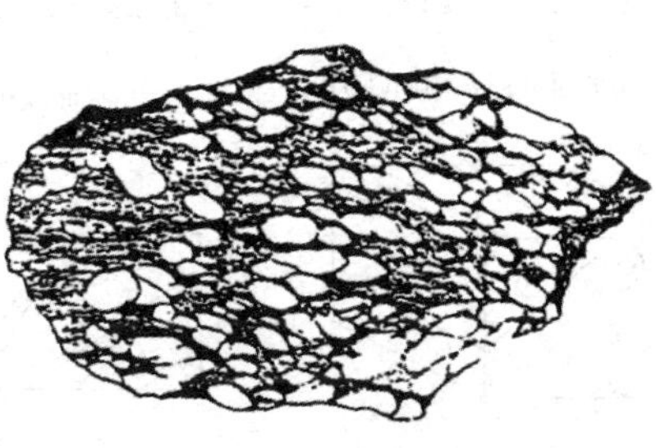
(b)压碎角砾岩

图 11－78　断层角砾岩素描（据孙岩等，1985）

摩擦镜面：断层两盘相互错动会引起断层面上温度升高，局部地方会使一些铁质、锰质、钙质、硅质等岩石粉末熔化，冷凝后在断层面上产生一层光滑的矿物质薄膜，形成光滑的摩擦镜面。摩擦镜面出露地表后易于被风化剥蚀，在断层面上的保存时间一般较短。

擦痕与阶步：擦痕是断层面上平行而密集的沟纹，一般深不过几毫米，长不过几十厘米，它们是断层两盘相对错动过程中，一些较坚硬的岩屑在断层面上刻划形成，故擦痕的走向能代表断层两盘相对运动的方向（图 11－79）。有些擦痕一端较粗较深，另一端较细较浅，由较粗、深一端向较细、浅一端代表对盘的运动方向。用手沿擦痕方向轻轻抚摸，常可以感觉到顺一个方向比较光滑，相反的一个方向比较粗糙，感觉光滑的方向可以指示对盘的运动方向。阶步是断层面上与擦痕近于垂直的台阶状小陡坎（图 11－79），其高度一般为几毫米，陡坎面倾向指示断层对盘相对移动的方向。

图 11－79　断层面上的擦痕和阶步

4）地层的重复或缺失

走向断层常在平面上或剖面上造成两盘地层的缺失或重复（图 11－80）。这种地层重复或缺失的现象与断层的性质、断层面与岩层面的倾向和倾角的关系有关（表 11－1）。若已知走向断层和地层的倾向和倾角，根据平面上地层的重复或缺失，可以推知两盘相对运动的方向。

5）断层面两侧的伴生构造标志

断层的活动可派生出次级应力场，可形成次级的褶皱和断裂构造，称之为派生构造。越接近主干断层，派生构造发育越好，派生构造延伸不会穿过主干断层。常见的派生构造主要包括牵引褶皱和派生节理，下文将在分析断盘运动方向时详述。

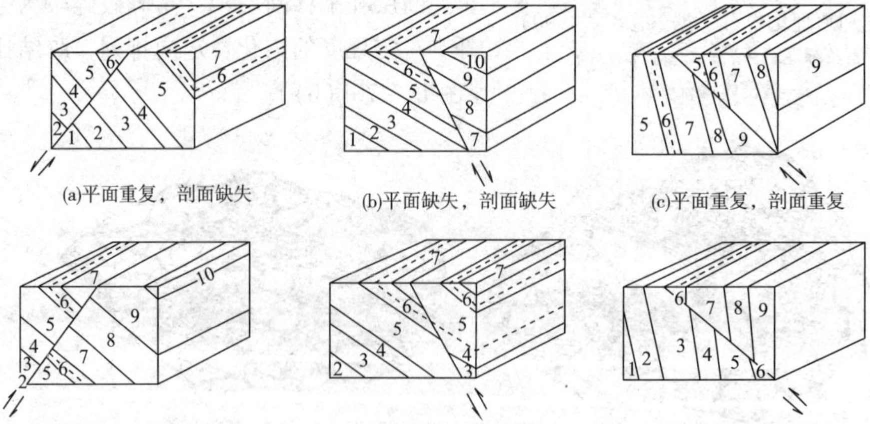

(a)平面重复，剖面缺失　(b)平面缺失，剖面缺失　(c)平面重复，剖面重复

(d)平面缺失，剖面重复　(e)平面重复，剖面重复　(f)平面缺失，剖面缺失

图 11－80　走向断层引起的地层重复与缺失现象（据朱志澄，1990）

表 11－1 走向断层造成的地层重复与缺失

断层性质	观察剖面	断层与地层的产状关系		
		倾向相反	倾向相同	
			地层倾角 < 断层倾角	地层倾角 > 断层倾角
正断层	平面	重复（a）	缺失（b）	重复（c）
	钻井剖面	缺失	缺失	重复
逆断层	平面	缺失（d）	重复（e）	缺失（f）
	钻井剖面	重复	重复	缺失
断盘相对运动方向		新地层出现在下降盘	新地层出现在上升盘	新地层出现在下降盘

2. 断层的观察与研究

对于一条断层的观察与研究主要涉及断层面产状的测量、断层两盘相对运动方向的确定以及断层的形成年代等。

1）断层面产状的测定

野外断层面有时出露于地表，可用罗盘进行直接测量。在大比例尺地形地质图上也可根据“V”字形法则求取断层面的产状要素。未出露地表的断层，可以根据钻井资料，利用三点法作图求取断层面的产状要素；也可以利用地震剖面求取断层面的产状要素。

2）断层两盘相对运动方向的确定

确定断层两盘相对运动的方向不仅对于确定断层的性质、分析其成因机制有重要意义，而且对于寻找矿床等同样具有重要意义。

人们可以从不同的方向观察断层，也可以从不同的角度推断断层两盘相对运动的方向。前文关于剖面上或平面上地层的重复与缺失、平面上两盘地层的相对新老、断层破碎带中构造透镜体分布特征以及擦痕、阶步特点、生长断层两盘相当层厚度的变化等都能帮助我们去推断断层两盘相对运动的方向，重点讲述以下三点。

横断层或斜断层切过褶曲的核部，此后经风化剥蚀地势变平缓，地面上断层线两侧褶皱核部出露宽度会发生变化（图 11－81）。对于背斜来说，核部变宽的一盘为上升盘，变窄的一盘为下降盘［图 11－81（a）］。对于向斜来说，核部变宽的一盘为下降盘，变窄的一盘为上升盘［图 11－81（b）］。反过

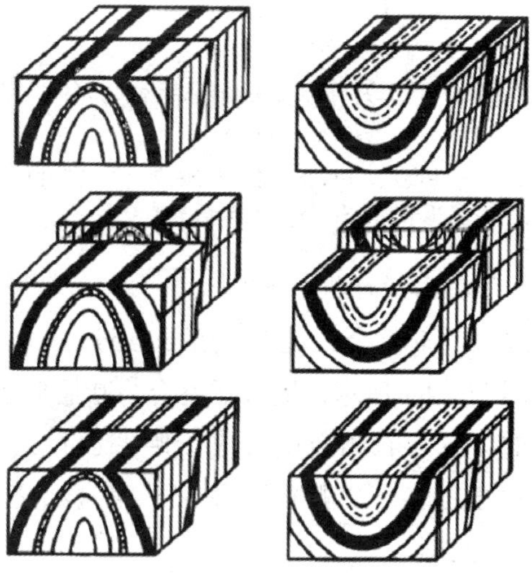

(a)背斜　　(b)向斜

图 11－81　断层造成的褶皱核部宽窄的变化（据宋春青等，2007）

来，可根据地质图上断层两盘褶皱类型及核部出露宽窄的变化，判断断层类型。

断层一盘或两盘紧邻断层面的岩层，常发生明显的弧形弯曲，这种弯曲称为牵引褶皱（图 11－82）。牵引褶皱的枢纽平行于断层面走向，弯曲凸出的方向指示本盘运动的方向。造成牵引褶皱的原因一般认为是断层两盘的相对错动对岩层拖曳的结果，或者由于先形成挠曲后产生断层造成。然而，需要注意的是在正断层的上盘有时发育逆牵引褶皱，通常由倾角较缓的铲式正断层上盘下降时拖曳使地层下弯形成，岩层弯曲的方向与本盘位移的方向相反，规模通常较一般的牵引褶皱要大。

图 11－82　断层带中的牵引构造及其指示的两盘滑动方向

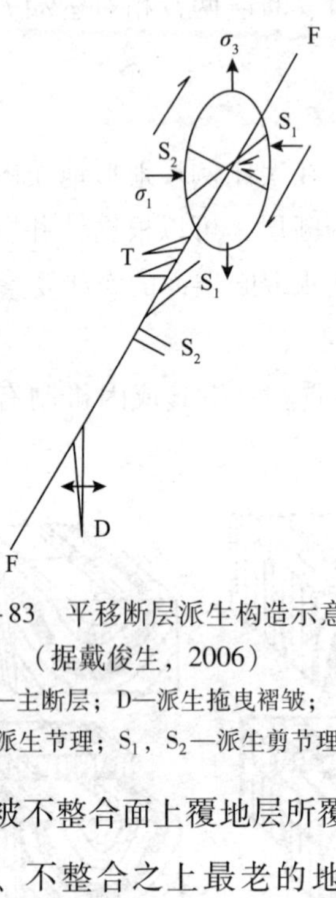

图 11－83　平移断层派生构造示意图
（据戴俊生，2006）
F—主断层；D—派生拖曳褶皱；
T—派生节理；S_1，S_2—派生剪节理

图 11－83 示意的是平移断层的派生节理：派生的张节理与主断面的锐夹角指示本盘运动的方向；派生的褶皱轴向与主断面的锐夹角指示对盘运动的方向；派生的剪节理 S_1 与主断层旋向相同，方位比较稳定，与主断面的锐夹角指向本盘运动的方向，派生的剪节理 S_2 与主断层旋向相反，与主断面交角较大而且方位不稳定，不宜用来推断主干断层两盘的相对运动方向。

3. 断层的形成时代

判断断层形成时代的原则就是切割律，即切割者新，被切割者老。判断断层形成时代可以从以下几个方面着手。

（1）若断层切割地层或岩体，则断层形成于被切割的地层或岩体生成之后。

（2）若有不整合存在，断层切割不整合面下伏地层，而被不整合面上覆地层所覆盖，则断层形成时代可确定为不整合面之下最新的地层形成之后、不整合之上最老的地层形成之前。如图 11－84 所示，地层不整合与断层形成时代的关系为右侧断层形成于晚寒武世之后、泥盆纪之前，左侧断层形成于泥盆纪之后、新近纪之前。

（3）若断层相互切割，则切割者新，被切割者老。

（4）若断层破碎带里有岩脉或矿脉充填，则断层形成于充填的岩脉或矿脉形成之前。

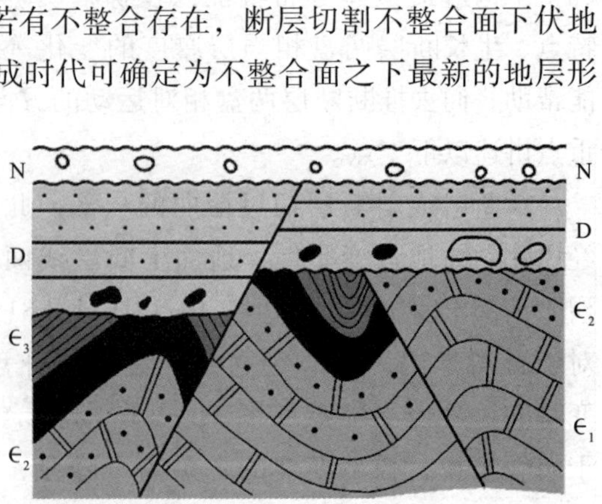

图 11－84　断层形成年代的判别
（据徐成彦等，1988）

七、断层的研究意义

研究断层的性质、空间分布以及地质演化的规律，尤其是对深大断裂的研究，对于了解构造运动和地质演变历史具有重要的理论意义和实践价值。

研究断层的运动方向和位移大小，可以帮助人们寻找被断层错断的矿体，如呈层状分布的煤层、矿脉等。地震预报方面也需要研究断层的分布及活动性，因为断层活动带是地震多发区。工程建设方面为避免在断层活动带上建设大型的工程项目等，也需要研究断层的分布及活动性。

地下油气在其生成、运移、聚集过程中也在一定程度上受断层的控制，了解断层的性质与空间分布规律对于寻找与断层有关的油气藏具有重要的意义。图 11－85 示意了断层油气藏的形成，如果断层破碎带的封闭性好，可阻止油气继续运移，导致油气在此聚集形成断层油气藏。

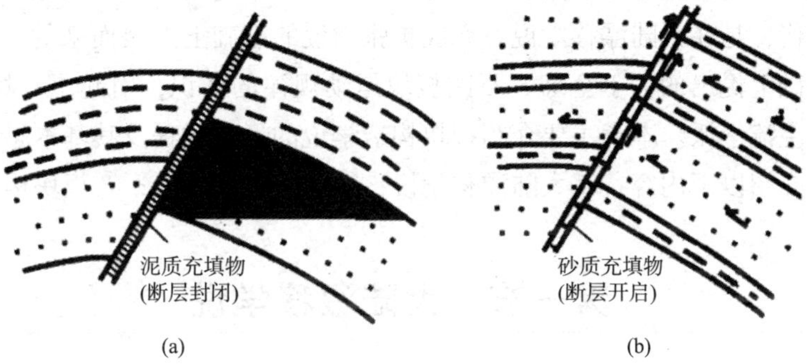

图 11－85　断层与油气藏的形成（据蒋有录，2006）

第十二章　板块构造

地质学诞生以来，人们一直努力探索地壳运动变化发展的规律，为此付出了极大的努力。研究的范围由局部地区扩展到较大的区域以至整个大陆地区，至二十世纪五六十年代扩展到海洋以及整个岩石圈。人们对地壳运动规律的认识逐渐深化，并提出了大地构造学说，试图阐明地壳运动的规律及其演变的历史，其中最具影响力的学说有两个：槽台学说和板块构造学说。

槽台学说是在大陆地壳研究的基础上提出的关于地壳运动规律的认识，二十世纪五六十年代前，该学说为主流学派，其基本思想已在第十章介绍过。板块构造学说兴起于二十世纪五六十年代，是在大陆漂移学说、海底扩张学说的基础上发展而来的，它是在研究全球岩石圈的基础上提出的关于全球岩石圈板块运动规律的认识，引起了一场地学的革命，为现今地学的主流学派。本章主要介绍板块构造学说的形成过程及其基本思想。

本章主要介绍以下内容：①大陆漂移学说；②海底扩张学说；③板块构造学说。

第一节　大陆漂移学说

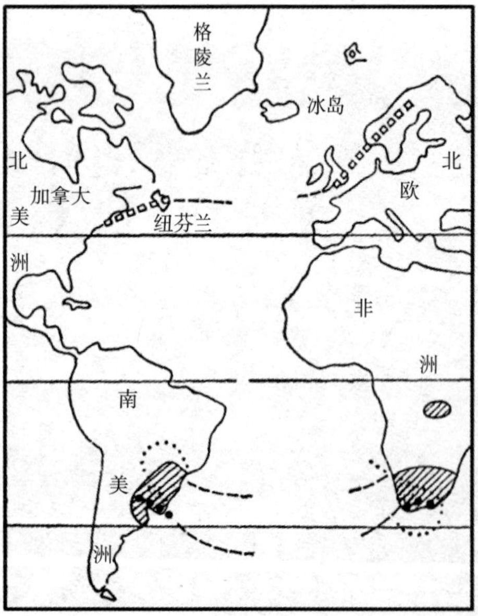

图 12－1　大西洋两岸地形与地质的相似性

第一张较为精确的世界地图绘制成功不久，人们便注意到大西洋两岸海岸线的相似性，于是有人提出了一个大胆的设想：设想美洲大陆与欧洲和非洲大陆原来是拼贴在一起，后来才分开的（图 12－1）。

1908 年，美国地质学家佛朗克·泰勒（Frank Taylor）认真思考了这个设想，并首先提出大陆漂移的概念。1910 年，德国气象学家魏格纳（Alfred Wegener）也赞成这个观点，并开始研究大西洋两岸地质学、古生物学、古冰川等特征，寻找大陆漂移学说的证据，并于 1915 年出版了著名的《海陆的起源》一书，正式提出大陆漂移学说。大陆漂移学说改变了人们对地壳运动的看法。

一、大陆漂移学说的基本要点

大陆漂移学说的基本要点包括以下四点。

（1）大陆由较轻的刚性硅铝层组成，并漂浮于较重的硅镁层之上。

（2）在石炭纪之前，全球只有一块大陆，称之为联合古陆（也称为泛大陆），只有一个大洋，叫泛大洋。

（3）在潮汐力和离心力作用下，自中生代开始，泛大陆逐渐分裂漂移。

（4）大陆漂移方向为向西和离极，逐渐形成现今的海陆分布格局。

魏格纳绘制了三幅地图来说明大陆漂移的历史（图 12－2）。在石炭纪末期，北美洲同欧亚大陆相连，南美洲同非洲大陆相连，南半球的大洋洲和南极洲也附着在这个巨大的大陆块体上，印度半岛比现在要长一些，恰好相配在非洲和大洋洲之间，构成泛大陆，围绕泛大陆的是泛大洋。自侏罗纪开始，泛大陆开始分裂，各大陆或向西、或离极向赤道，或者既向西又向赤道方向移动。白垩纪时，南美洲与非洲大陆分离，形成南大西洋，而后北美洲与欧洲大陆分离，形成北大西洋；然而，格陵兰和挪威一直到第四纪开始还连在一起没有分开。

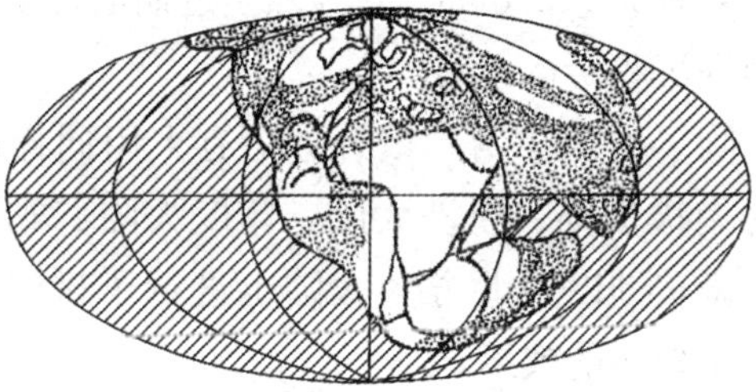

(a)晚石炭世

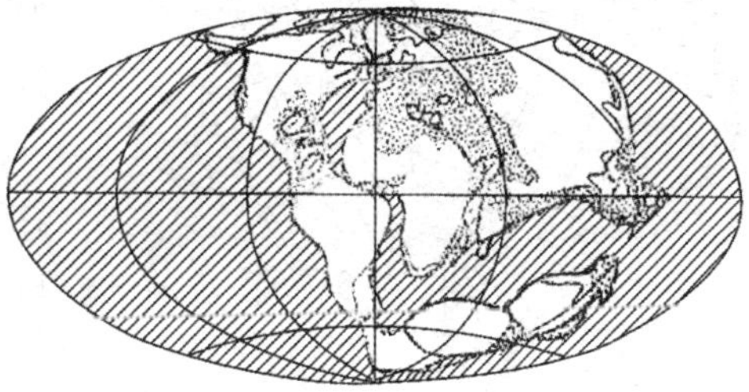

(b)始新世

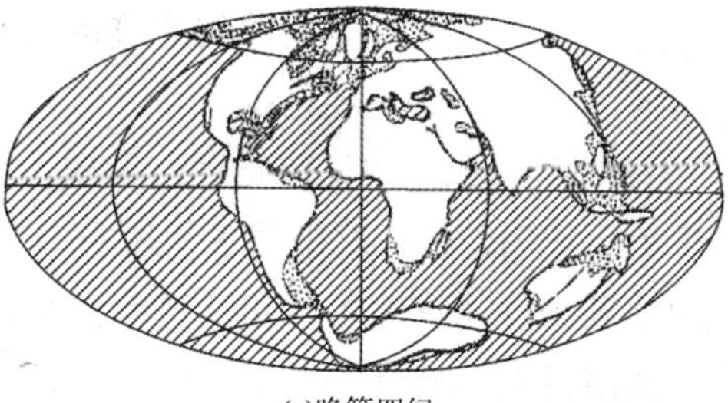

(c)晚第四纪

图 12－2　魏格纳提出的海陆演化图（据戴俊生，2006）

白色为陆地；细点为浅水淹没的陆地；斜线为洋底；图中假设非洲固定

魏格纳认为，漂移的大陆在其移动的路程中，一些脱离大陆的岩片落在后面而形成一连串的岛屿，比如中美洲大陆在其向西移动的路程上遗留下大小安得列斯群岛；美洲大陆在向西漂移时，其前缘（即美洲西海岸）由于遇到坚硬洋底的阻挡而发生挤压变形，从而形成美洲大陆西海岸呈南北分布的山系，即科迪勒拉—安第斯山山系；当南北大陆块体在离极作用下向赤道方向挤压时，形成了包括喜马拉雅山系在内的一些东西走向的山系。

二、大陆漂移学说的主要证据

从大陆获得的有关支持大陆漂移学说的证据，大多数是魏格纳时代已经提出过的，但是以后又有了新的补充和修正，下面做简要介绍。大陆漂移学说的证据主要来自地形、古冰川、古生物和地质构造等方面。

1. 大陆边缘地形的相似性

大西洋两岸海岸线轮廓的相似性是大陆漂移学说产生的启发性证据。

魏格纳时代大陆边界的拼合是以海岸线为标准的，但是陆壳与洋壳的分界线并不是海岸线而是位于大陆边缘的大陆坡坡脚处。

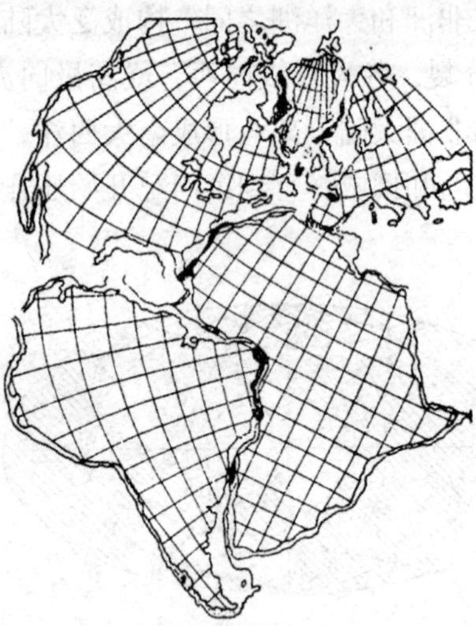

图 12－3　大陆边界的拼合
（据布拉德等，1965；转引自柳成志等，2010）
黑色区域表示大陆架的重复

布拉德等（1965）发现用位于大陆坡深约 915m 的等深线来拼合大西洋两岸大陆效果最好（图 12－3）。按照布拉德的合并图案，一般误差不超过 1°，总的均方差为 30～90km，只有加勒比海有较大的空缺；另外，尼日尔河口附近重叠误差较大达 270km，这显然是近期尼日尔河口三角洲沉积所造成的。

除了大西洋两岸以外，还有人用同样的方法对南极大陆、澳洲大陆、印度大陆、非洲大陆、南美洲以及北方各大陆也进行了拼合，均取得了较好的效果。

2. 古冰川的证据

古冰川遗迹的分布特征是大陆漂移学说的重要证据。

地质研究发现在古生代晚期，南半球各大陆的大部分地区都普遍发生冰川作用，而在北半球各大陆上并没有发现该时期冰川作用的遗迹。这次冰川作用形成的冰碛物、冰擦痕等冰川遗迹广泛分布于现在的南美洲、非洲、澳大利亚南部、印度半岛以及南极洲等地（图 12－4）。从冰碛物的分布规模推断当时的冰川为发育于极地或高纬度地区的大陆冰川，而这些地区现在位于热带和亚热带地区。从冰床上的冰擦痕推断各大陆上古冰川运动的方向，在南美洲、澳大利亚、印度大陆古冰川运动方向由海岸指向内陆。由于这些冰川流向没有明显的规律，最初地质学家对这些大陆上的古冰川的来源百思不得其解。

图 12－4　南半球石炭纪—二叠纪冰碛岩的分布特征（据汉布林，1980）
图中箭头指示冰川流向

根据魏格纳大陆漂移的思想，石炭纪之前全球只有一块大陆。上述这些大陆当时就是连接在一起的冈瓦纳古陆，它处于南极附近，发育大陆冰川，冰川中心位于非洲南部，冰川由中心向周边呈放射状运动，而当时北半球各大陆由于位于低纬度热带、亚热带地区而无冰川发育（图 12－5）。后来大陆发生分裂漂移，从而形成了现今古冰川遗迹的分布格局。

图 12－5　根据石炭纪—二叠纪冰碛岩分布恢复出的各大陆位置（据汉布林，1980）
图中箭头指示冰川流向

3. 古生物的证据

在大西洋两岸发现了一些相同种类的生物化石，由此推测它们之间曾通过某种途径发生过迁移。由于生物学关于物种起源的单祖论观点认为相同的生物种是不可能在相隔遥远的两个地区分布独立形成的，它们必定起源于同一地区，然后直接或通过第三地区传播到另一个地区。

在南半球各大陆的晚古生代地层中都发现了蕨类植物舌羊齿化石（图 12－6）。在南美洲、非洲南部、印度、南极洲等地还发现了一些爬行类动物化石，如中龙、犬颌兽和水龙兽等（图 12－6），这是一些陆生爬行动物，它们不可能通过游泳穿越大西洋和印度洋，故推测这些大陆以往必定有过某种连接。而用大陆漂移学说可以给予很好的解释，所以古生物物种的分布也被认为是大陆漂移学说的重要证据。

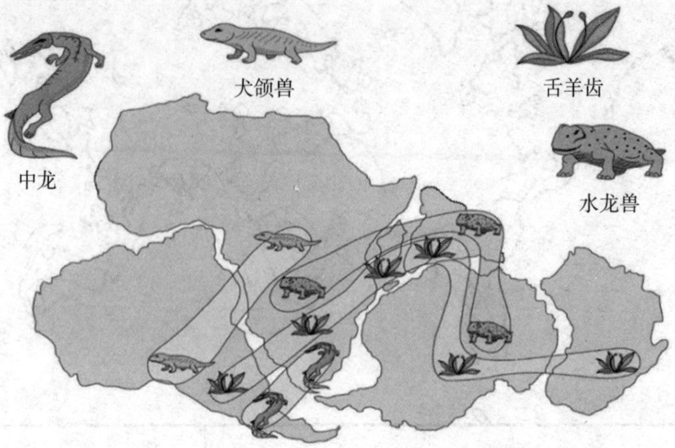

图 12－6　大陆漂移的古生物化石证据（据 USGS，2011，https：//pubs. usgs. gov/gip/dynamic/continents. html）

也有人用大洋中可能存在过像现在中美洲那样的一系列陆地或岛屿横穿整个大西洋构成的“陆桥”，古动物可以从桥上迁移到彼岸，但至今没有找到陆桥存在的任何证据。

4. 地质构造的证据

大西洋两岸地质构造的遥相对应是大陆漂移学说的有力证据。

在非洲大陆许多地质构造延伸到海岸就突然中断，而在大西洋对岸的大陆海岸重新出现（图 12－7）。例如，位于非洲大陆最南端好望角的呈东西向延伸的开普勒山脉是一条二叠纪的褶皱山系，它在海岸线附近突然中断，但却可以与南美阿根廷布宜诺斯艾利斯的低山相接，两处山地中的泥盆系海相砂岩层、含化石的页岩层以及冰碛岩层均可以进行对比；又如，在非洲大陆西北部分布有巨大片麻岩高原，与分布于南美洲巴西的片麻岩高原遥相对应。

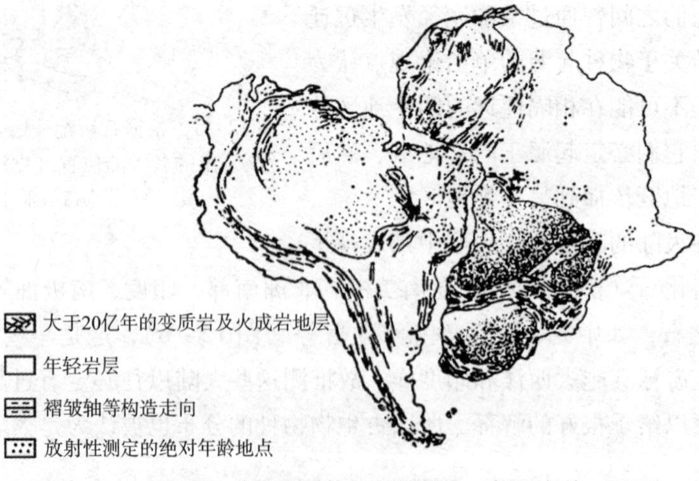

图 12－7　南美洲、非洲地质构造的相似性（据汉布林，1980）

在北美洲大西洋沿岸的阿帕拉契亚山脉向北东方向延伸至纽芬兰，终止于海岸线，与发育于大西洋对岸欧洲大陆与非洲大陆边缘的加里东褶皱山系相对应（图 12－8）。这两条山系均形成于早古生代末期的加里东运动，具有相同的岩石类型及化石组合。由此可推测，在大西洋形成之前，这些山脉和岩层曾经是连在一起的。

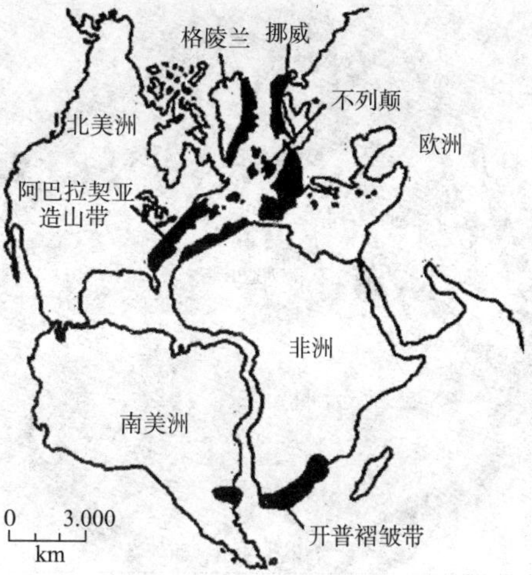

图 12－8　大西洋两岸早古生代造山带的吻合性
（据 Wicander 和 Monroe，2006）

三、大陆漂移学说的兴衰与新证据

1. 大陆漂移学说的兴衰

魏格纳大陆漂移学说的提出引起了地学界的巨大轰动。但由于当时人们对地球深部结构了解得还很少，该学说对大陆漂移的机制的解释遭到许多人的质疑。地球物理学家指出硅铝层不可能在硅镁层上进行漂移；潮汐力和地球自转的离心力太小不足以引起大陆漂移。该学说到了 20 世纪 30 年代逐渐被遗忘了，但有关的研究仍然在继续。

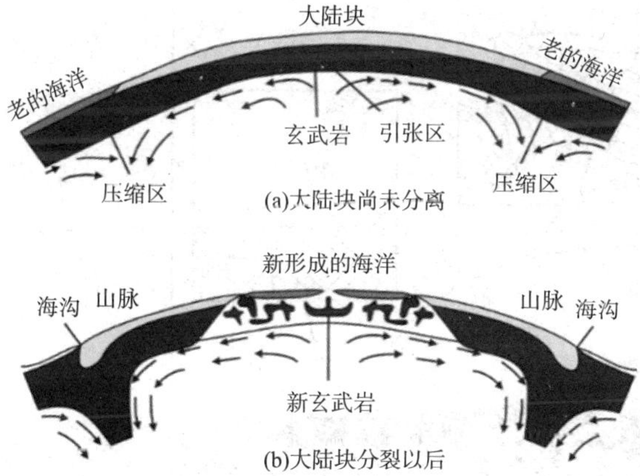

图 12－9　霍尔姆斯的地幔对流模式（据夏邦栋，1995）

1926 年，美国地震学家贝诺·古登堡在地幔上部发现了低速层，划分出软流层。1928 年，英国爱丁堡大学的阿瑟·霍尔姆斯提出“地幔对流说”，他认为地幔物质因受热膨胀而上升，又因温度降低、密度增大而下降，从而构成封闭式的循环流动（图 12－9）。在对流的早期阶段，上升的地幔流向上冲击原始大陆的中心部位，并向两侧分成两股朝相反方向流动，从而将大陆撕裂并使分裂的大陆块体随地幔流漂移，裂解的大陆块体之间便形成了海洋；当地幔流经过长距离的移动逐渐冷却、密度加大，遇到迎面而来的对流体时，就会下沉返回地幔，向下流动的地幔流的拖曳作用便会形成海沟，大陆与大陆相撞就会形成山脉。因此，地幔物质对流是大陆漂移的根本动力。

魏格纳认为在晚古生代全球只有一块大陆，奥地利休斯对其观点进行了修正。休斯认为当时全球有两块大陆，北方一块叫劳亚大陆，南方一块叫冈瓦纳古陆，它们之间以特提斯海（古地中海）相隔（图 12－10）。

随着 20 世纪 50 年代地质学的发展，又找到了新的证据支持大陆漂移学说，大陆漂移

图 12－10 晚古生代的海陆分布
（据舒良树，2010）

学说走出低谷，又开始兴盛起来。

2. 大陆漂移学说的新证据

新的证据主要来自古地磁学的发展。

古地磁研究的对象是岩石中残留的古地磁场。比如喷出地表的岩浆，随之冷却温度下降，岩浆中的各种组分先后结晶，直到最后完全固结成岩；岩浆岩中所含的磁铁矿，当温度下降至大约 450～500℃时，其内部的原子便按当时的磁场方向排列而获得磁化，随着岩浆岩继续冷却，温度进一步降低，岩石中磁铁矿中的磁化便固定下来（图 12－11），只要此后所处的温度变化在居里温度点以下，它就保持磁化特征不变，岩石的这种残留磁性可称为化石磁性。又如在碎屑颗粒沉积过程中，已经获得磁化的磁铁矿颗粒在沉降过程中会受到当时磁场的影响而定向堆积，经成岩作用形成沉积岩，沉积时磁场的方向就得以保留下来（图 12－12）。

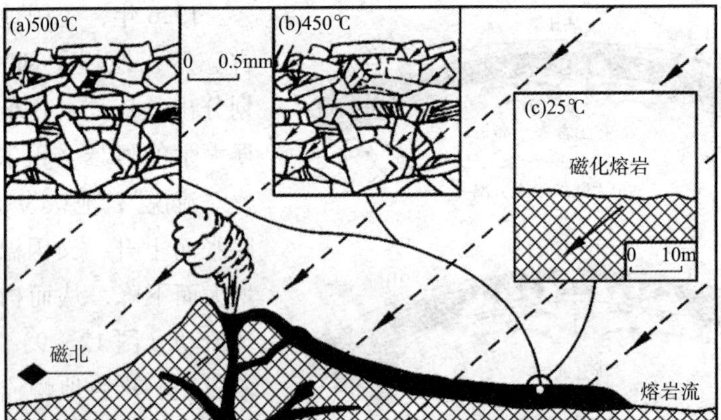

图 12－11 岩浆岩形成过程中获得磁化示意图（据怀利，1978）

测定岩石中的化石磁性，可得到该岩石形成时期所处位置地球磁场的方向及磁倾角大小，由此可以推算出岩石形成时所处的古纬度以及古地磁极的位置。英国物理学家布莱克特等测定了英格兰三叠纪红层沉积岩化石磁性，将其结果与现今地磁场相比较发现存在较大的不同：红层古地磁方向与现在磁场方向相差 30°，古地磁倾角在三叠纪时为 30°，而现今地点的现代磁场倾角为 65°。一般认为地磁极围绕地理极做周期性的移动，假定古地磁极的平均位置与地理极重合，上述测定的结果表明：英格兰自三叠纪以来的古地磁场方向曾偏转了 30°（地磁经度），并向北移动了 35°（地磁纬度），这个推理为大陆漂移学说

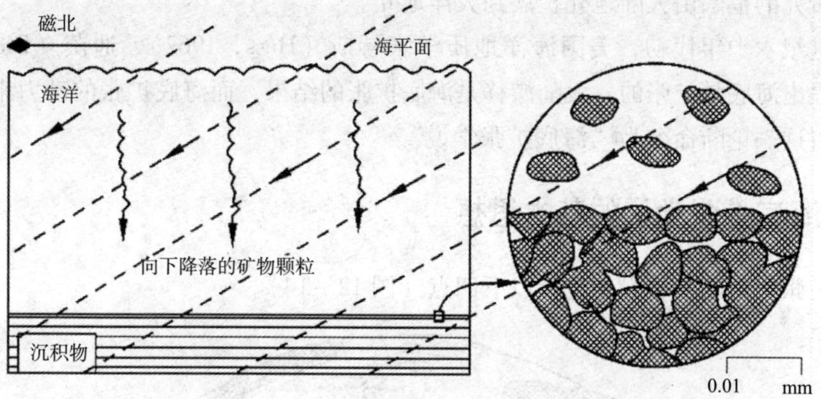

图 12－12 沉积岩形成过程中获得磁化示意图（据怀利，1978）

提供了新的证据。

将同一个大陆不同时代的岩石化石磁性测定得到的古地磁极位置标注在地形图上，用光滑的曲线连接起来得到的曲线称为极移曲线。图 12－13 示意欧洲大陆和北美洲大陆的极移曲线。图中可见它们并不重合，现代交于一点，而随着岩石年龄变老，偏离越远。如果将北美大陆向东转动30°（经度），它们的极移曲线就接近重合，此时北美大陆与欧洲大陆也几乎相连接成一体，而大西洋则消失。同一时代地球上的古地磁极的位置是唯一的，无论在哪个大陆上进行古地磁测试得到的古地磁极的位置都应该是重合的。上述两个大陆上测试结果不重合，说明它们之间发生过大陆漂移。

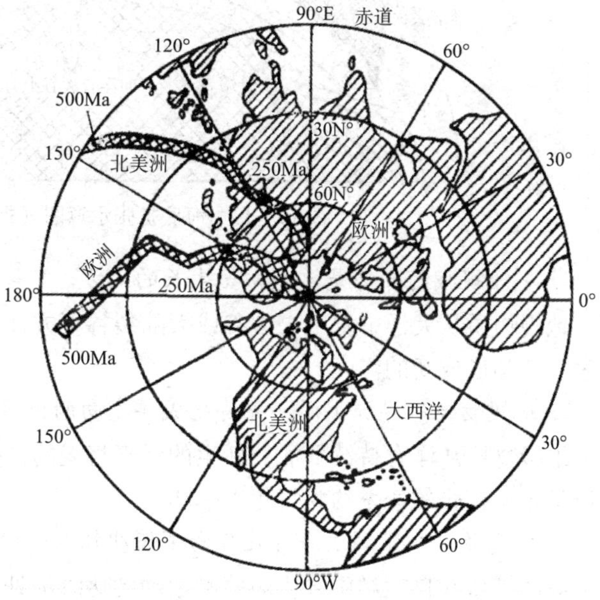

图 12－13 北美洲、欧洲大陆极游移轨迹
（据 Press 和 Siever Earlh；转引自柳成志等，2010）

古地磁的研究，最终使沉寂已久的大陆漂移学说得到证实而复活。

第二节 海底扩张学说

二十世纪五六十年代掀起了研究海洋的热潮，在海洋地球物理、海底地形、海洋地质、海洋生物以及同位素测年等方面都取得了丰硕的成果，加深了人们对海洋的认识，使得地质学研究的范围由大陆地壳扩展到大洋地壳。

二十世纪六十年代初，美国海洋地质学家赫斯（Hess，1962）、迪茨（Dietz，1961）几乎同时提出海底是扩张的，大陆漂移是海底扩张的结果，而海底扩张的动力来自地幔对流，他们将这一论断命名为“海底扩张学说”。

一、海底扩张学说的基本思想

海底扩张学说的基本思想包括以下四点（图 12－14）。

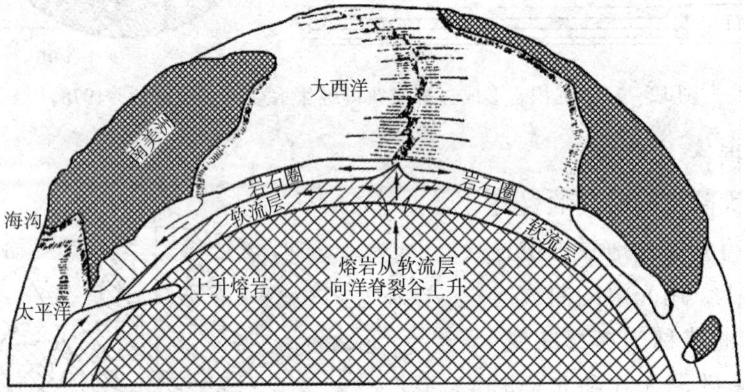

图 12－14　海底扩张示意图（据怀利，1980）

1. 全球规模的洋脊是洋壳初始生长的地方

地幔物质从大洋中脊中央裂谷或大陆裂谷下方往上运动，其中一部分沿裂谷上涌到达地表，冷却形成新的洋壳。

2. 地幔物质从洋脊上涌，并将先成洋壳向两侧推移，造成海底扩张

地幔物质从洋脊持续上涌，新生的洋壳将老的洋壳从裂谷中央挤向两侧，引起洋壳向两侧扩张，扩张的速率约为每年 1～20cm。

3. 洋壳物质扩张到达海沟处会向下俯冲插入地幔，重新熔融，构成循环系统

海底扩张起自大洋中脊，向两侧运动到达海沟处老洋壳便向下俯冲，发生重熔并重返地幔。洋壳完成了由生成、扩张到俯冲消亡的完整循环，这一过程历时约 1.5 亿～2 亿年。

4. 海底扩张的动力来自地幔物质的对流

地幔物质从大洋中脊中央裂谷的下方往上运动，其中一部分沿裂谷上涌到达地表冷却形成新的洋壳，而大部分则在洋脊之下向两侧分流、缓慢流动并带动其上洋壳发生扩张运动。至海沟处，由于温度降低、密度加大，地幔物质在重力作用下下沉，下沉过程中发生重熔并重返地幔，并在深部发生回流，从而形成地幔对流。地幔对流是驱动海底扩张的根本动力。

二、海底扩张学说的证据

有许多证据支持海底扩张学说，主要的证据包括洋脊、海沟、海底地磁异常条带和转

换断层的发现以及深海钻探成果等。

1. 洋脊及中央裂谷的发现

1953 年前后，尤因和黑森等人发现了纵贯世界大洋海底的洋脊和中央裂谷系统（图 12 – 15）。洋脊是绵延于全球各大洋底的巨大山脉，长达 64000km，宽 1000 ~ 4000km，平均高出洋底 2000 ~ 4000m，其横截面呈平缓的等腰三角形。洋脊附近发育由两组平行洋脊的走向相同、倾向相反的纵向正断层组合构成的地堑，即中央裂谷。中央裂谷呈上宽下窄的形态，上部宽数十至数百千米，底部宽数千米，裂谷深 1 ~ 2km。洋脊的这种地貌是岩石圈破裂张开的结果。

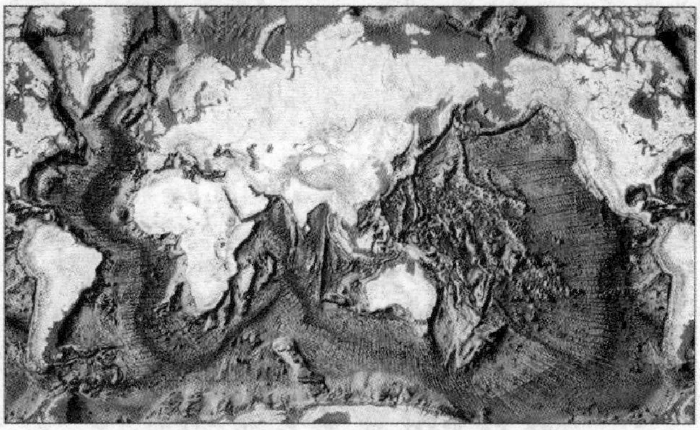

图 12 – 15　全球洋中脊的分布
（据 Heezen 和 Tharp，1977；转引自陶世龙，2010）

此外，洋脊上有大量的火山活动，地热流值异常高，可视为地幔物质沿洋脊上涌的证据。洋脊也是重要的地震带，这里发生的地震多为浅源地震，这是岩石圈处于不断拉张状态和海底火山不断喷发的结果。

2. 海沟及贝尼奥夫地震带的发现

海沟主要分布于太平洋以及印度洋东北部的大陆边缘。海沟的横剖面多呈“V”字形，沟底深度一般大于 6000m，最深的马里亚纳海沟深达 11033m。海底调查表明，海沟处呈现重力负异常，故推测海沟下方物质密度较低。地壳均衡原理指出密度低的地区上升通常具有较高的地势，这与海沟处的地势相矛盾。因此可以推测在海沟处必定存在一种向下拉的作用力，破坏了重力均衡，使较轻的地壳物质强制下陷，这可以作为洋壳在海沟处往下俯冲的证据。

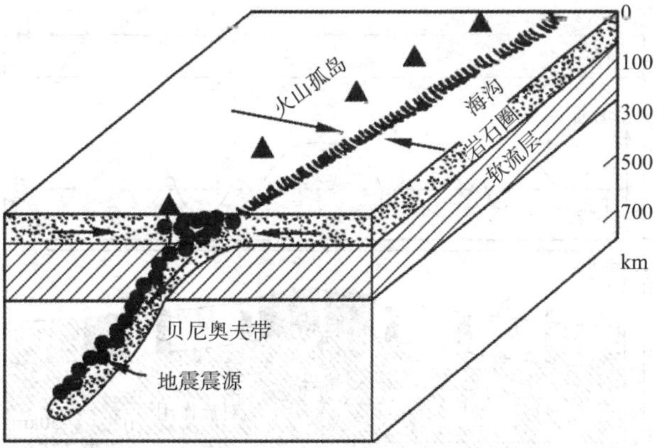

图 12 – 16　海沟与贝尼奥夫带（据怀利，1978）

20 世纪 50 年代，美国学者贝尼奥夫发现海沟处地震分布的规律：在海沟附近都是浅源地震，远离海沟出现中源地震，至大陆深处则出现深源地震，震源深度最深可达 720km，地震震源排列成为一个由海沟向大陆呈约 45°倾角的倾斜带（图 12 – 16）。后人为纪念贝尼奥夫，将海沟附近的地震分布规律称为贝尼奥夫地震带。这种现象说明，沿大陆边缘的海沟，存在着一个巨大的、倾向于大陆方向的活动断裂带。贝尼奥夫地震带也可作为洋壳在海沟往下俯冲的证据。

3. 海底对称磁异常条带的发现

海底对称磁异常条带的发现是验证海底扩张学说的关键证据。

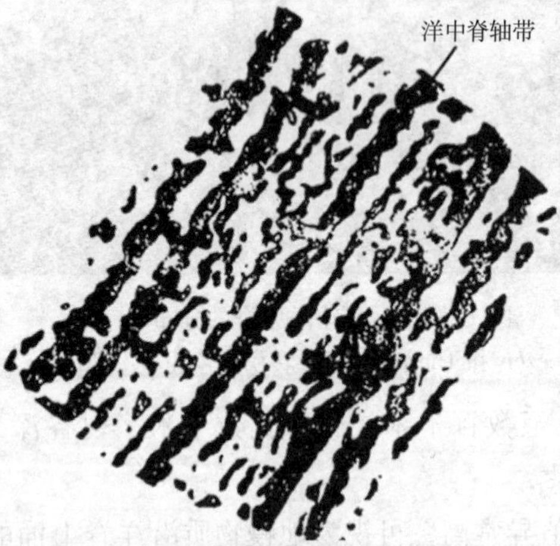

图 12－17　冰岛附近大西洋洋中脊实测海底磁异常条带（据 Strahlor，1977）

20 世纪 50 年代，人们在海底调查中发现了洋脊附近的海底磁异常条带（图 12－17），其基本特征表现为：正向、反向磁异常呈条带状相间排列分布，磁异常条带宽度的变化范围从数千米到数十千米不等，纵向延伸可达数千千米；磁异常条带分布不受地形的影响，遇到洋底断裂带时被整体错开；磁异常条带的延伸方向始终与洋脊平行；地磁异常条带以洋脊为中心对称分布于洋脊两侧。

对于这种地磁异常条带的成因，一度使人困惑不解，有人以为是洋底岩石磁性强弱不同所引起的，但这种观点无法解释磁异常条带分布的规律性。1963 年英国剑桥大学的 F. 瓦因和 D. H. 马修斯结合海底扩张学说和地磁场周期性倒转现象对此给出了极为合理的解释，他们认为海底地磁异常条带是在地球磁场不断倒转的背景下，海底洋壳不断新生和扩张的结果（图 12－18）。过程如下：高温的地幔物质不断沿大洋中脊的中央裂谷上涌并冷凝形成新的洋壳。当冷却至居里温度点时，新生的洋壳就会沿当时磁场方向发生磁化，并被保留下来，随着海底扩张，先形成的洋壳将老的洋壳向两侧挤开，在洋脊轴部不断生成新的洋壳；假如在某个时期里地磁场发生了倒转，这时期形成的洋壳被磁化的方向也随之发生变化，在相反的方向上被磁化；只要地磁场反复发生倒转，海底又不断新生与扩张，就必然会形成正向、反向磁化条带相间排列并平行于洋脊对称分布的格局。海底地磁异常条带记录

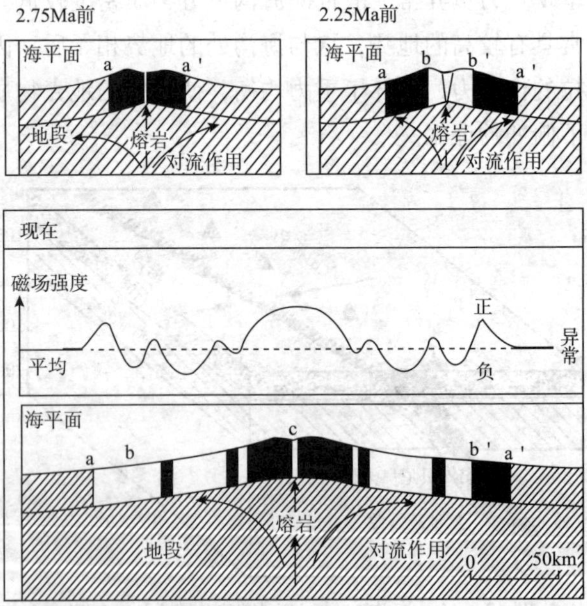

图 12　18　海底对称磁异常条带的成因（据怀利，1980）
磁化 □反向 ■正向

着洋壳生长及地磁场演变的历史。

海底磁异常条带的年龄与磁性地层年表之间存在一一对应的关系。根据地磁异常条带的年龄及其到洋脊轴部的距离，可以计算出海底扩张的速度，如太平洋单侧扩张的速率约每年 3 ~ 6cm，大西洋和印度洋扩张速率大多为每年 1 ~ 2cm。

4. 深海海底的钻探成果

全球海底钻探计划开始于 1966 年，经历了深海钻探计划（DSDP，1966—1983）、大洋钻探计划（ODP，1983—2003）、综合大洋钻探计划（IODP，2003—2013）和国际大洋发现计划（IODP，2013—）四个阶段，仅 DSDP、ODP 三十余年间在全球主要海区布置钻孔约 2900 口，钻取岩心超过 3×10^5m，钻探结果表明：全球各大洋海底最老的岩石年龄都小于 1.8 亿年，且从洋脊轴部向两侧，洋壳年龄对称分布逐渐变老（图 12 – 19），结果与海底磁异常条带建立的海底岩石磁性地层年龄基本吻合。

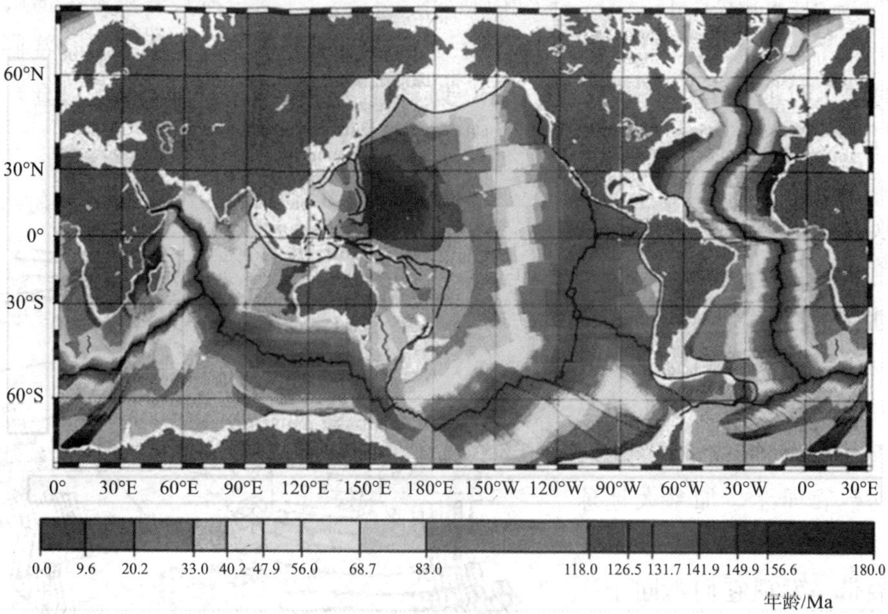

图 12 – 19 全球大洋洋壳年龄分布图（据 Stanley 等，2007）

深海海底的钻探成果最终证实了海底扩张学说的正确性。

5. 洋底火山岛链的年龄分布

大洋底部分布的火山岛链的年龄分布也可为海底扩张提供证据。比如在太平洋洋隆以西分布有三条近于平行排列的火山岛链，如天皇海岭—夏威夷海岭、莱恩群岛—土阿莫土群岛、吉尔伯特群岛—土布艾群岛等（图 2 – 9）。对天皇海岭—夏威夷海岭研究结果表明，它们由玄武岩组成，天皇海岭形成时期所处的古纬度大致相当于现今的夏威夷群岛南端的纬度，同位素测年结果表明，火山岛年龄由夏威夷群岛南端向北西方向逐渐由新变老，中途岛年龄为 28Ma，天皇海岭东南端年龄为 47Ma，天皇海岭西北部端年龄为 80Ma（图 12 – 20）。

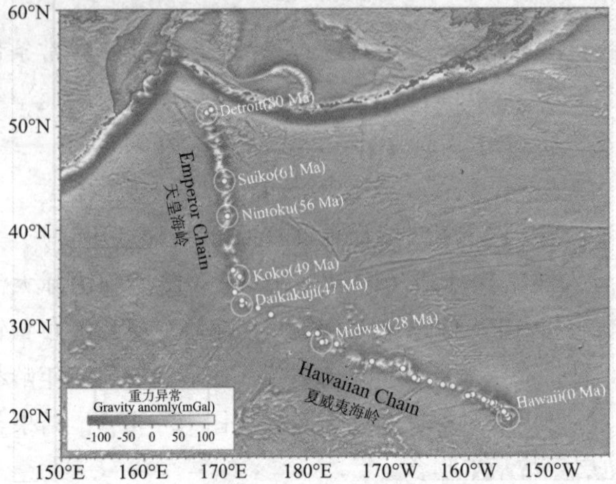

图 12－20　夏威夷岛链、天皇岛链火山年龄变化
（据 Torsvik 等，2017）

夏威夷岛链是一个无地震而只有火山活动的岛链，威尔逊（Wilson，1963）、摩根（Morgan，1971）用热点—地幔柱假说来解释这种无震脊上的火山成因。热点指地幔深部上升的热物质喷射到地表的中心，而热点下面的柱状热流则称为地幔柱。热点和地幔柱的位置长时间保持固定的，而当洋壳在热点、地幔柱上移过时，就留下了一个年龄逐渐由新变老的火山岛链。

天皇海岭—夏威夷海岭火山岛年龄的分布表明太平洋洋隆以西的洋壳有自南东向北西方向扩张的趋势，而扩张的方向发生过一次明显的转折，在距今 80～47Ma 时扩张方向为 NNW，而 47 Ma 以来则转变为 NW（图 12－20）。

6. 转换断层的发现

转换断层的发现是海底扩张学说的主要证据之一。

20 世纪 50 年代以来，海底调查发现，洋脊以及两侧的地磁异常条带并不是连续分布的，而是被一系列的巨大断裂带所错开，错距可达数百千米。加拿大地球物理学家威尔逊详细研究了这些巨大断裂带，发现它们不同于一般的平移断层，威尔逊（Wilson，1965）将这些横切洋脊的巨型断层称为转换断层（图 12－21）。

图 12－21　南美洲东部洋脊和转换断层
（据梅斯霍夫等；转引自柳成志等，2010）

转换断层与平移断层的区别主要表现在以下几点（图 12－22）。

（1）随着时间的推移，平移断层两侧的相当层距离越来越远；而转换断层两侧洋脊之间的距离并不一定加大。

（2）平移断层的剪切作用沿整个断层面发生［图 12－22（a）］；而转换断层的剪切作用仅发生于两侧洋脊之间［图 12－22（b）］，洋脊之外其他地段则没有发生剪切运动。

（3）平移断层的剪切方向与断层两侧相当层所显示的运动方向一致；而转换断层的剪

切方向与断层两侧洋脊所显示的错开方向相反。

（4）平移断层沿整个断层破碎带都可能发生地震；而转换断层地震只可能发生于两侧洋脊之间，而且为浅源地震，其他地段不会发生地震。

（5）转换断层的水平剪切运动在转换点终止［图 12－22（b）中的 B 和 C］，越过转换点改变为拉张或挤压作用；而平移断层无此现象。

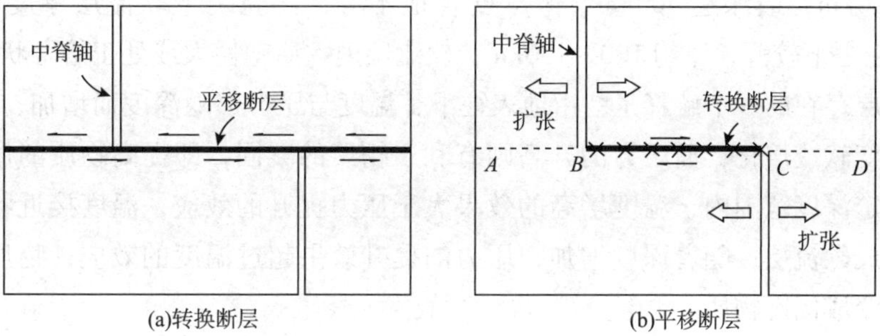

图 12－22　转换断层和平移断层的区别

洋底地震观测结果证实了沿洋脊分布的地震震中分布于转换断层两侧洋脊之间，其余地段没有分布；断层活动的方向与转换断层所要求的方向相同，这就证实了转换断层的存在。转换断层是由洋脊海底扩张引起的，转换断层的错动方向就是海底扩张运动的方向。

第三节　板块构造学说

20 世纪 60 年代中期，一系列重大科学发现使海底扩张学说站稳了脚跟，并广为普及。然而地球科学的发展并没有停下步伐，1968 年前后一批地球科学家在海底扩张学说的基础上进一步提出了板块构造学说，从全球的角度阐明了岩石圈运动与演化的规律，引发了地球科学上的一场革命。

一、板块构造学说的基本观点

板块构造学说的基本观点可以归纳为以下五点。

（1）固体地球的表层在垂向上可划分出上部刚性的岩石圈和下部塑性的软流圈。

（2）岩石圈可划分为若干大小不一的板块，它们漂浮于软流层之上做大规模的水平运动。

（3）板块边缘由于相邻板块的相互作用成为构造活动强烈的地带，而板块内部构造运动相对稳定。

（4）板块之间的相互作用从根本上控制了各种地质作用的进程，同时也决定了全球岩石圈运动与演化的基本格局。

（5）板块运动的驱动力来自地幔物质的对流。

固体地球上部划分出岩石圈和软流层是板块构造学说的基础，板块构造的研究对象是岩石圈，而大陆漂移学说、海底扩张学说研究的对象是地壳。研究岩石圈板块之间的相互作用及其产物的学说即为板块构造。

美国地球物理学家贝诺·古登堡于1926年在固体地球上部发现了低速带，并划分出软流层。软流层的顶底界面不清晰呈逐渐过渡状态，而且埋深不等；软流层的深度区间一般为60～250km，最深达400km，但厚度各地不等，洋壳之下软流层厚度较大，厚约350km，陆壳之下较薄，厚约100～150km；软流层内物质塑性大或处于熔融状态，易于流动。对软流层存在的一个解释是：由地表往下，温度与压力都随深度而增加；温度的提高将促使物质变软或熔化，而压力的升高则有利于物质的凝固，即提高物质的熔点和弹性；在地下的一定深度范围内，温度增高的效果大于压力提升的效应，温度接近物质的熔点，物质软化形成软流层；随着深度增加，压力的提升效果超过温度的效应，物质熔点提高，弹性增加又变成固态物质。

岩石圈覆盖于软流层之上，两者呈逐渐过渡，岩石圈厚度不均，一般厚度为70～100km，大陆地区厚一些，大洋地区薄一点。岩石圈不是完整的一块，而是由若干大小不一的板块构成。岩石圈板块简称板块，它是指位于软流层之上的岩石圈被一些构造活动带分割成若干个既不连续但又相互“镶嵌”起来的球面块体。

二、板块运动

刚性的岩石圈板块在地球表面上的运动遵循一定的规律。

1. 板块在球面上的相对运动

数学家欧拉指出任何一种刚性物体沿球体表面的运动必定是一种绕轴的旋转运动，也就是说球体上的一个块体可以通过围绕某一通过球心的旋转轴，沿着球面移动到另一个地方。板块位于固体地球的表层，地球是球体，因而板块的运动可以理解为板块沿球体表面绕各自旋转轴的运动（图12－23）。

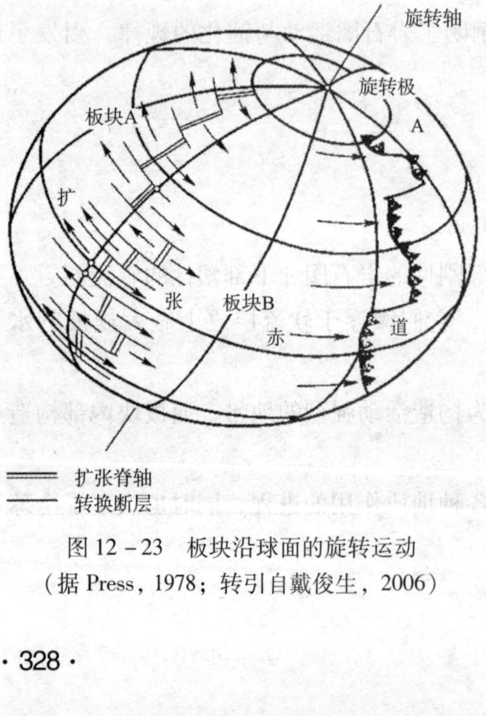

图12－23　板块沿球面的旋转运动
（据Press，1978；转引自戴俊生，2006）

每一对板块都有自己的旋转轴，其旋转轴与地表的交点为旋转极。旋转极与地理极不一定重合。一对板块的旋转角速度相同，但各段的线速度不同，旋转极处线速度最小，旋转球的赤道线上线速度最大。每对板块运动的方向平行于旋转球体的纬度线，转换断层的走向往往代表了板块运动的方向，旋转球体的经度线往往与洋脊延伸方向重合。

科学家在不同地区验证了板块的绕轴运

动。例如美国科学家摩根，他在地图上沿赤道大西洋洋脊上的一系列转换断层线作垂线，这些垂线相交于北纬58°、西经36°~37°，这一交点也就是大西洋中央裂谷两侧美洲板块和非洲板块的旋转轴。

2. 板块的运动模式

不同的板块边界类型，板块之间的相互运动有不同的特点。

1）板块的扩张运动

板块的扩张运动发生于分离型板块边界，主要发生于洋脊、大陆裂谷地带。两板块沿其边缘产生相背运动，扩张速率可从海底地磁异常条带推算出来。例如，太平洋洋脊位于北纬30°左右，其扩张速率最大为18.3cm/a，由此向南或向北其速率均下降为4.1cm/a；大西洋洋脊的扩张速率在南纬30°附近为4.1cm/a，向北减少到1.8cm/a；印度洋洋脊在南纬45°处为7.3cm/a，向北减少到2cm/a。

2）板块的汇聚（俯冲）运动

板块的汇聚（俯冲）运动发生于汇聚型板块边界，两板块沿其边缘相向运动，主要有大陆板块与大陆板块、大陆板块与大洋板块及大洋板块与大洋板块三种汇聚方式（图12－24），形成岛弧—海沟系、山弧—海沟系、地缝合线和陆间海等板块边界类型。

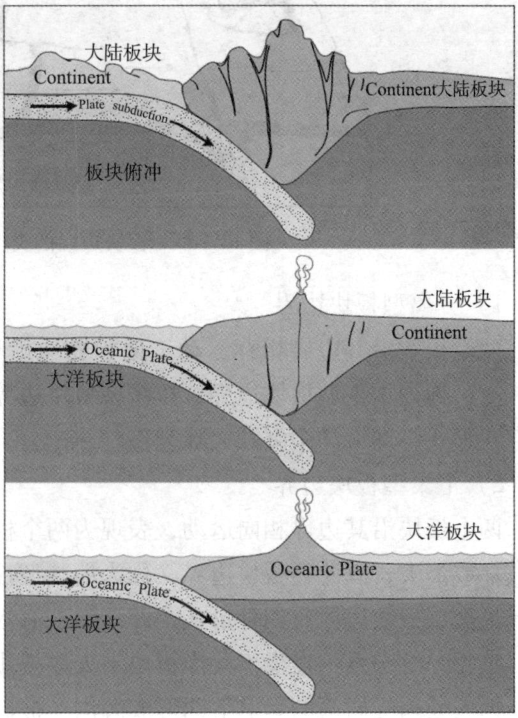

图12－24　板块汇聚的三种方式（据J. Erickson，2001）

3）板块的平错运动

板块的平错运动发生于剪切型板块边界，两个板块沿边界仅发生相对的水平错动，此处板块既不增生也不消减。

三、板块的划分及其边界类型

板块的边界常常具有强烈的构造活动性，通常把岩浆作用、地震活动、构造变形以及变质作用等集中分布的地带称为构造活动带。以构造活动带为边界，可将全球的岩石圈划分为若干大小不等的板块。

1. 板块边界的类型

依据相邻板块运动的状况以及板块增生与消减的特征，可将板块边界划分为三种类型（图12－25）。

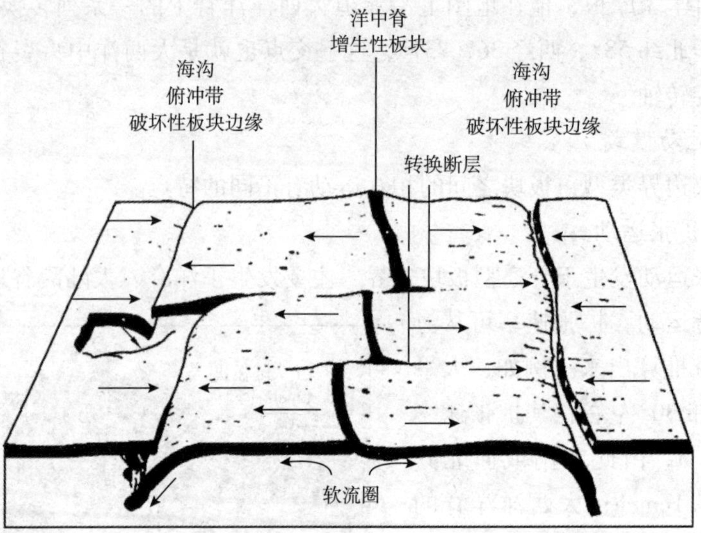

图 12－25　板块边界的类型（据汉布林，1980）

1）分离型板块边界

两个板块沿其边界相背运动，地幔物质沿边界上涌出露地表后冷凝固结形成新的洋壳，故又称为增生型板块边界、拉张型板块边界或离散型板块边界。分离型板块边界有两种存在形式，即大洋中脊和大陆裂谷。

2）汇聚型板块边界

两个板块沿其边界相向运动，表现为两个板块的对冲、俯冲或碰撞，沿此边界板块遭受破坏或消失，故此类板块边界又称为消减型板块边界、碰撞型板块边界或挤压型板块边界。汇聚型板块边界有四种形式，即岛弧—海沟系、山弧—海沟系、地缝合线和陆间海。

岛弧—海沟系：发生于大洋板块与大洋板块的相向运动中，其中一板块沿边界往下俯冲，插入处因受向下的牵引下凹形成海沟，被插入板块边缘因受挤压褶皱破裂导致其下岩浆侵入或火山喷发形成一系列火山列岛，即岛弧。岛弧—海沟系主要分布于太平洋北西部的大陆边缘。

山弧—海沟系：发生于大洋板块与大陆板块相向运动中，其中大洋板块因密度较大且位置较低沿边界往大陆板块下俯冲，插入处因受向下的牵引下凹形成海沟，被插入的大陆板块边缘因受挤压褶皱形成弧形分布的山系，即山弧。山弧中发育许多断裂也导致其下岩浆侵入或火山喷发。山弧—海沟系主要分布于太平洋东部的大陆边缘。

地缝合线：大洋板块发生俯冲标志着大洋开始衰退、萎缩，随着俯冲的持续，大洋最终会消亡。大洋板块的消亡必然导致两个大陆板块发生直接碰撞，会形成巨大的褶皱山系，称为地缝合线。如喜马拉雅山系正是印度板块向北漂移，其中的古海洋关闭，最终与欧亚板块东部南缘相碰撞形成的褶皱山系（图 12－26）。

陆间海：两个大陆板块相碰不够彻底，使得部分古海洋得以残留下来形成陆间海。如现今的地中海便是非洲板块往北漂移与欧业板块西部南缘相碰撞而残留下的海洋。

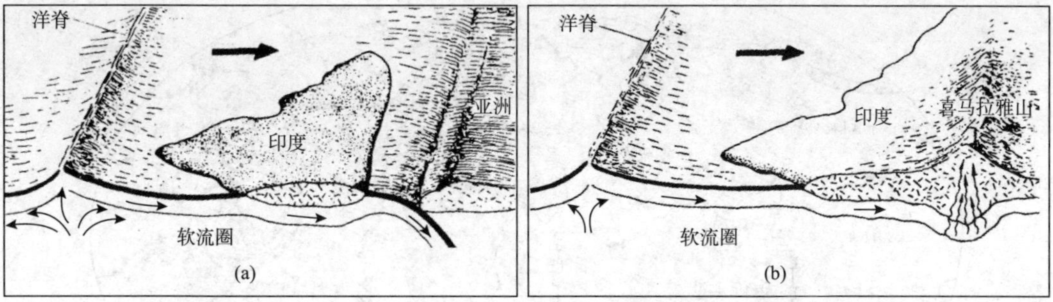

图 12－26 印度板块与欧亚板块的碰撞及喜马拉雅山的形成（据 Tarbuck 和 Lutgens，1993）

3）平错型板块边界

两个板块沿其边界发生相对的滑动，沿此板块边界既不增生也不消减。此类边界仅有一种形式，即转换断层，又称为剪切型板块边界。

2. 全球板块的划分

法国地球物理学家勒皮雄（Le Pichen）于 1968 年依据地质和地球物理资料将全球岩石圈划分出六大板块：欧亚板块、美洲板块、非洲板块、印度板块、太平洋板块和南极洲板块（图 12－27）。后来，又将美洲板块分解为北美洲板块和南美洲板块，由此形成了全球七大板块。除了太平洋板块为海水覆盖外，其余板块既包括大洋也包括大陆。一般将板块中大陆覆盖的部分叫大陆板块，大洋覆盖的部分叫大洋板块。

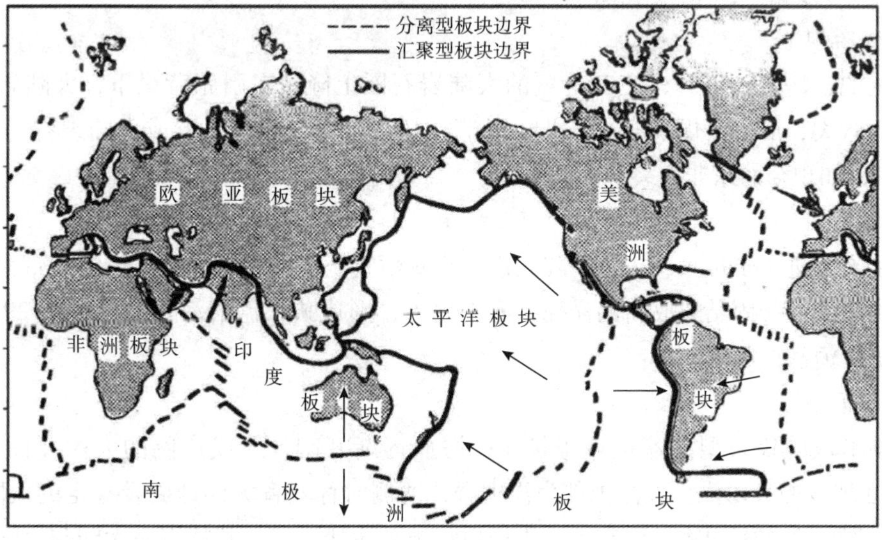

图 12－27 全球六大板块的划分（据 Le Pichen，1968；转引自戴俊生，2006）

随着研究的深入，人们在此基础上将岩石圈板块进一步划分，划分出十二个主要板块：南美洲板块、加勒比板块、北美洲板块、菲律宾板块、纳兹卡板块、可可板块、非洲板块、阿拉伯板块、印度板块、南极洲板块、欧亚板块、太平洋板块等（图 12－28）。

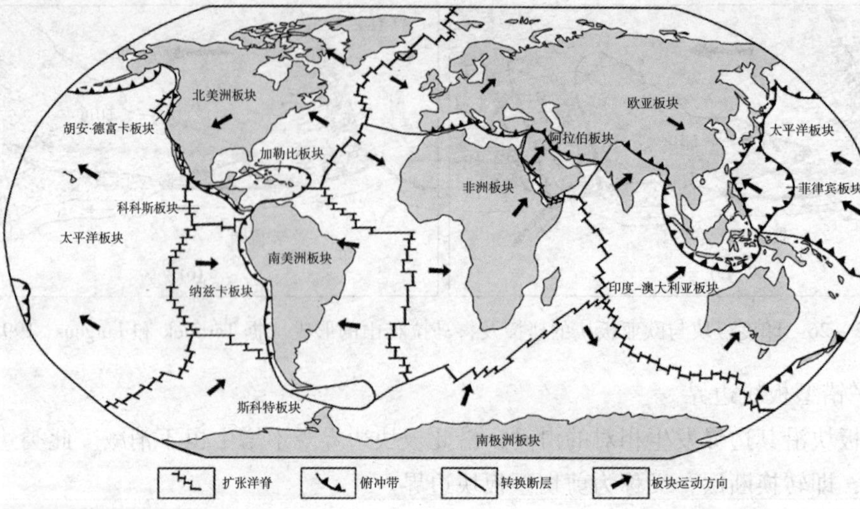

图 12－28　全球十二个主要板块的划分（据汪新文，2013）

四、大洋盆地的演化

加拿大地质学家威尔逊根据现代大陆和大洋的实例，归纳了大陆板块离合和大洋盆地演化发展的旋回模式，后人为纪念威尔逊，将大洋盆地演化的旋回称为威尔逊旋回。这个旋回可划分为以下六个阶段（图 12－29）。

1. 胚胎期

新生的地幔热柱上升，使其上覆的大陆岩石圈上隆，在引张背景下，大陆岩石圈变薄，地壳张裂，形成大规模地堑，沿断裂带有基性火山岩喷发，形成大陆裂谷［图 12－29（a）］，如现今的东非大裂谷。

2. 幼年期

大陆裂谷进一步拉张、拓宽，陆壳进一步减薄直至消失，地幔物质沿断裂带大规模上涌出露地表，冷凝固结形成新的洋壳。海水侵入，形成狭长型的海洋［图 12－29（b）］，如现今的红海和亚丁湾。

3. 成年期

先前形成的狭长型海盆进一步扩张，海面逐渐开阔，形成广阔的大洋［图 12－29（c）］，如现今的大西洋。大洋中部为洋中脊，两侧对称发育大洋地壳及稳定的大陆边缘，其上有巨厚的海相沉积物。稳定大陆边缘也称被动大陆边缘，其特点是大陆与大洋呈连续过渡关系，没有海沟，没有地震和岩浆活动，一般发育大陆架、大陆坡、大陆基等地貌（图 12－30）。

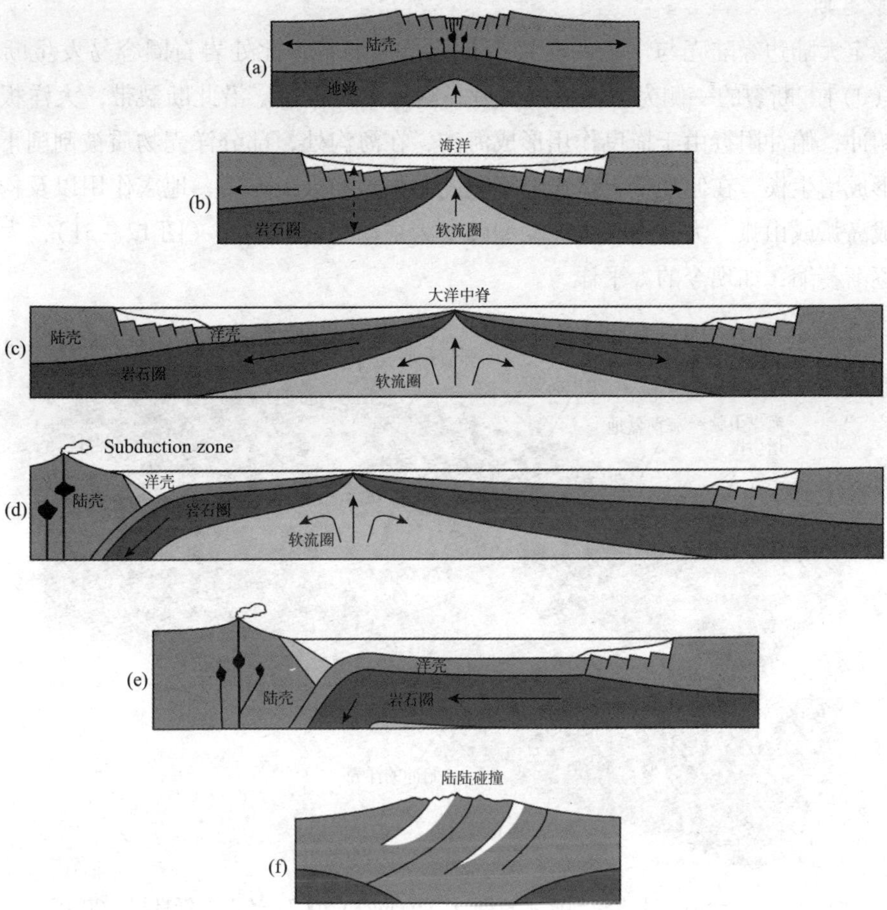

图 12－29 大洋演化的威尔逊旋回示意图（据 Stein 和 Wysession，2003）

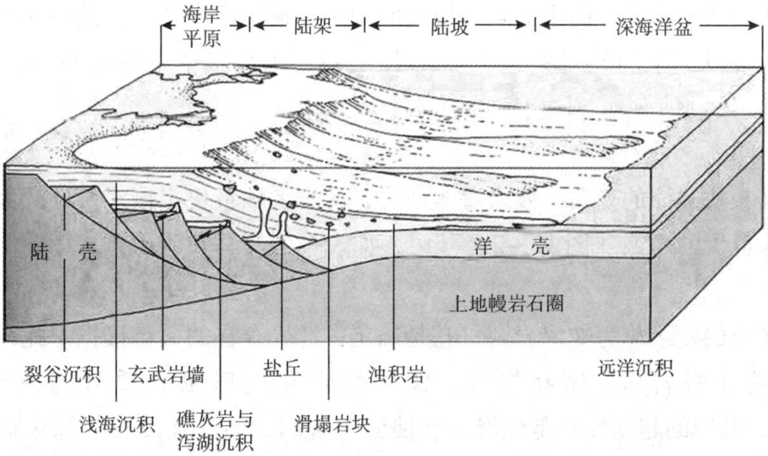

图 12－30 被动大陆边缘地形单元示意图（据 Hamblin 和 Christiansen，2003）

4. 衰退期

在稳定大陆边缘陆壳与洋壳的交接带是构造薄弱带，此处岩石圈容易发生断裂［图 12－29（d）］。断裂的一侧为大洋板块，另一侧为大陆板块。沿此断裂带，大洋板块向大陆板块俯冲，俯冲附近由于拖曳作用形成海沟，在海沟处，部分洋壳物质被刮削下来，逐渐堆积形成增生楔。在俯冲带上盘大陆板块发生强烈的火山作用、地震作用以及构造变形等，形成岛弧或山弧。大陆边缘由被动型转变为主动型大陆边缘（图 12－31），大洋由盛转衰，逐渐萎缩，如现今的太平洋。

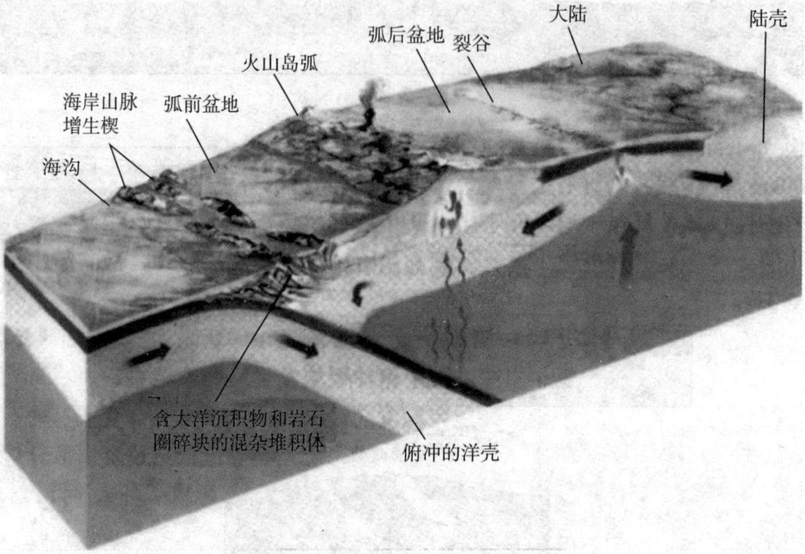

图 12－31　活动大陆边缘剖面示意图（据 Stanley，2007；转引自舒良树，2010）

5. 残余期

随着大洋板块的俯冲，两个大陆板块之间的大洋板块逐渐消亡，最终两个大陆板块发生碰撞，大洋消失［图 12－29（e）］。碰撞之初，仍会残留下部分海盆，如现今的地中海。

6. 遗痕期

两个大陆板块碰撞的晚期，残余海盆消失，两个大陆板块直接对接导致大陆边缘强烈挤压褶皱形成巨大的山系［图 12－29（f）］，如现今的喜马拉雅山系，即前文所提的地缝合线。

陆地上洋壳的残余称为蛇绿岩套，它是确定古洋壳存在的关键证据。蛇绿岩指由超基性岩岩床、基性岩岩床、席状岩墙、枕状熔岩和放射虫硅质岩构成的洋壳剖面（图 12－32），其中的超基性和基性岩多已蚀变为含绿泥石、蛇纹石等绿色矿物，故名蛇绿岩。超基性岩是地幔橄榄岩，由地幔岩浆直接结晶形成，在海底多发生水热蚀变，普遍蛇纹石化。基性岩岩床，主要由粗粒的辉长岩构成岩床。席状岩墙，由许多近于直立、互相紧挨的辉绿岩岩墙构成。枕状熔岩，由水下喷发的玄武岩构成，具有枕状构造。放射虫硅质岩，是深海远洋硅质沉积物，其中富含放射虫化石。

威尔逊旋回描述了大陆岩石圈板块的一次开合发展的进程，每一个旋回历时大约1.5亿~2.0亿年。大陆岩石圈板块的每一次开与合都会造成全球海陆格局的变迁、环境的巨变，从而影响到生物的演变历程。

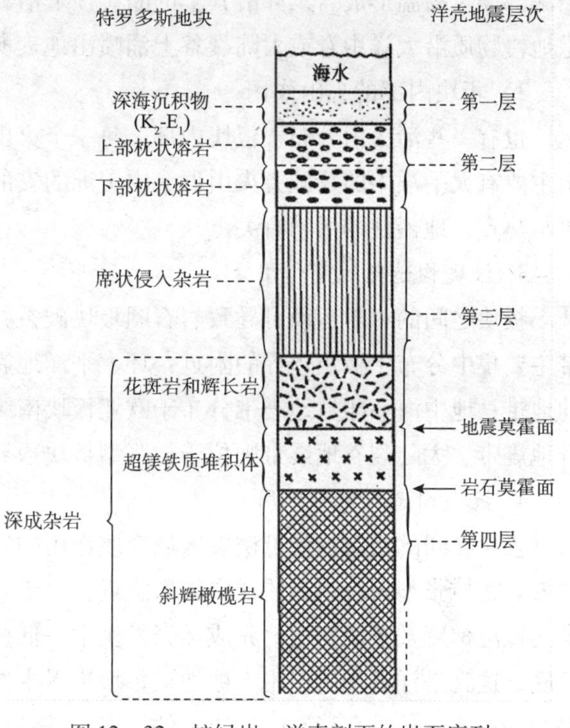

图12－32 蛇绿岩、洋壳剖面的岩石序列
（据 Gass 和 Smewing，1973；转引自戴俊生，2006）

五、板块构造与地质作用的关系

板块运动从整体上控制着各种地质作用的历程。

1. 板块构造与造山运动

现今地球上年轻的褶皱山系主要分布于板块的汇聚边界上，如全球最大的两条山系阿尔卑斯—喜马拉雅山系和环太平洋山系均位于两相邻板块的俯冲带上。山系两侧的大陆曾经远隔重洋，只是由于洋壳的不断俯冲消亡，大陆逐渐靠近，最终发生碰撞从而形成。山脉的形成主要是地壳遭受水平挤压的结果。

现在大陆内部的一些古老褶皱山系，也主要是在一定地质历史时期板块俯冲、汇聚所形成的，如横亘于我国中部、分割华南与华北的秦岭—大别山山系是在晚三叠世—早侏罗世由华北板块与华南板块之间发生俯冲、碰撞的结果，而在晚三叠世之前华南与华北并不相连，之间隔着宽阔的古特提斯洋。

2. 板块构造与岩浆作用

板块之间的相对运动导致岩浆的形成与运移，故岩浆活动的强烈地带也主要位于板块边界附近。

1）板块边界的火山作用

全球的活火山主要分布在四个地带：环太平洋火山带、地中海—印尼火山带、大洋中脊火山带和大陆裂谷火山带（图4－2），这些地带均位于全球主要板块的边界，而板块边界是构造活动带。

环太平洋火山带的形成是由于太平洋板块往周边板块俯冲，深部岩浆沿被插入板块边缘产生的断裂往上运移到达地表形成火山喷发，环太平洋活火山众多，因而被称为“火环”。地中海—印尼火山带是由于欧亚板块南缘与印度板块、非洲板块相碰撞，在地壳的中深部产生高温形成岩浆并沿其上的断裂往上活动所形成的。大洋中脊和大陆裂谷火山带是地幔物质沿大洋中脊或大陆裂谷上涌喷出地表所形成的。

2）板块内部的火山作用

也有一些活火山分布于板块内部，每一个火山群都有各自的发育规律。著名的板内火山主要有太平洋中的夏威夷火山群、中美洲的安的列斯群岛火山群等。板内火山的形成主要与热点、地幔柱的活动有关。

3. 板块构造与地震作用

板块之间的相对运动可导致岩石圈板块破裂并诱发构造地震的发生，故全球构造地震带主要集中分布于板块边界的附近：环太平洋地震带正分布于太平洋板块往周边板块俯冲的地带；地中海—印尼地震带分布于欧亚板块南缘与印度板块、非洲板块相接处；大洋中脊地震带、大陆裂谷地震带则位于拉张型板块边界上。

4. 板块构造与变质作用

板块之间的相对运动可诱发区域变质作用的发生，故区域变质带多集中分布于板块的边界。在拉张型板块边界的洋脊轴部附近，由于岩浆不断上涌形成新的洋壳，因而具有较高的地温梯度及热液作用，先成洋壳发生中—低级变质作用，并随海底扩张而分布于整个海底，这就是洋底变质作用。剪切型板块边界主要发育动力变质作用。挤压型板块边界的海沟—岛弧系处具有特殊的温压条件，海沟一侧出现高压低温的变质环境，而岛弧一侧出现高温低压的变质环境，因而出现成对出现的变质带，称为双变质带（图 12－33）。地缝合线处发育中—高级区域变质作用、混合岩化作用等。

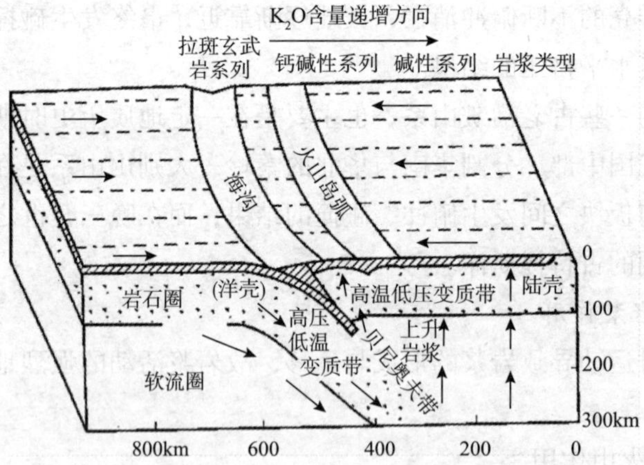

图 12－33　板块汇聚带形成的双变质带（据斯宾塞，1981）

5. 板块构造与外动力地质作用

板块运动奠定了地表起伏的总体格局，从而控制着外动力地质作用的基本状况。大陆，尤其是山地的外动力地质作用以风化作用、剥蚀作用为主，而海洋和洼地则以沉积作用为主。

构造运动在引起地表地形发生巨变的同时，也会引起自然条件和气候的变化，导致外动力地质作用的方式及特点也随之发生变化。如构造运动可使平原地区抬升成为高原或高寒山区，外动力地质作用便由以地面流水地质作用为主转变为以冰川地质作用为主；当气候由干燥转变为潮湿，外动力地质作用也会由风的地质作用为主转变为地面流水地质作用为主。

六、板块运动的驱动力

关于板块运动的驱动力问题，目前还是一个有待解决的问题。

普遍认为地幔物质对流是板块运动的动力来源。地幔物质对流的原因是热能和重力作用。地幔下部物质因温度升高、密度减小、体积膨胀而上升，上升热流可使大洋岩石圈隆起并产生断裂；地幔物质一部分涌入洋脊中央裂谷冷凝固结形成新的洋壳，而大部分呈水平方向向两侧流动，并挟带其上岩石圈板块作扩张运动；地幔物质在流动过程中温度逐渐降低、密度加大，到达一定地区下沉，导致其上板块在此处俯冲消亡；地幔物质在深部进行回流构成完整的环流。

关于地幔物质对流有两种不同模式：浅地幔对流和深地幔对流（图 12－34）。浅地幔对流发生于软流层内，引起对流的热能来自上地幔岩石中局部富集的放射性元素衰变，这是多数人比较认同的看法。深地幔对流发生于整个地幔中，引起对流的热能来自核幔边界，这个看法值得探讨。此外，板块从洋脊向海沟方向的运动中，板块前缘不断冷凝、密度加大下沉以及顺坡下滑等也提供了板块运动的部分动力。

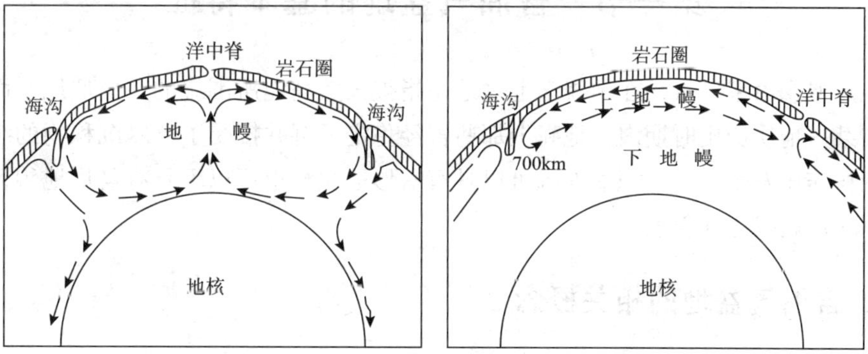

(a)深地幔对流，仅在上地幔　　(b)浅地幔对流，在整个地幔内

图 12－34　地幔对流模式示意图

板块构造学说非常成功地解释了中生代以来全球岩石圈板块的运动与演变历程，对分布于板块边缘上的地质构造、宏伟的地形地貌以及现今全球构造活动带的成因与分布规律给出了合理的解释。但板块构造学说仍存在一些亟待解决的问题，如古生代及古生代以前的岩石圈的演化历史、大陆地质和造山带构造演化及板块运动的驱动机制等。

第十三章　含油气盆地

石油与天然气是当今人类社会赖以生存的能源资源，据英国石油公司（BP）《2016技术展望》的预测，到2050年，石油和天然气的需求量将会达到约2.5万亿桶油当量，在全球能源消费结构中仍将占据重要位置。而作为一种有机矿产，石油与天然气的形成与沉积盆地具有密切的关系，沉积盆地是指在某一地质历史时期内，地壳上那些曾经稳定下沉并接受了巨厚沉积物的统一沉降区。油气工业勘探实践表明99%以上的油气资源保存在沉积岩中，因此把已发现工业油气流的沉积盆地称为含油气盆地，而"没有盆地就没有石油"已成为油气勘探的一个至理名言。

本章主要介绍以下内容：①含油气盆地的基本特征；②含油气盆地的结构与内部构造单元划分；③含油气盆地的类型。

第一节　含油气盆地的基本特征

盆地的概念由来已久，在地貌学上盆地是指被天然高地所围绕的一块低地。而沉积盆地是指在某一地质历史时期内，地壳上那些曾经稳定下沉并接受了巨厚沉积物的统一沉降区。在沉积作用发生时，沉积盆地既可以具有盆形地貌，也可以不具有盆形地貌，如大陆坡的沉积作用就发生在斜坡上。

一、含油气盆地的相关概念

1. 含油气盆地

含油气盆地是指已发现工业油气流的沉积盆地，确切地说，含油气盆地是具备成烃要素、有过成烃过程并已发现有商业价值油气的沉积盆地。并非所有盆地都能称为含油气盆地，世界上有近600个盆地，其中已找到巨型油气田的有75个，约占13%；已找到油气的，约215个，约占37%。中国幅员辽阔，拥有众多大大小小的盆地，沉积岩出露面积达$670\times10^4km^2$，其中面积大于$1\times10^4km^2$的盆地有62个（邱中建等，1999），已发现的含油气盆地有22个，其中松辽盆地、渤海湾盆地、鄂尔多斯盆地、塔里木盆地、准格尔盆地、柴达木盆地、四川盆地等为中国主要的含油气盆地。

石油与天然气的成因一直备受争议，主要有无机成因说和有机成因说两种观点。无机成因说认为石油与天然气是地下深处高温、高压条件下由无机物变成的；而有机成因说认为石油和天然气的形成是在一定的埋藏深度及一定的温压条件下，由有机质经复杂的物理、化学等变化而转化来的。有机成因说是当前的主流观点。

因此，含油气盆地的形成必须具备如下基本条件。

首先，必须具有巨厚的沉积物和丰富的有机质，这样才能保证含油气盆地有足够的生油母质；其次，要有一个有机质赖以繁殖、聚集、沉积、保存并向石油转化的环境，实践证明这种环境通常是具有一定水深的内陆湖泊和浅海陆棚地带；第三，要有一个持续稳定沉降的大地构造条件，这样才能使堆积下来的有机质迅速埋藏并逐渐向利于其转化为石油的方向发展；第四，含油气盆地必须经受一定程度的构造运动，这样不仅可以推动油气运移并为油气运移创造必要的构造条件，而且为油气聚集提供圈闭条件，这里的圈闭是指油气聚集并形成油气藏的场所。

2. 油气藏

油气藏是油气在单一圈闭中的聚集，具有统一的压力系统和油水界面，是地壳上油气聚集的基本单元，也是含油气盆地中油气聚集的最小单元。

圈闭中若只聚集了油就成为油藏，只聚集了气就成为气藏，既有油又有气的称为油气藏。油气藏具有工业开采价值的，称工业性油气藏，否则称非工业性油气藏。工业性和非工业性的划分标准是相对的，它取决于一个国家的油气资源丰富程度及开采的工艺技术水平。

油气藏可以根据圈闭的成因划分为构造油气藏、地层油气藏、岩性油气藏、水动力油气藏和复合油气藏五大类。

3. 油气田

油气田是受单一局部构造单位所控制的同一面积内的油藏、气藏、油气藏的总和。如果在这个局部构造范围内只有油藏则称为油田，只有气藏则称为气田。由于石油和天然气都是流体，因此油气田是指现在油气聚集的场所，一般来说是在油气生成之后经过运移和聚集才形成的。油气田在地理上要占有一定的区域，但区域面积的大小相差悬殊，小者只有几平方千米，而大者可达上万平方千米。一个油气田范围内可以包括一个或若干个油藏或气藏。

4. 油气聚集带与含油气区

勘探实践表明油气田在地壳上不是孤立存在的，而是受控于二级构造带而成带分布的。当这些二级构造带与油源区连通较好或相距较近时，随着油气源源不断地供给，整个二级构造带各局部构造的一系列圈闭都可能形成油气藏，造成油气田成群成带出现，成为油气聚集带。因此油气聚集带是指同一二级构造带中，具有成因联系、油气聚集条件相似的一系列油气田的总和。一个有利的油气聚集带多位于沉积盆地的洼陷区域，洼陷不断沉降，伴随着较长期的沉积作用，易于石油与天然气的生成与聚集。

在油气勘探中，通常将属于同一大地构造单位，有统一地质发展历史和油气生成、聚集条件的沉积坳陷称为含油气区。

5. 含油气系统

含油气系统是指含油气盆地中由一个或一系列有效烃源岩及与其有关的所有油气和油气藏形成所必需的一切地质要素和作用在时间和空间上具有良好配置的物理—化学动态系统。含油气系统的基本要素包括一套烃源岩、储集层、盖层和上覆岩层，其关键是圈闭的形成和油气的生成—运移—聚集—保存等成藏作用，最终目的是要科学地阐明油气藏的形成、类型、特征及分布规律。含油气系统是油气勘探的一种思路和方法，在减少风险、降低成本、提高勘探效益方面具有十分重要的作用。含油气系统分析与评价也成为国外各大油公司油气勘探评价的重要内容之一。

二、含油气盆地的组成要素与形成条件

含油气盆地的油气形成和富集程度取决于盆地的石油地质条件，主要包括油气的生成条件、储集条件、封盖条件、圈闭条件、运移和聚集条件以及油气藏的保存条件，概括起来就是生、储、盖、圈、运、保六个基本条件（图 13－1）。

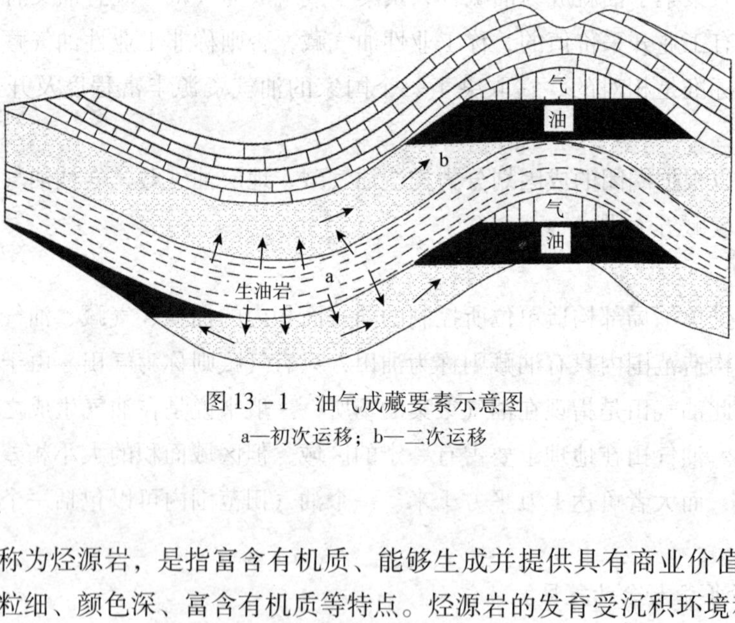

图 13－1　油气成藏要素示意图

a—初次运移；b—二次运移

1. 生油岩

生油岩又称为烃源岩，是指富含有机质、能够生成并提供具有商业价值油气的岩石，它一般具有颗粒细、颜色深、富含有机质等特点。烃源岩的发育受沉积环境和沉积相的控制，根据岩性、岩相、有机质类型和生油岩构成特征可将烃源岩分为三大类，即泥质岩烃源岩、碳酸盐岩烃源岩和煤系烃源岩。不同类型的烃源岩由于有机质含量、类型和成熟度的不同，具有不同的生油能力，从而决定了含油气盆地的油气丰度。因此在油气田勘探中，需要从有机质丰度、有机质类型和有机质成熟度三个方面对烃源岩进行评价。

2. 储集层

储集层简称为储层，是指地下具有孔隙、裂缝、孔洞所组成的网状空间系统的岩层，是油气的保存空间。根据储集层的岩石类型可将储集层分为碎屑岩储集层、碳酸盐岩储集

层和其他岩类储集层，其中碎屑岩储集层和碳酸盐岩储集层是主要的储集层类型。储集层具有两个基本特性，即孔隙度和渗透率。孔隙度是指储集层中所有孔隙的空间体积与储集层总体积的比值，它决定了储集层储集油气能力的大小。渗透率是指在一定压差下，岩石允许流体通过的能力，它决定了油气在岩石中流动的难易程度，控制着油气的产量。因此储集层的位置、类型、发育特征、分布范围、内部孔隙结构及储层物性变化规律等是控制着地下油气分布状况的重要因素。

3. 盖层

盖层是指位于储集层之上，在一定的地质条件下能够阻挡各种相态的油气向上运移并聚集成藏的不渗透岩层。常见盖层的岩石类型主要是一些低渗透和非渗透的泥页岩、膏岩和裂缝不发育的碳酸盐岩。但理论上，只要是上覆岩层与下伏岩层之间存在着物性差异，任何岩性都可以成为油气的盖层。

4. 圈闭

圈闭是指油气得以聚集和保存的场所。圈闭必须具备的基本要素是储集条件和封闭条件。封闭条件包括顶面封闭和侧向封闭。侧向封闭又称为遮挡条件，可以是盖层的弯曲、封闭性断层面上的非渗透性地层、岩性的侧向变化或不整合造成的储集层终止。依据圈闭对油气的控制作用、圈闭的成因特点和圈闭的形态特征可将圈闭分为构造圈闭、岩性圈闭、地层圈闭和水动力圈闭四大类。

圈闭是油气藏形成不可缺少的基本条件，又是油气勘探的直接对象。因此圈闭的特征决定着油气藏的特征及勘探方法，圈闭的位置和埋藏深度是设计探井井位和井深的依据。圈闭容积的大小，则直接影响着油气储量。圈闭研究的主要内容包括圈闭类型、圈闭的有效性分析、圈闭的预测和圈闭的评价。圈闭的有效性分析是指油气藏的形成必须是各种要素在时间和空间上的有效配置，只有具备良好的油气藏条件并通过钻井发现了油气的圈闭才能称为有效圈闭，需要从圈闭的形成时间、与油源区的距离、圈闭位置与油气运移主方向的关系和断层的封闭性等方面进行研究。

5. 运移

石油与天然气都是流体，当它们受到某种动力的驱使在地壳内发生流动时，称为油气运移。油气主要生成于富含有机质的细粒岩石中，而常规油气主要储集在孔隙度、渗透率较高的粗粒岩石中，因此油气从生油岩中的分散状态到储集层中的聚集状态，其间必然经历一个运移过程。油气运移是油气聚集的重要环节，油气必须经过运移才能聚集成藏，渗滤和扩散是油气运移的两种基本方式。根据油气在不同环境、不同阶段的运移特点，可将油气运移分为初次运移和二次运移，其中初次运移是指油气从烃源岩层向储集层的运移，而油气进入储集层以后的运移称为二次运移（图 13－1）。

6. 保存条件

从油气藏形成到保存至今，经历了较长的地质历史，受到了各种因素的影响，至今没有遭到破坏而得以保存的油气藏才具有现实意义。因此，油气藏的保存条件是油气藏存在的重要前提。油气藏的保存条件包括三个方面：一是油气藏的封闭条件未遭受破坏；二是油气藏中的油气未遭受氧化和活跃的水动力冲刷；三是油气藏中的油气未受到岩浆的烘烤发生热变质。

在油气勘探中需要把含油气盆地作为一个整体来考虑，从整个盆地的沉积发育史、构造发展史以及水文地质演化史出发，研究油气生成、运移和聚集的条件，确定油气生成和聚集的有利地区，从而在尽可能短的时间内发现油气藏。

第二节　含油气盆地的结构和内部构造单元划分

研究表明，含油气盆地在垂向上和平面上均可以划分不同的单元。垂向上，含油气盆地一般包括古老的结晶基底、上覆的沉积盖层以及二者之间的接触关系，而在平面上可以根据盆地内部起伏变化划分为不同的构造单元。

一、含油气盆地的结构

垂向上，含油气盆地的结构包括三个部分：基底、盖层和周边（图 13－2），三者有机结合共同组成一个沉积盆地，缺一不可。

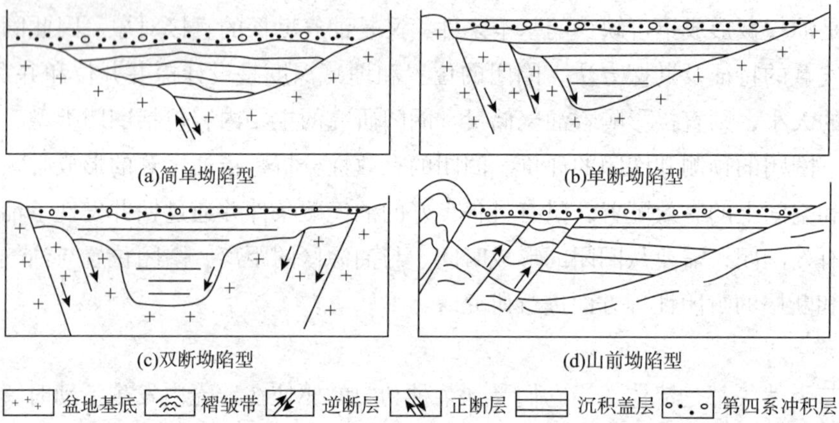

图 13－2　几种典型含油气盆地的结构示意图（据张厚福等，1999）

1. 盆地的基底

盆地基底是指盆地下面的变质岩或结晶岩。盆地基底的岩性、形态上的差异强烈地控制着后期沉积物的分布方式，盆地的基底通常有两种。

1）前寒武纪变质岩系

由于刚性较大，构造活动性较小，使得其上的含油气盆地一般都具有较大规模，形态上大都呈椭圆形。覆于基底之上的沉积盖层以古生界和中生界为主，一般厚度不大、褶皱规模大、产状平缓、断裂不发育。

2）年轻的褶皱带

由于褶皱带往往呈长条形，所以盆地大都呈长条形，规模相对较小，面积不大。刚性小，由于基底下降深而沉积厚度大，褶皱和断裂比较剧烈。沉积盖层以中、新生界为主。

2. 盆地的盖层

含油气盆地的盖层就是含油气盆地内覆于基底之上的沉积岩层。一个盆地总是由下降到上升，又由上升到下降，不停地活动着，盆地由开始下降到上升结束呈现出一个周期。盆地活动的周期性，造成沉积物由粗到细再到粗的旋回性变化。

3. 盆地的周边

盆地的周边实际上是盆地基底与盖层的接触方式，通常有以下几种形式。

1）超覆接触

常为坳陷型盆地，以前寒武纪结晶岩系为基底，盖层超覆于基底之上［图 13－2（a)］，沉积中心与沉降中心一致。

2）断层接触

往往为同生断层，盆地以断陷为主，平面上为长条形，剖面上为槽型。

3）断超接触

是超覆接触与断层接触的过渡类型，兼有二者特征［图 13－2（b)、(c)、(d)］。盆地一般不对称，沉降中心偏于断层一边。

二、含油气盆地内部构造单元划分

石油和天然气在含油气盆地内部的分布非常不均匀，为了更好地认识和掌握含油气盆地中油气的分布规律，需要对盆地划分成不同的内部构造单元。其原则有二：一是依据盆地内部的构造特征，包括基底的起伏、盖层的厚薄、构造变形特征和断层的分割作用；二是依据主力含油层系的分布。通常将含油气盆地的内部构造单元分为四个级别（表 13－1）。

表 13－1 含油气盆地内部构造单元划分（据 SY/T 5978—2016）

一级单元	二级单元	亚二级单元	三级单元
隆起	凹陷	向斜带	背斜（断背斜）
坳陷	凸起	背斜带（长垣）	向斜
斜坡	低凸起	斜坡带（阶地、陡坡带、缓坡带、坡折带、单斜带）	鼻状构造
		断裂带（断阶带、断鼻带）	（断鼻）
		超覆带	断块

1. 一级构造单元

盆地的一级构造单元是盆地内部的基本构造单元，指盆地发育过程中相对隆升和沉降具有明显差异的构造单元组合区，通常包括隆起、坳陷和斜坡。

隆起是盆地基底相对隆起的地区。其上的沉积盖层往往发育不全，甚至有时古老的褶皱基底露出水面而成为剥蚀区。由于隆起在盆地中起着分割或围限坳陷的作用，它与坳陷邻接的部分上经常有地层超覆和岩层尖灭出现。

坳陷是盆地内基底下限最深的地区。具有沉积盖层发育全、连续性好和厚度大等特征，是沉积盆地内最有利的生油和含油部位。

斜坡的特点是盆地的基底向边缘升起，向中心下陷呈斜坡状。由于它具有和隆起朝向坳陷一翼同样的地质条件，故斜坡区也是勘探地层圈闭油气藏的有利部位。

以渤海湾盆地为例，该盆地可分为九个一级单元（图 13－3）。六个坳陷的基底埋藏深，盖层发育全、厚度大，而且主力含油层系——古近系地层发育齐全。三个隆起基底埋藏浅，盖层发育不全、厚度小，古近系基本不发育。

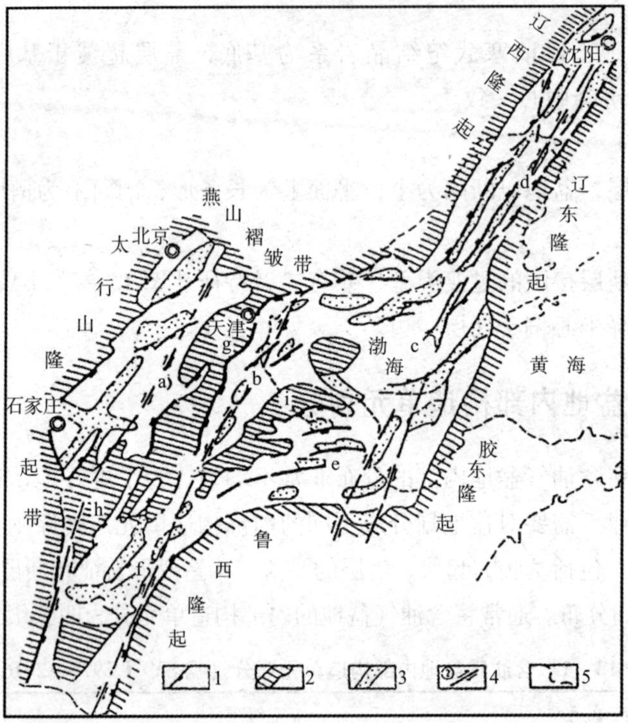

图 13－3　渤海湾盆地一级构造分区图（据戴俊生，2006）

1—正断层；2—古近系隆起；3—凸起和低凸起；4—走滑断层；5—海岸线；
a—冀中坳陷；b—黄骅坳陷；c—渤中坳陷；d—下辽河坳陷；e—济阳坳陷；
f—临清坳陷；g—沧县隆起；h—邢衡隆起；i—埕宁隆起

2. 二级构造单元

在含油气盆地一级构造单元内，基底也表现出一定的起伏，盖层的发育程度和厚度也不同，据此划分出二级构造单元凹陷、凸起和低凸起。

凸起是盆地一级构造单元内相对隆起的地区，基底埋藏较浅，盖层发育不全，主力含油气层系基本不发育。

凹陷是盆地一级构造单元内相对坳陷的地区，基底埋藏深，盖层发育全，主力含油气层系发育，是油气生成的地区。

低凸起是指分布在盆地坳陷内部埋深接近或超过1000m的凸起。

渤海湾盆地济阳坳陷存在车镇凹陷、沾化凹陷、惠民凹陷、东营凹陷、青东凹陷、无棣凸起、义和庄凸起、滨县凸起、陈家庄凸起、垦东青坨子凸起和广饶凸起等十一个二级构造单元。

3. 亚二级构造单元

亚二级构造单元指二级构造单元中，相邻的、成因相似的、形态相似的局部构造群，主要包括向斜带、背斜带（长垣）、斜坡带（阶地、陡坡带、缓坡带、坡折带、单斜带）、断裂带（断阶带、断鼻带）和超覆带。亚二级构造单元通常位于一定的构造部位上，由同一种构造运动形成的若干形态相似的三级构造组成，并控制着三级构造的形态、规模、分布、发展史和相同的形成机制。

4. 三级构造单元

含油气盆地三级构造单元指盆地内的局部构造，是亚二级构造带的基本组成单元。正向局部构造是油气勘探和开发中寻找和研究的重点，也是最基本的油气构造圈闭，主要包括背斜、向斜、鼻状构造和断块四类。

第三节　含油气盆地的类型

据统计，地球上的含油气盆地有600多个，但不同盆地具有不同的油气富集程度，这主要取决于盆地的大小、所处的位置、沉积环境以及后期构造等因素。合理地划分盆地类型不仅有利于认识盆地的特征，也能更好地区分不同类型的盆地，从而能够正确指导油气勘探。含油气盆地的划分方案有很多种，在板块构造学说诞生以后，以板块构造环境和地球动力学系统为主线对盆地进行分类的方案得到了广泛应用。如迪金森（Dickinson，1976）从板块构造观点出发将盆地分为裂谷环境盆地和造山环境盆地两种，刘和甫（Liu，1986）则从地球动力学观点将含油气盆地划分为裂陷盆地、压陷盆地和走滑盆地三大类（图13－4）。目前，国内使用较广泛的分类方案是将盆地划分为裂陷盆地、压陷盆地、走滑盆地与克拉通盆地（陆克政，2002）。

由于中国所处的构造位置比较特殊，不同地区即便在同一地质历史时期，也处于不同的大地构造背景，因此形成了复杂和独特的沉积盆地类型。根据地质、地球物理及钻井资料的综合分析，自东向西，中国的沉积盆地分别表现为三种成因类型，以太行山—武陵山为界，以东为拉张型盆地，包括松辽盆地、渤海湾盆地、江汉盆地、南襄盆地、苏北盆地、珠江口盆地和北部湾盆地等；以贺兰山、六盘山为界，以西为挤压型沉积盆地，包括准噶尔盆地、塔里木盆地、柴达木盆地、酒泉盆地和吐哈盆地等；介于二者之间的则为过渡型沉积盆地，包括四川盆地、鄂尔多斯盆地等。

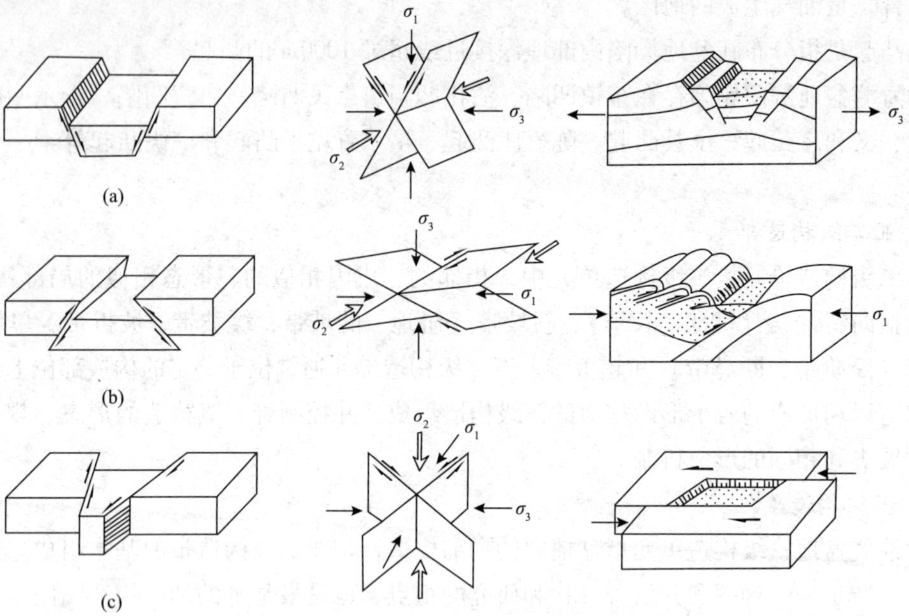

图 13－4　沉积盆地形成的动力背景（据 Liu，1986）

（a）正断层与裂陷盆地；（b）逆断层与压陷盆地；（c）大型平移断层与走滑盆地

一、裂陷盆地

裂陷盆地是通过岩石圈伸展、减薄而形成的裂陷地带，其中广泛发育以正断层系及其伴生构造为主的各种伸展构造样式。根据岩石圈或地壳性质及演化阶段，可将裂陷盆地划分为：大陆内初始裂谷、大陆内断陷—坳陷盆地、原洋裂谷、坳拉谷、被动大陆边缘、弧后盆地、弧间盆地等类型，其中典型盆地为大陆内断陷—坳陷盆地。

大陆内断陷—坳陷盆地是由于水平拉张作用而在陆壳上形成的断陷盆地，盆地裂陷深，沉积厚度大。中国东部地区主要受太平洋板块和印度洋板块的作用，产生北北东向为主的张性断裂。地幔物质的上涌加速了水平拉张的发展，从而形成了北北东向的巨大沉陷区，发育了许多大小不等的拉张型沉积盆地，如松辽盆地、渤海湾盆地、珠江口盆地等。

二、压陷盆地

压陷盆地是通过岩石圈挠曲而产生的盆地，其中广泛发育冲断层及褶皱构造。压陷盆地主要包括弧前盆地、斜坡盆地、海沟、前陆盆地、山间盆地、残留洋盆地等类型，其中典型盆地为前陆盆地。

前陆是指与造山带或活动带毗邻的、稳定的大陆部分，造山带的岩石向着前陆逆冲或掩覆。前陆盆地是指在前陆构造背景中发育的盆地。具体来讲，是沿造山带大陆外侧分布的沉积盆地。

前陆盆地一般具有以下四个特点：①靠近盆地的褶皱—冲断带的构造负荷促使盆地弯曲沉陷；②盆地横剖面明显不对称；③盆地靠近造山带一侧，在其演化过程中遭受变形作用；④盆地的克拉通一侧与克拉通层序逐渐合并（图 13－5）。

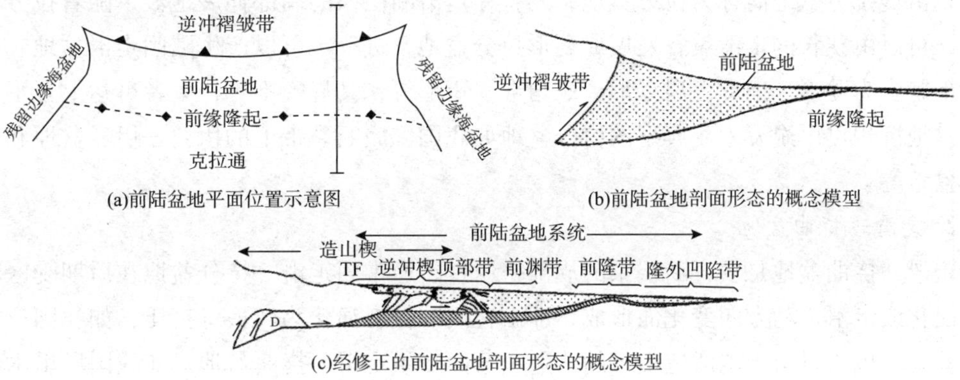

(a)前陆盆地平面位置示意图　(b)前陆盆地剖面形态的概念模型

(c)经修正的前陆盆地剖面形态的概念模型

图 13－5　前陆盆地示意图（据 Decelles 和 Giles，1996；转引自戴俊生，2006）

中国西部地区主要受印度板块和西伯利亚板块的相互作用。这里的盆地形成与造山带的挤压活动有关，因而多为压性盆地。准噶尔、塔里木、柴达木盆地的构造剖面特征如图 13－6 所示。

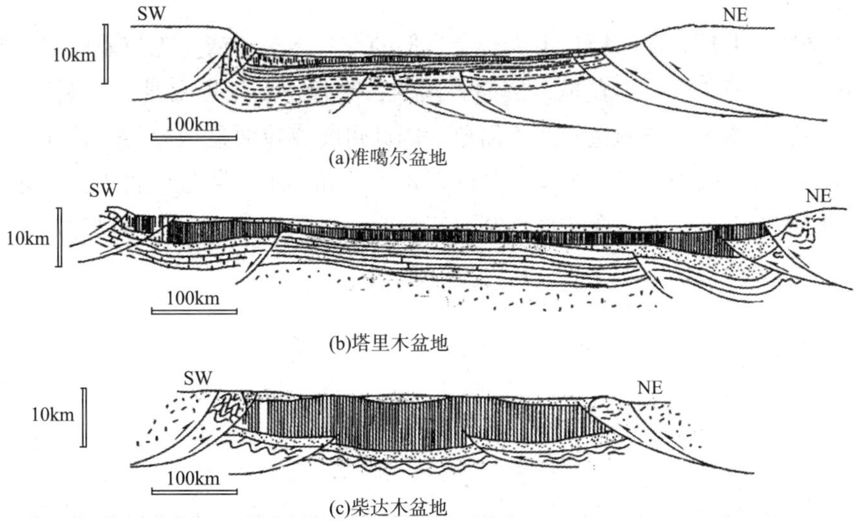

(a)准噶尔盆地

(b)塔里木盆地

(c)柴达木盆地

图 13－6　中国西部挤压性盆地剖面结构示意图（据戴俊生，2006）

三、走滑盆地

走滑盆地通过岩石圈或地壳块体之间的侧向运动所产生，如果是单纯的走向滑动断层应成为岩石圈的守恒边界，不能形成盆地。实际上走滑断层常伴有一定的倾向滑动分量，这就可以产生盆地或山岭的构造格局，形成走滑盆地。走滑盆地在平面上常呈雁列构造，在剖面上常显示出花状构造。走滑断层的活动可形成扭张和扭压两种环境，分别发育扭张盆地和扭压盆地，前者称为走滑—拉分盆地，后者称为走滑—挠曲盆地。

1. 走滑—拉分盆地

走滑—拉分盆地简称为拉分盆地，发育在走滑断层系的局部伸展地段，随着拉分量的增大，可以由狭长的走滑裂谷发展成菱形拉分盆地，进一步可以产生陆间走滑盆地。拉分盆地形状多为菱形、楔形、扁豆形、三角形、矩形等，其规模不等，大者可达上万平方千米，盆地沉积可厚逾万米。典型的拉分盆地如我国郯庐断裂带上的伊兰—伊通盆地和美国死谷盆地等。

2. 走滑—挠曲盆地

走滑—挠曲盆地是发育断层系的局部挤压带，通常因走滑—拉分盆地在后期受区域应力场变化或走滑运动方向变化而形成，即由转换—伸展演化为转换—挤压，如我国广西的百色盆地。也可以由于走滑造山带的构造负荷而产生走滑—挠曲盆地，如我国塔里木盆地西南坳陷和柴达木盆地西北坳陷，其沉积和沉降特征则类似于前陆挠曲盆地，常由复理石沉积转变为磨拉石沉积。美国加州中部圣华金盆地和南加州文图拉盆地也是典型的走滑—挠曲盆地。

四、克拉通内盆地

克拉通是地壳上长时期内稳且很少遭受变形的部分。一般认为克拉通内盆地是长期稳定的、在构造上很简单的一类盆地，例如美国的古生代伊利诺斯盆地、威利斯顿盆地等。实际上，有些克拉通内盆地构造上并不简单，因此可将克拉通盆地分为克拉通内简单盆地和克拉通内坳陷盆地两种类型。中国中部的四川盆地和鄂尔多斯盆地属于克拉通内坳陷盆地类型，一般西部活动性大，向东部逐渐趋于稳定，总的面貌为东西不对称。盆地的西部边缘发育有逆冲断裂带，中新生代的坳陷中心在西部。

第十四章 地质发展简史

地球有46亿年的演化历史。在距今46亿~40亿年前，地球上无生命、也无岩石记录，这段时间称为地球的天文演化阶段。40亿年前地球上开始出现岩石和早期生命迹象，地球进入地质演化阶段，一直持续到全新世以前（1万年前），这是地质学主要的研究时段，称为地质历史时期，简称为地史时期。

本章主要介绍以下内容：①全球地质发展简史；②中国地质发展简史。

第一节 全球地质发展简史

地球至今已有46亿年的历史，在其形成的最初6亿年里，即距今46亿~40亿年间，在地质年代上称为冥古宙，这段时期地球上无生命，也无岩石记录，称为天文演化阶段。40亿~1万年前，是岩石、生物演化的主要时期，称为地质演化阶段。以下将简要介绍各地质时期地球历史演化特征。

一、冥古宙（46亿~40亿年）

冥古宙地球初始形成，地核、地幔和地壳开始分异。对于地球内圈的分层，有凝聚说和分异说两种不同的认识。

这一时期，地球可能受陨石的频繁撞击，火山作用强烈，这对于地球早期岩石圈和大气圈的形成具有重要的意义。在火山爆发、释放大量气体的作用下，地球逐渐形成了原始的大气圈，其成分以CO、CH_4、NH_3等气体为主。

地球上虽然未发现形成于冥古宙的岩石，但在变质岩碎屑锆石中发现了形成于冥古宙的矿物，澳大利亚西部Narryer片麻岩中44亿年的碎屑锆石是当前地球上发现的最老的矿物（Wilde等，2001），这对于研究地球的早期演化具有重要意义。

二、太古宙（40亿~25亿年）

太古宙是地球早期圈层演化的重要时期，当前发现最老的岩石产自加拿大Acasta片麻岩，距今已有40.3亿年的历史（Bowring等，1999）。

太古宙的岩石组合主要有三类：①高级变质岩，主要是麻粒岩、片麻岩、变粒岩等；②绿岩带，为低变质的副变质岩和变质火山岩，以绿色变质超基性岩和基性火山岩为特征；③TTG 组合，为英云闪长岩—奥长花岗岩及花岗闪长岩组合形成的杂岩。中国华北地区广泛出露太古宙变质岩，是世界上典型的太古宙地壳发育区。

格陵兰距今 39 亿年最老沉积岩的出现，是水圈形成的标志（Myers 和 Crowley，2000），这是地球演化过程中的重大事件之一。

水的出现为生命的出现提供了可能，加拿大拉布拉多北部距今 39.5 亿年前变质碎屑岩中石墨颗粒和碳酸盐的浓度和同位素组成表明碳质物质是生源的（Tashiro 等，2017），可能是生物演化开始的标志。

三、元古宙（25 亿 ~5.4 亿年）

元古宙时间跨度从 25 亿 ~5.4 亿年前，是地质年代中持续时间最长的一个宙。

1. 成冰纪之前的元古宙（25 亿 ~8.5 亿年）

元古宙是生物演化史上的重要时期，早期的生物以各种藻类为主，最为常见的化石为叠层石。在 21 亿年前出现最早的真核生物为卷曲藻（*Grypania spiralis*）。8.5 亿年前出现最早的动物为海绵动物。

随着藻类的出现，地球上大气组成中氧气含量越来越高，在 25 亿 ~20 亿年前出现含氧大气，地表沉积环境从还原环境逐渐转变为氧化环境。在古元古代全球很多地方发现红褐色的条带状磁铁矿，这是含氧大气出现的重要标志。

元古宙是全球地壳构造演化过程中的一个重要阶段，地壳分布面积与太古宙相比大为增加。在 20 亿 ~18 亿年前形成了地球历史上第一个超级大陆“Columbia”，在约 17 亿 ~16 亿年间裂解，13 亿 ~10 亿年前又聚合成一体形成了地球历史上第二个超级大陆“Rodinia”，约 7.5 亿年前裂解。

2. 成冰纪之后的元古宙（8.5 亿 ~5.4 亿年）

国际上新元古代包括拉伸纪、成冰纪和埃迪卡拉纪，其中成冰纪和埃迪卡拉纪分别是古气候和生物演化史上的重要阶段，我国过去将这一时期称为震旦纪，近年来从中分出震旦纪和南华纪。

成冰纪是全球规模的第一次大冰期出现的时期，当时地球大部分被冰雪覆盖，称为全球雪球事件（Snowball Earth），发育两次冰期 730 ~700 Ma 和 665 ~635 Ma，在中国华北、华南震旦系地层中可见到冰碛岩沉积。

埃迪卡拉纪是生物演化史上的重要时期，出现埃迪卡拉生物群，在埃迪卡拉纪末期出现小壳动物群，这是动物演化史上重大的进步。

四、显生宙（5.4 亿年来）

显生宙是生物大发展的一段时期，也是地质学研究最为成熟的时期。相比之下，显生宙之前，也就是寒武纪之前的地球历史开展的研究较晚、研究程度较低，可笼统地称为前寒武纪。

1. 早古生代（5.41 亿~4.16 亿年）

寒武纪时期，相对于前寒武纪化石稀少的状况，生物大量出现，这一事件称为寒武纪生物大爆发，这是生物演化史上重大的事件之一。早古生代的生物以无脊椎动物繁盛为特征，其中寒武纪三叶虫繁盛，奥陶纪笔石、鹦鹉螺繁盛，志留纪单笔石繁盛。早古生代的植物以藻类植物繁盛为特征，在早古生代末期裸蕨植物开始登陆。晚奥陶世出现了地球上第一次生物大灭绝事件。

早古生代是全球构造运动相对沉寂的时期，但一个新的超级大陆开始形成，在南半球逐渐形成了冈瓦纳古陆，也是全球重要的一次造陆运动。

2. 晚古生代（4.16 亿~2.5 亿年）

晚古生代是生物演化过程中的重要时期，脊椎动物中的鱼类在泥盆纪尤为繁盛，石炭纪—二叠纪两栖类动物和蕨类植物繁盛，出现大规模森林，在此期地层当中含有大量煤层，是全球规模最为重要的一次成煤期。晚古生代无脊椎动物继续发展，以菊石、腕足动物、珊瑚类等为代表。在晚泥盆世和二叠纪末期，发生了两次生物大灭绝事件，尤以二叠纪末生物大灭绝最为惨烈，全球 90% 以上的生物灭绝是地球历史上最为惨烈的生物灭绝事件。

晚古生代构造运动强烈，二叠纪末联合古陆形成，形成了距今最近的一次超级大陆。伴随着超级大陆的形成，石炭纪—二叠纪时期南半球的冈瓦纳古陆上发生了大规模的冰川作用。

3. 中生代（2.5 亿~0.66 亿年）

中生代是生物演化过程中的重要时期，脊椎动物中爬行类动物繁盛，尤以恐龙大量繁盛为特征，又称为恐龙时代。无脊椎动物继续发展，以菊石、双壳类为主。中生代的植物以裸子植物繁盛为特征，尤其是侏罗纪全球气候温暖，植物繁盛，出现大规模森林，形成全球规模的一次重要成煤期。白垩纪末发生了生物大灭绝事件，70% 以上的生物灭绝，包括统治地球 1 亿多年的恐龙。

晚古生代形成的联合古陆在中生代逐渐裂解，尤其是南半球的冈瓦纳古陆分裂，非洲、南美洲、澳大利亚、印度逐渐脱离南极洲并向北漂移，大西洋、印度洋开始形成。

4. 新生代（0.66 亿年至今）

新生代是生物演化过程中的重要时期，生物面貌越来越接近现在的状况。脊椎动物中哺乳动物繁盛，鸟类大量出现。植物以被子植物繁盛为特征，有花植物大量出现。

新生代早期气候温暖，被子植物大量繁盛，古近纪也是全球规模重要的成煤期。新生代晚期，气候持续变冷，地球逐渐进入冰期气候，尤其是第四纪气候以冰期—间冰期气候的频繁波动为特征。

新生代是构造运动显著的时期，一个显著的构造事件是印度板块与欧亚板块碰撞，特提斯洋闭合，全球海陆格局发生了重大的变化，青藏高原逐渐抬升。海陆分布格局的变化改变了全球大洋环流，青藏高原的隆升改变了全球大气环流，这些地质事件的发生对全球气候变化产生了深远影响。

我们当前生活的地质时代为第四纪，这是地质历史中最新的一个纪。第四纪的动物以哺乳类动物繁盛为特征，开始出现现代生物种类，如马、象、牛、骆驼、野牛、羊等，更为重要的是人类的出现和演化。第四纪的植物以被子植物繁盛为特征，高等植物与现代基本一致。第四纪的气候是典型的冰期气候，以冰期—间冰期交替出现为特征，深海沉积物有孔虫氧同位素曲线记录了第四纪 2.58 Ma 年间有多达 51 个冰期—间冰期气候旋回。最近的一次冰期称为末次冰期，结束于 1 万年前。

第二节　中国地质发展简史

根据板块构造学说，大陆上存在克拉通和造山带两种性质不同的构造单元，其中克拉通是大陆地壳上稳定的构造单元；而造山带又称为褶皱带，是地壳上构造变形强烈的活动构造单元。需要说明的是陆地上的稳定地块可称为克拉通或板块，而覆盖有海域的板块则不能称为克拉通，下文所说的华北板块也常称为华北克拉通。中国的区域大地构造可划分为：华北板块、扬子板块、塔里木板块、印度板块北缘、天山兴蒙造山带、秦祁昆仑造山带、滇藏造山带、华南造山带、乌苏里造山带和台湾造山带 10 个单元（图 14－1）。

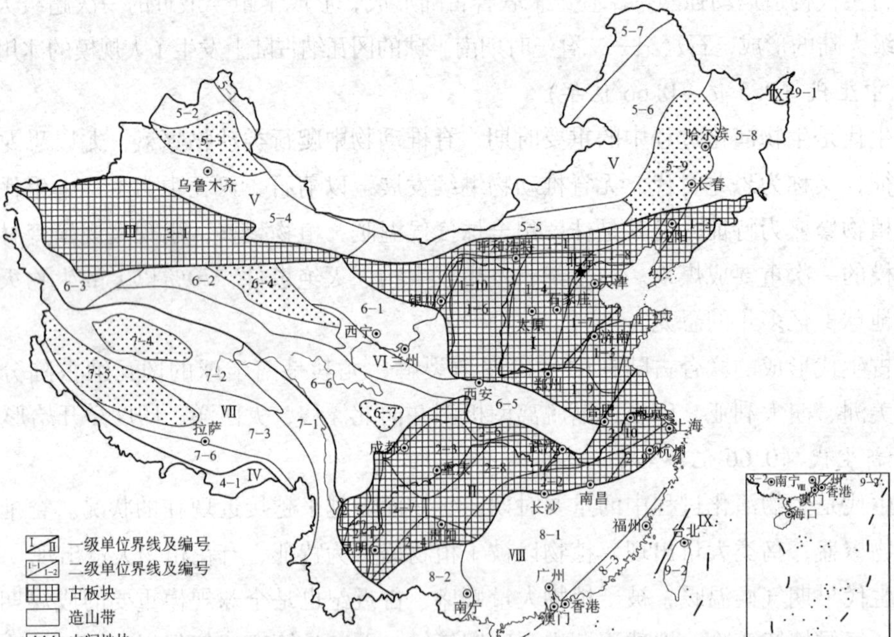

图 14－1　中国的大地构造分区（据戴俊生，2006，略有修改）

Ⅰ—华北板块；Ⅱ—扬子板块；Ⅲ—塔里木板块；Ⅳ—印度板块北缘；Ⅴ—天山兴蒙造山带；
Ⅵ—秦祁昆仑造山带；Ⅶ—滇藏造山带；Ⅷ—华南造山带；Ⅸ—乌苏里造山带；
Ⅹ—台湾造山带；1－1，1－2…为板块内部次级构造单元，未标明

华北板块主要位于华北地区，西起阿拉善，南到秦岭—大别山脉，北达延吉、长春、辽源、赤峰一线，向东跨过渤海、黄海与朝鲜半岛连接构成统一的中朝板块。扬子板块和华南造山带可统称为华南板块，占据华南大部分地区。华北板块和华南板块构成了中国大地构造的主体部分。本书主要结合华北板块和华南板块的地质演化，简要介绍中国的地质发展史。

一、前寒武纪

1. 华北板块

华北板块在始太古代形成原始洋壳。30 亿～28 亿年前发生阜平运动，使太古宇下部地层变质、变形，这些深变质岩系代表中国北方最古老的硅铝质地壳。太古宙末期（25 亿年）的强烈构造运动——五台运动使上太古宇地层（五台群）强烈变形，发生区域变质作用和局部混合岩化作用，导致硅铝壳的增生，陆核扩大合并，形成具有一定规模和一定稳定性的原始大陆壳。这一时期发现有氨基酸、脂肪酸等生命物质，发现古老的生物化石叠层石（35 亿～27 亿年）。

华北地区的古元古界分布于华北太古宙古老地块的边缘活动带上，分布面积不如太古宇广泛，但各区都有零星出露，具活动大陆边缘的沉积特征和构造特征。古元古代末期的吕梁运动使古元古界褶皱上升，太古宙原始陆壳进一步扩大、固化，华北板块统一的结晶基底形成，当时的华北古陆壳可能与塔里木原始古陆壳相连为统一的中国原始古陆壳，其北面、西南和东南均为洋壳所围。从中元古代起，华北地区的沉积类型就基本上属于盖层性质。

中新元古代是华北板块裂陷槽发育的时期。在华北板块上发育了北部边缘处的燕山裂陷槽、中部的太行裂陷槽与南部近边缘处的豫晋峡裂陷槽，在南北两个裂陷槽内均有中元古代早期的火山活动，南部更为突出；在川鄂地块与华北板块之间发育了秦岭—大别裂陷槽，后来扩张为秦岭洋。天津蓟县附近中新元古代沉积了厚达上万米的海相沉积，是中国中新元古界标准地层，年代跨度从长城纪、蓟县纪至青白口纪，存在团山子组、高于庄组、雾迷山组和铁岭组四个超覆期，其中高于庄组分布面积最广，雾迷山组和铁岭组的沉积超覆范围依次缩小，表明整个中、新元古代有一个巨型海水进退旋回。

青白口纪末期（约 8 亿年前）华北古陆抬升，之后在寒武纪以前一直处于剥蚀状态，仅在古陆的东缘及南缘有冰碛地层出露。

2. 华南板块

根据地壳的活动性和沉积特征，华南地区可分为扬子板块和华南造山带两部分。扬子板块的范围包括云南东部、贵州大部、四川中东部、湖北西部及武汉以东的长江沿岸地区（下称扬子区），又以武汉为界分西部的上扬子区和东部的下扬子区。华南造山带主要包括桂南、广东、湘东、赣中南、浙东南和福建等地区（下称华南区）。介于扬子板块和华南造山带之间位于黔南、桂北、湘西雪峰山、赣北九岭山及鄱阳湖以东地区称为江南造山带

（下称江南区）。

华南地区的中元古界大部分是厚度巨大的浅变质岩系，是扬子板块基底的重要组成部分。新元古界中相当于北方青白口群（约10亿~8亿年）的地层分布范围较小，也是扬子板块基底的组成部分。新元古界的南华系（约8亿~6.8亿年）、震旦系（约6.8亿~5.41亿年）是扬子板块的第一套盖层岩系，在江南造山带也属盖层性质，而在华南造山带则与下古生界共同构成加里东褶皱带（早古生代）的基底岩系。

中国南方的晋宁运动（早、晚两期，分别发生于10亿年和8亿年左右）使扬子板块统一基底形成，之后发生海侵，扬子板块成为陆表海。从扬子板块到华南造山带自西向东，沉积类型由稳定类型逐渐变为活动类型。南华系—震旦系在我国南方分布广泛，在稳定陆块区为稳定类型的盖层沉积，而在活动大陆边缘则有火山活动，在地块边缘出现强烈沉降的边缘海或岛弧海沉积。

二、寒武纪

1. 华北地区

经过长期的风化剥蚀，寒武纪时华北地区变得比较平坦，但有不大的地形起伏，总的地势西北高东南低，中央是鄂尔多斯隆起，气候温暖，地壳缓慢下降，海水从东南秦岭海槽向西北鄂尔多斯隆起方向缓慢侵入。

早寒武世早期（梅树村期—筇竹寺期），华北地区是一片古陆剥蚀区，全区均无沉积，因此华北缺失相当于梅树村阶和筇竹寺阶的地层。早寒武世中期，华北板块稳定下降，海水首先从南向北侵入淮南、豫西、陕北陇县和宁夏贺兰山地区，形成陆棚滨浅海环境，沉积物下部是砾岩、含磷砂页岩，上部是泥灰岩、白云质豹皮灰岩。沧浪铺后期，海水侵入燕山、华北东部。早寒武世晚期（龙王庙期），华北地区继续下降，东部浅海向西扩大到太行山，南部海水向北扩大到中条山，西部海水向东扩大到贺兰山以东的鄂尔多斯西缘，沉积紫红色馒头组页岩，含中华莱德利基虫化石。

中寒武世毛庄期、徐庄期，东部浅海向西扩大到吕梁山地区，西部浅海向东扩大到鄂尔多斯西部，鄂尔多斯古陆进一步缩小，但仍有较多黏土物质为浅海区提供陆源沉积物。中寒武世晚期（张夏期），地壳进一步下降，海侵继续扩大，古陆面积大大缩小，只剩下陕北和内蒙古南部东胜地区，加之地形低平，很少为海区提供陆源沉积物。因此，张夏期浅海沉积以灰岩为主。

晚寒武世，鄂尔多斯古陆几乎全被淹没，形成寒武纪最广大的陆表海。晚寒武世华北地区升降频繁，并有缓慢上升趋势，因此华北地区浅海环境与滨海环境交替出现。沉积物则是页岩、薄层灰岩与竹叶状灰岩互层。竹叶状灰岩的砾石具红色氧化铁薄膜，显然是滨海强氧化环境的沉积物。由于华北地壳缓慢上升，古陆南缘和西缘浅海咸化，上寒武统出现白云岩、白云质灰岩，而古陆北部是正常浅海相灰岩沉积，说明晚寒武世后期华北板块呈南高北低地势。淮南、豫西局部上升成陆，产生沉积间断。但寒武纪末期，华北大部地区无明显海退，上寒武统与下奥陶统之间呈整合接触。

晚寒武世华北板块南部上升的原因是秦岭洋板块向北运动，在华北板块南缘发生俯冲的缘故。北秦岭南侧的商丹对接带上出露有蛇绿岩套，是寒武纪秦岭洋壳的残留。沿陕南商县至豫西西峡一带，见有寒武纪的中酸性岩浆岩侵入体和火山岛弧带，可能是寒武纪后期华北板块南缘俯冲带存在的证据。

华北地区寒武系的标准剖面位于山东省济南市长清区张夏镇的馒头山，在经典的地层划分方案中，华北地区的寒武系地层划分为下寒武统馒头组、中寒武统毛庄组、徐庄组、张夏组和上寒武统崮山组、长山组、凤山组（图 14－2），而最新的地层划分方案为中下寒武统馒头组、中寒武统张夏组和上寒武统崮山组、炒米店组。毛庄组、徐庄组、长山组和凤山组虽不再使用，这些地层对应的年代地层单位毛庄阶、徐庄阶、长山阶和凤山阶仍是中国寒武纪年代地层的基本单位。

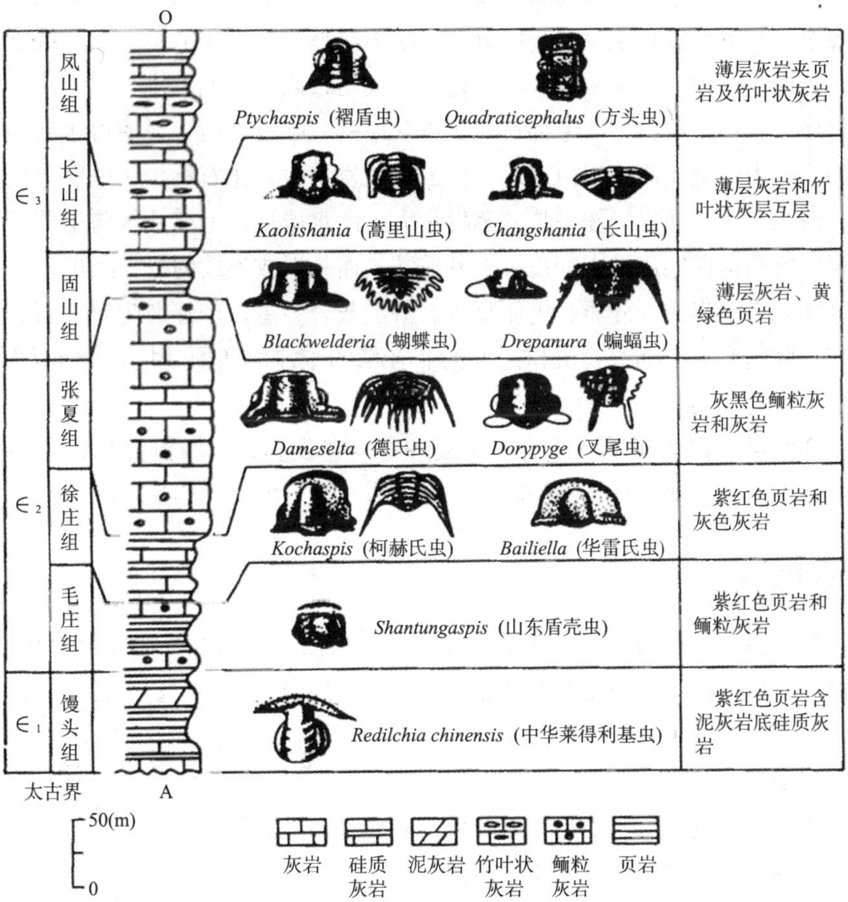

图 14－2　山东省济南市长清区张夏镇馒头山寒武系地层特征（据傅英祺等，1981）

2. 华南地区

华南地区自西北向东南方向海水变深，可划分出三种沉积类型：扬子区稳定型的陆棚滨浅海沉积，江南区过渡型的平静非补偿半深海沉积和东南区活动型的岛弧沉积。

早寒武世扬子板块西高东低，西部是康滇古陆，为以东的浅海区提供陆源沉积物。自滇东向东，砂岩、页岩减少，灰岩增多，到下扬子地区，下寒武统全由灰岩组成。中晚寒武世，上扬子地区明显上升，西部滇东中寒武世末上升成陆，发生沉积间断，缺失上寒武统，中寒武统与上覆中志留统呈平行不整合接触；向东，上扬子陆表海大部分变浅咸化，沉积物以白云岩和白云质灰岩为主，化石稀少。晚寒武世末期，扬子地区大部分没有海退，寒武系与奥陶系连续沉积。扬子区寒武系以滇东昆明剖面和湖北宜昌剖面为代表。滇东昆明下寒武统与下伏震旦系灯影组白云岩呈平行不整合接触，自下而上可划分为梅树村组、筇竹寺组、沧浪铺组和龙王庙组，其中梅树村组以磷块岩为主；筇竹寺组、沧浪铺组以砂岩、砂质页岩为主；龙王庙组为白云岩夹页岩、粉砂岩为主。滇东下寒武统是中国寒武系建阶的标准剖面，其中富含中华莱德利基虫（*Redlichia chinensis*）、古油栉虫（*Palaeolenus*）、凤姣昆明鱼（*Myllokunmingia fengjiaoa*）等为代表的澄江动物群。湖北宜昌寒武系地层出露齐全，与下伏震旦系呈整合接触，说明地层是连续沉积的；下寒武统下部以黑色页岩为主，含磷，产浮游球接子湖北盘虫化石，说明寒武纪初期海水较深；中、上部页岩减少，灰岩增多，白云质增多，上部石龙洞组含底栖三叶虫化石，说明海水变浅，反映地壳有上升趋势。中、上寒武统以白云岩、白云质灰岩为主，化石稀少，说明上扬子地区在缓慢上升，海水变浅，加之气候炎热，蒸发量大，海水咸化。上寒武统与上覆下奥陶统整合接触，说明宜昌地区寒武纪末期没有上升成陆，而是形成连续的海相沉积。

江南区寒武系以炭质、硅质、钙质页岩、薄层灰岩为主，产浮游生物化石，底栖生物少，为基底沉降速率大于沉积物沉积速率的非补偿的半深海还原环境，处于大陆坡位置，以浙江江山剖面为代表。

华南区寒武系以碎屑泥质沉积为主，复理石韵律发育，属浊流沉积，地层厚度变化大，为地形高差巨大、地形复杂的深海、浅海及古岛并存的活动构造环境。

三、奥陶纪

华北、华南奥陶纪早期的古地理轮廓与寒武纪相似，晚期由于地壳运动和冰川作用，发生大规模的海退。稳定沉积类型在华北地区为碳酸盐岩沉积，在扬子地区以钙质、泥质沉积为主。

1. 华北地区

早期在华北板块范围内，稳定型奥陶系普遍分布，早奥陶世末地壳上升，奥陶系遭受不同程度的剥蚀，标准剖面位于河北唐山。

德州—石家庄一线以南，下奥陶统冶里组、亮甲山组普遍发育白云岩，说明该区在早奥陶世早期地壳缓慢上升，海水普遍变浅、咸化，在气候干旱炎热的条件下，海水大量蒸发，大量中厚层状的白云岩沉积下来，含石膏，生物化石稀少。该线以北，基本上是一缓慢下降的正常浅海，以正常浅海灰岩为主，化石丰富，亮甲山期后期浅海趋于咸化，地壳上升。板块南缘的淮南、豫西一带，局部缺失冶里组、亮甲山组地层。早奥陶世早期，板块具有南部上升北部下降的地壳运动特点，以及南高北低的地形特点；这种地壳上升逐渐向北发展，到了亮甲山期后期扩大到板块北部，形成北部亮甲山组上部的白云岩。早奥陶世早期，华北板块区的这一由南向北的地壳上升运动被称为“怀远运动”。

早奥陶世晚期，即下马家沟组—上马家沟组沉积时期，华北地区再次整体下降，大规模海侵，形成寒武纪以来华北地区最广大的陆表海，地形平坦，气候温暖，海水普遍较深，海生无脊椎动物大量繁盛，主要有笔石、头足类的鹦鹉螺类和三叶虫。上马家沟组顶部的不整合面说明地壳上升，浅海变成古陆。

早奥陶世末期，华北地壳上升和海退具有普遍性，仅在太行山南段，中条山、吕梁山地区和辽东、鲁中、苏皖等地区残留小片海水，沉积了中奥陶统的下部层位，如太行山南段的峰峰组和山东中南部的阁庄组和八陡组，沉积物以灰岩、白云质灰岩、泥质灰岩和白云岩为主。

总之，早奥陶世华北地区经历过两次地壳升降运动和两次海侵，形成两个沉积旋回。早奥陶世末，整体上升成陆，从此开始遭受长期侵蚀，在奥陶系顶部形成古岩溶地貌、古风化壳和古侵蚀面，这一状态一直持续到中石炭世初期。因此，华北下奥陶统与中石炭统之间具有普遍性的平行不整合接触，沉积间断达 1.5 亿年。

2. 华南地区

自西向东分为：稳定类型的扬子区，以灰岩沉积为主，厚度不大；相对活动类型的江南区，以页岩沉积为主；华南区为深海活动类型，以碎屑复理石沉积为主。海域性质依次为：陆表海→边缘海→岛弧海。

寒武纪末期，扬子板块大部分地区没有发生海退，奥陶系与寒武系几乎到处都是连续沉积。只有滇东中寒武世后期上升成陆，缺失上寒武统，奥陶系与中寒武统直接接触，形成平行不整合。

早奥陶世，扬子陆表海向西扩大，侵入滇东。陆表海的西缘靠近康滇古陆，由康滇古陆向东地势逐渐变低。扬子陆表海由西向东逐渐变深。康滇古陆是蚀源区，剥蚀区的碎屑物质由西向东供应，沉积物由西向东越来越细，依次出现碎屑岩、泥页岩、碳酸盐岩。沿康滇古陆东侧，自滇东到川西，下奥陶统以砂岩、页岩为主，砂岩中交错层理发育，有波痕，是明显的滨浅海沉积。向东到川南、黔北一带，页岩、灰岩明显增加，砂岩大大减少。再向东到川东、鄂西即宜昌三峡一带则以灰岩为主，夹有页岩。到南京地区下奥陶统仑山群则全由灰岩组成。上述下奥陶统自西向东的变化，反映出扬子陆表海西高东低的古地理面貌。

中奥陶世，扬子区缓慢上升，海水退缩变浅，加上气候炎热干燥，滨浅海泥灰质沉积物普遍形成龟裂（也有人认为是水下收缩裂纹）。由于中奥陶世扬子板块上升，致使滇东局部地区上升成陆，中奥陶统缺失。晚奥陶世扬子区继续上升，南部滇黔地区首先上升成陆，上奥陶统缺失。海水退缩到板块北部地区，后期形成闭塞海盆，沉积了以笔石页岩为主的五峰组（反映了冈瓦纳大陆冰川作用的影响）。晚奥陶世发生明显海退，松潘古陆扩大，整个滇黔桂地区变为古陆，而扬子区北缘的汉南、武当、大别古陆及东南缘的江南岛群继续出露海面。奥陶纪末期，海盆进一步退缩，但因淤积变浅，海水恢复正常，形成厚度不大、分布局限的壳相灰岩，即所谓的观音桥灰岩段。

江南区的黔东南、湘中、赣北、皖南、浙西一带，以炭质页岩和硅质页岩为主，含黄铁矿，含丰富的笔石化石，厚度不大，是典型的非补偿半深海笔石页岩相。反映地壳下降速度、幅度较大，物源供应不足、沉积速度缓慢的滞流还原环境，仍属过渡类型。浙西一带的奥陶系可作为这种沉积类型的代表。

华南区大致分布在桂东、湘南、赣南、粤中、粤北等地区，是活动型的奥陶系，沉积物主要是砂泥质复理石，地层厚度大、横向变化大，含笔石化石。在粤北的奥陶系地层中含火山岩，反映奥陶纪华南地区处于剧烈活动的大地构造环境，地形复杂，高差巨大，可能是一种古岛、浅海、深海参差分布的古地理环境，总体仍是弧后边缘海环境。

四、志留纪

奥陶纪晚期的地壳运动和冈瓦纳大陆冰川作用，导致中国北部和南部先后发生大规模海退。自早志留世起，随着冰川作用的消退，海侵逐渐扩大，许多地区形成超覆沉积。志留纪中晚期，广大地区再次出现显著海退，华南海槽逐渐填满并褶皱升起。由于构造环境和古地理环境的重大变化，志留纪生物界发生了重大变革。三叶虫、棘皮动物中的海林檎、鹦鹉螺、双笔石等衰减。节肢动物中的介形目、蛛形目，棘皮动物中的海百合，腕足动物中的五房贝、石燕贝类，软体动物中的双壳类，腹足类，单带型、泡沫型四射珊瑚，横板珊瑚，单笔石，竹节石，牙形石等开始繁盛。后期，半陆生的裸蕨植物、淡水鱼开始出现。志留纪、泥盆纪时陆生植物与鱼类开始登上历史舞台。

1. 华北地区

华北地区自奥陶纪晚期以来，长期遭受剥蚀，仅在边缘地带见稳定的浅海沉积。

2. 华南地区

早志留世早期，上扬子陆表海周围被古陆、水下隆起所围绕，形成半闭塞的滞留海盆，盆地主体处于非补偿状态，形成黑色笔石页岩相沉积。早志留世晚期—中志留世早期，上扬子地区逐渐淤积，海水变浅，转变为正常滨浅海环境，沉积碎屑岩和碳酸盐岩，底栖生物发育，形成壳相和礁相生物组合；后期，地形高差加大，粗碎屑明显增加。中志留世晚期—晚志留世，扬子地区整体抬升，只在滇东地区保留有残留海湾。

下扬子区受华南区褶皱成山的强烈影响。早志留世，属较深水陆棚海，砂质沉积为主，由南向北地层变薄。中志留世早期，以砂泥质沉积为主，地层厚度大，由北向南水体加深，至皖南、浙西出现复理石沉积。中志留世晚期—晚志留世，海水变浅，转变为三角洲环境，砂泥质沉积为主，发育交错层理。

江南区和华南区，在奥陶纪末期至志留纪初期，东南华夏古陆上升向西扩大，江南古陆上升向南扩大，赣南、粤北一带上升较早，向北可能与江南古陆的南延部分连成一体，把海域一分为二，西部是湘粤桂海盆，东部是皖浙海盆。湘粤桂地区的志留系全为笔石碎屑岩相，反映一种海水深、高差大、构造活动性强的沉积环境。志留纪后期，湘粤桂地区褶皱上升，形成早古生代褶皱带，使下古生界变质变形，并有岩浆侵入，与上覆泥盆系形成角度不整合接触关系，这次构造运动叫广西运动。皖南浙西的志留系，也是以厚度较大的砂页岩为主，与上覆泥盆系整合或平行不整合接触，是一套滨浅海—陆相山前坳陷沉积，属过渡沉积类型，反映地壳上升、海退形成陆地的过程，早期属江南区过渡类型（活动大陆边缘），后期为山前坳陷。

晚志留世的海侵仅波及滇东地区，至志留纪末期也出现海水淡化现象，反映了海湾最后淤积填平的过程。至此，整个华南地区除钦防残留海槽外，已全部转化为剥蚀山地和低缓准平原。

五、泥盆纪

华北地区依然遭受剥蚀。

早古生代末期的加里东运动之后，华南古地理面貌发生很大变化，西边是上扬子古陆，以东是东南山地，二者之间的地势较低，并且呈南低北高。早泥盆世的海侵仅达滇、黔、桂地区，发育浅海碳酸盐岩、碎屑岩沉积（象州型）及滞留裂谷沉积（南丹型）。川鄂、湘赣地区，早泥盆世为剥蚀古陆，中、晚泥盆世遭受海侵，接受海相、海陆交互相沉积。华南区长期暴露剥蚀，自泥盆纪中期或晚期起，先后产生一系列不同规模的坳陷盆地，接受陆相沉积。

六、石炭纪

1. 华北地区

华北地区自奥陶纪中期开始，一直处于隆起剥蚀状态。中石炭世开始缓慢沉降，普遍接受海陆交互相沉积。

中石炭世，华北沉积区大致限于北京—大同以南，东胜—延安以东，开封—洛阳以北及东北南部和苏北一带。东北南部下降海侵接受沉积的时间较早，下降幅度较大，海侵次数较多，灰岩层数最多，煤层最厚，向西南厚度变薄，灰岩层数逐渐减少，煤层变薄。中石炭统本溪组含煤地层的区域变化说明华北自东北向西南气候有变干旱的趋势。在华北地区的东南角苏北贾旺一带，地壳下降幅度较大，地形低凹，屡遭海侵，该区本溪组是厚100m 的煤系地层，其中的灰岩层总厚 50m 左右，说明中石炭世有海水多次侵入苏北贾旺一带，形成海陆交互相地层（图 14－3）。

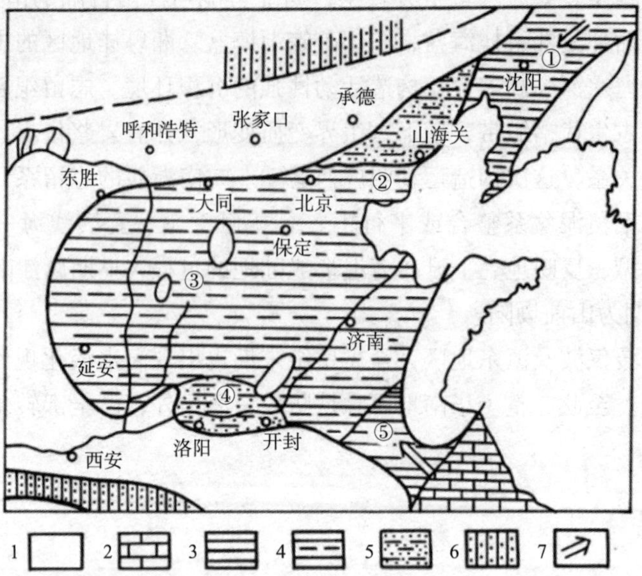

图 14－3　华北地区中石炭世岩相古地理图（据北京地质学院地史教研室，1961）

1—古陆；2—浅海灰岩相；3—富含灰岩的海陆交互相；4—一般海陆交互相；5—不含灰岩的海陆交互相；6—浅海碎屑岩相；7—海侵方向

晚石炭世，华北地区下降和接受沉积的范围明显扩大，上石炭统向西、向北、向南对中石炭统形成大规模超覆。华北地区上石炭统太原组是非常稳定的含煤地层，除淮南地区地层较薄只有 140m 左右外，其他地区一般都在 160～190m 之间，说明晚石炭世地壳稳定，地形平坦，下降幅度较小。上石炭统发生明显的区域变化，主要表现在各地所含灰岩的层数和厚度上，东南部淮南地区上石炭统含海相灰岩 12 层；苏北贾旺地区含灰岩 11 层，厚 40～50m；淄博—太原一带含灰岩 4～5 层，厚 10～20m；河北开平一带含灰岩 1～3 层，厚度不到 10m；到北京西山，上石炭统缺失海相灰岩，主要是陆相碎屑岩含煤地层。以上表明，晚石炭世华北地区地势东南部较低，向西北地势逐渐抬高，因此海水主要由东南向西北侵入。晚石炭世华北地区西北高东南低的地势，可能与板块以北活动大陆边缘晚石炭世的天山运动有关。晚石炭世末期，华北地区发生全面海退。

2. 华南地区

经历泥盆纪末期的抬升后，石炭纪初期，华南地区再次下降，接受海侵。早石炭世的海侵面积较中晚泥盆世略有扩大，地层厚度、岩相特征横向变化明显。中、晚石炭世海侵范围进一步扩大，普遍发育浅海碳酸盐岩地层。

康滇—上扬子地区、东南沿海一带地势较高，早石炭世未遭海侵。两古陆之间的滇东、广西、湖南、黔南、赣西和下扬子地区，早石炭世均遭海侵，但因地势西南低东北高，海水由西南向东北海侵，故下扬子地区海侵开始时间晚于黔桂地区，缺失相当于黔南地区革老河组的地层，其底部金陵组浅海灰岩含假乌拉珊瑚（*Pseudoralina*）相当于黔南下石炭统的汤巴沟组。早石炭世华南有两次海侵，形成广泛分布的滨海沼泽砂、页岩含煤地层及浅海相灰岩，华南古陆内部形成一些内陆盆地，沉积了陆相早石炭世地层，如江西的梓山组、浙西的叶家塘组和福建的林地组。

华南中上石炭统远比下石炭统分布广泛，而且几乎全都是浅海相碳酸盐岩。中石炭统称威宁组或黄龙组，上石炭统称马平组或船山组。华南中、上石炭统的发育说明，中、晚石炭世，华南地形平坦，浅海广布，海侵范围逐渐扩大，气候温暖，浅海无脊椎动物繁盛。石炭纪末期，华南地壳上升、海退，大部分地区变为古陆，沉积间断，华南上石炭统几乎普遍与上伏的下二叠统呈平行不整合接触。

七、二叠纪

中国的二叠系分布广泛，发育完全，化石丰富，沉积类型多样。华北以陆相沉积为主，华南以海相沉积为主。早二叠世的构造格局、古地理轮廓基本上与晚石炭世相似。早二叠世末期的地壳运动使塔里木—华北板块与西伯利亚板块对接，古亚洲洋闭合，致使中国沿昆仑—秦岭一线为界，出现“南海北陆”的对峙局面。

1. 华北地区

二叠纪起，华北地区已基本脱离海洋环境，只有淮南、豫西和陕甘宁盆地南缘有短暂海侵。因此，本区的二叠系以陆相沉积为主。

山西期，华北地壳稳定，地形平坦，气候温暖潮湿，沉积了广泛稳定的山西组含煤地层，厚度一般为 100～200m 左右。但因华北地形北高南低，太原以北的山西组全是陆相河湖相沉积，煤层较少、较薄；而太原以南，山西组中的煤层逐渐增多加厚；到淮南、豫西，山西组中出现多层海相灰岩，变成海陆交互相含煤地层。石盒子期，华北气候由潮湿变干旱，地形高差加大，因此广泛分布的石盒子组各地差别较大，早期和晚期也不相同。当时华北地势仍是北高南低，气候北部相对干旱，南都相对潮湿。因此，华北北部燕辽一带的石盒子组是基本不含煤的陆相地层；中部的晋南、鲁南一带，只在石盒子组下部含有不重要的可采煤层；南部淮南豫西一带，整个石盒子组均是重要的煤系地层，夹含舌形贝的钙质页岩，说明华北南部靠近秦岭海槽，是一温暖潮湿的滨海沼泽环境。石千峰组沉积时期，华北形成一些彼此隔离的干旱内陆盆地，因此华北石千峰组分布分散，全是紫红色砂、泥岩，化石稀少。

2. 华南地区

华南在石炭纪末普遍发生海退，至二叠纪初又逐渐下降接受沉积，下二叠统以浅海相灰岩为主，分布极广。早二叠世末期发生海退，晚二叠世初又下降接受沉积，下上二叠统之间发育平行不整合。上二叠统下部普遍发育海陆交互相及陆相含煤地层，上部以海相地层为主。

二叠纪，华南古地理曾经历过复杂的演变过程。晚石炭世末期，华南普遍上升，海退，大部分地区沉积间断。早二叠世初期，华南再次整体下降、遭受海侵，昆明、贵阳、长沙、南昌一线以南几乎全被海水淹没，沉积了栖霞组下部的浅海灰岩相地层；昆明—南昌一线以北地势较高，形成温暖潮湿的滨海沼泽环境，沉积了一套海陆交互相含煤地层，叫梁山组或梁山煤系。早二叠世中期，华南继续下降，整个华南几乎全被淹没，形成晚古生代以来华南最广大的陆表海，地形平坦，气候温暖，海生无脊椎动物十分繁盛，沉积形成了上古生界分布最广泛的栖霞组浅海相灰岩，地层厚度稳定，普遍含早坂珊瑚、南京䗴化石。早二叠世后期，华南缓慢上升，海域退缩，海水普遍变浅，从西向东沉积环境有明显变化。雪峰山以西的滇、黔、湘、桂浅海区，浅海相茅口组灰岩的厚度常在500m以上；雪峰古陆以东，茅口组的岩相和厚度变化显著：湘、鄂一带，灰岩中的燧石成分大大增加，厚度变薄；再向东到江西东北部乐平、景德镇一带，茅口组厚度进一步变薄，沉积物几乎全是燧石；到下扬子地区的苏、皖、浙一带，茅口组全部相变成硅质页岩，厚度只有15m左右，含菊石化石，可能是滨海区的平静海湾环境。

早二叠世末，华南地区普遍上升，发生海退，故上下二叠统为平行不整合接触，在东南一带还见到有角度不整合接触，这就是所谓的“东吴运动”。东吴运动不仅表现为大规模的地壳上升和海退，并在西部川、滇、黔一带发生了大规模的玄武岩喷发，形成了举世闻名的峨眉山玄武岩。峨眉山玄武岩主要喷发于晚二叠世早期，主要分布在康滇古陆及其周围地区，面积达$37 \times 10^4 km^2$，最厚达2000m。东吴运动之后，古地理出现了新的变化。晚二叠世初期除康滇古陆、雪峰古陆及华夏古陆外，皆下降接受沉积，此时广大地区主要为一滨海平原，海水多次侵入，形成以海陆交互相为主的龙潭组。由于各地古地理面貌有所差异，因此龙潭组岩相分异显著。

晚二叠世后期，华南又发生新的海侵，即长兴期海侵，这次海侵的范围比栖霞期海侵范围小，长兴组在区域上相变比较明显。康滇古陆东侧的滇东、川西、黔西等地发育陆相含煤地层，说明长兴期海侵并没到达这些地区；下扬子苏、皖、浙一带，长兴期是一滨海静水海湾，沉积大隆硅质岩，可看作长兴灰岩向东的相变；黔南、桂北，湘赣中北部和川西北，长兴组以浅海灰岩为主，而一些地区顶部出现的大隆硅质岩则可能是晚二叠世末期华南上升、海退，在残余海盆中沉积形成的。

八、三叠纪

三叠纪时，以昆仑山—秦岭—大别山为界，“南海北陆”的古地理格局十分显著。中三叠世后中国东部进入自“南海北陆”转化为“东西分异”的过渡阶段，滨太平洋构造带的影响开始出现。晚三叠世，华北与华南两板块开始碰撞，这一过程持续至早侏罗世，古中国大陆形成。

1. 中国北部

昆仑山—秦岭一线以北的我国北部地区，晚二叠世起已连成一片大陆。三叠纪早中期，仅在南部边缘遭受局部的海侵；晚三叠世起以太行山为界，西侧呈现山系与大中型内陆盆地相间的古地理格局，东侧基本为大片剥蚀高地，仅在东北地区零星分布小型内陆盆地。

华北地区整体为陆地，发育内陆盆地，鄂尔多斯盆地的三叠系发育较全。三叠系下统为石千峰组、刘家沟组和和尚沟组，主要为红色砂、泥岩夹薄层泥灰岩，为炎热干旱气候下的河湖相沉积；中统下部二马营组为紫红色泥岩和长石砂岩，上部铜川组为暗色砂岩及黑色页岩，均属河湖相沉积，早期气候干旱，晚期转为潮湿；上统延长组发育黄绿色、深灰色砂泥岩，富含植物化石。

2. 华南地区

早三叠世早期，大致以四川南江、长寿、贵州遵义和广西西林、靖西一线为界，以西是滨浅海紫红色砂页岩，称飞仙关组；上述一线以东直到下扬子地区，与飞仙关组相当的地层是温暖浅海相石灰岩，含丰富的海生生物化石。早三叠世晚期，雪峰古陆以西，由于周围古陆上升及东缘生物礁的阻隔，上扬子海处于半封闭状态，出现潮上干旱蒸发环境；黔桂海发育裂陷带，形成深水火山碎屑浊积岩及生物硅质岩；下扬子海为正常浅海灰岩。早三叠世，雪峰古陆以东的东南地区，岩相也有明显变化，湘中、江西一带是正常浅海灰岩相，向东南到湘南、粤北及闽西南等地区，下三叠统以滨浅海砂页岩相为主夹浅海灰岩，说明闽、浙、赣古陆地形较高，是东南海区的主要物源区。

早三叠世末期，华南东部普遍上升。中、晚三叠世，雪峰古陆以东下扬子地区仅有小范围海侵，中三叠世沉积正常浅海相灰岩，称上青龙组；晚三叠世，地壳继续不断上升，浅海变成近海沼泽，沉积海陆交互相含煤地层，称黄马青群。中三叠世，由于华南东部普遍上升，海水退到川、黔、桂地区，形成一闭塞海盆。西边的康滇古陆上升缓慢，地形低平，已无力向东部海盆供应碎屑物。海盆东边的江南—雪峰古陆，此时大幅度上升，高差很大，为西边的川、黔、桂海盆提供大量碎屑物质。由于气候炎热干旱，川东、鄂西一带的中三叠统，以滨浅海相紫红色砂泥岩为主夹灰岩、泥灰岩，称巴东组；向西到四川中部，中二叠统称雷口坡组，沉积物以灰岩、白云岩为主夹石膏。中三叠世，川、滇、黔大部分地区属闭塞咸化海环境，沉积物以白云岩和白云质灰岩为主夹石膏，只在黔南、桂北地区海水较为正常，沉积物以砂、泥岩为主。

晚三叠世，华南地区继续上升，晚三叠世早中期，川、滇、黔等地区的浅海变为滨海沼泽，沉积物以海陆交互相含煤地层为主。晚三叠世晚期，海水几乎全部退出华南地区，沉积物多为陆相含煤地层，皆分布于陆相盆地中。

九、侏罗纪

晚三叠世—早侏罗世，华北与华南碰撞，古特提斯洋闭合，古中国大陆形成。此后，中国大陆主体处于陆地环境，以昆仑—秦岭—大别山为界的南海北陆的地理格局结束。受太平洋板块俯冲的影响，以大兴安岭—太行山—武陵山为界的东西差异开始显现，东部构造、岩浆活动强烈，西部为大型内陆盆地。

中国东部地区北起黑龙江，南抵海南岛，长3000多千米，宽300～800km，广泛发育侏罗纪—白垩纪火山岩带，为中生代环太平洋沿海火山活动带的一部分。本区中下侏罗统普遍发育含煤地层，中晚侏罗世以强烈的火山喷发、岩浆侵入和构造活动为特征。

辽西地区的侏罗系地层是中国东部侏罗系地层的标准剖面（图 14－4），侏罗系地层厚度大于6000m，可划分为下侏罗统北票群（细分为兴隆沟组、北票组）和中侏罗统南岭群（细分为蓝旗组、土城子组）。北票群分布零星，其中兴隆沟组代表本区中生代最早的一次基性、中基性火山喷发，规模不大，但反映存在深度达到上地幔的深大断裂活动；北票组代表喷发期后的相对宁静阶段，当时地形高差不大，气候温暖潮湿，沿断裂带发育了小型湖沼环境，成为重要的含煤层位。南岭群分布范围有所扩大，普遍与下伏地层呈不整合接触，反映北票组沉积之后地壳运动又趋活跃；蓝旗组代表规模更大的火山喷发，岩浆分异更趋复杂，横向相变显著，说明地壳活动有所增强；土城子组代表又一次相对宁静阶段，但当时地势已较高，出现山间河流甚至风成砂丘沉积，孢粉组合中克拉梭粉含量高达90%左右，反映炎热干旱的气候条件。

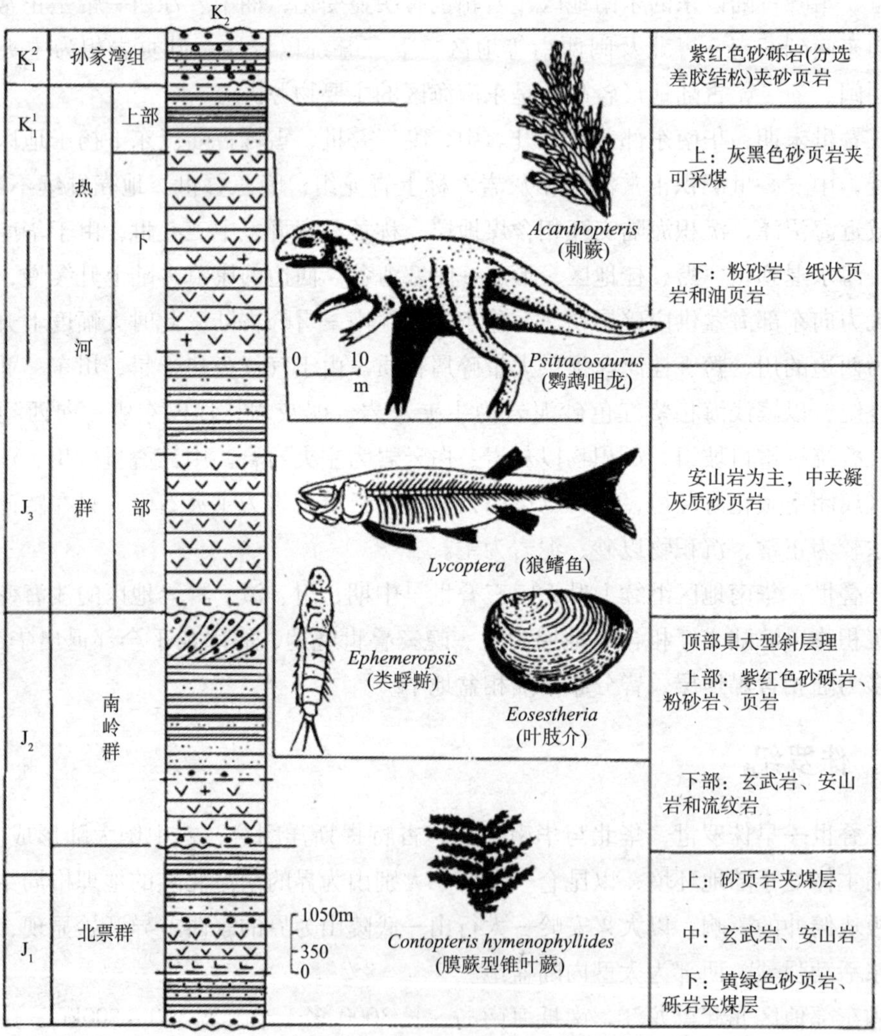

图 14－4　辽西地区侏罗系地层特征（据赵锡文等，1983）

十、白垩纪

白垩纪的地理格局总体与侏罗纪相似。以大兴安岭—太行山—武陵山一线为界，东侧岩浆活动相对侏罗纪减弱，空间分布东移，郯（城）—庐（江）断裂及其以东的东北东部、山东半岛及东南沿海地区为岩浆活动带，开始发育北北东方向的松辽、华北、江汉等重要含油气盆地，此线西侧的大型稳定内陆盆地趋向萎缩，海侵局限于特提斯带和环太平洋带。

大兴安岭—太行山—武陵山以东地区，发育有重要的含油气盆地。松辽盆地是位于我国东北的大型中新生代沉积盆地，地跨东北三省，白垩纪是盆地的主要发育时期，地层简要介绍如下。火石岭组（J_3）、营城组（K_1）为火山间歇喷发与湖沼相共同的产物，沙河子组（K_1）是相对宁静的浅湖、沼泽含煤沉积。从火石岭组至登娄库组（K_1）沉积范围局限，岩性变化较大，代表小型断陷盆地沉积类型，从泉头组（K_1）起转化为大型坳陷盆地。登娄库组和泉头组属弱氧化和弱还原环境下的河湖相沉积，青山口组（K_2）至嫩江组（K_2）是以还原环境为主的湖相沉积，是主要的生、储油层段，四方台组（K_2）和明水组（K_2）又出现了弱氧化和弱还原环境下的河湖相沉积。登娄库期至明水期构成一个巨大而完整的沉积旋回，青山口期至嫩江期是湖水最深时期。

辽西的火山—沉积地层旋回持续至早白垩世，其下白垩统地层称为义县组，厚度超过6000m，义县组之上的下白垩统地层少有火山活动，可分为九佛堂组、砂海祖、阜新组，总厚大于5000m，辽西地区的下白垩统地层中富含以戴氏狼鳍鱼、东方叶肢介、三尾拟蜉蝣为代表的生物群，称为热河生物群。近年来，在辽西地区发现了世界上最早的被子植物化石——中华古果（Sun 等，2002），最早的胎生哺乳动物——中华侏罗兽（Luo 等，2011）等举世闻名的生物化石，使辽西地区成为古生物研究的圣地。

大兴安岭—太行山—武陵山以西的广大内陆区，又可进一步以贺兰山—龙门山—横断山一线为界，以东为一系列北北东向大型内陆盆地，如陕甘宁、四川和滇中盆地；以西为北西至北西西向大中型内陆盆地，如准噶尔、塔里木、柴达木和吐鲁番等盆地，一般都蕴藏油气资源。

十一、古近纪—新近纪

中国的古近系、新近系以陆相沉积为主，以贺兰山—龙门山为界，分东西两大区域。

中国东部地区新生代时期的主体沉降带与中生代相比明显东移，西部的中生代盆地抬升为高地（或高原），如鄂尔多斯盆地、四川盆地、滇中盆地等；东部则出现了一系列以陆相沉积为主的沉积盆地，如渤海湾盆地、江汉盆地、苏北盆地、南雄盆地、百色盆地等。

渤海湾盆地是我国东部最为重要的含油气盆地之一，具隆坳相间的构造格局。渤海湾盆地的新生界地层厚达万米，古近系可分为始新统孔店组、渐新统沙河街组、东营组，为断陷盆地陆源碎屑岩沉积；新近系可分为中新统馆陶组和上新统明化镇组，为坳陷盆地陆源碎屑岩沉积。渐新统沙河街组、东营组为渤海湾盆地的主力含油层位。

中国西部出现多个被高地、山脉所环绕的沉积厚度巨大的内陆盆地，如准噶尔盆地、柴达木盆地、塔里木盆地、吐鲁番盆地等，盆地呈东西向或北西向展布，以河湖相及山麓相沉积为主。

十二、第四纪

中国的第四纪沉积物以黄土高原的黄土为代表，黄土分布面积达 $44 \times 10^4 km^2$，厚达 200 多米，以陕西洛川剖面为标准剖面。华北地区的下更新统以河北阳原泥河湾剖面泥河湾组河湖相地层为代表，中更新统以北京周口店猿人洞洞穴沉积为代表。

参考文献

[1] Erickson J. Plate Tectonics: Unraveling the Mysteries of the Earth [M]. Facts on File, Inc. , 2001.

[2] Foster R J. Physical geology [M]. New York: John Wiley & Sons Inc, 1979.

[3] Grotzinger J, Jordan T H, Press F, et al. Understanding Earth [M]. W. H. Freeman and Company, New York, 2007.

[4] Hamblin W K, Christiansen E H. Earth's Dynamic Systems [M]. Prentice Hall, 2003.

[5] Han T M, Runnegar B. Megascopic Eukaryotic Algae from the 2. 1-Billion-Year-Old Negaunee Iron-Formation, Michigan [J]. Science, 257: 232 - 235.

[6] Liu H F. Geodynamic scenario and structural styles of Mesozoic and Cenozoic basins in China [J]. AAPG Bulletin, 1986, 70: 337 - 395.

[7] Luo Z X, Yuan C X, Meng Q J, et al. A Jurassic eutherian mammal and divergence of marsupials and placentals [J]. Nature, 2011, 476: 442 - 445.

[8] Neuweiler F, Turner E C, Burdige D J. Early Neoproterozoic origin of the metazoan clade recorded in carbonate rock texture [J]. Geology, 2009, 37: 475 - 478.

[9] Pettijohn F J, Poter P E, Siever R. Sand and Sandstone (2nd Edition) [M]. Springer-Verlag, New York, 1987.

[10] Press F, Siener R. Earth [M]. John Wiley & Sons Inc. , New York, 1982.

[11] Reading H G. Sedimentary Environments and Faces [M]. Blackwell Scientific Publication, Oxford, 1978.

[12] Stein S, Wysession M. Introduction to seismology, earthquakes, and Earth structure [M]. Blackwell, Malden, Massachusetts, USA, 2003.

[13] Strahlor A N. Principles of physical geology [M]. Thomas Nelson and Sons Ltd, London, 1977.

[14] Sun G, Ji Q, Dilcher D L, et al. Archae-fructaceae, a new basal angiosperm family [J]. Science. 2002, 296: 899 - 904.

[15] Tarbuck E J, Lutgens F K. The Earth [M]. Macmillan Publishing Company, New York, 1993.

[16] Tashiro T, Ishida A, Hori M, et al. Early trace of life from 3. 95 Ga sedimentary rocks in Labrador, Canada [J]. Nature, 2017, 549: 516 - 518.

[17] Torsvik T H, Doubrovine P V, Steinberger B, et al. Pacific plate motion change caused the Hawaiian-Emperor Bend [J]. Nature Communications, 2017, DOI: 10. 1038/ncomms15660

[18] Wacey D. Stromatolites in the ~3400Ma Strelley Pool Formation, Western Australia: Examining Biogenicity from the Macro-to the Nano-Scale. Astrobiology, 2010, 10: 381 - 398.

[19] Wicander R, Monroe J. Essentials of Geology (4th Edition) [M]. Thomson Learning, Inc. , 2006.

[20] Wilson J L. Carbonate Facies in Geologic History [M]. Springer-Verlag New York Heidelberg Berlin, 1975.
[21] Wilson J T. A new class of faults and their bearing on continental drift [J]. Nature, 1965, 207: 343 - 347.
[22] 北京地质学院地史教研室. 地史学教程 [M]. 中国工业出版社, 1961.
[23] 波特（Potter P E），裴蒂庄（Pettijohn F J）. 古流和盆地分析 [M]. 陈发景译. 北京：科学出版社，1984.
[24] 曾允孚，夏文杰. 沉积岩石学 [M]. 北京：地质出版社，1986.
[25] 陈清华，章大港，宋全友. 地质学基础 [M]. 北京：石油工业出版社，2016.
[26] 陈世悦. 矿物岩石学 [M]. 东营：石油大学出版社，2002.
[27] 戴俊生. 构造地质学与大地构造 [M]. 北京：石油工业出版社，2006.
[28] 戴俊生. 构造地质学教程 [M]. 东营：石油大学出版社，2002.
[29]《地震问答》编写组. 地震问答 [M]. 北京：地质出版社，1977.
[30] 杜远生，童金南. 古生物地史学概论 [M]. 武汉：中国地质大学出版社，2009.
[31] 冯增昭. 沉积岩石学 [M]. 北京：石油工业出版社，1994.
[32] 傅英祺，叶鹏遥，杨季凯，等. 古生物地史学简明教程 [M]. 北京：地质出版社，1981.
[33] 管守锐，赵澄林. 岩浆岩及变质岩简明教程 [M]. 东营：石油大学出版社，1991.
[34] 国家能源局. SY/T 5978—2016 含油气盆地构造单元划分 [S]. 北京：石油工业出版社，2016.
[35] 汉布林（Hamblin W K）. 地球动力系统 [M]. 殷维翰译. 北京：地质出版社，1980.
[36] 何自新. 鄂尔多斯盆地演化与油气 [M]. 北京：石油工业出版社，2003.
[37] 贺同兴，卢良兆，李树勋，等. 变质岩岩石学 [M]. 北京：地质出版社出版，1980.
[38] 胡斌，王冠忠，齐永安. 痕迹学理论与应用 [M]. 徐州：中国矿业大学出版社，1997.
[39] 怀利（Wyllie P J）. 地球是怎样活动的新全球地质学导论及其变革性的发展 [M]. 张崇寿等译. 北京：地质出版社，1980.
[40] 怀利（Wyllie P J）. 动力地球学 [M]. 朱夏译. 北京：地质出版社，1978.
[41] 姜在兴. 沉积学 [M]. 北京：石油工业出版社，2003.
[42] 蒋有录，查明. 石油天然气地质与勘探 [M]. 北京：石油工业出版社，2006.
[43] 金性春. 漂移的大陆 [M]. 上海：上海科学技术出版社，1980.
[44] 蓝淇锋，宋姚生，丁民熊，等. 野外地质素描 [M]. 北京：地质出版社，1979.
[45] 李尚宽. 素描地质学 [M]. 北京：地质出版社，1999.
[46] 李叔达. 动力地质学原理 [M]. 北京：地质出版社，1983.
[47] 李亚美，严寿鹤，陈国勋，等. 地质学基础 [M]. 北京：地质出版社，1984.
[48] 刘宝珺，曾允孚. 岩相古地理基础和工作方法 [M]. 北京：地质出版社，1985.
[49] 刘宝珺. 沉积岩石学 [M]. 北京：地质出版社，1980.
[50] 刘本培，全秋琦. 地史学教程 [M]. 北京：地质出版社，1996.
[51] 刘和甫. 缝合线的形成及其在石油地质上的意义 [J]. 地质论评，1959，(8): 367 - 370.
[52] 柳成志，冀国盛，许延浪. 地球科学概论 [M]. 北京：石油工业出版社，2010.
[53] 陆基孟. 地震勘探原理及资料解释 [M]. 北京：石油工业出版社，1991.
[54] 陆克政. 含油气盆地分析 [M]. 东营：石油大学出版社，2003.
[55] 陆廷清，陈晓慧，胡明. 地质学基础 [M]. 北京：石油工业出版社，2009.
[56] 路凤香，桑隆康. 岩石学 [M]. 北京：地质出版社出版，2002.

[57] 吕洪波，苏德辰，章雨旭，等．中国不同气候带盐风化作用的地貌特征［J］．地质论评，2017，63（4）：911－926.
[58] 马杏垣，刘和甫，王维襄，等．中国东部中、新生代裂陷作用和伸展构造［J］．地质学报，1983，（1）：22－33.
[59] 南京大学地质系矿物岩石学教研室．火成岩岩石学［M］．北京：地质出版社，1980.
[60] 潘兆橹．结晶学及矿物学（上册）［M］．北京：地质出版社，1993.
[61] 佩蒂庄（Pettijohn F J）．沉积岩［M］．李汉瑜等译．北京：石油工业出版社，1981.
[62] 邱家骧．岩浆岩岩石学［M］．北京：地质出版社，1985.
[63] 邱中建，龚再升．中国油气勘探·第1卷总论［M］．北京：石油工业出版社，1999.
[64] 任明达，王乃梁．现代沉积环境概论［M］．北京：科学出版社，1981.
[65] 胜利油田石油地质志编写组．中国石油地质志（卷六胜利油田）［M］．北京：石油工业出版社，1993.
[66] 石玉章，杨文杰，钱峥．地质学基础［M］．东营：石油大学出版社，1995.
[67] 舒良树．普通地质学［M］．北京：地质出版社，2010.
[68] 斯宾塞（Spence E W）．地球构造导论［M］．朱志澄译．北京：地质出版社，1981.
[69] 陶世龙，万天丰．地球科学概论［M］．北京：地质出版社，2010.
[70] 宋春青，邱维理，张振春．地质学基础［M］．北京：高等教育出版社，2007.
[71] 宋春青，张振春．地质学基础［M］．北京：高等教育出版社，1996.
[72] 苏文才．基础地质学［M］．北京：高等教育出版社，1987.
[73] 孙殿卿．柴达木盆地北部第三纪地层及地质构造特征［M］．北京：地质出版社，1959.
[74] 孙岩，韩克从．断裂构造岩带的划分［M］．北京：科学出版社，1985.
[75] 孙永传，李蕙生．碎屑岩沉积相和沉积环境［M］．北京：地质出版社，1986.
[76] 同济大学海洋地质系海洋地质教研室．海洋地质学［M］．北京：地质出版社，1982.
[77] 汪品先．对地球系统科学的理解与误解［J］．地球科学进展，2014，29（11）：1277－1279.
[78] 汪新文．地球科学概论［M］．北京：地质出版社，1999.
[79] 汪新文．地球科学概论［M］．北京：地质出版社，2013.
[80] 温献德．地史学［M］．东营：石油大学出版社，1998.
[81] 吴泰然．普通地质学［M］．北京：北京大学出版社，2011.
[82] 武汉地质学院，等．构造地质学［M］．北京：地质出版社，1979.
[83] 夏邦栋．普通地质学［M］．北京：地质出版社，1995.
[84] 谢仁海．构造地质学［M］．徐州：中国矿业大学出版社，2007.
[85] 徐成彦，赵不亿．普通地质学［M］．北京：地质出版社，1988.
[86] 徐开礼，朱志澄．构造地质学［M］．北京：地质出版社，1984.
[87] 许至平．普通地质学［M］．北京：煤炭工业出版社，1990.
[88] 杨伦，刘少峰，王家生．普通地质学简明教程［M］．武汉：中国地质大学出版社，1998.
[89] 叶俊林，黄定华，张俊霞．地质学概论［M］．北京：地质出版社，1996.
[90] 尹赞勋．板块构造简介［M］．北京：地质出版社，1972.
[91] 张宝政，陈琦．地质学原理［M］．北京：地质出版社，1983.
[92] 张厚福，方朝亮，高先志，等．石油地质学［M］．北京：石油工业出版社，1999.

[93] 张家环. 普通地质学 [M]. 北京: 石油工业出版社, 1986.
[94] 张守信. 理论地层学 [M]. 北京: 科学出版社, 1989.
[95] 赵锡文, 金秋琦. 地史学实习指导书 [M]. 北京: 地质出版社, 1983.
[96] 中国科学院地球物理研究所. 地震学基础 [M]. 北京: 科学出版社, 1977.
[97] 中国科学院地学部"中国地球科学发展战略"研究组. 地球科学: 世纪之交的回顾与展望 [J]. 中国科学院院刊, 2001, (2): 101-105.
[98] 中华人民共和国国家质量监督检验检疫总局, 中国国家标准化管理委员会. GB/T 17742—2008 中国地震烈度表 [S]. 北京: 中国标准出版社, 2008.
[99] 朱筱敏. 沉积岩石学 [M]. 北京: 石油工业出版社, 2008.
[100] 朱志澄. 构造地质学 [M]. 武汉: 中国地质大学出版社, 1990.